데이터 통계학

이론과 응용

박용태 · 금영정 지음

생능출판

저자 소개

박용태

현재 서울대학교 공과대학 산업공학과에 재직하고 있으며, 동 대학의 기술경영 연합전공과 기술경영 협동과정 대학원의 주임교수를 역임하였다. 경기고등학교와 서울대학교 산업공학과를 졸업한 후, 미국 University of Wisconsin–Madison 경영대학원에서 경영학 석사 및 박사학위를 취득하였다. 오랫동안 학부과정의 산업공학 통계 그리고 대학원과정의 다변량 기술경영 통계분석 과목을 강의하였다.

금영정

현재 서울과학기술대학교 기술경영융합대학 글로벌융합산업공학과에 재직하고 있다. 부산과학고등학교(현 한국과학영재학교)와 KAIST 산업공학과를 졸업한 후, 삼성SDS 삼성정보전략실에서 근무하였으며, 이후 서울대학교 산업공학과에서 기술경영 전공으로 박사학위를 취득하였다. 현재 IT정책전문대학원 과정의 통계연구방법론 과목을 강의하고 있다.

데이터 통계학 이론과 응용

초판발행 2019년 12월 27일
제1판2쇄 2022년 2월 10일

지은이 박용태, 금영정
펴낸이 김승기
펴낸곳 (주)생능출판사 / **주소** 경기도 파주시 광인사길 143
출판사 등록일 2005년 1월 21일 / **신고번호** 406-2005-000002호
대표전화 (031)955-0761 / **팩스** (031)955-0768
홈페이지 www.booksr.co.kr

책임편집 신성민 / **편집** 김민보, 유제훈 / **디자인** 유준범
마케팅 최복락, 김민수, 심수경, 차종필, 백수정, 송성환, 최태웅, 김민정
인쇄 성광인쇄(주) / **제본** 은정문화사

ISBN 978-89-7050-995-2 93310
정가 36,000원

- 이 도서의 국립중앙도서관 출판예정도서목록(CIP)은 서지정보유통지원시스템 홈페이지(http://seoji.nl.go.kr)와 국가자료공동목록시스템(http://www.nl.go.kr/kolisnet)에서 이용하실 수 있습니다.
(CIP제어번호: 2019048802)

머리말

통계학을 전공하지 않은 입장에서 통계학 교과서를 쓴다는 것은 무척이나 조심스러운 일이다. 전문성이 강조되는 학문의 세계에서 남의 영역을 쉽게 넘보는 것 같은 두려움이 앞서는 것이다. 더구나 이미 수많은 교과서들로 홍수를 이루는 와중에 새로운 책을 하나 더 보태는 것이 무슨 의미가 있는지에 대한 회의감도 만만치 않았다.

그럼에도 불구하고 이 책을 집필하게 된 이유는 다음 두 가지로 요약할 수 있다. 첫째는 비전공자들에게 실질적인 도움이 되는 교과서를 만든다는 것이다. 통계학은 대표적인 응용과학이자 공통과학이다. 따라서 학교와 기업에 흩어져 있는 수많은 수요자들은 과거에 통계학을 전공하지도 않았고 앞으로도 통계전문가가 될 일이 없는 사람들이다. 당연히 이론적 그리고 수리적 내용을 이해하기 쉽지 않지만, 그렇다고 이론과 수리를 무시한 채 소프트웨어 사용법만을 익힐 수는 없다. 비전공자로서의 어려움을 똑같이 겪은 입장에서, 역시 비전공자인 잠재 수요자들에게 이론과 실무가 균형을 이루는 통계학 책을 제공하는 것은 나름 충분한 의미가 있다고 생각한다.

둘째는 다양한 세부주제들이 체계적으로 연결되어 있는 종합교재를 만든다는 것이다. 통계학은 여러 이론과 기법들이 섞여 있기 때문에 전체적 구조를 파악하기 힘들다는 말을 자주 듣는다. 하지만 개론 성격의 교과서는 체계도 있어야 하고 연결고리도 있어야 한다. 통계학에서 이루어지는 모든 작업의 원재료가 되는 것이 바로 데이터이다. 따라서 데이터의 수집에서 출발하여 데이터의 정리와 분석을 거쳐, 데이터의 활용으로 마무리되는 설계도는 통계학의 체계를 이해하는데 큰 도움이 될 것으로 믿는다. 물론 이 책이 그러한 목표를 제대로 달성했다고 자신할 수는 없지만, 아무쪼록 원래의 의도가 독자들에게 충실히 전달되기를 기대한다.

교과서는 저자 개인의 독창적 지식이나 주관적 견해의 발표장이 아니라 이미 검증된 연구결과와 실무경험을 효과적으로 전달하는 도구가 되어야 한다. 특히 심층적인 전문지식이 없는 독자들을 대상으로 할 때는 더욱 그러하다. 따라서 이 책에서는 다양한 이론, 자료, 정보를 직접적으로 인용하거나 간접적으로 원용하고 있다. 원전을 일일이 그리고 명확하게 제시하지 않은 부분이 있다면 널리 양해해 주기를 부탁드린다.

마지막으로 그 동안 저자들의 강의를 들으면서 유용한 의견과 참신한 아이디어를 제공해준 많은 수강생들에게 감사의 뜻을 전한다. 또한 이 책의 집필 과정에 도움을 준 대학원생들의 노고에도 고마운 마음을 금할 수 없다. 책의 기획에서부터 제작에 이르기까지 시간과 노력을 아끼지 않은 생능출판사의 관계자 여러분께도 깊은 감사를 드린다. 이 많은 분들의 도움에도 불구하고 책의 내용과 구성에 잘못되거나 미흡한 부분이 있다면 그것은 전적으로 저자들의 책임이다.

2019년 11월
저자들 씀

책의 구성

책을 만드는 과정에서 가장 중요하고도 어려운 결정은 다양한 주제들을 어떤 순서로 수록할 것인가를 정하는 일이다. 관련 학문의 발전과정이 선후관계의 흐름으로 연결되어 있다면, 즉 하나의 이론에서 출발하여 다음 이론이 만들어지고 하나의 기법을 이해해야만 다음 기법을 이해할 수 있는 식으로 성장해 왔다면 별 문제가 없을 수 있다. 생겨난 시간의 순서대로 이론들과 기법들을 배열하면 되기 때문이다. 하지만 통계학은 순차적으로 발전해 온 학문이 아니기 때문에 시간의 흐름을 따라 내용을 구성하기가 쉽지 않다.

다른 대안은 그 학문이 어떤 원재료를 가지고 무엇을 만들어내는지를 보고 책을 구성하는 것이다. 말할 필요도 없이 통계학의 원재료는 '데이터'이다. 한편으로는 필요한 데이터를 어떻게 수집할지를 다루는 학문이고, 다른 한편으로는 주어진 데이터를 어떻게 가공할지를 다루는 학문이다. 따라서 이 책에서는 [그림 1]에서 보는 것처럼, 데이터와 관련된 작업의 순서를 기준으로 크게 6개의 대주제를 차례대로 배열하기로 한다.

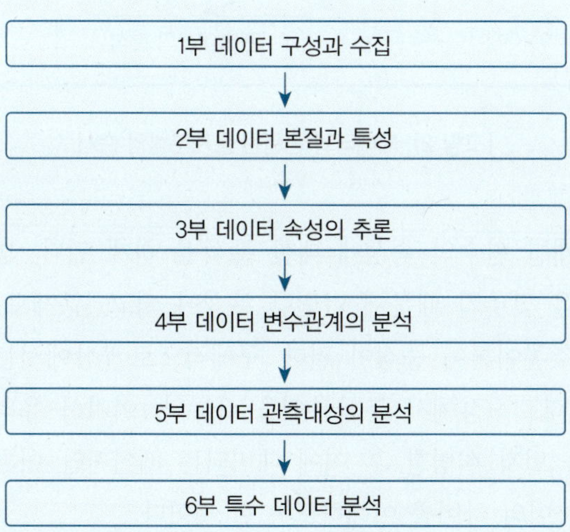

[그림 1] 전체적 구조: 대주제의 구성도

먼저 1부에서는 '데이터 구성과 수집'을 다룬다. 이 주제가 가장 앞에 나오는 이유는 통계작업을 수행하기 위해서는 무엇보다 먼저 데이터를 직접 만들거나 밖에서 얻어 온 후에 그것을 데이터 행렬로 정리해야 하기 때문이다. 구체적으로 1장에서는 데이터 구조, 2장에서는 데이터 척도, 3장에서는 데이터 수집에 대한 내용을 담았다.

이어지는 2부에서는 '데이터 본질과 특성'을 살펴본다. 이 주제를 여기에 배치한 이유는 데이터라는 원재료를 제대로 가공하기 위해서는 우선 그 재료의 본질과 특성, 즉 확률적 속성을 알아야 하기 때문이다. 또한 크고 복잡한 데이터베이스를 좀 더 단순한 형태로 정리할 필요도 있기 때문이다. 자세히 나누면, 4장은 확률이론, 5장은 확률분포 그리고 6장은 기술통계학의 순서로 구성된다.

3부 이후에서는 본격적인 통계분석으로 들어가게 된다. 데이터 행렬을 구성하는 두 개의 핵심 요소는 변수(variable)와 관측대상(observation)이다. 따라서 자연스러운 통계작업의 순서는 [그림 2]에서 보듯이 먼저 변수 각각에 대한 분석을 한 후, 이어서 변수 사이의 관계를 분석하고, 마지막으로 관측대상에 대해 분석하는 것이다.

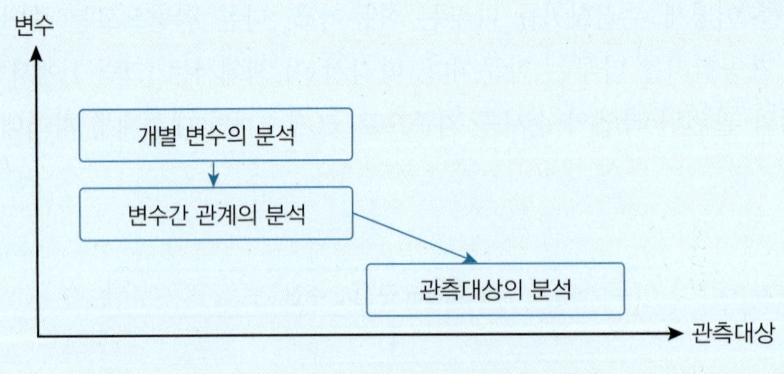

[그림 2] 데이터와 관련된 통계분석의 순서

우선 3부에서는 '개별 변수의 속성에 대한 분석'을 하게 된다. 범위로 보면 각각의 개별 변수에 초점을 맞추기 때문에 단변량 분석이 되고, 주제로 보면 주로 속성의 참값을 찾아보는 추론이론이 중심이 된다. 구체적으로 7장에서는 추정이론, 8장에서는 검정이론, 그리고 9장에서 분산분석을 다룬다. 여기서 유의할 점은 전통적인 통계이론과 기법을 먼저 설명한 후 이에 대비되는 베이지안 이론과 기법을 뒤이어 설명함으로써 둘 사이의 차이를 이해하도록 한 것이다.

이어지는 4부에서는 '변수 사이의 관계에 대한 분석'을 수행한다. 이제는 복수의 변수들을 포함하기 때문에 다변량 분석의 영역으로 넓어지게 된다. 먼저 10장에서는 변수 사이의 움직이는 패턴이 주제가 되는 상관분석에 대해 알아보고, 11장에서는 변수 사이의 인과관계가 주제가 되는 회귀분석에 대해 살펴본다.

5부에서는 변수의 속성이 아니라 '관측대상의 속성을 분석'하는 이론과 기법을 다룬다. 전체 관측대상을 비슷한 속성을 지니는 여러 개의 그룹들로 나누는 작업, 또 각 그룹의 특성적 차이를 비교하는 작업에 초점을 맞추게 된다. 이 작업에 사용되는 기법이 12장의 군집분석이다.

마지막으로 6부에서는 '특수 데이터 분석'을 다룬다. 앞에서 알아본 이론과 기법들은 일반적인 형태의 모수(parametric) 데이터를 원재료로 사용한다. 하지만 이른바 비모수(non-parametric) 데이터라는 특수 데이터를 원재료로 사용하게 되면 당연히 분석의 원리와 방법도 달라지게 된다. 13장의 비모수 분석은 비모수 데이터의 분석에 사용되는 이론과 기법을 다루고 있다.

강의와 학습의 진행은 수록된 순서를 따르는 것이 자연스러운 흐름이다. 그러나 이 책에는 다양한 주제와 기법들이 폭넓게 수록되어 있어서 정해진 시간 내에 모든 내용을 다루기 어려울 수도 있다. 그런 경우라면 전문성과 관심도에 따라, 또 배경과 수준에 따라 선별적인 취사선택이 필요하다. 특히 5부의 군집분석은 제외해도 무방할 것으로 생각한다. 또한 베이지안 통계는 전통적 통계학에 익숙한 사람들에게는 혼란스러운 주제이므로 건너뛸 수도 있다.

차례

CHAPTER 05

확률분포

PART III 데이터 속성의 추론

CHAPTER 07

추정이론

CHAPTER 08

검정이론

CHAPTER 09

분산분석

PART IV 데이터 변수관계의 분석

CHAPTER 10 상관분석

CHAPTER 11 회귀분석

PART VI 특수 데이터 분석

CHAPTER 13

비모수 분석

PART I

데이터 구성과 수집

CHAPTER 01

데이터 구조

S T A T I S T I C S

contents

배경과 요약(Background & Summary)

통계학은 데이터(data)라는 원재료를 알고리즘(algorithm)과 컴퓨터(computer)라는 도구로 가공하여 크고 복잡한 사회적 현상을 이해하거나 기술적 문제를 해결하는 응용과학이자 공통과학이다. 그렇다면 데이터는 어떤 모양으로 생겼으며 무슨 내용을 담고 있을까? 예를 들어, '사람'의 특성을 표현하는 데이터에는 신체적 특성, 지능적 특성, 사회적 특성 등과 같이 다양한 정보, 필요한 정보, 정확한 정보를 담아야 한다.

데이터에 담겨있는 정보를 표현하는 가장 효과적인 방식은 무엇일까? 다시 '사람'의 예로 돌아가 보면, 개개인을 행(row)에 놓고 각자의 특성들을 열(column)에 놓은 데이터 행렬(data matrix)을 만들 수 있다. 이렇게 하면 작은 공간에 많은 정보를 담을 수 있고 나아가 정량적인 분석을 하기에도 편리하다. 이 과정에서 데이터 수집의 관리화 정도 또 데이터 정리의 구조화 정도에 따라 데이터의 유형도 여러 가지로 나뉠 수 있다.

이렇게 만들어진 데이터베이스를 가지고 할 수 있는 통계 작업들은 무엇이 있을까? 우선 모든 사람, 즉 데이터 전체의 정보를 정리하고 요약하는 일을 들 수 있다. 이어서 각각의 특성에 관한 정보를 수집하고 분석하는 일, 특성과 특성 사이의 관계를 분석하는 일, 그리고 사람들 사이의 공통점이나 차이점에 관한 정보를 수집하고 분석하는 일 등을 하게 된다.

데이터가 점점 커지고 복잡해져서 흔히 말하는 빅 데이터가 되면 데이터의 성격과 모양은 어떻게 달라질까? 또 그렇게 될 때 과거와 비교하여 할 수 있는 일의 종류와 범위는 크게 달라질까? 이 장에서는 위에서 나열한 주제들에 대해 알아보기로 하자.

핵심주제와 용어(Main Theme & Keywords)

통계학의 본질과 성격

- 응용과학
- 공통과학
- 데이터 과학

통계학의 기본요소

- 데이터
- 알고리즘
- 컴퓨터

데이터의 구조와 유형

- 데이터의 요건
- 데이터의 내용
- 데이터의 형식
- 데이터의 기호
- 데이터의 구조화와 관리화

데이터와 통계학의 구성

- 데이터 전체 정보의 분석
- 개별변수의 분석
- 변수관계의 분석
- 관측대상의 분석

CHAPTER 01

데이터 구조

제1절 통계학과 데이터

1. 통계학의 특성

'통계를 알아야 세상을 안다'라는 말을 자주 듣곤 한다. 이것은 물론 통계의 기능과 용도를 과장하여 표현한 말이다. 어느 학문도 세상의 이치를 모두 알려줄 수는 없다. 이 말의 정확한 뜻은 통계라는 '과학'을 잘 활용하면 세상이라는 '현실'을 파악할 수 있는 정보와 지식을 얻을 수 있다는 의미이다. 한마디로 통계학의 실용적 의의와 특성을 요약한 표현이다.

(1) 응용과학

하나의 학문 분야로서 통계학(statistics)의 가장 큰 특성은 '응용과학(applied science)'이라는 사실이다. 응용과학 이전에는 자연과학(natural science)이 자리잡고 있다. 수학, 물리학, 화학, 생물학 등이 대표적인 자연과학들이다. 자연과학은 엄격한 자연의 원리에 따라 움직이는 학문이다. 1+1=2라는 세계를 다루므로 인간의 추측을 허용하지 않는다. 추측을 허용하지 않는다는 말은, 맞는 것과 틀린 것을 학문 안에서 스스로 판정할 수 있다는 뜻이다.

자연과학에 반해 응용과학은 반드시 맞거나 틀린 것을 알 수 있는 학문이 아니다. 불확실한 문제에 대해 사람들의 추측이 허용되는 분야이다. 1+1=2라는 자연과학의 지식을 1.5가 될 수도 있고 2.5가 될 수도 있는 문제에 응용하는 학문이기 때문이다. 통계학은 수학이라는 자연과학에서 자라나온 응용과학이므로 수학의 이론을 많이 사용하기는 하지만 수학의 원리가 그대로 적용되지 않는 현실 문제를 다룬다. 사회현상의 문제, 산업현장의 문제, 개인행동의 문제, 자연환경의 문제 등이 모두 응용의 대상이 된다.

응용의 세계 그리고 현실의 문제에서는 완전히 맞거나 틀린 것을 알 수는 없다. 하지만 가장 그럴듯한 추측이나 예측을 할 수는 있다. 중요한 것은 그 원리와 과정이 '과학적'이고 '정량적'이어야 한다는 점이다. 통계학에서 수리적 이론과 알고리즘을 사용하는 이유도 거기에 있다. 한편으로는 실용적 사고를 해야 하고 다른 한편으로는 이론적 지식을 갖추어야 하는 응용과학이 바로 통계학이다.

(2) 공통과학

통계학의 또 다른 속성은 공통과학(common science)이라는 점이다. 대학 안에는 다양한 단과대학들이 흩어져 있고 각 단과대학은 다시 많은 학과들로 나뉘어져 있다. 그러나 그 중에 몇몇 분야는 여러 분야를 이어주는 연결고리의 역할을 하거나 모든 분야들이 필요로 하는 공통지식의 공급자가 되기도 한다. 그 대표적인 분야가 바로 통계학이다. 정도의 차이는 있지만 오늘날 통계학과 연결되지 않는, 다시 말해 통계적 기법을 사용하지 않는 학문 분야는 없다고 해도 지나친 말이 아닌 것이다.

실무 현장인 기업 안에도 다양한 경영조직 사이에 높은 장벽이 있다. 관리 부문, 마케팅 부문, 생산 부문, 재무 부문 사이에는 추구하는 목표도 다르고 사용하는 언어도 다르다. 그러나 한 가지 공통적인 점은 오늘날 통계를 필요로 하지 않거나 통계와 관련되지 않는 경영부문이나 조직은 없다는 사실이다.

개인도 마찬가지이다. 모든 개인의 신체적 정보나 사회적 정보가 어딘가에 저장되어 있고 하루하루의 일상생활에 관한 모든 정보도 남아있다. 어디가 아파서 어떤 치료를 받았는지를 알려주는 의료정보, 어떤 제품을 어느 시장에서 얼마에 샀는지를 보여주는 구매정보, 심지어는 누구와 어떤 얘기를 주고받았는지를 알려주는 문자(text) 정보나 어디서 어떤 사진을 찍었는지를 보여주는 그림(image) 정보도 모두 저장된다. 따라서 모든 사람이 통계분석의 주체가 되는가 하면 동시에 통계분석의 대상이 되는 세상이 되고 있다.

이 특성 때문에 누가 어디서 바라보느냐에 따라 통계학의 초점과 범위가 달라진다. 모두가 필요로 하는 지식이지만 필요로 하는 내용과 정도가 다르기 때문에 누구에게나 필요한 공통지식과 자기에게만 필요한 전문지식을 잘 조합하는 것이 중요하다.

(3) 데이터 과학

모든 응용과학은 재료와 도구가 필요하다. 예를 들어 물리학이나 화학 같은 자연과학이 공학으로 뻗어나갈 때는 우선 물질이나 원자재와 같은 재료가 필요하고 또한 기계설비나 실험장비라는 도구를 사용한다. 그렇다면 수학이라는 자연과학이 통계학이라는 응용과학으로 넘어가기 위해서는 어떤 원료가 필요할까? 다시 말해 유용한 정보를 얻어낼 수 있는 원천은 무엇이 될까?

그것이 바로 데이터(data)이다. 다시 말해 통계학은 데이터 과학(data science)인 것이다. 특히 요즘처럼 안에서 만들어지거나, 밖에서 들어오는 데이터의 분량과 종류가 기하급수적으로 늘어나는 빅 데이터의 시대에는 데이터라는 원재료의 실용적 가치가 더욱 커질 수밖에 없다.

하지만 원재료 자체가 곧 유용한 정보가 되는 것은 아니다. 도구를 활용하여 가공과 분석의 작업을 거쳐야 비로소 쓸모 있는 지식이 만들어진다. 이 때 가공과 분석에 사용되는 두 가지의 도구가 바로 알고리즘(algorithm)과 컴퓨터(computer)이다. 첫 번째 도구인 알고리즘은 데이터를 분석하는 수리적 원리를 가리킨다. 데이터로부터 정보를 얻어내는 효과적인 기법은 무엇이며 그 기법은 어떤 수리적 원리로 이루어지는지를 보여주는 것이 알고리즘이다. 통계학은 20세기 초반 이후 수리적 이론을 바탕으로 다양한 알고리즘을 만들어 왔다.

두 번째의 도구인 컴퓨터는 한마디로 계산을 담당하는 도구이다. 많은 통계 알고리즘은 이미 20세기 전반에 만들어진 것들이다. 하지만 수리적 원리를 실제 문제에 적용하는 데는 계산이라는 현실적 장벽이 가로막고 있었다. 그 장벽이 무너지기 시작한 것이 20세기 후반부터이다. 컴퓨터 성능의 눈부신 발전은 곧 소프트웨어의 개발로 이어졌고 그 덕분에 머리 속으로만 이해하고 있었던 수리적 원리를 실제로 구현할 수 있는 길이 활짝 열린 것이다. 컴퓨터라는 도구의 용도는 21세기 이후에 더욱 커지고 있다. 오늘날의 빅 데이터 시대에 컴퓨터를 이용하지 않는 통계학은 상상도 할 수 없다. 더구나 과거에는 수리적 원리가 먼저 나오고 그 다음에 컴퓨터를 사용하였지만, 이제는 오히려 컴퓨터 작업을 하는 과정에서 새로운 수리적 원리가 발견되기도 한다.

[그림 1-1]에서 보는 것처럼 통계학을 떠받치는 세 개의 축은 데이터-알고리즘-컴퓨터이다. 알고리즘과 컴퓨터라는 도구를 이용하여 데이터라는 원료로부터 유용한 정보와 지식을 만들어내는 학문이 곧 통계학인 것이다.

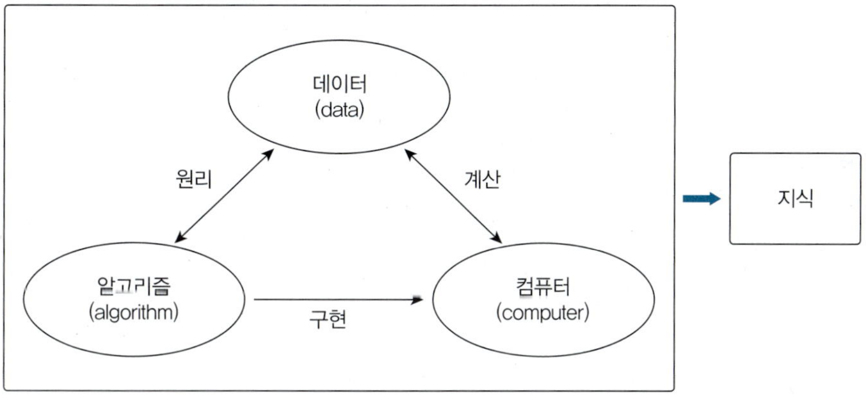

[그림 1-1] 통계학의 세 축

제2절 통계학의 기본

1. 통계학의 본질

모든 분야와 이어지고 모든 분야에서 쓰여지는 통계학이란 학문은 어떻게 정의하고 설명할 수 있을까? 실제로 통계학의 정의(definition)는 하도 많아서 일일이 나열할 수 없을 정도이다. 그래서 폭넓은 생각을 아우르는 위키피디아(Wikipedia)의 정의를 인용해 보기로 하자. 여기에서는 '통계학은 데이터의 수집, 분석, 해석, 전달에 관한 학문(Statistics is the study of the collection, analysis, interpretation, presentation of data)'으로 정의하고 있다. 다시 말해 데이터를 잘 모으고, 데이터 안을 자세히 관찰하고, 데이터가 보여주는 의미를 알아내고, 그 의미를 많은 사람들에게 잘 전달하는 학문이라는 것이다.

따라서 데이터의 관점에서 보면 통계학은 '데이터의 수집'과 '데이터의 분석'이라는 두 가지의 기능과 성격을 지니고 있다. [그림 1-2]에서 보듯이 현실세계의 문제 해결에 필요한 데이터를 모으는 영역과 모은 데이터를 분석하는 영역으로 구성되는 것이다.

[그림 1-2] 통계학을 구성하는 두 영역

(1) 데이터 수집

'문제'가 먼저 주어진 상황이라면, 통계학은 그 문제의 본질을 파악하고 이해하는데 필요한 데이터를 어떤 방법으로 얻어낼 것이며 어떤 형태로 정리하거나 가공할 것인지에 관한 이론과 기법을 다루는 학문이다. 따라서 이 관점에서 보면 통계학은 '데이터의 수집과 가공'에 관한 학문이라고 할 수 있다. 특히 빅 데이터의 경우에는 엄청남 양과 속도로 만들어지는 데이터 그리고 다양한 형태(숫자, 문자, 그림 등)로 만들어지는 데이터를 모으고 다루는 일 자체가 통계학의 과제가 된다.

(2) 데이터 분석

'데이터'가 먼저 주어진 상황이라면, 통계학은 주어진 데이터를 이용하여 어떤 주제의 의미를 분석하거나, 그 주제 안에 묻혀있는 정보를 추출하거나, 그 주제가 안고 있는 문제점을 해결하는 방안을 찾아내는 이론과 기법을 다루는 학문이다. 따라서 이 관점에서 보면 통계학은 이미 만들어져서 주어지는 '데이터의 분석과 활용'을 다루는 학문으로 볼 수 있다. 특히 빅 데이터의 경우에는 누구나 데이터를 만들어내고 언제 어디에서나 데이터가 만들어지는 상황에서 어떻게 하면 더 의미 있는 정보를 얻어내고 더 좋은 해답을 찾을 것인가가 통계학의 과제가 된다.

2. 통계학의 균형

저자들의 주관적 견해이긴 하지만 통계학을 전공하지 않는 사람이 오늘날의 통계학을 제대로 이해하기 위해서는 무엇보다 다음 세 가지의 균형(balance)에 유의해야 한다. 여기서 제시한 점들은 이 책의 전반에 걸쳐 가장 기본적이고 중심적인 원리의 역할을 한다.

(1) 이론과 기술의 균형

통계학이 응용과학이자 공통과학이 되기 위해서는 무엇보다 실용적이어야 한다. 하지만 동시에 과학적이어야 한다. 따라서 통계학을 제대로 이해하기 위해서는 '알고리즘 이론(theory)'과 '소프트웨어 기술(technique)'의 균형을 찾는 것이 중요하다. 복잡한 수리를 이해하기가 어려운 일이기는 하지만 그렇다고 소프트웨어 사용법에 초점을 맞추는 것은 더욱 곤란한 일이다. 이 책에서 통계 소프트웨어 사용에 관한 내용과 예시를 자세히 다루지 않는 이유도 여기에 있다.

(2) 데이터 양과 질의 균형

세상 전체에서 나오는 자료는 큰(large) 데이터이지만 실제로 사용할 수 있는 대부분의 자료는 작은(small) 데이터이다. 빅 데이터의 활용이 점점 늘어갈 것은 분명하지만 그렇다고 빅 데이터의 가치를 맹신하거나 빅 데이터 시대에는 더 이상 작은 데이터를 쓸 일이 없다는 생각은 위험하다. 데이터의 양(quantity)과 질(quality) 사이의 적절한 균형을 찾고 스몰 데이터와 빅 데이터 사이의 상호보완적 관계를 이해하는 자세가 중요하다.

(3) 전통적 통계와 베이지안 통계의 균형

최근의 통계학은 전통적인 주류 통계학과 새롭게 떠오르고 있는 베이지안(Bayesian) 통계학이 양립하고 있는 실정이다. 이 책은 기본적으로 전통적 통계학에 바탕을 두고 있다. 하지만 새로운 추세에 대응하여 베이지안 통계의 기본개념과 핵심이론에 대한 소개도 담고 있다. 어느 쪽이 좋다 나쁘다는 식의 이분법적 평가보다는 각각의 장점과 단점을 제대로 이해하고 상호보완적 활용의 지혜를 찾는 자세가 바람직하다.

배경 이야기: 통계학의 출발

통계학(statistics)이라는 응용과학의 출발에 대해 좀더 자세히 알아보자. 19세기에 이르러 인구가 늘어나고 사회가 복잡해지면서 수명, 혼인, 범죄, 자살 등의 사회문제에 대한 관심이 크게 올라가게 되었다. 그러면서 사회현상에 어떤 일반적 패턴이나 규칙이 있을 수 있고 그것을 정량적, 수학적으로 파악하고 정리하는 방법을 찾는 노력을 하게 된다.

이 과정에서 중요한 역할을 한 사람이 벨기에의 천문학자이자 사회학자인 케틀레(Quetelet)이다. 케틀레는 사람들의 출생률이나 사망률 등이 매년 거의 일정하며 그 밖의 주요 특성들도 중간값을 기준으로 양쪽으로 종 모양(bell-shaped)으로 펴져있다는 사실을 발견하였다. 인구현상이나 사회현상을 들여다 보면 일정한 규칙성이 존재한다는 것이다. 그 사실을 토대로 그는 '평균인(average man)'이라는 개념을 만들어 내었다.

개개인에 대한 데이터에는 규칙성이 없다. 그것은 오히려 17~18세기에 토대를 닦은 확률이론(probability theory)과 연결되는 문제이다. 하지만 개인의 데이터가 모두 모여 사회 전체의 데이터가 되면 그 안에서 규칙성이 만들어진다. 이제 그 규칙성을 이용하여 사회현상을 설명하게 되면 그 때부터 확률이라는 자연과학은 통계라는 응용과학으로 넓어지게 된다.

물론 그러한 사실을 이전 사람들이 전혀 몰랐을 리는 없다. 다만 그 시대에는 그러한 규칙성이 나타나는 이유를 자연이나 신의 섭리로 이해하려고 하였다. 하지만 케틀레는 이 문제를 과학적으로 접근하는 길을 열었고 그로부터 통계학이라는 응용과학이 생겨나게 된 것이다.

제3절 데이터의 속성

1. 데이터의 요건

데이터가 통계학의 바탕이라면 먼저 좋은 데이터가 있어야만 좋은 통계학을 할 수 있다. 그렇다면 좋은 데이터는 어떤 특성을 지니고 있어야 할까? 좋은 데이터의 기준과 요건은 다음 세 가지로 요약할 수 있다. 첫째, 데이터의 내용(contents)이다. 데이터 안에 좋은 내용이 담겨야 하는 것이다. 둘째, 데이터의 형식(format)이다. 데이터는 보기도 쉽고 쓰기도 편한 형식으로 만들어야 한다. 셋째, 데이터의 기호(symbol)이다. 데이터는 많은 요소들의 집합이기 때문에 각각의 요소에 이름을 붙여줘야 구분이 가능하다. 지금부터 이 세 가지 주제에 대해 좀더 자세히 알아보기로 하자.

2. 데이터의 내용

먼저 데이터는 도대체 어떻게 생겼으며 무슨 내용을 담고 있을까? 다시 말해 데이터 안에는 어떤 정보들을 담아야 할까? 세상에는 워낙 다양한 유형의 데이터가 존재한다. 어느 조직에 가서 어떤 일을 하든 데이터는 있기 마련이지만 각각의 내용과 모양은 모두 다르다.

그래서 하나의 예를 가지고 데이터의 구조와 내용에 대해 알아보도록 하자. 여기서는 우리 모두에게 해당되는 '사람'을 예로 들어본다. 앞에서 소개한 것처럼 사람은 통계학의 태동과 밀접하게 연결되어 있다. 케틀레(Quetelet)가 제시한 '평균적인 사람'이라는 개념은 통계학이 자연과학을 넘어 응용과학으로 퍼져나가는 중요한 계기를 마련한 것이다.

이제 우리도 사람에 대해 비슷한 일을 해보자. 먼저 사람에 대한 조사를 하려면 어떤 정보가 필요할까? 다시 말해, 사람이라는 대상을 잘 보여주는 특성들은 무엇일까? 물론 사람은 워낙 복잡한 생명체이자 사회적 동물이라 무수히 많은 특성을 가지고 있다. 그러나 여기서는 설명의 편의를 위해 다음 몇 가지만 생각해보자.

- 기본적 정보 – 성별, 연령, 직업
- 신체적 특성 – 신장, 체중, 혈액형, 혈압
- 지능적 특성 – 지능지수(IQ), 언어지능 지수
- 사회적 특성 – 소득수준, 가족 구성, 직업 만족도
- 생활패턴 특성 – 문화활동 관심도, 주간 운동횟수, 스마트폰 사용시간

여기서 우리가 파악할 수 있는 사실은 다음 세 가지이다.

- 첫째, 데이터에는 가능한 한 다양한 정보가 포함되어야 한다. 특히 우리가 조사하려고 하는 대상이 크고 복잡할수록 그 대상의 다양한 특성을 보여주는 정보가 필요하다. 위의 사람의 예에서 보는 것처럼, 인간을 설명하는 특성은 무수히 많다고 할 정도로 다양하다. 또 같은 사람이라고 해도 보는 관점에 따라 그 사람을 표현하는 특성은 달라지게 된다. 그러므로 데이터는 조사 대상의 다양한 측면을 골고루 반영할 수 있어야 한다.
- 둘째, 반드시 필요한 정보가 담겨야 한다. 정보의 내용이 다양하면 좋겠지만 그렇다고 무조건 다양할수록 좋은 것은 아니다. 만일 쓸데없는 쓰레기(garbage) 정보라면 그 양이 많을수록 오히려 분석만 어려워지고 나아가 잘못된 결과로 이어질 위험이 커진다.
- 셋째, 정확한 정보가 들어가야 한다. 데이터는 다양한 특성을 반영할 수 있어야 하고 또 필요한 정보를 반드시 포함해야 한다. 하지만 데이터를 얻는 과정에서 측정이 정확하게 이루어지지 않으면 아무런 소용이 없다. 부정확한 데이터는 잡음(noise)에 불과하기 때문이다.

배경 이야기: 데이터의 어원

데이터(data)라는 용어는 어디서 나온 것일까? 데이터는 '주어지는 선물(gift)'이라는 뜻의 라틴어 datum의 복수형에서 유래한 말이다. 선물의 종류는 아주 다양하다. 데이터는 어떤 의미를 가지는 값, 어떤 사실이나 개념, 조사나 실험을 통해 관측한 결과 등을 숫자, 문자, 기호, 그림, 사진, 소리 등으로 표현한 모든 것을 포함하기 때문이다.

특히 오늘날에는 개인은 물론 정부, 기업, 시장, 공장, 학교, 병원 등의 오프라인 현장과 인터넷, SNS 등의 온라인 매체에서 엄청난 규모(volume), 속도(velocity), 다양성(variety)으로 빅 데이터가 쏟아져 나오고 있다.

그러나 이 모든 데이터가 바로 '통계적' 데이터로 사용될 수 있는 것은 아니다. 끝없이 쏟아져 들어오는 선물이지만 주어진 그대로는 쓸모가 없기 때문에 적절한 가공작업이 필요하다. 통계적 이론이나 기법을 적용할 수 있는 형식과 기호에 맞추어 내용도 다듬고, 모양도 바꾸고, 이름표도 붙여주고, 배열도 가지런하게 하는 과정을 거쳐야 비로소 '통계적' 데이터가 되는 것이다.

3. 데이터의 형식

이번에는 데이터의 형식에 대해 알아보자. 예를 들어 1,000명의 사람들을 대상으로 앞에서 나열한 특성들의 값을 실제로 측정하였다고 하자. 이제 측정한 결과를 어떤 형태로 표현하는 것이 그 사람을 가장 잘 묘사하는 방식이 될까?

우선은 문서(text) 형태로 표현하는 방식을 생각할 수 있다. '그 사람은 키가 크고 두뇌가 명석하며 자신의 직업을 좋아하고 문화생활을 즐기는 40대의 남자'로 설명하는 식이다. 하지만 이런 식의 표현은 인문학이나 예술 쪽에 적합한 표현 방식이다. 다른 방식으로는, 좀더 구체적이고 정량적인 정보가 포함된 문서 형태로 보여주는 방식을 생각할 수 있다. '그 사람은 키가 175cm이고 몸무게는 68kg이며 일주일에 한 번씩 영화관람을 하는 40대의 남자'로 묘사하는 방식이다. 그러나 이러한 형식도 그 내용을 이해하기에는 쉬울지 모르나 여전히 서술식으로 되어 있기 때문에 수리적 분석에 적합한 형식은 아니다.

그렇다면 통계적 작업을 하는데 가장 효과적인 형식은 무엇일까? 역시 표를 만들어 정리해야 작은 공간에 많은 정보를 담을 수 있고 나아가 정량적인 분석을 하기에도 편리하다. 그 중에서도 특히 행(row)과 열(column)로 이루어지는 행렬(matrix) 모양의 표가 가장 적합한 형태가 될 것이다. 예를 들어 n명의 개인에 대해 각 개인을 m개의 특성으로 표현한다고 하자. 여기서 특성 1은 성별, 특성 2는 연령, 특성 3은 신장, 특성 m은 스마트폰 사용시간 등이 될 것이다. 이 정보를 행렬 형태로 표현하면 〈표 1-1〉과 같게 된다.

〈표 1-1〉 데이터 행렬의 기본형태

개인	특성 1	특성 2	특성 3	…	…	특성 m
이름	특성값	특성값	특성값	…	…	특성값

이제 이 표에 실제의 값을 집어 넣어보자. 만일 '키 172cm에 몸무게 68.3kg이며 하루에 스마트폰을 4.5시간 사용하는 25세의 남자인 홍길동씨'의 경우라면 〈표 1-2〉와 같은 행렬 모양이 만들어진다.

〈표 1-2〉 데이터 행렬의 예시

개인	성별	연령	신장	체중	…	스마트폰 사용시간
홍길동	남자	25	172	68.3	…	4.5

4. 데이터의 기호

그러나 위의 방식에도 여전히 문제가 남아있다. 사람의 특성을 연령, 성별, 신장, 체중 등의 문자로 표현하는 것은 정량적 분석을 하기에는 불편한 것이다. 대신 수리적 기호(symbol)로 표기하는 것이 가장 많은 정보를 가장 효율적으로 처리하기에 적합한 방식이 된다.

먼저 기호로 표기할 대상을 정리해보자. 데이터를 구성하는 두 개의 핵심요소는 '관측대상(observation)'과 '특성(attribute)'이다. 여기서 '관측'이라는 용어를 쓴 이유는 데이터를 얻는 방법에는 크게 관찰과 측정의 두 가지 방식이 있기 때문이다. 단순히 지켜보기만 하면서 값을 얻을 수도 있고 직접 조사를 하거나 실험을 하면서 얻을 수도 있는 것이다. 따라서 이 두 가지 방식을 아우르는 용어로서 관측이라는 단어를 사용하기로 한다.

위의 행렬표를 보면, 각각의 행(row)은 각 개인을 순서대로 나열한 관측대상들을 가리킨다. 그리고 각각의 열(column)은 개인들의 여러 가지 특성을 의미한다. 데이터는 한마디로 관측대상과 특성을 결합한 정보의 집합인 것이다. 그러므로 관측대상과 특성이 기호로 표기할 대상이 된다.

그러면 어떤 수리적 기호를 사용하는 것이 좋을까? 다시 위의 사람의 예로 돌아가보자. 먼저 각 개인은 관측(observation)의 대상이라는 의미에서 다음과 같이 O로 표기하자.

관측대상(observation): O

따라서 만일 n명의 개인이 있다면 각각의 개인은 순서대로 O_1, O_2, $\cdots$ O_n 으로 표기된다. 여기서는 1,000명의 개인을 대상으로 조사하였다고 했으니 n=1000이 될 것이다.

다음으로 각 특성은 다음과 같이 X로 표기하자.

변수(variable): X

여기서 X는 두 가지 의미를 가진다. 하나는 각 개인을 설명하는 특성이라는 뜻이다. 다른 하나는 변수(variable)라는 뜻이다. 사람을 묘사하는 특성이 다양하고 또 그 특성의 값이 사람마다 다르기 때문에 X로 표기하는 것이다. 만일 m개의 특성이 있다고 한다면, 각각을 X_1, X_2, … X_m 으로 표기할 수 있다. X_1은 성별, X_2는 연령, X_3은 신장, X_m은 스마트폰 사용시간 등이 되는 것이다. 앞의 예에서는 성별에서부터 스마트폰 사용시간까지 15개의 특성을 조사하였으니 m=15가 된다.

5. 데이터 행렬

n명의 사람에 대한 정보를 하나의 그릇에 담아야 하기 때문에 각각의 특성에 대해 개개인의 정보를 달리 표기해야 한다. 예를 들어, 성별의 경우라면 먼저 특성으로는 X_1이 되고, 이어서 그 특성에 대해 개인별로는 X_{11}, X_{12}, X_{13}, … X_{1n}의 식으로 표기된다. 이런 식으로 모든 개인에 대한 모든 특성값을 얻거나 만들 수 있다. 이 때 실제로 얻거나 만든 값을 '관측치' 또는 '관측값'이라고 한다.

이제 실제 관측치를 기입하면 〈표 1-3〉과 같은 표가 만들어진다. 이 모양은 행렬의 형태를 보이기 때문에 데이터 행렬(data matrix)이라고 부른다. 만일 n개의 관측대상 O와 m개의 변수 X를 결합하면 $n \times m$의 데이터 행렬이 만들어진다.

〈표 1-3〉 데이터 행렬의 기본구조

관측대상	변수				
	X_1	X_2	…	…	X_m
O_1	X_{11}	X_{21}	…	…	X_{m1}

O_2	X_{12}	X_{22}	…	…	X_{m2}
			X_{ij}		
O_n	X_{1n}	X_{2n}	…	…	X_{mn}

이어지는 〈표 1-4〉에는 통계 소프트웨어에서 데이터를 입력(input)시키는 모양을 보여주고 있다. 이제 이 데이터를 토대로 다양한 통계적 작업을 수행하게 되는 것이다.

〈표 1-4〉 통계 소프트웨어의 데이터베이스 형태

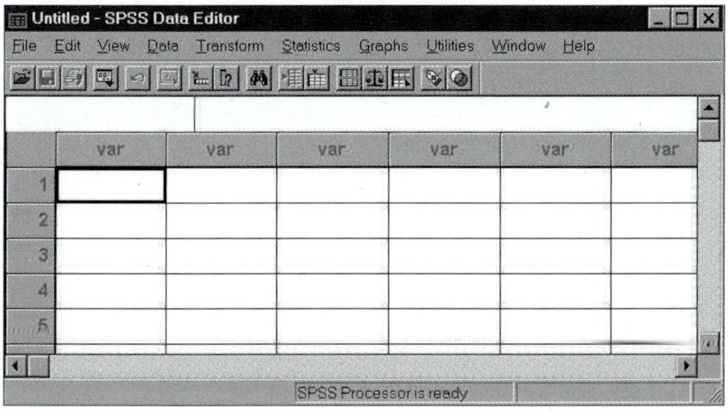

6. 실제 데이터 파일

통계 소프트웨어를 사용하여 실제로 데이터 파일을 만드는 방법은 크게 두 가지로 나눌 수 있다. 하나는 직접 데이터를 입력하는 방법이고, 다른 하나는 이미 만들어져 있는 데이터 파일을 불러오는 방법이다. 아래에 데이터를 입력하는 방법과 불러오는 방법의 과정을 간략하게 설명하였다. 이에 관한 보다 자세한 내용은 통계 소프트웨어의 사용 매뉴얼을 참고하기 바란다.

참고로 이 책에서는 SPSS 통계 소프트웨어를 사용하였다. 이어지는 장에서 나오는 모든 예제들도 이 소프트웨어를 이용하여 도출된 결과를 보여주고 있다. 물론 SPSS 외에 어떤 소프트웨어를 사용해도 문제는 없다.

(1) 데이터의 입력

[그림 1-3]에서 보는 것처럼, 데이터는 직접 입력할 수 있다. 여기서 데이터 변수 명과 데이터 특성은 변수 보기 탭에서 자유롭게 변경할 수 있다.

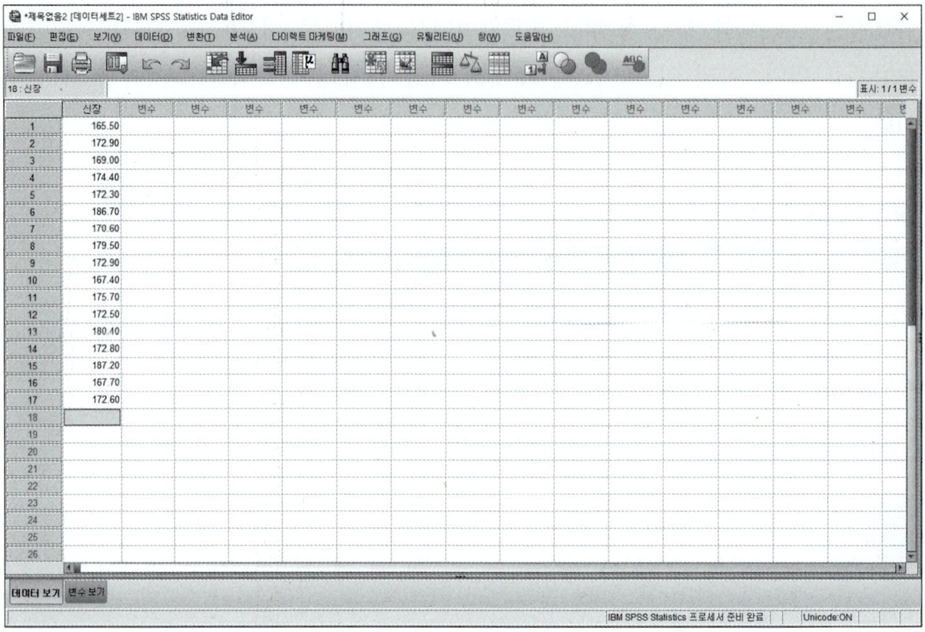

[그림 1-3] 입력 데이터의 예시

(2) 데이터 파일 불러오기

이미 만들어져 있는 데이터를 사용하기 위해서는 데이터 파일을 불러와야 한다. 먼저 파일 탭을 클릭하고 이어서 [파일]에서 열기 탭 안에 데이터를 클릭한 후, 데이터 파일의 확장자를 선택하여 열면 [그림 1-4]와 같은 데이터를 불러 올 수 있다.

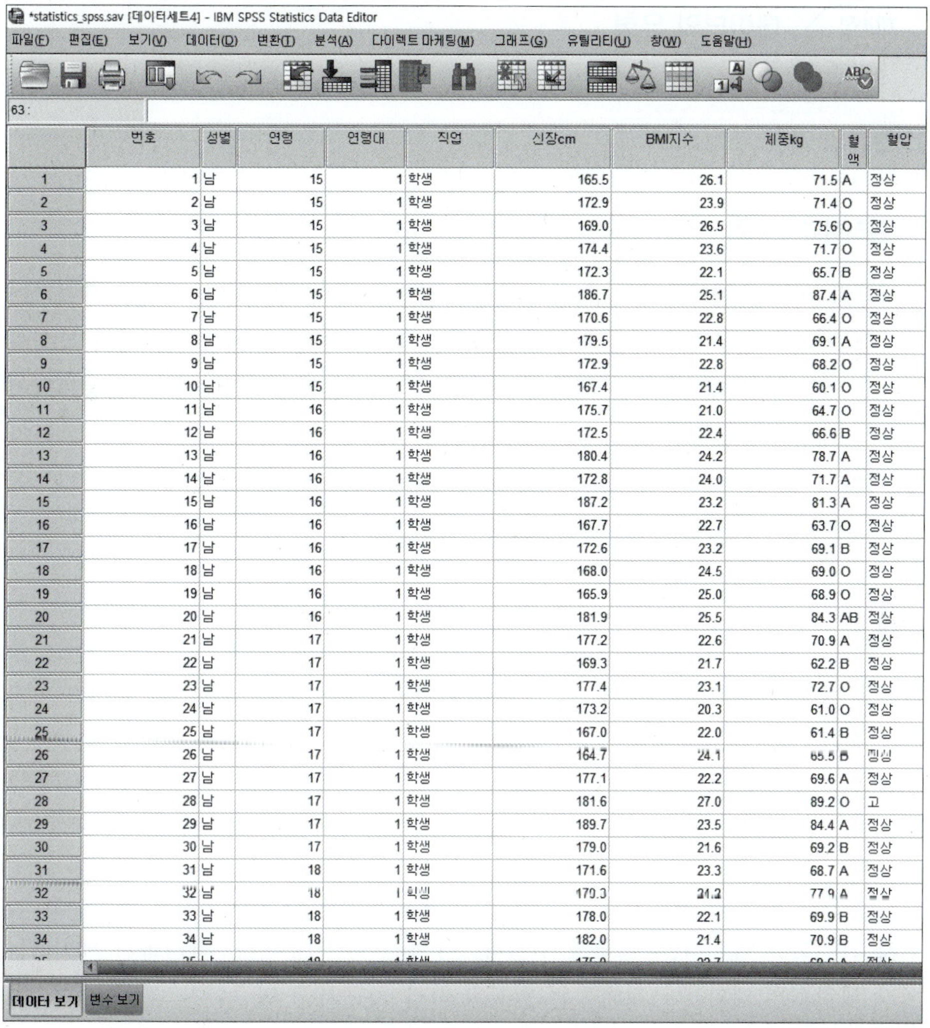

[그림 1-4] 불러온 데이터의 예시

제4절 데이터의 유형

1. 분류의 기준

(1) 관리화와 구조화

통계학이 다루는 데이터의 모양이나 성격은 시대에 따라 달라진다. 요즘의 데이터는 과거와 비교하여 무엇이 어떻게 달라졌을까? 특히 오늘날의 데이터는 어떤 특성을 지니고 있길래 빅 데이터라는 새로운 이름을 붙이는 것일까? 시대에 따라 통계학이 다루는 데이터가 달라진다는 사실을 설명하기 위해서는 먼저 데이터를 특성에 따라 몇 가지 유형으로 나누어야 한다. 그래야만 과거에는 저런 유형의 데이터를 다루었다가 지금은 이런 유형의 데이터를 다루고 있다고 말할 수 있기 때문이다.

데이터를 나누는 기준은 다양하다. 하지만 데이터의 성격과 용도를 나타내는 두 가지 핵심 기준은 '관리화(controlled)'와 '구조화(structured)'이다. 이 두 용어는 좀 어렵고 딱딱하게 들릴 수 있다. 또 모든 교과서에서 공통으로 사용하는 용어가 아닐 수도 있다. 하지만 데이터의 특성을 정확하게 파악하고 통계이론을 제대로 이해하기 위해서는 반드시 알아야 하는 개념이다.

가. 관리화

먼저 관리화는 데이터를 '어떻게 수집하느냐'에 관한 기준이다. 관리화된 데이터는 미리 세워놓은 계획이나 정해놓은 원칙에 따라 차근차근 만들어진 데이터이다. 따라서 데이터를 수집하는데 비용이나 시간이 많이 걸리고, 규모는 작지만 의미가 분명하고 용도도 확실한 데이터이다. 이에 반해 관리화되지 않은(uncontrolled) 데이터는 계획이나 원칙을 따르지 않고 여기저기에서 자유롭게 만들어져서 아무런 선별 과정 없이 쏟아져 들어오는 데이터이다. 당연히 분량도 많고 성격도 다양하기 때문에 그냥 그대로 쓸 수 없을 뿐 아니라 어디에 어떻게 써야 하는지도 세심하게 따져야 하는 데이터이다.

예를 들어 어느 지역에서 선거를 앞두고 모든 유권자들 가운데 '미리 정한 방식과 순서'에 따라 1,000명의 시민들을 임의로 골라 여론조사를 수행한다면 이 때 만들어진 데이터는 관리화된 데이터가 된다. 그러나 그 지역 안의 어느 백화점에서 식품

매장에 들어온 순서대로 1,000명의 고객을 골라 여론조사를 한다면 이 때 사용된 데이터는 관리화되지 않은 데이터가 된다.

나. 구조화

다음으로 구조화는 데이터를 '어떻게 정리하느냐'에 관한 기준이다. 수집한 정보가 행렬과 같은 일정한 표준 형식에 맞추어 가지런히 정리되어 있으면 그것은 구조화된 데이터이다. 구조화 데이터는 다른 말로 '정형(structured) 데이터'라고도 한다. 구조화된 정형 데이터는 바로 통계작업에 쓸 수 있다. 사칙연산을 할 수도 있고, 공식에 집어넣어 답을 구할 수도 있고, 방정식의 해를 찾을 수도 있기 때문이다. 하지만 그렇게 정리되어 있지 않은 데이터는 구조화되지 않은(unstructured) 데이터이다. 구조화되지 않은 데이터는 '비정형 데이터'라고 부르기도 한다. 이런 비정형 데이터는 먼저 일정한 형식에 맞도록 바꾸어주는 과정을 거쳐야 통계작업에 사용할 수 있다.

예를 들어 어떤 사람에 대해 '신장 183cm, 체중 68kg, 연령 43세, 성별 남자, 피부색 황색, 머리색 흑색'과 같이 표 모양 형식에 입력시켜 놓았다면 그것은 구조화 데이터가 된다. 하지만 '그 사람은 키는 상당히 크지만 몸무게는 가벼운 편인 황색 피부와 흑색 머리의 중년의 남자'라는 문장(text)으로 표현하거나 '최근에 찍은 그 사람의 사진(image)'으로 보여준다면 그것은 구조화되지 않은 데이터이다.

전통적인 통계학에서 다루는 데이터는 주로 '관리화되고 구조화'된 데이터이다. 이 책에서 다루는 많은 통계이론과 기법들은 기본적으로 이러한 데이터를 사용한다. 그러나 오늘날의 통계학은 관리화되지 않았거나 구조화되지 않은 데이터를 수집하고 분석하는 것도 새로운 주제로 다루고 있다. 따라서 정형화된 데이터를 다루는 이론과 기법은 당연히 이해해야 하지만 동시에 새로운 성격의 데이터에 대한 관심과 이해도 필요하다.

(2) 넓이와 높이

앞에서 본 것처럼 데이터를 행렬로 나타낼 때 그 모양은 넓이(width)와 높이(height)로 표현할 수 있다. 우선 넓다(좁다)는 말은 변수의 수가 많다는(적다는) 뜻이다. 행렬로 말하면 열(column)의 수가 많다는(적다는) 뜻이다. 분석대상의 속성이 복잡할수록 데이터는 더 넓어지게 된다. 왜냐하면 그 대상을 제대로 설명하고 표현하기 위해서는 한 두 가지의 변수로는 부족하고 훨씬 더 많은 변수가 필요하기 때문이다.

다음으로 높다(낮다)는 말은 관측대상이 많다는 뜻이다. 행렬로 말하면 행(row)의 수가 많다는(적다는) 뜻이다. 어떤 변수에 대해 n명의 사람(대상)들로부터 그 값을 측정하거나 수집한다고 할 때, n이 커질수록 데이터베이스의 높이도 올라가게 된다. 또 사람들을 몇 개의 그룹으로 나누어 값을 측정하는 경우에는 그룹의 수가 많아질수록 데이터의 높이도 올라가게 된다.

(3) 데이터의 유형

이제 위의 기준을 바탕으로 데이터를 몇 가지 유형으로 나누어보자. [그림 1-5]에서 보듯이 데이터는 크게 스몰(small), 라지(large), 그리고 빅(big) 데이터로 나눌 수 있다. 물론 여기서 제시하고 있는 데이터의 분류는 공식적인 것은 아니고 이 책에서 편의상 만든 것이다. 하지만 통계분석의 관점에서 데이터의 특성을 이해하기 위해서는 이런 식으로 나누는 것이 가장 적합한 분류하고 생각한다. 이제 각 데이터의 유형에 대해 좀더 자세히 알아보자.

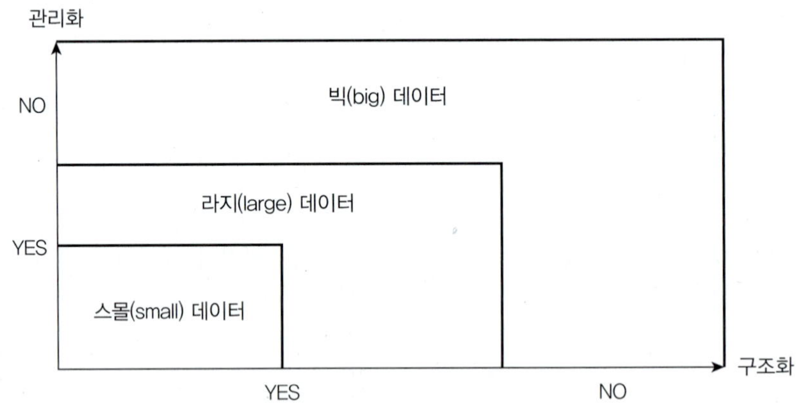

[그림 1-5] 데이터의 분류

가. 스몰 데이터

먼저 스몰 데이터(small data)는 관리화되고 구조화된 데이터이다. 즉 미리 정해진 원리와 규칙에 맞추어 정보를 수집하고 다시 그 정보를 행렬 모양에 맞게 정리한 데이터이다. 또한 스몰 데이터는 말 그대로 행과 열이 많지 않아서 넓지도 않고 높지도 않은 데이터이다. 계획에 맞추어 필요한 만큼의 데이터만 모으고 또 그것을 사용하기 쉽도록 깔끔하게 정리한 데이터이기 때문이다.

예를 들어 정교하고 복잡한 실험을 통해서 얻은 데이터, 하나의 대상에 대해 오랫동안의 관찰을 거쳐서 얻은 데이터, 특정한 시장에서 특정 고객들의 구매패턴을 조사한 데이터 등은 전형적인 스몰 데이터가 된다.

나. 라지 데이터

이에 비해 라지 데이터(large data)는 여전히 관리화되고 구조화된 데이터이지만, 그 넓이와 높이가 모두 커진 데이터를 가리킨다. 물론 스몰 데이터와 라지 데이터를 명확하게 구분하는 크기의 기준을 정하기는 어렵다. 통계 이론과 실무에서 흔히 표본의 크기(n)가 30보다 크면 대표본(large sample), 작으면 소표본(small sample)으로 나누는 것을 볼 수 있다. 여기서 30을 기준으로 하는 이유는 표본의 크기가 30보다 작으면 중요한 정리나 법칙(theorem)이 제대로 성립이 되지 않거나, 거꾸로 30을 넘어서면 그 이상 커져도 결과의 변화가 거의 없는 경향이 나타나기 때문이다. 하지만 이것은 물론 절대적인 기준은 아니다.

일반적으로 말하면 스몰 데이터에 비해 라지 데이터는 넓이와 높이에서 현저한 차이를 보인다. 앞의 예에서 정교하고 복잡한 실험을 훨씬 더 많이 해서 얻은 데이터, 하나의 대상에 대해 훨씬 더 오랫동안의 관찰을 거쳐서 얻은 데이터, 특정한 시장에서 특정 고객들의 구매패턴을 훨씬 더 많이 조사한 데이터 등은 라지 데이터가 된다.

데이터의 넓이와 높이가 증가한다는 것은 두 가지 의미를 담고 있다. 첫째는 얻을 수 있는 정보가 점점 많아진다는 뜻이다. 어떤 대상을 표현하고 이해하는데 필요한 더 많은 특성(변수)을 고려할 수 있고 또 더 많은 관측치를 분석할 수 있는 것이다. 둘째는 정보를 수집하고 저장하기가 점점 쉬어진다는 뜻이다. 데이터를 검색하고 정리하는 기술과 도구가 발전하면서 과거에 불가능하였던 대용량 데이터의 수집과 저장이 이제는 가능해진다는 것이다.

개념적으로 보면 스몰 데이터와 비교하여 라지 데이터의 효용이 더 크다. 데이터의 질(quality)을 유지하면서 더 많은 변수와 관측치들이 추가되기 때문이다. 그러나 크게 두 가지의 이유 때문에 여전히 스몰 데이터만을 사용해야 하는 경우도 많다. 첫째, 기술적 또는 환경적 제약 때문에 데이터의 크기를 더 이상 늘릴 수 없는 경우이다. 둘째, 경제성을 고려할 때 데이터를 늘리지 않는 것이 더 바람직한 경우이다. 더 많은 데이터를 얻는데 들어가는 비용과 시간에 비해 늘어난 데이터로부터 얻을 수 있는 효용이 더 작다면 굳이 데이터 규모를 키울 이유가 없는 것이다.

다. 빅 데이터

빅 데이터(big data)는 앞에서 말한 여러 유형의 데이터를 모두 아우르는 개념이다. 즉 다음 세 가지 데이터를 포괄하는 거대한 데이터의 집합을 의미하는 것이다.

- 첫째, 관리화되고 구조화된 데이터이지만 과거에 비해 넓이와 높이가 모두 엄청나게 커진 데이터를 가리킨다. 즉 라지 데이터가 더 확장되고 확대된 데이터이다. 이 경우의 빅 데이터는 데이터 자체의 성격이 바뀌었다는 것보다는 데이터를 수집하고 정리하는 기술과 도구가 크게 좋아졌다는 것을 뜻한다.
- 둘째, 관리화는 되어 있지 않지만 구조화는 되어 있는 데이터를 가리킨다. 관리화가 되어 있지 않다는 것은 데이터를 모으는 과정에서 특정한 원리와 규칙을 적용하지 않고 사방에서 쏟아져 들어오는 수많은 데이터를 그대로 받아들인다는 뜻이다. 하지만 일단 들어온 데이터는 행렬 모양에 맞게 정리하여 구조화된 데이터베이스를 만들게 된다.
- 셋째, 관리화도 되어 있지 않고 구조화도 되어 있지 않은 데이터를 가리킨다. 이런 데이터는 기존의 스몰 데이터나 라지 데이터와는 전혀 다른 성격을 지닌다. 따라서 빅 데이터의 차별적 특성을 가장 잘 보여주는 유형의 데이터라고 할 수 있다.

이해를 돕기 위해 하나의 예를 들어보자. 다음과 같은 세 가지의 데이터베이스가 주어져 있다고 하자.

- 데이터베이스 1: 어느 지역의 편의점에서 지난 달 물품을 구매한 고객을 남자와 여자로 나눈 후 임의로 각각 50명씩 골라서 품목, 가격, 시간 등의 구매내역을 정리한 데이터
- 데이터베이스 2: 전국의 대형 슈퍼마켓에서 지난 달 물품을 구매한 전체 고객을 대상으로 먼저 남자와 여자로 나눈 후 다시 주중과 주말로 나누어 각각 5,000명을 임의로 골라서 직업, 연령, 소득, 품목, 가격, 시간 등의 자세한 구매내역을 정

리한 데이터

• 데이터베이스 3: 전국의 대형 슈퍼마켓에서 지난 달 물품을 구매한 전체 고객의 구매내역, 각 슈퍼마켓의 위치를 표시하는 지도(map), 매장 배치를 보여주는 사진(image), 다양한 구매자들이 개인 블로그에 올린 구매제품의 사용 후기(text) 등을 모아놓은 데이터.

위에서 데이터베이스 1은 전형적인 스몰 데이터이다. 남녀로 구분한 후 임의로 일부 정보만을 추출한 관리화 데이터이면서 행렬표에 잘 정리된 구조화 데이터인 것이다. 당연히 크기는 작은 데이터이다. 한편 데이터베이스 2는 라지 데이터이다. 관리화 데이터이고 구조화 데이터이면서 스몰 데이터에 비해 내용도 더 다양하고 규모도 훨씬 큰 데이터인 것이다. 마지막으로 데이터베이스 3은 빅 데이터이다. 앞의 스몰 데이터와 라지 데이터도 담겨있지만 더 나아가 관리화되지 않고 구조화되지도 않은 엄청난 규모의 데이터를 모두 담고 있다. 데이터베이스의 규모가 감당하기 어려울 정도로 클 뿐 아니라 텍스트 정보나 그림 및 사진 정보와 같이 행렬 모양으로 표현할 수 있는 정보도 포함되어 있는 것이다.

(4) 데이터의 변화

이제 시간의 흐름을 따라 통계학에서 다루는 데이터의 유형이 어떻게 바뀌어 왔는지를 살펴보자. 초창기의 통계학은 주로 원시적인 라지(large) 데이터를 대상으로 하였다. 앞에서 설명한 것처럼 통계학이라는 응용과학은 사회적 현상 나아가 국가적 문제에 대한 관심에서 출발하였다. 따라서 데이터의 규모가 비교적 클 수 밖에 없었다. 하지만 원시적이라고 표현한 것처럼 그 당시에는 많은 양의 데이터를 빠르고 쉽게 수집할 수 있는 기술이 없었기 때문에 관리화와 구조화의 수준은 낮았다.

시간이 지나면서 크게 두 가지의 상반된 흐름이 나타난다. 첫째, 작은 스몰(small) 데이터를 다루게 된 것이다. 통계학의 관심이 농업현장, 실험현장, 제조현장 등으로 바뀌면서 작은 크기의 데이터밖에 얻을 수 없는 경우가 자주 일어났다. 데이터의 양이 줄어든 대신 질을 높일 수 있는 데이터 수집 계획과 기준들이 활용되고, 이렇게 얻은 스몰 데이터를 분석하는 통계 이론이나 기법들이 집중적으로 개발되었다. 둘째, 반대로 라지 데이터의 활용도 점점 늘어나게 된 것이다. 한편으로는 통계에서 다루어야 할 대상이 크고 복잡해지면서 필요한 데이터의 규모와 범위도 넓어지게 되고, 다른 한편으로는 데이터를 수집하고 가공하는 기술이 좋아지면서 더 많은 데이터를 더 쉽게 모을 수 있게 되었다. 그러면서 스몰 데이터와 비교하여 통계학이 다루어야 하고 또 다룰 수 있는 주제도 다양해지고 영역도 커지게 된다.

오늘날의 통계학은 빅(big) 데이터를 다루는 시대로 접어들고 있다. 이미 존재하는 스몰 데이터와 라지 데이터는 당연히 활용한다. 하지만 더 나아가 과거에는 데이터로 볼 수 없었던 정보들과 예전에는 모을 수 없었던 정보들도 모두 데이터로 활용을 하게 된다. 그러면서 통계학의 기능과 영역에 대한 논란도 커지고 있다. 기존의 스몰 데이터와 라지 데이터를 사용하는 부분만 통계학으로 볼 것인지 아니면 전혀 새로운 데이터를 사용하는 부분도 포함시킬 것인지, 통계학과 데이터 마이닝(data mining)이나 기계학습(machine learning)의 차이는 무엇인지 등에 대해 다양한 견해들이 나오고 있는 것이다.

이 책은 기본적으로 스몰 데이터와 라지 데이터를 사용하는 전통적 통계학에 초점을 맞춘다. 그 이유는 크게 두 가지로 요약할 수 있다. 첫째, 빅 데이터의 데이터 과학이라고 하더라도 스몰 데이터와 라지 데이터를 대상으로 하는 통계학의 기본이론과 원리를 바탕으로 하기 때문이다. 둘째, 빅 데이터 분석기법 중에는 처음부터 통계학이 아닌 다른 학문에 바탕을 두고 있는 경우도 있기 때문이다. 하지만 데이터의 시대적 변화와 더불어 새롭게 떠오르고 있는 주제들은 그때그때 소개할 것이다.

제5절 통계학의 구성

1. 통계작업의 내용

교과서를 만들 때 가장 중요하고도 어려운 결정은 주제를 어떤 순서로 담을 것인가 하는 것이다. 어느 학문이든 처음 생겨난 씨앗과 뿌리가 있고 자라난 줄기와 가지가 있다. 따라서 통계학 교과서도 통계학의 발전과정을 토대로 내용을 배열할 수 있다. 하지만 통계학이 하나의 뿌리에서 곧은 줄기와 가지를 치면서 발전해 온 것이 아니기 때문에 역사적 흐름만으로 통계학의 전체적 체계를 이해하기는 쉽지 않다.

그러면 무엇을 기준으로 통계의 구성도를 만들 것인가? 앞에서 통계학을 데이터에서 시작하여 데이터로 마무리되는 응용과학으로 정의하였다. 따라서 데이터의 기능과 용도를 기준으로 하는 것이 더 적합하다. 데이터를 이용하여 할 수 있는 실용적인 일들이 무엇이며, 그 일들을 어떤 순서로 배열하는 것이 가장 실무와 가깝게 이어질 수 있는지를 기준으로 하는 것이다.

먼저 통계학에 대한 사전지식이 거의 없고 통계실무의 경험도 별로 없다고 가정하자. 그러면 위의 데이터베이스를 가지고 무슨 일부터 시작할지 조금은 막막할 것이다. 그럴 때 가장 자연스러운 순서는 무엇일까? [그림 1-6]에서 보는 것처럼 그냥 일반인들이 가질 수 있는 관심의 순서대로 나아가는 것이다.

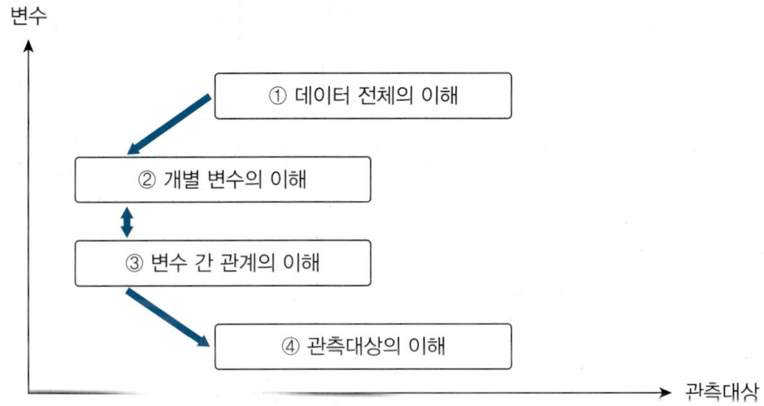

[그림 1-6] 데이터와 통계적 작업

데이터 행렬을 구성하는 두 개의 핵심 요소가 무엇인지 기억해보자. 하나는 행(row)을 구성하는 관측대상이다. 그리고 다른 하나는 열(column)을 구성하는 변수이다. 따라서 데이터로부터 우리가 할 수 있는 일 또는 하고 싶은 일들은 이 두 가지 요소 각각으로부터, 또 두 요소 간의 결합으로부터 유용한 정보를 얻어내는 작업이다.

보다 구체적으로는, 아래에 정리되어 있는 것처럼 데이터 전체의 특성과 구조에 관한 정보, 개별변수에 관한 정보, 변수와 변수의 결합에 관한 정보, 관측대상에 관한 정보가 통계작업의 대상이 되는 것이다.

- 데이터 전체에 관한 정보
- 개별변수(variable)에 관한 정보
- 변수와 변수의 관계와 결합에 관한 정보
- 관측대상(observation)에 관한 정보

2. 통계작업의 순서

(1) 데이터 전체의 정보

가장 먼저 하려고 하는 일 또는 하고 싶은 일은 데이터의 전체적인 모양을 알아보는 작업이다. 왜냐하면 대부분의 경우 데이터베이스는 크고 복잡하기 때문에 그대로는 전체적 구조나 모양을 알기 어렵기 때문이다. 그러기 위해서는 데이터를 한눈에 알아볼 수 있게 정리하는 작업을 해야 한다.

이 일은 데이터의 두 요소 가운데, 먼저 변수의 데이터가 주어진 상황에서 관측치에 대한 정보를 얻는 작업이다. 데이터를 구성하는 특성인 변수(X)에 대해 관측치들이 어떤 모양으로 나타나는지를 정리한 결과를 얻는 것이다. 예를 들어 신장이라는 변수에 대해 사람들의 키가 어떤 값으로 나타나는지, 또는 체중이라는 변수에 대해 사람들의 몸무게가 어떤 모양을 보이는지 등을 알아보는 것이다.

그러나 데이터가 '어떤 모양으로 나타난다'는 말은 모호한 표현이다. 사람 백 명이 모여서 하나의 집단을 이룰 때, 그 집단의 키나 몸무게의 데이터가 어떤 모양을 보이냐고 물어보면 명쾌하게 답변하기가 어렵다. 그럴 때 우리들은 어떤 식의 접근을 하게 될까? 가장 자연스럽고 상식적인 접근은 먼저 '중심(center)'이 어딘가를 찾아보고 그 다음에는 중심을 가운데에 두고 데이터 값들이 퍼져있는 '산포(dispersion)'의 정도를 살펴보는 것이다.

그러기 위해서는 데이터의 중심이나 산포도를 정량적인 값으로 보여주어야 한다. 이때 데이터로부터 얻는 정량적인 값을 통계에서는 통계량(statistics)이라고 한다. 그런데 주어진 데이터로부터 얻을 수 있는 통계량은 한 가지만 있는 것이 아니라 여러 가지가 있을 수 있다. 따라서 주어진 상황에서 어떤 통계량이 데이터의 중심을 가장 잘 보여주는지, 또는 산포의 정도를 잘 보여주는지를 알아내야 한다. 각 통계량의 장점과 단점은 무엇인지를 알아보는 것도 중요한 주제가 되는 것이다.

(2) 개별변수의 정보

데이터 전체의 모양을 살펴본 다음의 작업으로는 무엇을 할 수 있을까? 이제는 전체를 몇 개의 주제나 부분으로 나누어 좀 더 자세히 살펴보는 일을 하는 것이 자연스러운 순서이다.

그렇다면 무엇을 어떻게 나누는 것이 좋을까? 역시 변수를 하나하나 나누어 순서대로 알아보는 것이 좋을 것이다. 개별변수(X_i)에 대한 정보를 얻어내면 데이터의 내용과 성격을 보다 자세하게 이해할 수 있기 때문이다. 각각의 특성을 변수라고 불렀으니 하나의 변수에 대한 분석은 단변량(uni-variate) 분석이 된다.

(3) 변수관계의 정보

다음에 할 작업은 두 가지 이상의 특성을 동시에 분석하는 일이 된다. 이렇게 되면 통계학은 단변량 분석의 영역을 지나 여러 개의 변수를 다루는 다변량(multi-variate) 분석의 영역으로 넘어가게 된다. 다변량 분석은 두 개의 변수만 보는 이변량(bi-variate) 분석에서 시작하여 세 개 이상의 변수를 보는 다변량 분석으로 넓어지게 된다.

두 개 이상의 변수를 대상으로 하는 다변량 분석도 그 주제가 매우 다양하다. 변수 사이의 움직이는 패턴이 비슷한지 아닌지를 보는 상관관계의 분석에서 시작하여 어떤 변수는 원인이 되고 다른 변수는 결과가 되는 인과관계의 분석도 하게 된다.

(4) 관측대상의 정보

지금까지 변수 X에 대한 정보를 얻는 작업들을 했으니 자연스러운 다음 차례는 관측대상(O)에 대한 정보를 얻는 작업을 하게 된다. 얼핏 보면 제 각각인 구성요소들이지만 몇 가지 특성들을 기준으로 잘 살펴보면 그 안에는 비슷한 요소들끼리 모인 그룹들을 찾을 수 있다. 즉 전체의 관측대상을 몇 개의 소그룹으로 나누어 각 그룹의 특성을 자세히 살펴본다거나 그룹간의 차이를 비교하는 작업도 통계분석의 중요한 주제가 된다. 따라서 관측대상에 대해서 할 수 있는 대표적 작업은 군집(clustering)이나 분류(classification)가 된다.

지금까지 주어진 데이터를 가지고 할 수 있는 대표적인 분석의 주제를 살펴보았다. 이런 주제들을 모두 모아놓은 것이 통계학이라는 학문이며 통계라는 실무이다. 물론 여기서 제시한 주제들이나 기법들은 통계학 전체로 보면 일부에 불과할 수 있다. 그러나 여기서 그 방대한 양의 주제를 다 살펴볼 수는 없다. 더구나 그 중에 상당 부분은 이 책의 수준을 넘어서는 이론적 지식이 필요한 것들이다. 그러므로, 이어지는 장(chapter)들을 통해 이 책의 수준과 범위에서 다룰 수 있는 핵심적인 주제들을 하나하나 알아보도록 하자.

연습문제

▣ 개념이해 문제

1. 자연과학(natural science)과 응용과학(applied science)의 학문적 차이를 설명하고, 통계학은 왜 응용과학에 속하는지에 대해서 생각해 보시오.

2. 통계학의 3요소를 데이터(data), 알고리즘(algorithm), 컴퓨터(computer)라고 할 때, 각각의 기능과 역할이 무엇인지에 대해 설명하시오.

3. 통계학의 의미와 목적을 '주제가 주어진 상황'과 '데이터가 주어진 상황'의 두 가지 상황으로 나누어 서술하시오.

4. 좋은 데이터의 기준과 요건 세 가지가 무엇인지를 간략하게 서술하시오.

5. 데이터 행렬(data matrix)의 기본 구조에 대해 설명하시오.

6. 데이터의 관리화(controlled)와 구조화(structured)에 대해 설명하시오.

7. 데이터의 넓이(width)와 높이(height)에 대해 설명하시오.

8. 데이터의 관리화와 구조화, 데이터의 넓이와 높이를 기준으로 스몰 데이터(small data)와 빅 데이터(big data)의 차이를 비교하시오.

9. 변수(variable)와 관측치(observation)로 이루어진 데이터 행렬에 대한 통계작업을 통해 어떤 정보와 지식을 얻을 수 있는지에 대해 설명하시오.

10. 통계학에서 단변량(uni-variate) 분석, 다변량(multi-variate) 분석, 이변량(bi-variate) 분석의 의미를 설명하시오.

▣ 조사실습 문제

1. 다음에 제시된 각 경우의 실제 데이터를 찾아서 데이터 행렬의 구조와 내용을 알아보시오.

(1) 종합병원의 의료정보 데이터

(2) 이동통신 사용자의 만족도 조사 데이터

(3) 온라인몰 고객 구매 정보 데이터

(4) 생산공장의 생산량과 불량률 조사 데이터

(5) 전사적 자원관리(ERP) 시스템의 이해도와 활용성과 조사 데이터

2. 다음에 제시된 각 경우에서 스몰 데이터와 빅 데이터의 예시를 찾아서 둘 사이의 차이를 비교하여 보시오.

(1) 건강검진 데이터

(2) 이동통신 사용자 데이터

(3) 온라인몰 고객 데이터

3. 다음에 제시된 각 경우에 해당되는 실제 데이터를 하나씩 찾아서 그 성격과 내용에 대해 서술하시오.

(1) 관리화(controlled) 및 구조화(structured) 데이터

(2) 관리화되지 않은(uncontrolled) 데이터

(3) 구조화되지 않은(unstructured) 데이터

CHAPTER

02

데이터 척도

STATISTICS

contents

배경과 요약(Background & Summary)

통계작업을 시작하기 위해서는 먼저 데이터 행렬의 빈칸을 실제의 관찰치 또는 측정치로 채워야 한다. 이 때 하나의 관측치가 유용한 데이터가 되기 위해서는 다음 두 가지의 질문에 대한 대답이 필요하다. 첫째는 '무엇(what)을 관측하는 것인가'라는 질문에 대한 답이고 둘째는 '어떻게(how) 관측할 것인가'라는 질문에 대한 답이다.

먼저 무엇을 관측하는가를 생각해보자. 무엇을 표현하기 위해서는 변수의 의미를 정의해야 한다. 변수의 정의는 다음 두 단계로 이루어진다. 하나는 개념적 정의(conceptual definition)이다. 이것은 말 그대로 그 변수가 뜻하는 것을 개념적 그리고 정성적으로 설명하는 것을 가리킨다. 다음으로는 실질적 정의(operational definition)이다. 실질적 정의는 앞의 개념적 정의를 측정이 가능한 형태로 바꾸어 준 것이다.

이어서 어떻게 관측할 것인가에 대해 알아보자. 데이터의 측정을 위해서는 우선 데이터의 단위인 척도(scale)를 정해야 한다. 데이터의 척도는 활용 목적에 따라 크게 명목 척도, 서열 척도, 등간 척도, 비율 척도의 네 가지로 나눈다.

척도의 선택이 이루어진 이후에는 어떤 방법으로 실제의 데이터 값을 관측하게 할지의 문제가 남아있다. 같은 척도라고 하더라도 정량적인 값을 설정하는 방식은 여러 가지가 있을 수 있기 때문이다. 이것을 측정기법(scaling technique)이라고 부른다. 이 장에서는 이들 주제들에 대해서 자세히 알아보기로 하자.

핵심주제와 용어(Main Theme & Keywords)

데이터 의미와 형태

- 데이터의 개념적 정의
- 데이터의 실질적 정의
- 측정 가능성과 적합성
- 데이터 단위

데이터 척도

- 분류 목적 척도와 비교 목적 척도
- 명목 척도
- 서열 척도
- 등간 척도
- 비율 척도

데이터 측정기법

- 명목 척도 기법
  - ✓ 이분법과 선다형 기법
- 서열 척도 기법
  - ✓ 쌍대비교, 서열순위법, 리커트 척도법
- 등간 척도 기법
  - ✓ 수치형식 척도, 의미형식 척도, 동일간격법
- 비율 척도 기법
  - ✓ 직접측정법, 상수합계법, 기준대비법

CHAPTER 02

데이터 척도

제1절 데이터의 단위

1. 기본개념

앞 장에서 데이터베이스의 모양을 어떻게 설계하는지를 설명하였다. 데이터 내용에는 어떤 정보를 담고, 데이터 형식은 어떤 양식으로 표현하고, 데이터 기호는 어떤 문자로 표기할지를 알아본 것이다. 그러면 다음에 할 일은 무엇일까? 당연히 그 안에 내용물을 채워 넣어 데이터베이스를 만드는 것이다. 데이터 행렬(data matrix) 안의 빈칸을 실제의 관찰치 또는 측정치로 채워야 하는 것이다.

그런데 자세히 들여다보면 우리가 조사하려고 하는 특성의 성격에 따라 그 의미가 분명한 변수도 있지만 뜻이 모호한 변수도 있다. 앞 장에서 살펴본 사람의 예로 돌아가 보면, 사람을 설명하는 특성으로 아래의 몇 가지를 제시하였다.

- 기본적 정보 – 성별, 연령, 직업
- 신체적 특성 – 신장, 체중, 혈액형, 혈압
- 지능적 특성 – 지능지수(IQ), 언어지능 지수
- 사회적 특성 – 소득수준, 가족 구성, 직업 만족도,
- 생활패턴 특성 – 문화활동 관심도, 주간 운동횟수, 스마트폰 사용시간

위의 특성 가운데 성별, 키, 몸무게 등은 의미가 분명한 변수들이다. 누구에게 물어보아도 그 뜻이 모두 같은 변수들이다. 이런 변수들의 특징은 모두 '객관적'이라는 점이다. 누가 정의를 내려도 그 의미가 달라질 수 없고, 누가 측정을 해도 값이 달라질 수 없으며 또 달라져서도 안 되는 값들이다. 이런 변수들은 측정하기 쉬운 따라서 값을 채워 넣기가 쉬운 것들이다.

그러나 직업에 대한 만족도 또는 문화활동의 관심도라는 특성은 성격이 좀 다르다. 그 뜻이 모호할 수 있고 심지어는 사람마다 해석이 달라질 수도 있다. 먼저 직업에 대한 만족도를 생각해보자. 현재의 직업에 아주 만족할 수도 있고 반대로 불만에 가득 차 있을 수도 있지만 이를 구체적으로 정의하고 정량적인 값으로 측정하기는 만만치 않다. 마찬가지로, 어떤 사람이 문화생활을 중요하게 생각한다고 해도 막상 그 중요도를 수치로 나타내는 것은 쉽지 않다. 어떤 브랜드에 대한 선호도나 어떤 소프트웨어에 대한 충성도와 같은 변수들도 유사한 성격을 지닌다. 이런 변수들은 모두 '주관적'이라는 특징을 보인다. 따라서 무슨 의미인지 개념적으로 이해는 되지만 실질적으로 측정하기는 쉽지 않다.

하지만 데이터는 어떤 대상의 특성을 명확한 단위를 사용하여 분명한 값으로 측정한 것을 가리킨다. 데이터베이스의 빈칸에 채워 넣기 위해서는 그 값을 실제로 측정할 수 있어야 하는 것이다. 따라서 하나의 측정값이 데이터가 되기 위해서는 다음 두 가지의 질문에 대한 대답이 필요하다. 첫째는 '무엇(what)을 관측하는 것인가'라는 질문에 대한 답이고, 둘째는 '어떻게(how) 관측할 것인가'라는 질문에 대한 답이다.

2. 변수의 정의

먼저 '무엇을 관측하는가'에 대해 생각해보자. 변수들 가운데에는 무엇에 대해 고민할 필요가 없는 변수들이 대부분이다. 앞에서 예를 든 것처럼, 신장과 체중 등은 그 자체로서 무엇을 의미하는지가 명확하다. 이런 변수들에 대해서는 무엇이라는 질문에 대해 다시 생각할 필요가 없다. 그러나 무엇이라는 것을 구체적으로 설명하기 쉽지 않은 변수들도 있다. 앞에서 예를 든 문화활동 관심도라는 특성은 명확한 데이터 값으로 측정하기가 쉽지 않다.

여기에서 측정 변수에 대한 다음 두 가지의 정의가 필요하게 된다. [그림 2-1]에서 보듯이, 우선 하나는 개념적 정의(conceptual definition)이다. 개념적 정의는 말 그대로 그 변수가 뜻하는 것을 개념적, 정성적으로 설명하는 것을 가리킨다. 만일 그 변수의 의미가 처음부터 분명한 경우라면 굳이 이 정의를 제시할 필요가 없다. 사람의 신장이나 몸무게 같은 변수는 개념적 정의가 필요 없는 것들이다. 그러나 문화생활에 대한 취향이나 상품 브랜드에 대한 의견 등은 개념적 정의가 필요한 것들이다. 문화생활에 대한 관심도, 특정 브랜드에 대한 선호도와 같이, 그 변수의 개념을 먼저 제시하는 것이 필요하다. 이것이 그 변수에 대한 개념적 정의이다.

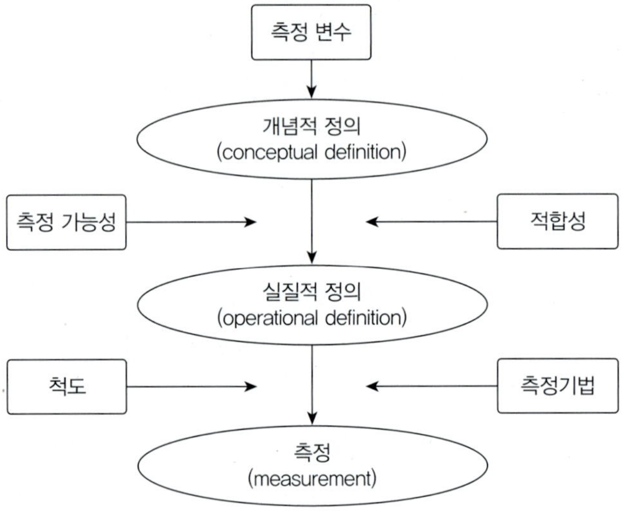

[그림 2-1] 변수의 개념적 정의와 실질적 정의의 과정

다음으로는 실질적 정의(operational definition)이다. 이것을 다른 말로 조작적 정의라고 부르기도 한다. 실질적 정의는 앞의 개념적 정의를 구체적 형태로 바꾸어 준 것이다. 많은 경우에 개념적 정의는 말 그대로 눈에 보이지 않고 손에 잡히지 않는 모양으로 표현된다. 따라서 통계 작업이 가능한 데이터로 만들기 위해서는 그것을 정량적인 값이나 명확한 단어로 표시해야 한다. 이 때 개념적 정의를 실제로 측정과 계산이 가능한 모양으로 구체화시킨 것이 바로 실질적 정의이다.

여기서 주의할 점은 하나의 개념적 정의에 대해 실질적 정의는 여러 가지로 제시될 수 있다는 사실이다. 문화생활에 대한 관심도는 하나의 개념적 정의이다. 이제 이 개념적 정의를 어떻게 실질적 정의로 바꿀 수 있을까? 먼저 '매월 문화활동에 지출하는 비용'이 하나의 실질적 정의가 될 수 있을 것이다. '매월 문화행사에 참여하는 횟수'나 '문화활동에 사용하는 시간' 등도 실질적 정의가 될 수 있다. 아니면 사지선다형으로 '중요함, 보통임, 중요하지 않음' 중 하나를 선택하는 식으로 정의할 수도 있다.

다시 [그림 2-1]에서 보는 것처럼 개념적 정의에서 실질적 정의로 넘어가기 위해서는 다음 두 가지 요건이 만족되어야 한다. 첫째, 측정 가능성이다. 어떤 내용과 형태로 실질적 정의를 내리든 간에 일단은 측정을 할 수 있어야 한다. 즉 정량적인 수치로 측정하거나 명확한 범주로 선택하는 것이 가능하도록 만들어야 하는 것이다. 둘째, 적합성이다. 실제로 하려고 하는 조사의 목적이나 성격에 잘 맞도록 그 의미를 정해야 한다. 즉 실질적 정의는 개념적 정의를 가장 잘 반영할 수 있는 형태로 정해져야 하는 것이다.

3. 변수의 척도

앞에서 무엇에 대해 설명하였으니, 이제 '어떻게'에 대해 생각할 차례이다. 어떤 변수에 대해 개념적 정의를 거쳐 실질적 정의를 내렸다고 하자. 그렇다고 그 자리에서 바로 측정을 할 수 있는 것은 아니다. 그 변수를 정량적인 값으로 측정하려면 먼저 그 값의 단위(metric)를 정해야 한다. 이 때 어떤 변수의 값을 나타내는 단위를 통계에서는 척도(scale)라고 한다. 따라서 어떤 변수를 정량적인 값으로 측정하려면 먼저 그 값의 척도를 선택해야 한다.

그런데 변수의 성격에 따라 측정의 단위를 정하기가 쉬운 변수도 있지만 쉽지 않은 변수도 있다. 〈표 2-1〉을 보면 사람의 신장이나 체중을 측정하는 것은 쉬운 일이다. cm, kg과 같은 단위가 분명하기 때문에 측정도구를 이용하여 재기만 하면 된다. 그러나 문화활동의 비중이라는 변수의 측정은 그렇게 간단하지 않다. 변수는 하나지만 그 변수를 측정하는 데는 여러 종류의 단위를 사용할 수 있기 때문이다.

〈표 2-1〉 변수의 단위의 예시

개인	성별	연령	신장	문화활동 비중	직업 만족도	스마트폰 사용시간
홍길동	남자	25	172	20%	매우 만족	4시간/일

만일 주관적으로 측정한다고 하면 '매우 중요함, 중요함, 보통임, 중요하지 않음, 전혀 중요하지 않음' 가운데 하나를 선택하게 할 수 있다. 정량적으로 측정한다면 '매월의 문화활동비 지출액'과 같이 화폐 단위로 표시할 수 있다. 아니면 '전체소득 가운데 문화활동비의 비율'과 같이 percent 값으로 표시할 수도 있다. 이처럼 어떤 단위를 선택하느냐에 따라 데이터의 척도가 달라지는 것이다.

배경 이야기: 척도와 단위

어떤 물건이나 사람의 상태를 재기 위해 단위나 눈금을 사용한 역사는 아주 오래되었다. 도량형에서, 도(度)는 길이를 측정하고, 양(量)은 부피를 측정하고, 형(衡)은 무게를 측정하는 자나 저울을 뜻한다. 오늘날의 도량형은 길이, 부피 및 무게를 넘어 시간, 모양, 신체적 상태, 심리적 상태, 생활패턴 등의 측정 기준이나 수단까지를 포함하고 있다.

도량형의 크기를 측정하기 위한 눈금의 표시를 척도(scale)라고 한다. 오랫동안 도량형 제도는 나라마다 다른 척도를 사용하여 왔다. 예를 들어 중국을 중심으로 하는 척관법, 영국이나 미국을 중심으로 하는 야드-파운드법, 프랑스가 중심이 되어 만들어진 미터법 등은 지금도 폭넓게 사용되는 대표적 척도이다.

그러나 나라마다 상이한 척도를 사용하면 불편하고 복잡한 문제들이 생기기 마련이다. 그래서 19세기 후반에 국제적으로 통용할 수 있는 제도로 채택한 척도가 바로 미터법(metric system)이다. 미터법은 길이의 기본단위

(unit)로 미터를, 부피의 기본단위로 리터를, 무게의 기본단위로 킬로그램을 사용하는 십진법의 척도를 토대로 한다.

데이터(data)도 어떤 대상의 상태를 정량적으로 보여주는 것이므로 당연히 척도(scale)를 사용하게 된다. 더구나 오늘날의 데이터는 숫자뿐 아니라 문자, 기호, 그림, 사진, 소리 등을 모두 포함하기 때문에 데이터를 측정하고 표현하기 위해서는 하나의 척도가 아니라 여러 가지의 척도가 필요하다. 사용할 수 있고 또 사용해야 하는 척도의 종류도 다양해지는 것이다.

제2절 척도의 유형

1. 기본개념

그렇다면 데이터의 척도에는 어떤 종류들이 있을까? 먼저 데이터의 척도는 데이터의 유형에 따라 달라진다. [그림 2-2]에서 보듯이 크게 보면 데이터는 양적(quantitative) 데이터와 질적(qualitative) 데이터로 나눌 수 있다. 양적 데이터는 무게, 온도, 점수 등과 같이 수치로 나타낼 수 있는 데이터이다. 양적 데이터는 다시 이산형(discrete) 데이터와 연속형(continuous) 데이터로 이루어진다. 같은 수치이지만 하나하나 셀 수 있는 수치도 있고 따로 떼어서 셀 수 없는 수치도 있는 것이다. 이에 반해 질적 데이터는 성별이나 취미와 같이 수치로 나타낼 수 없는 데이터를 가리킨다.

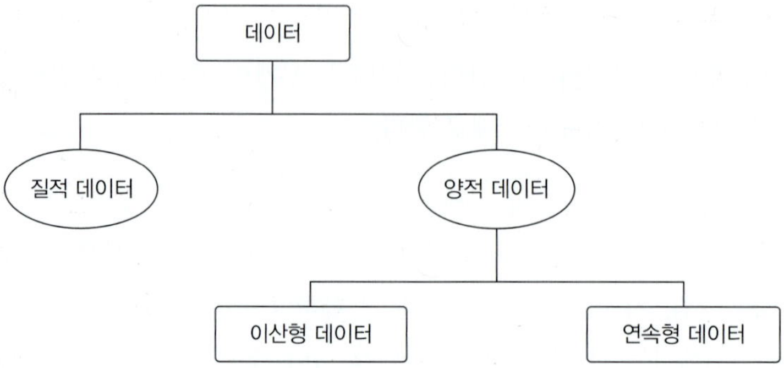

[그림 2-2] 데이터의 유형

위의 분류를 토대로 데이터는 활용 목적에 따라 크게 명목 척도, 서열 척도, 등간 척도, 비율 척도의 네 가지로 나눈다. 명목 척도는 질적 데이터의 측정에 주로 사용되고 등간 척도와 비율 척도는 양적 데이터의 측정에 사용된다. 서열 척도는 둘 사이의 중간에 속한다고 할 수 있다.

그러면 각각의 척도는 어떤 용도에 사용되는 것일까? [그림 2-3]에 도시되어 있는 분류표를 보자. 통계작업의 목적은 크게 분류와 비교로 나눌 수 있다. 먼저 분류는 말 그대로 어떤 대상을 자신에게 가장 맞는 범주(category)에 집어넣는 일을 가리킨다. 예를 들어 성별이라는 변수는 남자인지 여자인지 둘 중에 하나로 분류하는데 쓰인다. 이럴 경우에 사용되는 척도가 명목 척도이다.

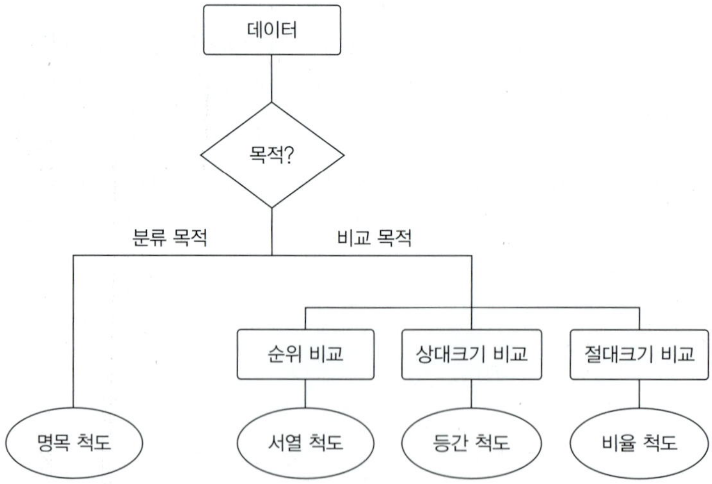

[그림 2-3] 데이터 척도의 분류

다음으로 비교는 여러 대상들의 실제 값을 측정하여 그 차이를 가리는 일을 가리킨다. 하지만 비교에도 여러 가지 방식이 있다. 예를 들어 가장 큰 값과 가장 작은 값까지의 순위를 매길 수도 있고, 더 큰 값과 덜 큰 값 사이의 상대적 비교를 할 수도 있고, 10만큼 큰 값과 10만큼 작은 값의 절대적 비교를 할 수도 있다. 이 때 어떤 비교를 하느냐에 따라 서열 척도, 등간 척도, 비율 척도 등이 사용된다.

통계에서 데이터의 척도가 중요한 의미를 갖는 이유는 다음 두 가지이다. 첫째, 데이터의 구조화(structured)를 위해서는 데이터의 척도가 반드시 필요하기 때문이다. 데이터를 행렬과 같은 일정한 표준 형식에 맞추어 정리하기 위해서는 먼저 그에 맞는 척도가 정해져야 한다. 둘째, 척도에 따라 분석 기법이 달라지기 때문이다. 뒤에서 다시 설명하겠지만 데이터가 어떤 척도로 되어 있느냐에 따라 적합한 통계기법의 선택도 달라지게 된다. 지금부터 각 척도의 성격과 용도에 대해 자세히 알아보자.

2. 척도의 유형

(1) 명목 척도

명목 척도(nominal scale)는 어떤 특성 변수를 여러 가지 범주(category)로 나눈 후, 관측치를 해당되는 범주에 배치하는데 사용되는 척도이다. 따라서 이 척도를 바탕으로 만들어진 데이터를 범주형 자료(categorical data)라고 한다.

앞의 사람의 예에서 보면, 성별이 대표적인 명목 척도의 변수라고 할 수 있다. 홍길동이라는 관측대상의 성별은 남자 또는 여자의 두 가지 유형 가운데 남자로 분류된다. 그 외에도 어떤 사람이 기혼인지 미혼인지, 거주 지역이 서울, 경기, 충청, 강원, 영남, 호남 가운데 어느 지역인지, 좋아하는 문화활동이 영화, 음악, 미술, 스포츠, 여행 중에 무엇인지 등은 모두 명목 척도에 해당된다. 이 때, 성별과 같이 남자와 여자의 두 가지 범주만 있으면 이항(bi-nomial) 변수이고, 혈액형처럼 세 가지 이상의 분야가 있으면 다항(multi-nomial) 변수이다.

명목 척도는 문자로 표기할 수 있다. 성별이라는 변수라면 남자 또는 여자라는 두 개의 범주로 나눌 수 있는 것이다. 하지만 통계 분석을 위해서는 문자보다는 숫자 또는 기호로 표기하는 것이 더 바람직하다. 대부분의 경우, 남자=1, 여자=2와 같이 숫자로 범주를 나누거나 숫자 이외의 다른 기호로 나누게 된다.

어떤 식으로 표기하든 명목 척도로 된 변수에서 데이터 값의 크기는 아무런 의미를 갖지 못한다. '2(=여자)가 1(=남자)보다 크다'라는 뜻이 전혀 아니라는 것이다. 그냥 여러 범주 가운데 하나의 범주에 해당된다는 것을 가리킬 뿐이다. 따라서 더하기, 빼기, 곱하기, 나누기 등의 연산을 할 수 없다. 나아가 평균이나 분산 등의 통계량 값을 구하는 것도 의미가 없다. 다만 빈도(frequency)나 비율(proportion) 등의 값이 의미를 가진다. 전체 1,000명 가운데 남자의 빈도가 550, 여자의 빈도가 450이라고 말하거나 비율이 각각 55%, 45%라고 말하는 것은 유용한 정보가 된다.

여기서 주의할 점은 어떤 변수를 복수의 범주로 나눌 때 범주의 구성에 주의해야 한다는 것이다. 특히 다음 세 가지 요건이 만족될 수 있도록 범주를 나누어야 한다.

- 첫째, 상호배타적으로(mutually exclusive) 분류해야 한다. 각각의 범주가 다른 범주와 중복이 되어서는 안 된다. 성별이라는 변수를 남자와 여자로 나누는 것은 중복이 없으므로 좋은 분류가 된다. 그러나 대한민국 여권을 가지고 있는 사람과 미국 여권을 가지고 있는 사람으로 나누는 것은 좋은 분류가 아니다. 왜냐하면 두 가지 여권을 모두 가진 사람도 많이 있기 때문이다.
- 둘째, 완전한 집합(complete set)을 구성해야 한다. 제외되는 관찰대상이 있어서는 안 되는 것이다. 대한민국 국민의 거주 지역을 서울, 영남, 호남 가운데 하나로 선택하게 하면, 부산, 충청, 강원, 제주 등의 지역이 제외되는 문제가 생긴다.
- 셋째, 분류 기준이 명확하게 제시되어야 한다. 예를 들어, 거주 지역이 강남 또는 강북인지를 물어본다거나 동서남북 가운데 하나를 선택하게 하는 것은 바람직하지 않다. 강남과 강북의 구분이 애매할 수 있고 동, 서, 남, 북의 구분은 모호한 기준이기 때문이다.

(2) 서열 척도

서열 척도(ordinal scale)는 다른 말로는 순서 척도로 부르기도 한다. 이것은 관측치 사이의 크기, 수량, 비중 등의 비교(comparison)를 위해 사용되는 척도이다. 따라서 어떤 변수의 관측치를 바탕으로 우열의 정도, 선호의 정도, 중요성의 정도 등을 상대적으로 비교하는 데 사용된다. 앞의 예로 돌아가 보면, 직업에 대한 만족도를 '아주 만족, 만족, 보통, 불만족, 아주 불만족'의 순서로 나누는 것은 전형적인 서열 척도에 해당된다. 다른 예로는, 20명의 사람들을 소득액의 크기에 따라 1번부터 20번까지 순위를 매기면 서열 척도의 데이터가 된다.

명목 척도와 마찬가지로 서열 척도도 문자로 표기할 수도 있지만 숫자로 표기하는 것이 일반적이다. 만족도를 아주 불만=1, 불만=2, 보통=3, 만족=4, 아주 만족=5와 같이 수치로 표현하는 것이다. 당연한 말이지만, 문자 대신 숫자로 표기하는 이유는 그렇게 하면 통계적 분석이 좀 더 원활해지기 때문이다.

서열 척도에서 주의할 점은 수치의 크고 작음에 따라 순위는 알 수 있지만 순위 간의 간격을 알 수는 없다는 사실이다. 1, 2, 3의 순위가 주어지면, 어느 것이 가장 크고 어느 것이 가장 작은지의 순서는 알 수 있지만 그렇다고 그것이 1과 2 사이, 그리고 2와 3 사이의 간격이 동일한 것을 뜻하는 것은 아니라는 것이다.

명목 척도처럼, 서열 척도로 되어 있는 데이터는 통계적으로 분석할 수 있는 작업이 제한적이다. 순위나 서열로 표현되기 때문에, 수치의 크기에 대해 3 > 2 > 1 등과 같은 부등식 관계의 비교는 가능하지만 1=3-2와 같은 등식 관계의 연산은 할 수 없다. 물론 명목 척도처럼 빈도와 비율 등을 파악할 수는 있다.

(3) 등간 척도

등간 척도(interval scalc)는 다른 말로 구간 척도라고도 한다. 등간이라는 용어의 의미는 간격(interval)이 동일하다는 뜻이다. 따라서 등간 척도는 어떤 변수에 대한 측정값 사이에 다음 두 가지 정보를 알려준다. 첫째, 크기의 상대적 순서를 보여준다. 1이 2보다 앞에 있고 2는 3보다 앞에 있는 것이다. 여기까지는 앞의 서열 척도와 다를 것이 없다. 둘째, 순서 간의 간격의 차이도 보여준다. 1과 2 사이, 그리고 2와 3 사이에 어느 정도의 차이가 있는지도 알 수 있는 것이다. 이것은 서열 척도가 줄 수 없는 추가적인 정보이다.

앞의 예에서 지능지수(IQ)를 보자. 어떤 사람의 지능지수가 135라고 한다면 그 값은 분명 125보다는 높고 145보다는 낮다. 세 값 사이의 순서를 정할 수 있는 것이다. 더 나아가 125보다는 10만큼 더 높고 145보다는 10만큼 더 낮다는 정보도 알 수 있다. 아래 위로 10만큼의 동일한 간격 또는 거리가 존재한다는 사실을 알려주는 것이다. 다른 예로 물가지수나 주가지수 등도 등간 척도로 되어 있는 지표이다.

등간 척도의 데이터에 대해서는 부등식 관계의 비교는 물론 등식 관계의 연산도 가능하다. 50=150-100의 관계가 성립되는 것이다. 그러나 주의할 점은 등간 척도에서 나타나는 차이는 상대적 차이이지 절대적 차이는 아니라는 사실이다. 가장 좋은 예가 온도계이다. 온도계는 눈금이 동일한 간격, 즉 등간으로 나뉘어져 있다. 그러나 20℃가 10℃보다 2배 더 더운(따뜻한) 기온이라고 말할 수는 없다. 그 이유는 온도라는 척도는 0℃라는 절대적 영점을 토대로 만든 것이 아니라 얼음이 어는 빙점을 기준으로 만든 상대적 영점을 기준으로 하기 때문이다. 지능지수도 마찬가지여서, IQ 200인 사람이 IQ 100인 사람보다 2배 더 머리가 좋다고 말할 수는 없다. IQ에서 절대적으로 0이라는 값은 존재할 수 없기 때문이다.

경우에 따라서 서열 척도와 등간 척도의 차이를 분명하게 구분하기 쉽지 않을 수 있다. 앞에서 어떤 대상에 대한 만족도를 아주 불만 = 1, 불만 = 2, 보통 = 3, 만족 = 4, 아주 만족 = 5와 같은 수치로 표현한 것을 서열 척도라고 하였다. 그러나 다른 관점에서 보면 등간 척도로 볼 수도 있지 않을까? 여기서 가장 중요한 판별의 기준은 수치 사이의 간격이다. 1과 2 사이 또는 2와 3 사이 등이 간격의 크기와 상관없이 단지 순서의 차이를 보여주는 것이면 그것은 서열 척도가 된다. 그러나 순서뿐 아니라 둘 사이의 동일한 간격의 차이까지를 의미한다면 등간 척도가 된다.

(4) 비율 척도

비율 척도(ratio scale)는 앞에서 설명한 다른 척도들의 상대적 성격을 모두 지니면서 나아가 수리적인 계산도 가능한 절대적 성격도 가지는 척도를 가리킨다. 그러므로 0이라는 값의 의미를 적용할 수 있는 척도이다.

앞의 예에서 보면 신장, 체중, 스마트폰 사용시간 등이 비율 척도에 해당된다. 실제로 2m라는 길이는 1m라는 길이보다 2배 더 긴 값이고 100kg이라는 무게는 10kg이라는 무게보다 10배 더 무거운 값이다. 또한 2시간이라는 시간도 1시간이라는 시간보다 2배 더 긴 시간이다.

비율 척도는 상대적 크기뿐 아니라 절대적 크기도 나타내기 때문에 두 값의 차이는 물론 두 값의 비율도 의미를 가진다. 따라서 가장 많은 정보를 담을 수 있는 척도이다. 실제로 통계 분석에서 사용되는 데이터의 대부분은 비율 척도로 되어 있다고 할 수 있다.

3. 척도의 비교

(1) 척도의 수준

지금까지 설명한 네 가지 척도는 서로 어떤 관계를 지니고 있을까? 이 척도들 사이에는 일종의 '수준(level)' 개념이 있다. 명목 척도가 가장 낮은 수준의 척도이며, 반대로 비율 척도가 가장 높은 수준의 척도라고 할 수 있다. 여기서 수준이라는 용어를 쓴 이유는 높은 수준의 데이터일수록 통계적으로 할 수 있는 작업이 많고 반대로 낮은 수준의 데이터일수록 적기 때문이다. 또한 높은 수준으로 측정한 데이터는 낮은 수준의 데이터로 바꿀 수 있지만 반대로 낮은 수준의 데이터는 높은 수준으로 바꿀 수 없기 때문이기도 하다.

예를 들어 체중과 같은 변수는 0에서 시작하여 절대적 크기를 표현할 수 있기 때문에 비율 척도가 된다. 동시에 체중은 값 사이의 간격도 일정하고, 무겁고 가벼운 것 사이의 순서도 존재하고, 과체중/정상체중/저체중으로 나눌 수도 있기 때문에 등간 척도, 서열 척도, 명목 척도로 바꿀 수도 있다. 그러나 과체중/정상체중/저체중 가운데 하나를 선택한 명복 척도의 데이터로부터 비율 척도인 정확한 몸무게 값을 얻을 수는 없다. 즉 낮은 수준의 척도를 높은 수준의 척도로 바꾸는 것은 불가능한 것이다.

각각의 척도로 되어 있는 데이터를 사용하여 얻을 수 있는 통계량도 달라진다. 뒤에 다시 나오지만, n개의 데이터가 주어졌을 때 데이터 전체의 중심이 어디에 있는지를 보여주는 지표로는 평균(average), 중앙값(median), 최빈값(mode) 등이 있다. 평균은 n개의 데이터 값을 더한 후 n으로 나눈 값이고, 중앙값은 n개의 데이터를 크기 순서로 줄을 세웠을 때 가운데 있는 데이터 값이며, 최빈값은 가장 자주 나오는 데이터 값을 가리킨다.

이 때 명목 척도로 되어 있는 데이터는 각 범주의 빈도만이 의미가 있기 때문에 최빈값이 대표적인 통계량이 된다. 한편 서열 척도의 데이터는 순서로 되어 있기 때문에 중앙값을 가장 중요한 통계량으로 사용한다. 이에 비해 등간 척도의 데이터부터는 평균을 통계량으로 쓸 수 있다. 그러나 등간 척도는 데이터 간의 상대적 크기만을 알 수 있기 때문에 산술평균(arithmetic mean)만이 의미를 가진다. 마지막으로 비율 척도의 데이터는 절대적 크기도 알 수 있기 때문에 산술평균은 물론 기하평균

(geometric mean)도 통계량으로 사용할 수 있다.

다시 자세하게 설명하겠지만, 명목 척도나 서열 척도로 되어 있는 데이터를 사용하여 할 수 있는 통계분석을 비모수 분석(non-parametric analysis)이라고 한다. 이에 반해 등간 척도나 비율 척도로 되어 있는 데이터를 이용하여 할 수 있는 통계분석을 모수 분석(parametric analysis)이라고 한다. 〈표 2-2〉는 각 척도의 특성과 차이를 정리하여 보여주고 있다.

〈표 2-2〉 데이터 척도의 분류와 비교

유형	목적	대표 통계량	분석 분야
명목 척도 (nominal scale)	분류	최빈값 (mode)	비모수 분석 (non-parametric analysis)
서열 척도 (ordinal scale)	순위 비교	중앙값 (median)	
등간 척도 (interval scale)	상대크기 비교	산술평균 (arithmetic mean)	모수 분석 (parametric analysis)
비율 척도 (ratio scale)	절대크기 비교	기하평균 (geometric mean)	

(2) 척도의 선택

어떤 변수에 대해 가장 적합한 척도가 한 가지로만 정해지는 것은 아니다. 주로 다음 몇 가지 목적이나 이유에 따라 사용할 척도의 유형은 달라질 수 있다.

- 첫째, 조사의 목적이 분명한 경우이다. 예를 들어 연령이라는 변수를 생각해 보자. 일반적으로 나이는 16세, 36세, 51세와 같은 비율 척도로 측정한다. 하지만 조사의 목적이 미성년층과 성년층의 의식 수준을 비교하는데 있다고 하면, 개개인의 정확한 나이를 알려주는 비율 척도보다는 미성년과 성년의 두 범주로 나누는 명목 척도를 사용하는 것이 더 바람직하다.

- 둘째, 정보 수집의 용이성이다. 연령 데이터로 다시 돌아가 보자. 노인계층을 대상으로 '처음 흡연을 시작한 나이가 몇 살입니까?'라고 물어본다면 정확한 나이를 기억하지 못하는 경우가 많다. 그런 경우에는 '11-15', '16-20', '21-25', '26-30' 중에 하나를 고르는 식으로 물어보면 더 쉽게 측정할 수 있다.

- 셋째, 응답률을 올리기 위한 목적이다. 예를 들어 소득수준이나 소비수준을 화폐 단위로 밝히라고 하면 대부분의 사람들은 개인적인 정보이기 때문에 제대로 응답하기를 꺼려한다. 그 대신 상, 중, 하의 범주 가운데 하나를 선택하게 하면 응답률이 올라가게 된다.

제3절 측정의 기법

1. 기본개념

앞 절에서 데이터의 척도(scale)는 네 가지 유형으로 나눌 수 있으며, 각 유형은 서로 다른 성격을 지닌다는 사실을 이해하였다. 따라서 어떤 변수가 주어지면, 그 변수의 특성과 용도에 따라 가장 적절한 척도를 선택하게 된다. 그렇다면 척도의 선택으로 변수의 측정은 모두 끝나는 것일까? 그럴 수도 있지만 그렇지 않은 경우가 대부분이다. 왜냐하면, 같은 척도에 대해서도 실제로 데이터 값을 측정하는 방법은 다시 여러 가지로 갈라질 수 있기 때문이다.

앞에서 예를 든 문화활동의 중요도라는 변수를 생각해보자. 묶어서 문화활동이라고 하지만 그 안에도 다양한 종류가 있다. 대표적인 문화활동으로 음악, 미술, 스포츠, 영화, 게임 등이 주어져 있다고 하자. 이 중에 무엇을 좋아하는가에 대한 변수는 분류의 문제이기 때문에 명목 척도를 사용하게 된다. 그러나 주어진 명목 척도에 대해서도 실질적인 측정 방법은 다양하게 선택될 수 있다. 여러 활동 중에 하나만 고르게 할 수 있는가 하면, 좋아하는 모든 활동을 고르게 할 수도 있다. 따라서 사용할 척도가 선택된 이후에도 어떤 방법으로 실제의 데이터 값을 측정할 지의 문제가 남게 된다. 이 문제를 측정기법(scaling technique)이라고 부른다.

주어진 척도에 대해 사용할 수 있는 측정기법은 매우 다양하다. 그 많은 기법들을 모두 설명할 수는 없고 또 설명할 필요도 없기 때문에 여기서는 대표적으로 많이 사용되는 기법들에 대해서만 간략히 설명하기로 한다.

2. 명목 척도의 측정기법

여러 번 설명한 것처럼 명목 척도의 목적과 기능은 분류이다. 여러 개로 나뉘어진 범주나 종류 가운데 측정하고 있는 변수가 어느 범주에 속하느냐를 보여주는 데이터인 것이다. 여기서 다시 한 번 주의할 점은 여러 범주 사이에 하나를 선택(choice)하는 것이지 범주 사이의 순위(rank)를 정하는 것은 아니라는 사실이다. 단순히 각 관측대상을 해당되는 범주로 분류할 따름이지 어느 범주가 다른 범주보다 더 좋다/나쁘다 또는 크다/작다의 의미는 전혀 아니라는 것이다. 이 점을 염두에 두고 명목 척도의 데이터를 측정하는 대표적 기법들을 알아보자.

(1) 이분법

가장 먼저 생각할 수 있는 측정기법은 두 가지의 범주로 나누는 것이다. 이 방법은 흔히 이분법(dichotomous) 또는 예-아니오(yes-no) 기법이라고 부른다. 이 기법의 원리는 아주 단순하기 때문에 기법의 설계도 매우 간단하다. 예를 들어, 성별이라는 변수에 대해 남자 또는 여자 중의 하나를 고르게 한다든가, 연령이라는 변수에 대해 성년, 미성년으로 나누는 식으로 하면 되는 것이다.

(2) 선다형 기법

더 넓은 분류에 사용될 수 있는 기법은 선다형 또는 다항 선택(multiple choices) 기법이다. 이 기법의 원리도 비교적 단순하다. 이번에는 둘 중에 해당되는 하나를 고르는 것이 아니라 여러 개 중에 해당되는 것을 고르게 하는 것이다. 앞의 이분법보다는 선택의 폭이 넓기 때문에 더 신축적이며 동시에 더 많은 정보를 얻을 수 있는 장점이 있다.

하지만 선다형 기법 안에도 여러 가지 상이한 측정기법이 만들어질 수 있다. 예를 들어, n개의 범주로 나뉘어져 있는 경우라고 하자. 첫 번째 기법은 n개 중에 가장 적합한 하나만 고르는 방식이다(pick only one out of n). 두 번째 기법은 n개 중에 해당되는 m개를 고르게 하는 방식이다(pick m out of n). 여기서 물론 m개는 2개 이상이다. 세 번째 기법은 n개 중에 해당되는 모든 것을 고르게 하는 방식이다(pick any out of n).

3. 서열 척도의 측정기법

서열 척도는 순위 개념이 있는 척도이다. 따라서 좋다/나쁘다 또는 크다/작다의 순위를 정하는 것이 측정의 핵심이다. 여기서 순위를 정하는 기준과 과정은 크게 두 가지로 나눌 수 있다. 하나는 직접적인 비교를 통해 순위를 정하는 척도(comparative scale)이고 다른 하나는 비교를 통하지 않고 간접적으로 순위를 정하는 척도(non-comparative scale)이다.

위의 두 가지 기준의 차이를 설명하기 위해 먼저 다음의 예를 보자. 문화활동과 관련하여 음악, 영화, 미술, 여행의 네 가지 유형이 주어졌다고 하자. 여기에서 '음악과 영화 가운데 어느 것을 더 좋아하십니까?'라고 물어보는 것은 음악과 영화의 직접적인 비교를 바탕으로 순위를 정하는 방법이다. 하지만 '문화활동 가운데 음악을 어느 정도 좋아하십니까?'라고 물어보고 이어서 '문화활동 가운데 영화를 어느 정도 좋아하십니까?'라고 물어보는 것은 음악과 영화의 직접적 비교를 통하지 않고 순위를 파악하는 방법이다. 이러한 차이를 염두에 두고 서열 척도의 측정에 사용되는 기법들에 대해 알아보자.

(1) 쌍대비교

쌍대비교(pair-wise comparison)는 말 그대로 두 개의 비교 대상을 동시에 놓고 순위를 비교하는 기법이다. 위에서 예를 든 문화활동을 본다면, 음악과 영화, 음악과 미술, 음악과 여행, 영화와 미술 하는 식으로 두 개의 대상으로 이루어진 모든 쌍(pair)에 대해 일일이 상대적 선호도를 비교하는 것이다.

쌍대비교를 하는 이유는 일반적으로 인간이 가질 수 있는 판별 능력의 한계 때문이다. 대부분의 평가자는 비교 대상이 많아지면서 대상 간의 우열을 정확하게 판별하기 어려워진다. 예를 들어 5개의 대상을 놓고 1등부터 5등까지의 순위를 정하는 것은 쉽지 않은 일이다. 하지만 2개만을 놓고 우열을 가리는 것은 그보다 훨씬 쉬운 일이다.

쌍대비교에도 크게 두 가지의 접근방법이 있다. 하나는 모든 쌍에 대해 단순히 선호도만을 비교한 후 빈도(frequency)의 합으로 순위를 정하는 것이다. 〈표 2-3〉을 보자. 첫 번째 행(row)에 음악, 영화, 미술, 여행을 배열한 후, 먼저 음악과 비교한

다른 활동의 선호도를 측정한다. 다른 활동보다 음악을 더 선호하면 해당 셀(cell)에 ∨ 표시를 한다. 이런 방식으로 모든 활동에 대해서 쌍대비교를 하게 된다. 예를 들어 영화는 음악보다 선호도가 높고, 미술보다도 높고, 여행보다도 높기 때문에 모든 대상에 대해 ∨ 표시가 되어 있다. 반면에 여행은 모든 대상보다 선호도가 낮기 때문에 ∨ 표시가 하나도 없다. 이제 모든 셀에 측정값을 채워 넣은 후 마지막에는 ∨ 표시의 빈도를 합산한다. 그 결과 빈도의 순서에 따라 영화(3)>음악(2)>미술(1)>여행(0)의 순위가 만들어지게 된다.

〈표 2-3〉 문화활동 선호도의 쌍대비교표: 선호도 빈도

	음악	영화	미술	여행
음악		∨		
영화				
미술	∨	∨		
여행	∨	∨	∨	
빈도	2	3	1	0

다른 하나는 쌍대비교의 결과를 점수로 채워 넣는 방법이다. 〈표 2-4〉를 보자. 여기에서는 쌍대비교의 결과를 1과 5 사이의 점수로 측정하고 있다. 쌍대비교의 대상보다 아주 더 많이 좋아하면 5점, 많이 더 좋아하면 4점, 상당히 더 좋아하면 3점, 더 좋아하면 2점, 둘 사이에 차이가 없으면 1점 하는 식으로 표시하는 것이다. 그러면 반대의 경우에는 어떤 값을 설정할까? 예를 들어 음악이 주어졌을 때, 음악을 영화보다 아주 더 많이 좋아하면 5점을 설정한다. 이 때 반대로 음악에 대한 영화의 선호도 값은 무엇으로 할 것인가? 이 때는 흔히 역수(reciprocal)의 값인 1/5을 설정한다. 이렇게 점수로 측정한 후에는 점수의 크기를 기준으로 순위를 정할 수 있다.

〈표 2-4〉 문화활동 선호도의 쌍대비교표: 선호도 점수

	음악	영화	미술	여행
음악	1	5	3	1
영화	1/5	1	1/3	1/3
미술	1/3	3	1	1/3
여행	1	3	3	1

(2) 서열순위법

서열순위법(rank-ordering)은 위의 쌍대비교를 확장하여 세 개 이상의 대상을 동시에 비교하여 대상들 간의 순위를 명확하게 정하도록 하는 방법이다. 따라서 평가자는 자신이 생각하는 선호도나 우열의 크기에 따라 1등부터 n등까지의 순위를 직접 측정하게 된다.

〈표 2-5〉에서 보듯이, 영화>음악>미술>여행 사이의 순위가 분명하게 표시되어 있다. 이 방법은 평가자로 하여금 반드시 순위를 정하게 강요한다는 뜻에서 강제순위법(forced ranking)으로 불리기도 한다.

〈표 2-5〉 문화생활 선호의 순위비교표

유형	순위(rank)
음악	2
영화	1
미술	3
여행	4

(3) 리커트 척도법

리커드 척도법(Likert scaling)은 리커드가 제안한 척도로 측정하는 기법으로 서열척도의 측정에 폭넓게 사용되는 대표적 기법이다. 이 방법은 다른 말로는 총화척도법(summated scaling)으로 부르기도 하는데, 그 이유는 어떤 변수에 대해 하나의 문항이 아니라 여러 개의 관련 문항들을 동시에 물어본 후 여러 문항에 대한 측정 결과의 합(sum)을 바탕으로 순위를 정하기 때문이다.

〈표 2-6〉을 보자. 여기서는 영화라는 문화활동에 대해 네 개의 관련 문항들을 동시에 물어보고 있다. 이 문항들은 서로 관련되어 있지만 그렇다고 완전히 중복되는 것들은 아니다. 먼저 각 문항에 대해 '전혀 아니다'에서 '매우 그렇다'의 범위에서 1점에서 5점의 점수로 응답하도록 한다. 다음에 모든 문항의 점수를 합하여 최종적인 점수를 매긴다. 네 개의 문항이 있으므로 점수의 합은 최소 4점에서 최대 20점이 된다. 여기에서는 네 문항 점수의 합이 17이 된다.

〈표 2-6〉 문화활동의 선호도의 총화점수

항목	전혀 아니다	아니다	어느 쪽도 아니다	그렇다	매우 그렇다
	1	2	3	4	5
영화는 삶의 에너지를 준다					5
영화는 경제적 문화활동이다			3		
영화는 사회성을 높여준다				4	
영화는 유용한 지식을 준다					5
합(sum)			17		

리커트 척도에서 점수를 설정하는 방식은 여러 가지가 있다. 위의 예에서는 1점에서 5짐까지의 점수를 부여하기 때문에 5점 리커트 척도(5-point Likert scale)라고 한다. 만일 1점부터 7점까지의 점수를 부여하면 7점 리커트 척도(7-point Likert scale)가 된다. 이 때 점수의 폭을 늘릴수록 서열의 차이를 좀더 자세하게 볼 수 있는 장점이 있지만 동시에 순위를 명확하게 정하기 어려워진다는 단점도 있다.

여기서 하나의 문항이 아니라 여러 개의 관련 문항을 묶어서 측정하는 이유는 무엇일까? 어떤 변수를 보다 정확하게 측정하기 위해서는 하나의 문항에 대한 응답만으로는 불충분할 수 있다. 그보다는 여러 개의 관련 문항들에 대한 측정값을 모아서 그 합을 측정값으로 사용하면 일관성이 올라가게 된다. 따라서 이 방법의 가장 큰 장점은 평가자 또는 조사자의 주관적 의견을 줄일 수 있고 나아가 상대적으로 높은 신뢰도와 타당성을 얻을 수 있다는 것이다.

그러나 단점으로는 먼저 여러 개의 관련 항목들을 만들어내기가 쉽지 않다는 점을 들 수 있다. 또한 여러 항목의 총점을 사용하기 때문에 각 항목의 의미가 묻힐 수 있다는 문제점도 지적할 수 있다. 이러한 이유 때문에, 여러 항목을 동시에 측정을 하지 않고 그 중에 가장 대표적인 하나의 항목에 대해서만 측정하는 간편한 방법도 자주 사용된다.

(4) 의미차이법

의미차이법(semantic differential scaling)은 말 그대로 어떤 표현이 지니는 의미

(semantic)의 차이를 바탕으로 순위를 정하는 방법이다. 서로 상반되는 형용사적 표현을 양쪽의 끝(bipolar)에 표시한 후 그 사이에 적절한 의미의 표현을 배치하여 순위를 평가하는 것이다. 따라서 이 기법은 조사 대상에 대한 주관적 느낌이나 이미지의 차이를 평가할 때 자주 사용된다.

예를 들어 아래에서 보는 것처럼 어느 신제품을 사용한 후의 반응을 측정하기 위해 '매우 불편하다'와 '매우 편리하다'를 양쪽 끝에 배치하고 그 사이에 불편하다, 그저 그렇다, 편리하다 등을 끼워 넣는 식이다.

매우 불편하다	불편하다	그저 그렇다	편리하다	매우 편리하다

여기서 주의할 점은, 표현들 사이에 순위의 차이는 있지만 그 차이의 간격이 동일하지는 않다는 사실이다. 예를 들어 매우 편리하다-편리하다-그저 그렇다를 보면, 세 가지 표현 사이에 느낌의 순서는 분명히 있다. 하지만 매우 편리하다-편리하다 사이와 편리하다-그저 그렇다 사이의 간격이 같다는 의미는 아니다. 만일 이 간격의 크기가 같다면 이 척도는 서열 척도가 아니라 뒤에 나오는 등간 척도로 바뀌게 된다.

4. 등간 척도의 측정기법

등간 척도는 눈금 사이의 길이(interval)가 동일한 척도이다. 하지만 측정 대상의 성격에 따라 정량적인 값으로 눈금을 매길 수 있는 경우도 있지만 정성적인 값으로 측정해야만 하는 경우도 있다. 예를 들어 사람의 체온을 측정하는 경우에는 눈금의 크기를 쉽게 정할 수 있다. 하지만 사람의 정서적 느낌을 측정하는 경우라면 그 느낌을 눈금으로 나타내는 것이 쉽지 않을 수 있다.

따라서 정량적 척도의 경우에는 측정기법도 간단하다. 도구를 이용하여 눈금에 맞는 값을 얻으면 되기 때문이다. 그러나 주관적 척도의 경우에는 그렇게 간단하지 않다. 느낌의 차이를 수치의 차이로 바꾸어 주는 과정을 거쳐야 하기 때문이다. 이런 이유 때문에 등간 척도의 측정에도 다양한 측정기법들이 사용되고 있다. 대표적인 기법들만 간략히 알아보도록 하자.

(1) 수치 형식의 척도

주관적 느낌이나 판단을 등간 척도로 표시할 때는 크게 수치 형식(numeric format)과 의미 형식(semantic format)을 쓸 수 있다. 먼저 수치 형식으로 측정할 때는 평가자의 느낌이나 의견의 수준을 아예 처음부터 숫자로 표현한다. 예를 들어 〈표 2-7〉에서 보듯이 영화에 대한 반응을 아주 나쁘다를 1로, 매우 좋다를 5로 설정하여 그 중에 적절한 숫자를 선택하게 하는 것이다. 이렇게 하면, 주관적인 느낌이나 의견의 차이가 동일한 눈금의 수치로 표현되기 때문에 등간 척도가 된다.

〈표 2-7〉 수치 형식(numeric format)의 등간 척도

항목	1	2	3	4	5
영화에 대한 반응					V

(2) 의미 형식의 척도

그 다음으로, 주관적 느낌이나 판단의 차이를 의미 형식으로 표현하는 경우를 보자. 이 때는 평가자의 느낌이나 의견 차이를 말(words)로 표현한다. 예를 들어, 〈표 2-8〉에서 보듯이 영화에 대한 반응을 최악임과 최고임을 양쪽 끝에 놓고 그 사이에도 느낌이나 의견의 차이를 말로 표현하는 식이다.

〈표 2-8〉 의미 형식(semantic format)의 등간 척도

	최악임	나쁨	중간임	좋음	최고임
영화에 대한 반응					

여기서 주관적인 느낌과 판단의 차이를 동일한 간격으로 나누는 것은 간단한 문제가 아니다. 이 문제는 서열 척도와 등간 척도의 선택과 바로 연결된다. 조사자의 입장에서는 가능하면 서열 척도보다는 등간 척도로 측정하기를 원할 것이다. 왜냐하면 등간 척도의 데이터는 연속적 값으로 나타나기 때문에 더 다양한 분석을 할 수 있기 때문이다. 그러나 처음부터 서열 척도인 데이터를 억지로 등간 척도의 데이터로 측정하게 되면 데이터의 본질적 속성이 변질되면서 잘못된 결론이 도출될 위험도 커지게 된다.

서열 척도 대신 등간 척도를 선택한 경우에는 다양한 측정 방법을 사용할 수 있다. 대표적인 방법으로는, 먼저 상반되는 형용사적 표현(bipolar adjective)을 양끝에 두고 그 사이에 중간적 표현을 배열하는 방식, 상반되는 의견(agree-disagree)의 수준을 양끝에 두고 그 사이에 중간적 의견을 배열하는 방식 등이 자주 사용된다. 어느 방식을 사용하든 각각의 형용사적 표현 사이의 느낌이나 의견의 차이, 즉 눈금의 차이는 일정해야 한다.

이 때 느낌이나 판단의 측정 대상은 매우 다양하다. 느낌이나 판단의 차이가 있을 수 있는 주제들은 모두 측정의 대상이 될 수 있기 때문이다. 그 중에 대표적인 것들만 골라보면, 〈표 2-9〉에 나열되어 있는 것들을 들 수 있다.

〈표 2-9〉 주관적 평가의 측정 대상과 주제

주제	의미
중요도(importance)	매우 중요함에서 전혀 중요하지 않음의 범위
만족도(satisfaction)	매우 만족에서 매우 불만족의 범위
동의(agreement)	강한 찬성에서 강한 반대의 범위
적합도(suitability)	매우 적합에서 매우 부적합의 범위
관심도(interest)	강한 관심에서 전혀 무관심의 범위
품질(quality)	최고의 품질에서 최악의 품질까지의 범위

(3) 동일간격법

동일간격법(equal-width interval)은 등간 척도의 측정에서 가장 자주 사용되는 기법이다. 말 그대로 간격이 일정한 척도를 만든 후, 측정 대상에 해당되는 값을 선택하는 방법이다. 여기서는 측정이나 평가의 값이 정량적인 수치로 나타나기 때문에 측정도구만 있으면 측정에 어려울 것이 없다. 예를 들어, 100점 만점의 점수(score) 척도에서 해당되는 점수를 부여하거나, 온도계에서 해당되는 온도를 재거나 하는 것들이 모두 여기에 해당된다.

5. 비율 척도의 측정기법

비율 척도는 가장 폭넓게 사용되는 척도이다. 또한 주관적이고 정성적인 요인이 거의 없기 때문에 측정기법들의 원리나 방식도 간단하고 명확하다. 비율 척도의 측정방법은 크게 대상들의 각각을 측정하는 기법들과 대상들 간에 비교를 하는 기법들로 나눌 수 있다. 다음의 몇 가지 대표적인 측정기법들의 원리와 내용을 간략하게 알아보자.

(1) 직접측정법

직접측정법(direct quantification)은 비율 척도에서 가장 일반적으로 사용되는 방법이다. 신장이나 체중을 재는 것처럼, 측정도구를 이용하여 해당되는 값을 정하게 된다. 이 방법은 대상들 간의 값을 비교할 필요 없이 각 대상의 값만 측정하면 되는 기법이다.

(2) 상수합계법

상수합계법(constant-sum scaling)은 전체 점수를 각각의 유형에 배분하는 기법이다. 일반적으로 100점을 총합(total)이라고 하면 각각의 유형에 중요도나 선호도에 따라 35점, 18점 하는 식으로 나누어 주게 된다. 물론 이 점수를 합하면 100이 되어야 한다. 이 기법은 대상들의 비교 개념이 들어가는 기법이다.

(3) 기준대비법

기준대비법(reference alternative scaling)은, 먼저 비교의 기준(reference)이 되는 대상을 놓고 그 기준과 비교하여 다른 평가대상의 상대적 수준을 수치로 평가하는 기법이다. 예를 들어 기준이 되는 제품의 품질 수준을 100이라고 했을 때, 그것과 비교하여 다른 제품들의 품질 수준을 125 또는 88 등과 같이 평가하는 것이다. 일종의 벤치마킹(benchmarking) 기법이라고 할 수 있다. 이 기법도 대상들 간의 비교를 고려한 기법이다.

〈표 2-10〉에서는 각각의 척도에 사용될 수 있는 대표적 측정기법들을 정리하여 보

여주고 있다.

〈표 2-10〉 척도와 측정기법

척도 유형	측정기법
명목 척도 (nominal scale)	• 이분법(yes-no) • 선다형 기법(multiple choices)
서열 척도 (ordinal scale)	• 쌍대비교(paired comparison) • 서열순위법(forced ranking) • 리커트 척도법(Likert summated scaling)
등간 척도 (interval scale)	• 수치형식(numeric scaling) 척도 • 의미형식(semantic scaling) 척도 • 동일간격법(equal-width interval)
비율 척도 (ratio scale)	• 직접측정법(direct quantification • 상수합계법(constant-sum scaling) • 기준대비법(reference alternative scaling)

배경 이야기: 정형 데이터와 비정형 데이터

척도(scale)와 형식(format)에 따라 데이터는 크게 정형 데이터(structured data)와 비정형 데이터(unstructured data)로 나눌 수 있다. 이미 앞에서 설명한 것처럼 정형 데이터는 구조화 데이터, 비정형 데이터는 비구조화 데이터라고 부르기도 한다.

정형 데이터는 앞에서 설명한 데이터 척도에 따라 수집되고 데이터 매트릭스 형식에 맞게 저장된 데이터를 가리킨다. 전화번호부, 주소록, 제품생산기록, 거래정보, 고객 명부, 의료기록, 실험 데이터, 웹사이트 트래픽 데이터 등이 대표적인 정형 데이터이다. 대부분의 정형 데이터는 수리적 계산을 할 수가 있기 때문에(calculable) 통계작업을 수행하기에 적합하다. 일반 통계학에서 말하는 데이터는 곧 정형 데이터를 가리킨다.

이에 반해 비정형 데이터는 데이터의 척도가 분명하지 않고 데이터 매트릭스 형식에도 맞지 않는 데이터를 가리킨다. 대표적인 비정형 데이터는 문서 자료, 음성 정보, 영상 이미지 등이다. 비정형 데이터는 그 자체로는 통계작업을 할 수 없기 때문에 추가적인 가공과정을 거쳐야 하고 또 텍스트 마이닝(text mining)이나 감성 분석(sentiment analysis) 같은 새로운 분석기법을 사용해야 한다.

흔히 말하는 대용량의 빅 데이터는 정형 데이터와 비정형 데이터의 집합이다. 하지만 비정형 데이터의 비중이 90%에 이른다는 보고가 있을 만큼 그 규모가 크고 종류도 다양하다. 또한 비정형 데이터는 척도의 선택이 애매한 경우가 많다. 따라서 적합한 척도의 선택이나 새로운 척도의 개발 등이 통계학의 새로운 과제로 떠오르고 있다.

연습문제

▣ 개념이해 문제

1. 데이터를 구성하는 변수의 개념적(conceptual) 정의와 실질적(operational) 정의의 의미를 설명하고 둘 사이의 차이를 비교하시오.

2. 수치(number)의 성격에 따라 데이터를 여러 유형으로 나누는 분류체계에 대해 서술하시오.

3. 데이터의 척도(scale)를 데이터의 성격과 활용 목적에 따라 4가지 유형으로 나누는 분류체계에 대해 설명하시오.

4. 위에서 제시된 데이터의 4가지 척도를 수준(level)의 기준에서 비교하시오.

5. 명목 척도를 이용하여 데이터를 여러 개의 범주(category)로 나눌 때 범주를 구성하는 세 가지 요건이 무엇인지 간략하게 설명하시오.

6. 명목 척도의 대표적 측정기법(scaling technique)을 제시하시오.

7. 서열 척도의 대표적 측정기법(scaling technique)을 제시하시오.

8. 등간 척도의 대표적 측정기법(scaling technique)을 제시하시오.

9. 비율 척도의 대표적 측정기법(scaling technique)을 제시하시오.

10. 다음의 지표들을 바탕으로 이동통신 서비스의 품질을 분석한다고 할 때, 각각의 지표의 척도가 무엇인지를 밝히고 가장 적합하다고 판단되는 측정기법을 한 가지씩 제시하시오.

    (1) 사용자 거주지역

    (2) 약정기일 내 서비스 개통완료 비율

(3) 경쟁기업과 비교한 사용자들의 상대적 만족도
(4) 업계 선도기업과 비교한(benchmarking) 전송기술 수준
(5) 대용량 데이터 전송속도

▣ 조사실습 문제

1. 다음에 제시된 각 경우의 실제 데이터를 찾아서 어떤 변수(variable)들이 포함되어 있으며 각 변수의 척도(scale)가 무엇인지를 알아보시오.
   (1) 종합병원의 의료정보 데이터
   (2) 신제품 사용자 만족도 조사 데이터
   (3) 고객 구매행동 조사 데이터
   (4) 생산공장 조사 데이터
   (5) 정보통신(IT) 시스템 활용성과 조사 데이터

2. 통신서비스 기업에서 가입고객의 만족도 조사를 바탕으로 경쟁전략을 수립하려고 한다. 가입고객을 대상으로 하는 설문지에 포함해야 할 정보(변수)는 어떤 것들이 있으며, 각 변수의 정의와 척도는 무엇이 되는지를 생각해 보시오.

3. 의류기업의 브랜드(brand) 선호도 조사를 예시로 하여 조사에 포함된 주요 변수들은 무엇이며 각 변수의 개념적 정의와 실질적 정의를 어떻게 설정하였는지를 조사해 보시오.

4. 병원의 의료기록을 예시로 하여 조사에 포함된 주요 변수를 제시하고 각 변수의 척도는 무엇이며 어떤 측정기법을 사용하였는지를 조사해 보시오.

CHAPTER 03

데이터 수집

STATISTICS

contents

배경과 요약(Background & Summary)

앞 장에서 데이터의 척도에 대해 알아보았으니 이어서 이 장에서는 어디서 어떻게 데이터를 수집할 것인가에 대해 알아보자. 데이터는 직접 조사를 하거나 실험을 하여 얻은 일차 데이터와 이미 밖에서 만들어진 것을 가져다 쓰는 이차 데이터로 나눌 수 있다. 두 가지 데이터는 수집방법도 다르고, 장점과 단점도 다르다.

조사자가 직접 데이터를 수집하는 방법도 '조사'를 통해 얻는 방법과 '실험'을 통해 얻는 방법의 두 가지로 나눌 수 있다. 전자가 표본조사(sampling survey) 방법이고 후자가 실험계획(design of experiment) 방법이다.

표본조사는 모집단의 특성을 잘 나타낼 수 있는 일부만을 골라서 데이터를 수집한 후 그 데이터를 모집단의 특성을 추정하는데 사용하는 방법이다. 표본조사의 핵심원리는 확률 추출 개념과 임의 추출 개념이다. 이에 비해 실험계획은 실제의 실험을 통해 필요한 데이터를 수집하는 방법이다. 이 때 얼마나 많은 실험을 반복할 것이며 어떤 원리와 순서로 실험을 진행할지를 미리 계획하는 것이 바로 실험계획이다. 이 두 방법은 서로 배타적인 것이 아니라 상호보완적인 관계에 있다.

전통적인 통계학에서는 표본조사나 실험계획으로부터 얻은 데이터를 사용한다고 가정한다. 그래야만 통계기법의 이론이나 원리를 적용할 수 있기 때문이다. 하지만 오늘날의 빅 데이터는 조사나 실험을 통해 만들어지는 데이터 외에도 그런 과정을 거치지 않고 만들어지는 엄청난 양의 데이터도 포함한다. 이러한 데이터의 의미에 대해서도 생각해보자.

핵심주제와 용어(Main Theme & Keywords)

데이터 유형

- 일차 데이터
- 이차 데이터

데이터 수집 방법

- 모집단과 표본
- 표본조사
- 실험계획

표본추출 방법

- 확률 추출과 임의 추출
- 확률 추출
  - ✓ 단순 임의 추출
  - ✓ 층화 추출
  - ✓ 군십 추출
- 비확률 추출

실험계획 방법

- 사후 설계와 실험 설계
- 기본 설계와 고급 설계
- 유사 설계와 순수 설계

CHAPTER 03

데이터 수집

제1절 데이터 수집

1. 기본개념

앞 장에서 데이터의 단위가 되는 척도(scale)를 정하는 기준과 그 척도에 맞추어 실제로 데이터 값을 측정하는 기법(scaling technique)에 대해 알아보았다. 이제부터는 어디서 어떻게 데이터를 수집할 것인가를 살펴볼 차례이다. 실제로 데이터 값을 얻어내는 방법과 과정을 알아보는 것이다.

데이터를 수집하는 일은 하나의 제품을 만드는 과정과 흡사하다. 먼저 어떤 재질로 만들 것이며 길이는 몇 cm로 하고 무게는 몇 kg으로 하며 색깔은 무슨 색으로 칠할지를 정하게 된다. 이렇게 사양(spec)이 정해지면 그 다음에는 실제로 제작에 사용할 재료를 구해야 한다. 이렇게 재료를 구하는 일이 통계의 관점으로 말하면 데이터를 수집하는 작업이 된다.

1장에서 데이터의 성격과 용도를 나타내는 두 가지 핵심 기준은 '관리화(controlled)'와 '구조화(structured)'라고 하였다. 바로 앞의 2장에서 살펴본 데이터의 척도는 데이터의 '구조화'와 연결되어 있다. 이제 여기서 알아볼 데이터의 수집은 '관리화'에 관한 문제이다. 즉 어떤 계획이나 원리에 따라 데이터를 모을 것인가를 다루는 것이다. 당연히 더 꼼꼼한 계획에 따라 더 엄격한 원리를 사용할수록 관리화된 데이터를 얻을 수 있고, 그 반대가 될수록 관리화되지 않은(uncontrolled) 데이터가 쌓이게 된다.

계획과 기준을 따라 데이터를 수집하는 대표적 방식이 표본추출(sampling)과 실험계획(experimental design)이다. 흔히 사회과학 연구에서 전체 집단의 일부를 뽑아내어 데이터를 만드는 방식이 표본추출이고 주로 이공계 연구에서 실험의 결과로 데이터를 얻는 방식이 실험계획이다. 하지만 두 방식은 서로 배타적인 관계가 아니라 보완적인 관계를 가지므로 함께 사용하는 경우도 많다. 이 두 가지 방식을 중심으로 데이터를 수집하는 원리와 과정을 알아보자.

2. 일차 데이터와 이차 데이터

먼저 어디에서 데이터를 얻을 것인가 하는 질문에서 시작해 보자. 통계에서 데이터베이스를 얻는 방법은 크게 두 가지를 들 수 있다. 하나는 연구자가 직접 조사를 하거나 실험을 하여 데이터를 만드는 것이고 다른 하나는 이미 다른 사람이 만든 데이터를 얻어다 쓰는 것이다.

개인 또는 기관에서 직접 만든 데이터를 일차 데이터(primary data)라고 하고 다른 사람이나 기관이 이미 만든 데이터를 이차 데이터(secondary data)라고 부른다. 당연히 두 가지 데이터는 수집방법도 다르고 장점과 단점도 다르다. 각각의 구체적 내용과 성격에 대해 알아보자.

(1) 일차 데이터

일차 데이터는 연구자가 조사나 실험을 통해 직접 만든 데이터이다. 그렇다면 일차 데이터를 만드는 구체적 방법에는 어떤 것들이 있을까? 가장 대표적인 방법은 실험이나 관찰이다. 실험실, 공장, 서비스센터, 병원, 농장, 시장 등의 현장에서 데이터를 직접 수집하는 것이다. 물론 이외에도 다양한 방법들이 사용된다. 설문지(questionnaire)를 돌려서 데이터를 수집하는 설문조사(survey)도 자주 사용되는 방법이다. 규모는 작지만 깊이 있는 정보를 얻는데 유리한 인터뷰나 전문가 그룹

(focus group)을 활용하기도 한다. 오늘날의 빅 데이터 시대에는 웹(Web)이나 SNS 채널을 통해서도 다양한 데이터를 긁어 모을 수 있다.

일차 데이터의 장점과 단점은 무엇을 들 수 있을까? 장점으로는 첫째, 통계분석의 목적에 맞추어 맞춤화(customized) 정보를 얻을 수 있다는 점이다. 둘째, 데이터를 수집하는 과정을 조사자가 신축적으로 조정할 수 있다는 점이다. 셋째, 정량적 특성과 정성적 특성을 모두 갖는 데이터를 수집할 수 있다는 점이다. 물론 단점도 많다. 첫째, 역시 비용과 시간이 많이 든다는 점이다. 둘째, 얻고 싶어하는 정보가 아예 없거나 있다고 하더라도 접근이 힘든 경우가 많다는 점이다. 셋째, 응답률이 너무 낮거나 실험의 횟수가 부족하여 데이터의 양이 충분하지 않을 수 있다는 점이다.

(2) 이차 데이터

이차 데이터는 다른 사람이나 조직이 이미 만들어서 공개한 데이터를 가리킨다. 이차 데이터에는 어떤 것들이 있을까? 우선 외부기관이나 조사업체에서 유료 또는 무료로 제공하는 데이터베이스를 들 수 있다. 학술자료나 연구결과도 유용한 데이터가 될 수 있다. 또한 신문이나 잡지 등에서 발표하는 자료도 있다. 최근에는 인터넷이나 SNS 등에서도 정리한 데이터를 공개하고 있다.

이차 데이터의 가장 큰 장점은 얻기가 쉽고 빠르다는 점이다. 시간과 비용을 절약할 수 있는 것이다. 또 다양한 원천(source)에서 데이터를 얻을 수 있기 때문에 수집 범위가 넓은 것도 이점이다. 물론 이차 데이터의 단점도 많다. 첫째, 이미 낡은 정보이거나 부정확한 정보일 위험성이 크다는 점이다. 둘째, 연구에 적합한 맞춤형 정보를 얻기가 어렵다는 점이다. 셋째, 정보에 대한 접근이 매우 제한적이거나 사용허가를 받기 어려운 경우가 많다는 점이다. 넷째, 많은 데이터가 통계분석에 바로 쓸 수 없는 형태로 되어 있다는 점이다.

이처럼 일차 데이터와 이차 데이터는 각각의 장점과 단점이 있기 때문에 어느 데이터의 사용이 더 바람직하다는 결론을 내리기는 어렵다. 따라서 다양한 요인을 종합적으로 고려하여 더 적합한 데이터를 선택하는 것이 중요하다.

3. 표본조사와 실험계획

(1) 기본개념

이차 데이터를 사용하는 경우에는 데이터가 이미 만들어져 있기 때문에 수집 방법을 고민할 필요가 없다. 오히려 필요한 데이터베이스가 어디에 있는지를 찾아내고 어떻게 얻을 수 있는지를 알아내는 것이 더 중요한 과제이다. 따라서 여기서 말하는 데이터의 수집이라는 주제는 곧 조사자가 직접 일차 데이터를 만드는 활동을 가리킨다.

그렇다면 일차 데이터는 어디에서 누구로부터 수집할 수 있을까? 앞에서 보았던 사람의 예로 돌아가보자. 사람의 특성에 대한 데이터는 '모든 사람'으로부터 얻을 수도 있고 '일부 사람'으로부터 얻을 수도 있다. 이 때 모든 사람들 다시 말해 모집단(population) 전체로부터 데이터를 얻는 방법을 전수조사 또는 총조사(census)라고 한다. 정부가 주관하여 모든 국민을 대상으로 실시하는 인구총조사가 대표적인 예이다.

그러나 전수조사는 너무 많은 비용과 시간이 걸리고 때로는 아예 불가능하기도 하다. 따라서 대부분의 경우에는 모집단의 일부로부터 데이터를 얻는 방법을 사용하게 된다. 즉 필요한 데이터를 직접 만든다는 말은 곧 모집단의 일부인 표본(sample)을 얻는다는 뜻이다. [그림 3-1]에서 보듯이 이론적으로 존재할 수 있는 전체 모집단으로부터 실제로 분석에 사용할 부분인 표본을 추출한다는 것(sampling)을 의미하는 것이다.

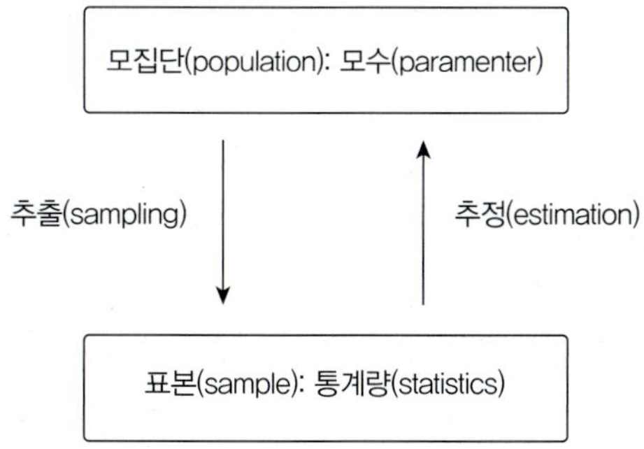

[그림 3-1] 모집단과 표본: 추출과 추정

여기서 모집단의 특성을 설명하는 값들을 모수(parameter)라고 하고 이에 대응하여 표본에서 얻은 값을 통계량(statistics)이라고 한다. 예를 들어 국민 전체의 평균 신장은 모수가 되고 국민 중에 임의로 뽑은 표본 1,000명의 평균 신장은 통계량이 된다. 이 때 모수는 우리가 모르는 값이지만 통계량은 알고 있는 값이다. 따라서 통계의 핵심은 '얻을 수 있는' 표본의 통계량 값을 이용하여 '알지 못하는' 모집단의 모수값을 추측하는(estimation) 활동이라고 할 수 있다.

(2) 표본조사와 실험계획

앞에서 설명한 것처럼 모집단에서 표본을 만들어내는 대표적 방법은 크게 조사를 통해 얻는 표본조사(sampling survey) 방법과 실험을 통해 얻는 실험계획(design of experiment: DOE) 방법을 들 수 있다.

먼저 표본조사는 말 그대로 표본에 대한 조사를 통해 데이터를 얻는 방법이다. 특히 모집단 전체로부터 필요한 데이터를 얻기 어려운 상황에서 모집단의 특성을 잘 나타낼 수 있는 일부만을 골라서 데이터를 만드는 것이다. 표본조사는 주로 사회적 현상에 대한 조사의 목적으로 표본을 뽑을 때 많이 사용한다.

다음으로 실험계획은 용어가 의미하는 것처럼 실험을 통해 데이터를 얻는 방법이다. 표본조사는 어떤 현상 자체의 조사에 사용할 데이터를 얻기에는 적합하지만 그 현상이 나타나게 된 원인과 과정을 알아내거나 효과의 차이를 비교하는데 필요한 데이터를 얻기에는 한계가 있다. 따라서 이런 목적의 통계작업에서는 실제의 실험을 진행하면서 필요한 데이터를 만들어내야 한다. 이 때 사용되는 데이터 수집방법이 실험계획이다. 실험계획은 주로 이공계, 자연과학, 의학 등의 분야에서 자주 사용된다.

물론 이 두 가지 방법은 서로 배타적인 것은 아니다. 한 가지 방법을 사용하면 다른 방법은 사용할 수 없는 것이 아니라 오히려 두 가지 방법을 상호보완적으로 동시에 사용하는 것이 더 좋을 수도 있다. 예를 들어 새로 개발한 물질이 실제로 혈압을 낮추는 효과가 있는지를 확인하기 위해 고혈압 환자 100명을 대상으로 물질을 투여하기 전의 혈압과 투여한 후의 혈압을 비교한다고 하자. 뒤에서 자세히 설명하겠지만 이것은 실험계획 방식으로 데이터를 수집하는 예가 된다. 하지만 실험에 앞서 전체 환자의 모집단에서 임의로 100명을 선정하는 과정에서는 표본조사 방식을 적용한 예가 되기도 한다. 즉 두 가지 방식을 모두 사용하고 있는 것이다. 그러나 두 방식은 성격과 내용이 다르기 때문에 이 책에서는 둘로 나누어 살펴보기로 하자.

배경 이야기: 데이터 수집의 역사

우리가 생각하는 것보다 훨씬 오래 전부터 그리고 비교적 최근까지도 데이터를 수집하는 방법은 '센서스(census)'에 의존하여 왔다. 센서스, 즉 전수조사는 국가나 공공기관이 중심이 되어 전체 인구 또는 전체 가구를 대상으로 일일이 필요한 데이터를 수집하는 작업을 가리킨다. 고대 로마에서는 과세와 징병을 위해 5년마다 인구를 조사하였는데, 이 일을 담당한 사람이 감찰관(censor)이었기 때문에 센서스라는 이름이 붙여진 것이라고 한다.

센서스 대신 표본조사(sampling survey)를 이용하여 데이터를 수집하기 시작한 것은 19세기 말에 이르러서이다. 당연한 말이지만 센서스에는 엄청난 비용과 시간이 소요된다. 따라서 센서스를 대신할 수 있는 효과적인 방법을 찾는 과정에서 확률적 원리를 이용하여 표본으로부터 데이터를 추출하는 기법들이 만들어지게 된 것이다. 실제로 표본추출의 원리와 기법들은 통계학이라는 응용과학이 탄생되고 성장하는 초창기에 지대한 공헌을 하였다.

실험계획(design of experiment)을 통해 데이터를 수집하는 방법과 이론도 통계학의 발전에 큰 기여를 하였다. 이 기법들은 19세기 후반에 영국을 중심으로 주로 농업과 생물학 분야에서 개발되기 시작되었다. 특히 20세기 초반은 전 세계가 기근으로 굶주리던 때여서 품종의 개량이나 영농기술의 개선은 무엇보다 중요한 사회적 과제였다. 이 문제의 해결을 위한 답을 찾는 과정에서 수확량에 영향을 미치는 여러 요인들을 찾아내고 그들간의 관계를 과학적으로 분석하는데 필요한 데이터를 수집하는 원리나 계획이 비약적으로 발전하게 된 것이다.

제2절 표본조사

1. 기본개념

표본조사를 통해 데이터를 수집하는 방법에는 어떤 것들이 있을까? 우선 직접 측정 하는 방식이 있다. 사람의 경우라면, 먼저 전체 대상자의 일부를 임의로 고른 후 각 개인의 신장, 체중, 지능지수 등의 특성값을 측정도구를 이용하여 바로 얻을 수 있다.

전화조사(poll)나 방문조사도 자주 사용되는 방법이다. 또한 설문지를 이용하는 것도 유용한 방법이다. 특히 조사의 대상이 많고 조사의 주제가 너무 어려운 것이 아니라면 이 방법이 효과적으로 사용될 수 있다. 반대로 개별적인 인터뷰나 소규모의 전문가 그룹을 활용할 수도 있다. 이 방식은 데이터 양은 작지만 깊이 있는 정보를 얻는 데 적합한 방법이다.

최근에는 인터넷이나 모바일 기기를 이용한 온라인 조사도 활발하게 이용된다. 이러한 방식의 장점은 신속한 수집, 저렴한 비용, 실시간 진행상황 파악 등을 들 수 있다. 하지만 조사결과에 대한 신뢰도 부족, 낮은 응답률, 중복 응답, 설문에 대한 이해도 부족 등의 단점도 만만치 않다.

어떤 방법을 이용하든 표본조사에서는 모집단 전체의 실제 상태가 골고루 잘 반영될 수 있도록 부분을 뽑는 것이 매우 중요하다. 표본조사에는 여러 가지 방식이 사용될 수 있다. 그러나 여기에서는 [그림 3-2]에 나타나 있는 세 가지 방식에 초점을 맞춘다.

- 첫째, 모집단 전체를 그대로 둔 상황에서 필요한 크기의 표본을 여기저기에서 골고루 뽑는 방법이다.
- 둘째, 먼저 모집단을 몇 개의 계층으로 나눈 후 필요한 크기의 표본을 각 계층에서 뽑는 방법이다.
- 셋째, 먼저 모집단을 아주 작은 부분으로 잘게 나눈 후 그 중에서 몇 개의 부분만을 선정하여 표본을 뽑는 방법이다.

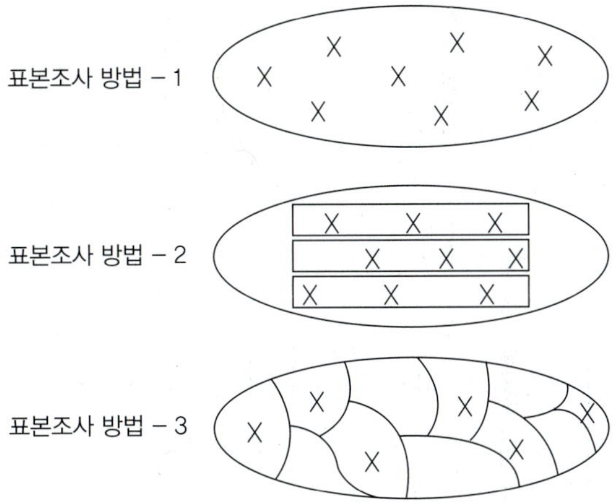

[그림 3–2] 표본조사의 기본 방식

2. 표본조사의 단계

표본조사에서 가장 중요하고도 어려운 과제는 무엇일까? 당연한 말이지만 모집단에 가까운 표본 데이터를 얻는 일이다. 표본이라는 일부를 통해 모집단이라는 전체를 설명하기 위해서는 표본 데이터가 모집단 데이터와 가까울수록 좋기 때문이다. 지금부터 이 주제에 대해 좀 더 자세하게 알아보자.

모집단 전체를 대표하는 좋은 표본 데이터를 얻기 위해서는 무엇을 어떻게 해야 할까? 역시 한꺼번에 모든 일을 하는 것보다는 차례차례 단계를 거치면서 한 가지씩의 일을 하는 것이 효과적일 것이다. [그림 3–3]에서 보는 것처럼 목표 모집단 → 표본 프레임 → 표본 단위라는 세 단계를 거치면서 표본을 추출하게 된다. 물론 이 단계들을 모두 거치지 않고 표본을 얻는 경우들도 주위에서 자주 볼 수 있다. 그러나 이 단계들을 차례대로 거치면 모집단에 보다 가까운 표본 데이터를 수집할 수 있다. 이제 각 단계의 구체적 내용에 대해 알아보자.

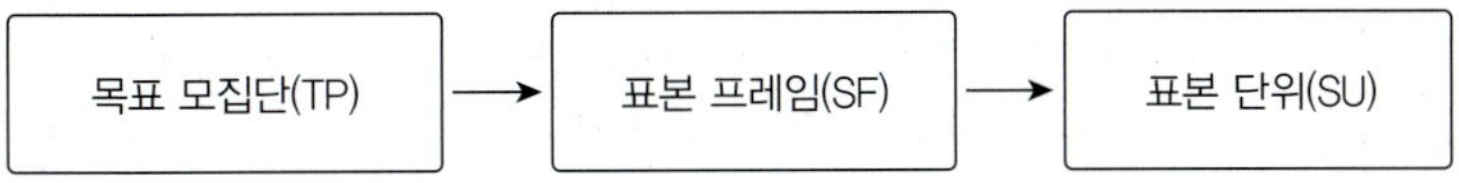

[그림 3–3] 표본조사의 핵심 단계

(1) 목표 모집단

첫 번째 단계는 정확한 목표 모집단(target population: TP)의 설정이다. 모집단이라는 용어는 생각할 수 있는 모든 대상을 포함하는 개념이다. 그러나 실제의 통계에서 이론적으로 생각할 수 있는 모든 대상을 모집단의 구성요소로 삼는 것은 아니다. 조사의 목적에 맞추어 필요한 대상만을 포함하는 범위로 좁힌 것이 바로 목표 모집단이다.

다시 사람의 예로 돌아가서 통계분석의 목적이 한국인의 식생활 조사라고 하자. 이론적으로 생각할 수 있는 전체 모집단은 대한민국에 거주하는 모든 국민이 된다. 그러나 실제의 조사작업에 들어가면서 모집단의 범위는 줄어들게 된다. 한국인 전체가 아니라 '스스로 식생활 관리를 할 수 있는 성인'들로 좁혀지기 때문이다. 그러면서 '대한민국 국적을 가진 20세 이상의 성인'이 목표 모집단이 된다.

만일 목표 모집단을 쓸데없이 크게 잡으면 조사의 비용과 시간이 크게 늘어날 수 있다. 반대로 너무 작게 잡으면 중요한 정보의 원천이 처음부터 제외될 위험이 발생한다. 따라서 조사의 목적과 성격에 맞추어 목표 모집단을 제대로 설정하는 작업은 매우 중요하다.

(2) 표본 프레임

두 번째 단계는 표본 프레임(sampling frame: SF)의 선정이다. 전체 모집단으로부터 목표 모집단을 정하기는 어렵지 않을 수 있다. 하지만 목표 모집단 안에서 실제로 데이터를 얻을 수 있는 부분을 찾아내기는 쉽지 않다. 앞에서 '20세 이상의 성인'이라는 목표 모집단을 설정했다고 하더라도 그 중에서 실제 조사에 응할 사람이 누구인지를 사전에 알아낼 수 있는 방법은 없다. 조사를 위해 데이터 값을 물어보았을 때 대상자가 의무적으로 조사에 응할 필요가 없는 경우가 대부분이기 때문이다.

그러므로 목표 모집단 안에서 조사에 응할 수 있는, 다시 말해 표본을 얻기에 적합한 부분을 선별하게 된다. 이 부분이 바로 표본 프레임이다. 목표 모집단 안에서 소재를 알 수 있고 또 연락을 취하여 실제의 데이터 값을 얻어낼 수 있는 가능성이 높은 대상을 모아놓은 소집단이 표본 프레임이 되는 것이다.

20세 이상의 성인이 목표 모집단이라면, 그 안에서 '인명부에 연락처를 공개한 사람'

이 하나의 표본 프레임이 된다. 또 어느 지역 주민 전체 가운데 선거에 참여할 권리가 있는 성인을 목표 모집단이라고 한다면, 그 안에서의 표본 프레임은 '전화번호부에 이름이 올라와 있어서 연락을 취하여 무엇을 물어볼 수 있는 시민'이 된다.

가장 이상적인 상황은 목표 모집단(TP)과 표본 프레임(SF)이 정확하게 일치하는 경우이다. 그러나 그런 경우는 사실상 있을 수 없다. 따라서 모집단 전체를 대표할 수 있고 또 쉽게 값을 얻을 수 있는 표본 프레임을 선정하는 일은 매우 중요한 과제가 된다. 그렇다면 좋은 표본 프레임은 어떤 성격을 지녀야 할까? 첫째, 당연한 말이지만 목표 모집단 안에 모든 표본 프레임이 포함되어야 한다. 둘째, 가능한 한 목표 모집단과 비교하여 표본 프레임의 규모와 범위가 비슷해야 한다.

이 질문을 반대로 바꾸어, 어떤 경우에 표본 프레임에 문제가 있다고 할 수 있을까? 하나의 예로 바람직한 선거제도에 대해 여론조사를 한다고 하자. 그러면 모집단은 대한민국 국민 모두가 될 것이고 목표 모집단은 투표권을 가진 성인으로 줄어들게 된다. 이제 휴대전화 번호부에 등록되어 있는 성인들로 표본 프레임을 더 좁혔다고 하자. 이 표본 프레임은 아무 문제가 없을까? 먼저 휴대전화 번호부에는 성인이 아닌 청소년이나 어린이도 포함될 수 있다. 반대로 휴대전화를 보유하지 않은 성인들은 번호부에 포함되어 있지 않다. [그림 3-4]를 보면서 표본 프레임의 선정에 문제가 있을 수 있는 경우들을 정리해보자.

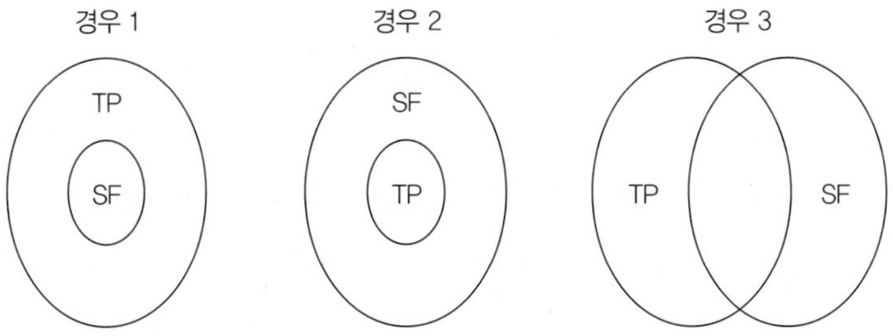

[그림 3-4] 문제 있는 표본 프레임의 선정: 예시

- **경우 1: 목표 모집단(TP) 〉〉 표본 프레임(SF)**

이 경우는 목표 모집단(TP)이 표본 프레임(SF)보다 훨씬 커서 표본에 포함되어야 할 일부가 표본 프레임에서 제외되는 문제를 안고 있다. 한마디로 표본 프레임이 불완전한(incomplete) 형태가 되는 경우를 가리킨다. 예를 들어 모든 기업을 대상으로 하는 조사에서 상장기업만을 표본 프레임으로 하면 이런 문제가 생길 위험이 크다.

- **경우 2: 표본 프레임(SF) 》 목표 모집단(TP)**

이 경우는 거꾸로 표본 프레임(SF)이 목표 모집단(TP)보다 커서 조사대상이 아닌 아이템이 표본 프레임에 포함되는 문제를 안게 된다. 예를 들어 가입한 지 3년이 넘은 회원만을 대상으로 하는 조사에서 가입한 모든 회원을 표본 프레임으로 하면 이런 문제가 생길 수 있다.

- **경우 3: 목표 모집단(TP) ≠ 표본 프레임(SF)**

이 경우는 목표 모집단(TP)의 구성 아이템과 표본 프레임(SF)의 구성 아이템이 일치하지 않는 문제를 안고 있다. 예를 들어 전화 보유자를 대상으로 하는 조사에서 전화번호부 등록자를 표본 프레임으로 한다고 하자. 전화를 보유한 사람은 반드시 등록을 해야 하니까 이론적으로는 목표 모집단과 표본 프레임이 일치한다. 하지만 그 사이에 번호 변경, 주소 이전, 추가 등록 등의 이유로 모집단과 표본 프레임이 달라질 가능성이 생기게 된다.

(3) 표본 단위

세 번째 단계는 표본 단위(sampling unit)의 선정이다. 표본 단위는 실제로 데이터를 얻을 수 있는 가장 아래 수준의 집합을 가리킨다. 표본을 뽑을 대상이 '어디의 누가' 되는지를 의미하는 것이다. 다시 앞의 예로 돌아가서 '20세 이상의 성인'이라는 목표 모집단에 대해, '인명부에 연락처를 공개한 사람'이라는 표본 프레임이 설정되면 이어지는 표본 단위는 'XX아파트 단지, XX원룸 단지, XX사무실 건물, XX학교, XX협회' 등이 된다.

표본 단위도 조사의 목적에 따라 달라질 수 있다. 앞의 예에서, 만일 사람들의 외식 습관을 조사하는 것이 목적이라면 표본 단위는 '식당'이 되어야 하고, 만일 요리 습관을 조사하는 것이라면 표본 단위는 '슈퍼마켓'이 되어야 한다.

배경 이야기: 데이터 수집의 오류

어떤 데이터를 이용하여 통계분석을 할 때 가장 중요한 가정이자 필요조건은 그 데이터가 우리가 알고자 하는 모집단을 '대표'해야 한다는 것이다. 하지만 데이터가 모집단의 특성을 제대로 반영하지 못하는 경우가 종종 있다. 그러한 문제가 생기는 이유는 크게 '모집단을 잘못 고른' 문제와 '표본을 잘못 고른' 문제로 나눌 수 있다.

먼저 모집단을 잘못 골라 문제가 생긴 경우는 주로 '전수조사 집단'과 '모집단'을 혼동하는 것이 원인이다. 자주 인용되는 다음의 예를 보자. '전국의 모든 병원을 대상으로 전수조사한 결과에 의하면 소득이 높은 사람들이 낮은 사람들보다 중증 질환에 더 많이 걸리는 것으로 나타났다'는 보도가 있다. 이것은 일반적인 상식을 무너뜨리는 '놀라운' 발견이다. 하지만 여기에는 커다란 오류가 숨겨져 있다. 소득이 낮은 사람은 건강검진을 잘 받지 않기 때문에 병에 걸려도 통계에 잡히지 않는다. 제대로 된 결과를 얻기 위해서는 모집단이 '모든 국민'이 되어야 한다. 그러나 이 조사의 모집단은 '전국의 모든 병원'이다. 전수조사를 한 것은 맞지만 모집단의 선정이 잘못된 것이다.

다음으로 표본을 잘못 골라 문제가 생긴 경우는 '관심 집단'과 '모집단'이 다른 것이 원인이다. 대표적인 예로 온라인 설문조사를 들 수 있다. 온라인 조사에 참여하는 대부분의 사람들은 전체 모집단 중에서 어떤 문제에 관심이 많은 일부 사람들이다. 따라서 여기에서 사용된 표본은 모집단을 제대로 대표하지 못하는 경우가 대부분이다. 겉으로 드러나지는 않지만 모집단 속에는 그 문제에 '관심이 없는 집단'과 관심은 있지만 '참여하기를 꺼리는' 집단이 자리잡고 있는 것이다.

3. 표본추출의 원리

(1) 기본개념

지금까지 설명한 목표 모집단 → 표본 프레임 → 표본 단위의 단계를 거치면 표본조사의 준비가 끝나게 된다. 이어서 이제부터는 실질적인 표본추출의 작업에 나서게 된다. 실제로 표본을 만드는 방법을 샘플링 기법(sampling method) 또는 표본추출 기법이라고 한다.

통계에서 표본추출 이론이 등장한 것은 19세기 말에서 20세기 초로 알려져 있다. 표본의 데이터도 대표성과 객관성을 가질 수 있고 따라서 유용한 데이터로 이용될 수 있다는 주장이 처음 나오기 시작한 것이다. 하지만 비약적인 발전을 이루게 된 계기는 1930년대에 임의(random) 표본추출 기법들이 개발되면서부터이다.

오늘날 현장에서 사용되는 샘플링 기법은 다양하다. 주위에서 보면 엄격한 기준이나 제대로 된 과정을 거쳐 어렵게 표본을 추출하는 경우도 있지만 가까운 지인이나 거리에서 우연히 만난 사람들로 손쉽게 표본을 만드는 경우도 자주 있다. 이 기법들은 샘플링의 원리에 따라 크게 다음 두 가지로 나눌 수 있다. 하나는 확률 개념을 바탕으로 계획된 기준에 따라 표본을 얻는 것이고 다른 하나는 지금까지의 경험에 의존하거나 쉽게 접촉할 수 있는 주위에서 표본을 만드는 것이다.

앞의 원리를 따르는 방법을 확률 표본추출(probability sampling)이라고 하고 뒤의 원리를 따르는 방법을 비확률 표본추출(non-probability sampling)이라고 한다. 이어서 그 밑에도 다시 여러 가지의 세부적인 기법들이 속하게 된다. 지금부터 각 유형에서 실제로 자주 사용되는 대표적인 기법들의 성격과 내용에 대해 자세히 알아보자.

(2) 핵심 원리

표본 추출방법은 다음 두 가지의 핵심 개념을 바탕으로 한다. 첫째, 확률 추출(probability sampling)이라는 개념이다. 둘째, 임의 추출(random sampling)이라는 개념이다.

이 두 가지 개념을 혼동하는 것을 자주 볼 수 있지만 엄밀하게는 이 둘은 서로 다른 개념이다. 둘 사이의 핵심적 차이는 무엇일까? 한마디로 말하면, 어느 모집단에서 하나의 개체가 표본으로 뽑힐 가능성에 대해 '그 가능성을 안다(known)'는 것이 확률 추출이고 '그 가능성이 같다(equal)'는 것이 임의 추출이다. '안다'는 것과 '같다'는 것은 동의어가 아닌 경우가 많다. 각각의 의미와 둘 사이의 차이를 자세히 알아보자.

가. 확률 추출

먼저 간단한 예를 들어보자. 어느 지역에서 10,000명의 모집단으로부터 100명을 뽑아 하나의 표본을 만들려고 한다. 여기서 주민 개개인은 표본에 포함될 수도 있고 그렇지 않을 수도 있다. 또한 개개인은 표본에 포함될 가능성이 같을 수도 있고 다를 수도 있다.

이 때 확률 추출은 모집단을 구성하는 각 개체가 표본에 포함될 확률을 미리 정한다(specify)는 의미이다. 다시 말해 어떤 개체가 표본에 포함될 확률을 조사자가 미리 알고 있다는 것이다. 앞의 예에서, 10,000명의 모집단에서 100명을 뽑을 때 모든 개인이 표본으로 뽑힐 확률이 처음부터 1/100로 똑같다는 사실이 알려져 있으면 이것은 확률 추출이 된다. 하지만 누가 뽑힐지를 전혀 모르는 상황에서 가까이 사는 주민 중에서 편하게 100명을 뽑는다면 이것은 확률 추출이 될 수 없다.

표본추출에서 어떤 개체가 추출될 확률을 미리 알고 있다는 것이 무슨 의미를 지닐까? 다시 말해 확률 추출을 하는 이유는 무엇일까? 그것은 표본오차(sampling error)라는 용어와 밀접하게 연결되어 있다. 표본오차는 어떤 특성에 대해 표본에서 얻은 통계량 값과 모집단이 원래 가지고 있는 모수 값과의 차이를 의미한다. 모집단 전체를 전수조사하지 않는 이상 표본오차는 발생할 수 밖에 없다. 또한 표본오차의 참값은 알 수가 없다. 왜냐하면 표본조사만으로는 모집단이 원래 가지고 있는 모수 값을 알 수 없기 때문이다.

표본오차 = 모집단 모수의 참값과 표본 통계량 값의 차이

그러나 확률 추출을 통해 각 개체가 뽑힐 확률을 미리 알고 있다면 나중에 우리가 공부할 확률이론을 바탕으로 어느 정도의 오차가 발생할지를 미리 추정할 수는 있

다. 반대로 확률 추출을 하지 않으면 각 개체가 뽑힐 확률을 미리 알지 못하기 때문에 당연히 오차의 크기를 추정할 수 없다. 오차의 크기를 미리 짐작할 수 있는 것과 없는 것은 큰 차이가 있다. 이것이 바로 확률 추출을 하는 핵심적인 이유이다.

확률 추출에서는 모든 개체가 추출될 확률이 같다(equal-probability)고 오해하기 쉽다. 물론 바로 앞의 예에서 본 것처럼 모든 사람이 추출될 확률이 1/100로 같도록 할 수도 있다. 그러나 그렇지 않은 경우, 즉 확률이 같지 않은(non-equal probability) 경우도 있다. 모집단의 성격이 미리 잘 알려져 있는 경우라면 그 정보를 반영하여 조사자가 의도적으로 추출의 확률을 조정할 수도 있는 것이다. 따라서 중요한 것은 추출의 확률이 같은지가 아니라 추출의 확률이 미리 알려져 있는지의 여부이다.

이 개념은 표본추출 기법을 크게 확률 표본추출과 비확률 표본추출로 나누는 기준이 된다. 앞에서 설명한대로, 확률 표본추출에서는 각 개체가 표본으로 추출되는 가능성을 확률적 원리로 관리하고 따라서 각 개체가 추출될 확률을 미리 정하는데 반해, 비확률 표본추출(non-probability sampling)에서는 확률이 아닌 다른 기준으로 가능성을 결정한다.

나. 임의 추출

확률 추출이라는 개념에 이어 이번에는 임의 추출이라는 개념에 대해 알아보자. 우리가 흔히 '임의로' 표본을 추출하였다 또는 '무작위'로 표본을 추출하였다라고 할 때 나오는 임의성 또는 무작위성(randomness)을 가리키는 용어이다.

임의 추출은 표본의 대표성(representative)과 관련된 개념이다. 당연한 말이지만 좋은 표본이 되기 위한 요건은 모집단에 대한 대표성을 갖는 것이다. 이 대표성을 최대로 올리기 위한 방법이 바로 임의 추출이다. 흔히 무작위라고 하면 정해진 규칙이나 순서 없이 아무렇게나 고른다는 뜻으로 생각하기 쉽다. 그러나 무작위는 전체 모집단을 가장 잘 대표할 수 있는 표본을 만들기 위해 많은 노력 끝에 찾아낸 원리에 바탕하고 있다.

이 개념을 제대로 이해하기 위해 앞에서 설명한 표본오차(sampling error)의 예를 다시 생각해 보자. 10,000명으로 이루어진 모집단에서 정확하게 30%의 사람들이 어떤 특성을 보유하고 있다고 하자. 이제 100명의 표본을 뽑아 조사했더니 25%의 사람들이 그 특성을 지니고 있는 것으로 나타났다. 모집단과 표본 사이에 5%의 차이인 표본오차가 존재하는 것이다. 이 차이는 왜 발생할까? 표준오차는 다음 두 가지 오차로 구성된다.

표본오차 = 임의 오차(random error) + 편의(bias)

우선 하나는 우연히(by chance) 발생하는 임의 오차이다. 이것은 어쩔 수 없이 생기는 것이므로 관리할 수 없는 오류이다. 다른 하나는 표본이 모집단을 제대로 대표하지 못하면서 발생하는 오류이다. 이것을 편의(bias)라고 한다. 따라서 편의는 표본 추출 과정에서 관리할 수 있고 또 관리해야 하는 문제이다.

이 문제를 줄일 수 있는 추출의 원리가 바로 임의성(무작위성)이다. 임의성은 모집단을 구성하는 개체들에 대해 표본으로 추출될 가능성이 동일하게 한다는 의미이다. 더 나아가서 각각의 가능성이 독립적(independent)이라는 뜻도 지닌다. 10,000명으로부터 100명을 뽑을 때 표본에 포함될 가능성은 10,000명 모두에게 똑같으며, 또 어느 개인이 뽑히는 것은 다른 사람에게 아무런 영향을 미치지 않는다는 것이다.

그렇다면 왜 임의성이 편의를 줄이는 효과를 가져올까? 임의 추출을 한다고 해서 편의가 사라지는 것은 아니다. 따라서 임의 추출이 모집단과 표본 사이에 생기는 편의를 제거한다는 것이 아니다. 대신 편의를 모든 개체들에게 같은 크기로 분배한다는 뜻이다. 어차피 편의 자체를 완전히 없앨 수 없다면 모든 대상에게 골고루 나누어 주는 것이 가장 좋은 대안이라는 것이다.

그러나 여기서 주의할 점이 있다. 임의 추출이 대표성을 올리는 방법이 되기 위해서는 모집단의 특성에 대해 아무런 정보가 주어지지 않았다는 가정이 필요하다. 만일 모집단의 특성에 대해 확실한 정보가 미리 알려져 있을 때는 임의 추출이 오히려 대표성을 떨어뜨릴 수도 있다. 예를 들어 시장점유율이 대단히 높은 5개의 대기업과 시장점유율이 매우 낮은 995개의 중소기업으로 구성된 시장에 대해 10개의 표본을 추출한다고 하자. 여기서 임의 추출을 한다면 각 기업이 뽑힐 확률은 모두 같다. 따라서 대기업이 표본에 포함될 확률은 거의 0에 가깝다. 하지만 대기업 하나하나가 시장 전체에 미치는 영향력을 생각하면, 이렇게 만든 표본이 모집단을 가장 잘 대표할 수 있다고 말하기는 어렵다. 이런 경우에는 오히려 임의 추출보다는 구성 비율에 맞추어 표본을 추출하는 것이 더 바람직할 수도 있다.

위에서 설명한 개념을 바탕으로, [그림 3-5]에서 보듯이 표본 추출기법은 여러 가지 방식으로 나뉘게 된다.

- 확률 추출 개념에 의해 크게 확률 추출기법과 비확률 추출기법으로 나눌 수 있다.
- 비확률 표본추출에 속하는 기법들은 모두 확률적 원리를 적용하지 않는 기법들이다.
- 확률 표본추출에 속하는 기법들은 말 그대로 모두 확률적인 기법들이다. 하지만 모두 임의 추출기법은 아니다. 완전히 임의적 기법인 것도 있지만 부분적으로만 임의적 기법인 것도 있는 것이다.

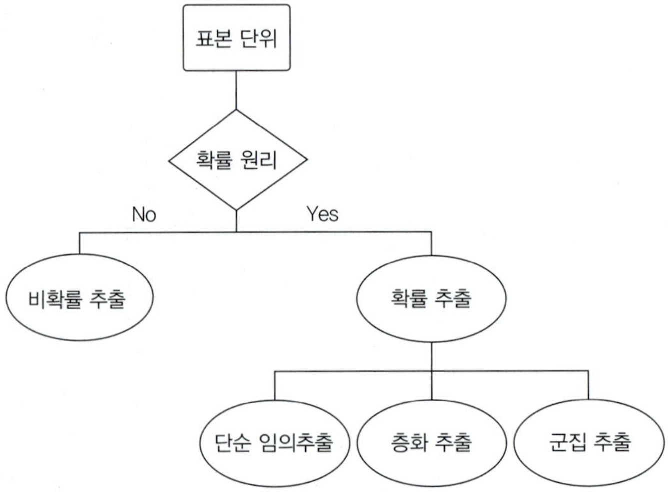

[그림 3-5] 표본추출 방법의 분류

4. 표본추출의 기법

위에서 설명한 원리를 바탕으로 지금부터 실제로 표본을 추출하는 방법에 대해 알아보자. 각 기법의 기준은 어떻게 다른지 그리고 장점과 단점은 무엇인지를 자세히 살펴보기로 한다.

(1) 단순 임의추출법

가. 기본개념

단순 임의추출법 또는 단순 무작위 추출법(simple random sampling)은 확률 표본추출의 기본이 되는 방법이다. 우리가 흔히 무작위로 표본을 추출한다고 할 때는 대부분 이 방법을 가리킨다고 할 정도로 폭넓게 사용된다. 하지만 이름이 가리키는 '단순한' 의미와 달리 처음부터 끝까지 완전하게 이 방법으로 표본을 얻는 것은 매우 어렵다.

이 기법의 원리를 설명하기 위해서 먼저 다음의 예를 생각해보자. 전체 모집단의 크기를 N이라고 하고 표본의 크기를 n이라고 하자. 만일 100명으로 구성된 모집단에서 10명의 표본을 만든다고 하면 N=100이고 n=10이 된다. 그러면 여기서 만들어질 수 있는 모든 표본, 즉 부분집합(subset)은 ${}_NC_n$만큼의 조합(combination)이 된다. 위의 예라면 ${}_{100}C_{10}$개의 수많은 부분집합이 만들어진다. 또한 각 부분집합은 10개의 개체들로 구성된다. 그러니까 하나의 표본이 추출되었다는 말은, 먼저 이 수많은 부분집합 가운데 하나의 부분집합이 선택되었다는 뜻과 100개의 개체 가운데 10개의 개체가 선택되었다는 뜻을 모두 담고 있다.

단순 임의추출은 위의 두 가지 의미 모두에 임의적 추출이 이루어지는 기법이다. 먼저 여러 개의 부분집합 가운데 각각의 부분집합이 선택될 가능성이 동일하고, 동시에 모든 개체 가운데 각각의 개체가 선택될 가능성도 동일하게 추출하는 것이다. 따라서 개념적으로는 가장 기본적인 기법이지만 현실에서 사용하기는 쉽지 않은 기법이다. 실제로, 각 부분집합이 선택될 가능성이 동일하기 위해서는 그 집합들이 가능한 한 넓게 그리고 골고루 분산되어 있어야 한다. 하지만 그렇게 되려면 조사에 많은 비용과 긴 시간이 들기 때문에 비현실적인 경우가 많다. 따라서 순수한 의미에서의 단순 임의추출법은 거의 쓰이지 않는다.

나. 표본추출 과정

그러면 실제로 사용되는 방법은 무엇일까? 우리가 흔히 말하는 단순 임의추출법은 모든 개체를 빠짐없이 전체 모집단에 집어넣은 후 각각의 개체가 추출될 가능성이 동일하게 하는 것이다. 여러 개의 부분집합 가운데 각각의 부분집합이 선택될 가능성까지 같게 만들기는 어렵기 때문에 모든 개체 가운데 각각의 개체가 선택될 가능성만 갖도록 추출하는 것이다.

단순 임의추출법을 이용하여 표본을 얻을 때 가장 자주 사용되는 방법은 난수표(random number)를 이용하는 것이다. 위의 예로 돌아가 100명으로부터 10명을 뽑는 방법을 알아보자. 먼저 100명 모두를 하나의 모집단에 집어넣는다. 그 다음 모든 개체들에 대해 1번부터 100번까지의 번호를 부여한다. 이어서 10번의 난수를 발생시켜 그 순서대로 10명을 뽑아 표본을 만든다. 이 때 당연히 각각의 개체가 표본에 포함될 확률은 1/10로 똑같으며 그 사실을 조사자는 미리 알고 있다. 따라서 확률 추출이면서 동시에 임의 추출이 된다.

(2) 체계적 추출법

가. 기본개념

체계적 추출법(systematic sampling)은 단순 임의추출법보다 더 간편한 방법으로 흔히 계통 추출법이라고 부르기도 한다. 이 기법의 원리를 설명하기 위해 위의 예로 돌아가보자. 전체 모집단의 크기가 N일 때, 단순 임의추출과 마찬가지로 모든 개체들에 대해 1번부터 N번까지의 번호를 부여한다. 다음에는 모집단의 크기인 N을 표본의 크기인 n으로 나누어 그 값을 k라고 한다. 모집단의 크기가 100이고 표본의 크기가 10이면 k=100/10=10이 된다. 이 값이 추출 간격(sampling interval)이 된다. 이제 난수를 발생시켜 100명 가운데 표본에 들어갈 첫 번째 개체를 뽑는다. 그 다음부터는 첫 번째 개체의 번호에 추출 간격인 10씩을 더해가면서 10개의 개체를 뽑는다. 예를 들어 첫 번째 개체의 번호가 11이면 그 뒤로 21, 31, 41의 순서로 나머지 9개를 추출한다.

나. 표본추출 과정

이 방법은 단순 임의추출과 비교하여 부분집합의 임의성이 보장되지 않는다. 단순 임의추출에서는 100개에서 10개를 뽑는 모든 조합이 나올 가능성이 동일하다. 그러나 체계적 추출을 하면 임의성은 바로 사라진다. 왜 그럴까? 앞의 예에서 보듯이, 만일 첫 번째 개체의 번호가 11이면 그 뒤로는 반드시 21, 31, 41의 순서로 뽑히게 된다. 그러므로 예를 들어 (11, 12, 13, 14, 15, 16, 17, 18, 19, 20)의 부분집합이 추출될 확률은 0이 되기 때문이다. 하지만 체계적 추출법은 난수를 처음 한 번만 발생시키면 되기 때문에 단순 임의추출법보다 간편하다는 장점이 있다.

(3) 층화 임의추출법

가. 기본개념

층화 임의추출법(stratified random sampling) 또는 줄여서 층화 추출법이라고 부르는 이 방법은 먼저 모집단을 몇 개의 부분집합으로 나눈 후 각각의 부분집합 안에서 임의 추출을 통해 개체들을 뽑는 방식이다. 따라서 부분적으로만 임의 추출을 적용하는 기법이다. 전체 모집단을 부분집합으로 나누는 과정에서는 임의 추출이 이루어지지 않고, 부분집합 안에서 개별 개체를 뽑는 과정에서만 임의 추출이 이루어지는 것이다.

위의 예로 돌아가 보자. 100명으로 구성된 모집단에서 10명의 표본을 만들 때, 단순 임의추출에서는 100명 전체를 대상으로 10명을 추출하여 표본을 만들었다. 그러나 층화 추출에서는 먼저 100명을 성별에 따라 남자와 여자의 두 부분집합으로 나눈다. 물론 성별이 아닌 다른 기준으로 부분집합을 만들 수도 있다. 이 때 각각의 부분집합을 층(stratum)이라고 부른다. 그 다음에 남자의 부분집합 안에서 5명, 여자의 부분집합 안에서 5명을 뽑아 10명의 표본을 만든다. 여기서 주의할 점은 남자와 여자라는 두 개의 부분집합은 반드시 뽑히게 되어 있다는 사실이다. 따라서 임의성이 없다. 하지만 각각의 부분집합 안에서 5명의 개체를 뽑는 과정에서는 임의 추출이 적용된다.

여기서 모집단을 여러 개의 층으로 나누는 것을 층화한다(stratify)고 한다. 이 때 각각의 층 내부는 서로 동질적(homogeneous)인 개체들로 묶이게 하고, 층과 층 사이는 이질적(heterogeneous)이 되도록 나누어야 한다. 예를 들어 남자와 여자, 청소년과 중장년, 고소득 그룹과 저소득 그룹 등으로 층을 나누는 것이다. 따라서 층화 추출을 하기 위해서는 모집단의 성격에 대한 정확한 정보를 미리 가지고 있어야 한다.

나. 층화의 효과

그렇다면 왜 층화를 할까? 층화의 목적은 한마디로 추정의 정확성과 신뢰도를 올리는 데 있다. 이 말의 의미를 제대로 이해하기 위해 100명 중에 10명을 뽑는 예를 다시 살펴보자. 만일 단순 임의추출을 한다면 100명을 대상으로 임의로 10명을 뽑게 된다. 하지만 만일 두 개의 층으로 나누는 층화 추출을 한다면 각각의 층에서 5명씩을 뽑을 수 있을 것이다. 이제 두 가지 방법으로부터 나온 통계량을 정리하여 〈표 3-1〉에 정리하였다.

〈표 3-1〉 단순 임의추출과 층화 추출의 통계량 비교

추출 방법	평균	표준편차
단순 임의추출	$\overline{X}$	SD
층화 추출의 층 1	$\overline{X_1}$	SD_1
층화 추출의 층 2	$\overline{X_2}$	SD_2

여기서 수리적 증명은 생략하지만, 다음과 같은 사실을 발견할 수 있다. 먼저 평균을 보면, 단순 임의추출의 평균 $\overline{X}$ 는 층화 추출의 각 층의 평균인 $\overline{X_1}$ 과 $\overline{X_2}$ 의 가중평균과 같다. $\overline{X}=0.5\overline{X_1}+0.5\overline{X_2}$ 가 되는 것이다. 그러니까 어느 방법을 사용하든 표본평균의 차이는 없다. 그러나 표준편차(*SD*)를 보면, 단순 임의추출의 표준편차 *SD*는 층화 추출의 각 층의 표준편차인 SD_1 및 SD_2 보다 크다. $SD > SD_1$이고 $SD > SD_2$가 되는 것이다. 두 층의 표준편차를 가중평균으로 통합한(pooling) 표준편차와 비교하여도 여전히 임의추출의 표준편차가 더 크다. $SD >$ pooled (SD_1, SD_2)가 되는 것이다.

층화 추출을 하게 되면 표본의 표준편차(분산)가 줄어들게 된다. 따라서 추정의 오차가 줄어드는 효과를 얻을 수 있고 나아가 추정의 정확성과 신뢰도를 올릴 수 있다. 또한 표본추출의 비용과 시간을 절감할 수 있는 장점도 있다.

다. 표본추출 과정

층화 추출에서는 다음 세 가지의 요소가 중요한 의사결정의 주제가 된다. 또한 하나하나의 요소가 곧 표본추출의 단계를 구성하는 기준이 된다.

단계 1: 층화의 기준 결정

첫째, 어떤 기준으로 층화를 할 것이냐를 정해야 한다. 예를 들어 성별을 기준으로

남자와 여자로 나눌 수도 있고 나이를 기준으로 청소년층, 청년층, 중년층, 노년층으로 나눌 수도 있고, 소득을 기준으로 저소득층, 중간소득층, 고소득층으로 나눌 수도 있다. 따라서 층을 나눌 때는 모집단의 특성을 가장 잘 반영하는 기준이면서 동시에 층간의 이질성이 가장 잘 드러나는 기준을 사용해야 한다.

단계 2: 층수의 결정

둘째, 몇 개의 층으로 나눌 것인가를 정해야 한다. 여기에도 절대적인 기준이 있을 수는 없다. 원칙적으로 말하면, 층의 숫자가 너무 적으면 얻을 수 있는 정보가 제한적인 단점이 있고 너무 많으면 층간의 차이가 불분명해지는 단점이 있으므로 적절한 숫자로 나누는 것이 좋다.

단계 3: 표본 크기의 배분

셋째, 각 층에 표본의 크기를 어떻게 배분할 것인가를 정해야 한다. 이것은 층화추출에서 가장 중요하고 어려운 의사결정의 문제이기도 하다. 앞의 예에서는 10명의 표본을 얻기 위해 남자의 층에 5명, 여자의 층에 5명씩을 배분하였다. 그러나 실제의 배분과정에서는 다음 두 가지의 기준에 따라 나누게 된다. 하나는 비례추출(proportionate sampling)이고 다른 하나는 불비례추출(disproportionate sampling)이다.

• 비례추출

비례추출은 말 그대로 각 층의 크기에 비례하여 표본의 크기를 배분하는 기준이다. 만일 모집단에 남자가 60명, 여자가 40명 있다면 크기의 비율인 60:40에 따라 남자를 6명, 여자를 4명 뽑아 10명의 표본을 만드는 식이다.

• 불비례추출

비례추출의 기준은 층 사이에 크기의 차이가 작으면 별 문제없이 사용할 수 있다. 그러나 심각할 정도의 차이가 있으면 어떻게 할 것인가? 예를 들어 어느 시장이 대기업 10개, 소기업 90개로 구성되어 있다고 하자. 그리고 대기업은 숫자는 10%에 불과하지만 시장점유율은 90%나 된다고 하자. 이제 비례추출을 하게 되면 소기업은 9개 뽑히지만 대기업은 겨우 1개만 뽑히게 된다. 시장점유율이나 영향력의 크기의 관점에서 보면, 이러한 표본은 시장의 현실을 제대로 반영하고 있다고 말하기 어렵다. 이런 경우에 사용되는 기준이 불비례추출이다. 불비례추출은 여러 가지 현실적 이유를 고려하여, 각 층의 크기와 상관없이 배분을 조정하는 방법을 말한다. 위에서 불비례추출 기준을 사용하여 대기업을 3개, 소기업을 7개 추출하는 것이 하나의 예가 될 수 있다.

(4) 군집 추출법

가. 기본개념

군집 추출법(cluster sampling)도 부분적으로만 임의 추출이 적용되는 기법이다. 이 기법은 크게 세 개의 단계로 이루어진다. 먼저 첫 단계에서는 모집단을 많은 수의 소집단인 군집(cluster)으로 나눈다. 두 번째 단계에서는 많은 군집들 가운데 소수의 군집을 임의로 추출한다. 이어지는 마지막 단계에서는 추출된 군집 내에서 임의로 개체를 뽑는다.

이 방법은 흔히 모집단이 지역적으로 넓게 흩어져 있어 모든 지역에서 골고루 표본을 얻기 어려운 경우에 자주 사용된다. 전국을 대상으로 하는 여론조사가 대표적인 경우이다. 예를 들어 전국에서 1,000명의 표본을 만든다고 할 때, 각각의 시, 군, 구 모든 곳에서 1~2명씩을 뽑아 1,000명을 만들기는 매우 어렵다. 그 경우에는 먼저 수많은 시, 군, 구 가운데 소수를 먼저 임의로 추출한 후, 추출된 시, 군, 구 안에서 다시 개인을 임의로 추출하여 1,000명을 채우는 식으로 진행된다.

층화 추출과 군집 추출의 차이는 크게 두 가지로 요약할 수 있다. 첫째, 층화 추출에서는 모든 층으로부터 표본이 추출되지만, 군집 추출에서는 일부 군집에서만 표본이 추출된다는 점이다. 둘째, 층화 추출에서는 층 내부는 서로 동질적인 개체들로 묶이게 하고 층과 층 사이는 이질적이 되도록 나누는데 반해, 군집 추출에서는 반대로 군집 내에는 서로 이질적이 되도록 하고 군집 사이는 서로 동질적이 되도록 나눈다는 점이다. 따라서 두 가지 방법 중에 어느 방법을 선택할지는 조사의 목적이 무엇이냐는 물론 모집단의 성격을 얼마나 정확하게 이해하고 있느냐에 달려있다.

나. 표본추출 과정

단계 1: 군집의 구성

군집 추출의 수행은 우선 모집단을 많은 소집단인 군집으로 나누는 작업에서 시작된다. 이 때 전체 모집단을 어떤 기준으로 작은 군집으로 분할하느냐, 또 군집의 수를 어느 정도로 할 것인가 하는 것이 중요한 의사결정의 주제가 된다. 이 문제에 대한 절대적이고 공통적인 기준이 있을 수는 없다. 너무 잘게 나누어 군집의 수가 너무 많은 것도 안 좋지만 반대로 너무 크게 나누어 군집의 수가 너무 적은 것도 피해야 한다.

만일 모집단이 공간적으로 너무 넓게 퍼져있으면 다단계(multi-stage)로 군집을 나누는 것도 고려할 수 있다. 예를 들어 전국을 모집단으로 한다면 1단계에서 도/광역시 수준의 군집으로 나눈 후, 다시 2단계에서 구/시/군 수준의 군집으로 잘게 나눌 수도 있는 것이다.

단계 2: 군집의 추출

다음은 모든 군집들 중에서 실제로 추출을 하게 될 소수의 군집을 선정하는 작업을 하게 된다. 이 작업은 임의(random) 추출을 통해 이루어지게 된다. 위의 예에서 전국을 구/시/군 수준의 군집으로 나누었다면, 무작위로 몇 개의 구/시/군을 선정하게 된다. 당연히 선정이 되지 않은 구/시/군은 표본추출의 대상에서 제외된다.

단계 3: 개체의 추출

마지막으로 선정된 군집 안에서 표본에 포함될 개체들을 추출하게 된다. 이 때 군집의 규모가 작지 않으면 당연히 임의 추출을 하게 된다. 예를 들어 어느 도의 어느 시가 선정이 되었다면 그 시의 시민들 중에서 임의 추출을 통해 표본을 얻게 된다. 하지만 군집의 규모가 아주 작은 경우에는 그 군집의 모든 구성원이 바로 표본이 될 수도 있다.

(5) 혼합 추출법

혼합 추출법(mixed sampling)은 어떤 특정한 추출방법을 가리키는 것이 아니라 위에서 설명한 여러 가지의 추출방법을 잘 혼합하여 사용하는 것을 뜻한다. 실제로 각각의 방법은 나름의 장점과 단점을 지니고 있기 때문에 모든 경우에 가장 적합한 추출방법은 있을 수 없다. 그러므로 한 가지의 방법만 사용하지 말고 복수의 방법을 적절히 섞어서 사용하는 것이 바람직한 경우가 많다.

이렇게 할 경우 표본의 추출은 여러 단계에 걸쳐 이루어지게 되고, 각각의 단계에서 서로 다른 추출방법을 사용하게 된다. 따라서 혼합 추출법은 다른 표현으로는 다단계 추출법(multi-stage sampling)이라고 부르기도 한다.

(6) 비확률 표본추출

가. 기본개념

지금까지 설명한 표본추출 기법들은 모두 확률 추출에 해당되는 것들이다. 다시 말해 각 개체가 표본으로 추출되는 가능성을 확률적 원리로 관리하는 기법들이다. 그러나 현실에서는 여러 가지 이유 때문에 확률 추출을 할 수 없는 경우가 많다. 아예 불가능한 경우도 있고, 비용과 시간이 너무 많이 들어서 현실성이나 경제성이 없는 경우도 있다. 이 때 사용되는 기법들을 묶어서 비확률 표본추출(non-probability sampling)이라고 한다. 비확률 표본추출에는 어떤 기법들이 있는지 간략히 알아보자.

나. 편의 표본추출

편의 표본추출(convenience sampling)은 조사자가 편리한 장소와 시간에 접촉하기 쉬운 대상들을 표본으로 추출하는 기법이다. 이 기법은 모집단의 개체들이 비교적 동질적이어서 어떤 개체가 추출되어도 표본의 성격이 크게 달라지지 않는다는 가정을 토대로 하고 있다.

당연히 적은 비용으로 짧은 시간 안에 표본을 만들 수 있다는 장점이 있지만, 아무래도 표본의 대표성이 낮을 수밖에 없는 문제를 안고 있다. 따라서 본격적인 대규모 조사에 사용하기는 어렵고, 작은 사전조사(pretest)의 경우이거나 모집단에 대한 대강의 정보를 미리 얻기 위한 목적으로 사용할 수 있다.

다. 할당 표본추출

할당 표본추출(quota sampling)은 인구통계적 요인(성별, 연령, 소득수준 등), 지역분포 요인 등을 고려하여 표본의 크기를 미리 정한 비율에 따라 할당하는 방법이다. 물론 이 과정에서 표본이 인구통계적 특성에서 어느 한 쪽으로 편중되지 않고 모집단의 특성이 잘 반영되도록 구성 비율을 정하는 것이 중요하다. 따라서 모집단의 속성에 대한 사전 지식이 필요하다.

라. 판단 표본추출

판단 표본추출(judgment sampling)은 조사의 목적에 적합한 개체, 특히 해당분야의 전문성이 높다고 판단되는 개체들을 표본으로 추출하는 방식이다. 이렇게 하는 이유는 전문가들이 가장 높은 대표성을 갖고 있다고 보기 때문이다. 이 기법은 제대로 된 전문가들을 파악할 수 있다면 실제로 유용한 정보를 얻을 수 있지만, 이들이 모집단의 대표성을 어느 정도 지니고 있는지를 평가할 수 없는 단점이 있다.

제3절 실험계획

1. 기본개념

위에서 설명한 표본조사 방식은 정보의 수집 대상이 많고 정보의 내용이 쉬우면서 명확한 경우에 자주 사용된다. 특히 현실의 상황(reality) 자체를 조사하는 경우에 아주 유용한 데이터 수집 방법이다. 그러나 이 방법의 한계는 분석의 범위와 정보의 가치가 제한적이라는 점이다. 현재의 상태나 결과를 알 수는 있지만 그런 결과가 나오게 된 과정이나 원인을 알아내기는 어렵다. 또 어떤 변화 요인이 발생했을 때 발생 이전과 발생 이후를 비교하는 것도 쉽지 않다. 이런 경우에는 단순히 표본조사를 하는 것만으로는 불충분하고 실험을 통해 데이터를 얻는 방법을 사용해야 한다. 실험의 효과가 있는지 없는지, 있으면 어느 정도의 차이가 있는지를 비교할 수 있기 때문이다.

실험을 통해 필요한 데이터를 얻기 위해서는 실험의 과정을 제대로 관리해야 한다. 먼저 실험의 특성에 영향을 미치는 요인을 알아내야 하고, 그 요인을 비교가 가능한 여러 수준으로 나누어야 하며, 각 수준별로 필요한 크기의 표본을 얻어야 하는 작업을 거쳐야 하는 것이다. 이 과정에서 해결하고자 하는 문제에 대하여 실험을 어떻게 행하고, 데이터를 어떻게 취하고 어떤 통계적 방법으로 분석할 것인지를 미리 계획하는 것을 실험계획(design of experiments 또는 experimental design)이라고 한다. 실제의 연구실이나 현장에서 기술적 실험을 하지 않는 사회과학적 연구에서는 실험설계라는 용어 대신 연구설계(research design)라는 용어를 사용하기도 한다.

앞에서 보았던 예를 다시 생각해보자. 고혈압 환자군에게 어떤 치료약을 투여하였을 때 약을 복용한 사람들과 복용하지 않은 사람들 사이에 효과의 차이가 있는지 없는지를 비교하려면 두 개의 표본이 필요하다. 한 걸음 더 나아가 약을 복용한 환자들에 대해 용량의 차이가 가져오는 효과를 비교하기 위해서는 대용량 그룹, 중용량 그룹, 소용량 그룹이라는 세 개의 표본이 필요할 것이다. 따라서 이 경우에는 효과의 차이가 잘 나타날 수 있게 실험을 설계하고 집단의 차이가 잘 드러날 수 있도록 표본을 수집하는 것이 매우 중요하다. 이 작업이 바로 실험계획이다.

실험계획의 이론과 실무에 대한 연구는 20세기 초반에 영국의 농작물 재배 현장에서 출발하였고 초기에는 주로 농학과 생물학 분야의 실험에 활용되었다. 그러나 2차 대전 이후 화학공업 분야를 시작으로 다양한 산업의 제조공정으로 응용 범위가 크게 확장되었다. 또한 통계학 안에서도 실험계획법이라는 독자적인 주제로 자리를 잡고 있다. 앞에서 설명한 표본조사가 사회과학적 연구에 필요한 표본을 얻는데 자주 쓰이는 데 반해 실험계획은 이공계나 자연과학 연구에 필요한 표본을 얻는 데 많이 사용된다고 할 수 있다.

[그림 3-6]에서 보는 것처럼 실험에서도 여러 가지의 방식이 사용될 수 있다. 뒤에서 다시 다루겠지만 이 책에서는 크게 다음 세 가지의 방법에 초점을 맞춘다.

- 첫째, 모집단 전체에서 필요한 크기의 표본을 뽑아 실험을 한 후 실험을 하기 전과 한 후의 차이를 비교하는 방법이다.

- 둘째, 처음부터 실험을 할 표본과 하지 않을 표본을 따로 뽑은 후 실험을 한 그룹과 하지 않은 그룹을 비교하는 방법이다.
- 셋째, 실험의 종류를 세 가지 이상으로 나누어 각 종류별로 표본을 뽑아서 효과의 차이를 비교하는 방법이다.

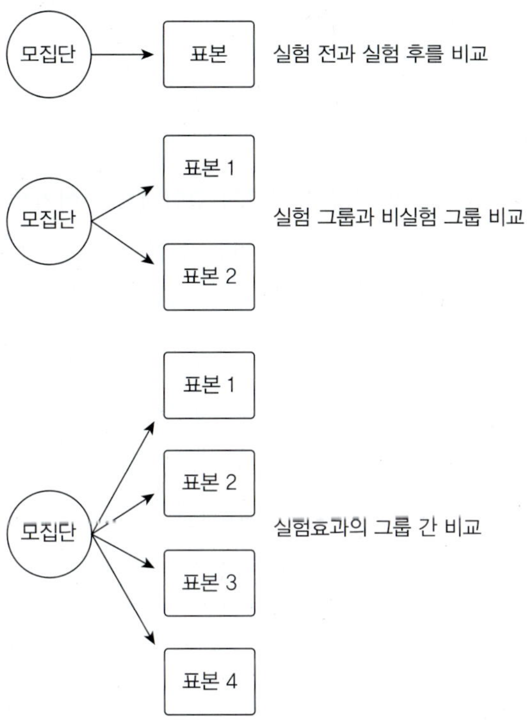

[그림 3-6] 실험계획의 기본방법

2. 실험계획의 결정요인

실험계획의 구체적인 내용을 설명하기 위해서는 먼저 다음 몇 가지 핵심적인 용어에 대한 이해가 필요하다. 이들 용어가 어떻게 정해지느냐에 따라 실험의 유형이 달라지므로 결국 이것들은 실험계획을 분류하는 기준이 된다.

(1) 요인

요인 또는 인자(factor)는 실험의 결과에 영향을 주는 실험의 요소나 주제를 나타내는 것이다. 앞의 사람의 예에서 혈압이라는 변수를 보자. 혈압은 혈압약을 복용함으로써 조절이 가능한 것으로 알려져 있다. 따라서 어떤 종류의 약을 얼만큼 복용하느냐에 따라 혈압에 미치는 영향, 즉 실험의 효과가 달라진다고 할 수 있다. 이 경우에 실험요인은 다음 두 가지가 된다. 하나는 혈압약의 성분이다. 어떤 성분으로 약을 만들었는지가 하나의 실험인자가 될 수 있다. 다른 하나는 용량이다. 약의 용량이 어느 정도인지가 또 다른 인자가 될 수 있다.

(2) 수준

수준(level)이라는 말은 위에서 설명한 각각의 요인에게 주어지는 다양한 상태나 조건을 가리킨다. 위에서 본 혈압약의 복용이라는 실험에서 혈압약의 성분이라는 요인과 혈압약의 용량이라는 요인이 있다고 하자. 그러면 각각의 요인에 대해 여러 개의 수준이 주어질 수 있다.

예를 들어 성분이라는 인자에 대해서 A 차단 성분의 약, B 저해 성분의 약, C 차단 성분의 약, D 촉진 성분의 약의 네 가지 성분이 있다면 각각의 성분이 하나의 수준이 된다. 따라서 성분이라는 요인에 대해서는 4개의 수준이 주어진다. 다음으로 용량이라는 요인에 대해 100mg 용량, 75mg 용량, 50mg 용량의 세 가지 용량이 있다면 각각의 용량이 하나의 수준이 된다. 따라서 용량이라는 요인에 대해서는 3개의 수준이 주어진다.

(3) 처리

처리(treatment)는 말 그대로 어떤 실험이 실제로 시행된 것을 뜻한다. 위의 예에서 혈압약의 효과를 알아보기 위해 실험단위를 선정하여 특정한 성분의 약을 특정한 용량만큼 복용하게 하면 처리가 이루어진 것이다. 다시 말해, 처리는 실험자가 미리 만들어놓은 계획에 의해 실험의 규모, 절차, 수준 등을 의도적으로 바꾸어주는 것을 뜻한다.

(4) 임의화

임의화(randomization)도 실험계획의 핵심적 개념이다. 임의화 또는 랜덤화는 각각의 실험 그룹에 실험단위들을 임의로 배치하는 것을 뜻한다. 실험의 참여자들을 임의로 선정한다는 것이다. 여기서 임의(random)라는 말은 아무렇게나 또는 되는대로 고른다는 뜻이 결코 아니다. 앞의 단순 표본추출에서 설명한 것처럼, 모든 개체가 빠짐없이 모집단에 포함되도록 하고 나아가 모든 개체가 추출될 가능성이 동일하게 한다는 뜻이다.

실험설계에서 임의화가 중요한 이유는 실험효과를 더 분명하게 파악할 수 있기 때문이다. 어떤 실험에서 실험 인자 이외의 외부요인이 미치는 효과를 외생효과라고 한다. 정확한 실험효과를 알기 위해서는 당연히 외생효과를 제거하는 것이 바람직하지만 아무리 정교한 실험이라고 해도 외생효과를 완전히 없앨 수는 없다. 따라서 임의화를 한다는 것은 외생효과를 제거한다는 뜻이 아니라 외부요인이 끼치는 영향의 크기가 실험 그룹 사이에 동일하게 나타나도록 한다는 의미이다. 그렇게 하면 외생효과의 차이는 줄어드는 반면 실험효과의 차이는 두드러지게 된다.

3. 실험계획의 분류

위에서 설명한 실험의 결정요인이 어떻게 정해지느냐에 따라 다양한 형태의 실험이 이루어지고 또 여러 가지의 분류가 만들어지게 된다. [그림 3-7]은 실험계획의 분류도를 보여주고 있다. 이 그림을 따라가면서 다양한 실험계획의 내용과 성격을 알아보자.

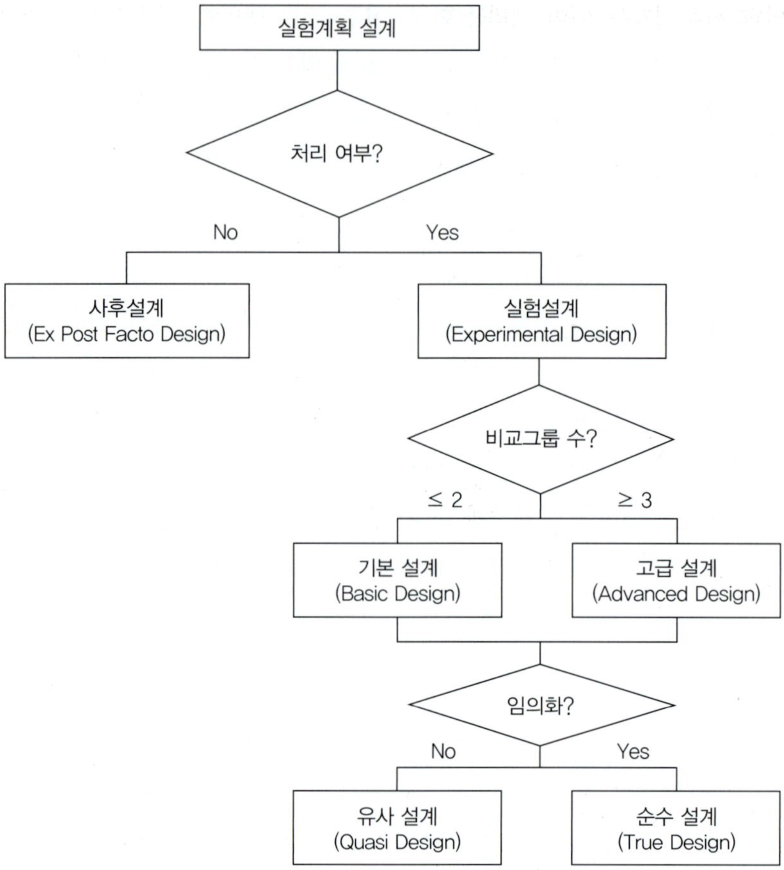

[그림 3-7] 실험설계의 분류

(1) 실험설계와 사후설계

그림에서 보는 것처럼 가장 먼저 갈라지는 기준은 처리가 이루어지느냐 아니냐의 여부이다. 실제로 어떤 처리가 이루어진, 다시 말해 실험자가 계획에 따라 구체적인 실험을 시행한 경우를 실험설계(experimental design)라고 하고 처리가 이루어지지 않은 실험의 경우를 사후설계(ex post facto design)라고 한다.

실험설계는 말 그대로 실험 상황에서 이루어진다. 따라서 실험설계를 한 경우에는 처리(실험)를 하기 전의 상태와 실험을 한 후의 상태를 비교하여 실험의 효과를 측정할 수 있다. 또 여러 요인들을 바꾸어가며 실험을 할 수 있기 때문에 다양한 추가 정보를 얻어낼 수도 있다. 실험의 효과를 분명하고 다양하게 측정할 수 있는 것이다.

이에 반해 사후설계는 이미 처리(실험)가 이루어진 상황 또는 어떤 사회경제적 사건이 이미 일어난 상황에서 현장조사(field study)를 통해 정보를 얻는 것을 의미한다. 사후설계는 비용과 시간이 절약되는 장점이 있지만, 실험이 이루어진 이후의 데이터만 얻을 수 있기 때문에 실험의 효과를 알 수 없다는 단점이 있다. 실험 이전의 상태와 실험 이후의 상태를 비교할 수 없기 때문에 사후적인 결과만 알 수 있는 것이다.

앞에서 든 예를 다시 생각해보자. 지난 10년 간 병원을 찾은 전체 환자 중에서 고혈압 환자 200명만을 대상으로 통계분석을 한다고 하자. 이들을 대상으로 과거의 혈압을 측정하지 않은 채 새로 나온 치료제를 복용 후 혈압이 어느 수준인지를 측정한 데이터만 얻는다면 이것은 사후설계에 해당된다. 하지만 먼저 현재의 혈압을 측정하고 이어서 새로 나온 치료제를 1개월 간 복용하게 한 후에 다시 혈압을 측정한 후 혈압의 차이를 비교한 데이터를 얻으면 이것은 실험설계에 해당된다.

(2) 기본 실험설계와 고급 실험설계

앞에서 설명한대로 실험설계는 실제의 실험인 처리가 이루어지는 설계이다. 여기에서 두 번째 가지가 만들어지는데, 그 기준은 바로 실험단위 그룹(group)의 수이다. 두 개 이하의 그룹을 측정하고 비교하는 경우와 세 개 이상의 그룹을 측정하고 비교하는 경우로 나누는 것이다. 당연히 비교대상의 그룹의 수가 작아질수록 실험이 간편해지는 장점이 있지만 얻을 수 있는 정보의 양이 줄어드는 단점이 있다.

두 개 이하의 그룹을 비교하는 것을 기본 실험설계(basic experimental design)라고 하고 세 개 이상의 그룹을 비교하는 것을 고급 실험설계(advanced experimental design)라고 한다.

가. 기본 실험설계

기본 실험설계는 한 개 또는 두 개의 그룹을 분석하는 실험에 사용되는 방식이다. 여기서 실험 그룹을 흔히 실험집단(experiment group)과 통제집단(control group)으로 나눈다. 실험집단은 말 그대로 실험에 참여한 집단, 즉 처리를 하는 집단을 말한다. 이에 반해 통제집단은 실험에 참여하지 않은 그룹, 즉 인자에 대한 처리를 하지 않은 그룹을 가리킨다. 만일 하나의 그룹에 대한 실험의 설계라면 실험집단만 있고 통제집단이 없는 경우이다. 하지만 두 개의 그룹에 대한 실험의 설계라면 실험집단과 통제집단이 모두 있어서 두 그룹 간의 비교가 가능한 설계방식이다.

다시 앞의 예로 돌아가보자. 먼저 고혈압 환자 100명을 두 그룹으로 나누어 50명에 대해서는 치료제를 복용하게 하고 나머지 50명에 대해서는 치료제를 복용하지 않게 한 후 두 그룹을 비교한다면, 복용한 그룹은 실험집단이 되고 하지 않은 그룹은 통제집단이 된다. 만일 100명 모두를 하나의 그룹으로 하여 치료제를 복용하기 전과 복용한 후를 비교한다면 그룹 전체가 실험집단이 된다.

나. 고급 실험설계

고급 실험설계는 세 개 이상의 그룹을 비교하는 실험의 설계이다. 따라서 당연히 더 복잡한 형태의 실험이 이루어지고 그에 따라 비용과 시간이 더 많이 소요된다. 하지만 그만큼 더 많은 정보를 얻을 수 있다.

다시 앞의 예로 돌아가서 이번에는 고혈압 환자 300명을 세 그룹으로 나누어 100명에 대해서는 A 치료제를, 다음 100명에 대해서는 B 치료제를, 그리고 마지막 100명에 대해서는 C 치료제를 복용하게 한 후 세 그룹을 비교한다면 고급 실험설계의 예가 될 수 있다.

고급 실험설계는 인자(factor)와 수준(level)의 조합에 따라 더 다양한 방식의 설계가 만들어질 수 있다. 비교적 간단한 방식은 인자가 하나만 있는 경우이다. 이것을 일원 배치법(one-way factorial design)이라고 한다. 이 때 그 인자에 대하여 수준이 3 개 이상이 되면 일단 고급 실험설계에 해당된다. 바로 위에서 치료제를 세 가지로 나누어 실험하는 방식이 여기에 해당된다.

이 실험을 더 확장하면 인자를 2개에서 나아가 3개 이상 만들 수 있다. 여기서 인자가 두 개인 경우를 이원 배치법(two-way factorial design)이라고 하고, 세 개 이상인 경우를 다원 배치법(multi-way factorial design)이라고 한다. 다시 위의 예로 돌아가보자. 먼저 치료제를 세 가지로 나누는 것이 하나의 인자가 된다. 여기에서 더 나아가 전체 환자를 흡연 그룹과 비흡연 그룹으로 나누면 또 하나의 인자가 만들어지면서 이원 배치법의 실험이 된다. 고급 실험설계의 구체적인 형태에 대해서는 뒤에서 분산분석(ANOVA)을 설명할 때 다시 알아보도록 하자.

(3) 유사 실험설계와 순수 실험설계

앞에서 우리는 실험단위 그룹의 수에 따라 실험설계의 가지가 만들어지는 것을 알아보았다. 여기서는 실험설계를 나누는 또 다른 기준에 대해 살펴보자. 그 기준은 앞에서 설명한 임의화 또는 랜덤화(randomization)의 여부이다.

이 기준에 따라 실험설계는 크게 유사 실험설계(quasi-experimental design)와 순수 실험설계(true experimental design)로 나뉜다. 임의화가 이루어지지 않은 실험을 유사실험이라고 하고, 임의화가 이루어진 실험을 순수실험이라고 한다.

4. 실험계획의 내용

위에서 본 분류표를 바탕으로, 실무에서 자주 사용되는 실험계획의 구체적인 방식을 알아보자. 설명의 편의를 위해 먼저 다음 몇 가지의 기호(notation)을 정하고 가자.

- X: 실험(treatment)을 의미한다.
  X가 있으면 처리가 이루어진 것이고 없으면 이루어지지 않은 것이다.
- O: 관측(observation)을 뜻한다.
- R: 임의화(randomization)를 가리킨다.

(1) 사후설계(ex post facto design)

사후설계는 아래의 표에서 보는 것처럼, 하나의 실험 그룹에 대해 실험이 이미 끝난 이후에 한 번의 관측만 하는 설계이다. 따라서 설계의 기본모형도 O이고 측정효과도 O가 된다.

기본 모형	측정 효과
O	O

이 설계는 가장 원시적인 방식이다. 연구자가 개입하지 않은 실험이 이미 이루어진 다음에 그 결과만을 관측하는 형태이다. 당연히 실험 전과 후를 비교할 수도 없고

따라서 실험의 실질적인 효과가 어느 정도인지를 알 수 없다. 그러나 이런 문제점에도 불구하고 현실적으로 실험을 할 수 없거나 하지 못한 경우가 많기 때문에 자주 사용되는 설계법이다.

예를 들어 과거에 신제품이 출시된 후 상당한 시간이 지난 시점에서 제품에 대한 선호도가 어느 정도인지를 측정하는 설계가 여기에 해당된다. 사실 이것은 실험이라기보다는 조사에 가까운 방식이기 때문에 실험의 효과를 알 수는 없고 단지 현재의 시점에서 그 변수의 상태를 알려주는 단순한 정보만 얻을 수 있다.

(2) 유사 실험설계(quasi-experimental design)

실험이 이루어지지 않은 사후설계와 대비하여 실제로 실험이 이루어지면 실험설계로 분류된다. 여기서부터는 임의화 또는 랜덤화 여부가 중요한 분류 기준이 된다. 먼저 임의화가 이루어지지 않은 실험은 유사실험이 된다. 따라서 R이 없는 설계로 이루어지는 실험이 된다.

가. 단일집단 사후측정(one-shot case)

단일집단 사후측정은 아래의 표에서 보는 것처럼, 하나의 실험그룹에 대해 실험을 한 후 그 결과를 측정하는 설계이다. 따라서 설계의 기본모형은 X O이고 측정효과는 O가 된다.

기본 모형	측정 효과
X O	O

이 설계는 실험설계 가운데에서는 가장 원시적인 방식이다. 실험그룹에 대해 실험이 이루어지기는 하지만 실험 전의 측정이 없기 때문에 실험 전과 후를 비교할 수 없다. 또 임의화가 이루어지지 않기 때문에 편의(bias)를 없앨 수 없는 문제도 존재한다.

예를 들어 신제품에 대한 광고를 한 후 제품에 대한 선호도가 어느 정도인지를 측정하는 실험이 여기에 해당된다. 광고를 하기 전의 선호도가 어느 정도인지를 모르기 때문에 광고 전과 후를 비교할 수 없는 한계가 있다.

나. 단일집단 사전-사후측정(one-group pretest-posttest)

단일집단 사전-사후측정은 아래의 표에서 보는 것처럼, 하나의 실험그룹에 대해 실험 전에 일단 측정을 한 후, 실험을 하고 나서 다시 결과를 측정하는 설계이다. 따라서 실험 전의 측정값을 O_1이라고 하고 실험 후의 측정값을 O_2라고 하면, 설계의 기본모형은 O_1 X O_2이고 측정효과는 (O_2-O_1)이 된다.

기본 모형	측정 효과
O_1 X O_2	O_2-O_1

이 설계는 일단 실험 전과 실험 후에 모두 측정이 이루어지므로 실험 전과 후를 비교할 수 있다는 장점이 있다. 그러나 임의화가 이루어지지 않기 때문에 그 차이가 실험의 효과라고 단정하기는 여전히 어렵다는 한계점이 존재한다.

앞의 예에서 신제품에 대한 광고를 하기 전에 제품에 대한 선호도를 측정한 후 이번에는 광고를 한 후 선호도를 측정하게 된다. 따라서 광고를 하기 전과 후의 선호도 차이를 비교할 수 있다.

(3) 집단비교측정(static-group comparison)

집단비교측정은 아래의 표에서 보는 것처럼, 실험그룹과 통제그룹으로 나누어 실험그룹에 대해서는 실험을 하고 통제그룹에 대해서는 실험을 하지 않는 설계이다. 따라서 실험을 한 그룹의 측정값을 O_1이라고 하고 실험을 하지 않은 그룹의 측정값을 O_2라고 하면, 설계의 기본모형은 (X O_1)와 (O_2)가 되고 측정효과는 (O_1-O_2)이 된다.

기본 모형	측정 효과
X O_1 O_2	O_1-O_2

이 설계는 동시에 두 그룹을 비교할 수 있기 때문에 실험의 간편성, 시간 및 비용의 절감이라는 장점이 있다. 실제로 사회과학 분야의 실험에서는 폭넓게 사용되는 방식이다. 그러나 역시 임의화가 이루어지지 않기 때문에 두 그룹의 차이를 완전한 실험의 효과로 보기 어렵다는 한계점이 존재한다.

다시 앞의 예를 보면 고객을 두 그룹으로 나누어 한 그룹에 대해서는 신제품에 대한 홍보영상을 보여주고 다른 그룹에 대해서는 영상을 보여주지 않는다. 그러고 나서 영상을 본 그룹과 보지 않은 그룹에 대해 선호도를 측정하여 두 그룹의 선호도 차이를 비교하게 된다.

(4) 순수 실험설계(true experimental design)

이제 순수실험으로 넘어가게 되면 임의화가 이루어지게 된다. R이 있는 설계로 이루어지는 실험이 되는 것이다. 따라서 편의(bias)가 제거된 상황에서 실험의 효과를 제대로 파악하는 것을 기대할 수 있다.

가. 통제집단 사후측정(post-test control group)

통제집단 사후측정은 위의 집단비교측정과 기본 구조는 같으나 임의화가 이루어진다는 것이 핵심적인 차이점이다. 아래의 표에서 보는 것처럼, 먼저 실험그룹에 대해 임의화를 한 후 처리를 한다. 이어서 통제그룹에 대해서도 임의화를 한다. 하지만 통제그룹에 대해서는 처리를 하지 않는다. 따라서 실험을 한 그룹의 측정값을 O_1이라고 하고 실험을 하지 않은 그룹의 측정값을 O_2라고 하면, 설계의 기본모형은 (R X O_1)와 (R O_2)가 되고 측정효과는 $O_1 - O_2$가 된다.

기본 모형	측정 효과
(R) X O_1 (R) O_2	$O_1 - O_2$

나. 통제집단 사전-사후측정(pretest-posttest control group)

통제집단 사전-사후측정은 기본 설계에서 가장 복잡한 설계방식이다. 임의화를 한 실험집단과 통제집단에 대해 실험에 앞서 두 그룹 모두에 대한 사전측정을 한다. 그 다음 실험그룹에 대해서는 처리를 하고, 통제그룹에 대해서는 처리를 하지 않는다. 따라서 실험을 한 그룹의 측정값을 O_1이라고 하고 실험을 하지 않은 그룹의 측정값을 O_3라고 하면, 설계의 기본모형은 (R O_1 X O_2)와 (R O_3 O_4) 가 된다.

이 때의 측정효과는 크게 두 가지를 파악할 수 있다. 하나는 $[(O_2 - O_1) - (O_4 - O_3)]$이다. 이것은 $(O_2 - O_1)$와 $(O_4 - O_3)$의 두 개의 괄호로 이루어진다. 여기서 첫 번째 괄호는 실험집단의 효과의 차이를 가리키고 두 번째 괄호는 통제집단의 효과의 차이를 뜻한다. 다른 하나는 $[(O_2-O_4)-(O_1-O_3)]$이다. 이것은 (O_2-O_4)와 (O_1-O_3)의 두 개의 괄호로 이루어진다. 여기서 각 괄호는 실험효과와 실험 외의 효과인 외생효과의 차이를 뜻한다.

기본 모형	측정 효과
(R) O_1 X O_2 (R) O_3 O_4	$(O_2-O_1)-(O_4-O_3)$

제4절 전수조사와 빅 데이터

1. 기본개념

정확한 통계분서을 위해서는 당연히 모집단 전체로부터 데이터를 수집하는 전수조사가 가장 좋은 방법이다. 실제로 인구가 많지 않고 사회가 복잡하지 않았던 시대에는 흔히 전수조사를 사용하였다. 그러나 모집단의 규모가 커지고 구조가 복잡해지면서 어쩔 수 없이 표본이나 실험을 이용하여 데이터를 구할 수 밖에 없게 되었다.

지금까지 설명한 데이터 수집 방식은 표본이나 실험을 통해 관리화(controlled) 데이터를 얻는 원리와 과정에 관한 것이다. 이 방식은 데이터를 수집하는데 비용이나 시간이 많이 걸리고 용량과 규모도 작지만 그 대신 정교한 분석 기법을 적용할 수 있는 장점이 있다. 실제로 전통적인 통계학에서는 주로 관리화된 데이터를 사용한다.

하지만 오늘날 대용량 데이터 즉 빅 데이터의 수집과 사용이 가능해지면서 표본조사나 실험계획의 시대가 저물고 전수조사의 시대가 다시 열렸다는 말을 듣곤 한다. 빅 데이터는 곧 모집단의 모든 정보를 포함하는 전수자료라고 볼 수 있기 때문이다. 물론 과거에 비해 훨씬 더 빠른 시간에 훨씬 더 많은 정보를 얻을 수 있게 된 것은 사실이다. 또한 뒤에서 자세히 알아보겠지만 표본의 크기가 커질수록 모수에 대한 추정이 더 정교하게 이루어질 수 있다. 이것은 빅 데이터가 갖는 큰 장점이다.

하지만 완전한 전수조사가 가능한 경우는 현실적으로 거의 없다. 표본조사와 비교하여 상대적으로 전수조사에 가까운 대용량 데이터를 얻을 수 있을 뿐이다. 이 경우 대용량 데이터가 표본조사나 실험계획 데이터보다 모집단의 특성을 더 정확하게 반영한다는 보장은 없다. 또한 빅 데이터가 곧 전수조사 데이터라고 믿는 것도 위험한 일이다. 장점이 있으면 반드시 단점도 있기 마련이기 때문이다.

2. 잠재적 문제점

그렇다면 빅 데이터가 지니는 잠재적 문제는 무엇일까? 다시 말해 표본조사와 비교한 전수조사의 단점은 무엇일까?

- 첫째, 전수조사에는 많은 비용이 필요하기 때문에 비경제적이고 또 비현실적이라는 문제이다. 대규모 데이터를 모으고 정리하는데 들어가는 비용에 비해 그로부터 추가적으로 얻을 수 있는 정보의 가치가 크지 않다면 굳이 대용량의 데이터를 얻을 이유가 없다. 또 기술적 어려움 때문에 전수조사 자체가 매우 힘들거나 아예 불가능할 수도 있다.
- 둘째, 데이터의 변질 문제이다. 당연한 얘기이지만 전수조사에는 많은 시간이 걸린다. 빅 데이터가 만들어지는 과정에도 시간이 소요된다. 그 사이에 모집단의 상태나 성격이 바뀔 가능성이 높다. 특히 빠른 속도로 변하는 특성을 조사하는 경우라면 데이터를 수집하기 시작한 시점과 수집이 끝난 시점 사이에 그 특성의 값이 크게 달라질 수 있다. 전수조사를 통해 어렵게 얻은 데이터가 쓸모 없는 낡은 데이터가 되어버릴 위험이 있는 것이다.
- 셋째, 데이터가 만들어진 원리나 과정이 불분명한 문제이다. 모든 데이터는 모집단을 대표할 수 있어야 한다. 하지만 대부분의 빅 데이터는 차근차근 만든 데이터가 아니라 여기저기에서 그냥 주어지는 데이터이다. 따라서 단지 대용량의 데이터라는 사실만으로 데이터의 가치가 높다고 믿는 것은 위험할 수 있다. 양만 많지 질이 크게 떨어질 수 있기 때문이다.
- 넷째, 모집단 자체가 분명하지 않은 문제이다. 모집단의 영역과 범위를 명확하게 정할 수 있는 경우도 있지만 어디서 어디까지가 모집단이 되는지 애매할 수도 있고 상황에 따라 달라질 수 있는 경우도 있다. 예를 들어 어느 제품을 이미 구매한

고객의 모집단은 알 수 있지만 앞으로 구매할 수도 있는 잠재고객이라는 모집단은 알 수도 없고 정할 수도 없다.

- 다섯째, 전수조사 집단과 모집단을 혼동하는 문제이다. 이것은 빅 데이터가 가질 수 있는 가장 심각한 문제이다. 전수조사는 당연히 모집단을 대상으로 하기 때문에 빅 데이터가 전수자료가 되기 위해서는 먼저 모집단을 제대로 찾아야 한다. 하지만 엉뚱한 모집단에 대해 전수조사를 한 후 빅 데이터를 사용하여 통계분석을 한 것으로 오해하는 경우가 종종 있다.

앞의 실제 사례에서 본 것처럼 '모든 국민'을 모집단으로 해야 하는 의료실태 조사에서 병원을 방문한 '모든 환자'를 모집단으로 하게 되면 소득이 낮은 사람이 높은 사람보다 중증 질환에 더 많이 걸린다는 잘못된 통계자료가 만들어질 수 있다. '모든'이라는 표현이 곧 전수조사를 의미하고 전수조사 자료는 곧 모든 정보를 담고 있는 빅 데이터라고 쉽게 믿어버리는 것은 위험한 일이다.

앞으로 빅 데이터의 용도가 점점 커지고 넓어질 것은 분명하다. 그 추세에 맞추어 표본조사나 실험계획의 용도가 줄어들 수도 있다. 하지만 데이터의 가치는 단순히 크기에서 나오는 것이 아니라 품질에서 나온다. 데이터가 범람할수록 빅 데이터와 스몰 데이터 사이의 균형과 보완이 중요하다는 사실을 명심해야 한다.

연습문제

▣ 개념이해 문제

1. 일차 데이터(primary data)와 이차 데이터(secondary data)의 의미를 설명하고 각각의 장점과 단점을 비교하시오.

2. 모집단으로부터 데이터를 얻는 대표적 방법인 표본조사(sampling survey)와 실험계획(design of experiment: DOE)의 의미와 성격을 서술하시오.

3. 표본조사의 전체 과정을 세 가지 핵심단계를 중심으로 설명하시오.

4. 표본조사에서 목표 모집단(TP)과 표본 프레임(SF)이 일치하지 않는 대표적 예시들을 제시하시오.

5. 표본 추출방법의 두 가지 핵심 원리인 확률 추출(probability sampling)과 임의 추출(random sampling)의 차이를 설명하시오.

6. 단순 임의추출(random sampling)과 비교한 층화 추출법(stratified sampling)의 장점을 설명하시오.

7. 층화 추출을 통해 데이터를 수집할 때, 중요한 의사결정의 세 가지 주제를 제시하고 각각의 의미를 설명하시오.

8. 군집 추출법(cluster sampling)의 의미를 설명하고 층화 추출법과 비교한 차이점을 제시하시오.

9. 실험계획에서 인자(factor)와 수준(level)의 의미와 기능을 설명하시오.

10. 실험계획에서 임의화(randomization)의 의미와 용도에 대해 설명하시오.

11. 실험계획의 분류에서 실험설계(experimental design)와 사후설계(ex post facto design)의 차이점을 설명하시오.

12. 실험설계에서 기본 실험설계(basic experimental design)와 고급 실험설계(advanced experimental design)의 차이점을 설명하시오.

13. 실험설계에서 유사 실험설계(quasi-experimental design)와 순수 실험설계(true experimental design)의 차이점을 설명하시오.

14. 실험설계에서 단일집단 사전-사후측정(one-group pretest-posttest)과 집단비교측정(static-group comparison)의 차이점을 실험효과를 기준으로 설명하시오.

▣ 조사실습 문제

1. 데이터 수집에서 실제로 전수조사(센서스)를 활용한 사례를 찾아서 자료수집의 과정과 방식을 설명하시오.

2. 데이터 수집에서 실제로 표본조사(sampling survey)를 활용한 사례들을 찾아서 각각의 자료수집 과정과 방식을 설명하시오.

3. 데이터 수집에서 표본조사(sampling survey)와 실험계획(DOE)을 모두 사용한 사례를 찾아서 전체적인 데이터 수집 과정과 원리를 설명하시오.

4. 실험계획(DOE)을 활용한 데이터 수집에서 단일집단 사전-사후측정(one-group pretest-posttest)과 집단비교측정(static-group comparison)을 활용한 실제 사례를 하나씩 찾아서 차이점을 비교해 보시오.

5. 데이터 수집에서 층화(stratified) 추출을 활용한 실제 사례를 찾아서 자료수집의 과정과 방식을 설명하시오.

6. 데이터 수집에서 군집(cluster) 추출을 활용한 실제 사례를 찾아서 자료수집의 과정과 방식을 설명하시오.

7. 데이터 수집에서 층화 추출과 군집 추출을 동시에 활용한 실제 사례를 찾아서 자료수집의 과정과 방식을 설명하시오.

STATISTICS

PART

II

데이터 본질과 특성

CHAPTER

04

확률이론

STATISTICS

contents

배경과 요약(Background & Summary)

앞에서 설명한 원리와 방식을 따라 데이터 행렬이 만들어지면 데이터 구조의 설계와 내용물의 입력이 끝나게 되고 이어서 통계분석으로 들어갈 수 있는 준비는 마친 셈이 된다. 하지만 본격적인 통계분석을 위해서는 먼저 데이터의 본질적 특성을 이해해야 한다. 통계분석에 사용되는 대부분의 이론과 기법들이 데이터의 특성을 바탕으로 만들어졌기 때문이다.

데이터의 핵심적 속성은 바로 '변동성'과 '규칙성'이다. 변동성과 규칙성은 통계학과 확률이론을 잇는 연결고리이다. 데이터는 변동성을 갖는 변수들로 이루어진다. 하지만 아무렇게나 바뀌는 것이 아니라 정해진 범위 안에서 나름대로의 규칙을 따라 변한다. 여기에서 확률(probability)과 확률분포(probability distribution)라는 개념이 만들어진다.

확률은 확률변수가 특정한 값을 가질 가능성을 정량적으로 나타낸 것이다. 따라서 보는 관점에 따라 다양하게 정의된다. 초기의 고전적 정의, 경험적 정의에 이어 20세기에 들어와서 비로소 공리적 정의가 자리를 잡게 된다. 빅 데이터의 활용과 함께 최근에는 베이지안(Bayesian) 확률에 대한 관심도 커지고 있다.

확률분포는 확률변수가 특정한 값을 가질 확률을 수리적 형태로 바꾸어준 함수(function)를 가리킨다. 실험의 성격이나 방식이 바뀌면 당연히 확률분포도 달라진다. 세상에는 다양한 종류의 실험이 있고 따라서 다양한 종류의 확률분포가 존재한다. 확률분포의 종류와 각 분포의 특성에 대해 알아보기로 한다.

핵심주제와 용어(Main Theme & Keywords)

데이터의 본질적 속성

- 변동성과 규칙성
- 확률(probability)
- 확률이론(probability theory)
- 확률분포(probability distribution)

확률의 정의와 확장

- 확률의 정의
  - ✓ 고전적 확률
  - ✓ 경험적 확률
  - ✓ 공리적 확률
- 베이지안 확률
- 확률의 확장
  - ✓ 덧셈규칙과 곱셈규칙
  - ✓ 상호배반과 독립
  - ✓ 조건부 확률

확률분포의 유형과 확장

- 모수(parameter)
- 이산분포와 연속분포
- 결합 확률분포
- 주변 확률분포
- 조건부 확률분포

CHAPTER 04

확률이론

제1절 데이터의 특성

1. 확률과 통계

앞의 장들에서 데이터의 구조와 내용에 대해 알아보았다. 이어서 좋은 표본을 추출하거나 계획된 실험을 통해 데이터를 만드는 기준과 과정에 대해서도 살펴보았다. 데이터의 바깥 모양을 만들고 그 안에 내용물을 채워 넣은 것이다.

그렇다면 그 다음 차례는 바로 데이터를 분석하는 작업으로 이어지게 될까? 그렇지 않다. 그 전에 먼저 데이터 내용물의 성질에 대해 알아보아야 한다. 데이터는 어떤 특성을 지니고 있으며 그 특성의 의미가 무엇인지를 이해해야 하는 것이다. 왜냐하면 통계분석에 사용되는 대부분의 통계 이론과 기법들이 데이터의 특성을 바탕으로 만들어졌기 때문이다.

먼저 역사적인 흐름을 살펴보자. 통계의 역사는 크게 뿌리가 만들어지는 확률(probability)의 시대와 줄기와 가지가 뻗어져 나가는 통계(statistics)의 시대로 나눌 수 있다. 17세기에서 시작된 확률의 시대는 한 마디로 개별 사건에 초점을 맞춘 기간이다. 어떤 통계적 실험을 하여 하나의 사건(event)이 일어났을 때 그 사건이 일어날 가능성을 정량적 수치로 나타낸 것이 바로 확률이다.

이에 비해 19세기에 일어난 통계의 시대는 개별 사건이 아니라 사건들의 집합에 초점을 맞춘다. 하나의 실험에서는 하나의 사건이 만들어지지만 실험을 반복하게 되면 사건들의 집합이 만들어진다. 이 때 사건들이 나타내는 값을 모두 모아놓은 집합이 데이터이다. 개별 사건에 대해서는 확률을 알고 싶어한다. 하지만 사건들의 집합이 만들어지면 또 다른 관심을 갖게 된다. 바로 사건들이 일어나는 '패턴'이 어떻게 달라지는지 그리고 그 과정에 어떤 '규칙'이 있는지를 알고 싶어 하는 것이다. 그 변동성(variability)과 규칙성(regularity)을 찾는 일이 바로 통계이다.

2. 확률이론과 통계학

(1) 변동성과 규칙성

앞에서 설명한대로 데이터의 핵심적 특성은 변동성이며 그 변동성과 쌍(pair)을 이루는 또 다른 속성이 규칙성이다. 변동성이 있기 때문에 규칙성이 의미를 가지는 것이고, 거꾸로 규칙성이 있기 때문에 변동성을 다룰 수 있는 것이다. 즉 통계학이 의미기 갖게 되는 경우는 데이터에서 변동성과 규칙성이 한께 나타날 때이다.

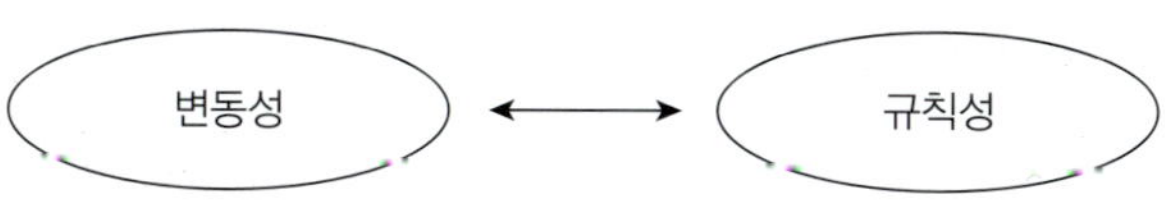

변동성이라는 말은 여러 분야에서 폭넓게 사용되는 용어이다. 날씨의 변화에도 변동성이 있고 주가가 움직이는데도 변동성이 있다. 통계학에서 말하는 변동성은 데이터 내에서 어떤 변수에 대한 관측치들이 얼마나 달리 나타나는가 또 흩어져 있는가의 정도를 가리키는 말이다. 앞의 사람의 예에서 혈압이라는 변수를 보자. 먼저 관찰대상인 사람마다 혈압 수치는 다르다. 또 같은 사람이라고 하더라도 시간에 따라 혈압은 달라진다. 또 어디에서 재느냐 하는 공간의 변화에 따라서도 혈압은 다르게 나타난다. 이것이 바로 데이터의 변동성이다.

흔히 통계 분석에서 데이터의 크기(size)가 중요한 속성이라고 생각하기 쉽다. 물론 예전에 컴퓨터의 성능이 좋지 않던 시절에는 데이터의 크기도 중요한 요소였다. 그러나 오늘날에는 계산의 어려움이나 계산에 걸리는 시간 때문에 분석을 못하는 경우는 드물다. 오히려 훨씬 중요한 것은 데이터의 크기가 아니라 변동성이다. 바로 이 변동성 때문에 규칙성을 찾는 것이 중요한 일이 되는 것이다.

(2) 확률과 확률분포

변동성과 규칙성은 통계학과 확률이론(probability theory) 사이의 연결고리가 된다. 흔히 '확률과 통계'를 묶어서 하나의 과목으로 만드는 근거가 되는 것이다. 순수하게 실무적으로 보면 통계 분석에서 확률에 대한 이해는 건너뛰어도 큰 문제가 없다고 생각할 수 있다. 더구나 확률은 수리적인 내용이 많기 때문에 통계를 전공하지 않은 독자들에게는 생략하고 가면 딱 좋은 주제이다. 그런데도 왜 확률이론을 이해해야 할까? 그 이유는 바로 데이터가 변동성과 규칙성을 지니는 변수(variable)들로 이루어지기 때문이다.

이 사실이 지니는 의미는 크게 두 가지이다. 첫째, 만일 통계분석에서 다루는 특성들이 변수가 아니라면 통계의 의미 자체가 없어진다는 점이다. 모든 관측치들이 변하지 않는 상수(constant)라면 굳이 통계적 기법을 사용할 필요가 없다. 아무리 데이터의 규모가 커져도 고성능의 컴퓨터로 필요한 계산을 하면 그만이기 때문이다. 둘째, 변수의 값이 정해진 범위 안에서 나름대로의 규칙을 따라 변한다는 점이다. 만일 데이터가 변수이지만 그 값들이 누구나 예측할 수 있는 방향이나 크기로 변한다면 사실상 상수나 별 차이가 없다. 반대로 변수이지만 아무 규칙도 없이 제멋대로 변하는 경우에도 역시 통계의 역할이 크게 줄어든다.

앞에서 예를 들었던 사람의 신장을 생각해보자. 모든 사람들의 신장이 170cm로 같다면 굳이 복잡한 분석을 할 필요가 없다. 모든 사람들의 신장이 정확하게 1cm씩 차이가 나는 경우에도 마찬가지이다. 반대의 경우로 만일 사람들의 신장이 그야말로 제 각각으로 다르다면 역시 통계가 할 일이 없어진다. 하지만 개개인의 키가 다를 뿐 아니라 조사한 사람의 수가 늘어나면서 눈에 보이는 패턴이 나타난다면 얘기는 달라진다. 예를 들어 170cm 정도의 키를 가진 사람이 상대적으로 많고 그 값을 중심으로 하여 중심에서 멀어질수록 같은 키의 사람 수가 줄어지는 패턴을 보인다면 무엇인가 분석의 여지가 생겨난다.

여기서 확률과 확률분포(probability distribution)라는 개념이 나오게 된다. 어떤 값은 다른 값보다 더 자주 나타나고 반대로 어떤 값은 다른 값보다 덜 자주 나타나는 빈도의 차이가 발생한다면 그 차이를 확률이라는 수치로 '정량화'할 수 있다. 그리고 그 수치들이 나타나는 패턴에 어떤 규칙이 있다면 그 규칙을 하나의 함수(function)로 '정형화'할 수 있다. 여기서 나온 두 개의 핵심 키워드인 정량화와 정형화를 통해 데이터로부터 의미 있는 정보를 얻어낼 수 있다. 이것이 바로 확률과 통계의 연결고리이다.

이미 앞에서 설명한 것처럼 통계학은 작은 크기의 관측치를 가지고 크고 복잡한 전체의 특성에 대해 추정하는 것이다. 그리고 그러한 작업을 가능하게 하는 근본 원리와 기준은 바로 확률적 지식에 바탕을 두고 있다. 데이터가 지니는 본질적 특성인 변동성을 확률이라는 이론으로 분석할 수 있는 것이다. 이 과정이 [그림 4-1]에 정리되어 있다.

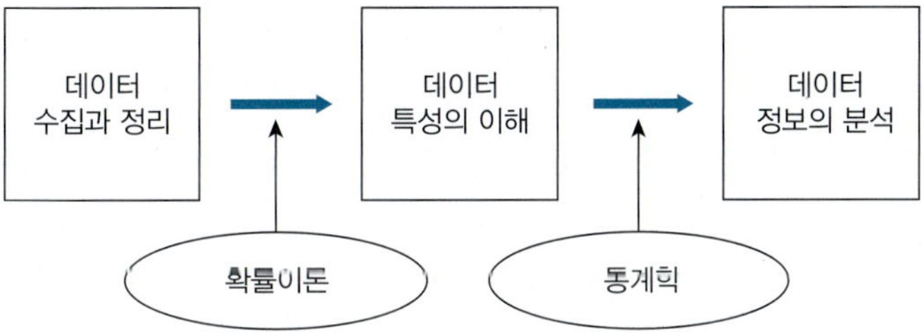

[그림 4-1] 확률이론과 통계학

제2절 확률의 정의

1. 기본개념

확률의 시작은 우연한 사건이나 불확실한 현상에 대한 과학적 관심에서 비롯된다. 물론 이러한 관심은 고대에도 당연히 있었을 것이다. 그러나 그 가능성의 정도를 숫자로 표현하기 시작한 것은 그리 오래된 일이 아니다. 더구나 그 숫자가 확률이라는 개념으로 만들어진 것은 근대에 이르러서이다.

어떤 사건의 가능성을 수리적으로 측정하는 노력은 16세기의 도박에서 출발하였다는 것이 정설이다. 확률이라는 개념은 도박에서의 승률의 예상 그리고 배당금의 배분 문제를 풀기 위해 수학이라는 도구를 사용하면서 만들어진 것이다. 그 이후 17세기의 페르마(Fermat)와 파스칼(Pascal)에 의해 초기의 확률 계산법이 제시되었고, 18세기와 19세기 초반에 걸쳐 여러 학자들에 의해 중요한 개념과 원리가 개발되었으며, 20세기 초 공리적 정의가 만들어지면서 확률이론의 기반이 자리잡게 되었다.

확률이론의 출발점으로 돌아가 처음부터 생각해보자. 도대체 확률이라는 것은 무엇인가? 확률은 어떻게 정의할 수 있을까? 다음 몇 개의 예를 가지고 확률의 의미를 살펴보기로 보자. 첫 번째는 '동전을 100번 던졌을 때 앞면이 45번 나올 확률이 얼마이다'라고 말할 때의 확률이다. 두 번째는 '10,000개의 벤처기업이 창업하여 상장까지 살아남을 확률은 1%도 되지 않는다'라고 말할 때의 확률이다. 세 번째는 '방사능에 오염된 생선을 먹었을 때 희귀암에 걸릴 확률은 10만명당 1명이다'라고 말할 때의 확률이다. 네 번째는 '다음 선거에서 어떤 후보가 당선될 확률은 20%에 불과하다'라고 말할 때의 확률이다. 얼핏 보면 모두 비슷한 말을 하고 있는 것처럼 들리지만 자세히 들여다 보면 각각이 의미하는 확률의 개념이 상당히 다르다는 것을 알 수 있다.

앞의 두 가지 확률은 사건들이 반복적으로 일어나고 따라서 빈도를 구할 수 있는 경우에 적용되는 개념이다. 동전던지기는 무수히 많이 할 수 있고 벤처기업도 끊임없이 생겨나고 또 사라지기 때문이다. 그러므로 여기서 말하는 확률은 '객관적' 의미의 확률이라는 느낌을 준다. 이에 반해 뒤의 두 가지 확률은 아주 드물게 일어나는 특수한 사건에 적용되는 개념이다. 방사능 오염이나 대통령 선거 같은 사건은 어쩌다 한번 일어나기 때문이다. 따라서 여기서 말하는 확률은 '주관적' 의미의 확률이라는 인상을 준다. 두 가지 모두 확률이라는 용어를 쓰지만 그 의미는 아주 다른 것이다.

2. 관련 용어

확률이라는 개념을 이해하기 위해서는 우선 몇 가지 관련 용어에 대한 설명이 필요하다. 이 용어들은 확률이라는 추상적 개념을 정량적 수치로 표현하기 위해 반드시 필요한 도구들이다.

(1) 통계적 실험

첫 번째는 통계적 실험(statistical experiment)이라는 용어이다. 이것은 앞의 실험계획에서 이미 설명한 용어이다. 하지만 확률에서 말하는 실험은 매우 폭넓은 개념이다. 실험실에서 재료와 기구를 가지고 실제로 측정하는 실험도 실험이고 현장에 나가 현상을 관찰하는 것도 실험이지만 확률에서 말하는 실험은 데이터가 만들어지는 모든 활동을 다 아우르는 개념이다. 예를 들어 '동전을 던져 어느 면이 나오는지를 확인한다'도 실험이고 어떤 사람의 '성별이 남자인지 여자인지를 확인한다'도 하나의 실험이다. 이 실험이라는 활동이 일어나면서 확률이라는 개념이 만들어지게 된다.

(2) 사건

두 번째의 용어는 사건(event)이다. 앞에서 우리가 어떤 통계적 실험을 하면 그 실험의 결과(outcome)가 나오게 된다. 그 실험의 결과가 바로 사건이 된다. 동전을 던지는 실험을 하였을 때 윗면이 나온 것도 하나의 사건이고 성별을 확인하는 실험을 하였을 때 남자라는 결과가 나온 것도 하나의 사건이다. 이 때 하나의 사건이 나타날 가능성을 수치로 나타낸 것이 확률이다.

(3) 표본공간

세 번째는 표본공간(sample space)이라는 용어이다. 어떤 실험을 할 경우 일어날 수 있는 사건의 경우는 다양하다. 위의 예에서는 남자 또는 여자라는 두 가지의 경우가 나타날 수 있다. 하지만 실험에 따라서는 훨씬 더 많은 경우들이 나타날 수도 있다. 어느 실험을 통해 나올 수 있는 모든 결과를 모아놓은 집합을 표본공간이라고 부른다. 표본공간은 흔히 S로 표기한다.

표본공간(sample space): S

당연히 표본공간은 매우 클 수도 있고 아주 작을 수도 있다. 위의 실험에서 나오는 표본공간은 (남자, 여자)의 두 가지 경우로 구성되는 작은 표본공간이다. 그러나 사람의 키를 재는 실험에서 만들어 질 수 있는 표본공간은 가장 작은 키에서부터 가장 큰 키까지 cm 단위로 하여도 무수히 많은 경우로 구성된다.

또 동일한 실험에 대해서도 여러 개의 서로 다른 표본공간을 만들 수도 있다. 예를 들어 육면체로 되어있는 주사위를 던지는 실험을 하였다고 하자. 윗면에 나오는 숫자를 기준으로 표본공간을 만든다면 (1, 2, 3, 4, 5, 6)의 6가지 경우로 이루어지는 표본공간을 만들 수 있다. 하지만 범위를 좁혀서 (짝수, 홀수)의 2가지 경우로 구성되는 표본공간으로 만들 수도 있다. 당연히 더 넓은 범위의 표본공간으로부터 더 많은 정보를 얻어낼 수 있다. 따라서 나중에 더 다양한 통계분석을 수행하기 위해서는 가능한 한 표본공간을 넓게 만드는 것이 바람직하다.

확률을 정의하고 계산할 때 표본공간은 특히 중요한 요소이다. 어떤 특정 사건의 확률은 한마디로 사건 전체의 크기와 그 사건의 크기를 비율로 표시한 값이다. 즉 사건 전체가 분모가 되고 특정 사건이 분자가 되는 것이다. 이 때 표본공간은 사건이 일어날 수 있는 전체를 가리키므로 분모의 역할을 한다. 따라서 표본공간이 어떻게 정해지느냐에 따라 분모의 크기가 달라지면서 확률도 달라지게 된다.

3. 확률의 정의

이제 확률이라는 개념이 등장하게 되는 계기를 생각해보자. 확률은 표본공간 내에서 각각의 사건이 일어나는 패턴을 어떻게 정량적인 수치로 표현할 것인가를 고민하면서부터 시작된다. 왜 이런 고민을 해야 할까? 그 이유는 간단하다. 사건 자체는 수치가 아니라 문장으로 표현되기 때문이다. 문장으로 표현되어 있는 사건은 당연히 정량적으로 분석할 수 없다. 따라서 먼저 정량화의 작업을 거쳐야 한다. 그렇다면 어떻게 정량화할 수 있을까? 그 질문에 대한 대답으로부터 확률의 정의가 만들어지게 된다.

이제 확률의 정의를 알아보기 위해 먼저 모든 사건의 집합인 표본공간을 S, 각각의 사건을 E라고 하자. 그리고 사건이 일어난 빈도(frequency)를 아래와 같이 표기하기로 하자. 그리고 이 표기를 바탕으로 확률의 다양한 정의를 살펴보기로 한다.

- $n(S)$ = 표본공간 전체에서 일어난 모든 사건의 수
- $n(E)$ = 어떤 사건 E가 일어난 수

(1) 고전적 확률

가. 기본개념

가장 오래된 확률의 정의는 라플라스(Laplace) 시대에 나온 정의라고 할 수 있다. 그 시대에는 다음의 두 가지 핵심적 가정을 토대로 확률을 정의하였다. 첫째, 하나의 표본공간은 유한 개의 사건들의 합집합으로 표현할 수 있다. 둘째, 어떤 실험에서 각각의 사건이 일어날 가능성은 같다. 물론 어떤 사건이 일어날 가능성이 '같은 정도(equally likely)'라는 가정은 비현실적일 수도 있다. 하지만 라플라스 시대의 초기 확률을 정의하는 과정에서는 반드시 필요한 가정이기도 하다.

이제 표본공간을 S로 표기하고 여러 가지 사건들(E) 가운데 어떤 특정한 사건을 A로 표기하자. 그러면 표본공간에서 일어날 수 있는 모든 경우의 수를 $n(S)$, 그리고 사건 A가 일어나는 경우의 $n(A)$로 표기할 수 있다.

실제로 실험의 결과로 일어난 사건의 수가 $n(S) = N$, $n(A) = n$으로 나타났다고 하자. 그러면 N개의 사건으로 구성된 표본공간에서 각각의 사건이 일어날 가능성이 같은 정도일 때 특정 사건 A가 일어날 확률 $P(A)$는 식 (4-1)과 같이 정의할 수 있다. 이것이 바로 고전적 확률(classical probability)의 정의이다. 고전적 확률은 수학적 확률(mathematical probability)이라고 부르기도 한다.

$$\text{고전적(수학적) 확률: } P(A) = n(A) \,/\, n(S) = n \,/\, N \qquad (4\text{-}1)$$

고전적 확률의 정의가 갖는 논리적 근거는 매우 명확하다. 어떤 사건이 발생할 확률은 그 사건이 일어날 수 있는 경우의 수를 가능한 모든 사건이 일어날 수 있는 경우의 수와 대비시킨 비율로 정할 수 있다. 이 때 어떤 특정한 사건이 다른 사건들보다 더 많이 발생할 있다고 기대하거나 주장할 근거가 없다면, 다시 말해 모든 사건이 일어날 가능성이 동일하다면 확률은 위와 같이 정의할 수 있다는 것이다.

나. 장점과 단점

고전적 정의는 단순하고 이해하기 쉬운 장점이 있다. 그러나 다음과 같은 몇 가지 문제를 안고 있다. 우선 이 정의는 일어날 수 있는 사건의 경우가 유한개인 경우만 적용할 수 있다. 앞의 예로 돌아가서 사람의 성별을 생각해보면 일어날 수 있는 사건은 남자 아니면 여자의 두 가지 밖에 없다. 따라서 확률을 계산하는데 문제가 없다. 그러나 연령을 생각해보자 가장 어린 나이는 1살이 될 것이다. 그러나 가장 많은 나이가 몇 살인지는 정하기 어렵다. 80세일 수도 있고 100세일 수도 있고 120세일 수도 있다. 사람이 영원히 살 수 없으니 유한 개인 것은 분명하지만 정확히 몇 가지의 경우가 일어 날 수 있는지를 미리 정하기는 어렵다. 더구나 무한 개의 경우가 존재하는 경우라면 이 정의를 적용할 수는 없다.

다음으로 모든 사건이 동일하게 일어날 수 있다는 가정도 문제가 있다. 만일 사건들이 발생할 가능성이 똑같은 정도로 기대되지 않는다면 이 정의를 사용할 수 없기 때문이다. 복권 구입의 예를 생각해보자. 이 실험에서는 '당첨된다'와 '당첨되지 않는다'의 두 가지 경우만 가능하고 따라서 위의 가정을 받아들인다면 당첨될 확률은 1/2이 된다. 하지만 실제의 경우에서 두 사건이 일어날 가능성이 같다고 기대할 수는 없다. 따라서 이런 경우에는 고전적 정의를 사용할 수 없고 다른 개념의 확률을 적용하여 확률을 계산해야 한다.

(2) 경험적 확률

가. 기본개념

앞에서 설명한 고전적 정의의 문제점을 바탕으로 경험적 확률(frequentist definition)이라는 개념이 제시되었다. 고전적 확률과 경험적 확률의 가장 큰 차이는 확률을 사전에 정의하느냐 아니면 사후에 정의하느냐에 있다. 앞에서 본 고전적 확률에서는 먼저 확률의 개념을 정의한 후 실제 사건이 일어난 결과를 가지고 확률을 계산하는 식이다. 그러나 경험적 확률에서는 확률을 미리 정의하지 않고 많은 실험의 경험을 바탕으로 사후적으로 계산한다. 따라서 이러한 정의를 빈도적 확률이라고 부르기도 한다.

쉽게 짐작할 수 있겠지만 경험적 확률에서는 극한(limit)의 개념을 사용하게 된다. 왜냐하면 경험(실험)의 결과를 바탕으로 확률을 정하려면 무수히 많은 경험(실험)이 이루어져야 하기 때문이다. 먼저 n번의 실험에서 특정 사건 A가 발생한 횟수를 a라고 하자. 이제 오랜 시간을 두고 수없이 통계적 실험을 반복하면 사건 A의 상대도수는 어떤 값에 가까워질 것이다. 따라서 식 (4-2)에서 보듯이 실험의 횟수 n을 무한대로 늘리면서 나타나는 상대도수 a/n의 극한값으로 확률을 정의할 수 있다. 이것이 바로 경험적 확률의 정의이다.

$$\text{경험적 확률: } P(A) = \lim_{n \to \infty} \frac{a}{n} \tag{4-2}$$

고전적 확률과 경험적 확률의 차이는 어떻게 대비시킬 수 있을까? 정교하게 만든 주사위를 던지는 실험의 예를 가지고 고전적 확률과 경험적 확률의 차이를 비교해 보자. 먼저 고전적 확률을 보자. 잘 만들어진 주사위는 각각의 면이 나올 확률이 처음부터 같기 때문에 고전적 정의를 적용할 수 있다. 그리고 실제의 실험을 하지 않아도 각 면이 나올 확률은 똑같이 1/6이 된다. 다음으로 경험적 확률을 보자. 여기에서는 사전에 확률을 계산할 수 없다. 그 대신 주사위 던지기 실험을 무수히 반복하였더니 결과적으로 각각의 숫자가 나오는 비율이 모두 1/6로 수렴하는 것을 발견하였다. 따라서 경험적 확률에서도 각각의 확률은 1/6이 된다.

하지만 모든 경우에 고전적 확률과 경험적 확률이 같아지는 것은 아니다. 앞에서 보았던 복권 당첨의 경우는 고전적 확률 대신 경험적 확률을 사용해야 하는 좋은 예라고 할 수 있다. '당첨 된다'와 '되지 않는다'의 가능성이 같지 않기 때문에 이 경우에는 고전적 확률을 사용할 수는 없고 경험적 확률로 계산해야 하는 것이다.

나. 장점과 단점

경험적 확률의 가장 큰 장점은 이 정의를 적용할 수 있는 범위가 넓다는 것이다. 앞의 고전적 확률이 필요로 하는 가정들을 만족시킬 필요가 없기 때문이다. 실험을 반복하면 항상 상대적 빈도는 구할 수 있고 따라서 수학적으로 확률을 구할 수 없는 상황에서도 이 정의를 적용할 수 있는 것이다.

그러나 가장 큰 문제는 극한값의 정확도를 증명할 방법이 없다는 점이다. 시행 횟수 n을 무한히 크게 할 수는 없으므로 실제로 극한값이 존재하는지 또 존재한다면 그 값이 정확하게 무엇인지를 알 수 없기 때문이다.

배경 이야기: 큰 수의 법칙

확률이론과 통계학의 뿌리가 되는 기본원리 가운데 '큰 수의 법칙(law of large numbers: LLN)'을 빼놓을 수 없다. 일찍이 베르누이(Bernoulli)와 포아송(Poisson) 등이 제시한 이 법칙의 핵심은 매우 단순하고 명확하다.

각각의 사건이 일어날 가능성이 똑같은 실험에서, 실험의 횟수가 늘어날수록(큰 수가 만들어질수록) 어떤 결과가 나오는 실제의 빈도(actual ratio)는 이론적인 기대 빈도(theoretical expected ratio)에 수렴한다는 것이다.

예를 들어 앞면과 뒷면이 나올 가능성이 같은 동전던지기 실험을 보자. 이 실험을 '작은 수', 예를 들어 10번만 하면 앞면과 뒷면의 배율이 3:7 또는 8:2가 될 수도 있다. 그러나 이 실험을 '큰 수' 즉 10만번 반복하면 앞면과 뒷면의 배율이 5:5에 아주 가까워진다.

큰 수의 법칙은 고전적(수학적) 확률과 경험적 확률을 연결하는 중요한 근거가 된다. 어떤 실험에서 각각의 사건이 일어날 가능성이 '같은 정도(equally likely)'일 경우에는 실험의 수가 늘어나면서(큰 수가 만들어지면서) 고전적 확률과 경험적 확률은 일치하게 되는 것이다.

(3) 공리적 확률

가. 기본개념

앞에서 보듯이 확률의 정의에 대한 논의는 상당히 긴 역사를 가지고 있다. 하나의 통합된 정의가 만들어지지 못한 상태에서 여러 가지 정의가 혼용되었던 것이다. 그러다가 20세기에 들어와서야 비로소 콜모고로프(Kolmogorov)와 같은 통계학자들이 제안한 공리적 확률(axiomatic definition)이라는 정의가 자리를 잡게 된다.

오늘날 공리적 확률은 현대 통계학에서 말하는 확률의 대표적 정의로 받아들여지고 있다. 예를 들어 확률은 0과 1 사이의 실수값을 갖는다는 사실은 이제는 하나의 상식이지만 이 상식은 공리적 확률이 자리를 잡은 이후에 만들어진 것이다.

공리적 확률은 앞에서 설명한 확률 개념들과는 다른 관점에서 확률을 바라본다. 기존의 고전적 정의나 경험적 정의는 모두 확률의 '현실적' 의미에 바탕을 두고 있다. 즉 실제로 실험이 이루어진다는 현실을 두고 그 결과로서의 확률을 정의하는 것이다.

그러나 공리적 정의는 기존의 개념에 대한 비판에서 출발한다. 세상에 얼마나 많은 실험들이 존재하는데 어떻게 사건 하나하나에 대해 일일이 확률을 따로 계산할 수 있느냐 하는 의문을 던지는 것이다. 대신 다음 두 가지의 방식으로 확률을 새롭게 정의하려고 한다. 첫째, 확률의 값을 '일정한 범위'로 제한한다. 즉 모든 종류의 실험에서 나올 수 있는 확률의 값을 동일한 범위(예를 들어 0과 1 사이) 안으로 묶어놓는 것이다. 둘째, 확률을 순수하게 '수학적' 의미로 바라본다. 확률의 핵심적 목적이 확률의 계산에 있기 때문에 미적분과 같은 수학적 개념들에 맞추어 확률을 정의해야 한다고 보는 것이다.

그러기 위해서는 확률을 실험의 결과값이 아니라 하나의 수학적 공리(axiom)로 정의해야 한다. 공리라는 것은, 어떤 주제를 설명할 때 그 설명이 맞는지 틀리는지를 증명하려고 하지 말고 미리 몇 가지 기준을 정한 후에 그 기준을 가지고 설명하는 것을 가리킨다. 따라서 공리적 확률에서는 '이러이러한 기준을 정한 후 그 기준의 옳고 그름을 따지지 않고 그대로 받아들이는' 방식으로 확률을 정의하게 된다.

이제 수학적 공리를 바탕으로 확률을 정의해 보자. 공리적 확률은 다음 두 개의 원리와 단계를 거치면서 만들어진다. 첫째, 확률을 '함수(function)'로 표현한다. 말 그대로 수학적으로만 접근하는 것이다. 함수로 나타내기 위해서는 어떻게 해야 할까? 먼저 한쪽에 표본공간에서 얻어지는 모든 사건의 집합을 놓는다. 그리고 다른 한쪽에는 0과 1 사이의 모든 실수의 집합을 놓는다. 그리고 나서 양쪽의 관계를 일정한 규칙의 함수로 연결시킨다. 이렇게 하면 어떤 사건의 확률은 곧 그 함수의 값이 된다. 이런 방식으로 확률의 의미를 만드는 것이다.

둘째, 함수관계가 가져야 하는 몇 가지의 규칙들을 만든다. 이것들이 바로 식 (4-3)에 있는 세 개의 핵심적 공리(axiom)이다. 표본공간 S의 부분집합인 각 사건에 대하여 함수 P가 다음 세 개의 성질(규칙)을 만족시키면 확률이라고 정의하는 것이다.

공리적 확률

- 공리 1: $0 \le P(A) \le 1$
- 공리 2: $P(S) = 1$ (4-3)
- 공리 3: $A_1,\ A_2,\ \cdots,\ A_i$가 서로 배반인 사건이라면,

$$P\left(\bigcup_{i=1}^{\infty} A_i\right) = \sum_{i=1}^{\infty} P(A_i)$$

- 공리 1: $0 \le P(A) \le 1$

  표본공간 S에 있을 수 있는 모든 사건 A의 확률값은 0과 1 사이의 값으로 한다. 즉 모든 사건 A의 확률 $P(A)$는 0보다 크거나 같다.

- 공리 2: $P(S) = 1$

  표본공간 S의 확률 $P(S)$는 1로 한다. 즉 표본공간 안에서 발생할 수 있는 모든 사건의 확률을 합하면 1이 된다.

- 공리 3: $A_1,\ A_2,\ \cdots,\ A_i$가 서로 상호배반인 사건이라면 $P\left(\bigcup_{i=1}^{\infty} A_i\right) = \sum_{i=1}^{\infty} P(A_i)$로 한다. 즉 상호배반적 사건의 합집합의 확률은 각 사건의 확률의 합과 같다.

나. 장점과 단점

공리적 정의를 잘 들여다 보면, 한편에는 각 사건에 대해 상대도수(빈도)로 정의한 확률을 놓고 다른 한편에는 그 확률을 수학적 함수의 값으로 바꾼 것임을 알 수 있다. 결국 공리적 확률의 기본 성질은 고전적 확률이나 경험적 확률의 기반이 되는 상대도수의 성질과 같은 것이다. 그러므로 공리적 확률의 가장 큰 장점은 확률의 다양한 개념들을 모두 아우를 수 있다는 점이다. 실제로 앞에서 설명한 여러 가지 확률의 정의들은 모두 공리적 확률의 공리를 만족시키기 때문에 공리적 확률에서 그 모두를 받아들일 수 있다.

하지만 공리적 확률을 가지고 특정 사건의 확률을 바로 계산할 수는 없다. 왜냐하면 식 (4-3)에서 보는 것처럼 공리적 확률은 확률의 수리적 의미를 정한 것이지 실제로 확률을 계산하는 방법을 정한 것은 아니기 때문이다. 사건 A의 확률인 $P(A)$는 '이러이러한 공리를 만족시키는 값이다'라고 정하기는 했지만 '이러이러한 공식으

로 계산한다'라고 정한 것은 아닌 것이다.

그러나 뒤에서 자세히 설명하겠지만 어떤 실험의 확률을 나타내는 확률함수가 주어지면 그 함수를 이용하여 실제의 확률을 계산할 수 있다. 예를 들어 표본공간이 각각의 이산적(discrete) 사건들로 이루어진다면 각 사건의 확률은 따로따로 계산하면 된다. 또 사건이 여러 개인 경우의 확률은 각 사건의 확률을 모두 더하면 된다. 만일 표본공간이 연속적(continuous)이라면 어떤 사건들이 일어날 확률은 그 사건의 시작과 끝으로 이루어지는 범위를 적분(integral)하여 구할 수 있다.

제3절 베이지안 확률

1. 배경

지금까지 살펴본 것처럼 역사적으로 모든 통계학자들이 같은 관점에서 확률을 바라보고 또 같은 정의를 내려온 것은 아니다. 고전적 확률이나 경험적 확률 외에도 여러 가지 확률의 정의들이 제시되기도 하였다. 하지만 20세기 들어 공리적 확률의 개념이 자리를 잡으면서 전통 통계학에서 말하는 확률은 곧 공리적 확률을 가리킨다고 할 수 있게 되었다.

그러나 최근에 확률의 의미에 대한 새로운 논쟁이 일어나고 있다. 그것은 바로 빈도주의(Frequentist) 확률과 베이지안(Bayesian) 확률 사이의 논쟁이다. 물론 이 개념들은 갑자기 만들어진 것은 아니고 이미 오래 전에 만들어져서 널리 알려져 있는 것이다. 다만 그 동안 둘 사이에 별다른 대화가 없다가 빅 데이터 시대의 도래와 함께 새삼스럽게 뜨거운 주제로 떠오르고 있다.

앞에서 강조한 것처럼 이 두 관점이 상반된 입장에서 서로를 비판하고 반목한다는 뜻은 아니다. 오히려 잘 활용하면 서로의 약점을 보완해주는 역할을 할 수 있다. 그러므로 처음부터 어느 관점이 더 옳으냐 또는 더 좋으냐에 대한 편견을 가지는 것보다 양쪽을 균형적으로 바라보는 시각이 더 중요하다.

2. 기본개념

(1) 객관성과 주관성

가. 객관적 확률

우선 앞에서 보았던 예를 가지고 확률의 의미를 다시 생각해보자. 하나는 '동전을 100번 던졌을 때 앞면이 45번 나올 확률이 얼마이다' 또는 '10,000개의 벤처기업이 창업하여 상장까지 지속될 확률은 1%도 되지 않는다'라고 말할 때의 확률이다. 다른 하나는 '방사능에 오염된 생선을 먹었을 때 희귀암에 걸릴 확률은 10만명당 1명이다' 또는 '다음 선거에서 어떤 후보가 당선될 확률은 20%에 불과하다'라고 말할 때의 확률이다.

이 두 가지 확률 사이에는 어떤 차이가 있을까? [그림 4-2]를 보면서 빈도주의 확률과 베이지안 확률을 대비시켜 보자. 먼저 전통 통계학의 바탕이 되는 빈도주의 확률은 다음 세 가지 가정을 바탕으로 한다.

- 첫째, 사건이 만들어지는 '실험의 조건과 요인은 일정'하다고 가정한다. 동전던지기 실험이라면 매번 똑같은 동전을 똑같은 방식으로 던진다고 본다.
- 둘째, 확률은 '하나의 고정된 참값'을 가진다고 가정한다. 과학은 객관적이어야 하므로 확률은 항상 하나의 참값을 가져야 한다.
- 셋째, '실험은 반복할 수 있다'고 가정한다. 과거에도 이미 여러 번 실험을 하여 데이터를 가지고 있고 앞으로도 반복하여 할 수 있다고 본다.

이런 상황에서 가장 과학적이고 합리적인 확률의 정의는 무엇일까? 물론 확률의 참값을 알 수는 없다. 하지만 어떤 사건이 일어날 확률의 참값은 실험의 결과에 나타나는 객관적 빈도(frequency)로 보아야 한다. 왜냐하면 실험의 조건과 요인이 일정하다면 실험을 반복하면서 나오는 빈도가 곧 확률의 참값을 가장 정확하게 반영하는 값이기 때문이다.

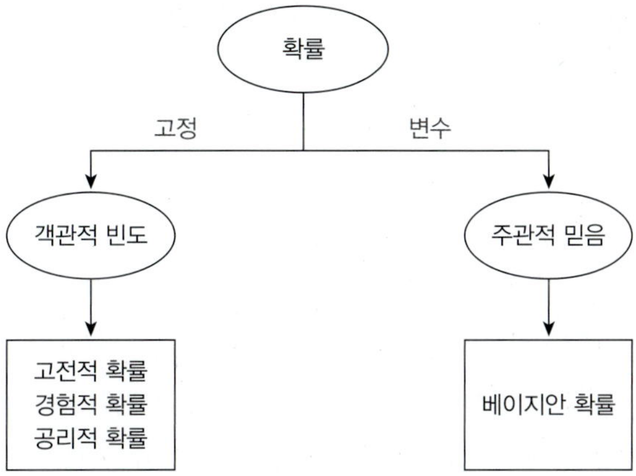

[그림 4-2] 빈도주의 확률과 베이지안 확률의 대비

위에서 '동전을 던졌을 때 앞면이 나올 확률이 얼마이다' 또는 '10,000개의 벤처기업이 창업하여 상장까지 지속될 확률은 1% 미만이다'라고 말할 때의 확률은 빈도주의의 시각에서 본 확률이다. 앞에서 설명한 고전적(수학적) 확률, 경험적 확률, 공리적 확률은 모두 빈도주의 관점에서 바라본 확률을 다루고 있다. 구체적인 정의가 조금씩 다르기는 해도 어떤 사건이 확률은 그 사건이 일어나는 빈도를 수치로 표현한 것이다.

실제로 전통적인 주류 통계학은 빈도주의 확률을 기반으로 하고 있고 이 책을 포함한 대부분의 교과서에서 설명하는 확률이론과 통계기법은 따로 설명하지 않아도 빈도주의 확률을 전제로 한다.

나. 주관적 확률

다음으로 베이지안 확률을 보자. 베이지안 확률은 처음부터 다른 각도에서 확률을 바라본다. 즉 베이지안 확률은 다음 세 가지 가정을 바탕으로 하는 것이다. 이 가정들은 앞의 전통적 확률의 가정과 상반되는 성격을 갖는다는 점에 유의해야 한다.

- 첫째, 사건이 만들어지는 '실험의 조건과 요인은 일정하지 않다고' 가정한다. 동전 던지기 실험에서 완전히 같은 동전은 있을 수 없고 던지는 방식도 매번 달라진다고 본다.
- 둘째, 확률은 그 자체로서 '하나의 변수'라고 가정한다. 실험의 조건과 요인이 고정되어 있지 않기 때문에 확률이 하나의 참값을 가질 수는 없다고 본다.

- 셋째, '실험은 매번 반복할 수 있는 것은 아니다'라고 가정한다. 현실의 세계에서는 과거의 데이터가 많지 않은 실험, 또 여러 번 반복할 수 없는 실험이 오히려 더 많다고 본다.

이런 상황에서 가장 현실적인 확률의 정의는 무엇일까? 우선 실험의 조건과 요인이 고정되어 있지 않고 반복적으로 실험을 할 수도 없기 때문에 객관적 빈도로 확률을 정의할 수는 없다. 대신 실험과 관련된 여러 정보를 활용하여 얻을 수 있는 주관적 믿음(belief)으로 확률을 정하게 된다. 자신의 경험과 지식 그리고 주위에서 얻을 수 있는 정보를 종합할 때 이 정도의 값일 것으로 믿는다는 것이다.

위에서 '방사능에 오염된 생선을 먹었을 때 희귀암에 걸릴 확률은 100만명당 3명이다' 또는 '다음 선거에서 어떤 후보가 당선될 확률은 20%도 안 된다'라고 말할 때의 확률은 당연히 빈도주의의 확률은 아니다. 객관적 빈도를 얻을 수 있을 만큼 많은 방사능 오염 실험을 할 수도 없고 여러 번 선거를 되풀이 할 수도 없기 때문이다. 이 때의 확률이 바로 베이지안의 시각에서 보는 확률을 나타낸다. 여러 가지 정보와 증거를 고려할 때 주관적 확률이 이 정도일 것이라고 믿는다는 것이다.

(2) 고정값과 수정값

또 다른 예를 가지고 둘 사이의 차이를 비교해보자. 주사위를 던져서 눈이 1로 나올 확률을 계산한다고 하자. 먼저 우리에게 익숙한 빈도주의의 시각으로 본 확률은 어떻게 될까? 여기에서는 확률은 하나의 참값으로 고정되어 있다고 본다. 물론 그 참값을 알 수는 없다. 하지만 잘 만들어진 주사위를 사용한다고 가정하면 대부분의 사람들은 그 확률을 처음부터 1/6이라고 말한다. 수없이 실험을 반복할 때 1이 나올 빈도의 비율은 1/6이 되기 때문이다. 주관적으로 그렇게 주장하는 것이 아니라 실험의 결과가 객관적으로 그렇게 나오는 것이다.

그렇다면 베이지안 관점에서의 확률은 어떻게 될까? 물론 베이지안 확률도 똑같이 1/6이라고 할 수 있다(물론 1/6이 아니라고 할 수도 있지만). 실제로 실험을 수없이 반복하면 대부분의 경우 빈도주의 확률과 베이지안 확률의 값은 같아진다. 하지만 그 원리와 의미는 다르다.

베이지안 접근은 다음의 순서로 확률을 구한다. 먼저 지금까지의 지식과 경험을 바탕으로 주관적으로 확률을 설정한다. 이것을 사전 확률(prior probability)라고 한다. 예를 들어 사전확률을 일단 1/5로 놓고 시작하자. 그 다음에 주사위 던지기 실험을 반복하면서 빈도를 구해보았더니 1/6에 가까운 값으로 수렴하는 것으로 나타났다. 그러면 새로운 정보를 활용하여 처음의 확률 1/5을 1/6에 가까운 값으로 바꾸게 된다. 이런 식으로 계속 확률을 수정하다 보면 결국은 확률이 1/6이라는 믿음을 갖게 된다. 이것을 사후 확률(posterior probability)이라고 한다.

베이지안 확률을 실제로 계산하는 문제는 뒤의 조건부 확률에서 더 자세히 알아보기로 하고 여기서는 기본 개념만 이해하고 넘어가자.

3. 의의

베이지안 확률 또는 베이지안 통계라는 용어는 18세기 영국의 베이즈(Bayes)가 제시한 베이즈 정리(Bayes' Theorem)에서 유래한 것이다. 베이즈 정리에 대해서는 뒤에서 자세히 설명할 것이다. 목사였지만 수학에 깊은 관심을 가졌던 그는 베이즈 정리를 만들었고 그 내용은 그의 사후에 비로소 정식 논문으로 발표되었다. 원래의 베이즈 정리는 역확률(inverse probability)이라는 문제를 푸는 것에서 출발하였지만 이후에 라플라스(Laplace) 등의 여러 통계학자들에 의해 확장의 과정을 거치면서 베이지안 확률과 베이지안 추론으로 그 범위가 점점 넓어지게 되었다.

그렇다면 빈도주의 확률과 베이지안 확률의 차이가 왜 큰 의미를 지닐까? 통계는 작은 크기의 관측치를 가지고 크고 복잡한 전체의 특성에 대해 추정하는 것이다. 그리고 통계의 원리와 기준은 확률과 확률분포에 바탕을 두고 있다. 따라서 [그림 4-3]에서 보는 것처럼 처음에 확률을 어떻게 정의하느냐에 따라 확률분포도 달라지고 이어지는 통계 분석도 달라지게 된다. 즉 빈도주의 확률은 빈도주의 추론으로 연결되면서 빈도주의 통계학을 만들어내고, 베이지안 확률은 베이지안 추론으로 이어져서 베이지안 통계학을 만들어내면서 둘 사이에 큰 차이가 발생하는 것이다.

역사적으로 보면 베이지안 통계는 빈도주의의 주류 통계학에 가려 오랫동안 변방에 머물러 있었다. 베이지안 접근이 새롭게 각광을 받게 것은 최근에 컴퓨터의 성능이 눈부시게 좋아지고 빅 데이터가 큰 각광을 받게 된 것에 기인한다. 특히 인공지능(AI)이나 기계학습(machine learning)에서 사용되는 대부분의 알고리즘은 베이지안 확률을 바탕으로 하고 있다. 빅 데이터로부터 더 많은 정보를 수집하고, 정교한 알고리즘을 통해 더 많은 증거를 추출하면서 베이지안 확률의 주관적 믿음에 대한 신뢰도 커지고 있는 것이다.

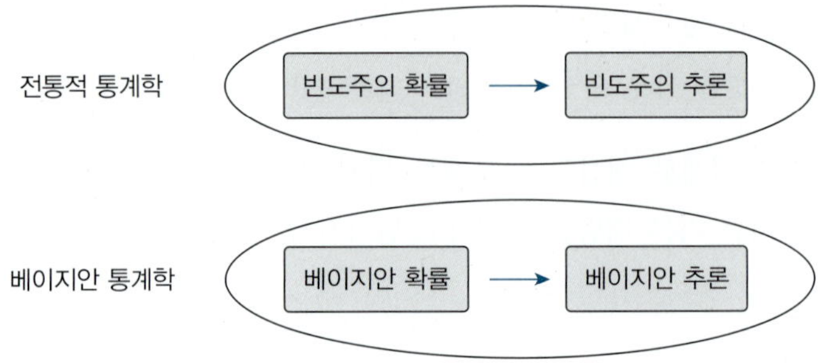

[그림 4-3] 전통적 통계학과 베이지안 통계학의 대비

4. 장점과 단점

베이지안 통계에 대한 관심이 높아지면서 베이지안 접근의 장단점에 대한 논란도 뜨거워지고 있다. 가장 큰 비판은 역시 정보(증거)의 신뢰성에 대한 의문이다. 베이지안 확률은 관련 정보의 정확도를 전제로 하는데 실제 현실에서는 아무리 큰 빅 데이터를 이용하고 아무리 정교한 알고리즘을 사용한다고 해도 정확한 정보를 얻기는 쉽지 않다는 것이다. 사전(prior)의 입력 정보가 잘못되면 사후(posterior)의 결과가 잘못되기 마련이다. 불확실한 정보를 이용하여 제대로 추정하는 것이 가능한 것인지에 대한 비판이 여전히 만만치 않다.

하지만 빈도주의 접근과 비교하여 베이지안 접근이 더 현실적인 개념이라는 것은 큰 장점이다. 우리가 실생활에서 접하는 확률(추정) 또 알고 싶은 확률(추정)은 사실 빈도주의 개념보다는 베이지안 개념을 의미하는 경우가 더 많다. 흔히 '그 일이 일어날 확률이 어느 정도이다'라고 말할 때, 많은 실험을 통해 얻은 객관적 빈도가 그 정도라는 뜻보다는 관련 정보와 경험을 바탕으로 내린 주관적 판단이 그 정도라는 뜻이 더 강하다. 그만큼 현실에 더 가까운 개념인 것이다. 나아가 앞으로 컴퓨터나 로봇의 활용이 생활화되면 수많은 정보의 신속한 처리를 통해 베이지안 확률의 신뢰도도 크게 올라갈 것이라는 기대감이 커지고 있다.

그렇다고 앞에서 말한 것처럼 이 두 관점이 서로 경쟁적으로 반목하고 있는 것은 아니다. 오히려 어느 한쪽을 사용하기 어려운 경우에 다른 한쪽을 보완적으로 활용할 수 있다. 특히 빈도주의 접근을 통해 확률을 계산하기 어려운 경우에 베이지안 접근은 좋은 대안이 될 수 있다. 자주 일어나지 않는 사건의 가능성, 매우 특수한 사건의 가능성을 추정하는 데는 베이지안 확률을 쓰는 것이 바람직할 수 있는 것이다.

제4절 확률의 확장

1. 기본개념

어떤 실험의 결과로 여러 사건들이 발생하는 패턴이 나타나면 그것을 정량적인 값으로 나타낼 수 있다. 그것이 바로 확률이다. 지금까지는 그 확률을 어떻게 정의하고 또 계산할 지에 대해 알아보았다. 확률 이론의 바탕이 만들어진 것이다. 이제부터는 어떤 작업들을 하게 될까? 아주 자연스러운 다음 순서는 확률의 범위를 넓히는 일이다.

예를 들어 아무 사건도 일어나지 않은 경우의 확률, 사건과 사건을 더한 경우의 확률, 또는 뺀 경우의 확률, 하나의 사건이 일어난 후 다른 사건이 일어날 확률 등을 정의하는 것이다. 이 과정에서도 앞에서 설명한 확률의 공리들을 활용하게 된다.

확률의 범위가 넓어진다는 것은 곧 표본공간의 모양이 바뀐다는 뜻이다. [그림 4-4]에서 보듯이 넓어지기 전의 확률은 왼쪽의 표본공간 S 위에 하나의 사건 A가 일어난 경우인 $P(A)$만을 가리킨다. 하지만 넓어진 후의 확률은 오른쪽의 표본공간 S 위에 두 개의 사건 A와 B가 일어난 경우인 $P(A)$와 $P(B)$를 모두 포함하게 된다. 표본공간 S의 내부 모양이 달라지기 때문에 당연히 확률의 종류도 많아지고 확률의 정의와 계산도 달라지게 되는 것이다.

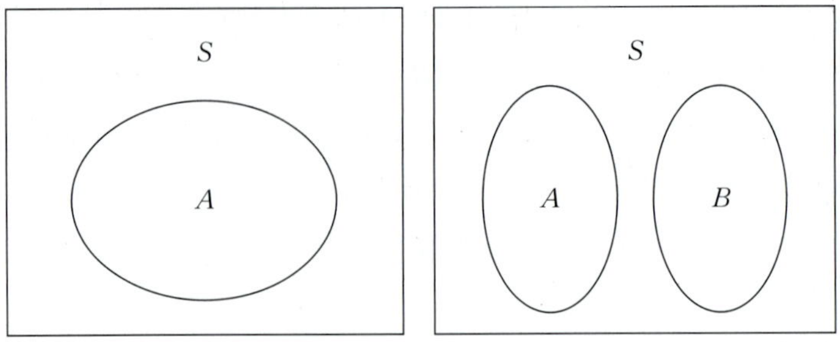

[그림 4-4] 확률의 확장과 표본공간의 변화

2. 덧셈규칙

확률의 확장에서 가장 먼저 이루어지는 일은 확률을 더하는 작업이다. 어떤 사건 A와 또 다른 사건 B가 각각 발생할 때 두 사건의 합집합의 확률인 $P(A \cup B)$를 어떻게 구할지를 정하는 것이다. 먼저 [그림 4-5]를 보자. 표본공간 S는 A와 B의 두 가지 사건으로 구성된다. 이 때 두 개의 사건은 왼쪽 그림처럼 따로따로 일어날 수도 있고 오른쪽 그림처럼 동시에 겹쳐서 일어날 수도 있다. 만일 겹치는 부분, 즉 교집합($A \cap B$)이 있다면 합집합의 확률도 달라지게 된다.

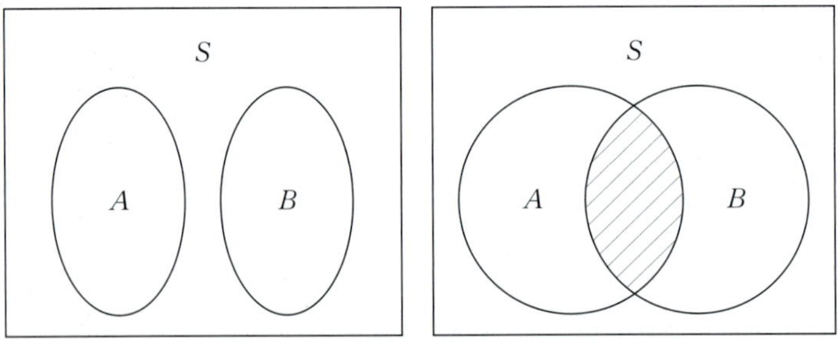

[그림 4-5] 사건의 합집합과 교집합

표본공간 S에서 두 개의 사건 A와 B가 있을 때 각각의 사건이 일어날 수 있는 모든 경우의 수를 $n(S)$, A, B가 일어나는 경우의 수를 각각 $n(A)$, $n(B)$로 표기하자. 그러면 이미 익숙한 집합 이론(set theory)에 의해 아래의 식이 성립한다.

$$n(A \cup B) = n(A) + n(B) - n(A \cap B)$$

여기서 양변을 $n(S)$로 나누어주면 다음의 식이 성립한다.

$$n(A \cup B)/n(S) = n(A)/n(S) + n(B)/n(S) - n(A \cap B)/n(S)$$

이제 확률 개념을 도입하자. 앞에서 사건 A의 확률을 $P(A) = n(A)/n(S)$, 그리고 사건 B의 확률을 $P(B) = n(B)/n(S)$로 정의하였다. 따라서 이 정의를 위의 식에 적용하면 식 (4–4)가 도출된다. 이것이 확률의 덧셈규칙(additive rule)이다.

$$\text{덧셈규칙: } P(A \cup B) = P(A) + P(B) - P(A \cap B) \tag{4–4}$$

3. 상호배반과 독립

다음은 확률에 있어 자주 혼동되는 상호배반(배타적)이라는 개념과 독립이라는 개념을 정리해 보자. 먼저 두 사건이 서로 상호배반(mutually exclusive)이라는 것은 하나의 사건이 발생하면 다른 사건이 발생할 수 없는 경우를 의미한다. 따라서 두 사건 A와 B가 서로 배반이면 $A \cap B = \phi$가 되고 $P(A \cap B) = 0$이 된다. 또한 사건 A와 사건 B가 상호배반이면 $P(A \cup B) = P(A) + P(B)$가 된다.

$$\text{상호배반(배타적)의 경우: } P(A \cap B) = 0 \tag{4–5}$$

이에 비해 상호독립(independent)은 하나의 사건의 발생 여부가 다른 사건이 일어날 확률에 전혀 영향을 미치지 않는 경우를 뜻한다. 그러므로 사건 A와 B가 독립이면 $P(A \cap B) = P(A) \times P(B)$가 된다.

$$\text{독립의 경우: } P(A \cap B) = P(A) \times P(B) \tag{4–6}$$

그렇다면 상호배반과 독립은 어떤 관계를 가질까? 상호배반인 두 사건은 서로 독립의 관계를 이룰 수 없다. 작은 예를 들어보자. 만일 두 사건 A와 B가 상호배반이면 사건 A가 일어나는 경우에 사건 B가 일어날 확률은 0이 된다. 그 외의 다른 값을 가질 수 없는 것이다. 따라서 사건 B의 확률은 사건 A의 확률에 종속되기 때문에 서로 독립이 될 수 없다.

4. 조건부 확률

다음으로 이해해야 개념은 조건부 확률(conditional probability)이다. 조건부 확률은 어떤 사건이 일어난 후 그것을 바탕으로 다른 사건이 일어날 확률을 가리킨다. 사건 B가 먼저 일어나고 그것을 바탕으로 사건 A가 일어날 경우에 사건 A의 조건부 확률인 $P(A|B)$는 식 (4-7)와 같이 정의된다.

$$\text{조건부 확률:}\ P(A|B) = \frac{P(A \cap B)}{P(B)} \tag{4-7}$$

조건부 확률도 표본공간의 변화를 뜻한다. 이름만으로는 마치 실험의 조건이 달라진 것처럼 들리지만 조건부 확률의 핵심적 차이는 표본공간이 달라지는데 있다. [그림 4-5]의 집합 이론으로 다시 돌아가서 빗금친 영역이 나타나는 오른쪽 그림을 보자. 지금까지는 표본공간 S 위에서 사건 A와 B가 일어나는 상황을 다루었다. 하지만 조건부 확률에서는 표본공간이 S로부터 B로 줄어든다. 즉 전체 S 중에서 사건 B가 일어난 부분만 표본공간이 되는 것이다.

이제 B라는 표본공간 안에서 사건 A가 일어난다고 하자. 그러면 확률의 분모는 새로운 표본공간의 확률인 $P(B)$가 되고 분자는 빗금 친 부분의 확률인 $P(A \cap B)$가 된다. 표본공간이 S로부터 B로 줄어들었기 때문에 분모에 $P(S)$ 대신 $P(B)$가 들어가는 것에 유의하자. 이것이 바로 조건부 확률인 $P(A|B)$이다.

조건부 확률: $P(S)$ 대신 $P(B)$를 표본공간(분모)으로 하는 확률

예제

〈표 4-1〉에서 보는 것처럼 20대 3600명과 50대 3600명에 대한 건강검진 기록을 보면 전체 7200명 가운데 4000명이 정상체중 그리고 3200명이 과체중으로 나왔다.

〈표 4-1〉 건강검진 결과표

	20대(A_1)	50대(A_2)	계
정상체중(B_1)	2400	1600	4000
과체중(B_2)	1200	2000	3200
계	3600	3600	7200

여기서 다음과 같은 사건을 생각해 보자.

$$A_1 = 20\text{대인 사건},\ A_2 = 50\text{대인 사건}$$
$$B_1 = \text{정상체중인 사건},\ B_2 = \text{과체중인 사건}$$

먼저 임의로 한 사람을 뽑았을 때 그 사람이 20대일 확률은 얼마일까? 당연히 $P(A_1) = 3600/7200 = 0.5$이다. 여기서 표본공간은 7200명 전부가 된다. 이번에는 20대에서 한 명을 뽑았을 때 그 사람이 정상체중일 확률은 얼마일까? 이번에는 0.5가 아니다. 왜냐하면 20대라는 조건이 먼저 주어지면서 분모가 되는 표본공간이 전부로부터 20대로 줄어들기 때문이다. 따라서 다음과 같은 $P(B_1|A_1)$의 조건부 확률을 계산해야 한다.

$$P(B_1|A_1) = P(B_1 \cap A_1)\ /\ P(A_1) = 2400/3600 = 0.66$$

5. 곱셈규칙

(1) 일반적 곱셈규칙

이어서 확률을 곱하는 작업을 생각해 보자. 사건 A와 사건 B가 동시에 발생할 때 $P(A \cap B)$를 어떻게 구할지를 정하는 것이다. 얼핏 생각하면 $P(A \cap B) = P(A) \times P(B)$가 될 것으로 생각하기 쉽다. 그러나 그것은 사건 A와 B가 독립인 경우에만 성립한다. 일반적인 경우의 곱셈규칙(multiplicative rule)은 바로 앞에서 설명한 조건부 확률의 식인 (4-7)과 밀접하게 관련되어 있다. 식 (4-8)에서 보는 것처럼 사건 A와 사건 B의 확률을 곱하는 규칙은 다음과 같다.

일반적인 곱셈규칙

$$P(A \cap B) = P(A) \times P(B|A) \quad (4\text{-}8)$$
$$P(B \cap A) = P(B) \times P(A|B)$$

이제 $P(A \cap B) = P(B \cap A)$의 교환규칙을 적용하면 다음의 관계가 성립한다.

교환규칙

$$P(A) \times P(B|A) = P(B) \times P(A|B) \quad (4\text{-}9)$$

바로 앞의 예제로 돌아가보자. $P(A_1 \cap B_2) = P(A_1) \times P(B_2|A_1) = 3600/7200 \times 1200/3600 = P(B_2) \times P(A_1|B_2) = 3200/7200 \times 1200/3200 = 0.167$임을 확인할 수 있다.

(2) 곱셈규칙과 조건부 확률

여기서 곱셈규칙의 $P(A \cap B)$와 조건부 확률 $P(A|B)$의 차이를 명확하게 이해하고 가자. 아래의 그림을 다시 보자.

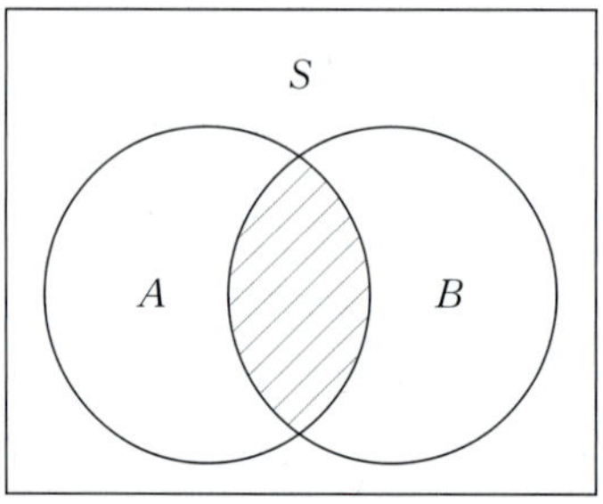

여기서 모든 경우의 수를 $n(S)$, A, B가 일어나는 경우의 수를 각각 $n(A)$, $n(B)$, 그리고 A와 B가 동시에 일어나는 경우의 수를 $n(A \cap B)$라고 하자. 이 때 곱셈규칙의 $P(A \cap B)$와 조건부 확률 $P(A|B)$의 표본공간이 다르다는 점에 주의해야 한다. $P(A \cap B)$는 S 전체를 표본공간으로 할 때 $A \cap B$의 확률이므로 $P(A \cap B) = n(A \cap B)/n(S)$가 된다. 이와는 달리 $P(A|B)$는 B를 표본공간으로 할 때 $A \cap B$가 일어날 확률이므로 $P(A|B) = n(A \cap B)/n(B)$가 된다. 분자는 같지만 분모가 다르다는 사

실을 기억하자.

- $P(A \cap B) = n(A \cap B) / n(S)$
- $P(A|B) = n(A \cap B) / n(B)$

제5절 역확률과 베이즈 정리

1. 역확률

앞에서 베이지안 확률의 개념에 대해 설명하였다. 이제부터 베이지안 확률의 정량적이고 수리적인 의미를 살펴보기로 하자. 베이지안 확률의 수식을 이해하기 위해서는 다음의 순서를 차례대로 따라가야 한다. 먼저 조건부 확률에서 시작한다. 이어서 조건부 확률에 대응하는 역확률을 이해해야 한다. 그 다음에 역확률의 범위를 넓힌 베이즈 정리를 알아야 한다. 마지막으로 베이즈 정리를 이용한 베이지안 확률을 이해해야 한다.

조건부 확률 → 역확률 → 베이즈 정리 → 베이즈 확률

(1) 정의

위의 순서에 따라 먼저 역확률(inverse probability)이라는 용어에 대해 알아보자. 먼저 사건 A와 B에 대해, 사건 B가 일어난 것을 전제로 한 사건 A의 조건부 확률 $P(A|B)$가 있다고 하자. 이번에는 반대로 사건 A가 일어난 것을 전제로 한 사건 B의 조건부 확률 $P(B|A)$가 만들어질 수 있다. 이 때 뒤의 조건부 확률 $P(B|A)$를 앞의 조건부 확률 $P(A|B)$의 역확률이라고 한다.

조건부확률 $P(A|B) \longleftrightarrow$ 역확률 $P(B|A)$

(2) 관계

그러면 원래의 조건부 확률과 역확률은 어떤 관계를 가질까? 먼저 조건부 확률의 정의에 의해 다음의 두 식이 성립된다.

$$P(B|A) = P(B \cap A) \;/\; P(A) \tag{4-10}$$

$$P(A|B) = P(A \cap B) \;/\; P(B) \tag{4-11}$$

이제 식 (4−10)의 양변에 $P(A)$를 곱하면 다음의 식이 만들어진다.

$$P(B|A) \times P(A) = P(B \cap A)$$

마찬가지로 식 (4−11)의 양변에 $P(B)$를 곱하면 다음의 식이 만들어진다.

$$P(A|B) \times P(B) = P(A \cap B)$$

여기서 교환규칙에 따라 $P(B \cap A) = P(A \cap B)$이므로 다음이 성립한다.

$$P(A|B) \times P(B) = P(B|A) \times P(A)$$

이제 양변을 $P(B)$로 나누어 주면 원래의 조건부 확률 $P(B|A)$와 역확률 $P(A|B)$ 사이에는 식 (4−12)의 관계가 있음을 알 수 있다. 즉 $P(A|B)$를 구하는데 $P(B|A)$를 이용할 수 있는 것이다.

원래의 조건부 확률과 역확률 간의 관계

$$P(A|B) = \frac{P(B|A) \times P(A)}{P(B)} \tag{4-12}$$

예제

앞의 예제로 돌아가 보자. 20대에서 한 명을 뽑았을 때 그 사람이 정상체중일 조건부 확률, 즉 $P(B_1|A_1) = P(B_1 \cap A_1) \;/\; P(A_1) = \dfrac{2400/7200}{3600/7200} = 0.66$이 된다.

이번에는 정상체중인 사람을 한 명 뽑았을 때 그 사람이 20대일 확률은 얼마일까? 이것은 $P(A_1|B_1)$의 역확률이 된다. 따라서 식 (4−12)를 이용하여 아래와 같이 역확률을 구할 수 있다. 여기서 $P(B_1|A_1) = 0.66$은 앞의 조건부 확률에서 이미 구하

였고, $P(A_1) = 3600/7200 = 0.5$이며 $P(B_1) = 4000/7200 = 0.556$이다.

$P(A_1|B_1) = P(B_1|A_1) \times P(A_1) \ / \ P(B_1) = 0.66 \times 0.5 \ / \ 0.556 = 0.6$이 된다.

이제 위에서 구한 역확률이 맞는지 확인해 보자. 이 예제에서는 〈표 4-1〉에 모든 정보가 다 주어져 있기 때문에 역확률 공식을 쓰지 않고 다음과 같이 바로 조건부 확률을 구할 수 있다.

$P(A_1|B_1) = P(A_1 \cap B_1) \ / \ P(B_1) = \dfrac{2400/7200}{4000/7200} = 0.6$이 된다.

보는 것처럼 조건부 확률을 이용하여 구한 값과 역확률을 이용하여 구한 값이 일치하는 것을 확인할 수 있다.

---

2. 베이즈 정리

(1) 정의

앞의 예제와 같은 단순한 상황 그리고 모든 경우의 빈도가 알려진 상황에서는 역확률의 계산이 어렵지 않다. 실제로 〈표 4-1〉이 주어진다면 모든 조건부 확률을 바로 계산할 수 있다. 그러나 실생활에서는 원래의 조건부 확률은 구할 수 있지만 역확률의 계산은 쉽지 않은 경우가 자주 발생한다. 〈표 4-1〉에서 모든 칸이 다 채워지지 않는 경우가 나타나는 것이다.

이럴 경우에 역확률을 어떻게 구할 수 있을까? 위의 예제를 본다면 20대에서 한 명을 뽑았을 때 그 사람이 정상체중일 조건부 확률은 바로 구할 수 있지만 거꾸로 정상체중인 사람을 한 명 뽑았을 때 그 사람이 20대일 확률은 구하기 어려울 때는 어떻게 할 것인가? 이런 상황의 역확률 계산에 사용되는 원리가 바로 베이즈 정리(Bayes' Theorem)이다.

좁은 의미의 베이즈 정리는 바로 앞에서 설명한 조건부 확률과 역확률 사이의 관계를 설명하는 정리이다. 식 (4-12)처럼 하나의 사건 B와 또 다른 하나의 사건 A가 있을 때 조건부 확률 $P(B|A)$와 그것의 역확률 $P(A|B)$ 사이의 관계를 설명한 것이

다. 하지만 넓은 의미의 베이즈 정리는 그것을 더 넓게 일반화시킨 법칙이다. 즉 하나의 사건 B는 그대로 두고, 사건 A를 다시 A_1, A_2 하는 식으로 여러 개의 작은 사건으로 나눈 후 사건 B와 사건 A_1의 관계, 사건 B와 사건 A_2의 관계 하는 식으로 펼쳐 나가는 것이다.

(2) 과정

베이즈 정리가 만들어지는 과정을 다음과 같이 몇 개의 단계로 나누어 살펴보자.

● 단계 1: 분할

먼저 [그림 4-6]을 보자. 여기서는 사건 B에 대해 사건 A를 하나의 사건이 아니라 사건 A_1과 A_2의 두 사건으로 나눈 것에 유의하자.

- 전체의 표본공간 S는 두 개의 사건 A_1과 A_2로 이루어진다. 즉 A와 관련해서는 A_1과 A_2 이외의 사건은 일어날 수 없다.
- 여기서 [그림 4-6]에서 보는 것처럼 A_1과 A_2는 서로 배타적인 관계이고 또한 A_1과 A_2를 합치면 전체의 표본공간 S가 된다.
- 이 경우 A_1과 A_2가 S를 분할(partition)한다고 말한다.

분할: A_1과 A_2가 상호배반이고, $A_1 \cup A_2 = S$

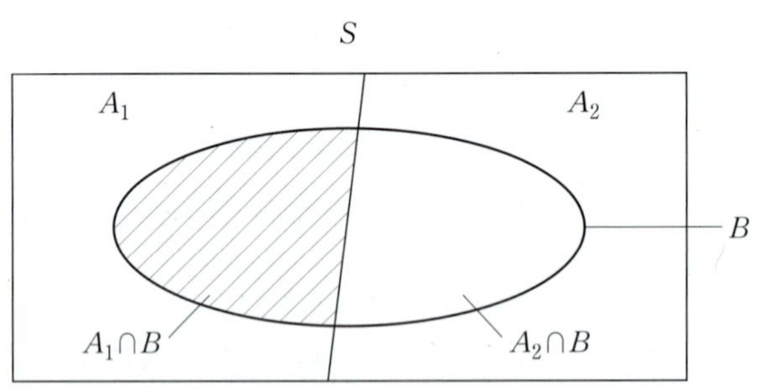

[그림 4-6] A_1과 A_2의 분할도

● 단계 2: 전확률 법칙

단계 1에서 A_1과 A_2가 S를 분할한다고 했으므로 집합 B는 [그림 4-6]에서 보듯이 두 개의 교집합 $(A_1 \cap B)$와 $(A_2 \cap B)$의 합이 된다.

$$P(B) = P(A_1 \cap B) + P(A_2 \cap B)$$

- 또한 곱셈규칙과 조건부 확률에 의해 $P(A_1 \cap B) = P(B|A_1)P(A_1)$이 되고 $P(A_2 \cap B) = P(B|A_2)P(A_2)$가 된다.
- 따라서 $P(B) = P(A_1 \cap B) + P(A_2 \cap B) = P(B|A_1)P(A_1) + P(B|A_2)P(A_2)$

이것을 전확률 법칙(law of total probability)이라고 한다.

> **전확률 법칙**
>
> A_1과 A_2가 표본공간 S의 분할일 때,
> $P(B) = P(B|A_1)P(A_1) + P(B|A_2)P(A_2)$

● 단계 3: 베이즈 정리

위의 관계와 법칙을 바탕으로 다음과 같은 베이즈 정리(Bayes' Theorem)가 만들어진다. 먼저 곱셈규칙과 교환규칙에 의해 $P(A_1 \cap B) = P(B \cap A_1) = P(B) \times P(A_1|B)$가 된다. 따라서 $P(A_1|B) = P(A_1 \cap B) \,/\, P(B)$로 표현할 수 있다.

이제 전확률 법칙에 따라 분모는 $P(B) = P(B|A_1)P(A_1) + P(B|A_2)P(A_2)$가 성립한다. 또한 분자는 $P(A_1 \cap B) = P(B|A_1)\,P(A_1)$가 된다. 그러므로 아래의 베이즈 정리가 도출된다.

> **베이즈 정리**
>
> $$P(A_1|B) = \frac{P(B|A_1)P(A_1)}{P(B)} = \frac{P(B|A_1)P(A_1)}{P(B|A_1)P(A_1) + P(B|A_2)P(A_2)}$$

(3) 해석

베이즈 정리에서 보는 것처럼 역확률 $P(A_1|B)$의 계산에 있어 분자에는 원래의 조건부 확률 $P(B|A_1)$를 이용하고 분모에는 전확률 법칙을 사용하는 것을 알 수 있다. 즉 조건부 확률 $P(B|A_1)$가 주어진(알려진) 상황에서 그것의 역확률인 $P(A_1|B)$는

위의 베이즈 정리를 이용하여 구할 수 있는 것이다.

마찬가지로 조건부 확률 $P(B|A_2)$가 주어진(알려진) 상황에서 그것의 역확률인 $P(A_2|B)$는 위의 베이즈 정리를 이용하여 다음과 같이 구할 수 있다.

$$P(A_2|B) = \frac{P(B|A_2)P(A_2)}{P(B|A_1)P(A_1)+P(B|A_2)P(A_2)}$$

여기서 분모 $P(B) = P(B|A_1)P(A_1) + P(B|A_2)P(A_2)$의 의미는 무엇일까? 이것은 조건부 확률의 표본공간이 전체의 S가 아니라 부분의 B로 제한된다는 것을 보여준다.

즉 확률의 계산에서 분모를 $P(B)$로 해야 확률의 합(sum)을 1로 만들 수 있다. 결국 분모의 $P(B)$는 확률의 계산 자체에 영향을 미치는 것이 아니라 확률값을 조정하는 역할을 하는 하나의 상수(constant) 또는 베이스(base)라고 볼 수 있다.

예제

어느 집단은 남자 60%, 여자 40%로 구성되어 있다. 그리고 남자의 5%, 여자의 8%는 특정 약물에 거부반응을 일으킨다고 한다. 임의로 추출한 한 명이 거부반응을 보일 때 그 사람이 여자일 확률은 얼마일까?

먼저 $P(\text{남자}) = P(A_1) = 0.6$, $P(\text{여자}) = P(A_2) = 0.4$이다. 또한 거부반응을 보이는 사건을 B라고 하면 $P(B|A_1)=0.05$, $P(B|A_2)=0.08$이다. 여기서 구하고자 하는 확률 $P(A_2|B)$는 베이즈 정리에 의해 다음과 같이 나타난다.

$$\begin{aligned} P(A_2|B) &= P(B|A_2)P(A_2) \,/\, \textstyle\sum_{i=1}^{k} P(B|A_i)P(A_i) \\ &= \frac{0.08 \times 0.4}{(0.05 \times 0.6)+(0.08 \times 0.4)} = 0.516 \end{aligned}$$

(4) 베이즈 정리의 확장

이제 [그림 4-7]를 보면서 베이즈 정리를 좀더 일반적인 경우로 확장해 보자. 앞에서는 A_1과 A_2의 두 개의 사건이 표본공간 S를 분할한 경우를 다루었다. 여기에서는

A_1, A_2, A_3, A_4의 네 개의 사건이 S를 분할하는 경우로 넓혀보자.

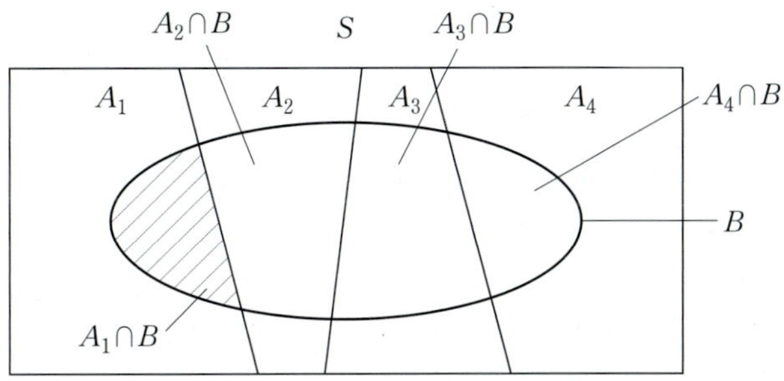

[그림 4-7] A_1, A_2, A_3, A_4의 분할도

먼저 사건 B가 일어난 후에 첫 번째 사건 A_1이 일어나는 조건부 확률 $P(A_1|B)$은 베이즈 정리에 의해 아래와 같이 표현된다.

$$P(A_1|B) = P(A_1 \cap B)/P(B) = P(A_1)P(B|A_1)/P(B)$$

여기서 분모의 $P(B)$는 다음과 같이 A_1, A_2, A_3, A_4와의 교집합의 합이 된다.

$$P(B) = \sum_{i=1}^{4} P(B|A_i)P(A_i)$$
$$= P(B|A_1)P(A_1)+P(B|A_2)P(A_2)+P(B|A_3)P(A_3)+P(B|A_4)P(A_4)$$

따라서 베이즈 정리는 아래와 같이 확장된다.

$$P(A_1|B) = \frac{P(A_1)P(B|A_1)}{P(B)}$$
$$= P(A_1)P(B|A_1)/\{P(B|A_1)P(A_1)+P(B|A_2)P(A_2)+P(B|A_3)P(A_3)+P(B|A_4)P(A_4)\}$$

마찬가지로 A_2, A_3, A_4에 대해서도 베이즈 정리에 의해 조건부 확률 $P(A_2|B)$, $P(A_3|B)$, $P(A_4|B)$를 아래와 같이 각각 구할 수 있다.

$$P(A_2|B)$$
$$= P(A_2)P(B|A_2)/\{P(B|A_1)P(A_1)+P(B|A_2)P(A_2)+P(B|A_3)P(A_3)+P(B|A_4)P(A_4)\}$$

$P(A_3|B)$
$= P(A_3)P(B|A_3)/\{P(B|A_1)P(A_1)+P(B|A_2)P(A_2)+P(B|A_3)P(A_3)+P(B|A_4)P(A_4)\}$

$P(A_4|B)$
$= P(A_4)P(B|A_4)/\{P(B|A_1)P(A_1)+P(B|A_2)P(A_2)+P(B|A_3)P(A_3)+P(B|A_4)P(A_4)\}$

이런 식으로 하면 표본공간 S는 더 많은 숫자의 사건들로 분할할 수 있다. 즉 표본공간 S가 A_1에서 A_k까지 k개의 집합으로 분할되는 일반적인 경우로 베이즈 정리를 확장할 수 있는 것이다. 그 경우에도 확률의 합을 1로 하기 위해서 분모의 $P(B)$는 $A_1, A_2, A_3 \cdots A_k$의 교집합의 합인 $P(B) = \sum_{i=1}^{k} P(B|A_i)P(A_i)$이 된다.

예제

• 시나리오

여러 교과서에 자주 등장하는 하나의 예를 이용하여 베이즈 정리의 개념을 구체적으로 살펴보자. 건강검진 대상자 전체를 표본공간 S로 할 때 이 공간은 크게 암에 걸린 사람(A_1)과 걸리지 않은 사람(A_2)으로 나눌 수 있다. 즉 A_1과 A_2가 표본공간 S를 분할하고 있는 것이다.

현재 건강검진에서는 검사기의 수치가 기준치를 넘으면 암으로 판정하는 진단방법을 주로 사용한다고 하자. 어느 병원에서 자신들이 시용하는 검사기의 정확도가 95%라고 자랑하고 있다. 이 진단법의 정확도 즉 95%라는 확률은 무엇을 뜻하는 것일까?

여기서의 확률은 '이미 암에 걸려있는 사람들을(물론 본인이 암에 걸렸다는 사실을 모르는 사람들을)' 대상으로 한다. 즉 진단법의 정확도가 95%라는 말은, 이 진단법을 수없이 사용한 과거의 데이터(빈도)를 살펴 보았더니 이미 암에 걸려있는 사람들의 95%는 수치가 기준치보다 높게 나와서 제대로 암으로 확진을 받는다는 뜻이다. 반면에 5% 정도는 암에 걸려있음에도 불구하고 이 수치가 낮게 나와서 정상으로 잘못 판정하게 된다는 의미이다.

그런데 이 진단법의 단점은 어떤 사람의 수치가 기준치보다 높게 나올 때 이 사람이 과연 암에 걸려 있는지 아닌지를 알 수는 없다는데 있다. 이미 암에 걸렸을 때 수치가 높게 나올 조건부 확률의 계산에는 쓸모가 있지만 거꾸로 수치가 높게 나왔을 때 과연 암에 걸려있는지를 나타내는 역확률의 계산에는 별 쓸모가 없는 것이다. 이 상황에서 사용되는 것이 바로 베이즈 정리이다.

• 기본 정보

우선 베이즈 정리를 적용하기 위해 일반인 전체(S)를 다음과 같이 두 개의 사건 A_1과 A_2로 분할한다. 따라서 모든 사람은 반드시 A_1과 A_2 가운데 하나에 해당된다.

A_1 = 암에 걸린 사건
A_2 = 암에 걸리지 않은 사건

그리고 새로운 사건으로 B = 수치가 높게 나오는 사건으로 정한다.

그러면 어떤 사람이 이미 암에 걸려 있을 때, 그 사람의 수치가 기준치를 넘어설 확률은 조건부 확률인 $P(B|A_1)$가 된다.

여기서 다음 세 가지 정보가 주어져 있다고 하자. 첫째, 국민건강조사에 의하면 일반인이 평생 암에 걸릴 확률인 $P(A_1) = 0.01$로 알려져 있다. 따라서 $P(A_2) = 1-0.01=0.99$가 된다. 둘째, 이미 방대한 검진 기록을 바탕으로 암일 경우 수치가 높게 나올 확률인 $P(B|A_1) = 0.95$ 라는 사실도 알려져 있다. 셋째, 역시 검진 기록을 바탕으로 암이 아닌데도 수치가 높게 나올 확률 $P(B|A_2) = 0.10$이라는 정보도 알고 있다. 이런 정보들은 이미 모두 충분한 양의 데이터가 있어서 빈도주의 확률로 구할 수 있는 것들이다.

설명의 편의를 위해 위의 상황을 실제 데이터로 표현해 보자. $P(A_1) = 0.01$, $P(A_2)= 0.99$, $P(B|A_1) = 0.95$, $P(B|A_2) = 0.10$라는 정보를 이용하여 100,000명을 대상으로 한 검진 결과를 정리하면 〈표 4-2〉와 같이 나타나게 된다.

〈표 4-2〉 검진결과 결과표

	암(A_1)	정상(A_2)	계
수치 HIGH(B)	950	9,900	10,850
수치 LOW(B^c)	50	89,100	89,150
계	1,000	99,000	100,000

• 조건부 확률

먼저 출발점이 되는 조건부 확률을 보자. 즉 암에 걸려있다는 조건 하에 수치가 높게 나올 확률 $P(B|A_1) = 0.95$ 로 알려져 있다.

• 역확률과 베이즈 정리

이번에는 문제를 거꾸로 바꾸어 조건부 확률인 $P(B|A_1) = 0.95$, $P(B|A_2) = 0.10$이 알려진 상황에서, 어떤 사람의 수치가 기준치를 넘어선(B) 결과가 나왔을 때 그 사람이 정말로 암에 걸려있을(A_1) 확률은 어느 정도일까? 즉 베이즈 정리를 이용하여 역확률인 조건부 확률 $P(A_1|B)$은 어떻게 구할 수 있을까?

이 문제의 베이즈 정리는 다음과 같다.

$$P(A_1|B) = P(B|A_1)\ P(A_1)\ /\ P(B)$$
$$= P(B|A_1)\ P(A_1)\ /\ \{P(B|A_1)P(A_1)+P(B|A_2)P(A_2)\}$$

우선 베이즈 정리의 분자를 보자.

$P(B|A_1)=0.95$이고 $P(A_1)=0.01$이므로, $P(B|A_1)\ P(A_1)=0.95\times0.01=0.0095$

다음으로 확률의 베이스(base)가 되는 분모를 보자.

$$P(B)=P(B|A_1)P(A_1)+P(B|A_2)P(A_2)=0.95\times0.01+0.1\times0.99=0.1085$$

따라서 역확률 $P(A_1|B) = 0.0095\ /\ 0.1085 = 0.0876$이 된다. 수치가 기준치보다 높게 나온 사람들 가운데 실제로 암에 걸린 사람들은 9%가 안 된다는 것을 알 수 있다.

• 확인

물론 이 확률은 〈표 4-2〉에서 직접 구할 수 있다. 수치가 높은 사람(B)은 모두 10,850명이다. 따라서 표본공간은 원래 S의 100,000명이 아니라 B의 10,850명으로 바뀐다. 그 가운데 암에 걸린($A_1 \cap B$) 사람이 950명이므로 $P(A_1|B) = 950\ /\ 10850 = 0.0876$이 된다. 빈도(frequency)를 이용하여 직접 계산한 값과 베이즈 정리를 이용하여 구한 값이 정확하게 일치하는 것을 확인할 수 있다.

분모 $P(B)$의 역할도 확인해 보자. $P(B)$는 확률의 합을 1로 만들기 위한 조정값이

라고 하였다. 먼저 분자에는 $P(B|A_1)P(A_1)$와 $P(B|A_2)P(A_2)$의 두 경우가 나타날 수 있고 각각은 $P(B|A_1)P(A_1) = 0.95 \times 0.01 = 0.0095$와 $P(B|A_2)P(A_2) = 0.1 \times 0.99 = 0.099$이 된다. 위에서 $P(B) = P(B|A_1)P(A_1) + P(B|A_2)P(A_2) = 0.1085$이 된다. 이제 확률의 합을 구해보면 $\frac{0.0095}{0.1085} + \frac{0.099}{0.1085} = 1.0$이 되는 것을 확인할 수 있다.

---

3. 베이지안 확률

(1) 원리와 과정

이제 마지막으로 베이즈 정리를 베이지안 확률로 연결시킬 차례이다. 사실 베이즈 정리를 바탕으로 베이지안 확률을 계산한다는 아이디어는 놀라운 발상의 전환이다. 역확률의 계산에 사용되는 단순한 도구를 최초의 확률 → 새로운 정보(증거) → 확률의 수정 → 새로운 정보(증거) → 확률의 재수정을 거치면서 최종 확률을 도출하는 과정에 적용하는 접근 방법은 대단한 혁신이라고 할 수 있다. 그러나 이 과정을 수행하기 위해서는 베이즈 정리와 베이지안 확률을 연결하는 여러 작업들이 필요하다. 이제부터 베이즈 정리를 이용하여 실제로 베이지안 확률을 계산하는 원리와 과정을 살펴보도록 하자.

• 시나리오

여기서 다시 한번 다음의 질문을 짚고 넘어가자. 왜 우리에게 익숙한 수학적 확률이나 경험적 확률 대신 베이지안 확률을 사용할까? 바로 앞에서 확인한 것처럼 빈도로 구한 확률과 베이즈 정리를 이용하여 구한 확률이 일치한다면 굳이 베이지안 확률을 사용할 이유가 없지 않을까?

만일 모든 정보가 주어진다면 베이지안 확률을 이용할 특별한 이유가 없다. 하지만 실제로는 그렇지 않은 경우가 많다. $P(B|A)$의 조건부 확률은 데이터가 많아서 발생빈도를 보고 바로 알 수 있다. 반대로 $P(A|B)$의 조건부 확률은 데이터가 많지 않아서 빈도를 바탕으로 쉽게 계산할 수 없다. 〈표 4-1〉에서는 설명의 목적으로 모든 칸이 다 채워진 예시를 보았다. 하지만 현실에서는 데이터가 없어서 나머지 칸을 채

워 넣지 못하는 경우가 많다. 쉽게 계산하기 어려운 $P(A|B)$를 구하기 위해 쉽게 얻을 수 있는 $P(B|A)$를 이용해야 하는 상황이 자주 생기는 것이다.

• 기본 원리

사건 A가 A_1과 A_2로 나뉠 때, 베이즈 정리에 의해 다음이 성립한다.

$$\begin{aligned} P(A_1|B) &= P(B|A_1)\ P(A_1)\ /\ P(B) \\ &= P(B|A_1)\ P(A_1)\ /\ \{P(B|A_1)P(A_1) + P(B|A_2)P(A_2)\} \\ P(A_2|B) &= P(B|A_2)\ P(A_2)\ /\ P(B) \\ &= P(B|A_2)\ P(A_2)\ /\ \{P(B|A_1)P(A_1) + P(B|A_2)P(A_2)\} \end{aligned}$$

앞에서 설명한 것처럼 분모인 $P(B)$는 상수(constant)로 볼 수 있다. 따라서 $P(A|B)$에 직접적인 영향을 미치지는 않는다. 이제 분모 $P(B)$를 상수로 본다면 $P(A|B)$는 분자의 크기에 비례하여 다음과 같이 정해진다.

$$P(A|B) \propto P(B|A) \times P(A)$$

우리가 궁극적으로 얻고자 하는 값은 $P(A|B)$이다. 따라서 $P(A|B) \propto P(B|A) \times P(A)$의 관계, 즉 베이즈 정리를 이용하여 $P(A|B)$의 값을 단계별로 찾아 나가 보자. 첫 단계에서는 B에 대한 아무런 정보도 없는 상황이니까 조건부 확률이 아니라 조건이 없는 원래의 확률을 써서 $P(A|B)$의 값에 그냥 $P(A)$를 설정하자. 즉 $P(A)$가 $P(A|B)$의 최초의 확률이 되는 것이다. 다음 단계에서 $P(B|A)$에 대한 추가 정보와 지식이 주어지면 원래의 $P(A)$ 값을 수정하여 새로운 $P(A|B)$를 얻는다. 이런 과정을 계속 따라가면서 $P(A|B)$의 최종 확률을 구하는 것이다. 이렇게 구한 최종의 확률이 바로 베이지안 확률이다.

• 핵심 용어

$P(A|B) \propto P(B|A) \times P(A)$의 관계에서 다음의 용어를 정의한다.

$P(A)$: 사전 확률(prior)
$P(B|A)$: 우도(likelihood) 또는 증거
$P(A|B)$: 사후 확률(posterior)

- 수행 과정

– 먼저 $P(A)$는 아무 정보가 주어지지 않은 최초의 상태에서 사건 A에 대한 확률이므로 말 그대로 사전 확률이 된다. 그리고 이 확률은 '별로 그럴듯하지 않은' 값이다.

– 이제 A가 일어난 상황에서 다른 사건 B가 일어나게 되면 $P(B|A)$는 우도(증거)로 이용할 수 있게 된다.

– 그리고 그 우도(증거)를 이용하여 원래의 사전 확률 $P(A)$를 '더 그럴듯한' 값으로 바꾼 조건부 확률 $P(A|B)$를 구한다.

이 과정을 반복하면서 최종의 사후 확률 즉 베이지안 확률을 구한다.

(2) 예시

앞의 암 검진 예로 돌아가서 베이지안 확률을 구하는 과정을 살펴보자. 여기서 암에 걸린 사건 A_1이 먼저 일어난 상황에서 수치가 높게 나오는 사건 B가 일어날 $P(B|A_1)$의 조건부 확률은 과거의 검진 기록이 많기 때문에 발생 빈도를 보고 바로 알 수 있다. 즉 빈도주의 확률로 계산하는 것이다. 문제는 $P(A_1|B)$의 기록은 많지 않기 때문에 빈도주의 확률을 계산하기 어렵다는데 있다. 이 때 $P(B|A_1)$를 이용하여 $P(A_1|B)$를 구해보자. 즉 베이지안 확률을 구하는 것이다.

- 사전 확률(prior) 설정

먼저 prior를 설정한다. 수치가 높게 나왔다는 정보만 주어진 상황에서 그 사람이 암에 걸렸는지의 여부를 어떻게 판단할 수 있을까? 섣불리 판단하기 어려우니까 전체국민 가운데 암에 걸릴 확률인 $P(A_1) = 0.01$을 prior로 놓는다. 즉 아무런 정보가 없을 때는 다른 모든 사람들과 마찬가지로 0.01의 확률로 암 환자가 나온다고 보는 것이다. 물론 이 사전 확률은 별로 믿을 수 없는 값이고 따라서 앞으로 바꾸어 나가야 할 값이다.

- 우도(증거)의 활용: 베이즈 요인

이제 prior를 좀더 그럴듯한 값으로 수정(upgrade)할 차례이다. 여기서는 $P(B|A_1)$와 $P(B|A_2)$의 두 개의 우도를 증거, 즉 확률의 수정을 위한 새로운 정보로 사용할 수 있다.

여기서 배율(odds)이라는 용어가 등장한다. 배율은 두 확률 간의 비율을 뜻한다. A_1과 A_2 두 사건이 전체를 분할할 때, A_1의 확률 $P(A_1)$이 p라면 다른 사건의 확률 $P(A_2)$는 당연히 $1-p$가 된다. 따라서 두 확률 간의 비율은 $\frac{p}{1-p}$가 된다. 이 비율을 배율이라고 한다.

> **배율(odds)과 확률(probability) p의 관계**
>
> 배율(odds) $= P(A_1) \ / \ P(A_2) = \frac{p}{1-p}$

이 문제에서는 $P(A_1) = 0.01$이면 $P(A_2) = 0.99$가 된다. 따라서 암에 걸린 사람과 걸리지 않은 사람 사이의 배율은 $P(A_1)/P(A_2) = 0.01/0.99$이다. 달리 표현하면 $P(A_1){:}P(A_2) = 1{:}99$이 된다. 즉 100,000명 중 1,000명은 암 환자이고 나머지 99,000명은 정상인 것이다.

아무런 증거가 없을 때는 배율을 $P(A_1)/P(A_2)$로 나타내었다. 하지만 B에 관한 검진의 정보가 주어진 후에는 새로운 배율은 다음과 같이 확률 $P(A_1|B)$과 확률 $P(A_2|B)$ 간의 비율이 된다.

$$
\begin{aligned}
&P(A_1|B) \ / \ P(A_2|B) \\
&= \frac{P(B|A_1)P(A_1)}{P(B|A_2)P(A_2)} \\
&= \frac{P(B|A_1)}{P(B|A_2)} \times \frac{P(A_1)}{P(A_2)}
\end{aligned}
$$

위의 식에서 오른쪽의 두 번째 항인 $P(A_1)/P(A_2)$은 검진 이전에 암 일 확률과 암이 아닐 확률 간의 배율을 가리킨다. 그러면 첫 번째 항인 $P(B|A_1)/P(B|A_2)$은 무엇을 의미할까? 이것은 검진 결과라는 추가 정보를 통해 원래의 배율 $P(A_1)/P(A_2)$이 바뀌는 정도를 보여주는 값이다. 이것을 '베이즈 요인(Bayes Factor: BF)'이라고 부른다.

> 베이즈 요인(BF): $P(B|A_1) \ / \ P(B|A_2)$

아무런 증거가 없을 때 암일 확률과 암이 아닐 확률 간의 배율은 $P(A_1)/P(A_2)$ = 0.01/0.99 = 0.0101이었다. 이제 암인 경우와 암이 아닌 경우에 '수치가 어떻게 달리 나오는지'를 보여주는 증거, 즉 $P(B|A_1)$ = 0.95와 $P(B|A_2)$ = 0.1이 주어졌을 때의 베이즈 요인은 $P(B|A_1)$ / $P(B|A_2)$ = 0.95/0.1 = 9.5이 된다. 따라서 배율은 $P(A_1|B)$ / $P(A_2|B)$ = 베이즈 요인 × $P(A_1)/P(A_2)$ = 9.5 × 0.0101 = 0.096이 된다. 증거가 주어지기 전의 배율인 $P(A_1)/P(A_2)$과 비교하여 증거가 주어진 이후의 배율인 $P(A_1|B)/P(A_2|B)$은 베이즈 요인 값인 9.5배 더 크다는 것을 알 수 있다.

• 사후 확률(posterior) 계산

이제 암일 확률과 암이 아닐 확률 간의 배율이 9.5배 증가한 증거를 바탕으로 사전 확률(prior) $P(A_1)$을 수정하여 사후 확률(posterior) $P(A_1|B)$을 구해보자. 여기서 유의할 점은 베이즈 요인이 9.5라고 해서 곧 posterior $P(A_1|B)$이 prior $P(A_1)$보다 9.5배 큰 것은 아니라는 사실이다. 베이즈 요인은 원래의 배율에 비해 새로운 배율이 9.5배 커졌다는 것을 뜻하기 때문이다.

따라서 posterior $P(A_1|B)$를 구하기 위해서는 나음 두 개의 식을 풀어야 한다.

먼저 A_1과 A_2가 전체 S를 분할하므로,

$$P(A_1|B) + P(A_2|B) = 1 \tag{1}$$

다음으로,

$$P(A_1|B) / P(A_2|B) = 9.5 \times P(A_1)/P(A_2) = 9.5 \times 0.01/0.99 \tag{2}$$

이제 위의 식 (1)과 (2)를 풀면,

$P(A_1|B) = 0.0876$이 된다.

이것은 다음과 같이 설명할 수도 있다. 원래 $P(A_1)/P(A_2)$의 배율이 1/99이니까 100(=1+99)명에 1명 즉 1/100 = 0.01의 비율로 암으로 나타난다. 하지만 이제 베이즈 요인 9.5를 반영하면 $P(A_1|B)/P(A_2|B)$의 배율이 9.5/99가 된다. 따라서 이제는 108.5(=9.5+99)명에 9.5명 즉 9.5/108.5 = 0.0876의 비율로 암으로 나타난다. 그러므로 사후 확률(posterior)은 0.0876이 된다.

이제 정리를 해보자. 수치가 높게 나올 때 암일 것으로 추정할 확률(사전 확률)은 일반인이 살면서 암에 걸릴 확률인 0.01이었다. 하지만 암인 경우에 수치가 어떻게 나오는지를 알려주는 추가정보가 주어지면 베이지안 정리의 원리를 이용하여 암으로 추정하는 확률(사후 확률)을 0.0876으로 수정하게 되고 당연히 사후 확률은 사전 확률보다 더 정확한 추정치가 된다.

• 사후 확률(posterior)의 확인

마지막으로 posterior가 맞는 값인지를 확인해 보자. 베이즈 요인을 이용하여 구한 사후 확률이 베이즈 정리를 이용하여 구한 역확률과 일치하는지를 확인해 보는 것이다.

베이즈 정리에 의해 역확률은 다음과 같이 계산된다.

$$
\begin{aligned}
P(A_1|B) &= \frac{P(B|A_1)P(A_1)}{P(B)} \\
&= P(B|A_1)\ P(A_1)\ /\ \{P(B|A_1)P(A_1) + P(B|A_2)P(A_2)\} \\
&= 0.95 \times 0.01\ /\ \{0.95 \times 0.01 + 0.1 \times 0.99\} \\
&= 0.0095\ /\ 0.1085 = 0.0876
\end{aligned}
$$

이로써 앞에서 베이즈 요인으로 수정한 posterior와 베이즈 정리로 계산한 역확률이 같은 것을 알 수 있다.

• 사후 확률(posterior) 의 재수정

좀더 정확한 정보를 얻기 위해 검진을 추가로 한다고 하자. 이번에는 첫 번째 검진의 결과로 나온 posterior, 즉 0.0876이 두 번째 검진의 prior가 된다. 만일 추가 검진에서도 여전히 수치가 높게 나오면 어떻게 될까? 그러면 베이즈 요인은 9.5×9.5=90.25로 증가하게 되고 그에 따라 암일 확률은 더욱 올라가게 된다.

반대로 수치가 낮게 나오면 어떻게 될까? 이번에는 베이즈 요인이 감소하게 되고 그에 따라 암일 확률은 내려가게 된다. 이런 식으로 posterior를 계속 수정하면서 최종의 베이지안 확률을 구하게 된다.

4. 베이지안 확률의 확장

두 사건의 분할로 이루어진 단순한 베이즈 정리를 여러 개 사건의 분할로 확장할 수 있는 것처럼 베이지안 확률도 확장할 수 있다. 앞의 예에서는 암에 걸린 사건 A_1과 걸리지 않은 사건 A_2로 표본공간 S를 분할하였다. 이제 A_1, A_2, A_3, A_4의 네 사건이 S를 분할하는 경우를 보자. 예를 들어 암의 병기가 말기인 사건, 중기인 사건, 초기인 사건, 암에 걸리지 않은 사건으로 나눈다면 $P(A_1)$, $P(A_2)$, $P(A_3)$, $P(A_4)$가 각각 prior가 된다. 또 $P(B|A_1)$, $P(B|A_2)$, $P(B|A_3)$, $P(B|A_4)$가 우도의 역할을 한다. 마지막으로 $P(A_1|B)$, $P(A_2|B)$, $P(A_3|B)$, $P(A_4|B)$가 posterior가 된다. 이런 식으로 베이지안 확률을 확장할 수 있다.

5. 빈도주의 확률과 베이지안 확률

전통 통계학의 바탕이 되는 빈도주의 확률과 베이지안 통계의 뿌리가 되는 베이지안 확률은 어떤 관계를 가지고 있을까? 이 질문에 대한 답을 다음 두 가지 주제를 중심으로 찾아보자.

첫째, 빈도주의 확률과 베이지안 확률의 값이 같을까 아니면 다를까? 앞에서 이미 설명한 것처럼 모든 정보가 다 주어진 상황 즉 앞의 검진 결과표의 모든 칸에 값을 집어넣을 수 있을 때에는 두 확률의 값이 일치하게 된다. 이것은 상식적으로 생각해도 당연한 일이다. 이미 확률을 구하는데 필요한 정보가 충분히 주어진 상황에서는 어떤 식으로 확률을 정의해도 그 값은 같아야 하기 때문이다.

따라서 그런 상황에서는 전통적인 빈도주의 접근으로 확률을 구하는데 아무 문제가 없다. 문제는 충분한 정보가 주어지지 않는 경우이다. 이처럼 빈도주의 접근으로 바로 확률을 계산하기가 쉽지 않은 상황이라면 베이지안 접근으로 확률을 구하는 것이 좋은 대안이 될 수 있다.

둘째, 빈도주의 확률과 베이지안 확률 가운데 어떤 확률이 더 의미 있는 확률일까? 이 질문에 대한 답도 결코 간단하지 않다. 그리고 이에 대한 토론은 이 책의 범위를 훨씬 벗어나는 주제이다.

현실적으로 볼 때 질문에 대한 답은 누가 어떤 목적으로 확률을 바라보느냐에 달려 있다고 할 수 있다. 다시 위의 암 검진 예제로 돌아가 보자. 먼저 병원의 입장에서 보면 빈도주의 확률인 $P(B|A_1)$가 더 의미 있는 확률이 될 수 있다. 모든 환자를 상대하는 병원으로서는 암 여부를 찾아내는 진단방법이 여러 가지 있을 때 가장 정확한 방법의 선택에 더 큰 관심을 두기 때문이다.

하지만 검진을 받는 개인의 입장에서 보면 베이지안 확률인 $P(A_1|B)$가 더 의미 있는 확률이 된다. 어떤 사람이 이미 암에 걸린 것을 알고 있다면 수치가 기준치를 넘을 확률 $P(B|A_1)$는 이제 아무 의미가 없다. 각각의 개인에게 정말 의미 있는 확률은, 만일 기준치보다 높은 수치가 나왔을 때 자신이 실제로 암에 걸렸는지의 여부를

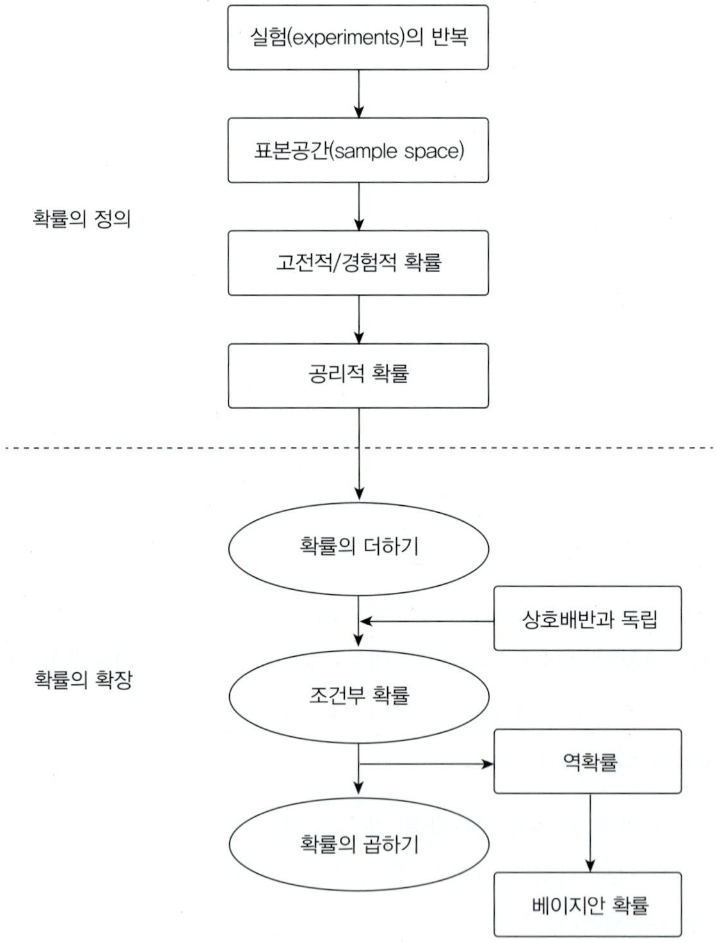

[그림 4-8] 확률개념과 이론의 확장 과정

알려주는 베이지안 확률이다. 반대로 기준치보다 낮은 수치가 나왔다고 하더라도 여전히 의미 있는 확률은 실제로 자신이 암에 걸리지 않았다는 것을 확인할 수 있는 베이지안 확률이 된다.

지금까지 설명한 확률이론의 확장 과정을 정리한 도표가 [그림 4-8]에 그려져 있다.

제6절 확률분포

1. 기본개념

앞에서 다양한 확률의 개념과 정의에 대해 알아보았다. 어느 관점에서 확률을 바라보든 확률이라는 자연과학이 통계라는 응용과학으로 넘어오기 위해서는 매우 중요한 다음의 작업이 필요하다. 그것은 이미 일어난 실험의 결과를 가지고 어떤 사건의 확률을 계산하는 일이 아니라 아직 일어나지 않은 실험을 할 경우에 어떤 사건이 일어날 확률이 얼마인지를 미리 추측하는 일이다. 이 작업을 해야만 비로소 확률이라는 이론적 지식이 통계라는 실용적 지식으로 이어질 수 있는 것이다. 왜냐하면 세상에서 많은 사람들이 알고 싶어하는 것은 과거에 일어난 사건의 확률이 아니라 미래에 일어날 사건의 확률이기 때문이다.

이 작업을 하기 위해서는 앞으로 어떤 실험을 할 경우 그 결과로 어떤 사건들이 얼마나 자주 일어날지를 나타내는 규칙이나 패턴이 주어져야 한다. 만일 이 규칙이나 패턴이 없다면 결과에 규칙성이 나타날 수 없고 규칙성이 없으면 어느 누구도 앞으로의 결과를 예측할 수 없다.

이 규칙과 패턴은 실험의 종류에 따라 달라진다. 어떤 실험을 하면 그 실험의 성격에 따라 실험의 결과가 정해지고 그 결과에 가장 적합한 규칙이 만들어지게 된다. 또 다른 실험을 하면 역시 그 실험의 성격에 맞추어 다른 규칙이 만들어지게 된다.

지금까지 묶어서 '어떤 실험'이라고 했지만 세상에는 무수히 많은 종류의 실험이 있다. 사람에 관한 데이터로 돌아가 보자. 아주 단순한 실험의 예로는 어떤 한 사람을 놓고 그 사람의 성별이 남자인지 여자인지를 알아보는 경우를 생각할 수 있다. 여기서 더 나아가 이 실험을 여러 번 반복하는 것도 또 다른 실험이 된다. 한 사람이 아니라 1,000 명의 사람들을 대상으로 차례차례 성별을 확인한 후 남자가 몇 명인이고 여자가 몇 명인지를 알아보는 것도 하나의 실험인 것이다.

실제로 1,000명을 대상으로 성별을 조사하였더니 남자가 550명, 여자가 450명으로 나타났다고 하자. 그러면 남자의 확률은 0.55, 여자의 확률은 0.45가 된다. 그러나 우리의 관심사는 그것으로 끝나는 것이 아니라 앞으로 또 다른 1,000명 또는 10,000명을 조사할 경우 남자와 여자가 각각 몇 명씩 나타날지를 미리 알아보는데 있다.

당연한 얘기이지만 다른 실험을 하면 다른 결과가 나오기 마련이다. 앞의 실험에서 남자, 여자가 각각 550명, 450명 나왔다고 하더라도 다음의 실험에서는 남녀가 똑같이 500명씩 나올 수도 있다. 한마디로 실험에 따라 값이 달라지는 하나의 변수(variable)가 되는 것이다.

따라서 통계학에서 말하는 변수는 수학이나 사회과학에서 말하는 변수와는 그 의미가 다르다. 수학에서는 다양한 값을 가질 수 있는 미지의 수, 사회과학에서는 시점과 환경에 따라 달라지는 사회현상을 변수라고 하지만 통계학에서는 어떤 실험을 했을 때 그 실험의 특성에 따라 달라지는 결과(사건)의 값을 변수라고 한다. 즉 실험에서 나오는 결과(outcome)를 정성적인 문장(text)으로 표현하지 않고 정량적인 실수(real value)로 표현한 값을 가리킨다.

통계학에서 변수가 갖는 의미는 매우 크다. 사건의 내용을 말로 표현하지 않고 숫자로 표현함으로써 정량적 분석을 가능하게 하기 때문이다. 그런데 그 값이 정해진 공식대로 정확하게 변하는 것은 아니기 때문에 통계에서는 확률변수(random variable)라고 부르고 흔히 X라는 문자로 표기한다.

> 확률변수(random variable): X

이미 여러 번 강조한 것처럼 아주 중요한 사실은 X의 값이 불규칙적으로 달라지는 것이 아니라 나름의 규칙성을 가지고 달라진다는 점이다. 실험을 반복해 보면 어떤 결과는 다른 결과보다 더 자주 일어나거나 반대로 덜 자주 일어나는 경향을 발견할 수 있는 것이다.

여기서 확률분포(probability distribution)라는 개념이 도입된다. 확률분포는 한 마디로 확률변수가 특정한 값을 가질 확률을 나타내는 함수(function)를 가리킨다. [그림 4-9]을 보자. 확률변수를 X라고 하자. 이제 이 변수가 가질 수 있는 실제값을 x_1, x_2, ⋯, x_n이라고 하자. 그리고 각각의 실제값이 나타날 확률을 p_1, p_2, ⋯, p_n이라고 하자. 그러면 각각의 x_1의 확률을 각각의 p_i 로 대응시킬 수 있다. 이렇게 둘 사이의 관계를 만들어주는 함수(f)가 곧 확률분포가 된다.

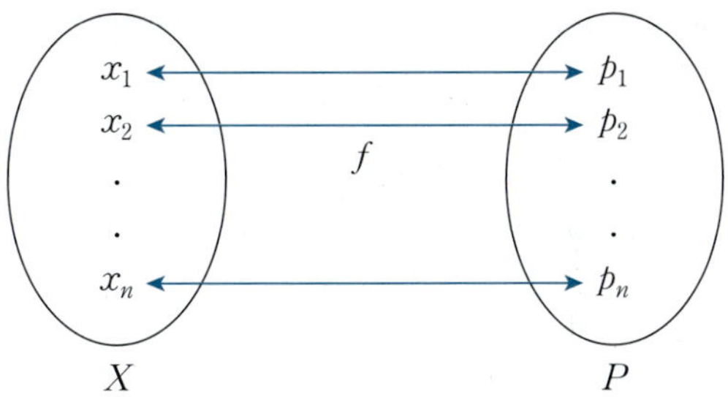

[그림 4-9] 확률분포의 함수

어떤 변수가 특정한 값을 가질 확률은 달라진다. 그런데 그 달라지는 패턴을 시각적으로 표현해 보면 여러 가지 모양이 나타날 수 있다. 이제 그 모양을 수리적 형태로 바꾸면 하나의 함수로 표현할 수 있다. 직선이라면 일차 함수로, 곡선이라면 이차 함수, 지수 함수 등으로 표현할 수 있는 것이다. 이 함수가 바로 확률분포이고 흔히 어떤 확률변수 X의 확률분포 함수는 $f(X)$로 표기한다.

확률분포 함수(probability distribution function): $f(X)$

전통 통계학에서 확률분포가 가지는 의미는 말할 필요가 없을 정도로 크다. 하지만 베이지안 통계로 넘어오면 그 중요성이 더욱 커진다. 왜냐하면 베이지안 통계에서는 표본의 통계량과 모집단의 모수 모두를 확률변수로 보기 때문이다. 확률변수의 범위와 종류가 많아질수록 확률분포의 범위가 더 넓어지고 의미가 더 커지는 것은 당연하다.

2. 확률분포의 성격

실험의 성격이나 방식이 바뀌면 당연히 확률분포도 달라진다. 세상에는 다양한 종류의 실험이 있고 따라서 다양한 종류의 확률분포가 존재한다. 어떤 분포들이 있고 각 분포의 특성이 무엇인지는 나중에 자세히 알아보기로 하고 여기에서는 대표적인 분포 하나를 골라서 확률분포의 성질을 좀더 자세히 알아보기로 하자.

사람 1,000명을 대상으로 성별을 조사한 경우를 생각해 보자. 미리 밝히자면 이 실험은 이항분포(binomial distribution)라는 분포를 가진다. 이항분포는 실험에서 나올 수 있는 사건이 두 가지만 있는 경우에 n번의 실험에서 각 사건이 일어나는 횟수를 확률변수 X로 하는 실험을 나타내는 확률분포이다. 앞의 실험은 정확하게 이항분포에 해당되는 예이다. 남자 또는 여자의 두 가지 사건만 일어날 수 있는 상황에서 $n = 1{,}000$을 조사할 경우 남자의 횟수(또는 여자의 횟수)를 변수 X로 하는 실험인 것이다.

그런데 한 가지 궁금한 것은 같은 이항분포의 실험인데 왜 어느 실험에서는 남자의 횟수가 여자의 횟수보다 더 많을 수도 있고 반대로 더 적을 수도 있느냐 하는 질문이다. 그것은 동일한 실험이라고 해도 실험의 본질적 특성이 다르기 때문이다. 앞에서 예를 든 1,000명은 이보다 훨씬 더 많은 사람들로 구성된 어떤 모집단으로부터 뽑은 표본을 의미한다. 본질적으로 남자가 더 많은 모집단에서 1,000명의 표본을 뽑는 경우와 반대로 여자가 더 많은 모집단에서 1,000명의 표본을 뽑는 경우를 비교하면, 결과로 나타나는 남자의 횟수(또는 여자의 횟수)인 확률변수 X가 달라지는 것이 너무나 당연한 일이다.

여기서 확률분포의 모수(parameter)라는 개념이 등장한다. 여기서 모수는 모집단 확률분포의 본질적 성격을 가장 잘 나타내는 특성을 뜻한다. 예를 들어 앞에서 살펴본 이항분포의 모수는 무엇을 들 수 있을까? 다시 말해 확률변수 X의 값을 결정하는 가장 중요한 특성은 무엇일까? 우선 모집단 전체에서 남자일 확률을 p, 그리고 여자일 확률을 $1-p$라고 하자. 이제 n번의 실험을 할 때, 모집단에서 남자일 확률인 p가 여자일 확률$(1-p)$보다 더 크다면(반대로 더 작다면) 그에 따라 당연히 남자가 나오는 횟수 X도 커지게(작아지게) 된다. 그러므로 여기서는 확률 p가 이항분포의 모수가 된다. 또한 실험의 횟수에 따라 X가 달라지기 때문에 n도 모수가 된다.

이제 확률분포를 어떻게 표기할 것인가를 생각해 보자. 일반적으로 확률분포는 그 분포의 이름에서 대표적인 문자를 뽑은 후 그 분포의 모수들을 괄호 안에 보여주는 식으로 표기한다. n번의 실험을 하는 이항분포의 예를 보면 $X \sim B(n, p)$로 표기한다. 여기서 B는 이항분포의 Binomial을 뜻하고 ~의 기호는 확률변수 X가 그 분포를 따른다는 뜻이다. 또한 괄호 안에 있는 n과 p가 이 분포의 모수라는 사실을 보여주고 있다.

3. 확률분포의 활용

이제 주어진 확률분포에서 실제 확률을 예측하는 식을 생각해 보자. 확률분포는 그 분포를 따르는 실험에서 일어날 수 있는 각 사건의 확률을 예측할 수 있는 식을 뜻한다. 나중에 다시 설명하겠지만, 예를 들어 이항분포의 모수 p 값이 알려져 있으면 확률변수 X가 특정한 값 k일 확률인 $P(X=k)$는 식 (4-13)로 나타낼 수 있다. 확률분포를 알면 이 분포를 따르는 변수가 어떤 특정한 값을 가질 확률을 계산할 수 있는 것이다. 물론 확률분포를 이용하여 확률을 계산하는 원리는 이항분포뿐 아니라 모든 분포에 적용될 수 있다.

$$P(X=k) = {}_nC_k p^k (1-p)^{n-k}, \quad {}_nC_k = \frac{n!}{k!(n-k)!} \qquad (4-13)$$

지금까지 설명한 과정을 도식적으로 보여주는 것이 [그림 4-10]의 앞 부분인 확률분포의 정의이다. 먼저 실험의 결과인 특정 사건이 일어나고, 그 사건의 결과를 정량적인 실수값으로 표기한 것이 확률변수이다. 그 다음에 그 변수의 값들이 나타나는 패턴과 규칙을 함수로 표현한 것이 바로 확률분포가 된다.

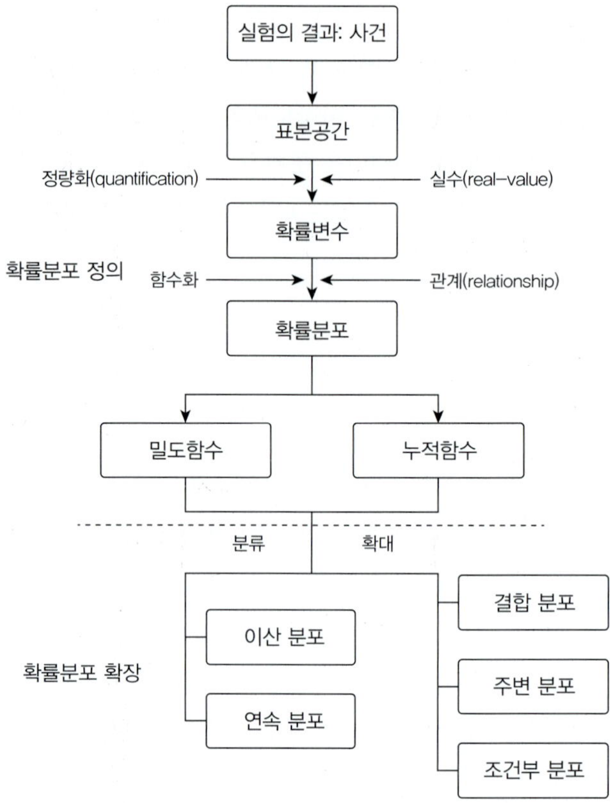

[그림 4-10] 확률분포의 정의와 개념의 확장 과정

4. 확률분포의 확장

앞에서 확률의 개념을 설명하면서 먼저 확률의 정의를 만든 후 자연스럽게 확률의 범위를 넓히는 일로 이어지는 것을 보았다. 확률분포도 마찬가지이다. 일단 확률분포의 기본개념과 정의가 만들어지면 그 다음에는 그 개념과 정의의 범위를 넓히기 위한 작업들을 하게 된다. 그렇다면 구체적으로 어떤 일들을 하게 될까? [그림 4-10]의 뒤 부분인 확률분포의 확장을 순서대로 따라가면서 살펴보자.

(1) 이산분포와 연속분포

우선 확률분포를 성격에 따라 이산분포(discrete distribution)와 연속분포(continuous distribution)로 나누는 것이 시작이다. 확률변수 X는 정수(integer)

의 값을 가질 수도 있고 실수(real number)의 값을 가질 수도 있다. 만일 확률변수가 정수와 같이 이산적 값을 가지면 그 변수는 이산 확률변수가 되고 그 때의 확률분포를 이산 확률분포라고 한다. 다음으로 확률변수가 연속적이면서 무한개의 경우의 수를 가지는 실수의 값을 가지면 그 변수는 연속 확률변수가 되고 그 때의 확률분포를 연속 확률분포라고 한다.

앞의 사람의 예로 돌아가 보자. 1,000명의 사람으로 이루어진 표본을 만들었을 때, 그 중 남자(여자)가 몇 명인지를 나타내는 확률변수 X는 당연히 정수값을 가지므로 이산 확률변수가 된다. 또한 그 변수와 연결되는 분포는 이산 확률분포인 이항분포가 된다. 이번에는 신장이나 체중을 생각해보자. 사람의 키나 몸무게를 편의상 정수값으로 나타내는 경우가 많지만 실제로는 실수값을 가진다. 173.57cm 또는 64.753kg 등이 정확한 값인 것이다. 따라서 이들 변수들은 연속 확률변수이다. 또한 이들과 연결되는 확률분포는 연속 확률분포인 정규분포가 된다(정규분포의 자세한 내용은 뒤에서 설명하기로 한다).

이산 확률변수와 연속 확률변수의 차이를 좀더 자세히 알아보자. 먼저 이산 확률변수를 보자. 예를 들어 동전을 세 번 던졌을 때 나올 수 있는 앞면의 수를 확률변수 X라고 정의하자. 여기서 앞면이 나오는 경우를 H, 뒷면이 나오는 경우를 T라고 할 때 가능한 X의 범위와 그 확률은 다음과 같다.

$$P(X=0) = \{T, T, T\} = 1/8$$
$$P(X=1) = \{H, T, T\}, \{T, H, T\}, \{T, T, H\} = 3/8$$
$$P(X=2) = \{H, H, T\}, \{\mathrm{H}, T, H\}, \{T, H, H\} = 3/8$$
$$P(X=3) = \{H, H, H\} = 1/8$$

위의 내용을 잘 살펴보면 다음과 같은 특징이 있음을 알 수 있다. 먼저 가능한 X의 범위는 셀 수 있고 그 값이 정해져 있다. 여기서는 X의 범위가 0, 1, 2, 3의 네 가지로 한정되어 있다. $X=2.5$의 경우는 존재하지 않는 것이다. 또 다른 중요한 특징은 각 경우의 확률값이 정해져 있다는 것이다. 즉 X가 특정한 값 $X=0$로 정해진 경우 확률값도 $P(X=0)=1/8$로 정해지게 된다. 이러한 특징을 보일 때 X는 이산 확률변수가 되고 X의 확률은 이산 확률분포를 따르게 된다.

반대로 연속 확률변수를 살펴보자. 연속 확률변수는 이산 확률변수와 달리 가능한

X의 수가 정해져 있지 않고 연속적이다. 앞에서 본 신장의 예를 생각해 보자. 흔히 키가 173cm 또는 174cm라고 표현하지만 실제로는 173.5723781이다. 더 정확하게 말하면 173.5723781과 173.5723782 사이의 어딘가에 있다. 따라서 $P(X=173)=0$이 되고, $P(173.5723781 < X < 173.5723782) = 0.98$과 같은 식으로 나타내야 한다. 이렇게 X가 가지는 경우의 수를 셀 수 없고 그 값이 연속적인 경우에 X는 연속 확률변수가 되고 X의 확률은 연속 확률분포를 따르게 된다.

(2) 누적함수와 밀도함수

이번에는 확률변수의 누적함수와 밀도함수에 대해 알아보기로 하자. 설명의 편의를 위해 먼저 연속분포 함수에 대해 살펴보고 이어서 이산분포 함수를 다루기로 한다.

가. 연속분포 함수

연속분포의 경우 모든 실수 값을 가질 수 있기 때문에 발생할 수 있는 경우의 수 또한 무한대가 된다. 따라서 어떤 특정한 경우가 일어날 확률은 0이다. 예를 들어 어떤 사람의 체중이 정확하게 65.999999…kg일 확률은 0인 것이다. 따라서 확률을 계산할 수 없는 문제가 생긴다.

그러면 이 문제를 어떻게 해결할 수 있을까? 해결 방법은 특정한 값이 아니라 특정한 '구간'으로 확률을 계산하는 것이다. 어떤 확률변수의 값이 어디에서 어디 사이에 있을 확률로 정의하면 연속함수이기 때문에 구간 사이의 크기를 적분(integral)하여 확률을 계산할 수 있다. 그렇게 하려면 구간이나 범위를 정하는 두 개의 숫자가 필요하다. 일반적으로 가장 왼쪽의 값은 음의 무한대(negative infinity, $-\infty$)로, 가장 오른쪽 끝의 값은 양의 무한대(positive infinity, ∞)로 한다.

구간을 이용하여 확률을 정의할 때 [그림 4-11]에서 보듯이 가장 왼쪽의 $-\infty$에서 시작하여 어떤 특정한 값에 이르는 구간의 확률을 누적 확률함수(cumulative probability function: CDF)라고 하고 흔히 대문자를 써서 $F(x)$로 표기한다. 예를 들어 $F(100)$은 확률변수가 $-\infty$에서 100 미만의 구간에 존재할 확률을 의미한다.

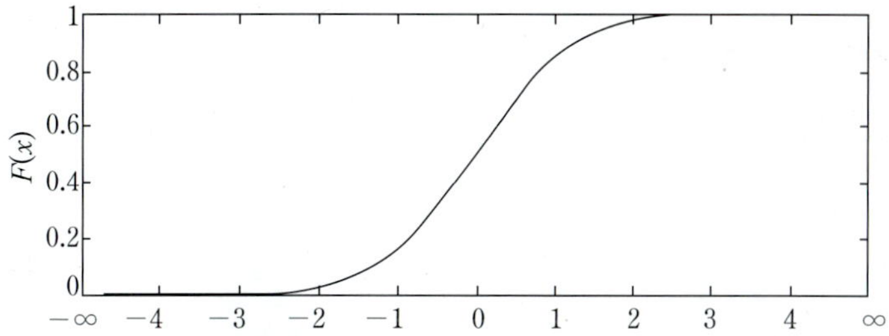

[그림 4-11] 누적 확률함수의 기본형태

앞에서 말한 것처럼 연속분포에서는 특정한 점에서의 확률은 구할 수 없다. 대신 구간을 아주 미세하게 나누면 거의 한 점에 가까운 구간의 확률을 계산할 수 있을 것이다. 이러한 생각에서 나온 것이 확률 밀도함수(probability density function: PDF)이다. 구간을 아주 잘게 나누었기 때문에 밀도함수는 누적함수를 미분하여 나온 도함수(derivative)인 $f(x) = \dfrac{d}{dx}F(x)$가 된다. 미적분에 관한 사전 지식이 없는 독자는 이 부분을 단지 개념적으로만 이해하고 넘어가도 무방하다.

확률 밀도함수는 흔히 소문자를 사용하여 $f(x)$로 표기한다. 연속분포의 경우 확률의 계산은 구간 사이의 크기를 적분하여 구한다고 하였다. 따라서 [그림 4-12]에서 보는 것처럼 구간 (a, b) 사이의 확률은 다음과 같다.

밀도함수의 확률: $P[a \le X \le b] = \int_a^b f(x)dx$

또한 누적함수의 확률은 다음과 같다.

누적함수의 확률: $P(X \le x) = \int_{-\infty}^{x} f(u)du$

여기서 주의할 것은 밀도함수 $f(x)$가 확률의 계산에 사용되기 위해서는 확률의 정의에서 필요로 하는 다음의 요건들을 만족시켜야 한다는 점이다. 이 요건들은 앞에서 이미 살펴본 확률의 공리적 정의에 기반을 둔 것이다.

- 요건 1: 모든 X에 대해, $f(x) \ge 0$
- 요건 2: $\int_{-\infty}^{\infty} f(x)dx = 1$

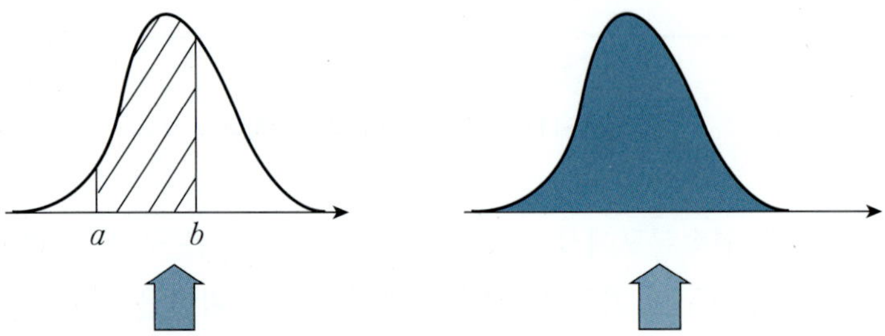

$P[a \le X \le b] = \int_a^b f(x)dx$ $\int_{-\infty}^{\infty} f(x)dx = 1$

[그림 4-12] 연속분포의 확률

나. 이산분포 함수

그렇다면 이산 확률분포의 경우는 어떨까? 이산적인 값을 가지므로 당연히 확률 밀도함수는 있을 수 없다. 대신 확률변수의 가능한 값 하나 하나에 대해 확률을 정의하는 함수가 만들어지게 된다. 이 함수를 연속분포와 마찬가지로 확률 밀도함수라고 부르기도 하지만 따로 확률 질량함수(probability mass function: PMF)라고 부르기도 한다. 일단 밀도함수(질량함수)가 주어지면 발생할 수 있는 경우의 확률을 일일이 계산하여 모두 합하여 확률을 구할 수 있다. 따라서 연속함수에 비해 확률의 계산에 시간이 오래 걸리게 된다.

이산분포의 밀도함수 내지 질량함수는 $p(x) = P(X = x)$ 이고, 누적함수는 $F(x) = P(X \le x) = \sum_{u \le x} f(u)$ 가 된다.

- 밀도함수(질량함수)의 확률: $p(x) = P(X=x)$
- 누적함수의 확률: $F(x) = P(X \le x) = \sum_{u \le x} f(u)$

연속 밀도함수와 마찬가지로 이산 밀도함수 $p(x)$도 확률의 정의에 따라 다음의 요건을 만족시켜야 한다.

- 요건 1: 모든 X에 대해 $p(x) \geq 0$
- 요건 2: $\sum p(x) = 1$

(3) 결합 분포와 주변 분포

앞에서 우리는 확률의 확장에 대해 알아보았다. 확률의 덧셈규칙, 조건부 확률, 곱셈규칙 등이 그것들이다. 마찬가지로 확률분포도 확장의 과정을 밟게 된다. 하나의 변수에 대한 확률분포가 정의되면 그 다음에는 두 개 이상의 확률변수 사이의 관계를 설명하는 다양한 분포들이 만들어지는 것이다.

가. 결합 확률분포

가장 먼저 나오는 분포는 결합 확률분포(joint probability distribution)이다. 이것은 두 개의 변수 X와 Y에 대해, $(X=x, Y=y)$라는 특정값을 가질 확률을 함수로 표현한 것이다. 결합 분포도 이산형과 연속형 모두에 대해 $f(x, y)$라는 밀도함수를 가진다. $P(X=x, Y=y) = f(x, y)$가 되는 것이다. 또한 확률의 정의에 따라 다음 요건들을 만족시켜야 한다.

- 모든 X와 Y에 대해 $f(x, y) \geq 0$
- 이산분포의 경우에는 $\sum_x \sum_y f(x, y) = 1$
- 연속분포의 경우에는 $\int_{-\infty}^{\infty} \int_{-\infty}^{\infty} f(x, y)dxdy = 1$

나. 주변 확률분포

다음에는 주변 확률함수(marginal probability function)에 대해 알아보자. 이것은 변수 X와 Y에 대해, 하나의 변수를 고정시켰을 때 다른 변수가 가질 수 있는 다양한 경우를 모두 합한 확률을 표현하는 함수이다. 예를 들어 변수 X가 고정되었다고 하자. 이 상태에서 Y는 다양한 경우의 확률값을 가질 수 있다. 이 때 X의 주변확률 $f_Y(X)$는 Y가 가질 수 있는 다양한 경우의 확률을 모두 합친 값이 된다. 같은 개념으로 Y의 주변확률 $f_X(Y)$는 X가 가질 수 있는 다양한 경우의 확률을 모두 합친 값이 된다. 이것을 수식으로 표현하면 다음과 같다.

- 이산분포의 $f_Y(X) = \sum_y f(x,\ y),\ f_X(Y) = \sum_x f(x,\ y)$
- 연속분포의 $f_Y(X) = \int_{-\infty}^{\infty} f(x,\ y)dy,\ f_X(Y) = \int_{-\infty}^{\infty} f(x,\ y)dx$

5. 확률변수의 기대값과 분산

지금까지 설명한 것처럼 어떤 확률변수에 대해서는 그에 대응되는 확률분포가 주어진다. 이 때 그 분포의 특성을 결정하는 요인을 모집단의 모수라고 하였다. 예를 들어 이항분포의 모수는 그 실험에서 두 가지 경우 중 하나의 경우가 나오는 확률인 p가 된다. 마찬가지 개념으로 주어진 분포에서 그에 대응하는 변수의 성질을 가장 잘 보여줄 수 있는 모집단의 대표값이 있다. 이 때 가장 자주 사용되는 대표값이 바로 기대값(expected value)과 분산(variance)이다.

(1) 기대값

가. 정의

먼저 기대값(expected value)을 보자. 흔히 어떤 변수 X의 기대값은 $E(X)$로 표기한다. 기대값은 변수의 중심이 어디에 있는지를 보여주는 대표값이다. 그러면 중심의 대표값은 어떻게 정의할 수 있을까? 먼저 어떤 실험에서 나올 수 있는 각각의 사건(event)에 대해 그 사건에서 나오는 결과값과 그 사건이 발생할 확률을 곱한 값을 계산한다. 이 계산을 그 실험에서 나올 수 있는 모든 사건에 대해 수행한다. 마지막으로 앞에서 계산한 값을 모두 합한다. 그러면 그것이 그 확률변수의 기대값이 된다. 따라서 기대값은 확률변수가 가질 수 있는 '모든 값'의 평균(mean)이라고 할 수 있다. 평균을 μ로 표기하면 $E(X) = \mu$가 된다.

기대값을 수리적으로 정의하면 이산변수의 경우에는 $E(X) = \sum_x xf(x)$이고 연속변수의 경우에는 $E(X) = \int_{-\infty}^{\infty} xf(x)dx$가 된다.

- 이산변수의 기대값 $E(X) = \sum_x xf(x)$
- 연속변수의 기대값 $E(X) = \int_{-\infty}^{\infty} xf(x)dx$

여기서 어떤 확률변수의 기대값과 뒤에서 나올 표본평균(sample mean)을 혼동해서는 안 된다. 앞에서 설명한 것처럼 기대값은 어떤 변수가 가질 수 있는 모든 값의 평균 개념이다. 하지만 표본의 평균은 그 중에 일부를 뽑아서 하나의 표본을 만들었을 때 그 표본의 평균을 가리킨다. 따라서 표본의 평균은 표본마다 그 값이 달라진다. 즉 어떤 확률변수가 주어졌을 때 기대값은 한 개이지만 표본평균은 표본의 수만큼 여러 개 만들어지는 것이다.

나. 기본 성질

기대값은 다음과 같은 기본 성질을 지니고 있다. 먼저 변수가 아닌 상수(constant)의 기대값은 그 상수 자체가 된다. 즉 어떤 상수 c에 대해 $E(c)=c$ 인 것이다. 또한 상수 c와 변수 X에 대해 $E(cX)$는 $E(X)$에 상수를 곱한 값이 된다. 즉 $E(cX)=cE(X)$가 되고 나아가 상수 c와 d에 대하여 $E(cX+d)=cE(X)+d$가 된다. 한편 두 개의 변수 X와 Y의 합의 기대값은 각각의 기대값을 더한 값과 같다. 즉 $E(X \pm Y)=E(X) \pm E(Y)$이 된다.

- $E(c)-c$
- $E(cX)=cE(X)$
- $E(cX+d)=cE(X)+d$
- $E(X \pm Y)=E(X) \pm E(Y)$

(2) 분산

가. 정의

다음으로 분산(variance)을 보자. 흔히 어떤 변수 X의 분산은 $Var(X)$로 표기한다. 분산은 변수들이 중심을 기준으로 얼마나 넓게 퍼져있는지를 보여주는 대표값이다. 나중에 다시 설명하겠지만 분산은 σ^2로 표기하기도 한다.

분산을 수리적으로 표현하면 $Var(X)=\sigma^2=E[(X-\mu)^2]$이 된다. 따라서 이산변수의 경우에는 $Var(X)=E[(X-\mu)^2]=\sum_x (x-\mu)^2 f(x)$가 되고 연속변수의 경우에는 $Var(X)=E[(X-\mu)^2]=\int_{-\infty}^{\infty}(x-\mu)^2 f(x)dx$가 된다.

- 이산변수의 분산 $Var(X)=E[(X-\mu)^2]=\sum_x (x-\mu)^2 f(x)$
- 연속변수의 분산 $Var(X)=E[(X-\mu)^2]=\int_{-\infty}^{\infty}(x-\mu)^2 f(x)dx$

나. 기본 성질

분산은 다음과 같은 기본 성질을 가지고 있다. 먼저 변수 X에 대한 분산과 기대값의 관계는 $Var(x)=E(X^2)-\mu^2$ 이 된다. 분산의 정의인 $Var(x)=E[(X-\mu)^2]$에서 기대값의 기본 성질을 이용하면 $Var(x)=E[(X-\mu)^2]=E[X^2-2\mu X+\mu^2]=E[X^2]-2\mu^2+\mu^2=E[X^2]-\mu^2$ 이기 때문이다.

당연한 말이지만 변수가 아닌 상수(constant)의 분산은 0이 된다. 즉 어떤 상수 c에 대해 $Var(c)=0$ 이다. 또한 상수 c와 변수 X에 대해 $Var(cX)$는 $Var(X)$에 상수의 제곱을 곱한 값이 된다. 분산의 정의에 의해 $Var(cX)=E[cX-E(cX)]^2$ 이고 여기서 기대값의 기본 성질을 이용하면 $Var(cX)=E[cX-E(cX)]^2=E[c\{X-E(X)\}]^2=c^2E[\{X-E(X)\}^2]=c^2\,Var(X)$가 되는 것이다.

한편 두 개의 변수 X와 Y의 합의 분산인 $Var(X+Y)$는 각각의 분산을 더한 후 $E[X-E(X)][Y-E(Y)]$의 두 배를 더한 값이 된다. 우선 분산의 정의에 따라 $Var(X+Y)=E[(X+Y)-E(X+Y)]^2$가 되고 여기서 기대값의 성질을 적용하면 $Var(X+Y)=E[(X+Y)-E(X+Y)]^2=E[\{X-E(X)\}+\{Y-E(Y)\}]^2=E[\{X-E(X)\}^2+\{Y-E(Y)\}^2+2\{X-E(X)\}\{Y-E(Y)\}]=Var(X)+Var(Y)+2E[X-E(X)][Y-E(Y)]$가 되는 것이다.

나중에 다시 설명하겠지만 $E[X-E(X)][Y-E(Y)]$를 두 변수의 공분산(covariance)이라고 부르고 $Cov(X, Y)$로 표기한다. 따라서 위의 식은 $Var(X+Y)=Var(X)+Var(Y)+2Cov(X, Y)$로 나타낼 수 있다. 나아가 2개의 상수 c와 d에 대하여 $Var(cX+dY)=c^2\,Var(X)+d^2\,Var(Y)+2cdCov(X, Y)$가 된다.

- $Var(X) = E[X^2] - \mu^2$
- $Var(c) = 0$
- $Var(cX) = c^2 Var(X)$
- $Var(X+Y) = Var(X) + Var(Y) + 2E[X-E(X)][Y-E(Y)]$
  $= Var(X) + Var(Y) + 2Cov(X, Y)$
- $Var(cX+dY) = c^2 Var(X) + d^2 Var(Y) + 2cdCov(X, Y)$

6. 확률변수의 독립성과 동일성

(1) 독립성

우리는 앞에서 확률의 독립이라는 개념에 대해 설명하였다. 확률의 독립은, 두 사건에 대해 한 사건의 발생 여부가 다른 사건이 일어날 확률에 전혀 영향을 미치지 않는 경우를 뜻한다.

유사한 개념이 확률변수에도 적용된다. n번의 실험을 통해 만들어진 X_1에서 X_n까지의 확률변수들의 집합이 있다고 하자. 여기서 한 사건의 발생이나 시행 여부가 다른 사건으로부터 만들어지는 확률변수에 아무런 영향을 미치지 않을 때 각각의 확률변수들은 서로 독립(independent)이라고 한다.

예를 들어 앞면 또는 뒷면을 변수로 하는 동전던지기를 n번 반복한다고 하자. 그러면 n개의 확률변수가 만들어질 것이다. 이 때 매 번의 동전던지기는 다른 던지기의 결과에 영향을 미치지 않는다. 따라서 이 확률변수들은 서로 독립이다.

(2) 동일성

다음으로 독립성 못지 않게 중요한 개념으로는 동일한(identical) 분포라는 용어를 들 수 있다. 이 용어의 뜻을 쉽게 정리하면 여러 개의 확률변수들이 모두 같은 확률분포를 공유할 때 동일한 분포를 가진다고 한다.

위의 동전던지기 예로 돌아가 보자. 뒤에서 여기서도 동전던지기를 n번 반복하면 n개의 확률변수가 만들어진다. 뒤에서 다시 자세히 설명하겠지만 이 실험의 모든 확률변수들은 이항분포(binomial distribution)라는 분포를 따른다. 즉 모든 변수들이 동일한 분포를 공유하는 것이다.

위의 독립성이라는 개념과 여기의 동일성이라는 개념을 묶어서 모든 변수가 서로 독립이고 동시에 같은 분포를 따르면 '독립적이며 동일한 분포(independent and identically distributed)'라고 하며 줄여서 흔히 iid로 표기한다.

iid: 독립적이고 동일한 분포(independent and identically distributed)

여기서 주의할 점은 어떤 변수들이 동일한 분포에서 나왔다고 해서 그것들이 곧 서로 독립이라고 말할 수는 없다는 사실이다. 아무리 같은 분포에서 만들어진 것이라고 해도 실험의 원리나 과정이 따라 독립적일 수도 있지만 독립적이 아닐 수도 있는 것이다.

(3) 빅 데이터와 iid

전통적인 통계이론은 물론이고 많은 기계학습 알고리즘도 iid데이터를 가정으로 하고 있다. 실제로 대부분 기법의 원리를 들여다 보면 '변수들이 iid 일 때'라는 가정을 바탕에 두고 있음을 알 수 있다.

하지만 iid의 가정은 그냥 주어지는 것이 아니다. 데이터를 만들어내는 과정에서 앞에서 설명한 표본추출과 실험계획의 원리와 기준을 지켜야만 얻을 수 있는 것이다. 통계학에서 표본추출-실험계획-분석기법이 하나의 묶음으로 연결되는 이유도 거기에 있다.

그러나 오늘날의 빅 데이터는 iid 가정을 만족시키지 못할 위험성이 높다. 그 이유로는 다음 몇 가지를 들 수 있다.

- 첫째, 데이터의 원천(source)이 매우 다양한 점이다. 빅 데이터는 여기저기에서 따로 만들어진 조각 데이터의 집합인 경우가 많다. 따라서 모든 데이터가 동일한 분포를 따른다고 가정하기 어렵다.
- 둘째, 임의화(randomization) 기준이 제대로 지켜지지 않는 점이다. 데이터가 만들어지는 과정을 아무도 관리하지 않았거나 느슨하게 하였을 가능성이 높다.
- 셋째, 데이터가 빨리 쌓이고 또 연속으로 이어지는 점이다. 데이터가 한쪽으로 몰

리거나 다른 한쪽이 비어있을 수 있고, 또 독립성이 지켜지지 않을 위험이 커지게 된다.

- 넷째, iid에 맞지 않는 속성(attribute)이 많아지는 점이다. 변수를 표현하는 속성들의 종류가 늘어나다 보면 처음부터 동일성과 독립성을 보장하기 어려운 속성들이 늘어나기 마련이다.

따라서 빅 데이터를 이용하기 위해서는 먼저 iid 가정에 대해 세심한 주의를 기울여야 한다. iid 가정이 만족될 수 있도록 데이터를 정리 또는 변환하거나 아예 iid 가정을 필요로 하지 않는 기법을 사용해야 하는 것이다.

연습문제

▣ 개념이해 문제

1. 데이터의 변동성(variability)과 규칙성(regularity)의 의미를 설명하시오.

2. 통계학과 확률이론(probability theory)의 관계를 데이터의 변동성과 규칙성의 관점에서 설명하시오.

3. 표본공간(sample space)의 의미를 설명하고 다음의 실험에서 만들어지는 표본공간을 제시하시오.
   (1) 주사위를 3번 던지는 실험의 표본공간
   (2) 50명의 남자와 50명의 여자 중 임의로 5명을 고르는 실험의 표본공간

4. 주사위를 던지는 실험과 동전 2개를 던지는 실험을 할 경우, 주사위에서 숫자 1이 나오고 두 개의 동전 모두 앞면이 나올 확률을 다음의 확률 개념을 바탕으로 구하시오.
   (1) 고전적 확률
   (2) 경험적 확률
   (3) 공리적 확률

5. 큰 수의 법칙(law of large numbers: LLN)을 바탕으로 고전적(수학적) 확률과 경험적 확률이 일치하게 되는 원리에 대해 설명하시오.

6. 공리적 확률이 만들어지는 기본 원리와 단계를 설명하시오.

7. '동전을 100번 던졌을 때 앞면이 45번 나올 확률이 얼마이다'라는 문장과 '방사능에 오염된 생선을 먹었을 때 희귀암에 걸릴 확률은 10만명당 1명이다'라는 문장을 바탕으로 객관적 확률과 주관적 확률의 차이를 비교하시오.

8. 확률의 덧셈규칙(additive rule)을 이용하여 두 사건의 합집합 확률인 $P(A \cap B)$를 구하는 방법을 설명하시오.

9. A와 B의 두 사건 사이에 존재하는 교환규칙(교환법칙)에 대해 설명하시오.

10. 두 개의 사건이 있을 때, 두 사건이 서로 상호배반((mutually exclusive)이라는 개념과 상호독립(independent)이라는 개념의 차이를 비교하시오.

11. 조건부 확률(conditional probability)의 의미를 표본공간의 변화라는 관점에서 설명하시오.

12. 어떤 사건 A와 또 다른 사건 B가 각각 발생할 때, 두 사건의 교집합 확률인 $P(A \cap B)$와 확률의 곱셈규칙(multiplicative rule)의 관계에 대해 설명하시오.

13. 사건 A가 일어난 것을 전제로 한 사건 B의 조건부 확률을 바탕으로 역확률(inverse probability)의 의미를 설명하시오.

14. 전체의 표본공간 S가 두 개의 사건 A_1과 A_2로 이루어질 때, 분할(partition)이라는 개념에 대해 설명하시오.

15. 아래의 그림에서 사건 A_1과 A_2가 표본공간 S를 분할할 때 집합 B의 확률 $P(B)$를 구하는 전확률 법칙(law of total probability)을 설명하시오.

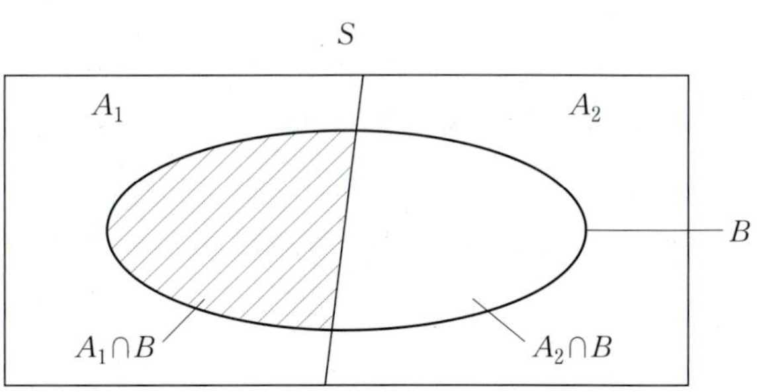

16. 사건 A_1과 A_2가 표본공간 S를 분할하는 상황에서 또 다른 사건 B가 주어졌을 때, 전확률 법칙을 이용하여 조건부 확률 $P(A_1|B)$를 구하는 베이즈 정리(Bayes' Theorem)에 대해 설명하시오.

17. 사건 A와 B에 대해 조건부 확률 $P(B|A)$와 역확률 $P(A|B)$ 사이의 관계를 설명하시오.

18. 두 사건 A와 B에 대해, $P(B|A)$의 조건부 확률은 데이터가 많아서 빈도를 바탕으로 계산을 할 수 있지만 반대로 $P(A|B)$의 조건부 확률은 데이터가 많지 않아서 쉽게 계산하기 어려운 상황에서 베이지안 확률(Baysian probability)을 이용하여 $P(A|B)$를 구하는 과정을 간략히 서술하시오.

19. 통계학에서 말하는 변수와 수학이나 사회과학에서 말하는 변수(variable)의 본질적 차이를 설명하시오.

20. 변수(variable)–확률(probability)–확률분포(probability distribution)의 관계에 대해 설명하시오.

21. 확률분포의 모수(parameter)라는 용어의 의미에 대해 설명하시오.

22. 이산분포(discrete distribution)와 연속분포(continuous distribution)의 차이를확률변수 X의 값을 기준으로 설명하시오.

23. 이산분포와 연속분포에서 확률의 계산 원리가 어떻게 다른지를 설명하시오.

24. 확률 밀도함수(density function)와 확률 질량함수(mass function)의 의미를 설명하시오.

25. 두 개의 변수 X와 Y에 대해, 결합 확률분포(joint probability distribution)와 주변 확률함수(marginal probability function)의 의미를 설명하시오.

26. 주어진 확률분포에서 변수의 성질을 가장 잘 보여줄 수 있는 모집단의 대표값인 기대값(expected value)과 분산(variance)의 의미를 설명하시오.

27. 확률변수의 독립성(independent)과 동일성(identical)의 의미를 설명하고 이를 바탕으로 iid라는 용어의 개념을 설명하시오.

▣ 수리실습 문제

1. 상자 안에 1부터 10까지의 숫자가 적힌 10개의 똑같은 공이 들어있을 때 공을 하나씩 꺼내어 숫자를 확인하는 실험을 한다고 하자.

   (1) 이 실험의 표본공간을 제시하시오.

   (2) 홀수가 나오는 사건을 A, 6보다 작은 수가 나오는 사건을 B라고 할 때 $P(A \cup B)$를 구하시오.

2. 공 100개 중에 ON 신호의 공이 70개, OFF 신호의 공이 50개 있을 때 임의로 고른 공에 ON 신호와 OFF 신호가 모두 있을 확률을 구하시오.

3. 창고 안에 1부터 4까지의 숫자가 적힌 4개의 똑 같은 기구가 들어있고 1과 2의 기구에는 ON 신호, 3과 4의 기구에는 OFF 신호가 있을 때 기구를 하나씩 꺼내어 숫자와 신호를 확인하는 실험을 한다고 하자.

   (1) 이 실험의 표본공간을 제시하시오.

   (2) OFF 신호가 나오는 사건을 A, 홀수가 나오는 사건을 B라고 할 때 조건부확률 $P(A|B)$와 $P(B|A)$를 각각 구하시오.

4. 로트(lot) 안에 양호(S) 부품이 5개, 불량(F) 부품이 3개 들어있을 때 두 개의 부품을 차례대로 뽑아 품질을 확인한다고 하자. 이 검사에서 두 번째의 부품이 불량일 확률을 분할과 전확률정리를 이용하여 구하시오.

5. 혈압을 저혈압, 정상혈압, 고혈압으로 나누고 체중을 저체중, 정상체중, 과체중으로 나누어 건강 상태를 파악한다고 하자. 10,000명을 대상으로 한 검진 결과가 아래의 표에 제시되어 있다.

	저체중	정상체중	과체중	계
저혈압	100	600	50	750
정상혈압	700	5500	450	6650
고혈압	100	900	1600	2600
계	900	7000	2100	10000

   (1) 임의로 고른 검진대상자가 정상체중일 확률을 구하시오.

(2) 과체중이면서 정상혈압일 확률을 구하시오.

(3) 고혈압이면서 정상체중일 확률을 구하시오.

6. 주사위 던지기 실험에서 다음의 사건들은 독립사건인지 종속사건인지를 구별하시오.

(1) 주사위를 한 번 던져 4 이하가 나오는 사건 A와 짝수가 나오는 사건 B

(2) 주사위를 한 번 던져 3 이하가 나오는 사건 A와 홀수가 나오는 사건 B

7. 주사위 던지기를 두 번 연속으로 하는 실험에서 첫 번째 실험의 눈의 숫자를 확률변수 X, 두 번째 숫자를 Y라고 하자.

(1) 이 실험에서 각각의 경우가 나올 확률을 하나의 표로 정리하시오.

(2) 첫 번째 눈이 3이고 두 번째 눈이 5가 될 결합확률 $P(X=3,\ Y=5)$를 구하시오.

(3) 확률변수 $X=3$으로 고정되어 있는 상황에서 Y의 주변확률을 구하시오.

8. 어느 병원에서 지난 해 건강검진을 받은 사람은 남자 60%, 여자 40%로 구성되어 있다. 그리고 남자의 5%, 여자의 8%는 특정 약물에 거부반응을 일으킨다고 한다. 임의로 추출한 한 명이 거부반응을 보일 때 그 사람이 여자일 확률을 베이즈 정리를 이용하여 구하시오.

9. 건강검진 대상자 전체를 표본공간 S로 할 때 이 공간은 크게 특정 질병에 걸린 사건 A_1과 걸리지 않은 사건 A_2로 나눌 수 있다. 또한 이 질병에 대한 진단검사에서 수치가 높게 나오는 사건을 B라고 하자. 여기서 일반인이 평생 이 질병에 걸릴 확률인 $P(A_1)=0.01$, 이 질병에 걸려있는 경우에 수치가 높게 나올 확률인 $P(B|A_1)=0.95$, 질병에 걸려있지 않은데도 수치가 높게 나올 확률 $P(B|A_2)=0.10$이라는 정보가 이미 알려져 있다고 하자.

(1) 사건 A_1과 A_2가 분할하고 있음을 보이시오.

(2) 어떤 사람의 수치가 기준치를 넘어선(B) 결과가 나왔을 때 그 사람이 정말로 암에 걸려있을(A_1) 확률을 베이즈 정리를 이용하여 구하시오.

▣ 조사실습 문제

1. 과거의 데이터를 기반으로 미래를 예측할 때, 데이터의 변동성(variability)과 규칙성(regularity)이 낮은 분야와 높은 분야를 각각 찾아서 확률 이론의 관점에서 둘 사이의 차이를 비교해 보시오.

2. 확률을 고전적 확률, 경험적 확률, 공리적 확률로 구한 실제 사례들을 찾아서 그 원리를 설명하시오.

3. 주위에서 서로 상호배반(exclusive)인 사건들과 상호독립(independent)인 사건들의 예를 찾아서 그 이유를 설명하시오. 반대로 상호배반이나 상호독립이 아닌 사건들의 예를 찾아서 그 이유를 설명하시오.

4. 객관적 확률과 주관적 확률을 나타내는 사례를 각각 5가지씩 조사하여 그 의미를 서술하시오.

5. 전체의 표본공간 S를 두 개의 사건 A_1과 A_2가 분할(partition)하는 실제의 사례들을 찾아서 그 내용을 설명하시오.

6. 실제로 전확률 정리를 활용한 사례를 조사하여 그 목적과 과정을 설명하시오.

7. 실제로 베이즈 정리를 이용하여 역확률을 구한 사례를 조사하여 그 목적과 과정을 설명하시오.

CHAPTER

05

확률분포

STATISTICS

contents

배경과 요약(Background & Summary)

세상에는 어떤 확률분포들이 있을까? 이 장에서는 다양한 확률분포의 종류와 특성에 대해 알아보자. 먼저 상대적으로 이해하기 쉬운 이산분포(discrete distribution)를 살펴본다. 가질 수 있는 값이 유한 개이거나 셀 수 있는 변수를 이산 확률변수라고 하고 이러한 변수에 연결된 확률분포가 이산분포이다. 이어서 연속분포(continuous distribution)를 알아본다. 가질 수 있는 값이 연속적인 실수인 변수를 연속 확률변수라고 하고 이와 연결되는 확률분포가 연속 확률분포이다.

각 분포의 특성은 무엇으로 설명할 수 있을까? 정량적이고 수리적인 특성을 보여주기 위해서는 확률 밀도함수(density function), 기대값(expected value), 그리고 분산(variance) 등을 이용하게 된다. 각 분포의 특성값은 무엇이며 어떤 차이를 보이는지도 살펴보자.

각각의 분포는 서로 떨어져 있을까 아니면 연결되어 있을까? 얼핏 보면 아무 관계가 없을 것 같은 분포들도 자세히 보면 이런저런 연결고리로 이어져 있는 경우가 많다. 분포들간의 연결 관계도 알아보기로 한다.

이산분포와 연속분포 사이의 관계는 중요한 의미를 지닌다. 특히 이산분포인 이항분포의 실험 횟수를 늘려가면 대표적 연속분포인 정규분포로 이어진다. 이 발견을 계기로 통계학의 범위가 크게 확장되었다. 또한 정규분포를 뿌리로 하여 t 분포, chi-square 분포, F 분포 등의 파생 분포들이 알려지면서 추정과 검정이론도 눈부시게 발전하였다. 이들 분포의 특성과 의미에 대해서도 자세히 알아보자.

핵심주제와 용어(Main Theme & Keywords)

확률변수와 확률분포

- 이산 변수 – 이산분포
- 연속 변수 – 연속분포
- 밀도함수, 기대값, 분산

확률분포의 관계

- 이산분포와 연속분포의 연계
- 반복과 근사
- 특수 경우와 일반화
- 역관계

정규분포의 특성

- 이항분포의 정규분포 근사
- 정규분포의 특성
  - ✓ 범용성
  - ✓ 단순성
  - ✓ 재생산성
- 중심극한정리

정규분포의 관련분포

- chi-square 분포
- t 분포
- F 분포

CHAPTER 05

확률분포

제1절 확률분포의 유형

1. 기본개념

앞장에서 확률과 확률분포에 관한 기본이론과 성격에 대해 알아보았다. 그렇다면 세상에는 어떤 확률분포들이 있을까? 말할 필요도 없이 대단히 많은 확률분포가 존재할 것이다. 우리가 생각할 수 있고 또 실제로 일어날 수 있는 통계적 실험이 다양한 만큼 그에 따른 확률분포의 종류도 다양할 것이기 때문이다.

여기서 그 많은 분포들을 일일이 알아볼 수는 없다. 또 각각의 분포들이 지니는 복잡한 수학적 이론들을 자세히 설명할 수도 없다. 다행인 것은, 이론적으로는 무수히 많은 확률분포가 있지만 기본적인 통계학에서 사용하는 확률분포는 그렇게 많지 않다는 사실이다. 따라서 여기에서는 통계적 분석을 위해서 반드시 이해해야 할 중요한 확률분포들만 자세히 살펴보도록 하자.

(1) 확률분포의 순서

다양한 확률분포들이 있을 때 어떤 순서로 각각의 분포를 알아보는 것이 좋을까? 확률분포가 워낙 다양하다 보니 사람들의 관심이나 목적에 따라 분포의 순서를 정하는 기준이 달라질 수 있다. 이미 여러 번 설명한 것처럼 분포와 실험은 바로 연결되어 있다. 어떤 실험이냐에 따라 그 실험에 가장 적합한 분포가 만들어지게 되는 것이다.

따라서 다음 두 가지 기준으로 설명의 순서를 정해보자. 첫째, 먼저 상대적으로 이해하기 쉽고 내용도 간단한 이산분포(discrete distribution)를 알아보고 이어서 연속분포(continuous distribution)를 살펴보는 순서로 진행한다. 실제로 이항분포의 실험을 반복하면 점점 연속분포에 가까워지는 경우가 많기 때문에 이 순서를 따라 둘 사이의 관계를 이해하는 것은 매우 중요하다. 둘째, 가장 단순한 실험의 분포에서 출발하여 점점 복잡한 실험의 분포를 알아보는 순서로 진행한다. 얼핏 보면 확률분포들이 서로 독립적인 것으로 보일 수 있지만 사실은 밀접하게 연결되어 있는 경우가 많다. 그러므로 이 순서를 따라 확률분포들이 점점 넓어지고 커지는 과정을 이해하는 것도 중요하다.

(2) 확률분포의 특성

분포들을 설명할 순서를 정했으니 다음에는 각 분포의 특성을 무엇으로 설명할 것인가를 생각해보자. 어떤 분포의 성격을 보여주기 위해서는, 또한 변수와 변수의 차이를 보여주기 위해서는 어떤 특성을 보면 될까? 아무래도 말로 설명하기 보다는 정량적이고 수리적인 특성을 보여주어야 할 것이다. 여기서 대표적으로 사용되는 정량적 특성으로 이미 앞장에서 설명한 확률 밀도함수(density function), 기대값(expected value), 그리고 분산(variance)을 들 수 있다. 이산변수에 대해서는 밀도함수 대신 질량함수(mass function)라는 용어를 쓰기도 한다.

이들이 대표적인 특성이 되는 이유를 다시 생각해보자. 어떤 확률변수 X가 있다고 하자. 실험을 반복하다 보면 X의 값에 대한 데이터가 많아질 것이다. 이제 이 확률변수의 값이 나타나는 패턴의 특성을 알려면 아무래도 먼저 평균과 분산을 보는 것이 좋을 것이다. 어느 위치에 중심이 있고 중심을 기준으로 얼마나 흩어져 있는지를 알면 대강의 모양을 알 수 있기 때문이다. 그 다음에는 그 변수가 어느 특정한 값을 가질 확률을 보면 될 것이다. 이 때 특정한 값을 X축에 놓고 그 값의 확률을 Y축에 놓은 후 (X, Y)의 점들을 모두 이어서 만든 곡선이 확률 밀도함수이다. 밀도함수의 모양도 확률분포의 성격을 보여주는 좋은 정보가 된다. 따라서 이 세 가지를 보면 분포의 특성을 한눈에 파악할 수 있다.

그렇다면 확률분포의 모양이 분포마다 큰 차이가 날까? 상식적으로 생각한다면 분포에 관계없이 공통적인 모습이 많이 보일 것이다. 우선은 어느 분포이든 변수 X가 평균값에 있을 때 확률값이 클 것으로 짐작할 수 있다. 아무래도 평균 부근에 데이터가 많이 몰릴 것이기 때문이다. 그리고 평균을 기준으로 평균에서 멀어질수록 확률값은 점점 작아질 것으로 예상할 수 있다. 실제로 대부분의 분포들은 상식적인 예상과 크게 다르지 않다. X축의 변수가 평균에 있을 때 Y축의 확률이 정점(peak)에 있고 평균으로부터 점점 멀어지면서 확률이 작아지는 모양의 곡선으로 나타나는 경우가 많은 것이다. 물론 평균으로부터 멀어지면서 확률이 줄어드는 비율이나 평균을 중심으로 양쪽이 균형을 이루는 정도 등은 분포마다 달라진다.

그러나 공통적인 모습만 있는 것은 아니다. 당연히 각각의 속성에 따라 차별적인 모습도 나타나기 마련이다. 예를 들어 어떤 분포는 확률변수의 값이 작아질수록 확률값은 커지고 반대로 변수의 값이 커질수록 확률은 줄어드는 모양을 보이기도 한다. 이런 공통점과 차이점을 염두에 두고 이제부터 확률함수, 기대값, 그리고 분산에 초점을 맞추어 각 분포의 특성을 알아보기로 하자.

2. 이산 확률분포

(1) 기본개념

이산 확률변수라는 말은 확률변수가 가질 수 있는 값이 유한 개(finite)이거나 셀 수 있는(countable) 경우를 의미한다. 따라서 변수는 258명이나 3,150개와 같은 정수의 값을 갖는다. 이산 확률분포는 이산 확률변수에 연결된 분포를 가리킨다.

여러 번 반복해서 사용하고 있는 사람의 특성 변수를 다시 생각해보자.

- 기본적 정보 – 성별, 연령, 직업
- 신체적 특성 – 신장, 체중, 혈액형, 혈압
- 지능적 특성 – 지능지수(IQ), 언어지능 지수
- 사회적 특성 – 소득수준, 가족 구성, 직업 만족도
- 생활패턴 특성 – 문화활동 관심도, 주간 운동횟수, 스마트폰 사용시간

위의 변수 가운데, 〈표 5-1〉에서 보는 것처럼 연령, 혈압, 지능지수 등은 정수의 이산값을 가지므로 이산 확률변수가 된다. 이러한 이산 변수에 대응되는 대표적인 이산분포에 대해 알아보자.

〈표 5-1〉 확률변수의 예시

개인	성별	연령	신장	체중	혈압	지능지수	…	스마트폰 사용시간
홍길동	남자	25	172.8	71.4	136	128	…	4.7

(2) 베르누이 분포 – 가장 단순한 실험

가. 기본성격

가장 단순한 이산분포는 역시 가장 단순한 통계적 실험에서 나오는 확률변수에 관한 분포이다. 그러면 어떤 실험이 가장 단순한 실험일까? 바로 베르누이(Bernoulli) 실험이라고 할 수 있다. 단 두 가지의 결과만 나오는 실험을 한 번만 한다고 할 때, 그 실험의 결과를 변수로 하는 것이 베르누이 실험이고 베르누이 실험에 관련된 분포가 베르누이 분포(Bernoulli distribution)이다. 위의 〈표 5-1〉에서 어떤 한 사람을 놓고 성별이 남자인지 여자인지를 판별하는 실험이 베르누이 실험이고 남자(X=1) 아니면 여자(X=0)가 변수가 되는 확률분포가 바로 베르누이 분포이다.

앞에서 설명한 것처럼 확률변수 X가 어떤 특정한 분포를 따르면 확률분포는 그 분포의 이름에서 대표적인 문자를 뽑은 후 그 분포의 모수를 괄호 안에 보여주는 식으로 표기한다. 베르누이 분포의 경우에는 일반적으로 $X \sim \text{Bernoulli}(p)$로 표기한다. 여기에서 p는 베르누이 분포의 모수를 가리킨다. 그리고 그 모수는 베르누이 실험에서 나오는 두 가지 경우 가운데 어느 한 경우가 나올 확률을 뜻한다. 예를 들어 p=0.5로 되어있으면 남자(여자)일 확률이 0.5로 되어있는 실험이라는 의미이다.

베르누이 실험은 매우 단순한 실험이고 베르누이 분포도 아주 간단한 분포이다. 따라서 베르누이 실험과 분포는 그 자체로서는 별다른 의미를 가지지 않는다. 하지만 뒤에서 보듯이 베르누이 실험은 좀더 크고 복잡한 실험의 바탕이 되고 그를 통해 다양한 분포들이 파생되기 때문에 빼놓을 수 없는 분포이기도 하다.

나. 핵심특성

베르누이 분포의 특성값을 알아보자. 베르누이 분포를 따르는 변수 X는 0 또는 1의 두 가지 값만 가진다. 여기서 변수 X가 1의 값을 가질 확률을 $P(X=1)=p$라고 하면 당연히 $X=0$일 확률은 $1-p$가 된다. 그러므로 X의 확률 밀도함수(질량함수)는 $f(X)=p^X(1-p)^{1-X}$, $X=0, 1$가 된다.

한편 기대값은 $E(X)=\sum Xf(X)=0(1-p)+1\cdot p=p$ 이다. 또한 분산은 $Var(X)=E[(X-\mu)^2]=\sum(X-\mu)^2\cdot f(X)=(0-p)^2(1-p)+(1-p)^2p=p(1-p)$ 가 된다. 따라서 베르누이 분포의 대표값은 아래의 식으로 나타난다.

베르누이 분포의 대표값

- 확률 밀도함수 $f(X)=p^X(1-p)^{1-X}$, $X=0, 1$
- 기대값 $E(X)=p$
- 분산 $Var(X)=p(1-p)$

(3) 이항 분포 – 단순한 실험의 반복

가. 기본성격

두 가지의 경우만 나오는 베르누이 실험을 여러 번 반복하게 되면 어떤 일이 일어날까? 사람의 예로 돌아가서 사람 하나하나에 대해 그 사람이 남자인지 여자인지를 판정하는 실험을 n번 반복한다고 하자. 그러면 n번 중에 남자의 횟수(또는 여자의 횟수)가 곧 그 실험의 변수가 된다. 이러한 실험에서 남자 또는 여자의 횟수를 변수로 하는 분포가 바로 이항분포(binomial distribution)이다.

앞 장에서 설명한 것처럼 확률변수 X가 이항분포를 따르는 경우에는 $X \sim B(n, p)$로 표기한다. 여기에서 B는 Binomial을 뜻한다. 또한 p는 앞의 베르누이 실험에서 나오는 두 가지 경우 가운데 어느 한 경우가 나올 확률을 의미한다. 거기에 실험을 반복하는 횟수인 n이 추가로 모수에 들어간다.

[그림 5-1]에서 보는 것처럼, 이항분포의 곡선은 평균일 때 Y축에 표시되는 확률이 가장 높고 평균에서 멀어질수록 확률이 작아지는 모습을 보인다. 이 때 실험의 횟수

n에 대해 p 값에 따라 곡선의 위치가 달라지는 것을 알 수 있다. 예를 들어 $n=100$의 경우에, $p=0.5$일 때를 기준으로 $p=0.25$가 되면 왼쪽으로, 반대로 $p=0.75$가 되면 오른쪽으로 곡선이 이동하는 것이다. 더 나아가 p 값이 0.1 정도로 아주 작아지면 왼쪽 끝으로 옮겨 가게 되고 반대로 p 값이 0.9 정도로 아주 커지면 오른쪽 끝으로 옮겨 가게 된다.

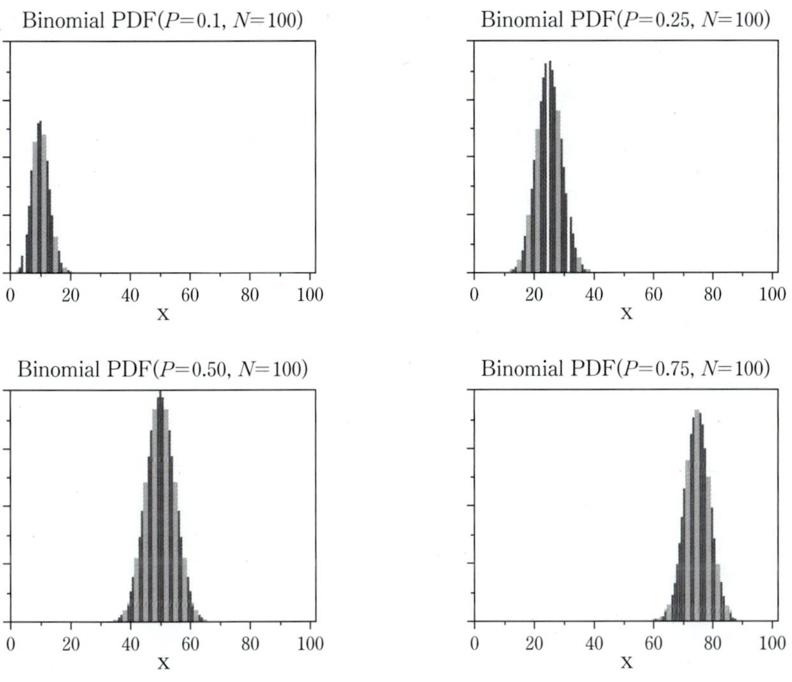

[그림 5-1] 이항분포 곡선의 특성

나. 핵심특성

이항분포의 특성값을 알아보자. 예를 들어 $n=100$명의 사람들을 대상으로 성별을 확인하는 실험을 한다고 하자. 여기서 남자의 비율이 $p=0.6$(당연히 여자의 확률은 0.4)이라고 하면 남자의 숫자인 변수 X의 기대값은 얼마일까? 직관적으로 생각해도 60명으로 짐작할 수 있다. 그리고 이 기대값은 $np=100\times0.6$에서 나온 것이다.

이제 이 내용을 수리적으로 살펴보자. 이항분포를 따르는 실험에서 n번 가운데 k번의 성공과 $(n-k)$번의 실패가 나타났다고 하자. 이 경우가 나올 수 있는 모든 경우의 수는 ${}_nC_k=n! \,/\, (n-k)!\, k!$ 이 된다. 또한 각각의 경우가 나타날 확률은 베르누이 분포로부터 $p^k(1-p)^{n-k}$이 된다. 따라서 이항분포의 기대값과 분산은 아래의 식으로 표현된다.

$$E(X)=\sum_{k=0}^{n} k\cdot p(X=k)=\sum_{k=0}^{n} k\cdot \binom{n}{k} p^k(1-p)^{n-k}$$
$$Var(X)=E(X^2)-(E(X))^2$$

자세한 과정에 대한 설명은 생략하지만, 위의 식을 풀면 기대값은 $E(X)=np$로, 그리고 분산은 $Var(X)=np(1-p)$가 된다. 따라서 이항분포의 대표값인 확률 밀도함수, 기대값, 분산은 각각 아래의 식으로 나타난다.

이항분포의 대표값

- 확률 밀도함수 $f(k)={}_nC_k p^k(1-p)^{n-k}$
- 기대값 $E(X)=np$
- 분산 $Var(X)=np(1-p)$

(4) 포아송 분포 – 한쪽으로 치우친 이항분포

가. 기본성격

앞에서 본 이항분포는 단 두 가지의 결과만 나오는 실험과 관련된 분포이다. 여기서 이항분포의 특별한 경우(special case)로서 두 가지의 결과가 나오는 확률이 서로 비슷하지 않고 어느 한쪽으로 완전히 치우친 경우를 생각해보자. 사람의 성별이라면 거의 모든 사람이 남자로 나오거나 반대로 여자로 나오는 경우를 가리킨다. 이러한 실험에 해당되는 확률분포가 바로 포아송 분포(Poisson distribution)이다.

또 다른 예로 성공 또는 실패의 두 가지 결과만 나오는 실험을 보자. 100번의 실험에서 성공은 1~2번, 반대로 실패는 98~99번 나오는 경우를 생각할 수 있다. 이것을 일반적으로 표현하면 시행의 횟수는 대단히 많지만 매 시행의 성공 확률은 매우 낮은 실험, 즉 $n\rightarrow\infty$ 이고 $p\rightarrow 0$ 인 극단적인 경우에 성공의 횟수를 변수로 하는 분포라고 할 수 있다.

이런 특별한 경우는 어떤 상황에서 발생할까? 좀더 구체적인 예를 이용하여 설명해 보자. 어느 은행에서 시간당 방문하는 고객의 수가 어떤 분포를 따르는지를 파악하려고 한다. 우선 1시간당 방문하는 고객의 수가 어떤 패턴을 보인다고 하자. 여기서는 1시간이라는 비교적 긴 간격을 단위로 하기 때문에 n은 작고 그 대신 p는 클 것이다. 이제 1시간을 1분 단위로 분할하여 1분당 방문하는 고객의 수를 보자. 역시 일정한 패턴을 보이지만 앞의 경우와 비교하여 n은 훨씬 커지고 p는 상당히 작아질 것이다. 이제 1초 단위로 더 쪼개어보면 어떻게 될까? 여전히 방문하는 패턴은 일정할 것이다. 하지만 n이 커지는 만큼 1초라는 짧은 시간 안에 고객이 도착할 확률은 매우 낮아진다. 위에서 설정한 $n \to \infty$이고 $p \to 0$인 경우에 가까워지는 것이다. 이러한 상황에서 방문(성공)의 횟수를 변수 X로 하는 분포가 바로 포아송 분포이다.

나. 핵심특성

앞에서 본 것처럼 포아송 분포는 단위 시간 또는 단위 공간 내에서 어떤 사건이 발생하는 횟수를 변수로 하는 이산분포이다. 이제 포아송 분포의 특성을 살펴보자. 먼저 주어진 단위 시간 안에서 사건이 발생하는 건수를 확률변수 X라고 하자. 그러면 X의 확률을 나타내는 함수가 포아송 분포가 된다.

그러면 이 분포의 특성을 결정하는 모수는 무엇이 될까? 과거의 데이터를 분석하거나 현장의 관찰을 통해 X의 평균값을 알고 있다고 하자. 포아송 분포에서는 이 평균값이 바로 분포의 성격을 결정하는 모수가 된다. 그리고 이 모수를 흔히 λ로 표기한

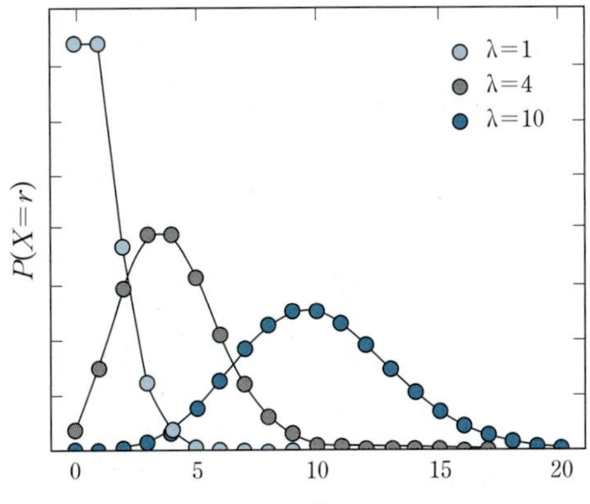

[그림 5-2] 포아송 분포 곡선의 특성

다. 따라서 어떤 변수 X가 포아송 분포를 따르면 $X\sim Po(\lambda)$로 표기하게 된다.

λ가 모수이기 때문에 포아송 분포의 곡선은 λ의 값의 변화에 따라 그 형태가 달라진다. [그림 5-2]에서 보듯이, X축에서 λ 즉 평균일 때 Y 축의 확률 $p(X)$가 최대가 되고 그것을 기준으로 양쪽으로 멀어지면서 확률값이 점점 작아지는 모양을 보인다. 이 때 λ가 작을수록(0에 가까울수록) 오른쪽으로 긴 꼬리를 갖는 모양을 보이고, 반대로 λ가 커질수록 좌우가 대칭을 이루는 모양을 나타낸다.

자세한 수리적 내용은 생략하지만, 먼저 포아송 분포의 밀도함수(질량함수)는 $P(X=r)=\frac{e^{-\lambda}\lambda^r}{r!}$로 표현할 수 있다.

따라서 기대값은 $E(X)=\sum_{x=0}^{\infty}xf(x)=\sum_{x=0}^{\infty}x\cdot\frac{\mu^x}{x!}e^{-\mu}=\mu\sum_{x=1}^{\infty}\frac{\mu^{x-1}}{(x-1)!}e^{-\mu}=\mu$가 된다. 또한 분산도 $Var(X)=E[X(X-1)]+E(X)-[E(X)]^2=\mu^2+\mu-\mu^2=\mu$로 나타난다. 그러므로 포아송 분포의 대표값은 아래의 식으로 요약할 수 있다. 수리적 내용에 익숙하지 않은 독자는 이 부분을 생략해도 무방하다. 하지만 포아송 분포는 λ로 표기되는 단 하나의 모수만 있다는 점은 기억하자.

포아송 분포의 대표값

- 확률 밀도함수 $P(X=r)=\frac{e^{-\lambda}\lambda^r}{r!}$
- 기대값 $E(X)=\lambda$
- 분산 $Var(X)=\lambda$

(5) 음이항 분포와 기하 분포 - 이항분포의 거꾸로 분포

이번에는 이항분포의 반대가 되는 개념을 가진 분포를 알아보자. 그것이 바로 음이항(negative binomial) 분포이다. 이항분포는 n번의 시행 결과로 나온 성공의 횟수를 변수로 한다. $X=k$이라면 n번 중에 k번의 성공이 일어났다는 뜻이다. 이와 반대로 음이항 분포는 k번 성공할 때까지의 시행의 횟수 X를 변수로 하는 분포이다. 이번에는 성공의 횟수가 변수가 아니라 상수(constant)로 고정되어 있는 상황에서, k번의 성공이 일어나려면 얼마나 많은 실험이 필요한지가 변수가 되는 것이다.

여기서 k는 다양한 값을 가질 수 있음을 알 수 있다. $k=1$이 될 수도 있고 $k=10$이 될 수도 있는 것이다. 그러므로 음이항 분포는 일반적 경우(general cases)들을 모두 아우르는 분포로서 그 안에 여러 가지 특별한 경우(special case)가 만들어질 수 있다. 그 중에 대표적인 경우가 바로 기하(geometric) 분포이다. 기하 분포는 첫 번째 성공이 일어날 때까지의 시행 횟수를 변수로 하는 분포이다. 즉 음이항 분포에서 $k=1$로 정해진 특별한 경우인 것이다.

3. 연속 확률분포

(1) 기본개념

연속 확률변수라는 말은 확률변수가 가질 수 있는 값이 무한개(infinite)라는 뜻이다. 앞의 〈표 5-1〉에서 체중과 같은 변수는 67.678kg, 53.367kg와 같은 실수값(real number)을 가진다. 이처럼 변수가 연속변수일 때 이에 연결되는 분포가 연속 확률분포이다. 사람의 특성 변수 가운데 신장도 그렇지만 체중이나 스마트폰 사용시간도 실수값을 가지는 연속 변수이다. 따라서 이들 변수에 대응하는 분포는 연속 분포가 된다.

이산분포의 경우에 확률은 횟수나 빈도로 직접 계산한다. 앞의 이항분포나 포아송 분포에서 본 것처럼 어떤 사건이 일어날 횟수 또는 나타날 빈도가 주어지면 그 변수에 해당되는 분포로부터 확률을 바로 계산할 수 있는 것이다. 그러나 연속분포의 경우에 확률을 직접 계산할 수 없다. 왜냐하면 변수의 값이 하나의 정수로 정해질 수 없기 때문이다. 따라서 연속분포의 확률은 그 사건이 일어나는 구간을 정한 후 그 구간의 면적으로 정하게 된다. 면적을 계산하기 위해서는 구간의 양쪽 끝을 상한과 하한으로 하는 적분(integral)을 사용한다.

그러면 대표적인 연속분포는 어떤 것들이 있을까? 먼저 이산분포와 연속분포의 관계를 살펴보자. 우리는 보통 어떤 사람의 체중을 67kg 하는 식의 이산값으로 표기한다. 그러나 엄밀하게 말하면 그 사람의 체중은 66.997kg 또는 67.001kg과 같은 연속값이다. 이것은 이산값과 연속값이 개념적으로 다를 뿐이지 실질적인 차이는 별로 없다는 것을 뜻한다.

그렇다면 이산분포와 연속분포는 실제로 밀접한 관계를 맺고 있을까? 대답은 '그렇다'이다. 그렇다 정도가 아니라 '매우 그렇다'이다. 대부분의 경우 이산분포는 연속분포와 다음 세 가지 관계의 쌍(pair)을 이룰 만큼 가까이 연결되어 있다.

- 첫째, 근사(approximation)라는 관계이다. 이것은 실험의 횟수가 많지 않을 때는 서로 아무 관계가 없는 분포로 보이지만 실험의 횟수를 계속 늘려나가면 점점 두 분포가 아주 비슷한 모양으로 가까워진다는 뜻이다.
- 둘째, 유사(analogy)라는 관계이다. 이것은 두 분포가 보는 시각에 따라 달리 보이지만 실제로는 하나의 공통된 속성을 지니고 있다는 뜻이다.
- 셋째, 역(inverse)의 관계이다. 이것은 두 분포가 같은 특성을 공유하지만 반대의 값으로 나타나는 것을 가리킨다. 이제 이 관계를 바탕으로 대표적인 연속분포에는 어떤 것들이 있고 그것들은 이산분포와 어떤 관계를 보이는지를 알아보자.

(2) 균등 분포 - 동일한 확률

가. 기본성격

앞에서 설명한 것처럼 이산분포와 연속분포의 가장 큰 차이는 확률을 어떻게 표현할 수 있느냐에 달려있다. 이산분포의 경우에는 변수 X가 특정한 정수의 값 x를 가질 확률을 $P(X=x)$로 나타낼 수 있다. 하지만 연속분포의 경우에는 $P(a<X<b)$와 같이 하나의 점이 아니라 구간으로 확률을 표현하게 된다.

그러면 가장 간단한 모양의 연속분포는 무엇일까? [그림 5-3]에서 보듯이, 확률변수 X가 가질 수 있는 값이 구간 $[a, b]$ 안에 있고 그 구간 내에서 X의 확률이 어디에서든 같은 경우의 분포이다. 이 때 X가 따르는 분포가 바로 균등 분포(uniform distribution) 또는 균일 분포이다. 균등 분포는 a와 b의 2개의 모수를 가지며 흔히 $X \sim U(a,\ b)$로 표기한다.

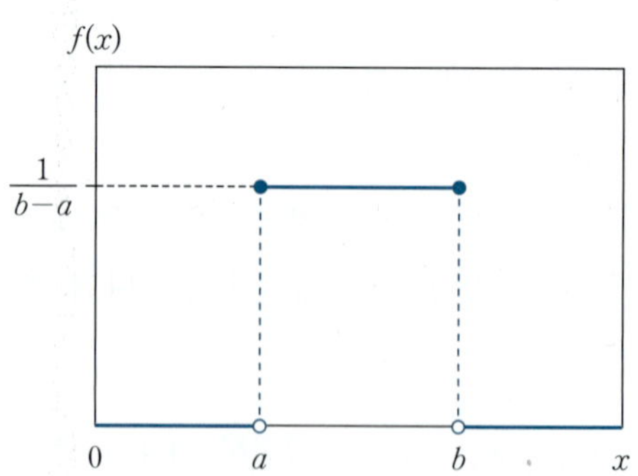

[그림 5-3] 균등 분포 곡선의 특성

나. 핵심특성

우선 균등 분포의 밀도함수를 보자. 위의 그림에서 가로의 길이는 $(b-a)$가 되고 세로의 길이는 $f(x)$가 된다. 또한 그 구간의 확률을 모두 더하면 반드시 1이 되어야 하기 때문에 아래의 식이 성립한다.

$$(b-a)f(x)=1$$

그러므로 균등 분포의 밀도함수는 다음과 같다.

$$f(x)=\frac{1}{b-a}$$

이제 균등 분포의 기대값 $E(X)$를 구해보자. 기대값 $E(X)$는 다음과 같이 정의된다.

$$E[X]=\int_{-\infty}^{\infty} xf(x)dx$$

여기서 가능한 전체 구간이 $[a, b]$이므로 양쪽 끝에 b와 a를 집어넣어서 위의 식을 풀면 기대값 $E(X)$는 아래의 식이 된다.

$$E[X]=\int_{a}^{b} \frac{1}{b-a} xdx=(a+b)/2$$

이번에는 분산 $Var(X)$를 구해보자. 분산 $Var(X)$는 다음과 같이 정의된다.

$$Var(X)=E[X^2]-(E[X])^2$$

여기에서도 양쪽 끝에 b와 a를 집어넣어서 위의 식을 풀면 분산 $Var(X)$는 아래의 식이 된다.

$$Var(X)=\left[\int_{-\infty}^{\infty} f(x)\cdot x^2 dx\right]-\left(\frac{b+a}{2}\right)^2=(b-a)^2/12$$

균등 분포의 대표값

- 확률 밀도함수 $f(x) = \frac{1}{b-a}$
- 기대값 $E(X) = \frac{a+b}{2}$
- 분산 $Var(X) = \frac{(b-a)^2}{12}$

(3) 베타 분포

가. 기본성격

베타 분포(Beta distribution)는 실제의 사회나 자연에서 발견되는 현상을 나타내는 분포라기 보다는 다른 통계 작업을 보다 원활하게 하기 위해 사용되는 분포이다. 특히 뒤에서 소개할 베이지안 통계에서 자주 이용되는 분포이다. 균등 분포와 마찬가지로 베타 분포도 a와 b라는 두 개의 모수를 가지며 흔히 $X \sim \text{Beta}(a,\ b)$로 표기한다.

베타 분포의 중요한 특성은 확률변수 X가 0에서부터 1 사이의 값만 갖는다는 점이다. 즉 X의 밀도함수 $f(x)$가 $0 \leq X \leq 1$에서만 양의 값을 갖고 나머지 부분에서는 0이 되는 것이다. X의 범위가 0과 1 사이라는 점에서 베타 분포는 확률(probability)과 같은 특성을 지니고 있으며 또한 이항분포와 밀접하게 연결되어 있음을 알 수 있다. 다만 이산분포인 이항분포에서는 X가 0 또는 1의 두 가지 정수값만 갖지만 연속분포인 베타 분포에서는 X가 0과 1 사이의 실수값을 갖는다.

베타 분포의 가장 큰 장점은 a와 b를 바꾸어 주면서 다양한 모양의 분포 곡선을 보여줄 수 있다는 점이다. [그림 5-4]에서 보듯이 a와 b가 바뀌면 확률분포의 모양도 크게 달라진다. 따라서 a와 b의 값을 신축적으로 조정하면서 여러 가지 형태의 확률분포에 근사시킬 수 있다.

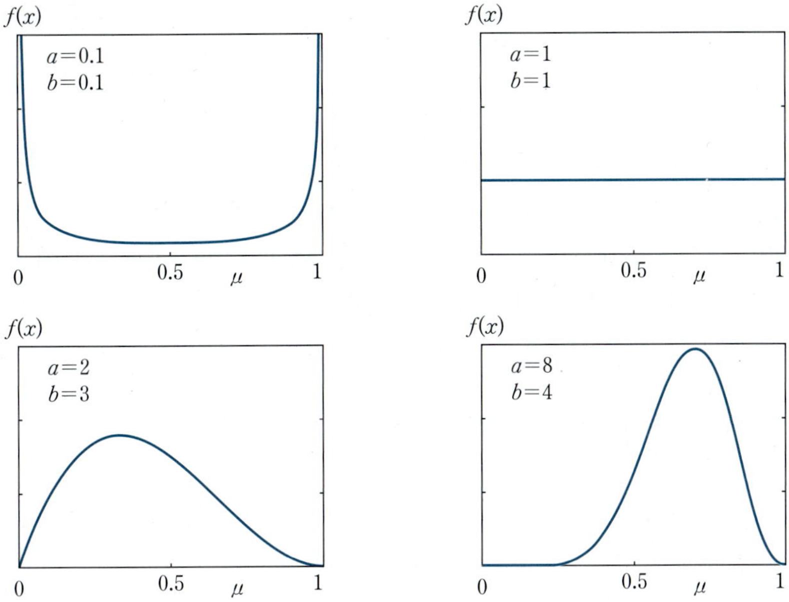

[그림 5-4] 베타 분포 곡선의 특성

여기서 자세한 도출 과정은 생략하지만 베타 분포의 대표값은 아래와 같다.

베타 분포의 대표값

- 기대값 $E(x)=a/(a+b)$
- 분산 $Var(X)=ab/\{(a+b)^2(a+b+1)\}$

(4) 정규 분포 – 이항분포 실험의 근사

가. 기본성격

주어진 구간 안에서 확률변수 X의 확률이 어디에서든 똑같은 경우는 거의 없다. 다시 말해 균등 분포는 아주 예외적인 분포이다. 그렇다면 가장 흔히 볼 수 있는 연속분포는 무엇일까? 다시 말해 연속분포의 대표라고 할 수 있는 분포는 무엇일까? 그것이 바로 전통 통계학을 지배해 왔다고 해도 과언이 아닌 정규분포(normal distribution)이다.

이제부터 정규분포의 특성에 대해 알아보자. 앞에서 설명한 것처럼 어떤 분포의 특성을 보여주는 대표적인 모수로 평균 μ와 분산 σ^2를 들었다. 정규분포는 평균 μ와 분산 σ^2이 주어졌을 때, 변수들이 평균을 중심으로 분산의 크기에 비례하여 분포의 폭이 커지는 형태로 나타나는 경우에 적용되는 분포이다. 앞의 〈표 5-1〉에서, 신장이나 체중은 정규분포를 따른다고 예상할 수 있는 대표적인 변수들이다. 예를 들어 1,000명의 사람들을 대상으로 신장이나 체중을 측정해보면, 평균 부근에 가장 많은 사람들이 모여있고 평균에서 멀어질수록 빈도가 점점 낮아지는 패턴을 보이기 때문이다.

이 때 변수들의 값을 모두 이어보면 [그림 5-5]처럼 평균을 기준으로 양쪽이 균형을 이루는(symmetric) 종모양의 곡선(bell-shaped curve)으로 나타난다. 여기서 평균을 기준으로 양쪽으로 퍼져나가는 정도를 결정하는 것이 분산이 된다. 따라서 평균 μ와 분산 σ^2가 주어지면 곡선의 모양을 그릴 수 있다.

실제로 세상의 무수한 통계적 실험을 통해 만들어지는 변수들의 대다수는 정규분포를 따른다고 할 수 있다. 심지어 과거에는 정규분포를 따르지 않는 경우는 비정상적이라고 생각하여, 이름도 정상적 분포를 의미하는 정규(normal)분포라고 명명했을 정도이다.

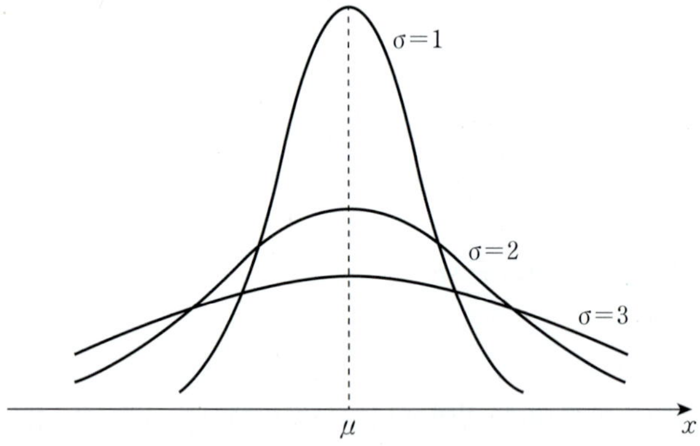

[그림 5-5] 정규분포 곡선의 특성

나. 이항분포와의 관계

그렇다면 연속분포의 대표격인 정규분포와 이산분포의 대표격인 이항분포는 어떤 관계를 맺고 있을까? 다시 말해 이항분포에서 출발하여 어떤 과정을 거쳐 정규분포로 가까이 가게 될까? 뒤에서 자세히 설명하겠지만, 이항분포의 실험을 끝없이 반복하면 정규분포에 가까워지는 근사(approximation)가 만들어진다.

실제로 통계학의 역사를 보면 정규분포는 이항분포의 반복적인 실험을 통해 발견된 분포이며 이 발견은 통계학의 발전에 엄청난 영향을 미친 커다란 사건이었다. 나아가 이산분포와 연속분포로 나뉘어져 있던 거대한 두 개의 섬을 잇는 다리가 만들어지는 계기가 되었다. 이항분포와 정규분포의 연결 과정 그리고 정규분포의 대표값에 대한 설명은 뒤에서 자세히 다루기로 한다.

(5) 지수분포 – 포아송 분포의 유사

가. 기본성격

앞에서 설명한 것처럼, 포아송 분포는 단위 시간 또는 단위 공간 내에서 어떤 사건이 발생하는 횟수를 변수로 하는 이산분포이다. 이 때 모수인 μ는 단위 시간 안의 평균 발생횟수를 의미한다. 이제 보는 시각을 바꾸어 어떤 사건과 다음 사건이 발생하는 사이에 걸리는 시간을 변수로 하면 어떻게 될까? 이제는 실수값을 갖는 시간이 변수가 되므로 연속분포로 바뀔 것이다. 이처럼, 연속적으로 일어나는 두 사건 사이에 걸리는 시간을 변수로 하는 분포가 바로 지수분포(exponential distribution)이다.

따라서 포아송 분포와 지수분포는 아주 밀접하게 연결되어 있지만 의미는 서로 반대가 되는 하나의 쌍(pair)을 이룬다. 이 둘은 같은 문제를 서로 다른 관점으로 보는 것이기 때문에 두 분포의 모수는 같다. 앞에서 본 포아송 분포가 λ 라는 하나의 모수만 있는 것처럼 지수분포도 λ 라는 하나의 모수만 갖게 된다.

지수분포는 지금까지 살펴본 다른 분포와는 매우 다른 모양의 함수 모양을 나타낸다. 대부분의 분포는 X축에 변수를 놓고 Y축에 확률 $p(X)$를 놓았을 때 변수가 평균에 가까울수록 확률이 올라가고 멀어질수록 작아지는 특성을 보인다. 그러나 [그림 5-6]에서 보는 것처럼, 지수분포는 X축의 변수값이 작을수록 확률 $p(X)$가 커지고 변수값이 커질수록 확률이 지수의 비율로(exponentially) 작아지는 모양으로 나타난다. 당연히 누적함수도 밀도함수에 따라 달라지게 된다.

그 이유는 당연하다. 확률변수 X는 두 사건 사이의 시간을 뜻한다. 따라서 X가 커진다는 것은 하나의 사건이 발생한 후 다음 사건이 발생할 때까지 오랜 시간이 걸린다는 의미이다. 이때 이 시간이 길어질 확률, 즉 그 시간 동안 아무 사건도 일어나지 않을 확률은 X가 커질수록 점점 줄어들게 된다.

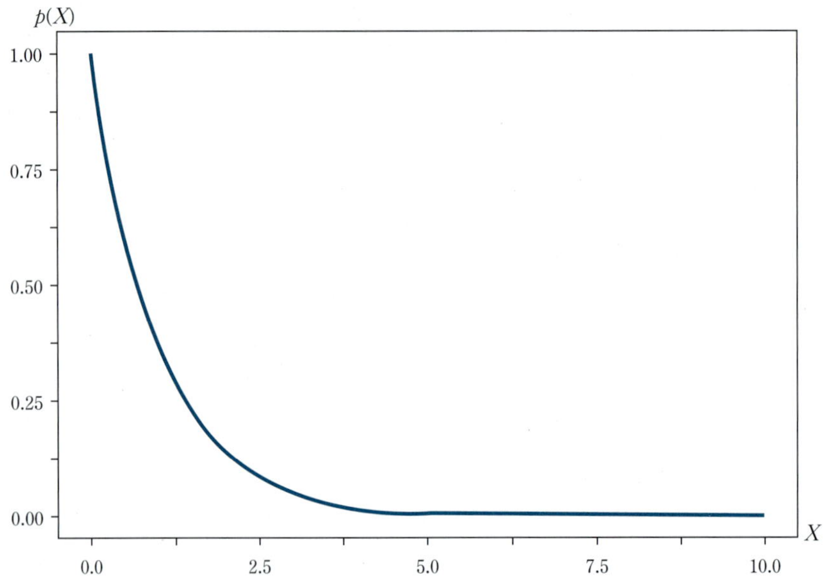

[그림 5-6] 지수분포 곡선의 특성

나. 핵심특성

이제 포아송 분포와 지수분포가 어떻게 연결되는지를 좀더 자세히 살펴보자. 이 책의 범위를 살짝 벗어나기를 하지만 이 연결 과정을 흔히 포아송 과정(Poisson process)이라고 부른다. 먼저 어떤 사건이 단위 시간(공간) 내에 평균 λ회 발생하는 실험을 생각해보자. 당연히 횟수를 가리키는 확률변수는 이산분포인 포아송 분포를 따른다. 그러면 t라는 단위 시간 안에서 일어나는 사건의 평균 횟수는 λt회가 된다. 따라서 확률변수 X는 이산변수로서 평균이 λt인 포아송 분포를 따른다. 또한 확률 밀도함수는 식 (5–1)으로 주어진다.

$$P(x)=\frac{(\lambda t)^x}{x!}e^{-\lambda t},\ \ X=0, 1, 2, 3, \cdots \qquad (5-1)$$

이제 보는 시각을 바꾸어 시간 $t=0$에서 시작하여 처음 사건이 일어날 때까지 걸린 시간을 T라는 변수로 놓자. 그러면 이 확률변수는 연속분포인 지수분포를 따른다. 이 때 $T \geq t$ 일 확률, 즉 첫 번째 사건이 t 이후에 일어날 확률은 어떻게 될까? 위의 식 (5-1)에서 당연히 $(0, t)$ 구간에서는 사건이 한 번도 일어나지 않기 때문에 $X=0$이 되므로 확률은 다음과 같이 표현할 수 있다.

$$P(T \geq t)=P(0)=e^{-\lambda t}(t>0)$$

따라서 변수 T의 누적함수는 다음과 같다.

$$F(t)=P(T<t)=1-P(T \geq t)=1-e^{-\lambda t}$$

이제 위의 누적함수를 미분하면 식 (5-2)와 같은 지수분포의 밀도함수를 얻을 수 있다.

$$f(t)=\lambda e^{-\lambda t}(t>0) \tag{5-2}$$

또한 증명은 생략하지만 위의 밀도함수를 이용하여 지수분포의 평균과 분산을 구하면 다음과 같이 된다.

$$E(T)=\frac{1}{\lambda}, \quad Var(T)=\frac{1}{\lambda^2}$$

그러므로 지수분포의 대표값은 아래의 식으로 나타난다. 포아송 분포와 지수분포는 모수 λ를 공유하지만 서로 역수 관계에 있음을 알 수 있다.

지수분포의 대표값

- 확률 밀도함수 $f(t)=\lambda e^{-\lambda t}(t>0)$
- 기대값 $E(X)=1/\lambda$
- 분산 $Var(X)=1/\lambda^2$

다. 감마 분포와의 관계

여기서 감마 분포(Gamma distribution)라는 분포에 대해 간략히 알아보자. 바로 앞에서 설명한 지수분포는 감마 분포의 특수한 경우(special case)에 해당된다. 따라서 감마 분포는 그 밑에 다양한 분포들을 거느리고 있는 집안의 가장 같은 분포의 하나이다.

그러면 왜 지수분포가 감마 분포 가족의 하나가 될까? 감마 분포는 일반적으로 n번의 사건이 일어날 때까지 걸리는 시간을 변수로 하는 분포이다. 지수분포는 첫 번째 사건이 일어날 때까지 걸리는 시간, 다시 말해 n=1인 특수한 경우의 분포를 가리킨다. 물론 n=1 외에도 여러 경우들이 있을 수 있고 각 경우마다 분포는 달라지게 된다. 따라서 이런 분포들을 모두 묶으면 하나의 감마 가족(Gamma family)이 만들어지는 것이다.

4. 확률분포간의 관계

지금까지 살펴본 것처럼 확률분포들은 각각 떨어져 있는 것이 아니라 이런저런 관계로 서로 연결되어 있다. 이것은 분포들이 만들어지는 과정을 역사적 흐름으로 보면 쉽게 이해할 수 있다. 어떤 분포가 발견되면 그 분포를 바탕으로 약간의 변형이나 확장이 이루어지면서 새로운 분포가 파생되는 과정이 이어져온 것이다. 따라서 전혀 관계가 없는 것처럼 보이는 분포들도 뿌리와 가지를 잘 들여다보면 서로 밀접하게 연결되어 있는 것을 알 수 있다.

[그림 5-7]에서 보듯이 먼저 이산분포들 사이는 이항분포를 중심으로 서로 반대(opposite) 관계에 있는 음이항 분포가 있고, 다시 특수한 경우로 기하분포와 포아송 분포가 만들어진다. 연속분포도 정규분포와 감마분포를 중심으로 특수한 경우인 자수분포 등이 만들어진다.

이제 이산분포와 연속분포의 연결관계를 보자. 이미 앞에서 설명한 것처럼 근사(approximation), 유사(analogy), 그리고 역(inverse)의 관계를 통해 이산분포와 연속분포는 서로 연결된다. 예를 들어 이산분포인 이항분포는 근사를 통해 정규분포와 이어진다. 또 음이항 분포와 얼랑(Erlang) 분포, 기하분포와 지수분포는 서로 유사를 통해 이어진다. 그런가 하면 포아송 분포와 지수분포는 서로 역의 관계를 이룬다.

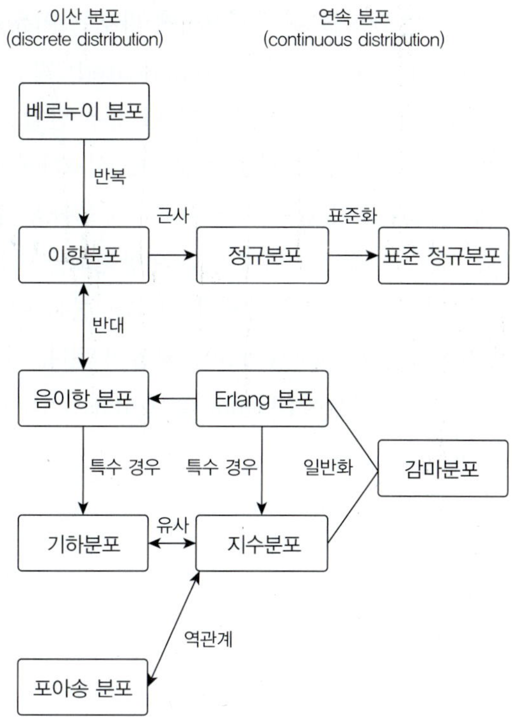

[그림 5-7] 확률분포의 연계도

제2절 이산분포와 연속분포의 근사

1. 기본개념

이산분포와 연속분포가 서로 밀접하게 연결되어 있을 때 둘 사이를 이어주는 중요한 작업이 바로 근사이다. 원래 근사라는 단어의 뜻은 어떤 일의 결과로 나온 여러 값들이 서로 정확하게 같지는 않지만 매우 비슷할 때를 가리킨다. 통계학에서 자주 나오는 근사라는 용어의 의미도 유사하다. 두 개의 확률분포가 있을 때, 두 분포의 값이 허용할 수 있을 정도로 아주 작은 차이를 보이면 하나의 분포가 다른 분포의 근사라고 부른다.

통계학에서 분포의 근사라는 개념을 매우 중요하게 다루는 이유는 무엇일까? 두 개의 분포가 있을 때, 하나의 분포는 복잡한(complicated) 반면 다른 하나의 분포는 덜 복잡한(less complicated) 경우가 많다. 이럴 경우 만일 두 분포의 결과값에 별 차이가 없다면 당연히 계산이 쉽고 단순한 분포를 선호하게 될 것이다. 예를 들어 앞에서 살펴본 이항분포와 포아송 분포를 비교하면 포아송 분포의 계산이 이항분포보다 더 복잡하다. 따라서 계산이 더 간단한 이항분포를 이용하여 포아송 분포의 확률값을 계산할 수 있다면 그 쪽을 선택할 것이다. 물론 이 경우 그 값은 정확한(exact) 확률이 아니라 비슷한(approximate) 확률이 된다. 이 때 '단순한 A 분포를 이용하여 복잡한 B 분포를 근사시킨다(using A distribution to approximate B distribution)'라는 표현을 쓴다.

2. 이산분포의 근사

(1) 이항분포의 반복

위의 기본개념을 토대로 연속분포를 이용하여 이산분포를 근사시키는 과정에 대해 자세히 알아보자. 이미 언급한 것처럼, 확률분포라는 개념은 통계학의 발전에 중요한 발판을 제공하였다. 확률분포를 바탕으로 어떤 사건의 확률을 미리 예측할 수 있게 됨으로써 통계학이 사회 여러 분야로 적용될 수 있는 계기가 만들어진 것이다. 그러나 확률을 미리 예측할 수 있다는 사실과 실제로 그 값을 계산할 수 있다는 사실 사이에는 큰 간격이 존재할 수 있다. 우리가 어떤 값을 얻을 수 있는 수식을 알고 있다는 '이론'과 그 수식으로 값을 계산할 수 있다는 '실제'는 다를 수 있는 것이다. 어느 경우에 그런 문제들이 주로 발생할까? 대부분은 그 값을 계산하는데 엄청난 시간과 비용이 들어가는 경우이다.

다시 사람의 예로 돌아가서 이 문제를 자세히 살펴보자. 100명의 사람들의 성별을 조사할 때, 70명 이상이 남자로 나타날 확률은 얼마일까? 남자 또는 여자의 두 가지 사건만 일어나는 실험을 반복하는 경우이므로 앞에서 이미 설명한대로 이 실험의 확률변수 X는 이항분포를 따른다. 그리고 이항분포를 따르는 실험을 n번 반복한 경우에 확률변수 X가 k의 값을 가질 확률은 다음과 같이 주어진다.

$$P(X=k)={}_nC_k p^k(1-p)^{n-k}, \quad {}_nC_k=\frac{n!}{k!(n-k)!}$$

설명의 편의를 위하여 남자와 여자가 나올 확률은 동일하다고 가정하자. 이항분포에서 모수 p가 0.5라고 가정하는 것이다. 이제 주어진 문제의 답을 구하기 위해서는 어떤 작업을 해야 할까? k가 70 이상이라고 하였으니 먼저 $k=70$인 경우의 확률을 계산한다. 이어서 $k=71$, $k=72$, … $k=100$ 까지의 확률을 모두 계산하여 더해야 한다. 각 경우의 확률을 계산하기도 번거로운데 이 많은 경우의 확률을 모두 계산한 후 다시 더해야 하니 만만치 않은 노력이 필요하다. 더구나 요즘과는 달리 계산기나 컴퓨터도 없던 옛날에는 이 계산이 결코 쉽지 않았다.

이 문제를 쉽게 푸는 방법을 고민하는 과정에서 통계학 역사에 엄청난 의미를 지니는 발견이 18세기의 학자인 드 무브아르(de Moivre)에 의해 이루어졌다. 그가 한 실험은 동전 던지기였다. 동전 던지기를 반복하면서 동전의 앞면이 나오는 횟수를 확률변수로 하면 전형적인 이항분포의 실험이 된다. 그는 우선 이항분포의 실험 횟수를 늘려가면서 어떤 현상이 나타나는지를 관찰하였다. 그리고 그 결과를 히스토그램(histogram)으로 그려 보았다. 여기서 X축은 확률변수 X의 값이고 Y축은 각각의 변수 값이 가지는 확률 $p(X)$를 가리킨다. n은 실험의 횟수를 의미한다. 그렇다면 실험의 횟수가 늘어나면서 그림이 어떤 모습으로 바뀔까? [그림 5-8]을 보자.

실험이 반복될수록 n이 점점 커지면서 이산변수 X는 점점 연속변수에 가까워지고 막대 모양의 히스토그램은 점점 종모양의 연속곡선으로 바뀌는 것을 발견할 수 있다. 여기서 드 무브아르는 만일 이 곡선에 적합한 함수(function)를 알아낼 수 있다면 확률의 계산이 훨씬 쉬워질 수 있을 것이라는 생각을 하였다. 왜 쉬워질까? 앞에서 이미 설명한 것처럼 모든 경우의 확률을 일일이 계산하여 더하기 보다는 아래와 위의 범위만 정하면 적분(integral)을 이용하여 확률을 계산할 수 있기 때문이다. 앞의 예를 본다면 적분의 범위가 70에서 100까지로 정해지게 된다.

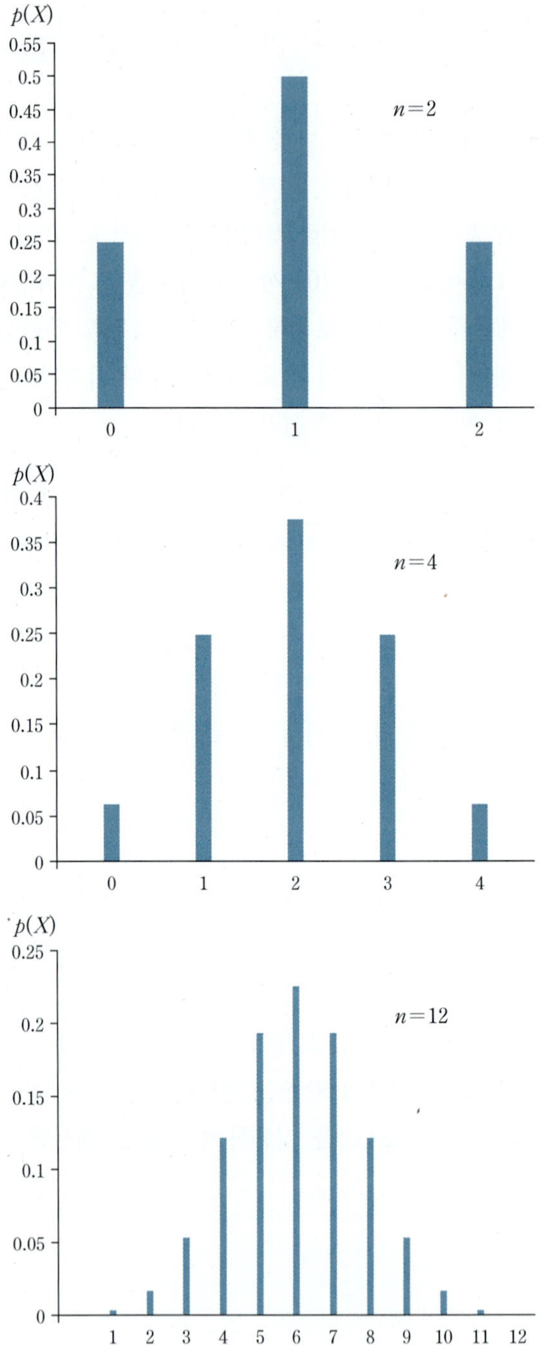

[그림 5-8] 이항분포 곡선의 정규분포 근사

(2) 정규분포 함수

가. 밀도함수

드 무브아르는 종모양의 곡선에 적합한 연속함수를 찾아내었는데 그 함수가 바로 정규분포의 밀도함수이다. 정규분포라는 이름은 훨씬 나중에 붙여졌지만 통계학의 역사에서 이 발견이 갖는 의미는 실로 지대한 것이었다.

워낙 중요한 발견이기 때문에 이 과정을 더 자세하게 살펴보자. 주어진 과제는 종모양 곡선의 특성을 보여주는 대표값들을 알아내어 함수의 형태로 표현하는 것이다. 먼저 이항분포에서 $np=\mu$로 하고 $np(1-p)=\sigma^2$으로 하자. 드 무브아르는 μ와 σ^2을 두 개의 모수로 하는 하나의 함수를 도출하면서 그 함수가 연속변수 X의 밀도함수가 된다는 사실을 보여주었다. 즉 이산분포를 연속분포로 근사시킬 수 있다는 사실을 증명한 것이다. 그 함수가 바로 식 (5-3)에 주어진 정규분포의 밀도함수이다. 다시 한번 정규분포는 μ와 σ^2의 두 모수를 기반으로 하는 것을 기억하자.

정규분포의 밀도함수: $$f(X)=\frac{1}{\sigma\sqrt{2\pi}}\int_{-\infty}^{\infty}e^{-\frac{(X-\mu)^2}{2\sigma^2}} \qquad (5\text{-}3)$$

나. 근사의 증명

그러면 위에서 제시한 함수가 실제로 확률분포의 밀도함수가 될 수 있는지를 어떻게 확인할 수 있을까? 무엇보다 먼저 근사가 이루어지는지를 보여주어야 한다. 즉 $[a, b]$의 구간이 주어졌을 때 그 구간에서 발생하는 사건의 확률을 정규분포로 근사하여 계산한 값과 원래의 이항분포로 계산한 값이 거의 같다는 것을 확인해야 하는 것이다. 여기서 자세한 과정은 생략하지만 이것을 수리적으로 증명한 것이 바로 드 무브아르-라플라스 극한정리(DeMoivre-Laplace Limit Theorem)이다. 이 정리에 의해 두 분포 사이에 근사가 이루어짐을 확인할 수 있다.

다. 확률의 증명

그러면 이제 위의 함수가 밀도함수가 될 수 있는지에 대한 모든 확인이 끝난 것일까? 아직 아니다. 이번에는 위의 함수가 확률로서의 조건을 만족시킨다는 것을 보여주어야 한다. 확률의 공리적 정의로 돌아가서 보면 모든 경우의 확률을 합한 값은 반드시 1이 되어야 한다. 즉 $(-\infty, \infty)$ 구간의 밀도함수를 적분(integral)하였을 때 그 값이 1이 되어야 하는 것이다. 여기서도 세부 과정은 생략하지만 식 (5-4)와 같이 정규분포의 밀도함수 $f(x)$를 $(-\infty, \infty)$의 구간에서 적분하면 1이 된다는 것을 증명할 수 있다.

$$\frac{1}{\sigma\sqrt{2\pi}}\int_{-\infty}^{\infty} e^{-\frac{(X-\mu)^2}{2\sigma^2}}dx=1 \tag{5-4}$$

정규분포의 밀도함수가 확률의 공리를 만족시킨다는 사실을 보여줄 수 있는 것이다.

라. 일반화

처음 드 무브아르가 이항분포를 정규분포로 전환시킬 수 있다는 사실을 발견할 때의 전제조건은 $p=0.5$이라는 것이었다. 하지만 실제로 이 전제가 적용되는 범위는 매우 제한적이다. 왜냐하면 이항분포를 따르는 실험에서 $p=0.5$가 아닌 경우가 더 많기 때문이다. 그러나 그 이후 라플라스(Laplace)나 가우스(Gauss) 등에 의해 $p=0.5$가 아닌 일반적인 경우에도 근사가 이루어질 수 있다는 사실이 증명되면서 정규분포의 활용범위는 크게 넓어지게 되었다.

제3절 정규분포

1. 기본성질

앞에서 설명한 것처럼 정규분포는 μ와 σ^2의 두 모수에 따라 그 모양이 결정된다. [그림 5-9]에서 보는 것처럼 평균인 μ에서 확률이 가장 크고 평균을 중심으로 양쪽이 균형을 이루면서 평균이 곧 데이터의 중앙값이 된다. 이 때 곡선이 얼마나 좌우로 퍼지느냐 하는 것은 분산에 의해 결정된다. 두 곡선의 평균이 $\mu_1=\mu_2$로 같은 경우에 분산이 클수록$(\sigma_2^2>\sigma_2^2)$ 양쪽으로 더 넓게 펴져나가는 것이다.

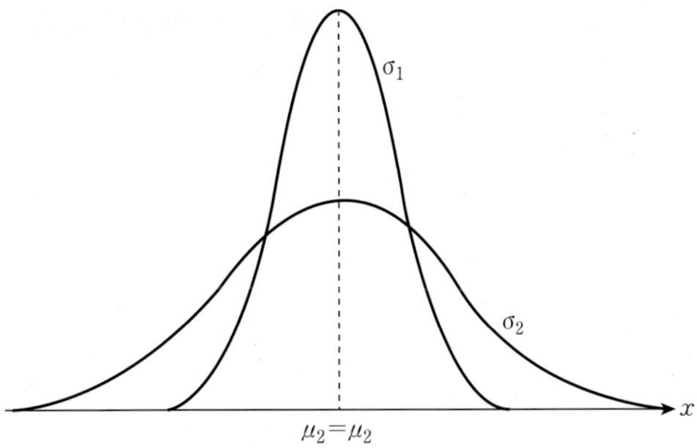

[그림 5-9] 정규분포 곡선의 성질

이제 정규분포의 대표값인 평균과 분산에 대해 알아보자. 이 작업은 수리적으로 쉽지 않은 문제이기 때문에 여기서 증명은 생략하지만, 위의 밀도함수를 이용하여 평균과 분산을 구하면 다음과 같이 된다.

$$E(X)=\mu, \quad Var(X)=\sigma^2$$

정규분포의 두 모수는 μ와 σ^2라고 하였다. 따라서 정규분포에서는 두 모수가 동시에 평균과 분산이 된다. 이것은 정규분포가 지니는 핵심적인 특성이다.

정규분포의 대표값

- 확률 밀도함수 $f(x)=\frac{1}{\sqrt{2\pi}\,\sigma}e^{-\frac{(x-\mu)^2}{2\sigma^2}}, \quad -\infty<x<\infty$
- 기대값 $E(X)=\mu$
- 분산 $Var(X)=\sigma^2$

2. 정규분포의 장점

그러면 왜 정규분포가 통계학을 대표할 만큼 중요한 분포일까? 그것은 지금부터 설명할 다양한 장점과 유용성 때문이다.

(1) 범용성

뭐니뭐니해도 정규분포의 첫 번째 장점은 폭넓은 활용 범위이다. 이름에 나타나 있는 것처럼 현실에서 발견되는 수많은 통계적 현상들이 정규분포를 따르는 변수들이라고 해도 과언이 아닐 정도로 활용 범위가 넓은 것이다.

(2) 단순성

정규분포의 또 다른 장점은 단순하다는 점이다. 정규분포는 단지 두 개의 모수인 μ와 σ^2로 설명할 수 있다. 더구나 평균을 중심으로 양쪽이 균형(symmetric)을 이루기 때문에 어느 한쪽의 값만 알면 반대편의 값을 바로 계산할 수 있다.

(3) 표준화

표준화(standardization)가 가능한 것도 정규분포의 중요한 장점 중 하나이다. 만일 변수 X가 μ와 σ^2를 모수로 하는 정규분포를 따르는 $X \sim N(\mu, \sigma^2)$라고 하자. 그러면 X의 선형결합인 새로운 변수 $aX+b$도 정규분포를 따른다. 즉 $aX+b \sim N(a\mu+b, a^2\sigma^2)$가 되는 것이다.

이 성질을 바탕으로 이른바 표준 정규변수(standard normal variable)와 표준 정규분포(standardized normal distribution)가 만들어진다. 위의 $aX+b$에서 $a=1/\sigma, b=-\mu/\sigma$로 놓자. 그러면 선형결합을 통해 식 (5–5)의 새로운 변수 Z가 만들어진다.

$$Z=aX+b=\frac{1}{\sigma}X-\frac{\mu}{\sigma}=\frac{(X-\mu)}{\sigma} \tag{5–5}$$

선형결합인 $aX+b \sim N(a\mu+b,\ a^2\sigma^2)$이므로 $Z=\frac{(X-\mu)}{\sigma} \sim N(0,1)$가 된다. 여기서 Z를 표준 정규변수라고 하고 Z가 따르는 분포를 표준 정규분포라고 한다.

표준 정규변수와 표준 정규분포: $Z=\frac{(X-\mu)}{\sigma} \sim N(0,1)$

이제 [그림 5-10]에서 보는 것처럼 평균이 μ이고 분산이 σ^2이면서 정규분포를 따르는 어떤 확률변수 X도(X_1과 X_2 모두) 표준정규 변수 $Z=\frac{(X-\mu)}{\sigma}$의 식을 이용하여 평균이 0이고 분산이 1인 표준정규 분포로 전환시킬 수 있다. 따라서 평균이 0이고 분산이 1인 하나의 확률계산표만 만들어 놓으면 평균 μ와 분산 σ^2이 어떤 값을 갖더라도 모두 이 표준 정규분포표를 이용하여 확률을 쉽게 계산할 수 있다.

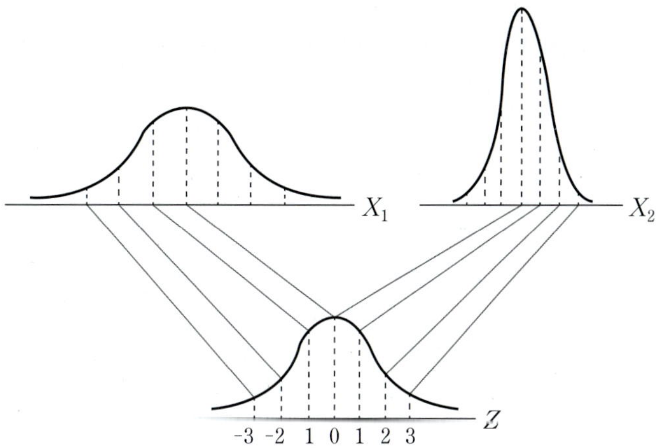

[그림 5-10] 정규분포 변수의 표준화

(4) 근사

이미 앞에서 이항분포의 정규근사를 설명했지만 실제로 훨씬 더 많은 종류의 확률분포들에 대해 정규근사(approximation)가 가능하다. 실험의 횟수(n)를 계속 늘려가면 다양한 분포들이 정규분포의 형태에 가까워지는 현상이 나타나는 것이다.

(5) 재생산성

만일 확률변수 X_1, X_2, $\cdots X_n$이 서로 독립이며 정규분포를 따른다고 하자. 그러면 이들의 선형결합인 새로운 확률변수 $Y=a_1X_1+a_2X_2+\cdots+a_nX_n$도 정규분포를 따른다. 이 성질을 정규분포의 재생산성(reproductive property)이라고 한다.

정규분포의 재생산성: $Y = a_1X_1 + \cdots + a_nX_n \sim N(a_1\mu_1 + \cdots + a_n^2\sigma_n^2)$

이 성질을 이용하여 표본평균의 분포도 알 수 있다. 평균 μ와 분산 σ^2의 정규분포를 따르는 확률변수 X의 표본평균을 $\overline{X} = \frac{1}{n}\sum_{i=1}^{n} X_i$ 라고 하자. 여기서 n은 표본의 크기를 가리킨다. 그러면 위의 성질에 따라 아래의 식이 성립한다.

$$E(\overline{X}) = \left(\frac{1}{n}\mu + \frac{1}{n}\mu + \cdots + \frac{1}{n}\mu\right) = \frac{n}{n}\mu = \mu$$

$$Var(\overline{X}) = \left(\frac{1}{n^2}\sigma^2 + \frac{1}{n^2}\sigma^2 + \cdots + \frac{1}{n^2}\sigma^2\right) = \frac{n}{n^2}\sigma^2 = \frac{\sigma^2}{n}$$

그러므로 $\overline{X} \sim N\left(\mu, \frac{\sigma^2}{n}\right)$이 된다. 확률변수 X가 평균 μ와 분산 σ^2의 정규분포를 따른다면, 표본평균 $\overline{X}$ 는 평균 μ와 분산 σ^2/n의 정규분포를 따르게 되는 것이다.

$$\overline{X} = \frac{1}{n}\sum_{i=1}^{n} X_i, \quad \overline{X} \sim N\left(\mu, \frac{\sigma^2}{n}\right)$$

3. 정규분포의 확인

정규분포가 중요한 의미를 지니는 만큼 데이터가 실제로 정규분포를 따르는지를 검정하는 일도 중요한 과제가 된다. 데이터가 정규분포를 따르는지를 확인하는 과정, 즉 정규성에 대한 검정을 하는 과정에는 다양한 방법이 사용된다.

우선 간단한 방법은 히스토그램(histogram)의 모양을 보거나 이상치(outlier)의 유무를 보는 것이다. 만일 정규분포를 따른다면 좌우가 대칭이 되는 종 모양의 히스토그램이 나올 것이다. 또 정규성이 만족된다면 2개 이상의 이상치가 나오지는 않을 것이다. 좀더 정교한 그림을 사용한다면 Quantile-Quantile plot(Q-Q plot)이라고 불리는 정규분포 plot을 그려볼 수도 있다. 만일 정규분포를 따른다면 [그림 5-11]에서 보듯이 Q-Q plot은 직선(straight line)에 가까운 형태로 그려지게 된다. 또한 이 현상은 표본의 크기(n)가 커질수록 더욱 분명하게 나타난다.

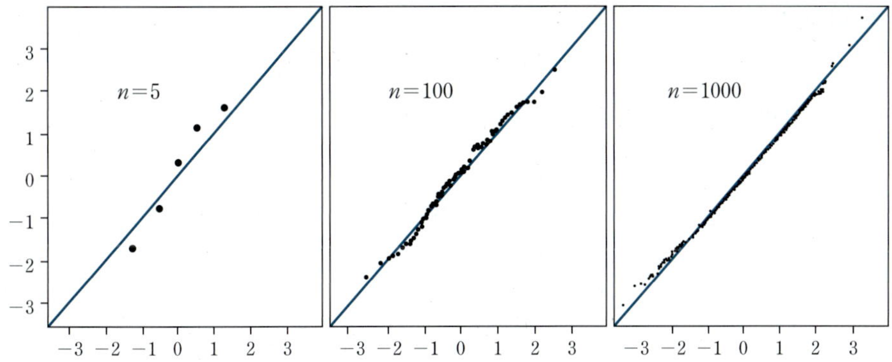

[그림 5-11] Q-Q plot과 정규분포

정량적인 지표를 이용한다면 뒤에서 설명할 왜도(skewness)나 첨도(kurtosis)의 값을 구하여 그 크기와 부호를 보고 정규성 여부를 판단할 수도 있다. 나아가 보다 엄격한 판정을 위해서는 수리적 검정방법을 쓰기도 한다.

4. 중심극한정리

(1) 기본개념

정규분포와 관련하여 확률이론과 통계학의 발전에 가장 큰 영향을 미친 정리로 중심극한정리(Central Limit Theorem: CLT)를 들 수 있다. 중심극한정리는 18세기 후반 라플라스(Laplace)가 제시한 이후 후속적인 정리들이 나오면서 통계학의 많은 극한정리 중에서 가장 중요한 정리라고 하여도 과언이 아닐 만큼 중요한 위상을 차지하고 있다.

중심극한정리(CLT)가 왜 그렇게 큰 의미를 지니는지 자세히 알아보자. 바로 앞에서 변수 X가 μ와 σ^2를 모수로 하는 정규분포를 따른다고 하면 표본평균 $\overline{X}=\frac{1}{n}\sum_{i=1}^{n}X_i$도 $\overline{X}\sim N\left(\mu, \frac{\sigma^2}{n}\right)$의 정규분포를 따른다는 사실을 보여주었다. 이어지는 다음의 질문은 만일 확률변수 X가 정규분포를 따르지 않을 경우에 $\overline{X}$가 어떤 분포를 따르느냐 하는 것이다.

이 질문에 답하기 위해 다음과 같은 간단한 예제를 생각해보자. 신혼부부가 새집을 보러 다니고 있다. 이 때 모든 집의 방 개수는 2, 3, 4개 중의 하나이며, 각 경우의 확률은 모두 1/3로 동일하다고 가정하자. 따라서 임의의 집의 방 개수를 X라는 확률변수로 표현할 때 각각의 확률은 다음과 같다.

$$P(X=2)=1/3$$

$$P(X=3)=1/3$$

$$P(X=4)=1/3$$

여기서 확률변수 X의 분포를 그림으로 나타내면 [그림 5-12]와 같다.

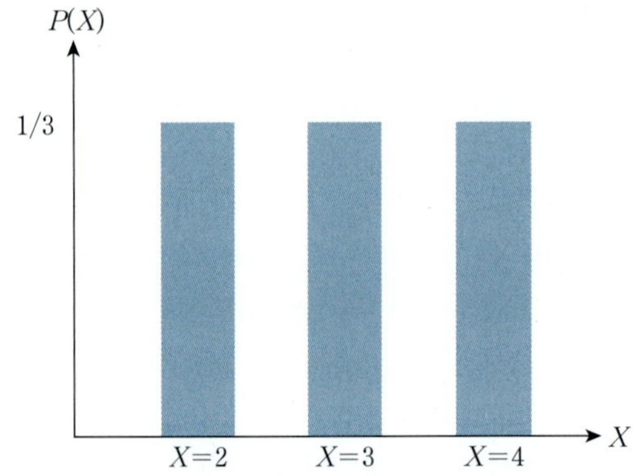

[그림 5-12] 확률변수의 확률 분포도

이어서 표본평균 $\overline{X}$의 분포에 대해 알아보자. 이번에는 많은 신혼부부들이 집을 보러 다니면서 방 개수가 몇 개인지 파악한다고 하자. 편의상 모든 부부는 2개의 집만 방문한다고 가정하면 각 집의 방 개수는 X_1과 X_2가 되고 따라서 표본평균 $\overline{X}=\frac{X_1+X_2}{2}$로 정의될 수 있다. 여기서 표본평균 $\overline{X}$가 가질 수 있는 값의 범위를 살펴보면 다음과 같다. 먼저 표본평균 $\overline{X}$가 2가 되려면 처음 집과 두 번째 집 모두 방이 2개여야 한다. 이 경우 $P(\overline{X}=2)=1/3\times1/3=1/9$이 된다. 마찬가지 방식으로 각 경우의 확률을 계산하면 〈표 5-2〉와 같다.

〈표 5-2〉 표본평균의 확률표

가능한 $\overline{X}$	2	2.5	3	3.5	4
$(X_1,\ X_2)$	(2,2)	(2,3) (3,2)	(2,4) (3,3) (4,2)	(3,4) (4,3)	(4,4)
확률	1/9	2/9	3/9	2/9	1/9

또한 $\overline{X}$ 의 분포를 그림으로 나타내면 [그림 5-13]과 같다.

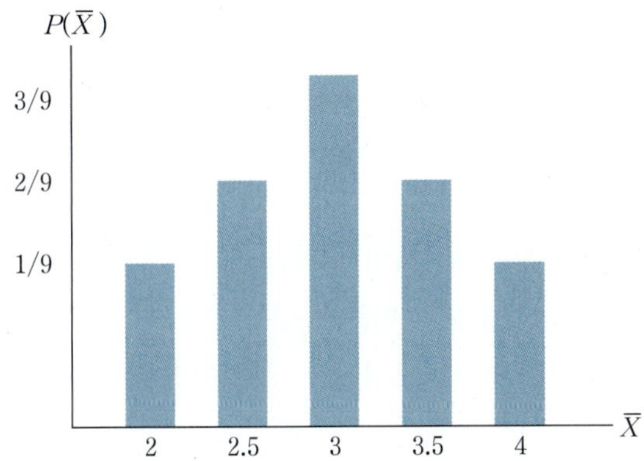

[그림 5-13] 표본평균의 확률 분포도

이제 [그림 5-12]와 [그림 5-13]을 비교해보자. 확률변수 X의 분포와 비교하여 표본평균 $\overline{X}$ 의 분포는 정규분포에 가까운 모습을 보이는 것을 알 수 있다.

중심극한정리는 바로 표본평균 $\overline{X}$ 의 분포를 설명하는 정리이다. 먼저 확률변수 X가 평균이 μ이고 분산이 σ^2인 어떤 확률분포를 따른다고 하자. 여기서 주의할 점은 X가 정규분포를 따른다는 가정이 없다는 사실이다. 이 상황에서 모집단으로부터 n개의 데이터를 뽑아 만든 표본의 평균값 $\overline{X}$ 는 어떤 분포를 따르게 될까?

이제 표본의 크기 n을 바꾸어 가면서 표본평균 $\overline{X}$ 의 분포가 어떻게 바뀌는지를 살펴보자. n이 작을 때는 원래의 모집단이 가지는 분포에 가까운 모습을 보인다. 하지만 n이 적당히 커지면서 점점 정규분포에 가까워지는 현상을 나타낸다. 그리고 그 현상은 n이 증가하면서 더 분명하게 드러난다. 다시 말해 평균 μ와 분산 σ^2가 주어지면, 모집단의 확률변수 X가 어떤 분포를 따르는지에 관계없이 표본의 평균인

$\overline{X}$ 는 표본의 크기 n이 커지면서 정규분포에 근사한다는 것이다. 이것이 바로 중심극한정리이다.

이 때 흔히 n이 30 이상이라는 가정을 많이 사용한다. 중심극한정리 외에도 통계학에서는 '표본의 크기 30 이상'이라는 가정을 자주 사용한다. 그러나 n=30이라는 숫자는 분명한 이론적 근거에 의한 것이 아니고 일종의 관행(rule of thumb)에 의한 것이다. 대부분의 데이터에서는 n이 30을 넘어서면 그 이상 n이 커져도 별다른 차이가 나타나지 않기 때문에 30이라는 숫자를 사용한다고 할 수 있다.

중심극한정리(CLT)

n이 클 경우, X의 분포와 상관없이 $\overline{X} \sim N\left(\mu, \frac{\sigma^2}{n}\right)$

[그림 5-14]를 보자. 여기서는 두 개의 그림을 볼 수 있다. 먼저 위에 있는 그림은 모집단의 확률변수 X가 정규분포를 따르는 경우이다. 이 경우에는 당연히 표본평균 $\overline{X}$ 도 정규분포를 따른다. 그러나 모집단의 분포도와 비교하여 표본평균 $\overline{X}$ 의 분

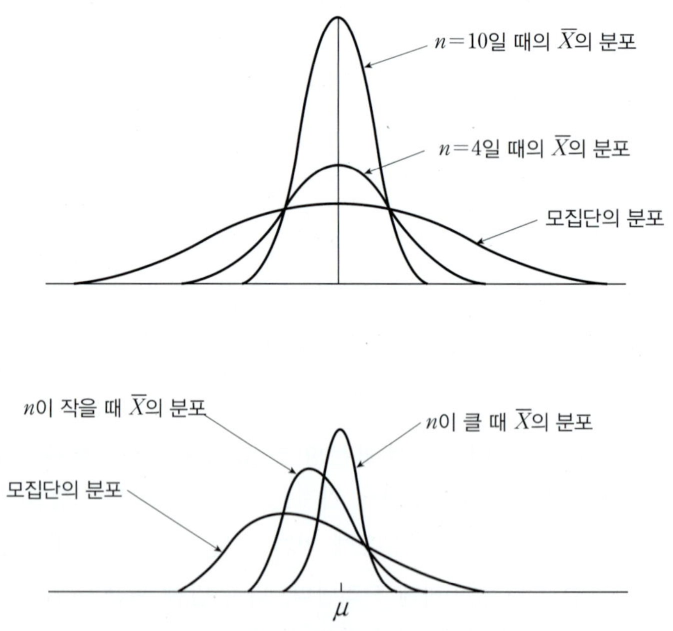

[그림 5-14] 중심극한정리의 시각적 설명

산이 훨씬 줄어드는 것을 볼 수 있다. 더구나 이러한 경향은 n이 커지면서 더욱 두드러지게 나타나는 것을 알 수 있다.

이어서 아래의 그림을 보면 중심극한정리가 분명하게 나타나고 있다. 모집단의 분포는 좌우의 균형이 맞지 않아서 분명히 정규분포가 아니라는 것을 알 수 있다. 그러나 표본평균 $\overline{X}$는 n이 작으면 정규분포와 비슷해지고 n이 점점 커지면서 정규분포에 아주 가까워지는 것을 알 수 있다.

배경 이야기: 점근성의 의미

좀 어려운 개념이지만 통계학에는 점근적이라는 용어가 있다. 영어로는 asymptotic 또는 limiting이라고 표현한다. 이것은 표본의 크기가 아주 커질 때, 즉 $n \to \infty$가 되는 상태를 가리킨다.

통계에서 점근적이라는 용어가 중요한 이유는 그 상태로 바뀌면서 여러 가지 새로운 변화가 나타날 수 있기 때문이다. 가장 자주 볼 수 있는 것이 점근 분포(asymptotic distribution 또는 limiting distribution)이다. 표본의 크기가 아주 커지면서 원래의 확률분포가 다른 어떤 분포로 수렴하는(converge) 일이 일어날 수 있다. 그 때 원래의 분포가 점점 수렴하는 대상이 되는 분포를 점근 분포라고 한다.

대표적 점근 분포는 중심극한정리에서 나오는 정규분포이다. 원래 모집단의 확률분포와 관계없이 표본의 크기가 커질수록 표본평균 $\overline{X}$의 분포는 정규분포로 수렴한다. 따라서 원래의 확률분포들에 대해 정규분포는 점근 분포가 되는 것이다.

(2) 평균에 대한 큰 수의 법칙

중심극한정리와 비슷한 의미를 지니는 개념으로 '평균에 대한 큰 수의 법칙(law of large numbers for averages)'을 들 수 있다. 이미 앞에서 '확률에 대한 큰 수의 법칙(LLN)'에 대해 설명하였다. 여기서 말하는 평균에 대한 큰 수의 법칙은 확률에 대한 큰 수의 법칙이 나온 한참 후에 체비세프(Chebyshev) 등에 의해 만들어진 법칙을 가리킨다.

이 법칙은 한마디로 표본의 크기 n이 커지면서 표본평균 $\overline{X}$는 모평균 μ로 수렴한다는 사실을 의미한다. 말을 바꾸면 표본의 크기가 커짐에 따라 표본에서 얻은 평균값과 모집단의 실제 평균과의 차이가 매우 작아진다는 것이다. 이것을 수리적으로 표현하면, $\overline{X_n}=\frac{1}{n}(X_1+\cdots+X_n)$일 때 $n\rightarrow\infty$가 되면서 $\overline{X_n}\rightarrow\mu$가 된다는 것을 뜻한다.

> **평균에 대한 큰 수의 법칙(대수의 법칙)**
>
> $n\rightarrow\infty$가 되면서 표본평균 $\overline{X_n}$ $\rightarrow$ 모평균 μ

제4절 정규분포의 관련 분포

1. 기본개념

이제 정규분포의 의미와 가치는 그 자체에서 그치지 않고 더 넓어지게 된다. 정규분포를 뿌리로 하여 통계학에서 매우 중요한 역할을 하는 다른 분포들이 파생되는 것이다. 이러한 관련 분포(related distribution)들은 앞으로 우리가 공부하게 될 다양한 통계분석 기법들의 이론적 바탕이 되는 핵심적인 분포들이다. 따라서 이들 분포가 정규분포와 어떤 관계를 맺고 있는지, 또 이들 분포의 특성이 무엇인지를 이해하는 것은 대단히 중요한 과제이다.

정규분포와 관련된 확률분포는 다양하지만 대표적인 파생분포로는 [그림 5-15]에서 볼 수 있는 t 분포, chi-square 분포, F 분포 등을 들 수 있다. 앞에서 살펴본 여러 가지의 확률분포들은 어느 실험의 결과가 특정한 값을 가지게 될 확률을 실제로 계산하는데 이용된다. 예를 들어 이항분포, 포아송 분포, 지수분포 등은 그 분포에 해당되는 실험에서 어떤 사건이 일어날 확률을 계산하는데 쓰이는 것이다. 하지만 지금부터 알아볼 t 분포, chi-square 분포, F 분포 등의 파생분포들은 확률의 계산 자체에 사용되는 일은 드물다. 그 대신, 이들 분포들의 중요한 용도와 기능은 표본의 통계량을 바탕으로 모집단의 모수값을 추정하거나 검정하는 데 있다. 따라서 뒤에서 나올 추정이나 검정 부분에서는 이들 분포를 집중적으로 이용하게 된다.

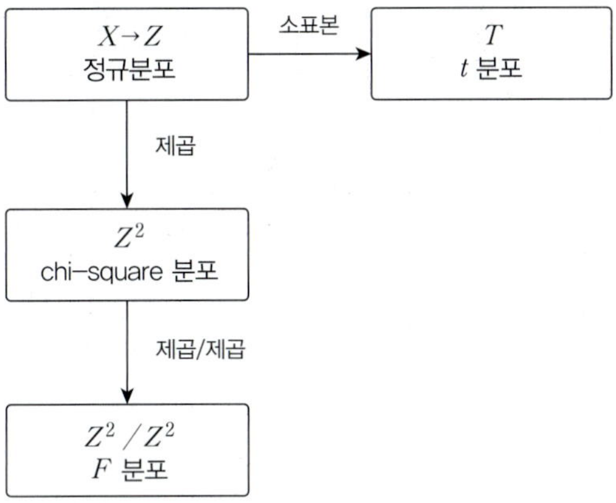

[그림 5-15] 정규분포와 관련 분포들간의 관계

그런데 관련 분포들의 특성을 이해하기 위해서는 먼저 자유도(degree of freedom: df)라는 용어의 의미를 알아야 한다. 뒤의 기술통계학 부문에서 다시 자세하게 설명하겠지만 먼저 간략하게 자유도의 뜻을 알아보도록 하자. 통계에서 사용하는 데이터는 관측치들의 집합이다. 그리고 관측치들의 값을 사용하여 어떤 통계량을 계산하게 된다. 이 값을 계산하는 과정에서 전체의 관측치 가운데 자신이 자유롭게 값을 가질 수 있는 관측치의 수를 자유도라고 한다. 이 말은 어떤 통계량을 얻는 과정에서 반드시 필요한 정보의 양이 곧 자유도라는 뜻이기도 하다. 자유도는 줄여서 df라고 하기도 하고 흔히 ν라는 기호로 표기하기도 한다.

다음의 간단한 예를 살펴보자. 5개의 숫자로 이루어진 작은 집합에서 이 다섯 개 숫자의 합이 100으로 고정되어 있다고 하자. 그러면 처음 4개의 숫자는 자유롭게 값을 가질 수 있다. 하지만 마지막 5번째의 숫자는 자신의 의지와 상관없이 무조건 합이 100이 되는 하나의 값만 가지게 된다. 따라서 이 경우 데이터가 갖는 자유도, 즉 필요한 정보량은 모든 숫자의 개수인 5가 아니라 자유롭게 값을 부여할 수 있는 숫자의 개수인 4가 된다.

정규분포와 관련된 확률분포를 다루면서 왜 자유도라는 개념을 설명할까? 그 이유는 확률분포의 특성에 따라 자유도가 매우 중요한 의미를 갖는 경우가 많기 때문이다. 자유도가 바뀌면 분포의 모양이나 성격이 달라지는 경우가 자주 생기는 것이다. 특히 정규분포와 관련된 분포들은 자유도의 값에 따라 정규분포와 아주 비슷한 모양을 보이기도 하고 상당히 다른 모양을 보이기도 한다. 이 사실을 기억하면서 각각의 분포에 대해 자세히 알아보도록 하자.

2. chi-square(χ^2) 분포

(1) 기본성격

정규분포에서 파생된 분포의 출발점으로는 chi-square 분포 또는 카이제곱 분포를 들 수 있다. chi-square 분포는 기호를 이용하여 χ^2 분포로 표시하기도 한다. χ(카이)라는 기호는 X(엑스)의 그리스 알파벳 문자이다. 따라서 χ^2는 곧 X^2의 의미이다. 이 책에서는 그냥 원어로 chi-square 분포로 부르기로 한다.

그러면 왜 chi-square 분포가 출발점의 의미를 지닐까? 확률변수 X가 정규분포를 따른다는 사실을 알고 있다면 그 다음의 관심사는 무엇이 될까? 아마 X의 제곱인 X^2의 분포에 관심을 가지게 될 것이다. 그렇다면 X^2의 분포가 중요한 이유는 무엇일까? 그것은 X^2이 분산과 연결되어 있기 때문이다. 평균은 변수 X 자체를 가지고 계산하지만 분산은 X^2를 가지고 계산하기 때문에 분산에 대한 분석을 위해서는 X^2의 분포를 알아야 한다. 이 때 X^2에 대한 분포가 바로 [그림 5-16]에서 보는 chi-square 분포이다. 따라서 변수 X가 정규분포를 따를 때 X^2의 분포인 chi-square 분포가 파생분포의 출발점이라는 표현을 쓴 것이다.

먼저 정규분포를 따르는 독립적인 확률변수 X를 표준화시킨 Z를 생각해보자. $Z=\dfrac{(X-\mu)}{\sigma}$는 독립적인 표준정규 변수가 된다. 여기서 k개의 Z_i를 각각 제곱한 후 모두 더하여 다음과 같은 새로운 확률변수 Q를 만들어 보자. $Q=\sum_{i=1}^{k} Z_i^2$ 가 되는 것이다.

이 때 Q가 따르는 분포가 바로 chi-square 분포이다. $Q \sim \chi^2(k)$가 되는 것이다. 여기서 기억할 점은 chi-square 분포는 단 하나의 모수인 k만 가진다는 사실이다. 그

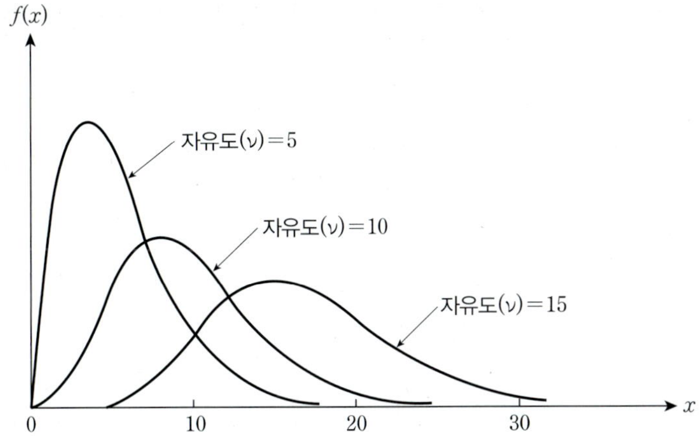

[그림 5-16] Chi-square 분포곡선의 특성

리고 k는 표준정규 변수 Z_i의 제곱을 몇 개 더한 것인지를 알려주는 숫자이다. 따라서 만일 $k=1$이면 단 하나의 표준정규 변수 Z를 제곱한 것이 된다.

Chi-square 분포는 19세기 후반에 독일의 헬메르트(Helmert)나 영국의 피어슨(Pearson) 등에 의해 제시된 후 통계학의 발전에 지대한 영향을 미친 중요한 분포이다. 뒤의 다양한 통계분석 기법을 다룰 때 chi-square 분포가 얼마나 중요한 위치를 차지하는지를 알게 될 것이다.

(2) 핵심특성

우리가 잘 알고 있는 것처럼 Z가 따르는 표준 정규분포는 0을 기준으로 양(+)과 음(−)의 값이 대칭의 모양을 보인다. 그러나 chi-square 분포는 제곱의 값만 있기 때문에 모든 값이 양이 되고 따라서 [그림 5-14]에서 보듯이 오른쪽 꼬리가 긴 비대칭의 모양을 보인다.

여기서 chi-square 분포의 모수인 k의 의미를 다시 살펴보자. 앞에서 k는 표준 정규변수 Z_i의 제곱을 몇 개 더한 것인지를 알려주는 숫자라고 하였다. 하지만 k의 더 중요한 의미는 이 값이 chi-square 분포의 자유도(df)라는 사실이다. 이 사실을 상식적인 개념으로 설명해보자. chi-square 분포의 바탕이 되는 표준 정규변수는 $Z=\dfrac{(X-\mu)}{\sigma}$이다. 여기서 $k=1$이면 한 개의 Z를 제곱한 것이 변수가 되므로 당연히 자유도는 1이 된다. 같은 개념으로 만일 $k=2$가 되면 자유도는 하나 늘어서 2가 된다. 이런 식으로 늘어나 k개의 Z를 제곱하여 더하게 되면 자유도는 k가 되는 것이다. 자유도를 ν로 표기하면 $\nu=k$이다.

[그림 5-16]에서 보는 것처럼 chi-square 분포는 모수인 자유도(ν)에 따라서 모양이 결정된다. 자유도가 작을 때는 정점이 왼쪽의 0에 가까운 비대칭으로 기울다가 자유도가 점점 커지면서 대칭에 가까워진다. 자유도가 10을 넘으면 정규분포와 유사한 모양을 보인다.

Chi-square 분포의 밀도함수는 아래의 식으로 주어진다.

$$f(x;k)=\begin{cases} \dfrac{x^{(k/2-1)}e^{-x/2}}{2^{k/2}\Gamma\left(\dfrac{k}{2}\right)}, & x>0,\ \Gamma\text{는 감마분포} \\ 0, & \text{otherwise} \end{cases}$$

그리고 평균은 $\mu=E(Q)=1+\cdots+1=k$가 된다. 자유도(ν)와 같은 k가 되는 것이다. 또한 분산 σ^2은 $2k$가 된다.

이것을 역시 상식적인 개념으로 설명해보자. chi-square 분포의 바탕이 되는 표준 정규변수 Z의 평균은 0이고 분산은 1이다. 그렇다면 chi-square 분포를 따르는 Z^2의 평균과 분산은 어떻게 될까? 간단한 예로 표준 정규분포를 따르는 Z에 대해 3개의 데이터가 (-1, 0, 1)로 주어졌다고 하자. 여기서 평균은 0이 된다. 이제 Z^2의 평균을 계산해보면 $\dfrac{(-1)^2+(0)^2+(1)^2}{3}=\dfrac{(1+0+1)}{3}=0.67$이 된다. 제곱을 하면서 음의 값이 없어지기 때문에 더 이상 평균이 0이 아니라 양의 값을 갖게 된다. 그리고 평균은 데이터의 숫자가 늘어나면서 점점 커지는 모습을 보이게 된다. 따라서 비슷한 원리에 의해 분산도 달라지게 된다. 이에 관한 수리적 증명은 복잡하기 때문에 생략하기로 한다.

Chi-square 분포의 대표값

- 확률밀도함수 $f(x;k)=\begin{cases} \dfrac{x^{(k/2-1)}e^{-x/2}}{2^{k/2}\Gamma\left(\dfrac{k}{2}\right)}, & x>0,\ \Gamma\text{는 감마분포} \\ 0, & \text{otherwise} \end{cases}$
- 기대값 $E(X)=k$
- 분산 $Var(X)=2k$

(3) 표본분산과 Chi-square 분포

그렇다면 chi-square 분포는 어느 경우에 어떤 용도로 사용되는 분포일까? 이미 앞에서 잠깐 설명한 것처럼 chi-square 분포는 분산과 밀접하게 연결되어 있다. 우선 평균이 μ이고 분산이 σ^2인 정규분포를 따르는 모집단으로부터 추출한 n개의 표본 확률변수 $X_1, X_2, \cdots, X_n$를 보자. 여기서 표본분산 s^2은 $s^2 = \frac{\sum(x_i - \overline{x})^2}{n-1}$이 된다(여기서 분모가 n이 아니라 $n-1$이 되는 것은 나중에 설명한다).

이제 식 (5-6)과 같은 새로운 확률변수 Y를 만들어보자.

$$Y = \frac{\sum_{i=1}^{n}(X_i - \overline{X})^2}{\sigma^2} = \frac{(n-1)s^2}{\sigma^2} \tag{5-6}$$

여기서 표본분산 $s^2 = \frac{\sum(x_i - \overline{x})^2}{n-1}$의 양변을 σ^2으로 나누고 또한 양변에 $n-1$을 곱해보자. 그러면 $\frac{(n-1)s^2}{\sigma^2} = \sum\frac{(x_i - \overline{x})^2}{\sigma^2}$이 된다. 위의 식을 잘 보면 오른쪽 항은 표준 정규분포 Z^2의 형태이므로 당연히 chi-square 분포를 따르는 것을 알 수 있다. 따라서 이 확률변수 Y는 자유도(ν)가 $(n-1)$인 chi-square 분포 χ^2_{n-1}를 따른다. 이제 위의 식을 s^2의 식으로 다시 바꾸어보자. 그러면 $s^2 = \sigma^2 \frac{\chi^2_{n-1}}{n-1}$이 된다. 이 식을 바탕으로 표본분산 s^2이라는 통계량이 확률분포를 알 수 있다.

$$s^2 = \sigma^2 \frac{\chi^2_{n-1}}{n-1}$$

그렇다면 이 관계를 이용하여 어떤 작업을 할 수 있을까? 여기서 모분산 σ^2은 우리가 모르는 모집단의 모수이다. 하지만 s^2은 표본으로부터 쉽게 계산할 수 있는 값이다. 그러므로 아래의 식에서 보는 것처럼 모르는 값 σ^2을 아는 값 s^2과 그것의 확률분포로 표현할 수 있는 것이다.

$$\sigma^2 = \frac{s^2(n-1)}{\chi^2_{n-1}}$$

오른쪽 항에서 분자의 s^2과 n은 이미 알고 있는 값이고 분모도 자유도 $(n-1)$이 주어지면 χ^2 분포의 표(table)에서 확률값을 알 수 있다. 따라서 뒤에서 다시 설명하겠지만 위의 식은 모집단의 분산 σ^2을 추정하거나 검정하는데 유용한 통계량으로 사용되며 이 때 적용되는 분포가 바로 chi-square 분포이다.

3. t 분포

(1) 배경

정규분포에서 파생된 또 다른 중요한 분포가 바로 t 분포(t-distribution)이다. t 분포라는 파생분포가 만들어진 계기는 표본의 크기와 관련되어 있다. 표본의 크기가 충분히 크면 표본평균이 정규분포를 따른다고 가정하는데 별 문제가 없다. 표본이 아주 크면 그만큼 모집단의 성질도 잘 알게 되고, 따라서 모분산 σ^2를 정확히 추정할 수 있다는 가정하에 $Z=\dfrac{(\overline{X}-\mu)}{\sigma/\sqrt{n}} \sim N(0,1)$ 라고 말할 수 있는 것이다.

그런데 표본의 크기가 작아지면 위에서 σ^2을 추정하기 어려워진다. 당연히 정규분포의 가정도 쉽지 않다. 실제로 우리 주변에서 보면 큰 표본을 얻기 어려운 경우가 자주 발생한다. 이처럼 표본의 크기가 작아 모분산 σ^2을 알기 어려운 상황에서 정규분포를 대신할 새로운 분포를 찾으려는 노력에서 발견된 것이 t 분포이다.

t 분포는 19세기 후반에 부분적으로 알려졌지만 널리 알려진 것은 20세기 초반 영국의 통계학자 고셋(Gosset)에 의해서이다. 앞에서 말한 것처럼 이 분포는 통계학의 역사에서 이른바 '소표본 시대'를 열었다는 뜻에서 대단히 중요한 의미를 지닌다.

그 당시까지의 통계학은 대표본의 시대였다. 모집단도 크고 표본의 크기도 충분히 큰 상태에서 정규분포의 가정 또는 중심극한정리의 적용을 통해 다양한 통계분석을 수행한 것이다. 그러나 실제로 통계를 사용하는 현장의 상황은 이론과 달랐다. 큰 표본을 얻기 어려운 경우가 더 많았고 따라서 대표본보다는 소표본이 더 일반적인 현실이었던 것이다.

문제는 소표본의 경우에는 표본분산 s^2과 모분산 σ^2 사이의 차이가 커지는 경향이 나타나면서 추정(estimation)의 정확도가 떨어지는데 있었다. 모분산 σ^2을 모르는 상황에서는 대신 표본분산 s^2을 써야 되는데 둘 사이에 큰 차이가 나는 문제가 발생하는 것이다. 이러한 현상은 상식적으로도 쉽게 짐작할 수 있다. 표본이 크면 평균을 기준으로 양쪽의 균형이 이루어질 가능성이 높다. 표본의 분산과 모분산의 모습이 비슷해지는 것이다. 하지만 표본이 작으면 양쪽의 균형이 무너질 위험이 크다. 다시 말해 표본의 분산과 모분산 사이에 상당한 차이가 있을 수 있는 것이다. 이렇게 되면 모분산 대신 표본분산을 사용하기 어려워진다. 이 문제의 해결을 고민하는 과정에서 소표본의 분산은 앞에서 설명한 chi-square 분포와 연결되어 있는 사실이 알려지게 되었다. 그러면서 이 사실을 바탕으로 정규분포와 chi-square 분포의 비율인 t 분포가 발견된 것이다.

물론 t 분포는 정규분포와 밀접하게 연결되어 있다. 즉 t 분포의 점근(asymptotic) 분포가 바로 정규분포인 것이다. 앞에서 설명한 것처럼 표본의 크기 n이 커지면서 원래의 분포 A가 다른 분포 B로 수렴할 때 B 분포를 점근 분포라고 한다. 두 분포도 이런 관계를 이루고 있다. 표본의 크기가 커지면 t 분포는 점진적으로 정규분포로 수렴하기 때문에 굳이 정규분포 대신 t 분포를 사용할 일이 없어진다.

하지만 오늘날의 통계 실무에서 t 분포는 정규분포보다 오히려 더 자주 사용된다고 할 수 있을 정도로 활용 범위가 넓다. 실생활에서는 표본의 크기가 작은 상황인 소표본의 문제가 더 자주 발생하기 때문이다. 물론 빅 데이터 시대에는 더 이상 소표본의 의미가 크지 않다고 주장할 수도 있다. 그러나 아무리 데이터의 규모가 커진다고 해도 소표본에 의존해야 하는 상황은 많다. 또 데이터의 양보다 질(quality)을 따져야 하는 경우도 드물지 않다. 따라서 t 분포의 중요성은 지금도 크고 활용도도 여전히 넓다.

(2) 기본성격

우선 새로운 확률변수 T를 식 (5-7)과 같이 정의하자.

$$T=\frac{(\overline{X}-\mu)}{s/\sqrt{n}} \tag{5-7}$$

이 변수는 표준 정규변수 $Z=\dfrac{(\overline{X}-\mu)}{\sigma/\sqrt{n}}$ 와 비교하여 모분산 σ^2 대신 표본분산 s^2를

사용한 것임을 알 수 있다. 앞에서 설명한 것처럼 알 수 없는 모분산 σ^2 자리에 표본에서 쉽게 계산할 수 있는 표본분산 s^2을 대신 넣은 것이다.

이제 이 새로운 확률변수 T가 어떤 분포를 따르는지에 대해 알아보자. 이미 앞에서 표준 정규분포와 chi-square(χ^2) 분포에 대해 알아보았다. 이제 식 (5-8)에서 보듯이 분자에는 표준 정규분포가 들어가고 분모에는 chi-square 분포가 들어가는 새로운 분포를 만들어보자. 여기서 분모에 제곱근($\sqrt{\quad}$)이 들어가는 이유는 분자의 정규분포는 확률변수 X에 관한 것이지만 분모의 chi-square 분포는 확률변수 X^2에 관한 것이기 때문에 양쪽의 단위를 맞추기 위한 것이라고 이해하면 될 것이다.

$$t_\nu \sim \frac{N(0,1)}{\sqrt{\chi_\nu^2/\nu}} \tag{5-8}$$

이렇게 만든 새로운 분포가 바로 t 분포이다.

지금부터 새로운 확률변수 T가 위에서 정의한 t 분포를 따르게 되는 과정을 자세하게 살펴보자. 먼저 확률변수 T는 $T=\frac{(\overline{X}-\mu)}{s/\sqrt{n}}$이다. 이제 Z와 Y라는 통계량을 도입하여 각각 $Z=\frac{(\overline{X}-\mu)}{\sigma/\sqrt{n}}$, $Y=\frac{(n-1)s^2}{\sigma^2}$라고 놓자. 여기서 n은 표본의 크기가 된다. 또한 표본분산 s^2은 $s^2=\frac{\sum(x_i-\overline{x})^2}{n-1}$이다.

그러면 위의 T는 식 (5-9)로 바꾸어 표현할 수 있다.

$$T=\frac{(\overline{x}-\mu)}{s/\sqrt{n}}=\frac{(\overline{x}-\mu)/\sigma/\sqrt{n}}{\sqrt{s^2/\sigma^2}} \tag{5-9}$$

여기서 먼저 분모를 보자. 이미 앞의 chi-square 분포에서 설명한 것처럼, $\chi^2=\frac{(n-1)s^2}{\sigma^2}$이기 때문에 $\chi^2/(n-1)=\frac{s^2}{\sigma^2}$가 되고 따라서 s^2/σ^2은 chi-square(χ^2) 분포를 따른다. T의 분모는 chi-square의 제곱근($\sqrt{\quad}$)이 되는 것이다. 이어서 분자를 보자. T의 분자는 그 자체로서 표준 정규변수 Z가 되므로 당연히 $N(0,1)$인 Z 분포를 따른다. 분자가 Z 분포를 따르고 분모가 chi-square의 제곱근이면 이 변수가 따르는 분포는 무엇인가? 바로 앞에서 정의한 t 분포인 것이다.

(3) 핵심특성

이제 새로운 확률변수 T는 더 이상 정규분포를 따르지 않고 대신 t 분포를 따른다는 것을 알게 되었다. 그러면 t 분포는 정규분포와 어떤 차이가 있을까? [그림 5-17]에서 보는 것처럼 t 분포는 평균이 0이고 좌우가 대칭이라는 면에서는 표준 정규분포와 비슷한 모양을 보인다. 그러나 표준 정규분포보다 더 큰 분산을 갖는다. 분산이 더 큰 이유는 뒤에서 설명하겠지만 모집단의 표준편차 σ 대신 표본의 표준편차 s를 사용하면서 불확실성이 더 커지기 때문이다.

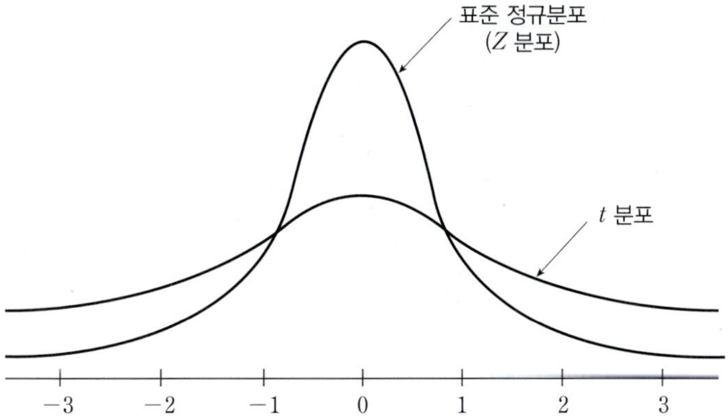

[그림 5-17] t 분포 곡선의 특성

이제 t 분포의 대표값을 알아보자. 수리적으로 복잡한 내용에 대한 설명은 하지 않지만 자유도가 ν인 t 분포의 밀도함수는 $f(t)=\dfrac{\Gamma\left(\frac{\nu+1}{2}\right)}{\sqrt{\nu\pi}\,\Gamma\left(\frac{\nu}{2}\right)}\left(1+\dfrac{t^2}{\nu}\right)^{-\frac{\nu+1}{2}}$ 이 된다. 또한 자세한 증명은 생략하지만 t 분포의 평균은 0이고 분산은 $\nu/(\nu-2)$가 된다.

t 분포의 대표값

- 확률 밀도함수 $f(t)=\dfrac{\Gamma\left(\frac{\nu+1}{2}\right)}{\sqrt{\nu\pi}\,\Gamma\left(\frac{\nu}{2}\right)}\left(1+\dfrac{t^2}{\nu}\right)^{-\frac{\nu+1}{2}}$, Γ=감마분포
- 기대값 $E(X)=0$
- 분산 $Var(X)=\nu/(\nu-2)$

앞의 chi-square 분포처럼, t 분포도 자유도(df) ν가 매우 중요한 의미를 지닌다. 특히 t 분포는 표본의 크기가 작은 경우에 사용되기 때문에 자유도가 하나 늘어나거나 줄어드는 것에 큰 영향을 받는다.

또한 하나의 분포만이 존재하는 Z 분포와 달리 t 분포는 자유도 $(\nu-1)$에 따라 모양이 달라지는 가족분포(family distribution)이다. [그림 5-18]에서 보듯이 자유도가 낮을수록 정점이 낮아지고 꼬리는 높아지는 형태를 보이는 반면에 자유도가 올라갈수록 표준 정규분포에 가까워진다. 왜 그럴까? 위에서 t 분포의 분산은 $\nu/(\nu-2)$라고 하였다. 따라서 자유도 $(\nu-1)$이 커지면 분산은 1에 가까워지고 따라서 분산이 1인 표준 정규분포로 접근하게 되는 것이다.

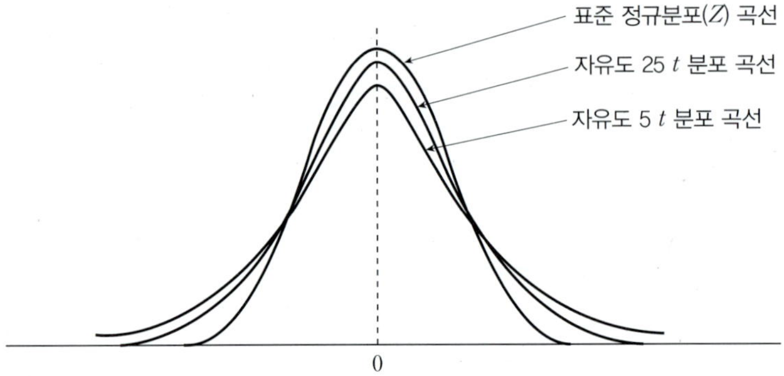

[그림 5-18] 자유도와 t 분포의 관계

(4) 표본평균과 t 분포

앞에서 설명한 것처럼 t 분포는 표본이 작을 경우에 모평균을 추정하는데 자주 사용된다. 모분산 σ^2에 대한 정보가 거의 없는 상황에서 σ^2 대신 표본의 분산인 s^2을 이용하여 모평균 μ를 추정하는 것이다.

앞에서 설명한 것으로 돌아가보면 통계량 $T=\dfrac{(\overline{X}-\mu)}{s/\sqrt{n}}$가 주어졌을 때 T는 자유도 $n-1$인 t 분포를 따른다. 이제 위의 식을 $\overline{X}$의 식으로 다시 쓰면 다음과 같이 된다.

$$\overline{x} = \mu + \frac{s}{\sqrt{n}}t$$

이 관계를 이용하여 무엇을 할 수 있을까? 아래의 식에서 보는 것처럼 모르는 값인 모평균 μ는 우리가 아는 값 $\overline{X}$ 와 s로 표현할 수 있다. 오른쪽 항의 t 값도 자유도 $(n-1)$이 주어지면 t 분포의 표(table)에서 그 값을 알 수 있다.

$$\mu=\overline{x}-\frac{s}{\sqrt{n}}t$$

따라서 위의 사실을 이용하여 모르는 값 σ 대신 s를 이용하여 모평균 μ를 추정할 수 있고 이 때 적용되는 분포가 바로 t 분포이다.

4. F 분포

(1) 기본성격

정규분포에서 파생된 chi-square 분포와 연결되는 또 하나의 중요한 분포로 F 분포(F-distribution)를 들 수 있다. 그렇다면 F 분포는 어떤 배경에서 정규분포로부터 파생이 되었을까?

앞에서 확률변수 X의 분산에 대한 분석을 하기 위해서 Z^2의 분포인 chi-square 분포를 사용한다는 것을 설명하였다. 이제 관심의 범위를 넓혀 분산과 분산의 크기를 비교하는 경우에는 어떤 분포를 사용하면 될까? 물론 가장 간단한 방법은 분산에서 분산을 빼서 그 크기를 비교하면 될 것이다. 하지만 분산과 분산의 차이로 만들어지는 통계량의 확률분포는 아직 알려지지 않았다. 그러면 과연 어떤 기준과 방식으로 분산의 크기를 비교할 수 있을까? 이 질문에 대한 대답은 아주 간단하다. 생각을 바꾸어 분산과 분산의 차이를 보지 말고 분산과 분산의 비율을 보는 것이다. 이 비율이 1보다 큰지 아니면 작은지를 가지고 두 분산의 크기를 간접적으로 비교할 수 있다는 논리이다. 그러기 위해서는 당연히 분산과 분산의 비율로 만들어지는 통계량의 분포를 알아야 한다. 그리고 이 과정에서 파생된 분포가 바로 F 분포이다.

Chi-square(χ^2) 분포를 따르는 두 개의 확률변수를 보자. 여기서 각각의 자유도는 ν_1과 ν_2이다. 그 다음에 각각의 변수를 자신의 자유도로 나누자. 그리고 아래에서 보는 것처럼 그 둘의 비율로 만들어지는 새로운 확률변수 F를 만들어보자. 이 때 만들어지는 식 (5–10)의 확률변수 F가 따르는 분포가 바로 F 분포이다.

$$F = \frac{\chi^2_{\nu_1}/\nu_1}{\chi^2_{\nu_2}/\nu_2} \tag{5-10}$$

F 분포는 피셔(Fisher)와 스네데코(Snedecor) 등에 의해 제시된 분포이다. 실제로 F라는 이름도 Fisher의 첫 자를 따서 만든 것으로 알려져 있다. F 분포는 오늘날의 통계학에서 특히 중요한 위치를 점하고 있다. 뒤에서 살펴볼 분산분석(Analysis of Variance: ANOVA)은 물론이고 분산의 크기를 비교하는 원리에 바탕을 둔 대부분의 분석은 F 분포를 바탕으로 한다. Chi–square와 chi–square의 비율을 흔히 분산비율(variance ratio) 또는 F–ratio라고 부르는데 이것이 바로 분산분석의 기반이 되는 것이다.

(2) 핵심특성

[그림 5–19]에서 보듯이 F 분포는 항상 양의 값만 가진다. 그 이유는 매우 당연하다. F 분포에서는 분자와 분모 모두 chi–square를 따른다. 그리고 chi–square는 제곱의 확률변수를 다루기 때문에 항상 양의 값만 가진다. 따라서 F 분포도 당연히 양의 값만 가지게 된다.

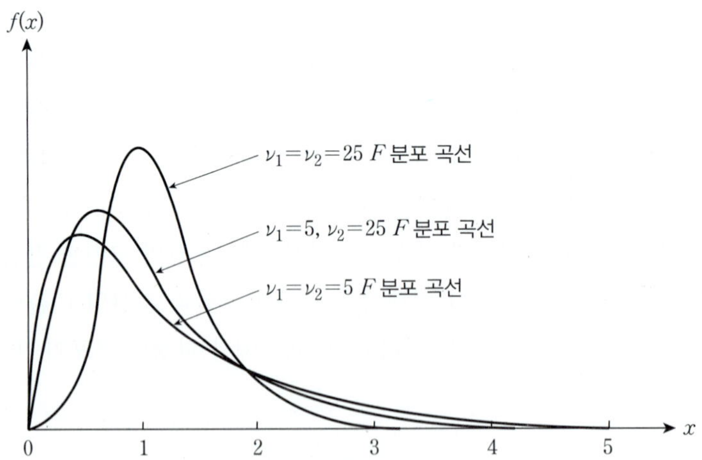

[그림 5–19] F 분포 곡선의 특성

F 분포는 chi-square 분포와 마찬가지로 오른쪽으로 긴 꼬리를 가지는 비대칭의 모양을 보인다. 하지만 분자의 자유도(ν_1)과 분모의 자유도(ν_2)에 따라 분포의 모양이 변하기 때문에 chi-square 분포보다는 좀더 복잡하다. 또한 분자의 자유도와 분모의 자유도가 커질수록 점점 정규분포에 가까워진다.

F 분포의 확률 밀도함수를 도출하는 과정은 수리적으로 복잡하기 때문에 여기에서는 생략하기로 한다. 역시 자세한 내용에 대한 설명은 하지 않지만 F 분포의 대표값은 아래와 같이 주어진다.

$$\mu = E(x) = \frac{\nu_2}{\nu_2 - 2} \quad (\nu_2 > 2)$$

$$\sigma^2 = V(x) = \frac{2\nu_2^2(\nu_1 + \nu_2 - 2)}{\nu_1(\nu_2 - 2)^2(\nu_2 - 4)} \quad (\nu_2 > 4)$$

F 분포의 대표값

- 기대값 $E(X) = \mu = E(x) = \frac{\nu_2}{\nu_2 - 2} \quad (\nu_2 > 2)$
- 분산 $Var(X) = \sigma^2 = V(x) = \frac{2\nu_2^2(\nu_1 + \nu_2 - 2)}{\nu_1(\nu_2 - 2)^2(\nu_2 - 4)} \quad (\nu_2 > 4)$

(3) 분산의 비율과 F 분포

앞에서 설명한 것처럼 F 분포는 두 개의 분산을 비교하는 경우에 자주 사용된다. 먼저 두 개의 정규모집단으로부터 각각 크기 n_1과 크기 n_2인 표본을 독립적으로 추출하자. 그러면 앞의 chi-square 분포에서 본 것처럼 $\frac{(n_1-1)s_1^2}{\sigma_1^2} \sim \chi^2_{n_1-1}$, $\frac{(n_2-1)s_2^2}{\sigma_2^2} \sim \chi^2_{n_2-1}$ 의 두 개의 식이 만들어진다.

이제 위의 두 식에 대해 양변을 각각의 자유도(ν)인 $\nu_1 = (n_1 - 1)$과 $\nu_2 = (n_2 - 1)$로 나누어주자. 그리고 첫 번째 식의 오른쪽 항을 분자에 놓고 두 번째 식의 오른쪽 항을 분모에 놓은 다음의 통계량을 만들자.

$$\frac{\chi^2_{\nu_1}/\nu_1}{\chi^2_{\nu_2}/\nu_2}$$

이 통계량의 분포는 무엇일까? 이것은 바로 위에서 설명한 F 분포의 정의와 일치한다. 따라서 이 통계량은 F 분포를 따르게 된다.

이번에는 왼쪽 항을 보자. 마찬가지로 첫 번째 식의 왼쪽 항을 분자에 놓고 두 번째 식의 왼쪽 항을 분모에 놓은 다음의 통계량을 만들자.

$$\frac{s_1^2/\sigma_1^2}{s_2^2/\sigma_2^2}$$

앞에서 본 것처럼 오른쪽 항이 F 분포를 따르기 때문에 여기에서 보는 왼쪽 항의 통계량도 당연히 F 분포를 따른다.

$$\frac{s_1^2/\sigma_1^2}{s_2^2/\sigma_2^2} \sim F_{n_1-1,\, n_2-1}$$

이 관계를 이용하여 무엇을 할 수 있을까? 모분산 σ^2은 알 수 없는 값인데 반해 표본분산 s^2은 알 수 있는 값이다. 또한 위의 식을 통해 두 표본의 분산의 비율인 s_1^2/s_2^2 라는 통계량의 확률분포를 알 수 있다. 그러므로 위의 식을 이용하여 두 모분산의 크기를 비교할 수 있다. 모르는 값인 σ^2 대신 알 수 있는 값인 s^2을 이용하여 두 모분산의 크기를 비교할 때 사용되는 분포가 바로 F 분포인 것이다.

(4) F 분포와 t 분포의 관계

F 분포와 앞에서 설명한 t 분포는 밀접하게 연결되어 있다. t 분포의 제곱이 곧 F 분포가 된다. 이 관계를 수리적으로 설명해보자. 앞에서 본 것처럼, t 분포의 통계량 T의 정의는 아래와 같다.

$$T = Z/\sqrt{\chi^2}$$

이제 이 통계량의 분모와 분자를 모두 제곱해보자. 그러면 분자는 Z^2이므로 바로 chi-square 분포의 통계량이 된다. 다음으로 분모를 보면 제곱근이 없어지면서 그 자체로 chi-square 통계량이 된다. 분자와 분모가 모두 chi-square 분포를 따르는 것이다. 따라서 t를 제곱한 통계량은 당연히 F 분포를 따르는 통계량이 된다. t 분포의 제곱은 곧 F 분포가 된다는 사실을 알 수 있는 것이다.

$$t^2 = F \tag{5-11}$$

제5절 표본분포

1. 기본개념

지금까지 살펴본 넓은 의미의 확률이론과 확률분포는 데이터 전체 즉 모집단 데이터의 일반적인 특성에 대한 것이었다. 앞에서 언급한 것처럼 통계학에서 확률이론이 가장 큰 가장 의미를 갖는 분야는 표본으로부터 얻은 정보인 통계량(statistics)을 바탕으로 모집단의 속성인 모수(parameter)를 설명하는 주제이다.

하지만 표본의 통계량을 이용하여 모집단의 모수를 설명하려면 표본 데이터의 특성을 알아야 한다. 왜 모집단 데이터뿐 아니라 표본 데이터의 특성을 따로 알아보아야 할까? 그 이유는 모집단 데이터의 특성과 표본 데이터의 특성이 반드시 같다고 할 수는 없기 때문이다. 특히 표본 통계량의 특성에 대해서는 자세하게 살펴보아야 한다.

표본 통계량의 특성을 이해하기 위해서는 먼저 무엇을 알아야 할까? 말할 필요도 없이 통계량의 확률분포를 알아야 한다. 광범위한 확률분포 가운데에서도 특히 표본의 통계량이 갖는 확률분포를 표본분포(sampling distribution)라고 한다.

2. 대표적 표본분포

그렇다면 대표적인 표본분포는 어떤 것들이 있을까? 이 질문은 곧 대표적인 통계량은 어떤 것들이 있을까 하는 질문과 같은 의미이다. 모수에 대해 알고 싶으면 먼저 그 모수에 대응하는 통계량에 대해 알아야 하고, 그 통계량으로 추정작업을 하기 위해서는 통계량의 표본분포를 알아야 하기 때문이다.

(1) 표본평균의 분포

다양한 모수 가운데 가장 중요한 모수는 역시 모평균이다. 뒤에서 다시 자세하게 설명하겠지만 한 모집단의 모평균에 대응되는 통계량은 표본에서 얻은 표본평균이 된다. 이런 경우에 모르는 값인 모평균 μ를 대신하는 것이 알 수 있는 값인 표본평균 $\overline{X}$가 되고 따라서 통계량 $\overline{X}$의 표본분포를 이용하게 된다. 나아가 두 개의 모집단에 대해 모평균의 차이인 $(\mu_1-\mu_2)$를 알기 위해서는 두 표본평균의 차이인 $(\overline{X}_1-\overline{X}_2)$의 표본분포를 사용하게 된다.

그러면 평균에 관한 통계량들을 어떤 표본분포를 따를까? 바로 앞에서 본 것처럼 정규분포(Z 분포)와 관련된 대표적인 파생분포로는 t 분포, chi-square 분포, F 분포 등이 있다. 이 중에서 평균에 관한 통계량들의 표본분포는 주로 Z 분포나 t 분포를 따른다.

(2) 표본분산의 분포

다음으로 중요한 모수는 모분산이다. 모집단에서 데이터들이 얼마나 흩어져 있는가를 알려주는 모수가 모분산이고 이 모수에 대응되는 대표적인 통계량은 표본분산이다. 따라서 모르는 값인 모분산 σ^2 대신 알고 있는 값인 표본분산 s^2를 사용하기 위해서는 s^2의 표본분포도 알아야 한다. 더 나아가, 하나의 모집단을 넘어 두 개의 모집단 사이에 모분산의 차이를 보는 경우에는 모분산의 비율 σ_1^2/σ_2^2 대신 두 표본분산의 비율인 s_1^2/s_2^2의 표본분포를 이용하게 된다.

그러면 분산에 관한 통계량들을 어떤 표본분포를 따를까? 역시 앞에서 본 정규분포(Z분포)의 파생분포 중에서 분산에 관한 통계량들의 표본분포는 주로 chi-square분포나 F 분포를 따른다. 표본분포의 자세한 내용은 뒤의 추정 부분에서 알아보기로 하자.

연습문제

▣ 개념이해 문제

1. 어떤 확률분포(probability distribution)에 대해 그 분포의 속성을 결정하는 대표적 특성치 세 가지를 제시하시오.

2. 이산분포와 연속분포는 어떤 관계를 맺고 있는지를 설명하시오.

3. 어느 통계적 실험에서 성공(success)이라는 사건을 변수로 할 때, 다음 쌍(pair)에 제시된 두 개의 확률분포가 어떤 관계를 가지는지를 비교의 관점에서 설명하시오.

   (1) 음이항(negative binomial) 분포와 Erlang 분포

   (2) 기하(geometric) 분포와 지수(exponential) 분포

4. 정규분포(normal distribution)의 대표적 특성이자 장점이 무엇인지를 제시하시오.

5. 중심극한정리(Central Limit Theorem)의 의미를 설명하시오.

6. 평균에 대한 큰 수의 법칙(law of large numbers for averages)의 의미를 설명하시오.

7. 정규분포를 기반으로 파생되어 주로 추정(inference)이나 검정(testing)에 자주 사용되는 대표적 분포 세 가지에 대해 설명하시오

8. 확률변수 X가 $X \sim N(\mu,\ \sigma^2)$과 같이 정규분포를 따를 때 새로운 통계량 $Z=(X-\mu)\sigma/n$, $V=(n-1)s^2/\sigma^2$, $T=(X-\mu)s/n$ 라고 하자.

   (1) 새로운 통계량 Z, V, T의 확률분포가 각각 무엇인지를 설명하시오.

   (2) T^2은 F 분포, 즉 $T^2 \sim F_{(1,\,k)}$ 임을 보이시오.

9. 정규분포와 관련된 t 분포, chi-square 분포, F 분포 등에서 자유도(degree of freedom)가 중요한 이유를 설명하시오.

10. 모분산에 대한 정보가 알려지지 않고 표본의 크기가 작은 경우에 정규분포보다 t 분포를 자주 이용하는 이유를 설명하시오.

▣ 수리실습 문제

1. 어느 목장에서 기르고 있는 동물의 30%가 수컷이고 70%가 암컷이라고 한다. 이 목장에서 임의로 추출한 10번째의 개체가 4번째의 수컷일 확률을 구하시오.

2. 어느 대학의 통계학과 신입생 중 서울지역 출신 학생의 비율은 0.25이다. 이 대학의 통계학과는 20명의 신입생을 선발한다고 하자.

   (1) 통계학과 신입생 중 서울지역 출신 학생이 7명일 확률을 구하시오.

   (2) 통계학과 신입생 중 서울지역 출신이 2명 이하일 확률을 구하시오.

3. 어느 기업의 기술개발실에서는 1년 동안 평균적으로 12.5개의 시제품을 만들어낸다고 한다. 1년 동안 정확하게 13개의 시제품을 만들 확률을 구하시오.

4. 어떤 생산공정에서 만들어지는 부품의 길이는 평균 25cm, 표준편차 4.1인 정규분포를 따른다고 한다. 모든 부품 가운데 길이가 30cm 이상인 부품의 비율은 얼마인지를 구하시오.

5. 어떤 가공공정에서 나오는 전체 부품의 중량은 평균이 25g, 표준편차가 5라는 사실이 알려져 있다. 25개의 부품으로 이루어진 표본에 대해 표본의 평균이 26g을 넘을 확률을 구하시오

6. 최근 우리나라 국민들에 대한 건강검진 데이터를 보면 여성의 키는 평균 160cm, 표준편차 3인 정규분포를 따른다고 한다.

   (1) 신장이 155cm 이하인 여성의 비율은 얼마인지를 구하시오.

   (2) 상위 10%에 해당되는 신장의 값을 구하시오.

7. 어느 병원의 의료기록을 보면 이 병원을 방문한 환자 전체의 수축기 혈압 X는 평균이 100, 표준편차가 10인 정규분포를 따른다.

(1) 매주 30명씩의 환자를 임의로 뽑아 표본을 만들었을 때, 표본들로부터 측정한 혈압의 평균과 분산을 구하시오.

(2) 확률변수 X와 표본평균 $\overline{X}$ 의 분산을 비교하시오.

8. 어느 기업의 직원이 집에서 회사까지 이동하는 통근시간은 평균 60분, 표준편차 10인 정규분포를 따른다고 한다.

(1) 오전 9시까지 출근하기 위해 집을 나선 시간이 7시 52분일 때 지각할 확률을 구하시오.

(2) 지각할 확률이 1% 이하가 되기 위해서는 늦어도 언제까지는 집에서 떠나야 하는지를 계산하시오.

9. 어느 공정에서 생산되는 물질의 온도 X는 평균 50, 분산이 4인 정규분포를 따르고, 이 물질에 다시 화학적 처리를 하면 온도가 $Y = 2.5X + 12$로 변한다고 한다. 여기서 Y의 분포가 무엇인지를 설명하시오.

10. 어느 은행의 상담센터를 방문하는 고객의 숫자는 시간 당 평균 3명인 $X \sim Po(3)$의 포아송 분포를 따른다.

(1) 1 시간 동안 한 명의 고객도 방문하지 않을 확률을 구하시오.

(2) 1 시간 동안 3명 이상의 고객이 방문할 확률을 구하시오.

11. 앞의 예제에서 고객의 방문 횟수가 포아송 분포를 따르면 포아송 과정으로부터 고객 방문 사이의 시간은 지수분포를 따르게 된다.

(1) 1시간 동안 한 명의 고객도 방문하지 않을 확률을 지수분포를 이용하여 구한 후 앞의 예제에서 포아송 분포로 구한 확률과 비교하시오.

(2) 어떤 고객이 방문한 지 10분 안에 또 다른 고객이 방문할 확률을 구하시오.

12. 어느 보험회사는 암 보험을 판매하고 있으며, 해당 암 보험의 가입자 수는 30만명이다. 암 보험에 가입한 사람이 한 달간 보험금을 지급받을 확률이 0.001%일 때, 한달 동안 이 회사에서 보험금을 4번 지급할 확률을 구하시오.

13. 어느 맥주회사에서 16개의 맥아들을 조사하여 효모의 수를 측정하였더니 표본평균이 100, 표본 표준편차가 4로 나왔다고 하자. 이 값을 이용하여 모평균을 추정하는 방법을 설명하시오.

14. 스마트폰 사용시간의 편차를 파악하기 위해 10명의 사람들을 대상으로 하루 평균 스마트폰 사용 시간을 조사한 결과 일일 사용시간의 표본분산은 0.3025로 나타났다. 이 값을 이용하여 모분산을 추정하는 방법을 설명하시오.

15. 어느 투자회사에서 A, B 두 기업의 주가 변동을 조사하여 위험성을 파악하려고 한다. A 기업의 주가를 1주 동안, B 기업의 주가를 2주 동안 조사하여 나온 주가 변동의 표준편차는 각각 10, 12로 나타났다. 분산의 크기를 바탕으로 두 기업의 상대적 위험도를 비교하는 방법을 설명하시오.

▣ 조사실습 문제

1. 실제 현장에서 자주 사용되는 대표적인 이산분포와 연속분포를 각각 5가지씩 조사하여 그 특성을 설명하시오.

2. 다음에 제시되어 있는 대표적 이산분포에 대해, 각각의 분포가 작용되는 실제 상황(현상)을 하나씩 찾아서 그 상황의 시나리오를 간략하게 작성하시오.

(1) 이항 분포(binomial distribution)
(2) 포아송 분포(Poisson distribution)
(3) 초기하 분포(hyper-geometric distribution)
(4) 름이항 분포(negative binomial distribution)
(5) 기하 분포(geometric distribution)

3. 다음에 제시되어 있는 대표적 연속분포에 대해, 각각의 분포가 작용되는 실제 상황(현상)을 하나씩 찾아서 그 상황의 시나리오를 간략하게 작성하시오.

(1) 정규 분포(normal distribution)
(2) 지수 분포(exponential distribution)
(3) 와이블 분포(Weibull distribution)

4. 통계 소프트웨어를 사용하여 다음의 자료를 만드시오.

자료 1: 모집단이 $N(50, 100)$을 따르는 확률변수 100개를 생성하시오.

자료 2: 모집단이 $N(50, 60)$을 따르는 확률변수 100개를 생성하시오.

자료 3: 모집단이 $N(50, 30)$을 따르는 확률변수 100개를 생성하시오.

(1) 각각의 자료에 대해 분포도를 그리시오.

(2) 위의 분포도를 보고 정규분포의 특성을 설명하시오.

5. 통계 소프트웨어를 사용하여 다음의 자료를 만드시오.

자료 1: 모집단이 Po(50)의 포아송 분포를 확률변수 600개를 생성한 후 임의로 30개씩으로 나눈 표본 20개를 만드시오.

자료 2: 모집단이 $N(50, 100)$을 따르는 확률변수 600개를 생성한 후 임의로 30개씩으로 나눈 표본 20개를 만드시오.

자료 3: 모집단이 $N(50, 100)$을 따르는 확률변수 1200개를 생성한 후 임의로 60개씩으로 나눈 표본 20개를 만드시오.

(1) 각각의 자료에 대해 20개 표본의 평균을 각각 계산하시오.

(2) 각각의 자료에 대해 표본 평균의 분포도를 그리시오.

(3) 위의 분포도를 보고 중심극한정리의 의미를 설명하시오.

6. 통계청(http://kostat.go.kr/portal/korea/)에서 원하는 통계자료들을 내려 받은 후 모집단과 표본의 성격을 비교하여 공통점과 차이점을 제시하고, 왜 이런 차이가 나는지에 대해 서술하시오.

CHAPTER 06

기술통계학

S T A T I S T I C S

contents

배경과 요약(Background & Summary)

앞 장에서 데이터의 특성을 이해하였으니 이제부터 본격적인 통계분석으로 넘어갈 차례이다. 하지만 그 일을 위해 크게 두 가지의 사전작업을 하게 된다. 하나는 데이터를 요약하고 정리하는 작업이다. 데이터베이스는 크고 복잡하기 때문에 핵심만 추려내고, 깔끔하게 다듬고, 시각적으로 묘사하는 작업이 필요하다. 다른 하나는 어렵고 복잡한 통계분석에 사용될 예비자료를 만드는 작업이다. 원래의 데이터를 그대로 사용하기보다는 분석이 용이한 형태로 가공하는 것이 필요한 것이다.

이 작업을 다루는 분야가 바로 기술통계학(descriptive statistics)이다. 특히 데이터베이스가 더 커지고 복잡해지는 빅 데이터의 시대에 기술통계학의 의미와 효용은 더욱 커지고 있다.

그렇다면 데이터의 구조와 내용은 어떤 방식으로 요약하고 정리하는 것이 좋을까? 우선 지표나 도표로 표현하는 것이 효과적이다. 나아가 시각적인 형태로 보여주는 것도 전달효과를 올릴 수 있는 방법이다. 또한 원래의 데이터를 평균보정 데이터, 표준화 데이터 등으로 가공해 놓으면 나중에 유용하게 사용할 수 있다.

기술통계학의 주요 주제는 다음 몇 가지를 들 수 있다. 첫째, 하나하나의 변수에 대해 대표값을 계산하여 각 변수의 특성을 보여주는 일이다. 둘째, 두 개 이상 변수의 대표값을 계산하여 변수들간의 관계를 보여주는 일이다. 셋째, 데이터의 전체적 모양이나 특이한 모습을 시각적으로 보여주는 일이다. 이 장에서는 위의 순서대로 따라가면서 기술통계학의 자세한 내용을 알아보기로 한다.

핵심주제와 용어(Main Theme & Keywords)

기술통계학의 주제

- 자료의 요약과 정리
- 자료의 가공
- 지표
- 시각화

데이터의 가공

- 원 데이터
- 평균보정 데이터
- 표준화 데이터

데이터의 대표값

- 중심의 대표값
- 산포의 대표값
- 난변량과 다변량의 대표값
- 거리의 대표값

데이터의 특성값

- 첨도와 왜도
- 이상점
- 자유도

CHAPTER 06

기술통계학

제1절 기본개념

지금까지 변동성과 규칙성을 중심으로 데이터가 지니는 특성을 나타내는 확률과 확률분포에 대해 살펴보았다. 이어서 실질적인 통계 작업의 대상이자 원천이 되는 표본의 통계량이 가지는 표본분포에 대해서도 알아보았다. 데이터의 구조와 특성을 이해하였으니 비로소 본격적인 통계분석을 위한 준비작업 내지 예비작업을 마친 것이다.

이제부터 본격적인 통계분석의 세계로 들어가 보자. 〈표 6-1〉과 같은 관측대상(O)과 변수(X)의 데이터 행렬(data matrix)이 주어진 상황에서 어떤 일부터 시작하는 것이 통계분석의 자연스러운 순서가 될까? 여러 가지 작업을 생각할 수 있겠지만 가장 핵심적이고 필수적인 일은 [그림 6-1]에서 보듯이 다음 세 가지로 요약할 수 있다.

〈표 6-1〉 데이터 행렬의 기본구조

O	X_1	X_2	…	…	X_m
O_1	X_{11}	X_{21}	…	…	X_{m1}
O_2	X_{12}	X_{22}	…	…	X_{m2}
.					
.					
O_n	X_{1n}	X_{2n}	…	…	X_{mn}

첫째, 데이터를 요약하고 정리하는 작업이다. 이미 앞에서 설명한 것처럼 가장 먼저 하려고 하는 일 또는 하고 싶은 일은 데이터의 전체적인 모양을 알아보는 일이다. 대부분의 경우 데이터 행렬 자체는 크고 복잡한 형태를 보이기 때문에 전체적 구조나 모양을 파악하기 어렵다. 따라서 무엇보다 먼저 데이터 전체의 모양을 한눈에 보여주는 '대표값'을 구하는 작업을 해야 한다.

둘째, 통계 분석에 필요한 예비자료 또는 기본정보를 만드는 작업이다. 나중에 좀더 어렵고 복잡한 분석을 하기 위해서는 원래의 데이터를 그대로 사용하기보다는 분석에 용이한 형태로 바꾸어야 하는 경우가 많다. 다시 말해 그냥 모아놓은 원자료(raw data)를 쓰기 좋은 모양으로 한번 가공해야 하는 것이다.

셋째, 시각화 작업이다. 크고 복잡한 데이터는 숫자로 요약할 수도 있지만 그림으로 보여줄 수도 있다. 수치의 의미를 파악하기 보다는 그림을 통해 직관적으로 이해하는 것이 더 효과적일 수 있기 때문이다. 또 수치로는 알기 어렵던 정보가 그림을 통해서는 나타나는 경우도 있다.

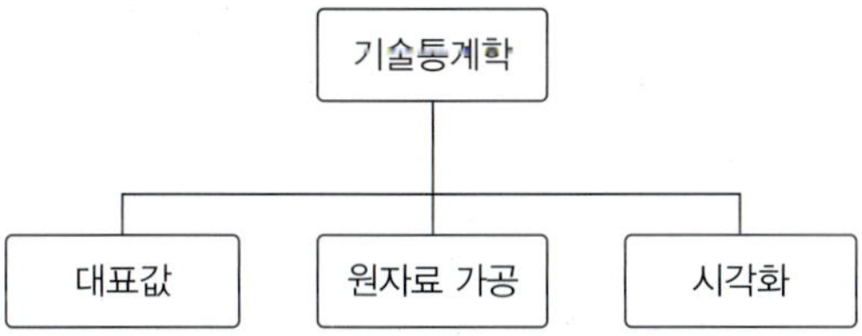

[그림 6-1] 기술통계학의 핵심 작업

위에서 말한 작업을 모두 통틀어 통계학에서는 기술통계학(descriptive statistics)이라고 부른다. 기술통계학은 용어가 의미하는 것처럼 데이터의 모습을 묘사하는(describe) 작업 다시 말해 데이터를 구성하는 각각의 변수(X)에 대해 관측치(X_{ij})들이 어떤 모양으로 나타나는지를 정리하여 보여주는 작업이다. 물론 이 작업은 표본의 데이터를 대상으로 하게 된다. 그러므로 기술통계학을 다른 말로 표현하면 모집단 데이터의 모양과 성격을 가장 잘 보여주는 표본의 대표값과 특성값을 얻는 일이라고 할 수 있다.

기술통계학에 대비되는 개념이 추론통계학(inferential statistics)이다. 추론통계학은 표본을 이용하여 모집단의 특성을 추측하는 작업을 다룬다. 하지만 기술통계학은 주어진 표본 자체를 정리하고 가공하는 일만 다루지 모집단을 추측하는 일을 하지는 않는다. 그러므로 나중에 자세하게 알아볼 추론통계학과 달리 기술통계학은 확률이론이나 확률분포에 대한 많은 지식을 필요로 하지 않는다. 그러다 보니 기술통계학은 단순한 계산의 문제이고 사람보다는 컴퓨터가 하는 일 정도로 가볍게 생각하는 경향이 있다. 그러나 기술통계학을 통해 정리하고 가공한 정보들이 없으면 나중에 복잡하고 어려운 추론통계학을 수행하는 것이 훨씬 어려워진다.

더구나 빅 데이터의 시대가 열리면서 기술통계학의 의미와 용도는 더욱 커지고 있다. 빅 데이터는 한마디로 데이터베이스의 규모가 더 커지고 내용이 더 복잡해지는 것을 뜻한다. 당연히 전체 데이터를 정리하고 요약해야 할 일도 많아진다. 따라서 기술통계학의 활용도도 갈수록 올라가게 된다.

심지어 일부 통계학자들은 오늘날은 기술통계학이 통계학의 중심이 되는 시대라고 주장할 정도이다. 흔히 비즈니스 분석(business intelligence: BI)에서는 복잡하고 정교한 알고리즘을 사용한다고 생각하기 쉽지만 현장 실무에서 훨씬 더 자주 활용되는 기법들은 오히려 기본적인 기술통계학 도구들이다. 기술통계학을 중요하게 인식해야 하는 이유도 바로 여기에 있다.

배경 이야기: 통계학의 분류

통계학이라는 학문 그리고 통계라는 실무는 방대한 내용과 다양한 주제로 이루어진다. 따라서 누가 어떤 기준으로 보느냐에 따라 분류의 내용과 모양이 달라진다.

우선 통계학이 하는 일의 내용으로 보면, 크고 복잡한 데이터베이스를 쉽고 단순한 모양으로 요약하고 정리하는 '기술통계학(descriptive statistics)'과 작은 표본을 이용하여 거대한 모집단의 특성을 추측해내는 '추론통계학(inferential statistics)'으로 나눈다.

통계학이라는 학문의 성격으로 보면, 통계이론의 수학적 원리나 기법을 다루는 '수리통계(mathematical statistics)'와 실생활의 현상이나 문제를 분석하고 해결하는데 초점을 맞추는 '응용통계(applied statistics)'로 나눌 수도 있다.

통계의 기능이나 목적에 따라, 적절한 대안의 선택을 위한 '의사결정'의 통계학, 미래에 대한 '예측'을 위한 통계학, 변수들간의 '상호 관계나 영향'의 크기를 알아내기 위한 통계학, 복잡한 현상을 단순하고 분명하게 '정리'하기 위한 통계학 등으로 구분할 수도 있다. 통계를 어느 분야에 활용하느냐에 따라, '사회과학'을 위한 통계학, '공공정책'을 위한 통계학, '경영활동'을 위한 통계학, '공학적 실험이나 연구개발'을 위한 통계학, '산업현장'을 위한 통계학, '농업이나 생명과학'을 위한 통계학, '의료 및 보건분야'를 위한 통계학 등으로 나누어 볼 수도 있다.

제2절 데이터의 대표값

1. 기본개념

그렇다면 데이터의 구조와 내용을 잘 요약하고 정리할 수 있는 방법은 무엇이 있을까? 눈앞에 펼쳐져 있는 풍경이라든가 사람의 얼굴 모양이라면 풍경화나 인물화와 같은 그림으로 묘사하는 것이 좋은 방법이 될 것이다. 그러나 데이터는 수치들의 집합이기 때문에 그림으로 나타낼 수는 없고 따라서 역시 가장 좋은 방법은 대표적(representative)인 지표(index)나 표(table)로 나타내는 것이다.

이어지는 다음의 질문은 무엇에 대한 대표값이나 요약값으로 나타낼 것인가 하는 것이다. 앞의 〈표 6-1〉의 데이터 행렬로 돌아가보자. 이 행렬은 두 개의 축으로 구성되어 있다. 하나는 변수의 축이고 다른 하나는 관측대상의 축이다. 따라서 이 축을 따라서 대표값을 찾아보면 크게 다음의 두 가지로 요약할 수 있다.

첫째, 개별 변수에 대한 값인 단변량(uni-variate)의 대표값이다. 앞의 사람의 예에서 1,000명의 사람들을 모아놓은 표본을 대상으로 인간의 전체적 특성을 설명한다면, 먼저 신장, 체중, 소득, 생활습관 등과 같은 각각의 변수들의 측정값을 정리하여 보여줄 수 있다.

둘째, 변수와 변수간의 관계에 대한 값인 다변량(mutli-variate)의 대표값이다. 예를 들어 신장과 체중, 소득과 생활습관 등과 같이 두 가지 이상의 변수들간의 관계를 정리하여 보여줄 수도 있다. 이 순서대로 따라가면서 대표값을 어떻게 정리할 수 있는지를 알아보자.

2. 단변량의 대표값

일차적인 데이터 분석에서는 원래의 표본 데이터를 그대로 이용한다. 〈표 6-2〉에서 보듯이 아무런 가공을 하지 않은 원래 상태의 데이터, 즉 원 데이터(original data 또는 raw data)를 대상으로 작업을 시작하게 되는 것이다. 모두 m 개의 변수가 있다고 하면 X_1에서 X_m까지 각 변수에 대한 측정치가 원 데이터가 되는 것이다.

〈표 6-2〉 원 데이터의 기본구조

O	X_1	X_2	…	…	X_m
O_1	X_{11}	X_{21}	…	…	X_{m1}

원 데이터를 이용하여 이제부터 각 변수의 성격에 대해 알아보자. 하나의 변수에 대한 데이터가 주어졌을 때 그 데이터가 '이러이러한 모양을 보인다'고 말하는 것은 모호한 표현이다. 1,000명의 사람들이 모여서 하나의 집단을 이룰 때 그 집단의 전체적 구조와 내용을 명확하게 표현하기가 쉽지 않은 것이다. 그럴 때 가장 자연스러운 접근은 데이터의 성격을 가장 잘 보여주는 대표값을 이용하는 것이다.

그렇다면 데이터의 대표값에는 어떤 것들이 있을까? 가장 상식적인 대답은 먼저 '중심(center)'이 어디에 있는지를 찾아보는 것이다. 그 다음에는 중심을 가운데에 두고 데이터 값들이 퍼져있는 '산포(dispersion)'의 정도를 살펴보는 것이다. 실제로 통계학의 역사를 보면 초기에는 중심 또는 평균의 분석에 초점을 맞추었다가 시간이 흐르면서 점점 산포 또는 분산의 중요성이 커지는 양상을 보인다.

(1) 중심의 대표값

데이터의 중심이 어디에 있느냐, 즉 데이터의 중심을 보여주는 대표값이 무엇이냐의 질문에 대한 답은 보는 기준에 따라 달라질 수 있다. 중심을 어떻게 정의하느냐에 따라 대표값도 달라지기 때문이다. 통계분석에서 가장 많이 사용되는 중심의 대표값에는 어떤 것들이 있는지 알아보자.

가. 평균값

원 데이터를 이용하여 중심의 대표값을 구해보자. 먼저 평균값(mean)이라는 개념을 생각할 수 있다. m개의 변수 가운데 i 번째 변수 X_i에 대해 n개의 관측치가 있을 때, n개의 값을 모두 더하여 n으로 나누었을 때 나오는 값이 중심의 역할을 할 수 있는 것이다. 특히 표본의 데이터에서 아래의 식을 통해 구한 표본평균(sample mean) $\overline{X_i}$ 가 일차적인 중심의 대표값으로 사용된다.

$$\overline{X_i} = \frac{\sum_{i=1}^{n} X_{ij}}{n}, \quad X_{ij} : i \text{ 번째 변수의 } j \text{ 번째 관측치}, \; n : \text{관측치의 수}$$

앞 장에서 이미 설명한 기대값(expected value)과 여기에서 말하는 평균값은 어떤 차이가 있을까? 하나의 모집단에서는 여러 개의 표본이 만들어질 수 있다. 이 때 기대값은 모집단 전체의 평균을 의미한다. 따라서 표본과 상관없이 각 확률변수는 하나의 기대값만을 갖는다. 그러나 평균값은 각 표본의 평균을 가리킨다. 따라서 표본에 따라 표본평균은 달라지게 된다.

나. 중앙값

다음으로 생각할 수 있는 중심의 대표값은 데이터를 작은 값에서부터 크기 순으로 한 줄로 세웠을 때 가운데 위치에 있는 값이다. n명의 사람들을 키 순서대로 세웠을 때 중앙의 위치에 있는 사람의 키도 중심의 의미를 지닌다고 볼 수 있는 것이다. 이것이 바로 중앙값(median)이다. 만일 표본의 수가 짝수 개이면 $n/2$번째와 $(n+1)/2$번째의 관측치의 산술평균이 중앙값이 된다.

일반적으로 중심의 대표값으로는 평균값이 중앙값보다 더 자주 이용된다. 평균은 계산 과정에 모든 데이터를 다 포함시키지만 중앙값은 단지 크기의 순서를 나타내는 일부의 정보만 사용하기 때문에 대표성이 더 낮다. 그러나 보는 시각에 따라서는 중앙값이 평균보다 중심의 위치를 더 잘 나타낸다고 할 수도 있다. 왜냐하면 평균은 너무 큰 값이나 너무 작은 값과 같은 극단적인 값의 영향을 많이 받지만 중앙값은 단지 순서의 위치만 보지 차이의 크기를 보지는 않기 때문이다.

나중에 다시 설명하겠지만 데이터의 척도(scale)에 따라서 등간이나 비율 척도의 데이터에 대해서는 평균값을 중심의 대표값으로 쓰지만 서열 척도의 데이터에 대해서는 중앙값을 대표값으로 자주 사용한다.

다. 최빈값

어떤 변수에 대해 가장 많은 관측치들이 나타나는 값을 중심의 대표값으로 볼 수도 있다. 관측치의 빈도가 가장 높은 값을 최빈값(mode)이라고 하는데 이 값도 중심의 성격을 지닌다.

최빈값은 명목 척도로 된 데이터의 경우에 대표값으로 자주 이용된다. 여러 가지의 범주(category)로 나눌 수 있는 변수의 경우에는 중앙에 있는 값보다는 가장 자주 나오는 값, 즉 빈도가 가장 높은 최빈값을 그 변수의 중심으로 해야 한다는 논리이다. 최빈값은 두 개 이상 있을 수도 있고 반대로 하나도 없을 수도 있다.

예제

통계 소프트웨어를 이용하여 1,000명의 신장에 대한 중심의 대표값들을 찾아보자.
① 1장에서 설명한 것처럼, 데이터를 입력한다.

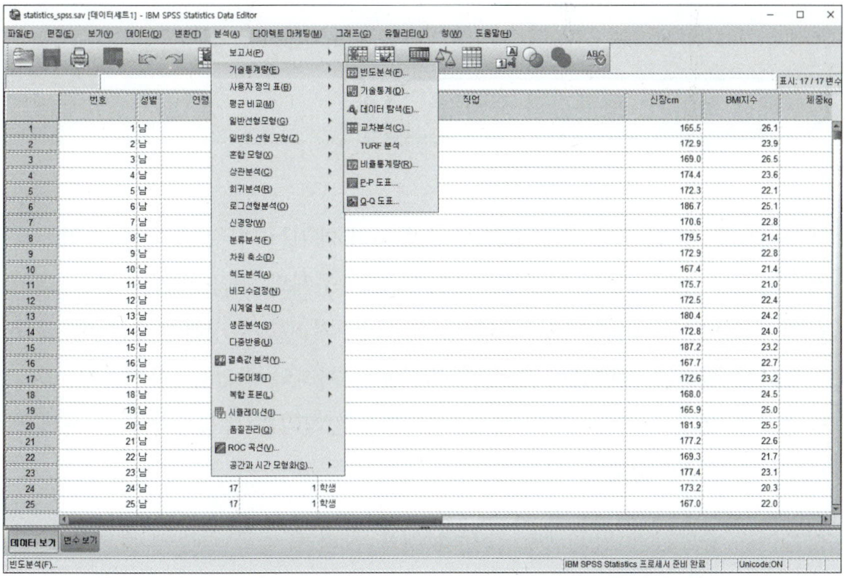

② 통계량을 구하기 위해 [기술통계], [빈도]의 순서대로 실행한다. 이어서 중심경향에서 평균, 중위수, 최빈값을 선택하면 다음과 같은 분석결과를 얻는다.

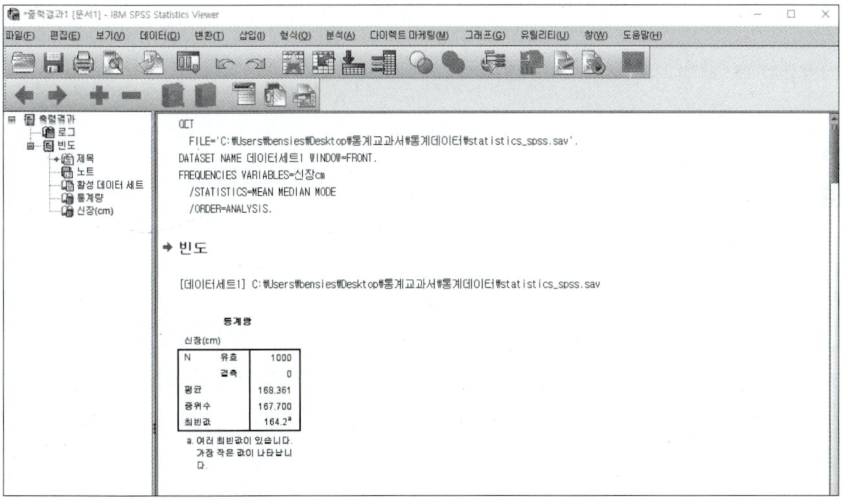

배경 이야기: 평균값과 중앙값

역사적으로 보면, 평균과 중앙값이 만들어진 계기는 '참값'을 찾는 작업에서 시작되었다. 예를 들어, 아주 먼 거리에 있는 물체와 지금 내가 서있는 자리 사이의 거리를 측정한다고 하자. 오늘날에는 거리를 측정하는 기술이 워낙 발달되어 별다른 어려움이 없지만 예전에는 거리의 참값(μ)을 알 수 있는 방법이 없었다. 그러니 n명의 사람들이 제각각 거리를 측정하거나 한 사람이 n번을 측정하여 참값을 추측하였다.

처음에는 중앙값과 평균값이 참값의 대표 자리를 놓고 경쟁한 것으로 보인다. 먼저 중앙값을 주장한 사람들의 논리를 보자. '참값 μ와 각각의 관측치 X_i의 차이'의 절대값 $|X_i - \mu|$를 구하여 그것들을 모두 더한다. 증명은 생략하지만 중앙값은 바로 절대값의 합(sum)인 $\sum_{i=0}^{n}|X_i - \mu|$을 최소로 만드는 대표값이다. 그러나 중앙값은 대표성의 문제보다는 계산이 복잡하다는 문제 때문에 점차 참값으로 사용되지 않게 되었다.

다음으로 평균을 보자. 이번에는 제곱값 $(X_i - \mu)^2$를 구하여 그것들을 모두 더한다. 평균값은 바로 제곱값의 합(sum)인 $\sum_{i=0}^{n}(X_i - \mu)^2$을 최소로 만드는 대표값이다. 이것의 증명은 매우 간단하다. 최소화 문제의 답을 구할 때 흔히 하는 것처럼 미분한 후 0으로 놓으면 $\mu = \overline{X}$가 해(solution)가 된다. 또한 평균은 계산이 용이하다는 장점이 더해져 참값의 대표로 자리잡게 되었다.

통계학에서 평균을 참값으로 사용하는 것은 매우 중요한 의미를 지닌다. 전통적인 통계학의 뿌리가 참값을 추정하는 데서 시작된다고 하면 평균의 역할이 얼마나 중요한 지를 쉽게 이해할 수 있다. 더구나 추정 이후의 작업에서도 평균을 참값으로 하게 되면 그 의미는 더욱 커지게 된다.

(2) 산포의 대표값

중심의 대표값에 이어서 다음에 알아볼 것은 데이터의 산포를 나타내는 대표값이다. 데이터의 산포 정도는 데이터 값들이 가운데의 중심을 기준으로 얼마나 좌우로 퍼져있는지에 의해 결정된다.

데이터의 분포를 보여주는 일차적인 기준은 각각의 데이터 값과 평균값과의 차이가 된다. 어떤 변수 X의 평균값을 $\overline{X}$로 표기한다면, 각각의 데이터 값 X_i에 대해 $(X_i-\overline{X})$의 크기를 본다는 것이다. 여기서 $(X_i-\overline{X})$를 평균보정 데이터(mean-adjusted data) 또는 평균수정 데이터(mean-corrected data)라고 부른다. 이 값이 작으면 그 데이터는 중심으로부터 가깝다는 뜻이고 이 값이 크면 멀다는 뜻이다.

평균보정 데이터: $(X_i-\overline{X})$

평균보정 데이터는 양(+)이 될 수도 있고 음(–)이 될 수도 있다. 이 때 각각의 데이터에 대한 X_i와 $\overline{X}$의 차이를 편차(deviation)라고 한다. 편차는 말 그대로 차이의 크기를 뜻하기 때문에 흔히 음(–)의 값을 없앤 절대편차(absolute deviation)로 나타낸다.

(절대)편차: $|X_i-\overline{X}|$

앞에서 말한 원(original) 데이터와 여기의 평균보정(mean-adjusted) 데이터를 비교해보자. 〈표 6-3〉에 하나의 표본 데이터가 예시적으로 주어져 있다. 여기에서는 신장을 X_1, 그리고 체중을 X_2로 하는 두 개의 변수에 대해 각각 12개의 관측치가 주어져 있다.

이제 원 데이터와 평균보정 데이터의 공통점과 차이점을 살펴보자. 표에서 보는 것처럼(소수점 처리 과정에서 약간의 오차가 생길 수 있다), 원 데이터와 달리 평균보정 데이터의 합(sum)은 0이다. 따라서 평균도 0이 된다. 그러나 원 데이터와 평균보정 데이터의 분산은 동일하다. 분산의 정의에 대해서는 바로 뒤에서 설명할 것이다. 평균보정 데이터의 평균은 0이지만 분산은 원 데이터와 같다는 사실은 매우 중요한 성질이기 때문에 잘 기억해두기로 하자.

〈표 6-3〉 원 데이터와 평균보정 데이터의 비교

관측대상(O)	원 데이터 (original data)		평균보정 데이터 (mean-adjusted data)	
	신장(X_1)	체중(X_2)	신장(X_1)	체중(X_2)
1	166.2	55.6	−1.2778	−10.3
2	186.7	87.4	19.2756	21.5
3	159.3	55.2	−8.1816	−10.7
4	174.4	71.7	6.9799	5.7
5	172.3	65.7	4.8128	−0.2
6	148.9	53.1	−18.463	−12.8
7	159.2	48.5	−8.2501	−17.5
8	171.8	70.7	4.328	4.8
9	163.2	64.6	−4.2785	−1.3
10	165.5	71.5	−1.9782	5.6
11	172.9	71.4	5.4906	5.5
12	168.9	75.6	1.5423	9.7
평균(mean)	167.5	65.9	0	0
제곱합(SS)	994.4	1364.4	994.4	1364.4
분산(variance)	82.9	113.7	82.9	113.7

가. 제곱합

평균보정 데이터는 관측치와 평균과의 차이인 편차를 모아놓은 데이터이므로 이 값들의 합을 보면 전체 데이터가 중심을 기준으로 흩어진 정도, 즉 산포도를 알 수 있다. 만일 n명의 데이터라면 1에서부터 n까지의 $(X_i - \overline{X})$를 모두 더한 후, 그 값이 매우 크다면 그만큼 데이터들이 가운데를 중심으로 넓게 퍼져있다는 뜻이고 작다면 좁은 범위에 몰려있다는 뜻이 된다.

문제는 평균보정 데이터를 모두 더하면 0이 된다는 데 있다. 따라서 합을 구하는 것은 아무 의미가 없다. 그렇다면 어떻게 이 문제를 해결할 수 있을까? 크게 두 가지를 생각할 수 있다. 하나는 앞에서 설명한대로 절대값, 즉 절대편차(absolute deviation)로 만드는 것이다. 이렇게 하면 당연히 음의 값은 모두 양의 값으로 바뀌면서 합도 의미를 가질 수 있게 된다. 다른 하나는 편차의 제곱값(square)으로 만드는 것이다. 이렇게 하여도 음의 값이 모두 양의 값으로 바뀌면서 문제를 해결할 수 있다. 통계학에서는 절대값을 쓰는 경우도 있지만 대부분은 제곱값을 사용한다.

이 때 제곱값을 모두 더한 값이 바로 제곱합(sum of squares: SS)이 된다. 보다 정확하게 말하면 편차의 제곱을 모두 더한 값이 된다.

$$제곱합(SS):\ \sum (X_i - \overline{X})^2$$

나. 표본분산

하나의 표본이 주어지면 위에서 정의한 제곱합을 이용하여 표본분산(sample variance)이라는 산포의 대표값을 만들게 된다. 표본분산은 흔히 S^2으로 표기하며 그 정의는 아래와 같다.

$$표본분산\quad s_j^2 = \frac{\sum_{i=1}^{n}(x_{ij} - \overline{x}_j)^2}{n-1} = \frac{SS}{df}$$

X_{ij}: i 번째 변수의 j 번째 관측치, n: 표본의 크기, df : 자유도

표본분산에서는 다음 두 가지 점에 유의해야 한다. 첫째, 관측치의 크기이다. 관측치가 많아질수록 당연히 제곱합도 계속 커지는 문제가 발생하기 때문에 분자의 제곱합을 관측치의 크기(자유도)로 나누어 주어야 한다. 이 때 분모가 표본의 크기인 n이 아니라 $(n-1)$이 되는 이유는 무엇일까? 분자가 n개의 합으로 이루어지기 때문에 분산도 당연히 n으로 나누어야 하지만 $(n-1)$로 나누는 이유는 이른바 자유도(degree of freedom: df) 때문이다. 이미 앞에서 잠깐 설명하였지만 통계에서 자유도는 대단히 중요한 의미를 지니는 개념이다. 따라서 이 장의 뒤에서 다시 한번 자세히 설명하기로 한다.

둘째, 단위의 문제이다. S^2은 원래의 변수 X가 아니라 그것의 제곱인 X^2으로 만들어지기 때문에 원래 단위의 데이터보다 그 값이 훨씬 커지는 문제가 발생하는 것이다. 그러므로 표본분산 S^2의 제곱근($\sqrt{}$)인 S를 산포의 대표값으로 쓸 수도 있다. 이것이 바로 표본의 표준편차(standard deviation: SD)이다.

표준편차 $SD = \sqrt{S^2}$

다. 사분위수

사분위수(quantile)는 크기의 순서에 따라 늘어 놓은 자료를 넷으로 나누는, 즉 사등분하는 수이다. 특히 그 중의 첫 번째 사분위수를 제 1사분위수, 세 번째 사분위수를 제 3분위수라고 한다. 두 번째 사분위수는 앞에서 정의한 중앙값(median)이 된다. 이 때 사분위수의 범위는 아래와 같이 제 3사분위수와 제 1사분위수의 차이로 정의한다. 이 값도 산포의 정도를 보여주는 대표값으로 사용될 수 있다.

사분위수 범위 = 제 3사분위수 – 제 1사분위수

라. 범위

산포도로서 직관적으로 생각할 수 있는 것은 자료의 최대값과 최소값의 차이다. 이 차를 범위(range)라고 하며 이것을 산포의 대표값으로 쓰기도 한다.

범위 = 자료의 최대값 – 자료의 최소값

예제

통계 소프트웨어를 이용하여 1,000명의 신장에 대한 산포의 대표값들을 찾아보자.

① 1장에서 설명한 것처럼 데이터를 입력한다.

② 통계량을 구하기 위해 산포도에서 표준편차, 분산, 범위를 선택하면 다음과 같은 분석결과를 얻는다.

기술통계량

	N	최소값	최대값	평균	표준편차	분산
연령	1000	15	74	42.33	16.288	265.285
유효 N(목록별)	1000					

(3) 표준화 데이터

지금까지 표본의 대표값에 대해 알아보았다. 그런데 이 기준으로 만든 대표값들이 갖는 잠재적인 문제점은 무엇일까? 그것은 바로 데이터의 단위(scale)가 다를 수 있다는 점이다. 각 변수들이 서로 다른 단위로 측정될 경우 통계 분석에 왜곡된 효과를 가져올 수도 있다. 예를 들어 어떤 변수는 km 단위이고 다른 변수는 mm 단위라면 두 변수가 미치는 영향이 동일하다고 말하기 어려울 수 있다.

이 때 원래의 단위로 측정한 데이터를 상대적인 비교가 가능한 단위의 데이터로 바꾸어주는 것을 표준화(standardization)라고 한다. 또한 그렇게 변환된 데이터를 표준화 데이터(standardized data)라고 한다. 데이터의 표준화는 평균보정 데이터를 표준편차로 나누어 주는 아래의 식을 통해 만들어진다.

$$\text{표준화 데이터(standardized data)} = \frac{\text{평균보정 데이터(mean-adjusted data)}}{\text{표준편차(standard deviation)}}$$

표준화 데이터는 다음 두 가지의 중요한 특성을 지닌다. 첫째, 표준화 데이터의 합(sum)은 0이고 따라서 평균도 언제나 0이라는 점이다. 이것은 바로 앞에서 설명한 평균보정 데이터의 특성이기도 하다. 둘째, 표준화 데이터의 제곱합(SS)은 데이터의 크기(n)와 같다는 점이다. 따라서 분산이 1이 된다. 표준화를 통해 각 변수의 단위와 상관없이 모두 평균이 0이고 분산이 1인 데이터로 통일시킬 수 있는 것이다.

이제 통계분석에 사용되는 세 가지 데이터를 한꺼번에 비교하여 보자. 〈표 6-4〉에는 세 가지 데이터 사이의 공통점과 차이점이 잘 드러나 있다. 다시 한번 각 데이터의 특성을 잘 기억해 두자.

〈표 6-4〉 원 데이터, 평균보정 데이터, 표준화 데이터의 비교

관측대상 (O)	원 데이터 (original data)		평균보정 데이터 (mean-adjusted data)		표준화 데이터 (standardized data)	
	신장(X_1)	체중(X_2)	신장(X_1)	체중(X_2)	신장(X_1)	체중(X_2)
1	166.2	55.6	−1.2778	−10.3	−0.1	−1.0
2	186.7	87.4	19.2756	21.5	2.1	2.0
3	159.3	55.2	−8.1816	−10.7	−0.9	−1.0

4	174.4	71.7	6.9799	5.7	0.8	0.5
5	172.3	65.7	4.8128	−0.2	0.5	−0.0
6	148.9	53.1	−18.463	−12.8	−2.1	−1.2
7	159.2	48.5	−8.2501	−17.5	−0.9	−1.6
8	171.8	70.7	4.328	4.8	0.5	0.5
9	163.2	64.6	−4.2785	−1.3	−0.5	−0.1
10	165.5	71.5	−1.9782	5.6	−0.2	0.5
11	172.9	71.4	5.4906	5.5	0.6	0.5
12	168.9	75.6	1.5423	9.7	0.2	0.9
평균 (mean)	167.5	65.9	0	0	0	0
제곱합 (SS)	994.4	1364.4	994.4	1364.4	12.0	12.0
분산 (variance)	82.9	113.7	82.9	113.7	1.0	1.0

3. 다변량의 대표값

이제 범위를 넓혀 두 변수간의 관계에 대한 대표값을 알아보자. 여기에서도 다음과 같은 여러 가지 대표값들을 사용할 수 있다. 우선 두 변수 사이를 보자. 이제는 더 이상 하나의 값으로 중심의 대표값을 정할 수 없다. 중심이 되는 위치 자체를 정하는 것이 어렵기 때문이다. 대신 두 변수가 함께 움직이는 패턴의 유사성이나 상이성을 보여주는 값들이 중요해진다. 물론 이 값들은 그 자체로서는 의미를 바로 알기 어렵다. 그러나 나중에 다변량의 통계분석을 할 때에는 유용한 기본정보로 활용되기 때문에 확실하게 이해하고 넘어가야 한다.

(1) 교차곱

먼저 변수 j와 변수 k에 대해 두 변수간의 교차곱(Cross Product: CP)은 아래의 식과 같이 두 변수의 평균보정 데이터의 곱으로 정의된다.

$$\text{교차곱(CP)} = \left(X_{ij} - \overline{X_j}\right)\left(X_{ik} - \overline{X_k}\right)$$

또한 교차곱들을 모두 합한 교차곱의 합(Sum of Cross Products: SCP)은 아래의 식으로 표현된다.

$$\text{교차곱의 합(SCP)} = \sum_{i=1}^{n}\left(X_{ij}-\overline{X_j}\right)\left(X_{ik}-\overline{X_k}\right)$$

위의 〈표 6-4〉를 이용하여 신장과 체중의 두 변수간 교차곱의 합을 계산해보면, 교차곱의 합(SCP)$=\sum_{i=1}^{12}(x_{i1}-167.5)(x_{i2}-65.9)=995.3$이 된다.

(2) 공분산

공분산(covariance)은 두 변수간의 분산을 의미한다. 앞에서 본 분산(variance)이 각각의 변수, 즉 단변량의 산포도를 나타내는 지표라면 공분산은 두 변수를 대응시킨 상태의 산포도를 보여주는 지표이다. 변수 j와 변수 k 사이의 공분산 $Cov(X_j, X_k)$은 아래의 식으로 정의된다. 보는 것처럼 두 변수의 공분산은 교차곱의 합(SCP)을 자유도(df)로 나눈 값이 된다.

$$\text{공분산 } Cov(X_j, X_k) = SCP\,/\,df$$

위의 식에서 쉽게 알 수 있듯이 각각의 변수에 대한 공분산은 곧 자신의 분산이 된다. 즉 $Cov(X, X) = Var(X)$이다. 또 두 변수 사이의 순서가 바뀌어도 공분산은 동일하다. $Cov(X_j, X_k) = Cov(X_k, X_j)$인 것이다.

(3) 제곱합(SS)과 교차곱(CP) 행렬

두 변수에 대해 각 변수 자체의 제곱합(SS)과 두 변수 사이의 교차곱의 합(SCP)을 행렬(matrix) 모양으로 표기한 것을 SS와 CP의 결합이라는 뜻에서 SSCP 행렬(SSCP matrix)이라고 하자. 그러면 SSCP 행렬은 아래의 식으로 표현된다.

$$\begin{bmatrix} \sum\left(x_{ik}-\overline{x_k}\right)^2 & \sum\left(x_{ij}-\overline{x_j}\right)\left(x_{ik}-\overline{x_k}\right) \\ \sum\left(x_{ij}-\overline{x_j}\right)\left(x_{ik}-\overline{x_k}\right) & \sum\left(x_{ik}-\overline{x_k}\right)^2 \end{bmatrix}$$

(4) 공분산 행렬(covariance matrix)

위의 SSCP 행렬을 자유도(df)로 나눈 값이 바로 아래의 공분산 행렬이 된다. 두 변수에 대해 각각의 분산과 둘 사이의 공분산을 모두 보여주는 행렬이 만들어지는 것이다.

$$\text{공분산 행렬} = \frac{SSCP}{df}$$

4. 거리의 대표값

지금까지 데이터의 대표적 특성을 수식으로 정의하고 실제로 그 값을 측정하는 수리적(numerical) 접근에 대해 알아보았다. 이것을 기하학적으로(geometrically) 표현하고 이해할 수는 없을까?

기하학적으로 말하면 데이터는 n−차원(n−dimension) 위의 공간에 있는 하나의 점으로 표현할 수 있다. 어떤 데이터가 n개의 변수로 이루어져 있다면 각각의 변수를 하나의 차원으로 볼 수 있는 것이다. 따라서 수리적으로 설명하는 통계기법의 상당수는 기하학적으로도 설명할 수 있다. 경우에 따라서는 기하학적 설명이 수리적 설명보다 더 효과적일 수도 있다. 이 때 사용되는 중요한 개념이 데이터간의 거리(distance)이다.

통계학에서 데이터간의 거리를 측정하는 이유는 데이터 사이의 유사성이나 차이점을 알려주는 유용한 정보로 사용되기 때문이다. 두 개의 데이터 값이 얼마나 비슷하냐 또는 다르냐 라는 문제를 두 점 사이의 거리가 얼마나 멀고 가까운지를 기준으로 판정할 수 있는 것이다.

간단한 예로 사람의 특성을 신장과 체중으로 표현한다면, 각자의 신장과 체중을 X축과 Y축으로 하는 2차원 공간 위에 표시할 수 있다. 이 때 어느 두 사람이 얼마나 비슷한가 또는 다른가를 어떻게 판정할 수 있을까? 만일 두 사람이 비슷하다면 2차원 공간에서 비슷한 위치에 서 있을 테고 따라서 두 사람간의 거리가 가까울 것이다. 반대로 서로 다르다면 두 사람 사이의 거리가 멀 것이다. 이처럼 통계에서 관측치 또는 변수들간의 유사성이나 상이성을 정량적인 값으로 판정하는 데는 거리 개념이 유용한 역할을 한다.

물론 통계학에서 말하는 거리의 개념은 지리(geography)에서 말하는 거리와는 차이가 있다. 오히려 기하(geometry)에서 말하는 거리와 비슷한 개념일 수 있다. 하지만 이 둘 사이에도 큰 차이가 있을 수 있다. 그렇다면 통계학에서는 두 점 사이의 거리를 어떻게 정의할 수 있을까?

[그림 6-2]에 있는 간단한 예를 살펴보자. 두 개의 표본으로부터 표준 정규분포를 따르는 변수 X의 평균과 분산을 구하였다. 표준 정규변수이므로 당연히 두 표본의 평균은 0으로 같다. 하지만 분산은 각각 4와 1로 큰 차이를 보인다. 이 그림을 바탕으로 통계학에서 사용하는 거리의 정의와 대표값에 대해 알아보기로 하자.

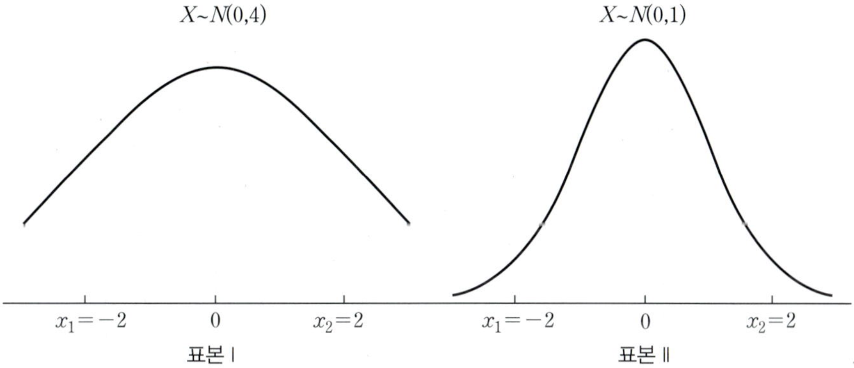

[그림 6-2] 두 가지 정규분포 데이터의 비교

(1) 유클리드 거리

먼저 두 점 사이의 물리적 거리(physical distance)를 측정한다면 흔히 유클리드 거리(Euclidean Distance: ED)를 기준으로 할 것이다. 그럴 경우 X_1과 X_2 두 점 사이의 거리(ED^2)는 아래의 식으로 계산할 수 있다.

$$ED_{ij}^2=(X_1-X_2)^2$$

위의 식을 이용하여 각각의 표본에 대해 두 점 사이의 유클리드 거리를 측정해보자. 두 표본 모두 $ED^2=\{2-(-2)\}^2=16$이 되고 따라서 두 점 사이의 거리는 같다.

(2) 통계적 거리

이번에는 통계적 관점에서 두 점 사이의 거리를 생각해보자. 이 때도 두 점 사이의 거리가 같다고 말할 수 있을까? 보는 것처럼 두 표본의 산포(dispersion)가 매우 다르다. 한쪽은 데이터들이 좁은 범위에 몰려있는 반면 다른 한쪽에서는 넓게 펴져있는 것이다. 이럴 경우 산포도를 뜻하는 분산이나 표준편차의 차이를 반영해서 거리를 측정하는 것이 통계적 관점에서는 더 정확한 정보라고 할 수 있다.

여기서 나오는 개념이 바로 통계적 거리(Statistical Distance: SD)이다. 관측치 X_i와 X_j 사이의 통계적 거리(SD^2)는 아래의 식으로 정의된다.

$$SD_{ij}^2=\left(\frac{X_i-X_j}{s}\right)^2 \quad \text{여기서 } s\text{: 표준편차}$$

위의 식을 바탕으로 두 점 사이의 통계적 거리를 측정해보자. 표본 1의 통계적 거리는 $SD^2=\left\{\frac{[2-(-2)]}{2}\right\}^2=4$ 이고, 표본 2의 거리는 $SD^2=\left\{\frac{[2-(-2)]}{1}\right\}^2=16$ 이 된다. 둘 사이는 물리적 관점으로 보면 같은 크기의 거리만큼 떨어져 있지만 통계적 관점에서 보면 상당히 다른 크기의 거리만큼 떨어져 있는 것이다.

제3절 시각화

1. 기본개념

데이터를 정리하거나 요약한다고 할 때 그 결과를 숫자로 보여줄 수도 있고 그림으로 보여줄 수도 있다. 앞의 경우를 수치적(numerical) 요약이라고 한다면 뒤의 경우는 시각적(graphical) 요약이라고 할 수 있다. 이 때 시각적으로 요약하는 작업을 시각화(visualization)라고 한다.

기술통계학에서는 수치로 요약한 정보를 제공하기도 하지만 동시에 시각적으로 요약한 정보를 제공하기도 한다. 이미 앞에서 설명한 것처럼 시각화를 하는 이유는 다음 두 가지를 들 수 있다.

- 첫째, 시각적 정보의 전달효과가 높기 때문이다. 아무래도 숫자를 보고 이해하는 것보다는 눈으로 보고 직관적으로 느끼는 것이 더 빠르다.
- 둘째, 숫자로는 드러나지 않던 정보가 그림을 통해서는 나타나는 경우들이 있기 때문이다. 수치들 사이에 가려 잘 보이지 않던 움직임의 패턴이 시각화를 통해 밖으로 드러나는 경우들이 자주 있다.

간단한 예로 앞의 사람의 데이터로부터 30명의 신장을 조사한 데이터를 생각해 보자. 먼저 사람들의 키를 여러 계급으로 나누어 각 계급에 속하는 빈도(도수)를 정리한 도수분포표(table)를 만들어 본다. 이 표로부터는 계급별로 데이터가 고루 분포되지 않고 일부에 집중되어 있다는 대략적인 정보 정도만 얻을 수 있다.

이제 이 표를 히스토그램(histogram)이라고 하는 시각적 표현으로 바꾸어보면 [그림 6-3]의 모양으로 만들 수 있다. 표(table)와 비교하여 막대그림(histogram)으로부터 훨씬 더 선명하고 다양하게 데이터의 분포에 관한 정보를 얻을 수 있다.

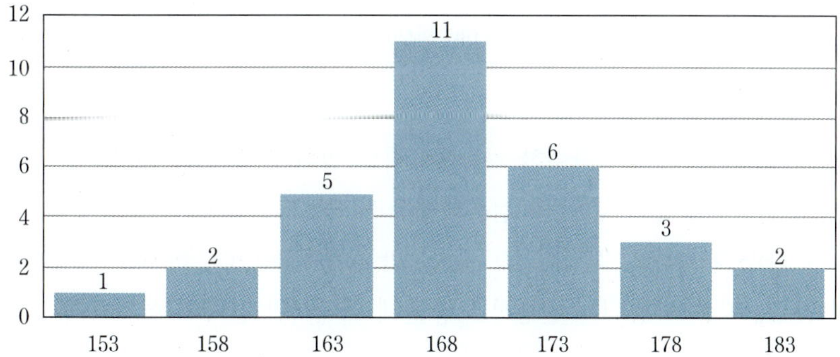

[그림 6-3] 히스토그램의 예

2. 시각화 유형

그렇다면 어떤 모양의 시각적 표현이 가장 효과적일까? 통계학에서 사용하는 시각화의 방법은 매우 다양하다. 그리고 어떤 표현 방식이 가장 효과적이라고 한마디로 말할 수는 없다. 왜냐하면 데이터의 특성에 따라서 또 통계작업의 목적에 따라서 효과적인 시각적 표현이 달라지기 때문이다.

〈표 6-5〉에 정리되어 있는 것처럼 시각화를 하는 목적은 여러 가지로 나뉠 수 있다. 전체 데이터들이 어떻게 분포되어 있는지를 살펴보는 것이 목적일 수도 있고, 시간의 변화에 따라 어떤 패턴으로 변하는지를 알아보는 것이 목적일 수도 있다. 또 데이터간의 관계를 알아보거나 데이터들끼리 비교하는 것에 초점을 맞출 수도 있다. 아니면 데이터들이 어느 위치에 어떻게 흩어져 있는지를 알아보는 것에 관심을 가질 수도 있다. 그리고 시각화의 목적이나 관심에 따라 가장 효과적인 도구도 달라지게 된다.

〈표 6-5〉 시각화의 목적과 유형

목적	설명
분포 분석	전체 집합 안에 각각의 관측치들이 어떤 구조나 형태로 흩어져 있는지를 파악하기 위한 시각화
동태 분석	시간의 흐름을 따라 관측치들의 동태적 변화 방향이나 변화율을 파악하기 위한 시각화
관계 분석	관측치 사이의 연관성이나 패턴의 유사성(상이성)을 파악하기 위한 시각화
비교 분석	관측치(그룹)와 관측치(그룹)의 수준이나 크기의 비교를 목적으로 하는 시각화
위상 분석	전체 집합 안에서 관측치가 어떤 위상이나 위치를 점하고 있는지를 파악하기 위한 시각화

오늘날 데이터의 시각화는 단순한 기술통계학의 범위를 넘어 빅 데이터 분석의 중요한 분야로 발전하고 있다. 더구나 컴퓨터공학과 접목되면서 매우 정교한 알고리즘을 바탕으로 다양한 형태의 시각적 도구들이 만들어지고 있다. 하지만 여기에서는 기술통계학에서 자주 사용되는 전형적 모양들에 대해서만 간략히 살펴보기로 하자.

3. 대표적 도구

(1) 표(table)

표는 가장 일차적인 시각화의 도구이다. 일단 표로 정리하면 그 자체로도 유용한 정보가 되지만 나아가 그것을 바탕으로 다른 모양의 시각화 도구들을 사용할 수 있기 때문이다. 표는 흔히 행렬(matrix) 형태로 나타낸다. 행과 열로 배치하여 데이터의 구조를 보여주는 것이다. 앞에서 말한 도수분포표가 대표적인 모양이다. 이 표는 전체 데이터 값을 여러 구간으로 나눈 후 관측치들이 어느 구간에 얼마나 분포되어 있는지를 정리하여 보여준다.

(2) 차트(chart)

차트는 주로 분포를 알아보는데 사용되는 시각적 도구이다. 차트에도 여러 가지 형태가 있고 각각은 용도와 효과가 다르다. 특히 바 차트(Bar chart), 파레토 차트(Pareto chart), 파이 차트(Pie chart) 등은 자주 사용되는 대표적 차트들이다.

(3) 히스토그램(histogram)

히스토그램은 위에서 설명한 도수분포표를 근거로 작성하는 시각화 도구이다. 흔히 동일한 폭을 갖는 계급으로 나누어 각 계급의 도수(frequency)를 기둥 형태로 표현하는 방식으로 만든다.

(4) 줄기잎 그림(stem and leaf plot)

관측치들을 줄기에 해당되는 부분으로 크게 나눈 후 각 줄기에 소속되어 있는 관측치들을 잎에 해당되는 부분으로 작게 나누어 시각적으로 표현하는 도구이다. 예를 들어 시험점수의 데이터라고 하면 먼저 80점대, 90점대 등의 10점대로 줄기를 만든 후 그 줄기에 소속되는 관측치들을 잎으로 배치시키는 식으로 만들게 된다. 모든 관측치가 그림 안에 반영되기 때문에 정보의 손실이 없고 전체의 모양을 이해하기 쉽다는 장점이 있다.

(5) 지도(map)와 네트워크(network)

조사대상의 전체 집합(예를 들어 세계, 국가 등)을 보여주는 실제의 지도 위에 관측치들의 값을 표시하거나, 조사 결과를 정리하여 지도 모양의 그림으로 표현하는 방식을 가리킨다. 또 관측치들간의 관계를 노드(node)와 화살표(arrow)로 이루어지는 네트워크 모양으로 보여줄 수도 있다.

제4절 데이터 특이성

1. 기본개념

데이터의 대표값에 이어 이번에는 특이성에 대해 알아보자. 대부분의 데이터는 평균과 같은 중심의 대표값을 기준으로 주위로 넓게 흩어지는 모습을 보인다. 이 때 흩어지는 모양은 좌우로 퍼질 수도 있고 높이로 퍼질 수도 있다.

기술통계학을 통해 정상적인 상황에서 나타나는 모양과 상당히 다른 비대칭적 모양이 나타나거나 매우 특이한 관측치가 발견되면 일단 데이터 수집의 문제점이나 데이터 활용의 적합성을 확인할 필요가 있다. 데이터의 비대칭성과 특이성을 확인하는 지표나 기준에 대해 알아보기로 하자.

2. 왜도

왜도(skewness) 또는 비대칭도는 데이터의 분포가 중심을 기준으로 어느 한쪽으로 치우진 정도를 나타내는 척도이다. 왜도는 좌우의 대칭이 이루어질수록 그 값이 0에 근접하게 되어 있다. 따라서 정규분포의 경우에는 왜도가 0이 된다.

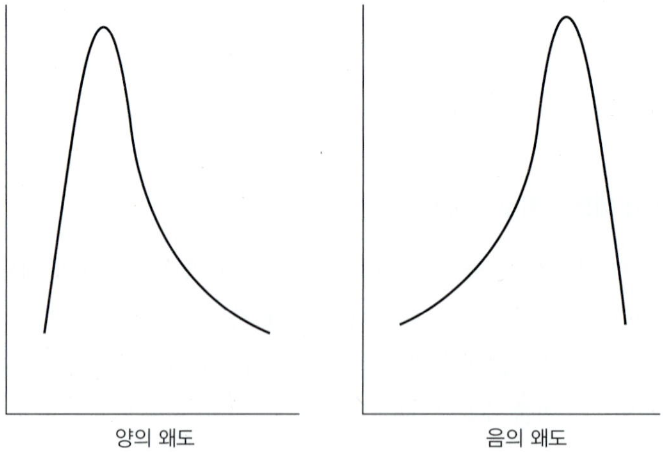

[그림 6-4] 왜도 곡선의 특성

또한 왜도는 양수나 음수의 값을 가질 수 있다. [그림 6-4]에서 보듯이, 왜도가 음수일 경우에는 데이터가 왼쪽으로 긴 꼬리를 가지며 전체적으로 오른쪽에 더 많은 관측치들이 분포하게 된다. 반대로 왜도가 양수일 때는 오른쪽으로 긴 꼬리를 가지며 왼쪽에 더 많은 관측치들이 분포하게 된다.

3. 첨도

위에서 설명한 왜도가 좌우의 분포를 보여주는 지표라면 첨도(kurtosis)는 높이의 분포, 즉 위쪽으로 얼마나 뾰족한 모양을 보이는가를 나타내는 지표이다. 따라서 첨도는 관측치들이 중심 쪽에 얼마나 몰려 있는지를 나타내는 값이다.

첨도는 정규분포의 경우를 0으로 정하여 그것을 기준으로 측정한다. 따라서 첨도가 0과 크게 다른 값으로 나타나면 데이터가 정규분포를 따른다고 보기 어려워진다. [그림 6-5]에서 보는 것처럼 첨도가 양수이면 분포의 정점이 정규분포보다 더 뾰족한 대신 꼬리는 넓어지고 반대로 첨도가 음수이면 분포의 정점이 정규분포보다 낮은 대신 꼬리는 좁아지는 모양을 보인다.

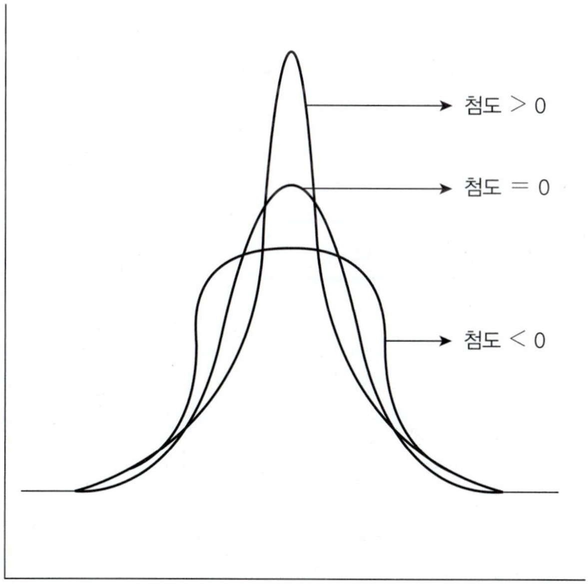

[그림 6-5] 첨도 곡선의 특성

4. 이상점

이상점(outlier) 또는 극단치는 대부분의 다른 관측치와 비교하여 크게 다른 관측치, 즉 중심에서 멀리 떨어져 있는 관측치를 의미한다. 하지만 이상점에 대한 명확한 정량적 정의는 없기 때문에 주관적인 판단에 따라 이상점 여부를 결정하게 된다. 보통 정규분포의 데이터 경우 평균으로부터 ±3 표준편차(σ) 밖에 위치하는 관측치 또는 일반적인 경향에서 많이 벗어나는 경우를 이상점이라고 한다.

이상점은 우연히(by chance) 만들어질 수도 있지만 대부분 다음 두 가지 원인으로 발생한다. 첫째, 측정 오류(measurement error)이다. 데이터를 실제로 측정하는 과정에서 방법이 잘못되거나 도구가 잘못되어 발생하는 오류가 원인이 되는 경우이다. 둘째, 모집단이 정규분포와 크게 다른 경우이다. 데이터들이 평균을 중심으로 균형을 이루는 것이 아니라 곡선의 꼬리가 왼쪽이나 오른쪽으로 크게 치우친 경우에 발생하는 것이다.

전자의 경우는 심각한 문제라고 하기 어렵다. 이상점을 제거하거나 이상점에 큰 영향을 받지 않는(robust) 분석기법을 사용하면 된다. 하지만 후자의 경우는 간단한 문제가 아니다. 이 때는 데이터가 정규분포를 따른다는 가정을 하기 어려워지면서 정규분포를 가정한 추정이나 분석기법을 사용하는 것이 위험해진다. 따라서 분석기법의 선택이나 적용에 신중을 기해야 한다.

배경 이야기: 시각화의 효과

데이터의 시각화는 복잡한 내용을 단순하게 정리한다는 의미를 넘어 데이터 안에 숨겨져 있던 정보를 밖으로 끄집어 내는 효과를 기대할 수도 있다. 이러한 기능이나 목적을 가장 극적으로 보여주는 예가 영국의 통계학자 Anscombe이 만들어낸 네 종류의 데이터(Anscombe's Quartet)이다. 여기서 각각의 데이터는 두 개의 변수 X와 Y의 관측치들로 이루어진다. 그리고 네 가지 데이터는 동일한 통계량을 보여준다. 모든 데이터에 대해 X와 Y의 평균과 분산이 같은 것이다. 그러나 X와 Y를 두 개의 축으로 하는 이차원 위에 관측치들을 놓아보면 각 데이터는 아래와 같이 서로 상이한 모양을 보여준다.

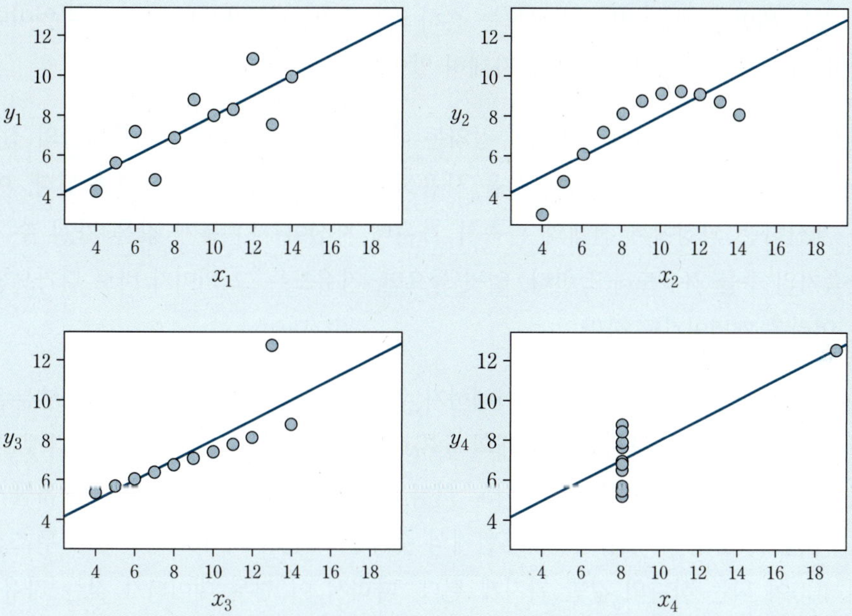

그림에서 보는 것처럼, 네 가지 데이터는 전혀 다른 모습을 나타내고 있다. 원래의 데이터 자체 또는 요약한 통계량만으로는 도저히 알 수 없는 데이터 사이의 차이가 시각화를 통해 분명하게 드러나는 것이다.

제5절 자유도

1. 기본개념

앞에서 잠깐 언급한 것처럼 통계학에서 자유도(degree of freedom: df)라는 용어가 갖는 의미는 매우 크다. 자유도는 흔히 ν로 표기한다. 자유도의 뜻이 무엇이며 그것이 왜 중요한 개념인지에 대해 자세히 알아보자.

먼저 자유도라는 용어의 일반적인 정의는 다음과 같다. 데이터는 관측치들의 집합이다. 그리고 우리는 관측치들의 값을 사용하여 어떤 통계량을 계산하게 된다. 이 값을 계산하는 과정에서 전체의 관측치 가운데 자신이 자유롭게 값을 가질 수 있는 관측치의 수를 자유도라고 한다. 얼핏 들으면, 자유도는 그 의미가 바로 다가오지 않는 어려운 개념이기도 하다.

우선 일반적인 의미의 자유도를 이해하기 위해 다음의 예를 살펴보자. 이 부분은 이미 앞장에서 설명한 내용이다. 5개의 숫자로 이루어진 작은 집합에서 이 다섯 개 숫자의 합이 100으로 고정되어 있다고 하자. 그러면 처음 4개의 숫자는 자유롭게 값을 가질 수 있다. 하지만 마지막 5번째의 숫자는 자신의 의지와 상관없이 무조건 합이 100이 되는 하나의 값만 가지게 된다. 따라서 이 경우 데이터가 갖는 자유도는 모든 숫자의 개수인 5가 아니라 자유롭게 값을 부여할 수 있는 숫자의 개수인 4가 된다.

이어서 통계와 관련하여 자유도의 의미를 쉽게 이해하기 위해 다음의 예를 생각해보자. 먼저 모집단 전체의 모평균과 모분산은 아래의 식으로 주어진다.

$$\mu = \frac{\sum_{i=1}^{N} X_i}{N} = \frac{\sum X}{N}, \quad \sigma^2 = \frac{\sum (X-\mu)^2}{N}$$

모집단 안에는 N개의 무수히 많은 관측치들이 있고 그 관측치들을 이용하여 모평균이나 모분산과 같은 특정치를 계산하는 것이다. 그런데 모평균이나 모분산은 우리가 알 수 없는 값이다. 분명히 하나의 값이 존재하지만 알려지지 않은 값이므로 어떤 특정한 값으로 고정시킬 수 없다. 따라서 모집단 안에 있는 N개의 모든 관측치는 자유롭게 값을 가질 수 있고 이 경우 자유도는 N이 된다.

이번에는 N보다 훨씬 적은 n개의 관측치로 구성된 하나의 표본에서 나오는 표본평균과 표본분산을 보자. 표본평균과 표본분산은 아래의 식으로 주어진다.

$$\overline{X}=\frac{1}{n}\sum_{i=1}^{n}X_i,\quad S^2=\frac{\sum(X_i-\overline{X})^2}{n-1}$$

여기서 먼저 표본평균을 보자. 표본평균의 자유도는 n이 된다. 물론 표본평균은 모평균과 달리 알 수 있는 값이다. 하지만 표본평균은 처음부터 주어지는 것이 아니라 n개의 관측치가 자유롭게 값을 가진 결과로 만들어지는 값이다. 따라서 자유도는 n이 된다.

그렇다면 표본분산은 어떨까? 결론부터 말하면 표본분산의 자유도는 n이 아니라 $(n-1)$이 된다. 왜 그럴까? 여기에서는 표본분산 $\frac{\sum(X_i-\overline{X})^2}{n-1}$의 계산에 앞서 표본평균 $\overline{X}$가 먼저 주어진다. 그리고 표본분산의 분자에서 $\sum(X_i-\overline{X})$는 반드시 0이 되어야 한다. 이 제약조건이 만족되려면 $(n-1)$개의 관측치는 자유롭게 값을 가질 수 있지만 마지막 한 개는 자동으로 그 값이 정해지게 된다. 그러므로 표본분산의 자유도는 n이 아니라 $(n-1)$이 되는 것이다.

2. 자유도의 의의

통계학에서 자유도의 개념이 중요한 이유는 다음 두 가지로 요약할 수 있다. 첫째, 자유도가 추정의 정확도에 큰 영향을 미치기 때문이다. 둘째, 자유도가 확률분포의 특성을 결정하는 요인이기 때문이다. 각각에 대해서 자세히 알아보기로 하자.

(1) 추정의 정확도

우선 자유도에 의해 추정(estimation)의 정확도가 영향을 받는다. 여러 번 반복해서 말하지만 추정은 표본의 통계량을 이용하여 모집단의 모수를 추측하는 일이기 때문에 정확도가 중요할 수 밖에 없다. 이 과정에서 자유도가 큰 영향을 미친다.

하나의 예로 표본분산 s^2을 이용하여 모분산 σ^2을 추정하는 문제를 생각해 보자.

먼저 모집단의 모분산은 아래의 식으로 주어진다.

$$\sigma^2 = \frac{\sum(X-\mu)^2}{N}$$

이어서 표본의 분산인 표본분산 S^2 을 계산하는 식에서 분모를 N 대신 표본의 크기인 n으로 나누면 아래와 같다.

$$S^2 = \frac{\sum(X_i-\overline{X})^2}{n}$$

여기서 수리적 증명은 생략하지만 아래에서 보는 것처럼 n으로 나눈 표본분산 S^2의 기대값은 모분산 σ^2 와 다르게 나타난다.

$$E(s^2) = \frac{1}{n}E\left(\sum_{i=1}^{n}(x_i-\overline{x})^2\right) = \frac{n-1}{n}\sigma^2$$

실제로 정규분포를 따르는 변수에 대해 표본분산에서 분모를 자유도 $(n-1)$이 아니라 표본의 크기 n으로 나눌 경우 모분산보다 항상 작은 값으로 추정하는 현상이 나타난다. 이 현상은 n이 작을수록 더 심각한 문제를 만든다. 왜냐하면 n이 작으면 n과 $(n-1)$의 차이가 크게 나타나기 때문이다.

따라서 추정과정에서는 단순히 표본의 크기가 아니라 정확한 자유도를 사용해야 한다. 정확한 자유도가 사용되지 않으면 실제보다 큰 값으로 추정(over-estimation)이 이루어지거나 반대로 실제보다 작은 값으로 추정(under-estimation)이 이루어지는 문제가 발생하는 것이다.

(2) 확률분포의 특성

자유도에 의해 확률분포의 특성이 달라지기도 한다. 예를 들어 앞에서 살펴본 정규분포와 t 분포를 비교해 보자. 각각의 확률변수는 아래의 식으로 표현된다.

$$Z=(X-\mu)/\sigma, \quad T=\frac{(\overline{X}-\mu)}{s/\sqrt{n}}$$

먼저 정규분포는 μ와 σ^2의 두 모수에 의해서만 분포의 특성이 결정된다. 따라서 자유도의 영향을 받지 않는 분포이다. 하지만 t 분포는 다르다. t 분포에서는 모분산 σ^2 대신 표본분산 S^2을 사용한다. 이 때 위에서 설명한 것처럼 S^2은 자유도에 따라 달라지는 값이다. 그러므로 t 분포는 자유도에 의해 분포의 성격이 달라지는 분포이다.

정규분포와 관련되어 있는 chi-square 분포나 F 분포도 모두 자유도의 직접적인 영향을 받는 분포이다, 그러므로 정확한 자유도가 사용되지 않으면 확률분포의 성격을 제대로 반영하지 못할 위험이 발생한다.

연습문제

▣ 개념이해 문제

1. 기술통계학(descriptive statistics)의 개념과 목적을 추론통계학과 비교하여 설명하시오.

2. 기술통계학의 핵심 내용과 용도를 세 가지로 정리하여 제시하시오.

3. 평균보정 데이터(mean-corrected data)와 절대 편차(deviation)의 의미를 설명하시오.

4. 원 데이터(original data)와 평균보정 데이터(mean-corrected data)의 공통점과 차이점을 설명하시오.

5. 표준화 데이터(standardized data)의 정의를 제시하고 그 의미에 대해 설명하시오.

6. 집단 A의 표본 수, 평균, 표준편차가 각각 n_A, m_A, σ_A 이고 집단 B의 표본 수, 평균, 표준편차가 각각 n_B, m_B, σ_B 일 때, 두 집단을 합친 전체 집단의 평균 m과 분산 σ^2를 구하시오.

7. 어떤 기업의 임금 데이터에 대해 평균과 중앙값을 계산하였더니 중앙값에 비해 평균이 매우 높게 나타났다. 이것이 무엇을 의미하는지를 설명하시오.

8. n개의 자료 x_1, x_2, $\cdots$, x_n에 대하여
   (1) 각 자료 x_i에 상수 c를 더하였을 때 분산(표준편차)은 어떻게 달라지는지 설명하시오.
   (2) 각 자료 x_i에 상수 c를 곱하였을 때 분산(표준편차)은 어떻게 달라지는지 설명하시오.

9. 데이터의 기하학적 정보를 제공하는 거리(distance) 개념에서 유클리드 거리와 통계적 거리의 차이를 설명하시오. 또한 위의 두 가지 거리 외에 어떤 거리 지표들이 사용될 수 있는지 생각해 보시오.

10. 데이터의 수치적(numerical) 정보와 비교한 시각적(visual) 정보의 장점을 제시하시오.

11. 데이터를 시각화(visualization)하는 중요한 목적들을 서울하고, 각각의 목적에 맞는 시각화의 접근방법을 제시하시오.

12. 데이터의 특이성을 측정할 수 있는 대표적 지표들을 제시하시오.

13. 정규분포의 경우 왜도(skewness)와 첨도(kurtosis)가 모두 0인 이유를 설명하시오.

14. 통계학에서 자유도(degree of freedom)의 의미와 중요성에 대해 설명하시오.

▣ 수리실습 문제

1. 아래의 표는 건강검진 대상자 12명에 대한 신장과 체중의 원 데이터와 평균보정 데이터를 보여주고 있다.

관측대상	원 데이터		평균보정 데이터	
	신징(X_1)	체중(X_2)	신장(X_1)	체중(X_2)
1	166.1732	55.6023	−1.2778	−10.3130
2	186.7266	87.3961	19.2756	21.4807
3	159.2694	55.2475	−8.1816	−10.6679
4	174.4309	71.6564	6.9799	5.7410
5	172.2638	65.7194	4.8128	−0.1959
6	148.988	53.0763	−18.463	−12.8391
7	159.2009	48.4501	−8.2501	−17.4653
8	171.779	70.6938	4.328	4.77839
9	163.1725	64.6079	−4.2785	−1.3075
10	165.4728	71.5016	−1.9782	5.5862
11	172.9416	71.4369	5.4906	5.5215
12	168.9933	75.5963	1.5423	9.6809

(1) 각각의 데이터에서 신장과 체중의 평균을 구하시오

(2) 각각의 데이터에서 신장과 체중의 분산을 구하시오.

(3) 두 가지 데이터에 대해 평균과 분산의 차이를 비교하시오.

2. 앞의 표를 바탕으로 표준화 데이터를 만들고 평균과 분산을 계산하시오.

3. 앞의 표를 바탕으로 신장과 체중의 두 변수간의 공분산(covariance) 행렬을 만들어 보시오.

4. 아래의 표는 건강검진 대상자 15명에 대한 신장과 체중 데이터를 보여주고 있다.

	신장	체중
1	166	56
2	186	87
3	159	55
4	174	72
5	172	66
6	149	53
7	159	48
8	204	139
9	163	65
10	165	72
11	173	71
12	184	76
13	178	80
14	175	75
15	180	81

(1) 신장과 체중에 대한 각각의 히스토그램을 그려 보시오.

(2) 신장과 체중에 대한 상위 및 하위 사분위수(upper and lower quartile)를 각각 찾아 보시오.

(3) 히스토그램을 바탕으로 신장과 체중의 이상점(outlier)이 있는지를 확인해 보시오.

5. 아래의 표는 가공기계의 고장이 발생하는 원인을 주요 요인별로 분석한 데이터이다.

발생 요인	기계 결함	부속품 불량	전기장치 불량	작동 오류
빈도	24	48	33	18

(1) 요인별 고장 발생 패턴을 Bar Chart로 도식화하시오.
(2) 요인별 고장 발생 패턴을 Pareto Chart로 도식화하시오.
(3) 요인별 고장 발생 패턴을 Pie Chart로 도식화하시오.

▣ 조사실습 문제

1. 실제 현장에서 데이터의 시각화를 성공적으로 활용한 사례들을 5개 이상 찾아서 그 내용과 효과를 서술하시오.

2. 아래의 각 경우에는 주로 어떤 유형(형태)의 시각화 도구들이 사용되는지를 조사하여 정리하시오.

(1) 병원 의료 데이터
(2) 공장 생산 데이터
(3) 시장 고객 데이터
(4) 연구소 실험 데이터
(5) 대학 교육 데이터

3. 실제의 데이터를 하나 찾아서 다양한 시각화 도구들을 이용하여 기술통계 분석을 수행하시오.

4. 이상점(outlier)이 포함된 실제의 데이터를 찾아서, 시각적 도구를 이용하여 이상점의 위치를 보여주고 본격적인 데이터 분석과정에서 이상점을 어떻게 처리하였는지를 설명하시오.

5. 통계청(http://kostat.go.kr/portal/korea/)에서 원하는 통계자료들을 내려 받은 후 아래의 과제를 수행하시오.

   (1) 다양한 정보나 지표에 대해 기술통계학 분석을 수행해 보시오.

   (2) 다양한 시각화 도구들을 만들어보고 가장 전달력이 높은 방식이 무엇인지를 찾아보시오.

6. 빅 데이터를 사용하는 현장의 실무에서 기술통계학을 활용하는 사례들을 찾아 그 내용과 용도를 정리하여 보시오.

STATISTICS

PART

III

데이터 속성의 추론

CHAPTER

07

추정이론

STATISTICS

contents

배경과 요약(Background & Summary)

통계학이 하나의 응용과학으로서의 의미와 가치를 가지려면 표본의 통계량을 요약하고 정리하는 기술통계학의 수준을 넘어 모집단의 특성을 알아내는 기능을 수행해야 한다. 추정이론은 표본에서 얻은 추정량(estimator)을 이용하여 모집단의 모수(parameter) 값을 추측하는 과정에 사용되는 이론과 기법을 가리킨다. 여기에서부터 본격적인 추론통계학이 시작되는 것이다.

좋은 추론을 위해서는 당연히 좋은 추정량을 사용해야 한다. 좋은 추정량의 요건은 일치성, 불편성, 효율성 등이다. 각각의 정의와 의미에 대해 알아보자. 또한 좋은 추정량을 얻기 위해서는 좋은 추정방법을 사용해야 한다. 다양한 방법 중에서도 가장 폭넓게 사용되는 최우도 추정법이나 최소제곱 추정법의 원리와 기준을 살펴보자.

실제의 추정은 크게 두 가지 방식으로 이루어진다. 하나는 가장 합리적인 하나의 점을 찾아서 그것을 추정값으로 하는 점추정이다. 다른 하나는 상한과 하한의 두 점으로 만들어지는 범위로 추정하는 구간추정이다. 점추정과 구간추정의 원리와 방식에 대해 자세히 알아보기로 하자.

최근에는 베이지안 확률을 추정작업에 적용하는 베이지안 추정이 각광을 받고 있다. 베이지안 추정은 전통적 추정에 비해 그 원리와 과정이 상당히 다르다. 베이지안 추정의 핵심원리와 방식도 간략하게 소개하기로 한다.

핵심주제와 용어(Main Theme & Keywords)

추론이론

- 추정이론
- 검정이론

추정량의 요건

- 일치성, 불편성, 효율성
- 최소분산 불편추정량

추정 방법

- 최우도 추정법
  - ✓ 우도와 확률
- 최소제곱 추정법

추정 방식

- 섬추성
- 구간추정
  - ✓ 표본분포
  - ✓ 신뢰수준과 신뢰구간
  - ✓ 구간 결정요인

베이지안 추정

- MAP 추정
- 신용구간 추정

CHAPTER 07

추정이론

제1절 추론 통계

1. 기본개념

앞장에서 통계 작업의 시작이라고 할 수 있는 기술통계학의 주요 내용에 대해 알아보았다. 표본의 데이터를 정리하여 통계량이 어떤 값을 가지는지, 또 그것의 중심이 어디이며 어느 정도 펴져 있는지 등에 관한 기본적 정보를 얻어내는 작업을 살펴본 것이다. 그 과정에서 주의해야 할 점은 기술통계학에서는 중심이나 산포를 계산만 하면 된다는 사실이다. 여기서 '계산만 하면 된다'는 말은 표본의 통계량을 구하고 그것을 수치나 그림으로 표현할 뿐이지 모집단에 숨겨져 있는 정보를 캐는 작업까지 들어가지는 않는다는 뜻이다.

하지만 통계학이 하나의 응용과학으로서 제대로 된 의미와 가치를 가지려면 통계량을 단순히 계산하여 정리하는 기술통계학의 범위를 넘어 표본으로부터 모집단의 특성을 알아내는 기능을 수행해야 한다. 대부분의 경우 모집단에 대해서는 거의 아는 것이 없다. 보다 정확히 말하면 알 수가 없다. 오로지 관찰하거나 측정할 수 있는 것은 모집단의 일부분인 표본이고 따라서 얻을 수 있는 것은 표본의 통계량에 대한 정보에 불과하다. 이 정도의 제한된 지식을 가지고 미지의 세계인 모집단의 내부를 알아내는 과정에는 당연히 오류가 있을 수밖에 없다.

따라서 오류를 최소로 줄이면서 원하는 지식을 얻어낼 수 있는 '추론(inference)' 이론과 기법들이 일찍부터 개발된 것은 매우 자연스러운 일이다. 이 과정을 통해 통계학이 비로소 실용적인 의미와 가치를 지니는 응용과학으로 자리매김하게 된 것이다. 오늘날에도 대부분의 통계학 교과서들이 추론을 통계분석의 시작으로 삼는 이유도 여기에 있다.

배경 이야기: 통계학의 태동

통계학을 가리키는 영어 'statistics'는 라틴어로 상태를 의미하는 'statisticum', 또한 이탈리아어로 나라를 뜻하는 'statistica' 등에서 유래한 말이라고 한다. 이미 고대의 이집트, 그리스, 로마 시대에서도 인구, 세금, 농지 등과 같이 국가를 관리하는데 반드시 필요한 정보를 수집하고 활용하는 일들을 하였다고 하니 통계라는 용어가 '상태', '국가' 등의 용어와 밀접하게 관련되어 있는 것은 매우 자연스러운 일이다.

하지만 통계학이라는 본격적인 '학문'이 태동한 시점은 흔히 1830년대로 본다. 그 배경으로는 크게 다음 두 가지의 요인을 들 수 있다. 우선은 이 때쯤해서 통계학의 이론적 토대가 되는 확률이론이 완성되었다는 점이다. 16세기 도박 게임의 승률 계산에서 출발하여 19세기 초 라플라스의 중심극한정리에 이르기까지 확률과 확률분포의 주요 원리와 이론들이 대부분 만들어진 것이다. 말하자면 통계학이라는 줄기와 가지로 뻗어나갈 확률이론의 뿌리가 자리를 잡은 셈이다.

다음으로는 이 시점에서 확률의 활용 범위가 자연과학이라는 좁은 영역을 넘어 사회과학 분야까지 넓어지기 시작했다는 점이다. 이 시기는 산업혁명으로 도시의 규모와 구조가 근본적으로 바뀌면서 사회 자체, 즉 모집단을 통계적으로 조사하고, 분석하고, 추정해야 할 실무적 필요성이 커진 때이기도 하다. 말하자면 사회 시스템의 규모가 커지고 구조가 복잡해지고 변동성이 올라가면서 통계학이라는 새로운 응용과학을 필요로 하게 된 것이다.

앞에서 확률분포와 표본분포에 대해 자세히 알아본 목적도 바로 추론의 작업을 하기 위한 것이다. 당연한 말이지만 표본을 가지고 모집단을 알기 위해서는 넓은 의미의 확률변수 그리고 좁은 의미의 통계량이 가지는 값의 변동성에 어떤 규칙과 패턴이 존재해야 한다. 그 규칙을 정량적, 수리적 함수로 표현한 것이 확률분포 특히 표본분포(sampling distribution)이고 이 분포를 바탕으로 통계적인 추측을 하게 되는 것이다.

[그림 7-1]에서 보는 것처럼 확률분포를 바탕으로 표본에서 얻은 지식을 가지고 모집단의 성질을 알아내려고 하는 주제를 다루는 부분을 추론통계학(inferential statistics)이라고 한다. 또한 이 과정에서 사용되는 이론들을 추론이론(Theory of Inference)이라고 한다. 추론이론은 다시 크게 추정이론(theory of estimation)과 검정이론(theory of testing)으로 나눌 수 있다.

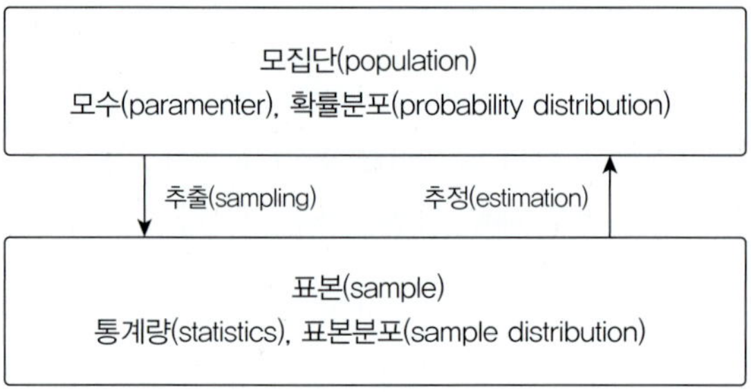

[그림 7-1] 추론통계학의 구성과 과정

2. 추정과 검정

그렇다면 추정이론과 검정이론의 차이는 무엇일까? 앞의 사람의 예로 돌아가보자. 남자 500명, 여자 500명의 표본을 뽑아서 그들의 키를 재었더니 평균값이 170cm로 나왔다고 하자. 또 남자와 여자와 나누어서 따로 평균값을 측정하였더니 각각 175cm와 165cm로 나타났다고 하자. 이 정보를 바탕으로 우리가 모집단에 대해 던질 수 있는 질문은 어떤 것들이 있을까?

먼저 모집단 전체의 평균 신장이 얼마일까 하는 질문을 생각할 수 있다. 이어서 남자와 여자 각각의 평균 신장도 알고 싶을 것이다. 또 남자와 여자의 평균 신장이 얼마나 차이가 나는지도 궁금할 것이다. 이처럼 표본의 통계량을 가지고 모집단 모수의 참값을 추측하는 작업을 다루는 분야가 '추정(estimation)이론'이다.

이번에는 다른 질문으로, 어떤 사람이 전체의 평균 신장이 170cm라는 주장을 내놓은 반면 다른 사람은 170cm가 아니라는 주장을 편다면 누구의 주장이 더 믿을 수 있는 것일까? 또는 남자의 평균키와 여자의 평균키는 10cm 차이가 난다라는 주장과 그렇지 않다라는 주장 가운데 어느 주장의 신뢰도가 더 높을까? 이처럼 두 가지 서로 대립되는 주장을 놓고 어느 주장을 받아들일 것인가를 다루는 분야가 '검정(testing)이론'이다.

요약하면 추정이론은 모집단 모수의 값(value)을 정확하게 추측하는 작업을 다루고 검정이론은 모집단 모수의 값이 주어졌을 때 그 값의 타당성(validity)에 대한 의사결정 작업을 다룬다. 이 두 개의 이론 가운데 먼저 추정이론에 대해 알아보고, 이어서 검정이론을 다루도록 하자.

3. 추정이론

(1) 배경

이미 설명한 것처럼 추정이론은 '표본에서 얻은 추정량(estimator)을 이용하여 모집단의 모수(parameter) 값을 추측하는 과정에 사용되는 이론과 기법'을 가리킨다. 용어를 다시 정리하면, 먼저 표본으로부터 얻을 수 있는 다양한 값들을 모두 묶어서 통계량(statistics)이라고 부른다. 이 통계량은 작업의 목적에 따라 이런저런 용도로 사용될 수 있다. 이 때 어떤 통계량이 추정의 용도로 사용되는 경우 그 통계량을 특별히 추정량이라고 한다. 그리고 추정량을 바탕으로 실질적인 추정 작업을 수행하는 원리와 기법을 다루는 주제가 추정이론이다.

추정이론은 18세기에 출발하여 19세기 전반부까지 다양한 원리와 방법이 제안되면서 전통 통계학의 기반을 마련하였다. 최소제곱 추정법(least square method)이 이 시대를 대표하는 기법이다. 하지만 20세기 들어서면서 새로운 추정방법이 개발되면서 추정이론은 비약적인 발전을 이루었다. 특히 피셔(Fisher)가 제안한 최우도 추정법(maximum likelihood method)은 추정이론 발전의 중요한 계기를 제공하였다. 그 이후 추정이론은 다양한 분야에 적용되면서 통계학의 영역을 넓히는데 큰 공헌을 하게 된다.

(2) 추정량과 추정치

여기서 다시 한번 모수와 추정량의 관계를 정리하고 넘어가자. 처음부터 강조하는 사실은 모수는 '참값을 알 수는 없지만 상수'라는 점이다. 앞의 예로 돌아가 설명하면 사람 전체는 모집단이고 따라서 사람 전체의 평균 신장은 모수이다. 이 값은 오직 한 개이고 분명히 존재하지만 우리가 알 수는 없는 값이다. 흔히 모수는 θ로 표기한다.

모수(parameter): θ

이에 반해 추정량은 표본에 따라 변하는 변수이다. 표본이 바뀌면 그 값도 바뀌는 것이다. 여기서 추정량(estimator)이라는 용어와 추정치(estimate)라는 용어의 차이가 만들어진다. 추정량은 모든 표본을 대상으로 하는 일반적인 용어이다. 하지만 어떤 특정 표본을 추출하여 거기서 실제의 값이 측정되었다면 그것은 추정치가 된다.

예를 들어 500명을 100명씩 나누어 서로 다른 5개의 표본을 만들었다고 하자. 모든 표본은 각각의 표본평균을 가진다. 그러므로 표본평균 자체는 하나의 추정량이다. 이제 첫 번째 표본으로부터 실제의 평균을 계산하여 170.6cm이라는 값이 나왔다고 한자. 그러면 추정량은 170.6이라는 추정치로 바뀌게 된다. 마찬가지로 다른 4개의 표본에서도 각각의 추정치를 계산할 수 있다. 흔히 추정량과 추정치는 모두 $\hat{\theta}$로 표기한다.

추정량(estimator) → 추정치(estimate): $\hat{\theta}$

당연한 얘기지만 추정치와 모수는 같을 수 없다. 이 때 추정치와 모수 사이의 차이인 $(\hat{\theta}-\theta)$를 추정치의 오차(error of estimate)라고 부른다.

추정치의 오차(error of estimate) $=(\hat{\theta}-\theta)$

물론 이 오차는 작을수록 좋은 것이다. 그런 관점에서 보면 결국 추정이론은 어떻게 하면 오차를 줄일 수 있을 것인가, 다시 말해 오차의 크기를 최소화할 수 있는 추정 방법을 어떻게 설계할 것인가를 다루는 분야라고 할 수 있다.

제2절 추정량의 요건

1. 기본개념

추정의 출발은 추정량의 선택에 있다. 왜냐하면 하나의 모수에 대해 우리가 사용할 수 있는 추정량은 여러 개 있을 수 있고 그 가운데 어떤 추정량을 사용하느냐에 따라 추정의 결과가 크게 달라지기 때문이다. 모평균이라는 모수의 참값을 추정하는 문제를 생각해 보자. 추정을 위해 먼저 표본을 추출하였다. 이제 표본으로부터 얻을 수 있는 다양한 통계량 중에 어느 것을 추정량으로 사용할 것인가? 바로 생각할 수 있는 후보만 해도 여러 개가 있다. 우선 표본의 평균을 쓸 수 있다. 하지만 표본평균 대신 표본의 중앙값을 쓸 수도 있고, 아니면 아주 간단하게 가장 큰 값과 가장 작은 값을 평균한 값을 쓸 수도 있다.

모수는 알려지지 않은 값이기 때문에 유일한 최선(unique and best)의 추정량을 미리 알 수는 없다. 정답을 모르는데 어느 추정량이 정답인지를 알 수는 없기 때문이다. 그러나 여러 개의 좋은(many good) 추정량을 얻을 수는 있다. 그렇다면 어떤 추정량이 과연 좋은 추정량일까? 이 질문에 대한 답을 위해서는 먼저 좋은 추정량으로서 갖추어야 할 기준과 조건이 정해져야 한다.

앞의 예로 돌아가서, 100명의 표본을 뽑아 그들의 키를 재었더니 평균값이 170.6cm로 나왔다고 하자. 이 정보를 바탕으로 모집단의 평균 신장이 얼마냐고 물어본다면 대부분은 170.6cm라고 대답할 것이다. 모평균 μ에 대한 가장 합리적인 추정치는 표본평균 $\overline{X}$ 가 된다는 것이다. 그런데 그렇게 생각하는 근거가 무엇이냐, 표본평균 대신 중앙값 같은 다른 통계량을 사용하면 왜 안되느냐고 물어보면 명확한 대답을 찾기가 쉽지 않다. 그냥 상식적으로 판단하면 그렇다, 또는 중고등학교 때부터 그렇게 배워서 습관적으로 대답한다 등의 답변을 내놓을 것이다.

그러나 모평균의 추정량으로 흔히 표본평균을 사용하는 것은 그냥 상식적인 판단이 아니라 그것이 가장 좋은 추정량의 요건을 만족시키기 때문이다. 추정량이 될 수 있는 여러 후보 가운데 표본평균이 가장 좋은 후보로서의 자격을 갖추고 있는 것이다.

실제로 어떤 모수가 주어졌을 때 그 모수의 추정에 어떤 통계량을 추정량으로 사용할 것인가 하는 문제는 일종의 심사를 거쳐 결정하게 된다. 좋은 추정량이 되기 위해서는 이러이러한 조건이 만족되어야 한다는 기준을 만든 다음, 여러 개의 통계량 가운데 주어진 조건을 가장 잘 만족시키는 통계량을 추정량으로 선택하는 것이다.

2. 핵심요건

그렇다면 다음에 나오는 질문은 당연히 그 요건이 무엇이냐 하는 것이다. 가장 대표적인 요건은 일치성, 불편성, 그리고 효율성을 들 수 있다.

(1) 일치성(consistency)

대부분의 경우 추정량은 표본의 크기(n)에 큰 영향을 받는다. 이 때 좋은 추정량이 되기 위해서는 표본의 크기가 커질수록 오차(error)가 작아지는 성격을 지녀야 한다. 표본의 크기가 끝없이 커지면 추정량도 모수에 끝없이 가까워지는 성격을 보여야 하는 것이다. 그렇지 않다면 좋은 추정량을 얻기 위해 비용과 시간을 들여 표본의 크기를 늘릴 이유가 없다.

이러한 성질을 일치성(consistency)이라고 한다. 일치성은 표본의 크기가 커질수록 오차인 $(\hat{\theta}-\theta)$의 크기가 아주 작아질 확률이 1로 수렴한다는 것을 뜻한다. 수리적으로 정의하면 아래의 식이 만족되어야만 일치성의 요건이 만족된다고 할 수 있다. 그리고 일치성이 만족되는 추정량을 일치추정량(consistent estimator)이라고 한다.

일치성의 요건: $n\to\infty$ 가 되면 $P(|\hat{\theta}-\theta|\le e)\to 1$
여기서 e는 임의의 아주 작은 수

일치성의 요건을 다른 말로 바꾸면, 표본의 크기가 커지면서 분산이 0으로 수렴하는 성질이라고 할 수 있다. 오차가 작아지면 분산도 작아지기 때문이다. 즉 일치성은 아래의 식으로 표현할 수도 있다.

일치성의 요건: $\lim_{n\to\infty} Var[\hat{\theta}]=0$

예제

대표적인 일치추정량은 앞에서 말한 표본평균 $\overline{X}$ 이다. 표본평균을 가지고 모평균을 추정할 때 표본평균은 일치추정량이 된다. 왜 그럴까? 여기서 추정량 $\overline{X}$ 의 분산은 σ^2/n 이다. 이제 n이 무한대로 커지면 아래가 성립한다.

$$\lim_{n\to\infty} Var[\overline{X}]=\lim_{n\to\infty}\frac{\sigma^2}{n}=0$$

표본의 크기가 커지면서 표본평균 $\overline{X}$ 의 분산이 0으로 수렴하기 때문에 일치성의 요건이 만족되는 것을 볼 수 있다. 즉 표본에서 얻을 수 있는 여러 가지 통계량 가운데 표본평균을 가장 대표적인 통계량으로 이용하는 이유의 하나는 그것이 일치추정량의 요건을 만족시키기 때문이다.

(2) 불편성(unbiasedness)

추정에서 사용되는 중요한 개념 중의 하나는 편의(bias)이다. 추정치 $\hat{\theta}$과 그에 대응하는 모수 θ가 있을 때 편의는 $E(\hat{\theta})-\theta$로 정의된다. 추정에서 오차와 편의는 다른 개념이다. 앞에서 말한 추정치의 오차(error of estimate)는 $(\hat{\theta}-\theta)$로서 추정치 자체와 모수의 차이를 가리킨다. 이에 비해 편의(bias of estimate)는 $E(\hat{\theta})-\theta$로서 추정량의 기대값(expected value)과 모수의 차이를 뜻한다.

추정치의 편의(bias) $= E(\hat{\theta}) - \theta$

이 때 불편(unbiased)이라는 말, 즉 편의가 없다는 말은 추정량의 기대값이 곧 모수가 된다는 의미이다. 이 성질을 바로 불편성(unbiasedness)이라고 한다. 불편성은 아래의 식으로 정의된다. 또 그 성질을 만족시켜 편의가 0이 되는 추정량을 불편추정량(unbiased estimator)이라고 한다. 당연히 불편성도 좋은 추정량의 중요한 요건 중 하나이다.

불편성의 요건: $E(\hat{\theta}) = \theta$

배경 이야기: 편의

일반적으로 편의(bias)는 다양한 의미를 지니는 단어이다. 하지만 통계학에서 사용되는 편의라는 용어는 다음 두 가지의 뜻을 담고 있다.

하나는, 표본추출(sampling) 과정에서 표본이 모집단을 제대로 대표하지 못하면서 발생하는 오류를 가리킨다. 이 편의는 이미 앞의 데이터 수집에서 설명한 것처럼 잘못된 표본을 고른다거나 조사자의 전문성이 부족하다든가 하는 이유로 생기게 된다. 따라서 표본의 추출과정에서 최대로 줄여야 하는 오차이다.

다른 하나는, 여기에서 설명한 것처럼 추정(estimation) 과정에서 추정량의 기대값(expected value)이 모수와 달라질 때 생기는 차이를 가리킨다. 따라서 편의가 없는 추정량을 찾는 것이 추정의 핵심 요건이 된다.

예제

표본평균 $\overline{X}$ 을 가지고 모평균 μ를 추정할 때 표본평균은 불편추정량이 된다. 아래에서 보는 것처럼 $E(\overline{X})=\mu$이 되는 것이다. 따라서 표본평균을 가장 대표적인 통계량으로 이용하는 이유는 그것이 일치추정량은 물론 불편추정량의 요건도 만족시키기 때문이다.

$$E[\overline{X}]=E\left[\frac{\sum X_i}{n}\right]=\frac{E[X_1+\cdots+X_n]}{n}=\frac{n\mu}{n}=\mu$$

그러나 앞의 기술통계학에서 이미 설명한 것처럼 표본분산 s^2으로 모분산 σ^2을 추정할 때 $s^2=\frac{\sum(X_i-\overline{X})^2}{n}$은 불편추정량이 아니다. 대신 $\hat{S}^2=\frac{n}{n-1}s^2=\frac{\sum(X_i-\overline{X})^2}{n-1}$를 추정량으로 사용하면 이것은 불편추정량이 된다. $E(\hat{S}^2)=E\left(\frac{\sum(X_i-\overline{X})^2}{n-1}\right)=\sigma^2$이 되는 것이다. 대부분의 추정에서 표본분산의 분모에 표본의 크기 n이 아니라 자유도 $n-1$을 넣어 $\frac{\sum(X_i-\overline{X})^2}{n-1}$을 사용하는 이유는 그것이 불편추정량이기 때문이다.

얼핏 보면 비슷해 보이지만 일치성과 불편성은 다른 개념이다. 둘 사이의 차이를 비교해보자. 하나의 모집단이 주어졌을 때 여러 사람이 각각 표본을 추출한다고 하자. 이 때 일치성은 표본의 크기와 관련된 개념이다. 누가 표본을 추출하는지와 상관없이 표본의 크기가 커질수록 추정량이 모수값에 수렴을 하면 그 추정량은 일치추정량이 된다. 이에 비해 불편성은 표본의 중심에 관한 개념이다. 누가 표본을 추출하든 다양한 표본들의 중심들이 모두 모수와 같은 위치로 모이게 되면 그 추정량은 불편추정량이 된다.

(3) 효율성(efficiency)

두 개의 추정량이 모두 불편추정량의 요건을 만족시킨다고 하자. 그럴 경우에는 어떤 추정량이 더 바람직한 추정량이 될 수 있을까? 이 때 사용되는 기준이 효율성(efficiency)이다.

두 개의 추정량이 있을 때 상대적으로 더 효율적(efficient)인 추정량은 분산의 크기가 더 작은 추정량이다. 첫 번째 추정량 $\hat{\theta}_1$의 분산 $Var(\hat{\theta}_1)$와 두 번째 추정량 $\hat{\theta}_2$의 분산 $Var(\hat{\theta}_2)$를 비교할 때 분산값이 더 작은 추정량이 효율성의 기준에서 더 좋은 추정량이 되는 것이다.

> 효율성의 요건: $Var(\hat{\theta}_1) < Var(\hat{\theta}_2) \rightarrow \hat{\theta}_1$ 이 더 효율적인 추정량

예제

모평균에 대한 추정량으로 평균(mean)과 중앙값(median)의 효율성을 비교해보자. 여기서 증명은 생략하지만, 모집단이 정규분포를 따른다는 가정하에 표본 중앙값의 분산은 표본평균의 분산보다 약 1.57배 크다는 것이 알려져 있다. 따라서 표본의 중앙값보다 표본평균을 대표적인 통계량으로 이용하는 이유는 그것이 일치성과 불편성은 물론 효율성의 요건도 만족시키기 때문이다.

(4) 최소분산 불편추정량

위에서 제시한 조건들을 모두 충족시키는 통계량이 있다면 당연히 그것을 추정량으로 사용하면 된다. 만일 그런 통계량이 없으면 어떻게 하는 것이 좋을까? 일반적인 기준은 먼저 불편성에 가장 큰 비중을 둔다. 무엇보다 중요한 추정량의 요건은 기대값이 곧 모수가 되는 것이기 때문이다.

불편추정량을 찾은 후에는 어떤 기준을 적용할까? 흔히 불편추정량 중에서 가장 효율적인 추정량을 선택하게 된다. 이러한 추정량을 최소불편추정량(Minimum Variance Unbiased Estimator: MVUE)이라고 부른다. 실제의 추정 과정에서 MVUE는 매우 중요한 기준으로 사용된다.

> 최소불편추정량(MVUE): 불편추정량 가운데 가장 효율적 추정량

예제

최소불편추정량의 구체적 의미를 다음의 예를 가지고 알아보자. 5개의 데이터로 이

루어진 표본으로부터 표본평균 $\overline{X_5}$ 을 얻었다고 하자. 앞에서 설명한 것처럼, 이 표본평균은 불편추정량이다. 이제 표본의 크기를 늘려 10개의 데이터로부터 이루어진 표본으로부터 표본평균 $\overline{X_{10}}$ 을 얻었다고 하자. 이것도 역시 불편추정량이다. 이제 두 개의 분산을 비교해보자. 5개의 표본에 대한 $Var(\overline{X_5})=\frac{1}{n}\sigma^2=\frac{1}{5}\sigma^2$ 이고, 10개의 표본에 대한 $Var(\overline{X_{10}})=\frac{1}{n}\sigma^2=\frac{1}{10}\sigma^2$ 이 된다. 당연히 $Var(\overline{X_{10}})$가 $Var(\overline{X_5})$보다 작다. 따라서 같은 불편추정량이라고 하여도 크기가 더 큰 표본으로부터 얻은 추정량이 더 효율적인 추정량이 된다.

제3절 추정의 방법

1. 기본개념

지금까지 좋은 추정량이 되기 위한 필요조건들에 대해 알아보았다. 그러나 좋은 추정량은 저절로 주어지는 것이 아니다. 이론적으로 만들어질 수 있는 수많은 통계량 가운데 좋은 추정량의 요건을 만족시키는 통계량 특히 최소불편추정량(MVUE)을 '찾아야' 하는 것이다.

하지만 MVUE를 찾는 것은 쉬운 일이 아니고 더구나 항상 가능한 일도 아니다. 따라서 MVUE를 어떻게 찾을 것인가 또는 MVUE에 최대로 가까운 추정량을 어떻게 찾을 것인가 하는 질문은 추론의 중요한 주제가 된다. 그리고 이 주제를 다루는 것이 바로 추정방법(estimation method)이다. 이제부터는 좋은 추정량을 찾는 방법에 대해 알아보기로 하자.

대부분의 경우 좋은 추정방법은 하나가 아니라 여러 가지가 있을 수 있다. 그렇다면 이 방법들 사이의 근본적인 차이는 무엇일까? 추정은 한마디로 표본의 관측치(observation value)를 가지고 모집단의 모수값(parameter value)을 찾는 일이다. 따라서 추정방법의 차이는 곧 관측치와 모수값을 대응시키는 기준이나 아이디어의 차이를 의미한다. 우리가 목적지를 향해 가는 길이 여러 개 있을 때 경로의 선택은 개인마다 달라질 수 있다. 직선거리가 가장 짧은 길을 갈지, 신호등이 가장 적은 길을 갈지, 노면이 가장 평평한 길을 갈지에 따라 다른 경로를 택하게 된다. 마찬가지로 어떤 기준과 원리로 추정할 것인가에 따라 추정방법은 달라진다.

따라서 각각의 방법은 장점과 단점을 동시에 지닌다. 여기에서는 다양한 방법 가운데 대표적으로 많이 사용되면서 또한 통계학의 발전에 지대한 영향을 미친 최소제곱 추정법과 최우도 추정법의 기본 아이디어와 장단점에 대해 간략히 알아보기로 한다.

2. 최소제곱 추정법

(1) 추정의 기준

최소제곱 추정법(least squares estimation: LSE)은 역사적으로 가장 오래된 방법이면서 동시에 지대한 영향을 미친 추정방법이다. 19세기초 르장드르(Legendre), 가우스(Gauss), 라플라스(Laplace) 등에 의해 제안된 이후 최우도 추정법이 등장하기 전까지 추정이론에서 중심적 위치를 지켜왔던 것이다.

앞에서 추정치와 모수의 차이를 추정치의 오차(error of estimate)라고 부른다고 하였다. 비슷한 관점에서 하나의 관측치가 주어질 때 그 관측치와 추정치의 차이를 관측치의 오차(error of observation value) 또는 잔차(residual)라고 한다. 여기서 추정치의 오차는 알 수가 없다. 추정치는 알 수 있지만 모수의 참값은 알려지지 않기 때문이다. 하지만 관측치의 오차인 잔차는 알 수 있는 값이다. 관측치와 추정치 모두가 알려져 있기 때문이다.

최소제곱 추정법의 기준은 표본의 관측치와 추정치의 차이인 이 오차 즉 잔차가 최소(minimum)가 되도록 추정하는 것이다. 이 기준은 직관적으로 보아도 매우 합리적인 원리라고 할 수 있다.

> 최소제곱 방법의 추정 기준: 표본의 관측치와 추정치의 차이인 오차가 최소가 되도록 추정

따라서 이 방법을 사용하기 위해서는 먼저 관측치들의 오차의 합을 구해야 한다. 그런데 문제는 오차의 합은 항상 0이 되므로 최소화라는 것이 아무 의미가 없다는데 있다. 그 문제에 대한 해결책으로 나온 것이 오차를 제곱한 후 이를 모두 더한 값을 최소화하는 방법이다. 이 방법의 이름이 최소제곱(least squares)으로 된 것은 그런 이유에서이다.

물론 오차의 합을 구할 때 반드시 제곱의 합을 이용할 필요는 없다. 예를 들면 오차의 절대값의 합을 이용하여도 전체의 합이 0이 되는 문제를 피할 수 있다. 그러나 절대값의 합을 자주 사용하지 않는 이유는 먼저 수리적 작업이 어렵고(미분이 불가능하기 때문에), 또한 경우에 따라서는 여러 개의 추정량이 나올 수 있기 때문이다.

(2) 추정의 과정

최소제곱 추정은 최소화(minimization) 문제가 된다. 따라서 답을 찾는 방법은 최대화 또는 최소화 문제를 풀 때 흔히 쓰는 방법을 사용한다. 즉 관심을 갖고 있는 모수에 대해 미분한 식을 0으로 놓고 방정식을 푸는 과정으로 진행되는 것이다.

우선 각 관측치의 오차를 e_i로 하자. 그리고 오차의 제곱합인 $\sum e_i^2$의 함수를 만든다. 다음에 이 함수를 미분하여 0으로 한 후 그 답을 찾는다. 예를 들어 추정의 대상이 되는 모수가 α, β 두 개가 있다고 하자. 그러면 먼저 $\sum e_i^2$를 α에 대해 편미분한 후 0으로 놓은 식을 하나 만든다. 이어서 $\sum e_i^2$를 β에 대해 편미분한 후 0으로 놓은 또 하나의 식을 만든다. 미지수가 두 개고 방정식이 두 개이므로 이 두 식을 풀어서 α와 β의 최소제곱 추정량을 구한다. 이 방법을 흔히 OLS(ordinary least square) 추정법이라고 부른다.

최소제곱 방법(OLS)의 추정 방법

모수 α와 β를 추정할 때, 오차의 제곱합인 $\sum e_i^2$에 대해,

$$\frac{\partial \sum e_i^2}{\partial \alpha} = 0$$

$$\frac{\partial \sum e_i^2}{\partial \beta} = 0$$

위의 두 식을 풀어서 α와 β의 추정량을 구한다.

예제

최소제곱 추정방법의 자세한 내용은 뒤의 회귀분석(regression)에서 다루겠지만 여기에서는 간단한 예시를 이용하여 추정의 기준과 과정을 알아보도록 하자. 두 개의 변수 X(예를 들어 신장)와 Y(예를 들어 체중)가 있고, 둘 사이에는 인과관계가 있다고 하자. 즉 키가 크면 체중도 많이 나가고 반대로 키가 작으면 체중도 덜 나가는 관계가 나타난다고 믿고 있는 것이다. 이제 100명의 표본을 뽑아서 두 변수의 값을 2차원 평면 위의 점들로 표시해 보자. 여기서 X와 Y의 관계를 가장 잘 나타내는 선형식인 $Y_i = \alpha + \beta X_i$를 찾아보자. 물론 무수히 많은 식이 만들어질 수 있다. 이 많은 식들 가운데 둘 사이의 관계를 가장 잘 보여주는 하나의 식을 어떻게 찾을 수 있을까? 여기에 최소제곱 추정방법을 사용할 수 있다. 우리가 추정해야 할 모수는 절편이 되는 α와 기울기가 되는 β이다. 즉 추정량은 $\hat{\alpha}$와 $\hat{\beta}$가 된다. 그리고 관측치의 오차는 $e_i = Y_i - (\hat{\alpha} + \hat{\beta} X_i)$가 된다. 이제 오차제곱의 합인 $Q = \sum e_i^2$이 최소가 되도록 추정을 해야 한다. 이를 위해서 다음 두 개의 미분 식을 만든 후 이 식들을 풀면 $\hat{\alpha}$와 $\hat{\beta}$를 구할 수 있다.

$$\frac{\partial Q}{\partial \alpha} = 0, \ \frac{\partial Q}{\partial \beta} = 0$$

(3) 장점과 단점

이 방법의 가장 큰 장점은 크게 두 가지를 들 수 있다. 하나는 원리를 이해하기 쉽다는 점이다. 실제로 최소제곱법의 원리는 초보적인 수학 지식만 있어도 이해할 수 있다. 다른 하나는 계산이 간단하다는 점이다. 실제로 이 점은 컴퓨터의 성능이 좋지 않았던 시절에는 매우 큰 장점으로 작용하였다. 오늘날 대부분의 교과서에서 일반적인 회귀분석의 원리를 최소제곱 추정법으로 설명하는 배경에는 먼저 이해하기 쉽고 또한 계산이 간단하다는 장점이 자리잡고 있다.

하지만 이 추정법의 큰 단점은 활용범위가 제한적이라는 점이다. 특히 함수의 형태가 복잡해지면 추정이 어려워지는 문제가 발생한다. 또 다음에 설명할 최우도 추정법에 비해 최소제곱 추정법으로 도출된 추정량들이 좋은 추정량의 요건을 만족시키는 정도가 상대적으로 낮다는 단점도 지적할 수 있다.

3. 최우도 추정법

(1) 기본개념

가. 우도와 확률

오늘날 최소제곱 추정법보다 더 넓게 사용되는 방법은 최우도 추정법(maximum likelihood estimation: MLE), 최우 추정법, 또는 최대우도 추정법이다. 이 방법의 원리를 이해하기 위해서는 먼저 우도(likelihood) 또는 가능도라는 개념을 알아야 한다. 이미 앞의 확률 부분에서 나오긴 했지만 우도라는 용어의 의미를 확률과 대비하여 다시 한번 살펴보자.

확률(probability)은 '모수값이 주어진 상황에서' 실험을 통해 어떤 결과가 나왔을 때 그 결과가 나올 가능성을 수치로 표현한 것이다. 사람의 예를 다시 보자. 남자와 여자의 구성비율이 50 : 50으로 같은 모집단에서 20명의 사람들을 뽑아 성별을 조사할 때 14명이 남자로 나타날 확률은 얼마일까? 남자 또는 여자의 두 가지 사건만 일어나는 실험을 반복하는 경우이므로 이 실험의 확률변수 X는 $B(20, p)$인 이항분포를 따른다. 그리고 남자와 여자의 구성비율이 같으므로 모수 p가 0.5로 주어진 상황이다. 이항분포에서 확률변수 X가 k라는 특정한 값을 가질 확률은 아래와 같이 주어진다. 따라서 아래의 식에 $p=0.5$, $n=20$, $k=14$를 넣어 확률을 계산할 수 있다.

$$P(X=k)={}_nC_k p^k(1-p)^{n-k},\quad {}_nC_k=\frac{n!}{k!(n-k)!}$$

확률은 먼저 모수값이 주어진 상황에서(위의 경우에는 $p=0.5$가 주어진 상황에서) 실험의 결과가 어떤 특정한 값으로 나올 가능성을 '계산(computation)'하는 개념이다. 또한 당연한 말이지만 가능한 모든 결과의 확률을 다 더하면 반드시 1이 되어야 한다.

이에 비해 우도(likelihood)는 '모수값을 모르는 상황에서' 실험을 통해 어떤 결과가 나왔을 때 모수가 어떤 특정한 값을 가질 가능성을 표현한 것이다. 확률을 거꾸로 한 개념인 것이다. 다시 위의 예로 돌아가 보자. 20명의 사람들의 성별을 조사하였더니 14명이 남자로 나왔다고 하자. 그러면 이 값을 바탕으로 모수 p의 값은 얼마라고 말할 수 있을까? 또는 10명이 남자로 나왔다고 하면 모수 p의 값은 얼마라고 말할 수 있을까?

이 질문들처럼 실험의 결과가 주어졌을 때 그 결과를 바탕으로 모수가 어떤 값을 가질 가능성을 수치로 나타내는 것이 바로 우도이다. 즉 우도는 모수값이 주어지지 않은 상황에서 실험의 결과를 근거로 모수가 어떤 특정한 값을 가질 가능성을 추정하는 개념이다. 또한 우도는 확률이 아니므로 우도를 모두 더하였을 때 1이 될 필요는 없다.

둘 사이의 차이를 함수의 모양으로 비교해보자. 확률의 함수와 마찬가지로 우도의 함수도 다양한 모양을 보일 수 있지만 설명의 편의를 위해 [그림 7-2]를 예시적으로 보자. 왼쪽 그림은 확률의 모양이다. 확률의 곡선은 X축이 확률변수 X가 되고 Y축은 확률값 $P(X)$가 된다. X축에 있는 변수 X의 값이 나올 확률을 Y축에 표현하는 것이다. 그리고 이 곡선의 아래 부분을 모두 적분하면 1이 된다. 반면에 오른쪽 곡선은 우도의 모양이다. 우도는 X축이 모수 θ가 되고 Y축은 우도값 $L(\theta)$가 된다. X축의 모수 θ가 어떤 측정한 값을 가질 가능성을 Y축에 표현하는 것이다. 그리고 이 곡선의 아래 부분을 모두 적분할 경우 1이 될 필요는 없다.

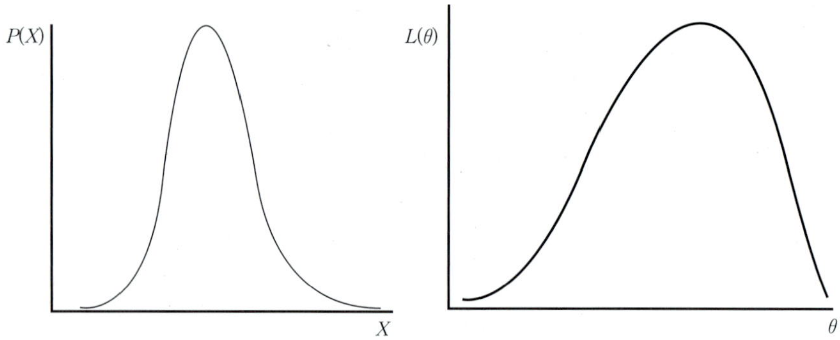

[그림 7-2] 확률과 우도의 곡선

나. 추정의 기준

우도라는 개념과 최우도 추정법(MLE)이라는 기법은 20세기 전반에 통계학자 피셔(Fisher)가 제안한 것이다. 이 방법은 그 때까지 중심적인 방법으로 자리를 잡고 있던 최소제곱 추정법에 대한 비판에서 출발하였다. 역사적으로는 최소제곱 추정법(LSE)보다 훨씬 뒤에 나온 것이지만 오늘날까지 가장 폭넓은 지지를 받는 개념이며 널리 사용되는 방법이다. 실제로 우도와 최우도 추정법이 통계학에 미친 영향은 그 어느 원리나 이론보다 크고 넓다고 할 수 있다.

이 방법의 기준은 표본의 관측치가 모수값과 일치할 가능성이 최대가 되도록 추정하는 것이다. 이 때 그 가능성을 확률이라고 하면 간단할 것을 왜 굳이 우도라고 할까? 다시 한번 말하지만 확률은 '모수값이 주어진 상황'의 가능성을 가리킨다. 하지만 지금은 '모수값를 모르는 상황'의 가능성을 찾고 있는 것이다. 따라서 우도라는 개념을 도입하는 것이다.

이제 모집단에 대한 통계적 실험을 통해 어떤 결과가 나왔다고 하자. 이제 이 관측치를 이용하여 모수를 추정해야 한다. 당연히 모수의 참값은 무수히 많은 값 중에 하나이다. 최우도 추정법은 그 많은 값 중에 관측치와 일치할 가능성이 가장 높은 값을 모수의 참값으로 하자는 것이다. 그러므로 이 기준도 매우 합리적인 원리라고 할 수 있다.

최우도 추정법(MLE)의 추정 기준

표본의 관측치가 모수값과 일치할 가능성(우도)이 최대가 되도록 추정

간단한 예를 이용하여 최우도 추정의 원리를 좀더 자세히 살펴보자. 5번의 동전던지기에서 앞면이 3번 나왔다고 하자. 이항분포 $B(n,\ p)$의 실험에서 $n=5$일 때 $X=3$이 나온 것이다. 이제 모수 p의 참값을 모르는 상황에서 $X=3$이라는 관측치를 바탕으로 p의 참값을 추정해 보자.

이항분포에서 모수 p가 주어지면서 관측치 $X=3$이 나올 확률은 다음과 같이 구할 수 있다.

$$P(X=3|p=0,\ n=5) = {}_5C_3(0)^3(1)^2 = \frac{5!}{3!2!}(0)^3(1)^2 = 0$$
$$P(X=3|p=0.25,\ n=5) = {}_5C_3(0.25)^3(0.75)^2 = \frac{5!}{3!2!}(0.25)^3(0.75)^2 = 0.0879$$
$$P(X=3|p=0.4,\ n=5) = {}_5C_3(0.4)^3(0.6)^2 = \frac{5!}{3!2!}(0.4)^3(0.6)^2 = 0.2304$$
$$P(X=3|p=0.5,\ n=5) = {}_5C_3(0.5)^3(0.5)^2 = \frac{5!}{3!2!}(0.5)^3(0.5)^2 = 0.3125$$
$$P(X=3|p=0.6,\ n=5) = {}_5C_3(0.6)^3(0.4)^2 = \frac{5!}{3!2!}(0.6)^3(0.4)^2 = 0.3456$$
$$P(X=3|p=0.75,\ n=5) = {}_5C_3(0.75)^3(0.25)^2 = \frac{5!}{3!2!}(0.75)^3(0.25)^2 = 0.2637$$

이런 식으로 $X=3$에 대응하는 p의 확률을 모두 찾아본다. 그러다 보면 확률이 최대가 되는 p의 값을 찾을 수 있다. 이 경우에는 $p=0.6$에서 최대값이 나온다. 따라서 0.6이 p의 최우도 추정치가 된다. 왜냐하면 그 값일 때 표본의 관측치가 모수값과 일치할 가능성이 최대가 되기 때문이다. 만일 X의 관측치가 2로 나오면 p의 추정치는 어떻게 달라질까? 역시 마찬가지 방법으로 $X=2$이 될 가능성이 가장 큰 p값을 찾을 수 있다. 다음으로 X의 관측치가 $X=4$로 나왔다고 하자. 역시 마찬가지 방법으로 가능성이 가장 큰 p값을 찾을 수 있다. 이런 식으로 주어진 관측치를 바탕으로 그 값이 나올 가능성인 우도가 가장 높은 모수값을 추정치로 하는 것이 바로 최우도 추정법의 원리이다.

(2) 추정의 원리

그러나 실제의 추정을 위와 같이 일일이 손으로 계산하거나 확률분포 표에서 찾을 수는 없다. 앞에서 말한 것처럼 이 추정방법의 핵심은 '관측치가 모수값과 일치할 우도가 최대'가 된다는 데 있다. 우리가 흔히 최대화 문제(maximization)를 풀 때 접근하는 방법은 무엇인가? 앞의 최소제곱 추정법과 마찬가지로 그 문제를 함수의 모양으로 만든 후 그것을 미분하여 0으로 놓고 그 방정식의 해를 찾는 접근방법을 사용한다. 아래에서 최우도 추정의 수리적 과정을 자세히 알아보자.

우선 $X_1, X_2, \cdots, X_n$가 θ를 모수로 하는 확률분포의 밀도함수 $f(x)$의 변수라고 하자. 앞에서 설명한대로 확률은 모수 θ가 주어진 상황(조건)에서 측정치 X를 변수로 한다. 따라서 밀도함수는 $f(X|\theta)$로 표현된다. 하지만 추정의 경우에는 추정의 대상이 변수인 X가 아니라 모수인 θ가 된다. 따라서 이제는 X가 아니라 모수 θ를 변수로 하는 함수로 바꾸어야 한다.

그렇다고 새로운 함수를 만들 수는 없다. 여기에서 발상의 전환, 즉 새로운 접근이 제시된다. 원래의 밀도함수 $f(X|\theta)$를 바꾸어 X가 주어진 상황(조건)에서 θ를 변수로 하는 함수인 $f(\theta|X)$로 표현해 보는 것이다. 이것이 바로 우도함수(likelihood function)이다. 같은 함수이지만 보는 관점과 목적에 따라 밀도함수 $f(X|\theta)$가 아니라 우도함수 $f(\theta|X)$로 볼 수 있는 것이다. 흔히 우도함수는 $L(\theta)$로 표기한다.

우도함수(likelihood function)

주어진 관측치 X에 대해 모수 θ의 우도함수 $L(\theta)=f(\theta|X)$

최우도 추정법의 원리는 다음과 같은 우도함수의 본질적 성격을 바탕으로 한다. 우도는 표본에서 관측한 값과 모수의 참값이 일치할 가능성을 의미한다. 따라서 주어진 관측치에 대해 여러 개의 추정치가 주어질 때 모수의 참값에 가까운 추정치일수록 우도함수 $f(\theta|X)$의 값이 커지게 된다. 최우도 추정법은 아래에 정리되어 있는 우도함수의 그러한 성질을 이용하여 가장 좋은 추정치를 찾는 방법이다.

우도함수 $f(\theta|X)$의 성질

주어진 관측치 X에 대해 $f(\theta'|X)>f(\theta''|X)$이면 θ'는 θ''보다 모수의 참값 θ에 더 가까운 추정치이다.

(3) 추정의 과정

이제 변수 $X_1, X_2, \cdots, X_n$가 각각 독립(independent)이라는 가정하에 우도함수 L은 식 (7-1)로 표현할 수 있다. 독립이므로 각각의 밀도함수를 곱한 형태가 되는 것을 알 수 있다.

$$L(\theta; X_1, \cdots, X_n)=f(X_1;\theta)\cdots f(X_n;\theta) \tag{7-1}$$

지금부터 해야 할 일은 우도함수 L이 최대가 되는 추정량을 찾는 것이다. 최대화 문제이므로 우도함수 L을 미분하여 0으로 놓고 거기에서 만들어지는 방정식을 풀어서 $\hat{\theta}$를 찾게 된다. 물론 우도함수는 확률변수에 따라 다른 모양을 갖게 된다. 그러나 함수의 모양과 상관없이 모두 위에서 설명한 기본원리와 과정을 거쳐서 추정량을 찾게 된다.

최우도 추정법(MLE)의 추정 방법

모수 α와 β를 추정할 때, 우도함수 $L(\alpha, \beta)$에 대해,

$$\partial L(\alpha, \beta)/\partial\alpha = 0$$
$$\partial L(\alpha, \beta)/\partial\beta = 0$$

위의 두 식을 풀어서 α와 β의 해(solution)를 구한다.

여기서 증명은 생략하지만 어떤 모수에 대한 함수를 최대화한다는 것은 곧 로그를 취한 함수를 최대화한다는 것과 마찬가지이다. 많은 경우에 원래의 함수에 로그를 취하면 수학적 작업이 훨씬 단순화된다. 따라서 위의 우도함수를 단순화하기 위해 먼저 양변에 로그를 취한 후 미분을 하는 방법도 자주 사용한다. 이렇게 만든 함수를 로그 우도함수(log-likelihood function)라고 한다.

로그 우도함수: $\ln L(\theta|X_1, \cdots, X_n)$

예제

먼저 이항분포의 예를 이용하여 최우도 추정법을 통해 추정량을 찾는 과정을 알아보자. 확률변수 X_i들이 $X \sim B(n, p)$일 때 이항분포의 밀도함수는 다음과 같다.

$$f(x) = \binom{n}{x} p^x (1-p)^{n-x}, \text{ 단 } \binom{n}{x} = \frac{n!}{x!(n-x)!}$$

이제 X에 대한 밀도함수를 p에 대한 우도함수로 바꾸면 아래와 같다.

$$L(p|x) = \frac{n!}{x!(n-x)!} p^x (1-p)^{n-x}$$

여기서 수리 작업을 단순화하기 위해 위의 우도함수에 로그를 취한 뒤 미분하여 0으로 놓고 최대가 되는 해를 구해보면 다음으로 나온다. 전체 시행횟수(n)에서 앞면이 나올 횟수(x)의 비율인 $\hat{p}$가 곧 모수 p의 최우도 추정량이 되는 것이다.

$$\hat{p} = x/n$$

예제

이번에는 정규분포의 예를 이용하여 최우도 추정법을 통해 추정량을 찾는 과정을 살펴보도록 하자. 확률변수 X_i 들은 μ와 σ^2를 모수(θ)로 갖는 정규분포를 따른다. 먼저 정규분포의 밀도함수는 식 (7-2)와 같이 주어진다. 여기서 모수(θ)인 μ와 σ^2는 주어진다는 사실을 기억하자.

$$f(X|\theta)=\frac{1}{\sigma\sqrt{2\pi}}\int_{-\infty}^{\infty}e^{-\frac{(X-\mu)^2}{2\sigma^2}} \tag{7-2}$$

다음으로 추정의 작업으로 넘어가보자. 이제는 모수(θ)인 μ와 σ^2의 값이 주어지지 않으므로 추정량 $\hat{\theta}$를 찾아야 한다. 그러기 위해서는 먼저 μ와 σ^2를 변수로 하는 우도함수인 식 (7-3)의 $f(\theta|X)$를 만들어야 한다. 같은 함수이지만 밀도함수 $f(X|\theta)$와 비교하여 우도함수 $f(\theta|X)$는 θ와 X의 위치가 바뀐 것에 유의하자.

$$f(\theta|X)=\frac{1}{\sigma\sqrt{2\pi}}\int_{-\infty}^{\infty}e^{-\frac{(X-\mu)^2}{2\sigma^2}} \tag{7-3}$$

크기가 n인 표본에 대해 각각의 확률변수 X_i가 독립이라고 하면 우도함수는 각각을 곱하여 아래의 식으로 표현할 수 있다.

$$f(\theta|X)=L(\mu,\sigma^2|X)=\prod_{i=1}^{n}\frac{1}{\sigma\sqrt{2\pi}}e^{-\frac{(X_i-\mu)^2}{2\sigma^2}}=\frac{1}{(2\pi\sigma^2)^{n/2}}e^{-\frac{1}{2\sigma^2}\sum_{i=1}^{n}(X_i-\mu)^2}$$

이제 위의 우도함수를 단순화하기 위해 양변에 로그를 취한다. 그러면 정규분포의 로그 우도함수는 아래와 같이 주어진다.

$$\ln L=-\frac{n}{2}\ln(2\pi\sigma^2)-\frac{1}{2\sigma^2}\sum(X_i-\mu)^2$$

다음으로 로그 우도함수를 최대로 하는 μ, σ^2를 구하기 위해 위의 함수를 각각 μ와 σ^2에 대해 편미분하여 0으로 놓는다.

$$\frac{\partial \ln L}{\partial \mu} = \frac{1}{\sigma^2}\sum(X_i - \mu)^2 = 0$$
$$\frac{\partial \ln L}{\partial \sigma^2} = -\frac{n}{2\sigma^2} + \frac{1}{2\sigma^4}\sum(X_i - \mu)^2 = 0$$

이제 위의 방정식을 풀어서 해를 구하면 식 (7-4)와 같이 모평균과 모분산의 추정량을 얻을 수 있다.

$$\hat{\mu} = \frac{1}{n}\sum_{i=1}^{n} X_i = \overline{X}$$
$$\widehat{\sigma^2} = \frac{1}{n}\sum_{i=1}^{n}(X_i - \overline{X})^2 = s^2 \qquad (7-4)$$

위의 추정량은 눈에 매우 익숙한 것들이다. 우리는 예전부터 습관적으로 모평균 μ의 추정량으로 표본평균 $\overline{X}$를, 모분산 σ^2의 추정량으로 표본분산 s^2을 사용하여 왔다. 하지만 여기에서 보는 것처럼 이들 추정량은 저절로 주어지거나 직관적으로 정한 것이 아니라 최우도 추정법과 같은 엄격한 추정방법을 통해 도출된 것이라는 사실을 알 수 있다.

(3) 장점과 단점

가. 합리적 원리

이미 언급한 것처럼 이 방법의 가장 큰 장점은 기본원리가 매우 합리적이라는 점이다. 가장 좋은 추정은 표본의 관측치와 모수값을 일치하게 하는 것이다. 따라서 그렇게 될 가능성(likelihood)이 최대가 되도록 추정하는 것은 통계학자들은 물론 실무현장의 폭넓은 지지를 받기에 충분한 원리라고 할 수 있다.

나. 점근성

최우도 추정법으로 찾은 추정량들은 좋은 추정량의 요건들을 대부분 만족시킨다. 물론 문제가 전혀 없는 것은 아니다. 예를 들어 위에서 보는 것처럼 최우도 추정법으로 도출된 모분산의 추정량 $\widehat{\sigma^2}$는 $\frac{\sum(X_i - \overline{X})^2}{n}$이 된다. 이 추정량은 자유도인 $(n-1)$이 아니라 표본의 크기 n으로 나눈 값이기 때문에 앞에서 설명한 것처럼 불편(unbaised) 추정량의 조건을 만족시키지 못하는 약점을 지니고 있다.

하지만 n이 커지게 되면, 즉 점근적(asymtotic)이 되면 n으로 나누는 것과 $(n-1)$로 나누는 것의 차이가 거의 없어지면서 이러한 약점도 사라지게 된다. 표본의 크기가 작을 때는 약점이 있지만 표본의 크기가 커지는 점근적 상황이 되면 별 문제가 되지 않는 것은 최우도 추정법의 큰 장점이다.

다. 불변성

최우도 추정량의 또 다른 장점은 이른바 불변성(invariance property)을 갖는다는 점이다. 어떤 모수 θ의 최우도 추정량이 $\hat{\theta}$이라고 하자. 이제 θ를 바탕으로 하는 함수를 통해 새로운 모수 $g(\theta)$가 만들어졌다고 하자. 그러면 모수 $g(\theta)$의 최우도 추정량은 무엇이 될까? 바로 $g(\hat{\theta})$가 된다. 이 성질이 불변성이다.

최우도 추정량의 불변성이 가장 잘 적용되는 예시가 분산과 표준편차의 관계이다. 모분산 σ^2의 최우도 추정량이 표본분산 s^2라고 하자. 그러면 σ^2의 제곱근인 σ의 추정량은 무엇이 될까? 불변성의 성질에 의해 s^2의 제곱근인 s가 된다. 마찬가지로 $\sqrt{\sigma}$의 추정량은 $\sqrt{s}$이 된다. 우리가 흔히 분산과 표준편차를 묶어서 생각할 수 있는 이유는 바로 이 불변성의 성질 때문에 둘 중에 하나의 추정량만 구하면 다른 것의 추정량을 바로 알 수 있기 때문이다.

라. 단점

최우도 추정법의 단점은 위의 미분식을 만족시키는 해를 구할 수 없는 경우가 종종 있다는 점이다. 함수가 지나치게 복잡하면 어떤 알고리즘으로도 해를 구할 수 없는 경우가 생기고, 그럴 경우에는 이 방법으로 추정량을 구할 수 없는 것이다.

제4절 추정의 설계

1. 기본개념

앞에서 우리는 좋은 추정량의 조건과 좋은 추정량을 얻는 방법에 대해서 알아보았다. 말하자면 추정의 준비작업이 끝난 것이다. 따라서 다음으로 해야 할 일은 구체적으로 추정작업을 수행하는 절차와 방식을 정하는 것이다. 이것을 추정의 설계(design)라고 하자.

추정의 설계는 크게 다음 두 가지의 주제로 구성된다. 첫째, 무엇을 추정할 것인가(what to estimate)를 정하는 일이다. 당연히 추정의 대상은 모집단의 모수들이다. 모집단의 특성을 보여주는 모수들은 매우 다양하다. 하지만 그 많은 모수들을 모두 추정의 대상으로 할 수는 없다. 따라서 가장 핵심적인 모수들만을 추정의 대상으로 정해야 한다. 둘째, 어떻게 추정할 것인가(how to estimate)를 정하는 일이다. 추정값을 설정하는 방법도 여러 가지 있을 수 있다. 유일한 하나의 값으로 추정할 것인지, 복수의 값들로 추정할 것인지, 아니면 범위의 값으로 추정할 것인지 등을 정해야 하는 것이다.

(1) 추정의 대상

먼저 추정의 대상을 생각해보자. 역시 가장 핵심적인 모수는 두 가지로 요약할 수 있다. 하나는 모집단의 중심(center)을 보여주는 모수이다. 그리고 그 대표는 모평균(mean)이 된다. 만일 데이터가 명목척도로 되어 있다면 모비율(proportion)이 추정의 모수가 될 것이다. 여기서 추정의 범위를 넓힌다면 두 개의 모평균의 차이, 두 개의 모비율의 차이 등이 추정의 대상이 된다.

다른 하나는 모집단의 산포(dispersion)를 보여주는 모수이다. 그리고 그 대표는 모분산(variance)이 된다. 역시 추정의 범위를 넓힌다면 두 개의 모분산의 차이가 추정의 대상이 된다.

물론 모수는 모평균, 모비율, 모분산 외에도 많이 있다. 예를 들어 앞에서 살펴본 확률분포의 모수도 당연히 하나의 모수이다. 성공과 실패로 이루어지는 어떤 실험에서 실험의 결과를 바탕으로 성공의 확률이 어느 정도인지를 예측하는 것도 하나의 추정인 것이다. 하지만 여기에서는 일단 모평균과 모분산의 추정에 초점을 맞추기로 한다.

(2) 추정의 방식

무엇을 추정할 것인가를 정했으니 다음은 어떤 방식으로 추정의 결과를 표현할 것인가를 알아볼 차례이다. 여기에서도 크게 두 가지의 접근 방식을 생각할 수 있다. 하나는 점추정(point estimation)이고, 다른 하나는 구간추정(interval estimation)이다.

먼저 점추정을 보자. 모수의 추정에 있어 가장 단순한 방법은 모수를 가장 잘 대표할 것으로 생각되는 하나의 값을 제시하는 것이다. 예를 들어 모평균이라는 모수의 값을 추정할 때 표본으로부터 표본평균을 구해서 그것을 추정치로 사용하는 식이다. 여기서 하나의 값, 즉 점(point)으로 추정한다고 해서 이 방법을 점추정이라고 한다.

다음으로 구간추정을 보자. 점추정치가 모수에 정확히 일치하는 경우는 있을 수 없다. 따라서 점추정은 단순한 방법이기는 하지만 신뢰성이 낮을 수 밖에 없다. 보다 현실적인 대안은 하나의 값이 아니라 모수의 참값이 포함될 수 있는 구간(interval)을 제시하는 것이다. 이런 방식으로 추정의 결과를 제시하는 것을 구간추정이라고 한다.

2. 점추정

(1) 추정의 원리

먼저 점추정에 대해 알아보자. 점추정의 원리는 매우 단순하다. 모수는 실수가 존재할 수 있는 선 위의 어딘가에 있을 것이다. 하지만 모수의 값을 모르는 상황에서는 복수의 값들을 추정치의 후보로 생각할 수 있다. 그 중에서 어느 것을 선택할 것인가? 합리적인 기준은 모수의 위치와 가장 가깝다고 기대되는(best guess) 하나의 점을 찾아서 그것을 추정값으로 정하는 것이다.

그러면 가장 가깝다고 기대되는 하나의 점은 어떻게 찾을 것인가? 그 대답은 앞에서 설명한 추정방법을 이용하여 찾는 것이다. 예를 들어 모평균의 추정에서는 최우도 추정법을 쓰든 최소제곱 추정법을 쓰든 표본평균이 모평균의 가장 좋은 추정량으로 나온다. 따라서 표본평균을 점추정치로 하여 모평균을 추정하게 된다. 마찬가지로 모분산의 점추정치로는 표본분산을 이용하게 된다.

- 모평균 μ의 점추정치 = 표본평균
- 모분산 σ^2 의 점추정치 = 표본분산

앞의 예로 돌아가서 1,000명의 표본을 뽑아서 그들의 키를 재었더니 평균값이 170cm로 나왔다고 하자. 이 정보를 바탕으로 모집단의 평균 신장이 얼마냐고 물어본다면 점추정치인 170cm라고 대답하는 것이다.

(2) 장점과 단점

점추정을 통해 모수를 추정하는 접근은 합리적이면서도 단순하다는 장점이 있다. 하지만 추정의 신뢰성(reliability)이 어느 정도인지를 알 수 없는 문제를 안고 있다. 간단한 예로 모평균 μ의 추정값으로 표본평균 $\overline{x}$를 사용한다고 하자. 그러기 위해서는 하나의 표본을 추출하여 표본평균을 계산해야 한다. 그런데 모집단에서 만들 수 있는 표본의 수는 무수히 많다. 당연히 무수히 많은 표본평균이 만들어진다. 이때 모평균을 모르는 상황에서는 어떤 표본평균을 선택하든 그것이 모평균과 얼마나 가까운지를 알 수가 없다.

3. 구간추정

(1) 추정의 원리

위에서 지적한 점추정의 문제를 보완하기 위해서는 어떤 대안을 생각할 수 있을까? 역시 가장 합리적인 대안은 하나의 점이 아니라 두 개의 점을 선택하여 두 점이 만드는 범위인 구간으로 추정하는 것이다. 이 방식이 바로 구간추정이다.

다시 앞의 예로 돌아가서 모집단의 평균 신장을 점추정치인 170cm로 추정한 경우를 생각해보자. 이제 점추정 대신 구간추정을 한다고 하면 구간의 범위를 어떻게 설정할 것인가? 가장 단순한 답은 충분히 여유 있는 값인 ±20cm를 임의로 선택하여 (150, 190)로 정하는 것이다. 반대로 또 다른 답은 여유가 별로 없는 값인 ±5cm를 선택하여 (165, 175)로 정할 수도 있다.

여기서 우리는 구간 길이(length)의 딜레마에 빠지게 된다. 구간의 길이를 너무 넓게 잡으면 모수가 그 구간 안에 포함될 가능성은 높지만 정보의 가치가 낮아진다. 반대로 구간을 너무 좁게 잡으면 정보의 가치는 높지만 모수가 그 구간 안에 포함될 가능성이 낮아지는 문제가 생긴다.

그러면 이 딜레마를 어떻게 해결할 것인가? 여기서 통계학자들이 합의한 방식은 전체의 과정을 두 단계로 나누어 설계하는 것이었다. 먼저 첫 번째 단계에서는 신뢰수준(confidence level)이라는 기준을 설정한다. 어차피 100% 믿을 수 있는 추정을 할 수는 없기 때문에 95%, 90% 하는 식으로 모수가 추정 구간 안에 포함될 것으로 '믿는 정도'인 신뢰수준을 정하고 가자는 것이다. 이어서 두 번째 단계에서는 앞에서 정한 신뢰수준을 바탕으로 모수가 속하게 될 신뢰구간(confidence interval)을 정하게 된다.

(2) 표본분포

신뢰구간을 정하기 위해서는 추정량의 확률분포를 알아야 한다. 점추정에서는 하나의 값만을 찾으면 되기 때문에 확률분포에 대해 생각할 필요가 없었다. 하지만 구간추정에서는 구간의 길이를 정해야 하기 때문에 확률분포에 대한 가정이 필요하다.

그런데 추정은 당연히 표본을 이용하기 때문에 확률분포도 모집단 데이터의 확률분포가 아니라 표본 통계량의 분포가 된다. 앞에서 설명한 것처럼 표본 통계량의 확률분포를 표본분포(sampling distribution)라고 한다. 따라서 표본을 이용한 추정에서 말하는 확률분포는 곧 표본분포를 가리킨다.

(3) 추정의 단계

- **단계 1: 신뢰수준의 설정**

이제부터 구간추정의 단계의 원리와 방식을 자세하게 알아보자. 구간추정의 첫 번째 단계에서는 신뢰수준(confidence level)을 설정하게 된다. 신뢰수준의 개념을 설명하기 위해 먼저 한 모집단의 모평균을 생각해보자. 이 값은 단 하나의 참값이지만 우리가 알 수 없는 값이다. 따라서 어떻게 구간을 설정하더라도 참값이 그 구간에 포함될 확률은 알 수가 없다. 이제 모집단에서 하나의 표본을 추출하여 표본평균을 얻은 후 그 값을 중심으로 아래와 위의 구간을 만들어 구간추정을 하자. 그러면 참값은 이 구간에 포함될 수도 있고 아닐 수도 있다. 다음에 또 다른 표본을 추출하여 같은 방법으로 아래와 위의 구간추정을 하자. 역시 이 경우에도 참값은 이 구간에 포함될 수도 있고 아닐 수도 있다.

이 작업을 수없이 반복할 경우 참값이 구간 안에 포함될 비율이 있을 것이다. 이 비율에 대해 의사결정의 기준을 주기로 하자. 예를 들어 '나는 이 비율이 95% 이상이라고 확신할(confident) 수 있으면 만족한다'라는 기준을 주는 것이다. 물론 이 비율은 90%일 수도 있고 99%일 수도 있다. 여기서 정한 이 비율을 신뢰수준이라고 한다. 따라서 신뢰수준은 '수없이 반복하여 표본으로부터 신뢰구간을 구할 때 모수의 참값이 그 구간 안에 포함될 것으로 확신하는 비율'로 정의된다.

95% 신뢰수준과 신뢰구간의 의미

무한히 반복하여 표본으로부터 신뢰구간을 구할 때 95% 정도의 비율로 모수의 참값이 그 구간 안에 포함될 것으로 확신한다(confident)는 뜻

여기서 반드시 기억해야 할 것은 신뢰수준은 확률(probability)이 아니라는 사실이다. 하나의 표본으로부터 신뢰구간을 구한 후 모수가 이 구간 안에 있을 확률이 95%라고 말하는 것은 정확한 표현이 아니라는 것이다. 왜냐하면 모수의 참값을 모르는 상황에서 누구도 확률을 알 수는 없기 때문이다. 엄밀히 말하면 하나의 표본으로부터 신뢰구간이 만들어질 때 모수가 그 구간 안에 포함될 확률은 0.5이다. 모수의 참값을 모르는 상황에서 경우의 수는 '포함된다'와 '되지 않는다'의 두 가지밖에 없기 때문이다. 하지만 표본분포가 알려진 경우에, 많은 표본을 만들어 신뢰구간 안에 모수가 포함될 빈도를 구하기 때문에 비율을 말할 수는 있다.

신뢰수준은 흔히 '$1-\alpha$' 또는 '$100(1-\alpha)\%$'의 식으로 표기한다. 따라서 α를 어떻게 설정하느냐에 따라 신뢰수준은 달라진다. 예를 들어 $\alpha = 0.05$이면 신뢰수준은 '0.95' 또는 '95%'가 되고 $\alpha = 0.01$이면 신뢰수준은 '0.99' 또는 '99%'가 된다.

● 단계 2: 신뢰구간의 설정

이제 신뢰수준이 주어지면 다음의 과제는 신뢰구간(confidence interval)을 설정

하는 일이다. 신뢰구간을 정한다는 말은 곧 구간의 상한과 하한을 정한다는 말이다. 여기서 핵심적인 기준은 다음 두 가지이다. 첫째, 당연한 말이지만 주어진 신뢰수준을 만족시켜야 한다. 둘째, 신뢰수준이 만족되면서 동시에 길이가 최소가 되는 구간을 설정해야 한다. 신뢰수준이 만족되는 구간은 여러 개 만들어질 수 있기 때문에 그 중에서 길이가 가장 짧은 구간을 설정해야 하는 것이다.

가. 신뢰수준의 만족

여기서 구간의 길이는 구간의 양쪽 끝을 의미하는 상한(upper limit)과 하한(lower limit) 사이의 거리가 된다. 이 상한과 하한을 각각 θ_U, θ_L이라고 하자. 이제 신뢰수준 $1-\alpha$가 설정되면 신뢰구간은 다음의 조건이 만족되도록 정해진다. 즉 모수가 그 구간 안에 포함될 확률이 적어도 $1-\alpha$보다 같거나 커야 되는 것이다.

$$P(\hat{\theta}_L<\theta<\hat{\theta}_u)\geq 1-\alpha \qquad (7\text{–}5)$$

여기서 주의할 점은 확률(probability)이 주어진다는 것이다. 따라서 이 확률을 계산하기 위해서는 확률분포에 대한 가정을 하고 가야 한다. 이미 앞에서 설명한 것처럼 점추정과 비교하여 구간추정의 가장 큰 차이가 바로 여기에 있다. 점추정에서는 확률분포를 알 필요가 없지만 구간추정에서는 추정량의 표본분포를 알아야 한다. 그래야만 확률값을 만족시키는 상한과 하한을 정할 수 있기 때문이다.

일반적 수준의 확률이론에서는 모집단이 $N(\mu,\ \sigma^2)$의 정규분포를 따른다고 가정한다. 여기에서도 정규분포의 가정 하에 신뢰구간을 설정하는 과정을 자세히 알아보자. 설명의 편의를 위해 추정의 대상이 모평균 μ라고 하자. 따라서 주어진 과제는 모수 μ의 신뢰구간을 정하는 일이다. 여기서 이용하는 추정량은 표본평균 $\overline{x}$이다. 이 때 모수 μ는 모르는 미지의 값이고 추정량 $\overline{x}$는 알고 있는 값이다.

먼저 확률변수 X가 정규분포를 따른다고 가정할 때 모수 μ에 대한 추정량인 표본평균 $\overline{X}\sim N\left(\mu,\ \frac{\sigma^2}{n}\right)$가 주어진다. 또한 표준화를 통해 확률변수 X를 표준정규 변수 Z로 바꾸면 $Z=\frac{\overline{X}-\mu}{\sigma/\sqrt{n}}\sim N(0,1)$가 만들어진다. 이제 신뢰수준이 $1-\alpha$라고 하면 신뢰구간은 식 (7–6)과 같이 주어진다.

$$P(-Z_{\alpha/2} \leq Z \leq Z_{\alpha/2}) = 1-\alpha \tag{7-6}$$

위의 식을 잘 보면 우리가 모르는 모수 μ와 우리가 알고 있는 추정량 $\overline{x}$가 섞여있다는 것을 알 수 있다. 이 경우 구간을 정하는 가장 좋은 방법은 무엇일까? 그것은 다음과 같이 하는 것이다. 먼저 알지 못하는 미지의 값을 가운데에 둔다. 다음에 알고 있는 값으로 양쪽의 상한값과 하한값을 설정한다. 이 방식의 논리는 매우 명확하다. 알려지지 않은 값이 어느 범위에 놓여있을지를 추정한다고 할 때 범위의 양쪽 끝에는 이미 알고 있는 값을 두어야 범위의 길이를 알 수 있는 것이다.

그러기 위해서 다시 아래의 식으로부터 시작해보자.

$$P\left(-Z_{\alpha/2} \cdot \frac{\sigma}{\sqrt{n}} \leq \overline{X} - \mu \leq Z_{\alpha/2} \cdot \frac{\sigma}{\sqrt{n}}\right) = 1-\alpha$$

이 식을 다음과 같이 바꾸어 쓰자.

$$P\left(-\overline{X} - Z_{\alpha/2} \cdot \frac{\sigma}{\sqrt{n}} \leq \overline{X} - \mu \leq -\overline{X} + Z_{\alpha/2} \cdot \frac{\sigma}{\sqrt{n}}\right) = 1-\alpha$$

이 식은 다시 다음으로 바꿀 수 있다.

$$P\left(\overline{X} + Z_{\alpha/2} \cdot \frac{\sigma}{\sqrt{n}} \geq \mu \geq \overline{X} - Z_{\alpha/2} \cdot \frac{\sigma}{\sqrt{n}}\right) = 1-\alpha$$

이제 위의 식을 정리하면 식 (7-7)의 신뢰구간 식이 만들어진다. 위에서 보는 것처럼 미지의 모수 μ를 가운데 두고 구간의 양쪽 끝을 우리가 알고 있는 $\overline{x}$로 정한 것이다. 이로써 신뢰구간의 첫 번째 기준은 만족되었다.

$$P\left(\overline{X} - Z_{\alpha/2} \cdot \frac{\sigma}{\sqrt{n}} \leq \mu \leq \overline{X} + Z_{\alpha/2} \cdot \frac{\sigma}{\sqrt{n}}\right) = 1-\alpha \tag{7-7}$$

나. 최소 구간의 설정

다음에 해야 할 일은 신뢰구간의 두 번째 기준을 만족시키는 것이다. 과연 이렇게 정한 구간이 가장 짧은 길이(minimum-length)의 구간이냐를 확인하는 일이 남아있다. 신뢰수준 $1-\alpha$가 주어졌을 때 모평균 μ의 신뢰구간은 식 (7-8)과 같이 주어진다.

$$\left(\overline{X}-Z_{\frac{\alpha}{2}}\frac{\sigma}{\sqrt{n}},\ \overline{X}+Z_{\frac{\alpha}{2}}\frac{\sigma}{\sqrt{n}}\right) \tag{7-8}$$

위에서 설정한 구간을 잘 들여다보면 가운데를 중심으로 양쪽의 길이가 같은 것을 알 수 있다. 양쪽이 대칭(symmetric)을 이루고 있는 것이다. 따라서 위의 질문을 바꾸어 표현하면 '가운데를 두고 양쪽의 구간을 대칭으로 설정하는 것이 과연 구간의 길이를 최소로 하는 것'이냐는 물음이 된다.

이 질문에 대한 대답은 이 책의 범위를 넘는 것이기는 하지만 큰 어려움 없이 증명할 수 있다. 위와 같이 설정하는 것이 곧 구간의 길이를 최소로 한다는 것을 보여줄 수 있는 것이다. 실제로 대칭이 되는 경우와 대칭이 되지 않는 경우를 비교하면, 대칭이 되는 경우의 구간의 길이가 더 짧은 것을 알 수 있다. 이로써 두 번째 기준도 만족되는 것을 확인하였다.

신뢰수준 $1-\alpha$가 주어졌을 때 위와 같이 신뢰구간을 정하여 구간추정을 하는 원리는 정규분포뿐 아니라 t 분포, chi-square 분포, F 분포 등을 이용하여 모평균과 모분산을 추정하는 모든 과정에 동일하게 적용된다.

다. 표준 오차

어떤 방법으로 추정을 하더라도 추정치와 모수값 사이의 오차인 $(\hat{\theta}-\theta)$가 발생할 수 밖에 없다. 좋은 추정량의 조건을 만족시키는 최소불편추정량(MVUE)을 사용한다고 하더라도 여전히 오차는 생기는 것이다. 따라서 오차의 크기는 추정의 정확도를 나타내는 중요한 지표가 된다. 하지만 모수 θ의 참값은 알려지지 않기 때문에 오차의 참값도 알 수 있는 길이 없다.

그렇다면 오차의 크기를 어떻게 나타낼 수 있을까? 그것이 바로 표준오차(standard error)이다. 어느 추정량의 표준오차(standard error: SE)는 곧 그 추정량의 표준편차(standard deviation: SD)가 된다.

추정량의 표준오차(SE of estimate) = 추정량의 표준편차(SD of estimate)

표준오차가 추정의 정확도를 나타내는 지표가 되는 이유는 무엇일까? 추정을 위해서는 먼저 표본으로부터 추정치를 얻어야 한다. 그런데 하나의 모집단에서 만들어질 수 있는 표본은 수없이 많다. 따라서 각각의 표본에서 하나씩의 추정치들을 얻으면 추정치들의 집합도 하나의 표본분포를 이루게 된다. 이제 표준편차의 크기를 바탕으로 그 분포의 모양을 생각해보자. 표준편차는 산포의 정도를 보여주는 지표이다. 따라서 표준편차가 작다는 것은 곧 산포도가 낮다는 뜻이고 이것은 추정치들이 중심 주위에 가깝게 몰려있다는 의미가 된다. 그러므로 표준편차가 작을수록 추정치들 사이의 표준오차도 작아지면서 추정의 일관성 즉 정확도가 올라가게 된다. 물론 반대로 표준편차가 크면 추정치들이 따로따로 흩어지면서 표분오차가 커지고 추정의 정확도도 낮아진다. 이 원리를 토대로 추정량의 표준편차를 그 추정량의 표준오차로 정의할 수 있는 것이다.

표준오차는 추정의 모수에 따라 여러 가지로 달리 정해진다. 만일 모평균을 추정하는 경우라면 표준오차는 평균의 표준오차(SE of mean)가 되고, 두 평균의 차이를 추정하는 경우라면 표준오차는 차이의 표준오차(SE of difference)가 되고, 분산을 추정하는 경우라면 표준오차는 분산의 표준오차(SE of variance)가 되고, 뒤에서 알아볼 회귀분석의 계수를 추정하는 경우라면 표준오차는 계수의 표준오차(SE of regression coefficient)가 되는 식이다.

그러면 표준오차를 구하는 구체적인 공식은 어떻게 될까? 대표적인 예로 평균의 표준오차(SE of mean)를 구하는 경우를 보자. 모평균이 μ, 모분산이 σ^2, 표준편차가 σ인 모집단의 모평균을 추정하기 위해 X_1, X_2, $\cdots$, X_n까지 n개의 독립적인 데이터로 이루어진 표본을 만들었다고 하자. 먼저 분산의 기본 성질에 따라 $(X_1+X_2+\cdots+X_n)$의 분산은 각각의 X의 분산을 더한 $(\sigma^2+\sigma^2+\cdots+\sigma^2)=n\sigma^2$가 된다. 이제 모평균의 추정량으로 표본평균을 사용한다고 하자. 그러면 표본평균의 표준오차는 어떻게 구할 수 있을까? 역시 분산의 기본 성질에 의해 X/n의 분산은 σ^2/n^2이 되므로 표본평균 $\overline{x}=(X_1+X_2+\cdots+X_n)/n$의 분산은 $(\sigma^2/n^2+\sigma^2/n^2+\cdots+\sigma^2/n^2)=n\left(\dfrac{\sigma^2}{n^2}\right)=\dfrac{\sigma^2}{n}$이 된다. 그러므로 표본평균 $\overline{x}$의 표준오차는 분산의 제곱근인 표준편차 $\sigma_{\overline{x}}=\dfrac{\sigma}{\sqrt{n}}$이 된다.

여기서 유의할 사실은 모집단의 표준편차는 σ인데 비해 표본평균 $\overline{x}$의 표준편차는 $\sigma/\sqrt{n}$ 로 줄어든다는 점이다. 표본의 분산은 모집단의 분산인 σ^2 에 따라 달라지지만 동시에 표본의 크기(n)에도 영향을 받기 때문에 표본평균 $\overline{x}$ 의 분산은 모분산 σ^2 이 아니라 σ^2/n 이 되고 따라서 표준오차는 $\sigma/\sqrt{n}$ 이 된다. 표본이 커지면서 추정량의 표준편차가 작아지고 그에 따라 표준오차도 줄어드는 것이다.

개념적으로는 모집단의 표준오차를 측정할 수 있지만 실제의 추정에서는 표본으로부터 추정치를 얻게 되므로 평균에 대한 표준오차의 계산에도 σ 대신 표본의 표준편차인 s를 쓰게 된다. 크기가 n이고 표본평균이 $\overline{X}$ 인 표본의 표준편차(SD)를 구하는 식은 $s=\sqrt{\frac{1}{n-1}\sum_{i=1}^{n}(x_i-\overline{x})^2}$ 이 된다. 따라서 이 표본에 대한 평균의 표준오차(SE)는 $s_{\overline{x}}=\frac{s}{\sqrt{n}}$ 가 된다. 이런 방식으로 평균의 표준오차뿐 아니라 분산의 표준오차, 회귀계수의 표준오차 등도 얻을 수 있다.

평균의 표준오차(SE): $s_{\overline{x}}=\frac{s}{\sqrt{n}}$

물론 통계 소프트웨어를 이용하면 표준오차를 바로 구할 수 있다. 아래의 표는 소프트웨어를 이용하여 모평균에 대한 구간추정을 수행한 결과를 보여준다. 여기서 표본의 크기(n)는 5이고 표본평균은 755.8이며 표준편차는 61.1로 나타나고 있다. 그러면 평균의 표준오차(표준오차 평균) = SD/$\sqrt{n}$ = 61.1/$\sqrt{5}$ = 27.3이 되는 것을 알 수 있다.

	표본크기(n)	평균 ($\overline{x}$)	표준편차(SD)	표준오차(SE) 평균
측정변수	5	755.8	61.1	27.3

제5절 추정의 실제

지금까지 설명한 추정이론을 바탕으로 지금부터는 실제로 추정을 수행하는 작업을 해보기로 하자. 추정의 대상은 모수에 따라 달라진다. 모평균을 추정할 수도 있고 모분산을 추정할 수도 있다. 따라서 추정의 대상과 상황에 따라 사용되는 추정량도 달라지게 된다. 그 중에 대표적인 경우들을 차례로 살펴보자.

1. 모평균의 추정

(1) 점추정

이 경우에는 당연히 모평균의 추정량은 표본평균이 된다. μ의 점추정량은 $\hat{\mu}=\overline{X}$가 되는 것이다. 실제로 표본평균은 좋은 추정량의 조건을 만족시킨다. 또 어떤 추정방법을 사용하더라도 모두 $\overline{X}$가 좋은 추정량으로 도출이 된다.

> 모평균 점추정: $\hat{\mu} = \overline{X}$

(2) 구간추정

앞에서 말한 것처럼 구간추정을 위해서는 확률분포에 대한 가정이 주어져야 한다. 즉 모평균의 구간추정을 위해서는 추정량인 표본평균 $\overline{X}$의 분포를 알아야 하는 것이다. 앞에서 확률변수 X가 정규분포를 따른다고 가정하였으니 표본평균 $\overline{X}$도 당연히 정규분포를 따를 것으로 생각할 수 있다. 그러나 모든 경우에 그런 것은 아니다. 특히 모분산이 알려져 있는지, 또 표본의 크기가 어느 정도인지에 따라 분포가 달라질 수 있다. 그래서 여기에서는 크게 표본의 크기가 작은 경우와 큰 경우의 두 가지로 나누어 살펴본다. 또 모분산(σ^2)에 대한 정보가 알려진 경우와 모르는 경우로 나누어 알아본다.

가. 모평균의 추정 - 모분산(σ^2)이 알려진 경우

모집단이 분명하게 정규분포를 따르거나 표본의 크기가 충분히 큰 경우라면 중심극한정리(CLT)에 의해 표본평균도 정규분포를 따른다고 가정할 수 있다. 모집단의 확률변수 X가 $X \sim N(\mu,\ \sigma^2)$이면 표본평균 $\overline{X}$는 $\overline{X} \sim N(\mu,\ \sigma^2/n)$이 되는 것이다. 여기서 정규분포의 성질에 따라 모분산은 σ^2이지만 표본평균의 분산은 σ^2/n가 된다는 점에 다시 한번 주의하자.

$$X \sim N(\mu,\ \sigma^2) \text{ 이면 } \overline{X} \sim N(\mu,\ \sigma^2/n)$$

이 때 모분산 σ^2이 알려져 있는 경우에는 당연히 σ^2를 이용하여 구간추정을 할 수 있다. 먼저 신뢰수준이 $1-\alpha$로 주어지면. 모평균 μ의 구간추정은 $P\left(\overline{X}-Z_{\alpha/2}\cdot\frac{\sigma}{\sqrt{n}}\le\mu\le\overline{X}+Z_{\alpha/2}\cdot\frac{\sigma}{\sqrt{n}}\right)\ge 1-\alpha$ 으로 이루어진다. 따라서 모평균의 추정 구간은 아래와 같이 설정된다.

$$\text{모평균의 구간추정: } \left(\overline{x}-z_{\alpha/2}\frac{\sigma}{\sqrt{n}},\ \overline{x}-z_{\alpha/2}\frac{\sigma}{\sqrt{n}}\right)$$

예제

550명의 표본에서 표본평균 70.7, 표본분산 67.4으로 나왔을 때 신뢰수준 95%에서 구간추정을 해보자. 매우 큰 표본이므로 정규분포를 가정할 수 있고 모분산 σ^2은 표본분산과 같다고 할 수 있다. 따라서 95% 신뢰구간은 아래와 같이 주어진다.

$$\left(\overline{x}-z_{\alpha/2}\frac{\sigma}{\sqrt{n}},\ \overline{x}+z_{\alpha/2}\frac{\sigma}{\sqrt{n}}\right)$$
$$=\left(70.7-1.96\frac{8.21}{\sqrt{550}},\ 70.7+1.96\frac{8.21}{\sqrt{550}}\right)$$
$$=(70.015,\ 71.385)$$

나. 모평균의 추정 - 모분산(σ^2)이 알려지지 않은 경우

표본의 크기가 작고 모분산 σ^2를 알 수 없는 소표본의 경우에는 위의 식을 쓸 수 없다. 따라서 이 경우에는 모분산 σ^2의 자리에 표본분산 s^2를 넣어주어야 한다. 동시에 표본분포도 달라지므로 정규분포 대신 t 분포를 이용하여 구간의 길이를 정하게 된다.

통계량의 표본분포가 정규분포에서 t 분포로 바뀌므로 먼저 아래의 t 분포의 정의로부터 시작하자.

$$T=\frac{(\overline{X}-\mu)}{s/\sqrt{n}} \sim t_{n-1}$$

이제 알지 못하는 모평균 μ를 가운데 두고 알고 있는 양쪽의 값을 이용하여 구간의 길이를 정하면 추정 구간은 아래와 같이 표현된다. 여기서 자유도는 당연히 $n-1$이 된다.

모평균의 구간추정: $\left(\overline{x}-t_{\alpha/2,\,n-1}\frac{s}{\sqrt{n}},\ \overline{x}+t_{\alpha/2,\,n-1}\frac{s}{\sqrt{n}}\right)$

예제

10개의 표본으로부터 표본평균 11.6, 표본분산 5.81을 얻었다. 신뢰수준 99%에서 모평균의 구간추정을 해보자. 모분산이 알려져 있지 않고 표본의 크기(n)도 작으므로 자유도 9($=n-1$)인 t 분포를 이용하여 구간추정을 하면 아래와 같다.

$$\left(\overline{x}-t_{\alpha/2,\,n-1}\frac{s}{\sqrt{n}},\ \overline{x}+t_{\alpha/2,\,n-1}\frac{s}{\sqrt{n}}\right)$$
$$=\left(11.6-3.25\frac{2.41}{\sqrt{10}},\ 11.6+3.25\frac{2.41}{\sqrt{10}}\right)$$
$$=(9.123,\ 14.077)$$

다. 두 모평균 차이의 추정 – 모분산(σ^2)이 알려진 경우

이제 추정의 범위를 넓혀 두 모집단의 모평균의 차이를 추정하는 문제를 생각해보자. 여기서는 두 모집단이 서로 독립이면서 정규분포를 따르며 각각의 모분산인 σ_1^2와 σ_2^2가 알려져 있다고 가정한다. 그러면 정규분포의 기본 성질에 따라 구간의 길이는 아래와 같이 주어진다.

모평균의 구간추정: $\left[(\overline{X_1}-\overline{X_2})-z_{\frac{\alpha}{2}}\sqrt{\frac{\sigma_1^2}{n_1}+\frac{\sigma_2^2}{n_2}},\ (\overline{X_1}-\overline{X_2})+z_{\frac{\alpha}{2}}\sqrt{\frac{\sigma_1^2}{n_1}+\frac{\sigma_2^2}{n_2}}\right]$

나아가 표본의 크기가 충분히 커지면 설사 정규분포를 따르지 않는 경우라고 하더라도 중심극한정리(CLT)에 의해 위와 같은 구간추정을 할 수 있다.

예제

모분산이 250인 집단에서 뽑은 100명의 표본평균이 39.1이고, 모분산이 200인 다른 집단에서 뽑은 150명의 표본평균이 37.4였다. 정규분포를 따르는 두 집단의 모평균 차이에 대한 99% 신뢰구간은 아래와 같이 주어진다.

$$\left[(\overline{X_1}-\overline{X_2})-z_{\frac{\alpha}{2}}\sqrt{\frac{\sigma_1^2}{n_1}+\frac{\sigma_2^2}{n_2}},\ (\overline{X_1}-\overline{X_2})+z_{\frac{\alpha}{2}}\sqrt{\frac{\sigma_1^2}{n_1}+\frac{\sigma_2^2}{n_2}}\right]$$
$$=\left[(39.1-34.7)-2.58\times\sqrt{\frac{250}{100}+\frac{200}{150}},\ (39.1-34.7)+2.58\times\sqrt{\frac{250}{100}+\frac{200}{150}}\right]$$
$$=[-0.651,\ 9.451]$$

라. 두 모평균 차이의 추정 – 모분산(σ^2)이 알려지지 않은 경우

이제는 좀더 복잡한 경우를 생각해보자. 모분산이 알려지지 않은 경우에 두 모집단의 모평균의 차이를 추정하는 것이다. 이 때도 역시 t 분포를 사용한다. 하지만 그 안에서도 다음과 같이 모분산의 차이가 없는 경우와 있는 경우로 나뉘어진다.

- 모분산을 모르지만 등분산인 경우

이 경우는 각 모집단의 분산인 σ_1^2와 σ_2^2가 알려지지 않았지만 $\sigma_1^2=\sigma_2^2$라는 사실은 알려진 경우이다. 이것을 흔히 등분산성(equal variances)이라고 한다. 여기서 등분산(equal variance)에 대한 가정을 확인하는 이유는 무엇일까? 모분산 σ^2를 표본분산 s^2로 대체할 경우 아무래도 표본의 크기가 작으면 s^2의 신뢰도가 떨어지는 문제가 생기게 된다. 따라서 두 표본을 묶어서 하나의 표본으로 사용하게 되면 표본의 크기를 늘리는 효과를 얻을 수 있다. 하지만 그렇게 하기 위해서는 두 모분산의 크기가 같다는 가정이 필요하다. 당연한 말이지만 모분산이 다르면 표본분산도 다를 가능성이 높기 때문에 하나로 묶을 수 없다.

분산이 같은 경우에는 하나로 묶을 수 있기 때문에 분산값으로 아래와 같은 합동추정량(pooled variance estimator) s_p^2를 사용한다. 두 모집단으로부터 얻은 표본의 표본분산이 각각 s_1^2, s_2^2이고 표본의 크기가 각각 n_1, n_2일 때 합동추정량은 다음의 식으로 계산된다. 이 때 자유도는 각 표본의 자유도를 합한 $(n_1-1)+(n_2-1)=n_1+n_2-2$가 된다. 보는 것처럼 $(n_1-1)/(n_1+n_2-2)$과 $(n_2-1)/(n_1+n_2-2)$의 합은 1이 된다. 따라서 합동추정량은 각 표본의 크기를 반영한 가중평균(weighted average)의 성격을 지닌다.

$$\text{분산 합동추정량: } S_p^2 = \frac{(n_1-1)S_1^2+(n_2-1)S_2^2}{n_1+n_2-2}$$

여기서는 t 분포를 따르므로 구간추정은 다음과 같이 이루어진다.

$$\text{모평균 구간추정: } \left[(\overline{X_1}-\overline{X_2})-t_{\frac{\alpha}{2},n_1+n_2-2}S_p\sqrt{\frac{1}{n_1}+\frac{1}{n_2}},\ (\overline{X_1}-\overline{X_2})+t_{\frac{\alpha}{2},n_1+n_2-2}S_p\sqrt{\frac{1}{n_1}+\frac{1}{n_2}}\right]$$

예제

15개로 이루어진 한 표본의 평균은 20.8, 분산은 5.29이고, 역시 15개로 이루어진 다른 표본의 평균은 17.5, 분산은 4.41을 나타내었다. 분산의 차이가 없다고 보고 모평균의 차이에 대한 95% 신뢰구간을 구해보자. 먼저 합동추정량은 다음과 같이 계산된다.

$$S_p^2 = \frac{(n_1-1)S_1^2+(n_2-1)S_2^2}{n_1+n_2-2} = \frac{(15-1)\times 5.29+(15-1)\times 4.41}{15+15-2} = 4.85$$

따라서 신뢰구간은 아래와 같이 주어진다.

$$\left[(\overline{X_1}-\overline{X_2})-t_{\frac{\alpha}{2},n_1+n_2-2}S_p\sqrt{\frac{1}{n_1}+\frac{1}{n_2}},\ (\overline{X_1}-\overline{X_2})+t_{\frac{\alpha}{2},n_1+n_2-2}S_p\sqrt{\frac{1}{n_1}+\frac{1}{n_2}}\right]$$
$$=\left[(20.8-17.5)-2.048\times 2.2\times\sqrt{\frac{1}{15}+\frac{1}{15}},\ (20.8-17.5)+2.048\times 2.2\times\sqrt{\frac{1}{15}+\frac{1}{15}}\right]$$
$=[1.655,\ 4.945]$이다.

• 모분산을 모르고 이분산인 경우

이 경우는 각 모집단의 분산인 σ_1^2와 σ_2^2가 알려지지 않았고 $\sigma_1^2 \neq \sigma_2^2$라는 사실이 알려진 경우이다. 이것을 흔히 이분산성(unequal variances)이라고 한다. 분산이 다를 경우에는 더 이상 두 표본을 묶어서 합동추정량을 만들기 어렵다. 하지만 과정의 증명이 좀 복잡하지만 σ^2 대신 s^2을 사용하여 아래와 같이 t 분포에 근사시킬 수 있다.

하지만 앞의 등분산 경우와 달리 여기에서는 합동분산추정량을 쓰지 않고 각각의 표본분산인 s_1^2과 s_2^2을 사용하게 된다. 따라서 $(\overline{X}_1 - \overline{X}_2)$의 통계량은 다음과 같은 t 분포를 따르게 된다.

$$\frac{(\overline{X}_1 - \overline{X}_2) - (\mu_1 - \mu_2)}{\sqrt{\frac{s_1^2}{n_1} + \frac{s_2^2}{n_2}}} \sim t$$

여기서 주의할 점은 자유도(df)이다. 위에서 t 분포에 근사한다는 것은 아래에 나타나 있는 자유도를 사용한다는 가정을 토대로 한다.

$$\text{자유도(df)} = \frac{(s_1^2/n_1 + s_2^2/n_2)^2}{\frac{(s_1^2/n_1)^2}{n_1 - 1} + \frac{(s_2^2/n_2)^2}{n_2 - 1}}$$

하지만 위의 식이 너무 복잡하기 때문에, 간편한 식으로 두 표본의 크기 n_1과 n_2 중에 더 작은 것에서 1을 뺀 값인 $\min[n_1, n_2] - 1$을 사용하기도 한다.

따라서 구간추정은 다음과 같이 주어진다. 여기서는 분산이 다르므로 합동분산추정량 S_p^2을 사용할 수 없고 각각의 분산추정량인 s_1^2, s_2^2을 쓰는 것에 주의하자. 또한 자유도(df)는 간편식인 $\min[n_1, n_2] - 1$로 계산하기로 한다.

$$\text{모평균 구간추정: } \left[(\overline{X}_1 - \overline{X}_2) - t_{\frac{\alpha}{2}, \min[n_1, n_2]-1}\sqrt{\frac{S_1^2}{n_1} + \frac{S_2^2}{n_2}},\ (\overline{X}_1 - \overline{X}_2) + t_{\frac{\alpha}{2}, \min[n_1, n_2]-1}\sqrt{\frac{S_1^2}{n_1} + \frac{S_2^2}{n_2}}\right]$$

예제

15개로 이루어진 한 표본의 평균은 17.5 분산은 4.41이고, 역시 15개로 이루어진 다른 표본의 평균은 18.8, 분산은 12.25를 나타내었다. 분산의 차이가 있다고 보고 모평균의 차이에 대한 95% 신뢰구간을 구해보자. 여기서 편의상 자유도는 min[15, 15]−1 = 14를 이용하였다.

$$\left[(\overline{X_1}-\overline{X_2})-t_{\frac{\alpha}{2},\,\min[n_1,\,n_2]-1}\sqrt{\frac{S_1^2}{n_1}+\frac{S_2^2}{n_2}},\ (\overline{X_1}-\overline{X_2})+t_{\frac{\alpha}{2},\,\min[n_1,\,n_2]-1}\sqrt{\frac{S_1^2}{n_1}+\frac{S_2^2}{n_2}}\right]$$
$$=\left[(18.8-17.5)-2.145\times\sqrt{\frac{12.25}{15}+\frac{4.41}{15}},\ (18.8-17.5)+2.145\times\sqrt{\frac{12.25}{15}+\frac{4.41}{15}}\right]$$
$$=[-0.961,\ 3.561]$$

2. 두 모평균 차이의 추정 - 쌍체비교

(1) 기본개념

위에서 살펴본 두 모평균의 추정은 서로 다른 그룹(이질 집단)간 모평균의 차이를 다루는 문제이다. 예를 들어 강남지역과 강북지역의 차이, 신제품과 구제품의 차이 등이 추정의 주제가 되는 것이다. 따라서 이러한 문제는 두 개의 독립표본(independent two samples)을 이용하여 추정을 하게 된다. 이 때 두 표본이 독립적이기 위해서는 서로 다른 모집단에서 추출되어야 하고 또한 두 표본 간에 상호작용도 없어야 한다.

하지만 두 모평균 차이의 추정을 위해 항상 두 개의 독립표본을 사용하는 것은 아니다. 경우에 따라서는 하나의 대응표본(paired sample)을 이용하여 모평균의 차이를 추정하기도 한다. 대응표본은 같은 그룹(동일 집단) 안에서 실험 전과 후의 차이를 보여주는 표본이다.

예를 들어 10명의 환자들을 대상으로 새로운 치료제를 투여하기 전과 후의 수치를 비교한다든가, 20명의 고객을 대상으로 광고를 보기 전과 본 후의 선호도를 비교하는 경우를 보자. 이 때는 실험 전과 후의 데이터가 항상 하나의 쌍(pair)을 이루게 된다. 따라서 이처럼 대응표본을 이용하여 모평균의 차이를 비교하는 것을 쌍체비교(paired comparison)라고 부르기도 한다. 쌍체가 되기 위해서는 실험 전 표본의 크기와 실험 후 표본의 크기가 반드시 같아야 한다.

쌍체비교 데이터의 예시로 〈표 7-1〉을 보자. 여기서 표본의 크기는 $n=6$이고, 실험 전(X)과 실험 후(Y)의 대응표본의 차이는 $d_i=X_i-Y_i$가 된다. 따라서 수리적으로 보면, 두 표본의 차이(X_i-Y_i)를 추정하는 문제가 한 표본(d_i)의 추정 문제로 바뀌게 된다.

〈표 7-1〉 실험 전과 후의 대응표본

번호	1	2	3	4	5	6
실험 전	X_1	X_2	X_3	X_4	X_5	X_6
실험 후	Y_1	Y_2	Y_3	Y_4	Y_5	Y_6
차이	d_1	d_2	d_3	d_4	d_5	d_6

이제 $\overline{d}$ 를 d_i 의 표본평균으로 하고 $S(d)$를 표본 표준편차로 하면, 신뢰수준 $1-\alpha$ 에서 두 평균의 차이, 즉 d에 대한 신뢰구간은 아래와 같이 주어진다. 여기서 d는 하나의 표본을 이루므로 t 분포를 따르면서 자유도는 $n-1$ 이 되는 것에 유의하자.

> 모평균 차이 구간추정: $\overline{d} \pm t_{\alpha/2,\, n-1} \quad S(d)/\sqrt{n}$

예제

특정 질환의 수치를 낮추는 신약의 효과를 알아보기 위해 9명의 환자를 대상으로 실험(복용) 전과 후의 수치를 비교하여 아래의 데이터를 얻었다.

사람	1	2	3	4	5	6	7	8	9
전	250	220	204	222	206	259	204	205	198
후	242	217	200	211	189	240	199	200	195

여기서 $\overline{d} = 8.33$, $\dfrac{S_{\overline{d}}}{\sqrt{n}} = \dfrac{6.06}{\sqrt{9}} = 2.02$ 이다. 따라서 95% 신뢰구간은 아래와 같이 나타난다.

$$\left(\overline{d} - t_{\alpha/2,\, n-1}\frac{S_{\overline{d}}}{\sqrt{n}},\ \overline{d} + t_{\alpha/2,\, n-1}\frac{S_{\overline{d}}}{\sqrt{n}}\right) = (8.33 - 2.306(2.02),\ 8.33 + 2.306(2.02))$$
$$= (3.672,\ 12.988)$$

(2) 비교

두 개의 독립표본을 이용하는 것에 비해 하나의 대응표본으로 쌍체비교를 하면 어떤 장점이 있을까? 크게 다음 세 가지를 들 수 있다.

- 첫째, 하나의 표본만을 이용하여 전과 후를 비교하기 때문에 표본의 크기가 줄어드는 장점이 있다.
- 둘째, 동일한 대상(개인)에 대해 실험을 하기 때문에 비교의 효과를 더 높일 수 있다. 특히 의학이나 공학 분야의 실험에서는 이질적인 실험단위들을 비교하는 것보다 동질적인 실험단위를 대상으로 전과 후를 비교하면 실험의 효과가 더 분명하게 나타난다.
- 셋째, 두 개의 독립표본과 비교하여 분산이 작아지는 장점이 있다. 일반적으로 X와 Y 사이의 분산은 $Var(\overline{X}-\overline{Y})=Var(\overline{X})+Var(\overline{Y})-2Cov(\overline{X},\ \overline{Y})$가 된다. 여기서 쌍체비교에서는 공분산 $Cov(\overline{X},\ \overline{Y})$가 항상 0보다 같거나 양수로 나온다. 즉 $Cov(\overline{X},\ \overline{Y})\geq 0$가 되는 것이다. 따라서 독립적인 두 그룹의 차이와 비교하여 $Var(\overline{X}-\overline{Y})$가 작아지게 된다.

하지만 다른 한편으로 자유도가 줄어드는 단점이 발생한다. 두 개의 독립표본을 비교하는 경우 각 표본의 크기가 n이라면 자유도는 $(n-1)+(n-2)=2n-2$가 된다. 하지만 쌍체비교의 경우에는 하나의 표본이 되므로 자유도가 $n-1$이 된다, 일반적으로 $2n-2>n$이므로 쌍체비교의 자유도가 더 작다. 자유도가 줄어들면 t 값이 커지기 때문에 같은 신뢰수준에서 신뢰구간이 더 넓어지는 단점이 생길 수 있는 것이다.

3. 모분산의 추정

이제는 추정의 대상을 모분산 σ^2로 바꾸어보자. 먼저 표본분산 s^2의 분포를 기억해보자. 통계량 $s^2=\frac{\sum^{n}(X_i-\overline{X})^2}{n-1}$의 분포를 알아보는 것이다. 이 부분에 대한 설명은 이미 앞의 chi-square 분포에서 한 적이 있지만 여기서 다시 간략하게 정리해보자.

먼저 $\frac{(n-1)s^2}{\sigma^2}=\sum\frac{(x_i-\overline{x})^2}{\sigma^2}$은 chi-square 분포를 따른다 이 사실을 이용하여

위의 식을 s^2 의 식으로 다시 바꾸면 $s^2 = \sigma^2 \frac{\chi^2_{n-1}}{n-1}$ 이 된다.

$$s^2 = \sigma^2 \frac{\chi^2_{n-1}}{n-1}$$

즉 통계량 $\frac{(n-1)s^2}{\sigma^2}$ 은 자유도 $n-1$ 인 chi-square 분포를 따른다. 따라서 $\chi^2_{n-1} \sim \frac{(n-1)s^2}{\sigma^2}$ 가 된다. 이 사실을 이용하여 모분산 σ^2 의 구간추정은 아래의 식으로 하게 된다.

$$\text{모분산의 구간추정: } \left[\frac{(n-1)s^2}{\chi^2_{\frac{\alpha}{2},n-1}}, \frac{(n-1)s^2}{\chi^2_{1-\frac{\alpha}{2},n-1}}\right]$$

여기서 나올 수 있는 질문은 chi-square 분포의 구간추정에서 상한과 하한의 균형이 만들어지느냐 하는 문제이다. 왜냐하면 chi-square 분포는 앞의 정규분포나 t 분포와 달리 양쪽이 대칭을 이루지 않기 때문이다. 하지만 [그림 7-3]에서 보는 것처럼, 주어진 α에 대해 양쪽 끝의 크기(파란색으로 칠해진 구간의 크기)는 동일하게 주어진다.

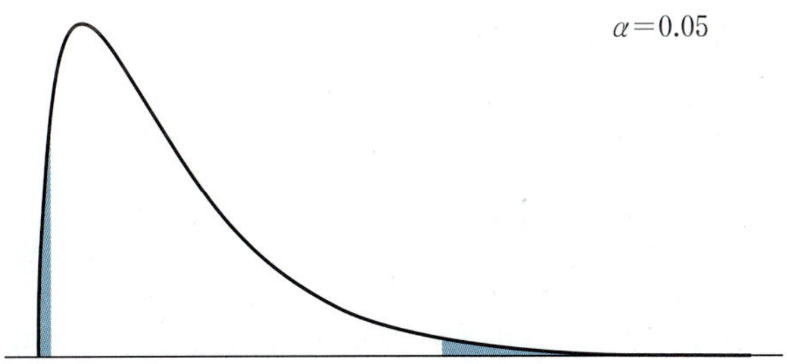

[그림 7-3] chi-square 분포의 상하 균형

예제

101개로 이루이진 표본의 표본평균이 2.457, 표본분산은 1.222로 나타났다. 따라서 모분산 σ^2 의 95% 신뢰구간은 아래와 같이 주어진다.

$$\left[\frac{(n-1)S^2}{\chi^2_{\frac{\alpha}{2},n-1}}, \frac{(n-1)S^2}{\chi^2_{1-\frac{\alpha}{2},n-1}}\right]$$
$$=\left[\frac{(101-1)\times 1.222}{129.561}, \frac{(101-1)\times 1.222}{74.222}\right]$$
$$=[0.943,\ 1.646]$$

4. 두 모분산 차이의 추정

이제는 추정의 범위를 더욱 확대하여 두 모집단의 모분산의 차이를 추정하는 문제를 생각해보자. 여기에서도 두 모집단은 서로 독립이면서 정규분포를 따른다고 가정한다.

각각의 분산이 chi-square 분포를 따르는 상황에서 분산과 분산의 비율은 F 분포를 따른다. 이 과정을 좀더 자세히 알아보자. $(S_1^2-S_2^2)$의 분포를 알 수 없기 때문에 우선 아래의 두 통계량을 도입하기로 하자.

$$\frac{(n_1-1)S_1^2}{\sigma_1^2}, \frac{(n_2-1)S_2^2}{\sigma_2^2}$$

이 때 $\frac{(n_1-1)S_1^2}{\sigma_1^2} \sim \chi^2_{n_1-1}$, $\frac{(n_2-1)S_2^2}{\sigma_2^2} \sim \chi^2_{n_2-1}$ 가 되는 것을 이미 알고 있다. 따라서 chi-square 분포를 따르는 두 통계량을 분모와 분자에 넣은 통계량은 F 분포를 따른다. $\frac{s_1^2/\sigma_1^2}{s_2^2/\sigma_2^2} \sim F_{n_1-1,\ n_2-1}$ 가 되는 것이다. 이 관계를 통해 아래와 같이 S_1^2/S_2^2 의 분포를 알 수 있다. 여기에서는 특히 자유도의 순서에 주의해야 한다.

$$\frac{S_1^2}{S_2^2} \sim \frac{\sigma_1^2}{\sigma_2^2} \cdot F(n_1 - 1,\ n_2 - 1)$$

그러므로 신뢰수준 $(1-\alpha)$에 대해 $\dfrac{\sigma_1^2}{\sigma_2^2}$의 구간추정은 아래와 같이 나타난다.

모분산 차이 추정 구간: $\left[\dfrac{S_1^2}{S_2^2 \cdot F_{\frac{\alpha}{2}(n_1-1,\, n_2-1)}},\ \dfrac{S_1^2 \cdot F_{\frac{\alpha}{2}(n_2-1,\, n_1-1)}}{S_2^2}\right]$

여기에서도 F 분포의 구간추정에서 상한과 하한의 균형이 만들어지느냐 하는 질문이 나올 수 있다. 왜냐하면 chi-square 분포와 마찬가지로 F 분포도 양쪽이 대칭을 이루지 않기 때문이다. 하지만 [그림 7-4]에서 보는 것처럼 주어진 α에 대해 양쪽 끝의 크기(파란색으로 칠해진 구간의 크기)는 동일하게 주어진다.

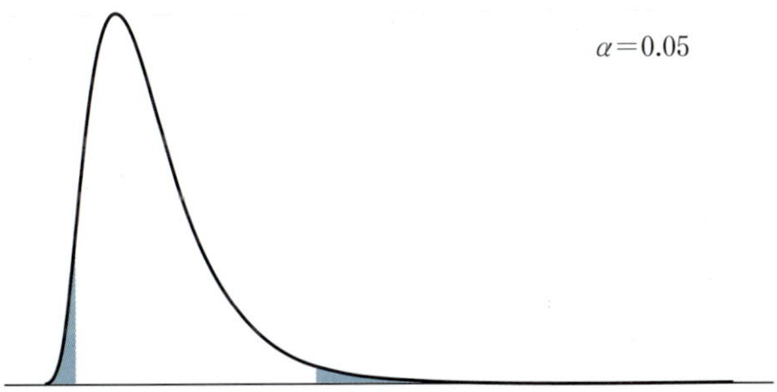

[그림 7-4] F 분포의 상하 균형

예제

31개로 이루어진 표본의 표본평균이 3.089, 표본분산은 0.721으로 나타났고, 역시 31개로 이루어진 다른 표본의 표본평균이 1.535, 표본분산은 0.316로 나타났다. 그러면 모분산 비율 $\dfrac{\sigma_1^2}{\sigma_2^2}$의 90% 신뢰구간은 아래와 같이 주어진다.

$$\left[\frac{S_1^2}{S_2^2 \cdot F_{\frac{\alpha}{2}, n_1-1, n_2-1}}, \ \frac{S_1^2 \cdot F_{\frac{\alpha}{2}, n_2-1, n_1-1}}{S_2^2}\right]$$
$$=\left[\frac{0.721}{0.316\times1.84}, \ \frac{0.721\times1.84}{0.316}\right]$$
$$=[1.240, \ 4.198]$$

제6절 구간추정의 관련 요인

1. 기본개념

지금까지 구간추정의 원리와 방식에 대해 알아보았다. 당연한 말이지만 주어진 모수에 대해 추정의 구간은 길어지기도 하고 짧아지기도 한다. 그렇다면 구간추정에 영향을 미치는 요인들은 무엇이 있을까? 다시 말해 구간의 길이는 어떤 요인에 의해 결정이 될까?

- 첫째, 신뢰수준 $1-\alpha$를 결정하는 α 값이다.
- 둘째, 모분산 σ^2 이다.
- 셋째, 표본의 크기(n)이다.

이제부터 각각의 요인이 구간추정에 어떤 영향을 미치는지를 알아보자.

2. 신뢰수준 α의 영향

〈표 7-2〉는 모분산 σ^2과 표본크기 n을 고정시킨 상태에서 신뢰수준 α의 변화에 따라 오차한계와 신뢰구간이 어떻게 달라지는지를 예시적으로 보여주고 있다.

〈표 7-2〉 신뢰수준의 변화에 따른 신뢰구간의 변화

α	$z_{\alpha/2}$	신뢰구간$=2\times z_{\alpha/2}\sigma/\sqrt{n}$
0.20	1.28	5.12
0.10	1.64	6.56
0.05	1.96	7.84
0.01	2.58	10.32

표에서 보는 것처럼 추정구간 안에 모수가 포함될 확률을 높이려면 당연히 신뢰구간을 넓게 잡아야 하고 그러기 위해서는 α 값을 내려야 한다. 반대로 α 값을 올리면 신뢰구간이 줄어들면서 모수가 포함되지 않을 가능성이 올라간다. 이 딜레마에 대한 답은 결국 조사자가 어떤 기준으로 α의 수준에 대한 의사결정을 하느냐에 따라 결정된다.

3. 모분산 σ^2의 영향

모분산 σ^2도 신뢰구간에 직접적인 영향을 미친다. 모집단의 데이터들이 넓게 펴져 있는 산포도에 따라 오차의 한계가 달라지는 것이다. 〈표 7-3〉은 신뢰수준 α와 표본크기 n을 고정시킨 상태에서 모분산 σ^2의 변화에 따라 신뢰구간이 어떻게 달라지는지를 예시적으로 보여주고 있다.

〈표 7-3〉 모분산 σ^2의 변화에 따른 신뢰구간의 변화

σ	$z_{\alpha/2}$	신뢰구간$=2\times z_{\alpha/2}\sigma/\sqrt{n}$
1	1.96	0.78
5	1.96	3.92
10	1.96	7.84
25	1.96	19.60

표에서 보는 것처럼 모집단의 산포도가 커질수록 신뢰구간은 넓어진다. 더구나 앞의 α와 달리 모분산 σ^2은 조사자가 의도적으로 조정할(control) 수 없는 요소이다. 모집단 자체를 바꿀 수는 없기 때문이다. 따라서 표본을 추출하는 과정에서 가능한

한 동질적인 개체들을 뽑아서 분산을 줄이는 것이 바람직하다.

4. 표본크기 n의 영향

표본의 크기 n도 신뢰구간에 직접적인 영향을 미치는 요소이다. 〈표 7-4〉는 신뢰구간 α와 모분산 σ^2가 고정되어 있는 상태에서 표본의 크기에 따라 신뢰구간이 어떻게 달라지는지를 예시적으로 보여주고 있다.

〈표 7-4〉 표본의 크기 n의 변화에 따른 신뢰구간의 변화

n	신뢰구간= $2\times z_{\alpha/2}\sigma/\sqrt{n}$
5	17.54
10	12.40
25	7.84
50	5.54
100	3.92
500	1.76
1000	1.24

구간추정은 신뢰수준과 신뢰구간 사이의 딜레마를 안고 있다. 만일 신뢰수준을 낮추어 넓은 신뢰구간을 설정하면 부정확하고 부적합한(imprecise and inadequate) 정보를 제공하는 문제가 생긴다. 반대로 신뢰수준을 높여 신뢰구간을 줄이면 오차확률이 올라가는 문제가 생기는 것이다.

위의 표에서 보는 것처럼 표본의 크기가 커질수록 신뢰구간의 길이는 짧아진다. 따라서 이론적으로 최선의 대안은 표본의 크기를 늘리는 것이다. 그러나 표본의 크기를 늘리는 것은 비용과 시간이 커진다는 것을 의미한다. 그러므로 표본의 크기를 늘리면서 얻을 수 있는 장점과 생길 수 있는 단점을 동시에 고려하여야 한다.

5. 최소 표본크기의 결정

표본을 추출에 앞서 먼저 표본의 크기가 정해져야 한다. 물론 표본의 크기가 충분히 크면 좋겠지만 그것이 현실적으로 쉽지 않다면 적어도 최소한의 크기는 만족되어야 한다. 이것이 최소 표본크기이다.

최소 표본크기의 계산은 아래의 오차한계 또는 허용오차(Margin of Error: MOE) 식을 바탕으로 한다. 오차의 한계는 말 그대로 추정에서 허용할 수 있는 최대의 오차를 뜻한다. 따라서 구간추정에서 중심을 기준으로 + 쪽 또는 - 쪽 끝까지의 거리(크기)가 된다. 또는 평균의 표준오차인 $\frac{\alpha}{\sqrt{n}}$에 임계값(critical value)을 곱한 값이기도 하다. 이 때 임계값은 표본분포에 따라 Z를 사용할 수도 있고 t를 사용할 수도 있다.

$$MOE = z_{\alpha/2}\frac{\sigma}{\sqrt{n}} \quad \text{또는} \quad MOE = t_{\alpha/2,(n-1)}\frac{s}{\sqrt{n}}$$

오차한계는 추정의 정밀도에 따라 달리 설정된다. 보다 정밀한 추정을 원할수록 당연히 허용할 수 있는 오차한계도 작아지게 된다. 그리고 위의 식에서 보듯이 오차한계를 줄이려면 표본의 크기(n)를 늘려야 한다. 하지만 여기에는 비용과 시간의 문제가 발생한다. 그렇다면 허용할 수 있는 오차한계가 주어졌을 때 그 한계를 만족시키기 위한 최소한의 표본크기는 어떻게 정할 수 있을까?

오차한계의 식은 표본의 크기 n에 대한 식으로 쉽게 바꿀 수 있다. 조사자가 허용할 수 있는 오차한계와 신뢰수준 $1-\alpha$가 주어지고 분산(표준편차) σ가 알려지면 최소 표본크기(n)는 아래의 식으로 계산할 수 있는 것이다. 만일 분산이 알려지지 않은 경우라면 사전에 입수한 정보나 지금까지의 경험을 토대로 추정한 값을 사용하게 된다.

$$\text{최소표본 크기:}\ n = \left(\frac{z_{\alpha/2}\sigma}{MOE}\right)^2 \quad \text{또는} \quad n = \left(\frac{t_{\alpha/2,\ (n-1)}s}{MOE}\right)^2$$

예제

모분산이 6.25로 알려져 있을 때, 95% 신뢰수준에서 오차한계(MOE)를 1.2보다 작게 하기 위해 필요한 표본의 크기는 다음과 같이 계산된다.

$$n=\left(\frac{z_{\alpha/2}\sigma}{MOE}\right)^2=\left(\frac{1.96\times 2.5}{1.2}\right)^2=16.7\cong 17$$

배경 이야기: 빅 데이터와 추정

빅 데이터의 등장과 함께 추정(estimation)의 필요성이 작아지거나 심지어는 사라진다는 주장이 나오고 있다. 이 주장의 근거를 보자. 통계학은 모집단 전체의 데이터를 얻을 수 없기 때문에 표본으로부터 모집단의 모수를 추정하는 일을 다루는 학문이다. '모수의 값을 모른다'는 가정하에 그것을 정확하게 추정하는 방법에 초점을 맞추는 것이다.

하지만 빅 데이터 세계에서는 '모수의 값을 안다'고 가정한다. 빅 데이터는 곧 모집단 데이터이기 때문에 굳이 모수를 추정할 필요 없이 바로 계산하는 것이 가능하다고 보는 것이다. 따라서 모수값의 추정보다는 그 모수 값이 나오게 된 원인을 찾아낸다거나, 모수값이 비슷한 관측치들끼리 묶는다거나, 새로운 관측치가 어떤 값을 갖게 될지를 예측하는 작업에 초점을 맞추게 된다.

그러나 데이터가 커진다고 해서 그것이 곧 모집단의 특성을 더 정확하게 보여준다고 믿는 것은 위험한 일이다. 아무리 빅 데이터라고 하더라도 전수조사를 하지 않는 한 모집단 전체의 데이터가 될 수는 없다. 모집단은 '다양하고 이질적인 부분'들의 집합이다. 따라서 모집단의 특성이 제대로 반영되기 위해서는 단순히 데이터의 크기가 늘어나는 것보다 '많은 부분에서 골고루' 데이터가 수집되는 것이 중요하다. 하지만 대부분의 빅 데이터는 골고루 데이터를 모은 것이 아니라 여기저기서 쏟아져 나오는 대로 쌓아놓은 것이다. 빅 데이터 시대에는 추정의 의미가 사라진다는 주장은 성급한 생각이자 위험한 발상일 수 있다.

제7절 베이지안 추정

1. 기본개념

(1) 배경

이제부터는 베이지안 추론(Bayesian inference)에 대해 알아보기로 한다. 베이지안 추정의 기본개념을 설명하기 위해 우선 하나의 문제를 던져보자. 확률변수 X가 정규분포를 따르는 모집단의 평균 μ을 추정한다고 하자. 충분한 데이터가 주어지지 않은 상황에서 과연 어떻게 모수값을 추정할 수 있을까?

지금까지의 지식과 경험을 사용한다면 당연히 표본의 데이터로부터 표본평균 $\overline{X}$를 구한 후 그 값을 추정치로 사용할 것이다. 최우도 추정법(MLE)이나 최소제곱 추정법(LSE)을 사용하여 추정량을 찾아보면 모평균의 최소불편추정량(MVUE)으로 표본평균이 나오기 때문이다. 이것이 전통적 통계학의 추정방식이다. 그리고 일반적으로 추정이라고 할 때는 따로 말하지 않아도 전통적 추정을 의미한다.

하지만 전통적 추정과 다른 새로운 추정 원리와 방식에 대한 관심도 커지고 있다. 바로 베이지안 추론이다. 새로운 방식이라고 하니까 최근에 개발된 것으로 오해할 수도 있지만 사실 역사적으로는 베이지안 추론이 전통적 추론보다 먼저 제시된 개념이다. 다만 전통적 추론에 밀려나 오랫동안 통계학의 변방에 머물러 있다가 오늘날 빅 데이터와 인공지능 그리고 기계학습의 물결을 따라 부활하고 있는 것이다.

베이지안 추론에서도 주어진 문제는 같다고 하자. 즉 확률변수 X들이 정규분포를 따르는 모집단의 평균 μ을 추정하는 것이다. 하지만 접근방법은 다르다. 전통적 추론에서는 표본평균 $\overline{X}$를 추정치 $\hat{\mu}$로 사용한다. 그러나 베이지안 추정에서는 $\overline{X}$를 바로 추정치로 사용하지 않는다. 대신 처음에는 가벼운 정도의 초기 추정치 μ_0를 설정한 후 새로운 정보가 들어오는 대로 더 그럴듯한 추정치로 바꾸어 나가면서 최종의 추정치 $\hat{\mu}$를 찾는다. 또한 하나의 추정치만 내놓는 것이 아니라 주관적인 판단에 따라 여러 개의 다른 추정치들을 내놓기도 한다.

(2) 공통점과 차이점

베이지안 추정은 전통적 추정에 익숙한 사람들에게 적잖은 혼란을 줄 수 있다. 이러한 혼란은 알고리즘의 기술적 차이가 아니라 통계를 대하는 근본적 시각의 차이 때문에 생겨난다. 따라서 기법의 차이에 앞서 관점의 차이를 살펴보는 것이 베이지안 통계를 이해하는 첫걸음이 된다. 둘 사이의 공통점은 무엇이고 차이점은 무엇인지를 알아보자.

먼저 공통점은 주어진 상황과 문제가 같다는 점이다. 앞의 예에서 설명한 것처럼 전통적 추론이나 베이지안 추론이나 충분한 데이터가 없는 상황에서 출발하는 것도 같고 그 상황에서 모집단의 모수를 추정하는 문제를 다루는 것도 마찬가지이다. 그렇다면 차이점은 어디에 있는 것일까?

첫째, 데이터에 대한 의존도의 차이이다. 전통적 추론의 논리는 아주 단순하다. 주어진 데이터가 없으니 먼저 표본을 만든 후 표본의 데이터에 100% 의존하여 추론을 한다. 데이터가 많으면 좋지만 설사 데이터가 많지 않더라도(즉 실험을 많이 할 수 없더라도) 데이터에 나타난 결과만을 가지고 추론을 해야 한다고 주장하는 것이다. 왜냐하면 과학적 추론은 객관적 결과를 바탕으로 해야 하기 때문이다.

하지만 베이지안 추론에서는 데이터에 대한 의존도를 사람이 신축적으로 조정한다. 만일 데이터가 많지 않으면(즉 과거의 빈도가 거의 없을 때는) 데이터에 나타난 결과만을 가지고 추론을 하는 것은 위험하다고 주장한다. 통계학은 무엇보다 현실성이 중요하고 그 현실성을 판단하는 것은 데이터 자체가 아니라 사람이기 때문이다.

둘째, 모수와 변수를 보는 시각의 차이이다. 전통적 추론에서는 모수는 참값을 알 수 없는 고정된 상수(constant)라고 가정한다. 따라서 모수는 확률분포를 가질 수 없다. 이에 반해 데이터는 확률분포를 따라 움직이는 변수이며 또한 알려져 있는 값이다. 따라서 겉으로 드러나는 데이터 값을 이용하여 숨겨져 있는 모수의 참값을 찾으려고 한다. 그러기 위해서 처음부터 모수와 변수에 대한 분명한 가정(모형)을 세우고 명확한 추정이론을 적용한다. 그러므로 전통적 추론에서 컴퓨터의 역할은 계산의 효율성을 올리는 정도에 그치게 된다.

하지만 베이지안 추론에서는 모수도 여러 개의 값을 가질 수 있는 변수(variable)라고 가정하고 그 중에서 가장 그럴듯한 값을 찾으려고 한다. 이제 모수는 상수가 아니라 변수이므로 확률분포를 가지게 된다. 추정의 과정도 훨씬 신축적으로 설계한다. 가정을 최소한으로 줄이고 모형도 느슨하게 만드는 대신 데이터가 새로 들어오면 바로 바로 계산을 해서 추정치를 바꾸어 나가는 것이다. 따라서 베이지안 추론에서는 빅 데이터와 컴퓨터는 결정적인 역할을 하게 된다.

셋째, 추정의 실질적인 목적이 무엇이냐의 차이이다. 전통적 추론은 모집단 전체에 대한 추측(guess)을 주목적으로 한다. 말 그대로 추정에 초점을 맞추는 것이다. 반면에 베이지안 추정은 새로운 관측치에 대한 예측(prediction)에 더 큰 관심을 둔다. 의사결정이나 전략적 판단에 필요한 정보를 얻으려고 하는 것이다. 예를 들어 모든 상장기업들을 모아놓은 모집단이 있다고 하자. 전통적 추론은 기업 전체의 평균 수익률이 얼마인지를 추정하는데 초점을 맞춘다. 하지만 베이지안 추론은 어느 특정 기업의 향후 수익률이 얼마가 될지를 예측하는데 초점을 맞춘다.

(3) 성격과 용도

그렇다면 통계학의 다양한 주제 가운데 왜 추론이 베이지안 통계의 중요한 대상이 되는 것일까? 통계학은 추론 외에도 다양한 주제를 포함한다. 하지만 전통적 통계학과 베이지안 통계가 공존하고 경쟁하는 주제는 주로 추론에 몰려있다. 그 이유는 크게 다음 두 가지로 요약할 수 있다.

첫째, 추론이 본질적으로 역확률의 성격을 지니고 있기 때문이다. 베이지안 추론은 말 그대로 베이즈 정리와 베이지안 확률의 연장선상에 있다. 그리고 앞의 확률이론에서 설명한 것처럼 베이즈 정리는 조건부 확률과 역확률의 관계에 관한 법칙이다. 이제 추론 문제를 여기에 대입해 보자. '모수가 주어진 조건'에서 사건의 확률을 구하는 것이 조건부 확률이라면, '사건이 일어난(관측치가 주어진) 조건'에서 모수값을 찾는 일은 역확률의 문제로 볼 수 있다. 따라서 추정도 일종의 역확률의 문제가 되면서 베이지안 접근을 적용하기에 적합한 주제가 되는 것이다.

둘째, 추론의 범위가 워낙 넓기 때문이다. 통계학의 개별 주제를 부르는 이름은 다양하지만 그 원리의 핵심은 추론인 경우가 많다. 예를 들어 뒤에서 다룰 회귀분석도 이름만으로는 추정과 무관한 것처럼 들리지만 자세히 들여다보면 추정의 일부인 것을 알 수 있다. 그만큼 베이지안 추론을 적용할 수 있는 영역도 넓고 주제도 다양한 것이다.

(4) 보완적 관계

하지만 이 두 가지는 서로 배타적인 관계보다는 오히려 서로 보완적인 관계에 있다고 볼 수 있다. 우선 추정에 활용할 과거의 데이터(빈도)가 충분히 많으면 전통적인 추정법을 사용하지 않을 이유가 별로 없다. 실제로 데이터가 많으면 어느 방법을 사용하던 추정치는 같은 값으로 수렴하는 모양을 보인다.

하지만 다음 두 가지 경우에는 전통적인 추정법 대신 베이지안 접근을 선택할 수 있다. 첫째, 과거의 빈도를 보여주는 데이터가 많지 않거나 자주 일어나지 않는 사건이어서 빈도주의적 추론이 사용이 마땅치 않을 때이다. 이 때는 빈도가 워낙 작아서 전통적 추정의 신뢰도가 크게 떨어지기 때문이다. 둘째, 추정의 목적이 모수 자체의 추정보다는 미래의 예측에 있는 경우이다. 베이지안 접근은 하나의 추정치를 고집하는 것이 아니라 계속해서 값을 수정하면서 좀더 현실적인 추정치를 찾아나가기 때문에 예측의 목적에 잘 맞는 방법이다.

2. 추정 과정과 방식

(1) 추정 대상

추정이나 예측의 대상은 매우 다양하다. 추론의 대상이 되는 모든 것이 모수가 될 수 있다. 바로 앞에서 예로 들었던 모집단의 평균 μ을 추정하는 문제 또는 분산 σ^2을 추정하는 문제가 대표적인 대상이 될 수 있다. 나아가 확률이론에서 다루었던 확률분포의 모수도 하나의 모수이다. 또 뒤에서 살펴볼 가설(hypothesis)도 모수가 될 수 있다.

(2) 추정 원리

베이지안 추론은 베이즈 정리를 그 뿌리로 하고 있다. 이제 베이즈 정리를 추정에 적용해 보자. 앞에서 설명한 것처럼 추정은 관측치가 주어진 조건에서 거꾸로 모수의 참값을 알아내는 역확률의 문제이다. 하지만 확률의 문제가 곧 추정의 문제가 되는 것은 아니다. 실제로 앞에서 설명한 베이지안 확률의 원리가 곧바로 베이지안 추정으로 쉽게 연결되지 않는 것이다.

따라서 확률에 관한 베이즈 정리를 추정의 과정에 사용하기 위해서는 우선 준비 작업을 시작으로 다음의 단계를 거쳐야 한다.

역확률 문제 → 베이즈 정리 → 베이지안 확률 → 베이지안 추론

가. 확률분포의 설정

가장 먼저 하는 일이면서 동시에 가장 중요한 일은 확률분포를 정하는 것이다. 다시 강조하지만 베이지안 통계에서 모수는 상수가 아니라 확률변수이다. 따라서 자신에게 가장 적합한 확률분포를 가진다. 전통적 추정에 익숙한 사람들에게는 매우 혼란스러운 일이지만, 베이지안 추정의 첫걸음은 이 사실을 이해하는 데에서 출발한다.

예를 들어 동전던지기 실험에서 앞면이 나올 확률에 대해 베이지안 추정을 한다고 하자. 이 실험에서 앞면(뒷면)이 나올 횟수 X는 이항분포 $B(n,\ p)$를 따른다. 하지만 여기서 추정의 대상이 되는 모수는 앞면이 나올(뒷면이 나올) 비율인 p이다.

우선 전통적인 최우도 추정법(MLE)으로 p를 추정해보자. 여기에서는 모수 p가 단 하나의 참값(상수)을 가진다고 가정한다. 그리고 실제 관측치 X가 나오면 그 관측치가 나올 가능성(우도)이 가장 높은 p의 값을 추정치로 정하는 방식을 사용한다.

그러나 베이지안 추정은 출발부터 다르다. 아래에서 보는 것처럼, 실험 자체는 이항분포를 따르지만 추정의 모수 p는 더 이상 상수가 아니라 그 자체로서 하나의 변수이며, 이항분포가 아닌 다른 분포를 따르는 것이다(여기서 어떤 분포를 따르는지에 대한 설명은 생략하기로 한다). 따라서 모수의 확률분포를 설정하는 것이 베이지안 추정의 시작이 된다.

동전던지기 실험의 추정

- 전통적 추정: X → 이항분포의 변수
  p → 상수(참값)
- 베이지안 추정: X → 이항분포의 변수
  p → 확률분포(이항분포가 아닌)의 변수

나. 사전 확률분포과 사후 확률분포

그런데 확률분포는 하나만 설정하는 것이 아니라 사전 확률분포와 사후 확률분포를 따로 설정해야 한다. 왜 사전과 사후의 분포를 따로 두어야 할까? 앞의 베이즈 확률에서 사전 확률(prior)과 사후 확률(posterior)이 달라지는 것에 대해 설명하였다. 추론에서도 마찬가지이다. 모수는 변수이기 때문에 아무 정보가 주어지지 않은 처음의 상태와 likelihood 관계를 이용하여 수정한 나중의 상태가 달라진다. 따라서 당연히 상태에 따라 확률분포도 바뀔 수 있다. 처음 상태에서의 사전 분포와 나중 상태의 사후 분포를 따로 생각해야 하는 이유가 여기에 있다.

하지만 여기서 말하는 사전과 사후는 시간의 앞과 뒤를 뜻하는 것은 아니다. 정확하게 표현하면 사전은 '정보가 주어지기 전의 상태'이고 사후는 '정보가 주어진 상태'를 의미한다. 즉 시간의 개념이 아니라 상태의 개념이다.

물론 가장 좋은 경우는 사전 분포와 사후 분포가 같을 때이다. 이런 경우에 사전 분포와 사후 분포를 묶어서 켤레분포(conjugate distribution)라고 한다. 마치 신발 한 켤레처럼 똑같이 생겼기 때문이다. 켤레분포가 되면 추정의 계산이 훨씬 쉬워지지만 서로 다른 경우에는 문제가 복잡해질 수 있다.

실제로 베이지안 추정에서 확률분포를 정하는 것은 쉬운 일이 아니다. 특히 추정하려고 하는 모수의 성질에 대한 정보가 많지 않을 때 적합한 사전 분포를 찾는 일은 간단하지 않은 경우가 많다. 이에 자세한 설명은 이 책의 범위를 벗어나므로 여기에서는 생략하기로 한다.

(3) 추정 과정

이제부터 베이지안 추정의 과정을 여러 단계로 나누어 차근차근 따라가 보자.

● 단계 1: 베이즈 정리의 도입

베이지안 추정에 앞서 뿌리가 되는 베이즈 정리를 다시 기억해보자. 사건 B가 표본공간으로 주어진 상황에서 사건 A와 B에 관한 원래의 베이즈 정리와 베이지안 확률은 다음과 같이 주어진다. 여기서 $P(A)$는 prior 확률, $P(B|A)$는 우도(likelihood), $P(A|B)$는 posterior 확률, $P(B)$는 조건부 확률 $P(A|B)$의 표본공간 전체의 확률을 가리킨다.

$$\text{베이즈 정리: } P(A|B) = \frac{P(B|A) \times P(A)}{P(B)}$$

● 단계 2: 추정문제의 설계

이제 베이즈 정리를 추정에 적용하기 위해서는 다음과 같이 확률의 문제를 추정의 문제로 바꾸어 주어야 한다. 사건 B가 주어진 조건에서 사건 A의 확률을 구하는 $A|B$의 문제를 관측치 X가 주어진 조건에서 모수 θ를 추정하는 $\theta|X$의 문제로 변환해야 하는 것이다. 또한 그에 맞추어 원래 확률의 식으로 되어 있는 베이즈 정리도 아래와 같은 확률분포(함수)의 식으로 바꾸어 나타낼 수 있다. 이것이 바로 베이즈 정리가 갖는 확장성과 응용성이다.

- 사건 B를 관측치 X로 바꾸어 준다.
- 사건 A를 모수 θ로 바꾸어 준다.
- 베이즈 정리 $f(\theta|X) = \dfrac{f(X|\theta) \times f(\theta)}{f(X)}$

● 단계 3: 사전 분포 prior의 설정

이제부터 순서대로 추정작업을 진행한다. 먼저 분자에서 사전 확률분포 prior인 $f(\theta)$를 설정한다. 물론 이 분포는 모수 θ의 성질에 가장 적합한 함수를 찾아서 정하게 된다.

$$\theta \text{의 prior 분포} = f(\theta)$$

● 단계 4: 초기 추정치 설정

이제 prior 분포에 대해 모수의 초기 추정치를 설정한다. 초기 추정치는 아무 정보가 주어지지 않은 최초의 상태에서 준 값이기 때문에 '별로 그럴듯하지 않은' 값이다.

● 단계 5: 확률분포 수정

이어서 앞의 prior 분포 $f(\theta)$에 우도(likelihood) $f(X|\theta)$를 반영한다.

likelihood × prior → $f(X|\theta)\times f(\theta)$

● **단계 6: 분모의 계산**

다음으로 분모의 확률인 $f(X)$를 계산해야 한다. 여기서 $f(X)$는 X가 주어진 상황에서 모수 θ가 가질 수 있는 모든 경우를 더한 확률, 즉 주변 확률(marginal distribution)을 가리킨다. θ가 일어날 수 있는 표본공간의 확률을 뜻하는 것이다. 따라서 $f(x)$를 해당 구간 전체로 적분한 $\int f(x)$ 값이 된다(실제로 $f(x)$의 모양에 따라 적분이 어려운 경우가 자주 발생하고 이것이 오랫동안 베이지안 추정의 걸림돌로 작용해 왔다).

● **단계 7: 사후 분포 posterior 도출**

위의 관계를 반영한 사후 확률분포 $f(\theta|X)$를 아래와 같이 도출한다.

θ의 posterior 분포 $f(\theta|X)=\dfrac{f(X|\theta)\times f(\theta)}{f(x)}$

● **단계 8: 최종 추정치 도출**

마지막으로 posterior 분포에 대해 베이지안 추정법을 적용하여 최종의 추정치 $\hat{\theta}$를 구한다.

배경 이야기: 베이즈 정리에서 베이지안 통계까지

18세기 중엽에 처음 베이즈 정리에서 출발하여 19세기와 20세기를 거치면서 여러 통계학자들에 의해 베이지안 확률, 베이지안 추론 그리고 베이지안 통계(Baysian statistics)까지로 넓어지게 된 배경에는 베이즈 정리가 지니는 엄청난 확장성과 응용성이 자리잡고 있다.

최초의 베이즈 정리는 역확률 계산에서 시작되었지만 이것이 아래의 베이지안 확률로 확장되었다.

$$P(A|B) = \frac{P(B|A) \cdot P(A)}{P(B)}$$

이제 베이지안 확률은 약간의 과정을 거치면 다음과 같이 일반화될 수 있다.

$$P(\theta|X) = \frac{P(X|\theta) \cdot P(\theta)}{P(X)}$$

이어서 베이지안 확률은 별다른 어려움 없이 아래의 베이지안 추론에 응용할 수 있다.

$$f(\theta|X) = \frac{f(X|\theta) \cdot f(\theta)}{f(x)}$$

이 원리는 단순한 모수 추론을 넘어 가설의 추론 등으로 점점 넓어지면서 모든 것을 아우르는 베이지안 통계까지로 연결되는 것이다.

(4) 추정 방법

이제 남아있는 주제는 위의 마지막 단계(단계 8)에서 최종의 추정치 $\hat{\theta}$를 얻기 위한 추정방법을 정하는 것이다. 앞에서 본 것처럼 전통적 추정에서는 주로 최우도 추정법(MLE)이나 최소제곱 추정법(LSE)을 사용한다. 그렇다면 베이지안 추정에서는 어떤 추정방법을 사용할까?

전통적 추정과 마찬가지로, 베이지안 추정에서도 여러 가지 기법을 사용할 수 있다. 그러나 베이지안 추정에서 가장 폭넓게 사용되는 기법은 최대 사후분포 추정법, 즉 MAP(Maximum a Posteriori) 추정법이다. 용어가 의미하는 것처럼 MAP 추정법

은 사후분포, 즉 posterior가 최대가 되는 추정치를 찾는 방법이다. 따라서 개념적으로 보면 MAP 추정법은 전통적인 최우도 추정법(MLE)과 유사하다고 할 수 있다. 즉 둘 모두 Max$f(\theta|X)$ 문제를 푸는 것이다. 또한 최대화의 해를 구하기 위해 미분한 후 0으로 놓은 방정식을 푸는 알고리즘도 동일하다. 근본적인 차이는 함수 $f(\theta|X)$가 다르다는데 있다. 전통적 MLE 추정에서는 우도함수를 최대화한다. 그러나 베이지안 추정의 바탕이 되는 것은 사후분포이므로 여기서는 우도를 최대화하는 대신 사후분포를 최대화하는 것이다.

MAP(Maximum a Posteriori) 추정법: $\text{Max } f(\theta|X) = \dfrac{f(X|\theta)\times f(\theta)}{f(X)} \longrightarrow \hat{\theta}$

3. 확률분포 모수의 추정

다음의 예를 이용하여 확률분포의 모수를 점추정하는 원리를 알아보자. 한 번의 동전던지기 실험은 베르누이 분포의 대표적인 경우이다. 각각의 시행에서 앞이 나오거나 뒤가 나오는 것을 확률변수 X로 하면, 앞이 나오는 경우를 X=1, 뒤가 나오는 경우를 X=0으로 둘 수 있다. 그리고 새로 동전던지기를 했을 때 앞면이 나올 확률 p가 베르누이 분포의 모수 θ가 된다. 즉 $P(X=1)=\theta$가 추정의 대상이 되는 것이다. 그리고 모수의 추정치 $\hat{\theta}$를 구하는 것이 해야 할 과제이다.

추정을 위해서는 실험 데이터가 필요하기 때문에 동전던지기를 25번 시행하였다. 이렇게 되면 실험의 확률분포는 베르누이 분포를 여러 번 반복할 때 만들어지는 n=25의 이항분포가 된다. 여기서 전체 n을 둘로 나누어 앞면이 나오는 횟수를 $n(X=1) = a_1$, 뒷면이 나오는 횟수를 $n(X=0) = a_2$라고 하자.

실험의 결과 앞면이 12번, 뒷면이 13번 나왔다고 하자. 즉 a_1=12, a_2=13인 것이다. 그러면 θ의 추정치는 어떻게 구할 수 있을까? 다시 말해 26번째 던지기를 할 때 앞면이 나올 확률은 얼마라고 말할 수 있을까?

(1) 전통적 추정법

전통적인 방법으로 추정을 한다고 하면, 당연히 최우도 추정법(MLE)을 사용하게 된다. 관측치 X가 주어진 상황(조건)에서 수많은 모수 θ의 후보 가운데 우도가 최대가 되는 모수를 추정치 $\hat{\theta}$로 선택하는 것이다.

최우도 추정법(MLE): $\text{Max } f(\theta|X) \longrightarrow \hat{\theta}$

여기서 다음 사실을 다시 한번 확인하고 넘어가자. 전통적 추론에서 모수 θ는 상수이므로 확률분포가 없다. 대신 X가 이항분포를 따르는 확률변수이다. 이미 앞에서 설명한 것처럼 X의 이항분포 밀도함수를 θ의 우도함수로 바꾸어 MLE를 구해보면 $\hat{p}=x/n$로 나온다.

MLE 추정치: $\hat{\theta}=\hat{p}=x/n=a_1/(a_1+a_2)$

따라서 이 예제에서는 $\hat{\theta}=12/(12+13)=0.48$이 된다. 물론 이 값은 직관적으로도 쉽게 구할 수 있다. 여기서는 n=25이고 X=12이므로 $\hat{p}=0.48$이 되는 것을 확인할 수 있는 것이다. 다시 말해 26번째 던지기를 할 때 앞면이 나올 확률은 0.48이라고 예측할 수 있다. 일반적인 동전던지기의 추정치가 $\hat{p}=0.5$인 것을 생각하면 $\hat{p}=0.48$는 받아들일 수 있는 합리적 추정치이다.

(2) 베이지안 추정법

가. 문제의 제기

위의 예처럼 실험의 수(빈도)가 상당히 많은 경우(n=25)에는 최우도 추정법을 통해 모수를 추정하는데 별 문제가 없다. 문제는 실험의 횟수가 많지 않을 때이다. 만일 여러 가지 제약 때문에 실험을 4번 밖에 할 수 없다고 하자(n=4). 그리고 실험의 결과 앞이 1번, 뒤가 3번 나왔다고 하자. 우연히 뒷면이 훨씬 더 많이 나온 것이다. 이 경우에 전통적인 MLE 추정을 하게 되면 $\hat{\theta}=\frac{x}{n}=a_1/(a_1+a_2)=1/(1+3)=0.25$가 된다. 즉 새로 동전던지기를 한다면 앞면이 나올 확률은 0.25에 불과하다고 말하는 것이다. 이 값이 과연 믿을 수 있는 추정치가 될 수 있을까? 아주 이상하게 만든 동전이 아니라면 상식적으로도 그렇지 않다고 말할 수 밖에 없다.

위에서 보듯이 MLE 추정의 가장 큰 단점은 모수 θ에 대한 정보나 지식을 반영하지 않고 단지 실험에서 나온 관측치만을 이용하여 추정을 한다는 것이다. 위의 동전 던지기 예제에서 앞면과 뒷면이 나올 확률이 같거나 비슷하다는 상식, 즉 모수 $\theta=0.5$라는 정보를 고려한다면 단 4번의 실험만으로 $\hat{\theta}=0.25$라고 추정하는 것은 심각한 문제를 안고 있다.

이런 현상을 통계에서는 과적합(overfitting)이라고 한다. 과적합은 '소규모의 특정 데이터'에 지나칠 정도로 가깝게 추정하는 문제를 가리킨다. 이처럼 빈도의 정보가 많지 않은 상황에서는 과적합 때문에 전통적인 MLE 추정법의 신뢰도와 활용도가 크게 떨어질 수 있다.

나. MAP 추정

그러면 이런 상황에서는 어떻게 추정을 할 수 있을까? 바로 베이지안 추정법이 대안이 될 수 있다. 앞에서 설명한 것처럼 특히 posterior $f(\theta|X)$을 최대화하는 MAP 추정법을 사용하여 추정을 할 수 있는 것이다.

다. 추정 과정

MAP 추정의 과정을 좀더 자세하게 알아보자. 앞에서 설명한 대로 베이지안 추정에서 모수 θ는 변수이므로 확률분포를 가진다. 따라서 제일 먼저 할 일은 θ의 prior 분포 $f(\theta)$를 설정하는 것이다. 여기서 자세한 설명은 생략하지만 이항분포 실험의 모수 p는 베타 분포(beta distribution)를 따르는 것으로 정할 수 있다. 실제로 앞의 확률분포 부분에서 이미 설명한 것처럼 이항분포와 베타 분포는 밀접하게 연결되어 있다. 또한 베타 분포는 a와 b라는 두 개의 모수를 가지며 흔히 Beta(a, b)로 표기한다. 따라서 $a = a_1$, $b= a_2$로 대체하면 모수 θ의 prior 분포는 a_1과 a_2의 두 개의 모수를 갖는 베타 분포 Beta(a_1, a_2)가 된다.

만일 prior 분포만을 가지고 추정을 하면 어떻게 될까? 즉 prior 분포인 베타 분포를 바탕으로 MAP 추정치를 구해보면 어떻게 될까? 이 경우의 추정치는 $\hat{p} = a_1/(a_1+a_2)$로 나온다(과정은 생략). 이 값은 전통적 추정법인 MLE의 추정치와 정확하게 일치한다. 왜냐하면 이것은 아무런 사전 정보를 반영하지 않은 prior 분포만을 이용한 추정치이기 때문이다. 따라서 앞으로 새로운 정보가 들어오면 그것을 반영해 나가면서 수정의 과정을 거치게 된다.

이제 새로운 정보가 알려졌다고 하자. 그러면 prior 분포 $f(\theta)$에 우도(likelihood)인 $f(X|\theta)$의 정보를 추가로 반영하여 posterior 분포 $f(\theta|X)\times f(\theta)$를 도출한다. 역시 자세한 내용은 생략하지만 posterior 분포도 (a_1+b_1)과 (a_2+b_2)의 두 개의 모수를 갖는 베타 분포 $\text{Beta}[(a_1+b_1),\ (a_2+b_2)]$를 따른다.

이제 posterior 분포에 대해 MAP 추정방법을 적용하면 아래의 추정치가 도출된다. 물론 이 값은 사후분포 $f(\theta|X)\cdot f(\theta)$를 최대화하는 알고리즘을 통해 구하게 된다.

MAP 추정치: $\hat{\theta}=\hat{p}=(a_1+b_1)/[(a_1+b_1)+(a_2+b_2)]$

또한 전통적 MLE 추정의 결과와 베이지안 MAP 추정의 결과를 비교해보면 아래와 같이 정리할 수 있다.

- MLE 추정치: $\hat{\theta}=\hat{p}=\dfrac{a_1}{a_1+a_2}$
- MAP 추정치: $\hat{\theta}=\hat{p}=\dfrac{a_1+b_1}{(a_1+b_1)+(a_2+b_2)}$

위의 식을 잘 들여다 보면 원래의 prior 분포(전통적 MLE 추정)의 모수 a_1과 a_2에 b_1과 b_2가 추가로 들어가 있음을 알 수 있다. 여기서 b_1과 b_2는 posterior $\propto$ likelihood $\times$ prior의 관계를 반영한 조정값 역할을 하는 것이다. 또한 b_1과 b_2는 어떤 특정한 값을 가리키는 것이 아니고 주어질 수 있는 모든 값을 대표하는 기호로 보면 된다.

라. 의미 해석

위의 해에서 a_1과 a_2는 실험의 결과로 정해지는 값이다. 앞의 예에서는 $a_1=12$, $a_2=13$로 주어진다. 하지만 b_1과 b_2는 추정작업을 하는 사람이 주관적으로 설정하는 조정값이다. 그러면 조정값의 크기를 어떻게 정할 것인가? 앞에서 베이지안 통계는 '주관적 믿음'을 바탕으로 한다는 말을 여러 번 하였다. 그 믿음의 크기에 따라서 조정값 b_1 과 b_2 는 무수히 많은 값을 가질 수 있다.

간단한 예를 이용하여 b_1과 b_2에 어떤 값을 집어넣을지에 대해 알아보자. $n = 10$인 동전던지기 실험에서 앞이 5번, 뒤가 5번 나왔다고 하자. 관측치만 보면 앞면과 뒷면이 나올 가능성이 같다고 볼 수 있다. 따라서 이 경우에는 b_1과 b_2에 같은 값을 주게 된다. 하지만 같은 값이라고 해도 값의 크기는 달라질 수 있다. b_1과 b_2 모두에 1을 줄 수도 있고 100을 줄 수도 있다.

여기서 크기의 차이는 무엇을 의미할까? 그것이 곧 주관적 믿음의 차이가 된다. $b_1=b_2=1$로 놓은 경우는 양쪽 확률의 차이를 잘 모를 때 다시 말해 주관적 믿음이 아주 약할 때를 가리킨다. 차이를 잘 모르니까 양쪽 모두에 같은 값을 주되 크기는 작게 한다는 의미이다. 반면에 $b_1=b_2=100$으로 놓은 경우는 양쪽의 확률이 같다는 주관적 믿음이 매우 강할 때를 가리킨다. 즉 $\theta = 0.5$라는 믿음이 아주 강하기 때문에 큰 값을 준다는 의미이다. 이 값이 1인지 아니면 100인지에 따라 당연히 $\hat{\theta}$에 미치는 영향은 달라진다.

이번에는 앞이 8번, 뒤가 2번 나왔다고 하자. 또는 반대로 앞이 2번, 뒤가 8번 나왔다고 하자. 관측치를 보면 이번에는 앞이나 뒤가 나올 가능성이 같다고 볼 수 없다. 따라서 b_1과 b_2에 다른 값을 주게 된다. 만일 앞이 8번 뒤가 2번 나왔다면 $b_1 > b_2$으로, 반대로 만일 앞이 2번 뒤가 8번 나왔다면 $b_1 < b_2$으로 준다. 또한 주관적 믿음의 차이에 따라 큰 값을 줄 수도 있고 작은 값을 줄 수도 있다.

마. 비교

posterior의 식은 $\dfrac{f(X|\theta)\times f(\theta)}{f(X)}$가 된다. 앞의 베이지안 확률 부분에서 설명한 것처럼 분모의 $f(X)$는 단순히 표본공간의 크기를 나타내는 상수이므로 무시할 수 있다. 따라서 전통적 MLE 추정법과 베이지안 MAP 추정법의 핵심적 차이는 분자에 추가로 들어가 있는 prior $f(\theta)$임을 알 수 있다. MLE는 사전 확률을 고려하지 않기 때문에 prior $f(\theta)$가 빠져있지만 MAP는 prior $f(\theta)$를 중요한 정보로 이용하고 있는 것이다.

이 사실을 바탕으로 MLE와 MAP의 원리와 과정을 간략히 비교해 보자. MLE 추정에서는 $\hat{\theta}=0.48$이라는 단 하나의 추정치만이 만들어진다. 하지만 MAP 추정에서는 prior $f(\theta)$에 대한 주관적 믿음의 크기에 따라 b_1과 b_2를 조정하면서 여러 개의 추정치가 만들어진다. 따라서 MLE 접근에 비해 MAP 접근이 훨씬 더 신축적인 추정법이 된다.

예제

예제를 이용하여 둘 사이의 차이를 좀더 자세히 알아보자. $n=10$인 동전던지기 실험으로 돌아가서, 앞면이 2번 나왔다고 하자. $a_1=2$, $a_2=8$인 것이다. 먼저 MLE 추정을 보자. 여기에서는 추정치가 $\hat{p}=2/(2+8)=0.2$로 고정된다. 다음으로 베이지안 MAP 추정을 보자. 〈표 7-5〉는 b_1과 b_2의 값이 달라지면서 MAP 추정치가 어떻게 바뀌는지를 보여주고 있다.

〈표 7-5〉 MLE와 MAP추정치의 비교

n	앞면 횟수(a_1)	b_1	b_2	MLE $\hat{\theta}$	MAP $\hat{\theta}$
10	2	1	1	0.2	0.25
10	2	10	10	0.2	0.40
10	2	100	100	0.2	0.485
10	2	1000	1000	0.2	0.499

표에서 보는 것처럼 b_1과 b_2의 값이 아주 작을 때는 MLE 추정치와 MAP 추정치가 같거나 비슷하게 나온다. b_1과 b_2가 작다는 것은 추정치에 대한 주관적 믿음이 약하다는 뜻이고 따라서 주관적 믿음보다는 관측의 결과값에 더 많이 의존한다는 뜻이다. 그렇게 되면 오로지 관측치만을 이용하는 MLE 추정과 MAP 추정은 유사한 결과를 보이게 된다. 반대로 주관적 믿음이 강해서 b_1과 b_2의 값이 커질수록 둘 사이의 차이도 커지게 된다. 결국 prior 정보의 정확성에 따라 주관적 믿음의 크기도 달라지고 그 결과 MAP의 유용성과 신뢰성도 영향을 받는 것이다.

하지만 표본의 크기(n)가 충분히 커지면 모형이 복잡하지 않은 경우에 대부분 MLE 추정치와 MAP 추정치가 거의 같게 나온다. 왜 그럴까? MLE 추정은 표본의 관측치에만 의존하지만 MAP 추정에서는 우도를 반영한다. 그런데 우도는 결국 관측치에 의해 결정되므로 표본이 커지면 당연히 우도는 관측치의 영향을 많이 받게 된다. 그러면서 MLE 문제와 MAP 문제의 차이가 줄어들게 되는 것이다.

4. 모집단 모수의 추정

앞에서 설명한대로 추정의 대상이 되는 모수의 종류는 다양하다. 앞에서 확률분포 모수의 추정에 대해 알아 보았으니 이번에는 모집단 모수의 추정에 대해 생각해 보자. 그 중에서도 예시적으로 정규분포를 따르는 모집단의 모평균 μ의 추정에 초점을 맞춘다. 확률변수 X가 $X \sim N(\mu, \sigma^2)$이므로 μ와 σ^2의 두 개의 모수가 있지만 여기서 추정의 대상은 모평균 μ이므로 편의상 모분산 σ^2은 주어지는 값으로 가정한다.

이제 설명의 편의를 위하여 간단한 예를 들어보자. 20대 남성들의 평균 체중을 추정한다고 하자. 이를 위해 n=10인 표본을 얻어서 평균을 구하였더니 표본평균 $\overline{x} = 82.5$로 나타났다고 하자.

(1) 전통적 추정법

먼저 전통적인 방법으로 추정을 해보자. 그러면 당연히 최우도 추정법(MLE)을 다시 사용하게 된다. 여기서 로그 우도함수는 아래와 같이 주어진다.

$$\text{Max} \ln L = -\frac{n}{2}\ln(2\pi\sigma^2) - \frac{1}{2\sigma^2}\sum(X_i - \mu)^2$$

이제 위의 최대화 문제를 풀면 앞의 추정 부분에서 본 것처럼 모평균의 추정치 $\hat{\mu}$는 표본평균 $\overline{x}$로 나온다. 따라서 위의 예제에 대해 MLE 추정을 해보면 모평균의 추정치 $\hat{\theta}$는 표본평균인 82.5가 된다. 물론 그 외의 추정치는 나오지 않는다.

$$\hat{\theta} = \hat{\mu} = \overline{X}$$

(2) 베이지안 추정법

가. 추정 과정

이번에는 같은 문제에 대해 베이지안 MAP 추정을 해보자. 베이지안 추정을 위해서는 먼저 prior 분포를 설정해야 한다. 여기서 확률변수 X는 $X \sim N(\mu,\ \sigma^2)$의 정규분포를 따르지만 추정의 대상인 모수 μ의 prior 분포도 정규분포를 따른다고 확신할 수는 없다.

이론적으로 prior는 다양한 확률분포를 가질 수 있다. 하지만 여기서 자세한 내용은 생략하지만 대부분의 경우에 모수 μ의 prior 분포를 정규분포로 가정하여도 별다른 문제가 없다. 따라서 μ의 prior 분포를 정규분포라고 하면 $\mu \sim N(m,\ s^2)$이 되면서 밀도함수는 다음의 식으로 표현된다.

$$f(\theta) = \frac{1}{\sqrt{2\pi}\, s} \exp\left\{-\frac{(\theta - m)^2}{2s^2}\right\}$$

여기서 m(mean)은 주관적으로 정한 모평균 μ의 초기 추정치를 뜻한다. 그러면 s^2의 의미와 역할은 무엇일까? s는 초기 추정치 m에 대한 믿음의 정도를 나타낸다. 만일 m에 대한 믿음의 정도가 강하면 s를 작게 설정하고 반대로 약하면 큰 값을 준다. 따라서 s는 일종의 변동성, 즉 분산을 의미한다고 볼 수 있다. 믿음이 커지면 변동성이 작아지면서 분산이 작게 될 것이고 반대로 믿음이 작아지면 분산도 크게 될 것이기 때문이다.

이어서 우도(likelihood) 분포는 아래와 같이 나타난다.

$$f(x|\theta) = \frac{1}{\sqrt{2\pi}\, \sigma} \exp\left\{-\frac{(x - \theta)^2}{2\sigma^2}\right\}$$

이제 posterior ∝ likelihood × prior의 관계를 이용하여 posterior 분포를 도출하면 다음과 같이 표현된다. 그리고 posterior 분포도 정규분포를 따르는 것을 보여줄 수 있다.

$$f(\theta|x) \propto f(x|\theta) \times f(\theta) = \frac{1}{\sqrt{2\pi}\, \sigma} \exp\left\{-\frac{(x-\theta)^2}{2\sigma^2}\right\} \times \frac{1}{\sqrt{2\pi}\, s} \exp\left\{-\frac{(\theta-m)^2}{2s^2}\right\}$$

마지막으로 posterior 분포를 바탕으로 MAP 추정을 하게 된다. 자세한 수리적 과정은 생략하지만 최대화 문제의 해를 구하면 posterior 모평균과 모분산의 추정치 $\hat{m}$과 $\hat{s}$은 다음의 식으로 나타난다. 즉 관측치 X가 주어졌을 때 모평균 μ의 사후분포는 사전 분포와 마찬가지로 $\mu|X \sim N(\hat{m},\ \hat{s})$의 정규분포를 따르고 그 평균과 분산의 추정치는 각각 $\hat{m}$와 $\hat{s}$가 되는 것이다.

$$\hat{\theta} = \hat{m} = \frac{\dfrac{x}{\sigma^2} + \dfrac{m}{s^2}}{\dfrac{1}{\sigma^2} + \dfrac{1}{s^2}}$$

$$\hat{s} = \sqrt{\left(\frac{1}{\sigma^2} + \frac{1}{s^2}\right)^{-1}}$$

위에서 모분산 σ^2는 주어진다고 가정하였고 모평균 μ에 대한 초기의 믿음인 m도 주어지는 값이다. 물론 관측치 X도 주어진다. 마지막으로 s는 m에 대한 믿음의 크기에 따라 값을 달리 설정하게 된다. 이제 이 값들을 위의 식에 대입하면 모평균의 추정치를 구할 수 있다.

예제

정규분포를 따르는 확률변수 X의 분산은 $\sigma^2 = 20.25$로 알려져 있다. 여기서 모평균 μ의 베이지안 추정을 해보자. 먼저 likelihood가 없는 상태에서 사전분포는 $\mu \sim N(m, s^2) = N(150, 36)$인 정규분포를 따른다고 하자. 즉 초기의 추정치는 $m = 150$으로 놓고 시작하는 것이다. 이어서 추가 정보를 얻기 위해 하나의 관측치를 구한 결과 $x = 156.5$으로 측정되었다. 그러면 이 관측치는 베이지안 추정의 likelihood로 이용하게 된다.

이제 $\sigma^2 = 20.25,\ m = 150,\ s^2 = 36,\ x = 156.5$를 위의 식에 대입하면 모평균의 베이지안 추정치는 $\hat{m} = 154.2$가 된다. 이 값은 처음의 추정치인 150보다는 크고 실제 관측치인 156.5보다는 작은 것으로 나타나고 있다.

예제

20대 남성들의 평균 체중을 추정하는 앞의 예로 돌아가보자. 우선 모평균 μ에 대한 초기의 믿음, 즉 사전분포를 $m = 80$으로 놓고 시작한다. 추가 정보를 얻기 위해 이번에는 $n = 10$인 표본을 얻어서 평균을 구하였더니 $\overline{x} = 82.5$로 나타났다. 이제 그 정보를 활용하여 $\hat{m}$의 식에서 하나의 관측치 X 대신 표본평균 $\overline{x} = 82.5$를 넣는다. 그러면 $\hat{m}$은 아래의 모양으로 바뀌게 된다. 베이지안 추정을 위해 하나의 관측치($n = 1$)만 이용하지 않고 하나의 표본($n = 10$)을 이용하였기 때문에 x 대신 표본평균 $\overline{x}$로, 그리고 x의 분산인 σ^2 대신 표본평균 $\overline{x}$의 분산인 σ^2/n으로 바뀐 것에 주의하자. 이제 믿음의 정도인 s^2의 값을 넣어주면 모평균의 추정치 $\hat{m}$을 구할 수 있다.

$$\hat{m} = \frac{\frac{n}{\sigma^2}\overline{x} + \frac{1}{s^2}m}{\frac{n}{\sigma^2} + \frac{1}{s^2}}$$

여기서 s의 값을 작게 하는 것과 크게 하는 것의 차이를 비교해 보자. 우선 전통적인 MLE 추정은 전적으로 관측치에만 의존하기 때문에 표본평균 $\overline{x} = 82.5$가 곧 MLE 추정치가 된다. 이제 베이지안 추정을 보자. 먼저 사전 분포 $m = 80$에 대한 믿음이 작으면 변동성인 s의 값을 크게 한다. 그러면 사후 평균의 추정치는 초기의 믿음인 80보다는 관측치로부터 얻은 표본평균 $\overline{x} = 82.5$에 더 가까운 값을 가지게 된다. 사전에 알고 있던 정보보다는 사후에 얻은 관측치의 영향이 크기 때문에 MLE와 MAP의 추정치가 비슷해지는 것이다. 실제로 앞의 $\hat{m}$ 식에서 s가 아주 커질수록 $\frac{1}{s^2}$은 0에 수렴하게 되고 결국 $\hat{m} = \overline{X}$에 가까워지는 것을 볼 수 있다. MLE 추정치인 $\hat{m} = \overline{X}$와 베이지안 MAP 추정치인 $\hat{m} = \overline{X}$가 같아지는 것이다.

반대로 사전 분포에 대한 믿음이 크면 s의 값을 작게 한다 이번에는 관측치의 영향이 작기 때문에 사후 평균의 추정치는 표본평균 $\overline{x} = 82.5$보다는 초기의 믿음인 80에 더 가까운 값을 가지게 된다. 따라서 MLE와 MAP의 추정치가 상당히 달라지게 된다.

앞의 이항분포의 모수 p의 추정에서 믿음의 정도에 따라 추정치 $\hat{\theta}$에 미치는 영향이 크게 달라지는 것을 보았다. 마찬가지로 정규분포의 모수 μ의 추정에서도 s에 큰 값을 주는지 아니면 작은 값을 주는지에 따라 모평균의 추정치 $\hat{\theta}$에 미치는 영향의 크기와 방향이 달라진다. 베이지안 통계가 객관적 빈도가 아니라 주관적 믿음의 통계인 것을 분명하게 보여주는 것이다.

5. 구간추정

지금까지 베이지안 점추정(point estimation)에 대해 알아보았다. 그렇다면 베이지안 통계에서 구간추정(interval estimation)은 어떻게 할까? 이를 위해서는 먼저 전통적 구간추정과 베이지안 구간추정의 근본적 차이를 분명하게 이해해야 한다. 전통적 추정에서는 신뢰구간(confidence interval)을 만들어 그 구간을 바탕으로 구간추정을 한다. 이에 비해 베이지안 추정에서는 신용구간(credible interval)을 만들어 그 구간을 바탕으로 구간추정을 한다.

신용구간이라는 용어는 공식 표준용어라고 하기는 어렵지만 이미 폭넓게 사용되고 있으므로 여기서도 그렇게 부르기로 한다. 또한 신용구간 외에도 구간추정에 사용되는 구간은 여러 개 만들어질 수 있지만 신용구간을 자주 사용하기 때문에 여기서는 신용구간에 대해서만 간략하게 알아보기로 하자.

그러면 왜 베이지안 추정에서는 신뢰구간 대신 신용구간이라는 용어를 사용할까? 전통적 추정에서 모수는 알 수 없는 상수이므로 확률분포가 없다. 그러므로 하나의 표본에서 구간이 만들어졌을 때 모수가 그 구간 안에 포함될 가능성을 확률로 나타내는 것 자체가 불가능하다. 그러나 어떤 식으로든 구간이 모수를 포함할 가능성을 정량화하는 것은 필요하다. 여기서 나온 개념이 앞에서 자세히 설명한 신뢰수준과 신뢰구간이다.

전통적 구간추정에서 신뢰수준이 95%라고 한다면 그 의미는 무엇일까? 예를 들어 100개의 표본을 이용하여 표본마다 하나씩의 구간들을 만들면 당연히 100개의 구간이 만들어진다. 이 때 정확하게 몇 개의 구간이 모수를 포함하는지(하지 않는지)의 확률은 알 수 없다. 하지만 그 중에 95%는 모수를 포함할 것으로 '신뢰할 수 있는' 구간의 길이는 설정할 수 있다. 이것이 바로 신뢰구간이다.

여기서 신뢰구간을 만드는 방법을 다시 기억해 보자. 일단 모수는 하나의 값으로 고정되기 때문에 구간의 가운데에 위치하게 된다. 따라서 표본의 중심이 되는 점추정치를 가운데에 둔다. 그 다음에는 신뢰수준을 설정한다. 그리고 신뢰수준을 바탕으로 상위와 하위가 균형을 이루는 추정의 구간을 만들게 된다.

하지만 베이지안 추정은 다르다. 모수 자체가 변수이므로 그에 대응하는 확률분포가 주어진다. 따라서 모수가 포함될 주관적 확률(subjective probability)이 주어지면, 주어진 확률분포를 바탕으로 그 확률을 만족시키는 구간의 크기를 정할 수 있다. 만일 95%의 확률을 설정하였다면 확률분포로부터 그 구간을 벗어나는 확률의 합이 5%가 되는 양쪽 끝의 두 점을 찾을 수 있는 것이다. 그러면 그 두 점 안쪽의 구간이 곧 95% 신용구간이 된다.

예제

전통적 구간추정의 간단한 예제를 보자. 무작위로 선정한 450명을 대상으로 연령을 조사한 결과 표본의 평균 연령은 43.06세, 분산은 275.11로 나타났다. 따라서 모평균에 대한 최우도 추정(MLE)의 점추정치는 표본평균인 43.06세가 된다.

이번에는 구간추정을 해보자. 정규분포를 따른다고 가정하고 표본분산을 모분산의 값으로 이용하면 다음과 같이 t 분포의 95% 신뢰구간이 만들어진다. 따라서 이 구간을 바탕으로 다음과 같이 모평균의 구간추정을 하게 된다.

$$\left(\overline{x}-t_{\alpha/2,\,n-1}\frac{s}{\sqrt{n}},\ \overline{x}+t_{\alpha/2,\,n-1}\frac{s}{\sqrt{n}}\right)=[41.53,\ 44.59]$$

예제

이번에는 앞의 정규분포 예제를 이용하여 베이지안 구간추정의 예를 보자. 먼저 posterior 분포에 대한 MAP 추정을 통해 사후분포의 모평균과 모분산에 대한 추정치 $\hat{m}$과 $\hat{s}$을 얻을 수 있다.

이제 95% 신용구간을 만들어보자. 확률분포는 정규분포이기 때문에 양쪽이 대칭을 이루게 된다. 따라서 정규분포 표를 이용하여 다음과 같이 상위와 하위 각각의 2.5%를 제외하는 신용구간을 만들 수 있다. 그러면 이 구간을 바탕으로 모평균의 구간추정을 하게 된다.

$$(\hat{m}-z_{\alpha/2}\hat{s},\ \hat{m}+z_{\alpha/2}\hat{s})$$

배경 이야기: 베이지안 통계의 현재와 미래

지금까지 살펴본 것처럼 베이지안 통계는 현실 세계에서 자주 발생하는 확률 문제를 다루기에 적합한 실용적 원리를 바탕으로 하고 있다. 하지만 오랜 시간 동안 전통적인 통계학에 밀려 변방에 머물러 있었던 이유는 베이지안 통계가 가지는 여러 가지 한계와 장애 때문이었다. 즉 사전확률을 설정하기가 어렵다던가, 사전확률분포와 사후확률분포를 찾기가 쉽지 않다던가, 분모가 되는 $f(X)$를 계산하기 힘들다던가 하는 것이 대표적인 걸림돌이 되었던 것이다.

그러나 최근에 베이지안 통계에 대한 관심은 급속도로 커지고 있다. 그 이유는 다음 두 가지로 요약할 수 있다. 첫째, 시뮬레이션 기법과 컴퓨터 성능이 놀라울 정도로 좋아져서 과거에 엄두를 내기 어려웠던 복잡한 계산이 가능하게 된 점이다. 둘째, 오늘날 각광을 받고 있는 인공지능(AI), 기계학습(machine learning), 인지과학, 신경과학 등의 기본원리와 사고체계가 베이지안 통계가 잘 맞아 떨어진다는 점이다. 즉 정보(데이터)가 거의 없는 상황에서 출발하여 점점 더 많은 정보를 받아들이면서 지속적으로 더 정확한 예측을 하고 더 올바른 의사결정을 해나간다는 접근 방법이 서로 비슷하기 때문에 이런 분야에서는 베이지안 통계를 적극적으로 활용하게 되는 것이다.

연습문제

▣ 개념이해 문제

1. 추론통계학(inferential statistics)의 개념과 내용을 설명하시오.

2. 추정(estimation)과 검정(testing)의 핵심적 차이를 설명하시오.

3. 모수(parameter), 추정량(estimator), 추정치(estimate)의 의미와 관계에 대해 설명하시오.

4. 좋은 추정량이 될 수 있는 세 가지 요건을 나열하고 각각의 의미를 서술하시오.

5. 모평균 μ의 추정에서 표본평균 $\overline{X}$가 일치추정량이 되는 이유를 설명하시오.

6. 모평균 μ의 추정에서 표본평균 $\overline{X}$가 불편추정량이 되는 이유를 설명하시오.

7. 모평균이 μ인 모집단으로부터 크기 5(n=5)인 확률표본 X_1, X_2, X_3, X_4, X_5를 추출하였다. 모평균에 대한 점추정량(point estimator)을 아래와 같이 정의하였을 때 각 추정량이 불편추정량인지를 밝히시오.

   (1) $\hat{\mu}_1 = \frac{1}{5}(X_1 + X_2 + X_3 + X_4 + X_5)$

   (2) $\hat{\mu}_2 = \frac{1}{6}(X_1 + X_2 + X_3 + X_4 + 2X_5)$

   (3) $\hat{\mu}_3 = \frac{1}{10}(X_1 + 3X_2 + 2X_3 + X_4 + 2X_5)$

8. 모수가 λ인 포아송 분포의 두 확률변수 X_1, X_2이 서로 독립일 때, X_1과 X_2의 평균 $\frac{X_1 + X_2}{2}$은 λ의 불편추정량임을 보이시오.

9. 확률(probability)과 우도(likelihood)의 차이를 설명하시오.

10. 대표적인 두 가지 추정방법인 최소제곱 추정법(LSE)과 최우도 추정법(MLE)의 추정 원리가 어떻게 다른지를 설명하시오.

11. 추정의 두 가지 방식인 점(point) 추정과 구간(interval) 추정의 차이를 설명하고 각 방식의 장점과 단점에 대해 서술하시오.

12. 구간추정에서 '95% 신뢰수준과 신뢰구간'의 정확한 의미를 서술하시오.

13. 표준정규 변수 $Z = \dfrac{\overline{X}-\mu}{\sigma/\sqrt{n}} \sim N(0,\ 1)$에 대해 신뢰수준이 $1-\alpha$라고 할 때, 아래의 식으로 신뢰구간을 정하는 과정을 단계별로 나누어 설명하시오.

$$P\left(-Z_{\alpha/2} \le \frac{\overline{X}-\mu}{\sigma/\sqrt{n}} \le X_{\alpha/2}\right) = 1-\alpha$$

14. 추정에서 다음 세 가지 요인이 신뢰구간(confidence interval)에 어떤 영향을 미치는지를 설명하시오.

(1) 신뢰수준 (2) 분산의 크기 (3) 표본의 크기

15. 베이지안 추정과 전통적 추정의 공통점과 차이점을 서술하시오.

16. 전통적인 추정법과 베이지안 접근이 서로 보완적 관계에 있다는 주장의 의미를 설명하시오.

▣ 수리실습 문제

1. 앞면이 나올 비율을 모수 p로 하는 동전던지기를 25번 시행하여 앞이 12번, 뒤가 13번 나왔다고 하자. 최우도 추정법을 이용하여 모수 p를 추정하시오.

2. 어느 항공사에서 특정 노선의 수요를 조사하기 위하여 무작위로 선정한 100편의 항공편 기록을 토대로 빈 좌석의 평균과 표준편차를 구하였더니 각각 $\overline{X} = 17.2,\ s = 8.9$로 나타났다. 이 정보를 바탕으로 신뢰수준 90%에서 빈 좌석의 수에 대한 구간추정을 하시오.

3. 표본의 크기가 $n_1 = 12,\ n_2 = 15$인 두 표본의 표본분산(s^2)이 각각 9.425, 0.64로 나타났다. 이 정보를 바탕으로 두 모집단의 분산 σ_1^2과 σ_2^2의 (비율)차이에 대한 95% 신뢰구간을 구하시오.

4. 5개의 생산라인을 보유하고 있는 공장에서 각 라인에서 180개의 부품을 추출하여 합격/불합격으로 품질을 검사한 결과가 아래의 표에 정리되어 있다.

	합격	불합격
생산라인 1	169	11
생산라인 2	165	15
생산라인 3	174	6
생산라인 4	156	24
생산라인 5	167	13

(1) 생산라인 1과 2 사이의 합격률의 차이에 대한 95% 신뢰구간을 계산하시오.
(2) 생산라인 3과 4 사이의 합격률의 차이에 대한 95% 신뢰구간을 계산하시오.

5. 어느 십난 구성원의 체중을 조사할 때, 오차범위 0.5kg에서 95% 신뢰구간을 구하기 위해서는 표본의 최소 크기(n)를 어떻게 정해야 하는지를 설명하시오. 여기서 체중의 표준편차는 4kg을 넘지 않는다고 가정하시오.

6. 20개 생산 공장(n=20)에서 조사한 어느 제품의 성능 평균($\overline{x}$)이 56.84, 표준편차(s)가 2.63으로 나타났다. α = 0.05 수준에서 양측 신뢰구간의 길이를 2 이하로 하려고 할 경우 몇 개의 공장을 더 조사해야 하는지를 설명하시오.

7. A 기기 사용자와 B 기기 사용자를 각각 20명씩 뽑아 스마트폰에 설치된 앱의 수를 조사한 결과가 아래의 표에 주어져 있다.

A 기기	16	8	15	50	36	18	10	27	15	4
	9	7	10	33	21	10	37	34	32	16
B 기기	3	10	11	9	8	22	16	15	10	20
	2	7	4	5	6	5	2	4	5	12

(1) 두 사용자 그룹에 대해 앱의 수의 평균의 차이에 대한 95% 신뢰구간을 통계 소프트웨어를 사용하여 구하시오.

(2) 두 사용자 그룹에 대해 앱의 수의 표준편차의 비율에 대한 95% 신뢰구간을 구하시오.

8. 기존 모델에 대해 20개의 표본을 측정한 결과 평균은 208, 분산은 54.8로 나타났고, 신 모델에 대해 역시 20개의 표본을 측정한 결과 평균은 175, 분산은 49.6으로 나타났다. 둘 사이에 분산의 차이가 없다고 보고 두 모델의 모평균의 차이에 대한 95% 신뢰구간을 구하시오.

9. 기존 모델에 대해 15개의 표본을 측정한 결과 평균은 168, 분산은 46.5로 나타났고, 신 모델에 대해 역시 15개의 표본을 측정한 결과 평균은 174, 분산은 88.4로 나타났다. 두 모델의 모평균의 차이에 대한 95% 신뢰구간을 구하시오.

10. 기존 모델과 신모델의 성능 차이를 확인하기 위해 10명의 사용자를 대상으로 두 모델에 대한 감성도 수치를 비교하여 아래의 데이터를 얻었다. 쌍체비교를 바탕으로 두 모델 성능의 차이에 대한 95% 신뢰구간을 구하시오.

사용자	1	2	3	4	5	6	7	8	9	10
구모델	24	22	20	21	19	24	18	22	19	18
신모델	24	24	22	21	27	28	24	22	24	20

11. 동전던지기 실험에서 앞면이 나올 확률 p는 베르누이 분포의 모수 θ가 되므로 추정의 대상은 $P(X=1)=\theta$가 된다. 이제 모수의 추정을 위해 전통적인 최우도 추정법(MLE)과 베이지안 MAP 추정법을 사용한다고 하자.

(1) 동전던지기를 충분히 많은 횟수인 25번 시행하여 앞면이 나오는 횟수 $n(X=1)=a_1$, 뒷면이 나오는 횟수 $n(X=0)=a_2$로 나왔다고 하자. 그러면 θ의 추정치는 어떻게 구할 수 있을지에 대해 설명하시오.

(2) 동전던지기를 4번 밖에 할 수 없는 상황에서 앞면이 나오는 횟수 $n(X=1)=a_1$, 뒷면이 나오는 횟수 $n(X=0)=a_2$로 나왔다고 하자. 그러면 θ의 추정치는 어떻게 구할 수 있을지에 대해 설명하시오.

▣ 조사실습 문제

1. 통계 소프트웨어를 사용하여 모집단이 $N(70,100)$을 따르는 확률변수 $X_1,\ X_2,\ \cdots,\ X_5$를 각각 100개씩 생성하여 표본자료를 만드시오.

(1) 위의 자료를 100개의 행(row)와 5개의 열(column)으로 배열하여 각 행을 크기 5인 표본으로 취급하여 100개의 표본평균을 구하시오.

(2) 위의 100개의 표본평균에 대해 95% 신뢰구간 $[L,\ U]$를 구하고, 몇 개의 구간에 $\mu = 70$이 포함되는지를 구하시오.

2. 통계 소프트웨어를 사용하여 다음의 표본자료를 만드시오.

- 표본 1: 모집단이 $N(50,100)$을 따르는 확률변수 30개를 생성하여 표본자료를 만드시오.
- 표본 2: 모집단이 $N(30,100)$을 따르는 확률변수 30개를 생성하여 표본자료를 만드시오.
- 표본 3: 모집단이 $N(30,50)$을 따르는 확률변수 30개를 생성하여 표본자료를 만드시오.

위의 표본자료를 이용하여 다음의 작업을 수행하시오.

(1) 표본 1과 표본 2의 모평균의 차이$(\mu_1 - \mu_2)$에 대한 95% 신뢰구간을 구하시오.

(2) 표본 1과 표본 2에 대해 쌍체비교를 통해 $\mu_D = \mu_1 - \mu_2$에 대한 95% 신뢰구간을 구하시오.

(3) 위의 두 방법에 의한 신뢰구간의 차이가 어떻게 나는지를 보이시오.

(4) 표본 1과 표본 3의 모평균의 차이에 대한 95% 신뢰구간을 구하시오.

(5) 표본 1과 표본 의 모분산의 비율에 대한 95% 신뢰구간을 구하시오.

(6) 표본 1과 표본 3의 모분산의 비율에 대한 95% 신뢰구간을 구하시오.

(7) 위의 두 모분산 비율의 신뢰구간이 어떻게 차이가 나는지를 보이시오.

3. 아래에 제시된 추정방법을 실제로 사용한 사례들을 두 가지씩 찾아서 그 배경과 과정을 서술하시오.

(1) 전통적인 최소제곱 추정방법

(2) 전통적인 최우도 추정방법

(3) 베이지안 추정방법

CHAPTER

08

검정이론

STATISTICS

contents

배경과 요약(Background & Summary)

추론은 추정(estimation)이론과 검정(testing)이론으로 구성된다고 하였다. 앞 장에서 본 추정은 표본의 통계량을 가지고 모집단 모수의 참값을 추측하는 작업을 가리킨다. 이에 비해 이 장에서 살펴볼 검정은 다른 성격과 목적의 문제를 다룬다. 먼저 모수가 어떤 특정한 값을 갖는다는 주장을 하나의 가설(hypothesis)로 놓은 후 그 가설이 얼마나 통계적으로 신뢰할 수 있는지를 확인하는 것이 주목적인 것이다.

검정의 설계방식은 크게 두 가지이다. 하나는 귀무가설을 설정하고 그 가설의 유의성에 대해서만 검정을 하는 유의성 검정(significance testing)이다. 이것은 유의확률인 p-value의 계산, 유의수준의 설정, 그리고 유의확률과 유의수준의 비교라는 세 단계로 이루어진다. 유의확률이 유의수준보다 작아서 귀무가설에 대한 반대의 증거가 유의수준에서 요구하는 수준보다 더 강하면 귀무가설을 기각하고 그렇지 않으면 귀무가설을 유지하게 된다.

다른 하나는 가설 검정(hypothesis testing)이다. 가설 검정은 먼저 서로 상반되는 두 개의 가설인 귀무가설과 대립가설을 설정한다. 이어서 검정의 오류를 어느 정도까지 허용할지에 따라 유의수준을 설정하고, 그 다음에 귀무가설을 기각하게 되는 기각역을 찾은 후, 마지막으로 검정통계량의 값이 기각역에 속하면 기각하고 아니면 기각하지 않는 식으로 검정을 한다. 그러나 오늘날의 검정은 대부분 위의 두 가지 방식을 통합하여 사용하고 있다.

검정의 설계에서 검정력(power of test)은 중요한 개념이다. 검정력의 의미가 무엇인지 그리고 검정력을 바탕으로 검정을 설계하는 원리와 기준에 대해서도 알아보자. 마지막으로 베이지안 검정의 기본 개념도 살펴보기로 한다.

핵심주제와 용어(Main Theme & Keywords)

추론이론

- 추정이론
- 검정이론

검정의 방식

- 유의성 검정(significance testing)
  - ✓ 귀무가설
  - ✓ 유의수준
  - ✓ 유의확률(p-value)
  - ✓ 기각(rejection)과 채택(acceptance)
- 가설 검정(hypothesis testing)
  - ✓ 귀무가설과 대립가설
  - ✓ 유의수준
    - 일종 오류(type Ⅰ error)
    - 이종 오류(type Ⅱ error)
  - ✓ 기각역과 채택역
  - ✓ 검정력(power of testing)
  - ✓ 기각(rejection)과 채택(acceptance)

검정의 대상

- 모평균 검정
- 모분산 검정

CHAPTER 08

검정이론

제1절 기본개념

1. 검정이론

(1) 추정과 검정

추론은 크게 추정이론(estimation theory)과 검정이론(testing theory)으로 구성된다고 하였다. 그리고 앞 장에서 먼저 추정이론에 대해 알아보았다. 이번에는 검정이론에 대해 살펴볼 차례이다.

추정은 표본의 통계량을 가지고 모집단 모수의 참값을 추측하는 작업을 다루는 것이다. 모수의 값을 모르는 상황에서 참값을 추측하는 것을 주목적으로 한다. 이에 비해 검정은 추정과는 다른 성격과 목적의 문제를 다룬다. 모수가 어떤 특정한 값을 갖는다는 주장을 하나의 가설(hypothesis)로 놓은 후 그 가설이 얼마나 통계적으로 신뢰할 수 있는지를 확인하는 것이 주목적인 것이다.

예를 들어 〈표 8-1〉에서 신장이라는 변수를 생각해 보자. 이 변수에 대해 모집단 전체의 모평균을 알 수는 없다. 이럴 때 우리에게는 다음 두 가지의 과제가 주어질 수 있다. 첫째, 모평균에 대해 아무런 정보가 없는 상황에서 모평균이 얼마인지를 추측하라는 과제이다. 둘째, 모평균에 대해 사전에 어떤 정보가 주어졌을 때 그 정보가 얼마나 신뢰할 수 있는지를 확인하라는 과제이다. 앞의 과제가 추정이고 뒤의 과제가 검정이다.

〈표 8-1〉 주요 변수의 예시 데이터

관측대상	성별	연령	신장	체중	…	스마트폰 사용시간
O_1	남자	25	172	68.3	…	4.5

먼저 추정의 과정을 구체적으로 생각해보자. 이미 앞 장에서 살펴본 것처럼 신장의 모평균이 얼마인지를 추측하기 위해서는 당연히 표본으로부터 표본평균을 구한다. 만일 표본평균이 170cm로 나왔다고 하자. 그러면 이 값을 토대로 모평균에 대한 점추정을 하기도 하고 구간추정을 하기도 한다.

다음으로 검정의 과정을 알아보자. 여기서는 검정에 앞서 모수에 대한 정보가 주어진다. 예를 들어 모평균이 172cm이라는 주장(가설)이 먼저 제기된다. 따라서 검정의 과제는 과연 이 주장이 통계적으로 믿을만한 것인가를 확인하는 일이다. 여기서도 역시 표본으로부터 표본평균을 구했더니 170cm로 나왔다고 하자. 그러면 이 값을 토대로 모평균이 172cm이라는 주장의 신뢰성을 통계적으로 확인하게 된다.

(2) 검정 원리

그렇다면 어떤 원리와 기준으로 그 주장의 신뢰성을 확인할 수 있을까? 먼저 주장을 구체적으로 어떻게 표현할 것인가에 대해 생각해보자. 여기에서의 주장은 당연히 모수에 대한 주장이다. 즉 '모수는 이러이러한 성격을 지닌다 또는 이런 값을 갖는다'고 주장하는 것이다. 이 주장을 검정이론에서는 가설(hypothesis)이라고 부른다. 대부분의 가설은 '모수의 참값은 이것이다'라고 표현된다.

가설이 제시되면 검정은 그 가설이 통계적으로 얼마나 믿을 수 있는지 다시 말해 어느 정도 의미가 있는지를 판별하게 된다. 그 의미의 정도를 검정이론에서는 통계적 유의성(statistical significance)이라고 부른다. 이 용어의 뜻을 좀더 자세히 알아보자. 어차피 모수의 참값은 모르는 것이므로 어느 정도 믿을 수 있는지를 미리 정해야 한다. 앞장의 추정에서는 신뢰수준(confidence level)이라는 용어를 사용한 것을 기억하자. 100% 믿을 수 있는 추정을 할 수 없기 때문에 모수가 추정 구간 안에 포함될 것으로 '믿는 정도'를 정하고 가는 것이다. 검정에서 이에 대응되는 개념으로 사용하는 용어가 바로 통계적 유의성이다. 가설에서 제시된 주장이 통계적으로 '어느 정도의 의미가 있는지'에 따라 가설의 신뢰성에 대한 판단을 하게 된다.

그렇다면 검정의 결과는 어떤 식으로 표현할까? 검정의 결론은 주어진 가설을 받아들이거나 받아들이지 않는 것이 된다. 이 때 가설을 받아들이지 않는 것을 흔히 '가설을 기각한다(reject)'고 말한다. 반대로 가설을 받아들이는 것을 '가설을 채택한다(accept)' 또는 '기각하지 않는다(not reject)'라고 표현한다.

2. 추정과 검정의 관계

추정과 검정은 가까이 붙어있으면서도 한편으로는 떨어져 있는 사이이다. 이론적 뿌리와 실무적 기법은 서로 관련되어 있지만 목적이나 성격은 별개의 작업인 것이다. 실제로 어떤 상황에서 어떤 목적으로 분석을 하느냐에 따라 추정의 작업을 하기도 하고 검정의 작업을 하기도 한다.

역사적으로는 추정이론이 검정이론보다 먼저 나온 것이다. 하지만 20세기 전반에 검정이론이 개발된 이후 다양한 분야에서 검정은 매우 중요한 역할을 해왔다. 특히 실제의 실험을 하기 전에 예측된 값(predicted value)과 실험을 하고 난 후의 결과값(experimental result)을 비교하는 연구에서는 가장 과학적인 방법으로 인정받으면서 지금도 폭넓게 활용되고 있다.

그렇다면 추정을 통해 동시에 검정까지를 할 수는 없을까? 목적이나 성격은 다르지만 추정도 간접적으로 검정의 기능을 가질 수 있다. 점추정(point estimation)만으로는 안되지만 구간추정(interval estimation)을 할 경우에는 그 자체로서 검정의 작업도 할 수 있는 것이다.

예를 들어 신장의 모평균인 모수 θ에 대해 $\theta = 170\,\text{cm}$라는 가설을 검정한다고 하자. 앞 장에서 본 것처럼 구간추정에서는 신뢰수준 $1-\alpha$를 설정한 후 Z 분포 또는 t 분포에 따라 모평균 μ에 대한 신뢰구간을 아래와 같이 설정하게 된다.

$$\left(\overline{x}-z_{\alpha/2}\frac{\sigma}{\sqrt{n}},\ \overline{x}+z_{\alpha/2}\frac{\sigma}{\sqrt{n}}\right) \text{ 또는 } \left(\overline{x}-t_{\alpha/2,\,n-1}\frac{s}{\sqrt{n}},\ \overline{x}+t_{\alpha/2,\,n-1}\frac{s}{\sqrt{n}}\right)$$

이 때 만일 가설에서 제시한 값인 170이 그 구간에 포함된다면 그 의미는 무엇일까? 검정의 관점에서 보면 가설에 설정된 모수 θ의 값인 170이 추정 구간 안에 포함되므로 $\theta=170$ cm이라는 가설은 채택된다(accepted) 또는 기각되지 않는다(not rejected). 왜냐하면 모수 θ가 170과 크게 다르다는 증거를 찾지 못했기 때문이다.

이 문제의 범위를 좀더 넓혀보면 특정한 값 170이 아니라 일반적인 값 θ_0에 대해서도 같은 작업을 할 수 있다. 일단 θ_0가 주어지면 $\theta=\theta_0$이라는 가설의 검정은 모두 구간추정을 통해 간접적으로 할 수 있는 것이다. 이 경우 만일 θ_0가 구간추정의 범위 안에 포함되면 $\theta=\theta_0$라는 가설은 기각되지 않고 반대로 구간의 범위를 벗어나면 기각하게 된다. 이처럼 구간추정과 가설 검정은 그 뿌리나 배경은 다르지만 실질적으로는 서로 상호보완적인 성격을 지닌다.

예제

무작위로 선정한 450명 표본의 평균 연령은 43.06세, 분산은 275.11로 나타났다. 구간추정을 이용하여 모평균 $\mu=44$라는 가설에 대한 검정을 해보자. 표본이 충분히 크기 때문에 정규분포를 가정하고 95% 신뢰구간을 구해보면 다음과 같다.

$$\left[\overline{x}-z_{\alpha/2}\frac{\sigma}{\sqrt{n}},\ \overline{x}+z_{\alpha/2}\frac{\sigma}{\sqrt{n}}\right]=\left[43.06-1.96\frac{\sqrt{275.11}}{\sqrt{450}},\ 43.06+1.96\frac{\sqrt{275.11}}{\sqrt{450}}\right]$$
$$=[41.53,\ 44.59]$$

여기서 추정구간 [41.53, 44.59] 안에 44가 포함되므로 $\mu=44$라는 가설은 채택할 수 있다.

제2절 검정의 설계

1. 기본개념

(1) 검정통계량

지금까지 가설 검정의 개념과 원리에 대해 알아보았다. 이제는 실제로 검정을 수행하는 과정을 어떻게 설계할 것인가를 자세하게 다룰 차례이다. 먼저 모수의 특성치에 대한 하나의 주장이 제시되었다고 하자. 앞의 예로 다시 돌아가 신장의 모평균이 $\mu=170$ 이라는 주장이 나왔다고 하자. 그러면 이 주장이 통계적으로 유의한지 아닌지를 어떻게 검정할 수 있을까?

추정과 마찬가지로 표본으로부터 얻은 통계량을 이용하여 검정을 하게 된다. 표본으로부터 얻을 수 있는 모든 값은 통계량이 된다. 하지만 앞에서 설명한 것처럼 이 통계량이 어떤 용도로 사용되느냐에 따라 마지막 이름은 달라진다. [그림 8-1]에서 보듯이 만일 통계량이 추정의 목적으로 사용된다면 그것은 추정량(estimator)이라는 이름을 갖게 된다. 그리고 여기에서와 같이 검정에 사용된다면 그 이름은 검정통계량(test statistics)으로 바뀌게 된다.

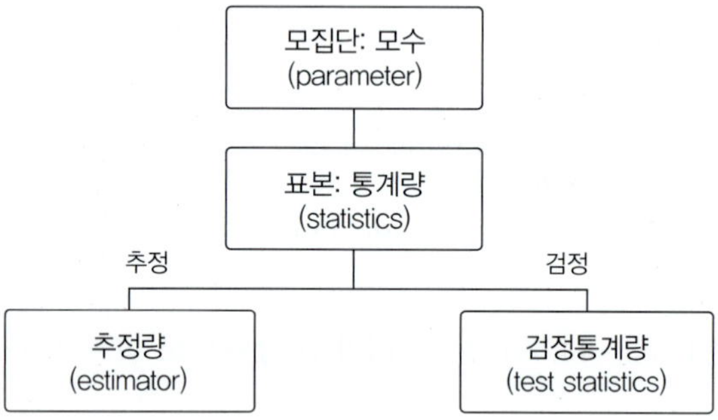

[그림 8-1] 추정량과 검정통계량

(2) 검정 원리

검정통계량을 이용하여 실제로 검정을 진행하는 과정은 다양한 방식과 형태로 설계할 수 있다. 어떤 주장이 주어지면 검정에서는 그 주장을 먼저 하나의 가설로 만든다. 그리고 통계의 원리를 이용하여 그 가설이 그럴듯한지 아닌지를 판정하게 된다. 따라서 검정의 핵심과제는 어떤 원리와 방식으로 가설의 그럴듯함을 평가할 것인가를 정하는 일이다.

한국인의 평균신장은 170cm이라는 주장을 다시 보자. 만일 통계에 대한 사전지식이 거의 없는 사람에게 이 주장이 그럴듯한 주장인지를 판정하라고 한다면 무엇을 어떻게 할 것인가? 가장 먼저 할 일은 원래의 주장을 가설의 형태로 바꾸는 것이다. 이 때 가설은 하나만 만들 수도 있고 복수로 만들 수도 있다. 먼저 하나만 만드는 방식을 보자. 평균신장이 170이라는 하나의 가설만을 놓고 그 가설을 받아들이거나 받아들이지 않거나 둘 중 하나를 택하는 식이다. 다음으로 두 개의 가설을 만드는 방식을 보자. 처음부터 평균신장이 170이라는 가설과 170이 아니다라는 가설을 동시에 만든 후 어느 가설이 더 그럴듯한지를 비교하여 검정하는 식이다.

그 다음에 할 일은 표본에서 검정에 쓰일 통계량인 표본평균을 구하는 것이다. 그리고 표본평균의 값이 170과 비교하여 거의 차이가 없으면 평균신장이 170이라는 가설은 그럴듯한 것으로 판정한다. 반대로 큰 차이가 있으면 170이 아니다라는 가설이 더 그럴듯하다고 판정한다. 여기서 차이의 크기를 나타내는 기준이 통계적 유의성(significance)이다.

가설의 숫자나 유의성의 기준에 따라 검정은 다양한 방식으로 설계할 수 있다. 그러나 오늘날의 통계에서 사용되는 두 가지의 대표적 검정 방법은 유의성 검정(significance testing)과 가설 검정(hypothesis testing)이다. 이제부터 이 두 가지 설계 방법에 대해 자세히 알아보기로 하자.

2. 유의성 검정

(1) 기본개념

첫 번째 설계방식은 하나의 가설을 설정하고 그 가설의 유의성에 대해서만 검정을 하는 방법이다. 이 방법은 가설 검정 이론의 토대를 만든 통계학자 피셔(Fisher)가 제안한 설계방법이다. 이 방법을 흔히 유의성 검정이라고 부른다.

사실 유의성 검정은 매우 단순한 문제를 확인하는 일에서 출발하였다. 영국인들이 즐겨 마시는 밀크티는 먼저 밀크를 넣고 그 위에 차를 부어 섞을 수도 있고 반대로 차를 먼저 넣고 그 위에 밀크를 부어 섞을 수도 있다. 그리고 일반인들은 순서의 차이를 구분할 수 없다고 생각하였다. 그 때 피셔의 동료 한 사람이 자신은 정확하게 그 차이를 구별할 수 있다고 주장하였다. 여기서 그 주장의 신뢰성을 '통계적'으로 어떻게 확인할 수 있는지의 문제가 생겨난 것이다.

신뢰성의 확인을 위해 당연히 통계적 실험을 수행하였다. 서로 다른 순서로 만든 두 가지의 밀크티를 똑같은 숫자만큼 만들어서 임의로 배열한 후 사람들에게 감별하게 하는 실험을 한 것이다. 이 때 일반인들은 순서의 차이를 구분하지 못한다고 믿었기 때문에 '구분하지 못한다'를 '귀무가설(null hypothesis)'로 설정하였다.

귀무(null)라는 용어의 의미는 '효과가 없음(no effect)' 또는 '차이가 없음(no difference)'을 뜻한다. 귀무가설은 영어의 null이라는 단어의 뜻을 그대로 번역하여 영가설이라고 부르기도 하고 검정방식을 영가설 유의성 검정(null hypothesis significance test: NHST)이라고 하기도 한다. 여기서는 하나의 가설만 있기 때문에 검정의 결과는 그 가설을 채택하거나(accept) 반대로 기각하거나(reject) 둘 중의 하나로 나타난다. 특히 귀무가설의 경우에는 이미 출발부터 대부분의 사람들이 사실로 받아들이고 있는 상태였기 때문에 새삼스럽게 '채택한다'라고 말하기보다는 '기각하지 않는다(not reject)' 또는 '유지한다'는 표현도 많이 사용한다.

이 기준과 원리를 일반적인 모수 θ의 검정에 적용해보자. 여기에서도 검정의 설계는 유사하게 이루어진다. 먼저 귀무가설을 설정한다. 이 때 귀무가설은 흔히 H_0으로 표기한다. 따라서 θ의 값이 θ_0라고 주장하는 검정이라면 귀무가설은 H_0: $\theta=\theta_0$과 같이 나타낸다. 이어지는 통계적 실험을 통해 이 귀무가설이 맞지 않는다는 강력한 실험결과가 나오면 그것을 기각하고 그렇지 않으면 유지하는 것이 검정의 기본 원리가 된다.

(2) 검정 과정

지금까지 설명한 원리를 바탕으로 유의성 검정의 구체적인 과정을 단계별로 정리해보자.

● 단계 1: 귀무가설의 설정

먼저 다음과 같이 귀무가설을 설정한다.

귀무가설: $H_0 : \theta = \theta_0$

● 단계 2: 유의확률의 계산

다음으로 표본의 통계량을 측정하여 귀무가설에 대한 반대의 증거가 어느 정도인지를 보여주는 확률을 계산한다. 이 확률을 유의확률(significance probability)이라고 한다. 여기서 주의할 점은 이 확률이 작을수록 귀무가설에 대한 반대의 증거가 더 강해지게 만들어야 한다는 것이다. 다시 말해 유의확률이 낮을수록 귀무가설을 기각할 가능성이 높아지는 것이다.

● 단계 3: 유의수준의 설정

이어서 귀무가설을 기각하기 위한 반대의 증거가 어느 정도 '강해야 하는지'를 의미하는 수준을 설정한다. 즉 귀무가설을 유지하기 위한 최소한의 확률이 어느 정도인지를 정하는 것이다. 이것을 유의수준(significance level)이라고 부르고 흔히 α 로 표기한다.

● 단계 4: 검정의 결론

마지막으로 앞의 단계 1에서 계산한 유의확률과 단계 2에서 설정한 유의수준을 비교하여 유의확률이 유의수준 이하이면 즉 귀무가설에 대한 반대의 증거가 유의수준에서 요구하는 수준보다 더 강하면 귀무가설을 기각하고, 그렇지 않으면 귀무가설을 유지한다.

배경 이야기: 신뢰수준과 유의수준

신뢰수준(confidence level)과 유의수준(significance level)은 자주 사용되지만 또 흔히 혼동되는 용어이다. 먼저 신뢰수준은 추정(estimation)에 관한 개념이다. 구간추정의 기초를 닦았던 통계학자 네이먼(Neyman)이 명명한 용어로서, 어떤 모수에 대한 추정치를 내놓았을 때 그 추정치의 정확도를 '통계적'으로 얼마나 믿을 수 있느냐를 가리키는 것이다. 어차피 모수의 참값을 모르는 이상 아무리 많은 표본을 이용하여 추정을 하여도 참값이 추정구간 안에 포함될 정확한 확률을 구할 수는 없다. 다만 그 구간에 포함될 것으로 '믿을 수 있는' 수준을 정할 수는 있다. 이 때 그 신뢰수준을 흔히 100(1−α)% 또는 1−α의 비율로 표현하고 그 비율을 만족하는 구간을 신뢰구간(confidence interval)이라고 하는 것이다.

한편 유의수준은 검정(testing)에 관한 개념으로 검정법의 바탕을 만든 피셔(Fisher)가 처음 제시하고 나중에 피어슨이나 네이먼 등이 공식화시킨 용어이다. 흔히 α 로 표기하는 유의수준은 가설의 그럴듯한 정도를 확률로 계산했을 때 그 가설의 타당성을 받아들이기 위한 최소한의 확률을 의미한다. 즉 귀무가설의 그럴듯한 정도를 확률로 계산했을 때 그 확률이 유의수준보다도 더 작으면 귀무가설을 기각하게 되는 것이다. 따라서 유의수준을 높게 잡을수록 귀무가설을 기각할 가능성이 커지게 되고 반대로 낮게 잡을수록 귀무가설을 기각할 가능성도 작아진다.

(3) p-value

가. 개념적 정의

위의 단계를 따라 검정이 이루어질 때 제일 먼저 해야할 일은 귀무가설에 대한 '반대의 증거가 어느 정도 강한지'를 측정하는 것이다. 이 작업은 어떻게 할 수 있을까? 원리는 간단하다. 귀무가설 H_0에 제시된 모수값 θ_0 와 실제로 계측한 검정통계량을 비교하여 그 차이(difference)가 어느 정도인가를 보면 된다.

이제 만일 둘 사이에 큰 차이가 없으면 그것은 반대의 증거가 약하다는 뜻이다. 따라서 기존의 귀무가설이 여전히 그럴 듯하므로(plausible) 이를 그대로 유지하게 된다. 보다 정확하게 말하면 귀무가설을 기각할만한 강한 증거를 찾지 못하였기 때문에 지금은 결론을 내리지 않고 앞으로 새로운 증거가 나올 때까지 판단을 미루게 된다. 하지만 아주 큰 차이가 나타나면 귀무가설은 더 이상 그럴 듯하지 않으므로(less plausible) 기각하게 된다.

그렇다면 그 다음에 나올 질문은 당연히 둘 사이의 차이가 큰지 또는 작은지를 정하는 기준이 된다. 여기서 도입되는 기준이 바로 p-value라는 개념이다. p-value는 위에서 설명한 유의확률을 뜻한다. 이것은 쉽게 말해서 '귀무가설의 그럴 듯한 정도'로 정의할 수 있다. p-value가 작으면 귀무가설이 그럴 듯하지 않다는 의미이고, 결국 귀무가설에 대한 반대의 증거가 강하다는 뜻이 된다. 그러므로 p-value가 아주 작으면 귀무가설을 기각하고 그렇지 않으면 그대로 유지하게 된다.

p-value: 귀무가설의 그럴듯한 정도

나. 실질적 의미

p-value의 개념적 정의를 이해하였으니 이제부터 실질적인 의미를 알아보자. 먼저 귀무가설 H_0이 참(true)이라는 전제 하에 하나의 표본을 추출하여 검정통계량을 구한다. 그러면 [그림 8-2]에서 보듯이 귀무가설에서 설정한 값과 위의 표본에서 구한 값의 차이(difference)를 계산할 수 있다. 이어서 또 다른 표본을 추출하여 둘 사이의 차이를 계산하는 일을 반복한다.

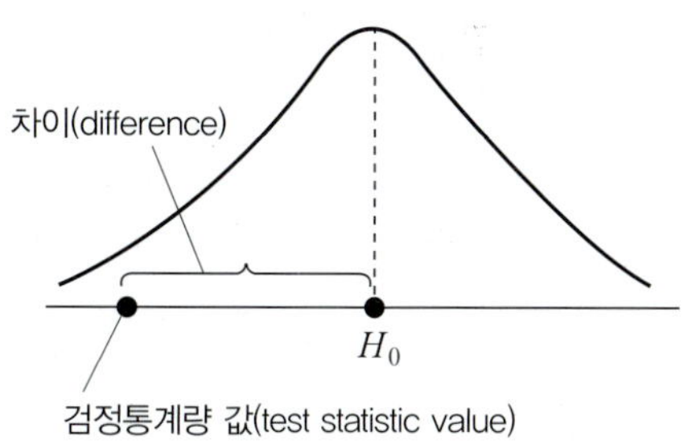

[그림 8-2] 귀무가설과 검정통계량의 차이

이제 어느 시점에서 그 차이를 계산한 값을 얻었다고 하자. 여기서 작업을 잠깐 멈추고 현재의 표본에서 나온 차이와 비교하여 앞으로의 새로운 표본에서 더 큰 차이가 나올 확률이 어느 정도가 될지를 생각해보자. 이 확률이 바로 p-value이다.

이 개념이 쉽게 이해가 안 될 수 있으므로 그 의미를 천천히 다시 생각해보자. 만일 p-value가 아주 작으면 그것은 무엇을 뜻하는 것일까? 앞으로 다른 표본을 얻어서 귀무가설 값과의 차이를 계산했을 때 더 큰 차이가 나올 가능성이 매우 낮다는 것을 뜻한다. 왜냐하면 현재의 표본으로부터 이미 둘 사이에는 매우 큰 차이가 존재한다는 사실을 확인하였다면 새로운 표본에서 더 큰 차이가 나올 가능성은 거의 없기 때문이다.

그러면 결론은 간단하다. 둘 사이에는 매우 큰 차이가 있다는 것을 이미 확인하였으니 귀무가설은 더 이상 그럴 듯하지 않다고 판단하여 기각하게(reject) 되는 것이다. 반면에 p-value가 아주 작지 않으면 둘 사이에 큰 차이가 있다는 것을 아직 확인하지 못하였기 때문에 귀무가설을 기각할 충분한 증거가 없다고 판단하게 된다.

(4) 유의수준

이어서 유의수준에 대해 알아보자. 귀무가설을 기각하기 위해서는 반대의 증거가 '강해야' 한다. 하지만 반대의 증거가 강하다 또는 약하다는 것은 주관적인 표현이다. 따라서 객관적인 기준이 필요하다. 이 때 사용되는 정량적 기준이 바로 유의수준이다. 유의 수준은 흔히 α로 표기한다.

유의수준 α는 귀무가설을 유지하게 되는 최소한의 확률을 뜻한다. 귀무가설의 그럴듯한 정도를 확률로 계산했을 때 그 확률이 유의수준보다 더 작으면 귀무가설을 기각한다는 것이다. 따라서 유의수준을 높게 잡을수록 귀무가설을 기각할 가능성이 커지게 된다. 반대로 유의수준을 낮게 잡을수록 귀무가설을 기각할 가능성이 작아진다.

유의수준 α: 귀무가설을 유지하게 되는 최소한의 확률

(5) 검정 기준

이제 최종적인 검정의 결과는 앞에서 계산한 p-value와 유의수준인 α의 비교를 통해 정해진다. 유의확률 p-value와 유의수준 α를 비교하여 유의확률이 유의수준보다 더 작으면 귀무가설에 대한 반대의 증거가 아주 강하다는 뜻이므로 귀무가설을 기각하게 된다. 반대로 p-value가 유의수준보다 더 크면 귀무가설을 유지한다.

이제 유의확률 p-value와 유의수준 α를 비교하여 검정의 결론을 내려보면 아래와 같이 정리할 수 있다.

- p-value $> \alpha$ → 귀무가설을 유지
- p-value $< \alpha$ → 귀무가설을 기각

배경 이야기: 유의수준 α = 0.05

가장 적절한 유의수준 α의 값은 얼마일까? 오랫동안 관행적으로 사용되어 온 값은 0.05라고 할 수 있다. 실제로 0.05는 20세기 전반은 물론 1960년대까지도 거의 모든 실험에서 하나의 표준값으로 사용되었다.

이 값을 처음 제안한 사람은 유의성 검정법을 만든 피셔(Fisher) 자신이다. 피셔는 '만일 이 값이 0.1과 0.9 사이에 있다면 귀무가설을 의심할 이유가 없다. 반대로 0.02보다도 작은 값은 귀무가설이 오류라는 강력한 증거가 된다. 결국 0.05가 경계치(threshold)로 적절한 값이다'라거나 '정규분포에서 p=0.05이면 표준편차의 2배보다 더 멀리 떨어져 있을 확률이자 20번의 실험에서 1번 정도 나타날 확률이므로 귀무가설을 뒤집을 만큼 충분히 의미 있는(significant) 값이라고 할 수 있다'는 근거를 제시하였다.

하지만 유의수준 0.05는 절대적 기준은 물론 아니다. 실험의 성격이나 목적에 따라 달라질 수 있고 또 달라져야 하는 값이다. 따라서 오늘날에는 0.05를 유의수준의 표준으로 사용하지는 않는다. 실제로 피셔 자신도 이 값은 하나의 참고치에 불과하므로 지나친 의미를 부여해서는 안 된다고 경고하기도 하였다.

(6) 실제 검정

[그림 8-3]에 있는 t 분포를 이용하여 실제로 검정을 수행하는 과정을 따라가보자. 여기서는 모평균에 관한 귀무가설의 통계적 유의성을 검정하는 문제를 다룬다. 따라서 표본평균 $\overline{X}$를 가지고 모평균 μ에 대해 검정을 하는 상황이다. 이 때의 귀무가설은 H_0: $\mu=\mu_0$ 이고 검정통계량은 $T=\dfrac{(\overline{X}-\mu_0)}{\frac{s}{\sqrt{n}}}$이 된다.

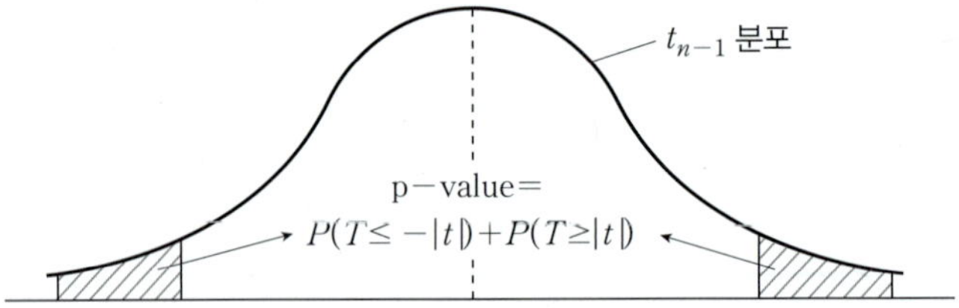

[그림 8-3] t 검정에서의 p−value 크기

먼저 검정통계량 T의 값이 어떻게 나타날지를 생각해보자. T 값은 $\overline{X}=\mu_0$일 때, 다시 말해 표본평균 $\overline{X}$가 귀무가설에서 설정한 값 μ_0과 일치할 때 최소가 된다. 왜냐하면 그 때 T의 분자가 0이 되기 때문이다. 반대로 둘 사이의 차이$(=\overline{X}-\mu_0)$가 커질수록 T의 절대값도 커진다. 이제 어느 시점에서 하나의 표본으로부터 검정통계량 t 값을 얻었다고 하자. 그러면 나중에 새로운 표본을 얻었을 때 지금의 t 값보다 더 큰 값이 나오는 경우는 언제일까? 당연히 $T\geq|t|$거나 $T\leq -|t|$인 경우가 된다. 그리고 그 경우의 확률이 바로 p−value이다. 그러므로 p−value$=P(T\geq|t|)+P(T\leq -|t|)$이 된다. 또 t 분포는 양쪽이 균형을 이루니까 p−value$=2\cdot P(T\geq|t|)$가 된다. 이 값은 t 분포의 표로부터 바로 계산하기는 어렵지만 통계 소프트웨어를 사용하면 쉽게 얻을 수 있다.

이제 검정의 결론은 어떻게 내릴 수 있을까? 먼저 주관적인 기준이기는 하지만 유의수준 α를 최소 0.01, 그리고 최대 0.1로 설정한다. 그 다음 유의수준인 α와 유의확률인 p−value를 비교하여 아래와 같이 검정의 결론을 내릴 수 있다.

- 만일 p−value 〉 0.1이면 귀무가설을 유지한다(accept H_0).
- 만일 0.01 ≤ p−value ≤ 0.1이면 결정을 유보한다.
- 만일 p−value 〈 0.01이면 귀무가설을 기각한다(reject).

예제

무작위로 추출한 10개 제품의 평균이 2.53, 표본분산이 0.36으로 나타났다. $H_0: \mu = 3$ 에 대해 p-value검정을 해보자. 검정 통계량은 자유도 9인 t 분포를 따르며 통계량의 값은 $t = \dfrac{(\overline{X} - \mu_0)}{s\sqrt{n}} = -2.48$ 이 된다. 검정통계량에 대한 p-value는 $T \geq |t|$ 거나 $T \leq -|t|$ 인 확률의 합이므로 $P(T \leq -2.48) + P(T \geq 2.48) = 0.035$ 가 된다. 이 값은 손으로 계산하기는 어렵고 컴퓨터 소프트웨어를 이용하여 구하게 된다. 여기서 유의수준이 $\alpha = 0.05$ 로 설정되어 있다면 $0.035 < 0.05$ 이므로 귀무가설을 기각하게 된다. 하지만 유의수준이 $\alpha = 0.01$ 라면 $0.035 > 0.01$ 이므로 그 주장을 받아들이지 않게 된다.

배경 이야기: p-value에 대한 오해

오랫동안 p-value라는 개념은 통계의 가장 인기 있는 지표로 즐겨 사용되어 왔다. 특히 실험을 자주 하는 이공계나 의학분야의 검정에서는 새로운 방식이나 물질의 우수한 효과를 입증하는데 p-valuc 검정을 자주 이용하곤 했다. 하지만 최근에 p-value의 오용과 남용에 대한 경고가 잇달아 나오고 오랜 관행에 대한 비판도 거세지고 있다.

먼저 p-value의 의미를 잘못 해석해서는 안 된다. 가끔 p-value는 귀무가설이 참(true)일 확률을 뜻하는 것으로 오해하는 경우를 본다. 그래서 p-value가 낮으면 귀무가설은 참이 아니라고 결론을 내리는 것이다. 하지만 이것은 정확한 표현이 아니다. 모수의 참값은 누구도 알 수 없기 때문에 귀무가설이 참일 확률은 아무도 알 수 없다. p-value가 아주 작아도 귀무가설이 참일 수 있고, 반대로 p-value가 상당히 커도 귀무가설이 틀릴 수도 있다. 따라서 p-value는 귀무가설이 참일 확률이 아니라 통계적 기준으로 보았을 때 귀무가설의 '그럴듯한 정도'를 가리키는 참고치일 뿐이다.

또한 p-value의 값은 인위적으로 조정할 수 있다는 사실에 주의해야 한다. 예를 들어 표본의 크기(n)가 커질수록 p-value는 작아지는 성격을 지닌다. 따라서 p-value가 0.05보다 작아질 때까지 표본의 크기를 의도적으로 늘려서 원하는 결론을 얻을 수도 있다. 또는 원하는 결과가 나오는 경우만 골라서 보여줄 수도 있다. 이럴 경우 실험을 다시 하면 처음과 다른 결과가 나올 수도 있다. 심지어는 원하는 결과가 나오도록 모형을 바꿀 수도 있다. 따라서 p-value의 값만으로 쉽게 검정의 결론을 내리는 것은 위험할 수 있다는 사실을 명심해야 한다.

3. 가설 검정

(1) 기본개념

피셔(Fisher)가 유의성 검정을 내놓은 것과 비슷한 시기에 다른 한편에서는 새로운 검정방법이 제안되었다. 앞에서 설명한 유의성 검정은 하나의 귀무가설에 대해서만 p-value 검정을 하는 것으로 설계되어 있다. 그러나 새로운 검정방법은 두 개의 가설을 대비시키는 접근으로 설계되었다. 이름도 달리 정했다. 하나의 귀무가설을 가지고 검정하는 방법을 유의성 검정(significance testing)이라고 부르는 것에 비해 두 개의 가설을 설정하는 검정방법을 가설 검정(hypothesis testing)이라고 부른다.

새로운 검정방법이 나오게 된 배경은 무엇일까? 앞의 유의성 검정에서 $\theta=\theta_0$를 검정하는 문제라면 귀무가설은 $H_0: \theta=\theta_0$가 된다. 그리고 유의성 검정의 결과 이 가설은 기각되거나 기각이 되지 않는 두 가지의 경우로 나타난다. 이것은 말하자면 참-거짓 문제(true-false question)와 비슷한 성격을 지닌다.

이런 방법은 논리적으로 매우 간결하지만 검정의 범위가 너무 단순하고 얻을 수 있는 정보가 제한적이라는 문제를 안고 있다. $H_0: \theta=\theta_0$이라는 가설을 받아들이거나 받아들이지 않는 경우 외의 검정은 할 수 없는 것이다. 예를 들어 $\theta=\theta_0$을 받아들이지 않는 경우 그렇게 된 이유가 $\theta>\theta_0$이기 때문에 그럴 수도 있고 $\theta<\theta_0$이기 때문에 그럴 수도 있다. 하지만 유의성 검정은 이 질문에 대한 정보를 줄 수는 없다.

이러한 비판에서 출발하여 네이만(Neyman)과 피어슨(Pearson) 같은 통계학자는 다른 검정 방법을 제안하였다. 이 검정방법의 핵심은 크게 두 가지이다. 첫째, 가설을 하나만 두지 말고 두 개를 두자는 것이다. 참-거짓(true-false) 문제가 아니라 선다형(multiple choice) 문제로 설계하는 것이다. 둘째, 검정은 궁극적으로 연구자(실험자)의 주관적 의사결정의 문제이므로 연구자가 검정에 앞서 검정의 신뢰도에 관한 기준인 유의수준(significance level)을 먼저 설정하자는 것이다. 뒤에서 자세히 설명하겠지만 여기서 유의수준은 검정의 오류를 허용할 수 있는 한계를 뜻한다. 검정은 항상 잘못될 수 있다. 가설이 참(true)일 때 그것을 기각하거나 가설이 거짓(false)인데 그것을 채택할 수 있는 것이다. 이 때 오류를 범할 확률의 최소값이 곧 유의수준이다. 이 정도까지의 오류는 연구자(조사자)가 받아들인다는 것이다.

(2) 두 검정법의 비교

앞의 유의성 검정과 여기의 가설 검정의 차이를 정리해보자. 첫 번째 차이는 가설의 수이다. 먼저 유의성 검정은 가설을 하나만 두고 그 가설을 유지하든가 기각하든가 둘 중 하나를 선택한다. 이에 비해 가설 검정은 가설을 두 개 설정하여 하나의 가설을 채택하면 다른 가설은 자동적으로 기각되는 것이고 반대로 기각하면 다른 하나를 채택하는 것이다.

두 번째 차이는 의사결정의 기준이다. 유의성 검정은 먼저 유의확률(p-value)을 계산한 후 이어서 유의수준 α를 설정한다. 그리고 나서 유의확률과 유의수준을 비교하여 검정의 결론을 내린다. 이에 반해 가설 검정은 거꾸로 유의수준을 먼저 설정한다. 그리고 그 수준에 따라 귀무가설을 유지하거나 기각하게 되는 검정통계량의 영역(범위)을 미리 찾아놓는다. 이어서 실제 검정통계량의 값을 계산하여 그 값이 기각의 영역에 속하면 귀무가설을 기각하고 유지의 영역에 속하면 그대로 유지한다. 따라서 가설 검정에서는 유의성 검정과 달리 유의확률인 p-value를 계산할 필요가 없다.

두 가지 검정방법의 공통점은 둘 모두 유의수준(significance level)이 검정의 핵심적 요소가 된다는 점이다. 그러나 그 의미는 서로 다르다.

- 유의성 검정에서 말하는 유의수준은 귀무가설을 유지하는 최소한의 확률을 의미한다. 귀무가설의 그럴듯한 정도를 확률로 계산했을 때 그 확률이 유의수준보다

더 작으면 귀무가설을 기각하게 되는 것이다.

- 가설 검정의 유의수준은 검정의 오류를 받아들일 수 있는 최소한의 확률을 가리킨다. 검정에서 생길 수밖에 없는 오류를 이 확률을 넘지 않는 정도까지만 허용한다는 것이다.

(3) 검정 과정

지금까지 설명한 원리를 바탕으로 가설 검정의 구체적인 기준과 절차를 자세히 알아보자. 가설 검정도 여러 단계를 거치면서 이루어진다. 그 과정을 단계별로 정리하면 다음과 같다.

● 단계 1: 가설의 설정

먼저 서로 상반되는 두 개의 가설을 설정한다. 각각을 H_0과 H_1으로 표기하며 H_0이 귀무가설(null hypothesis), H_0이 대립가설(alternative hypothesis)이 된다. 예를 들어 귀무가설이 $H_0: \theta=\theta_0$ 이라면 대립가설은 $H_1: \theta\neq\theta_0$ 이 되는 식이다.

귀무가설: $H_0 : \theta = \theta_0$, 대립가설: $H_1 : \theta \neq \theta_0$

가설의 설정에는 다음 세 가지 요소를 염두에 두어야 한다. 첫째, 당연한 말이지만 귀무가설과 대립가설은 서로 중복되지 않아야 한다. 둘째, 귀무가설은 기존에 사실로 받아들여지고 있는 주장으로 설정하고 대립가설은 그에 반하는 새로운 주장으로 설정한다. 셋째, 귀무가설은 의미가 분명하고 검증이 쉬운 형태로 제시되어야 한다. 왜냐하면 귀무가설의 검정 결과에 따라 대립가설의 결과는 자동적으로 정해지므로 실제의 검정은 귀무가설에 초점을 맞추기 때문이다.

● 단계 2: 유의수준의 설정

다음 단계에서는 유의수준을 설정한다. 이 때 가설이 두 개이므로 각각의 가설에 대해 따로따로 유의수준인 α와 β를 설정한다. α는 귀무가설에 대한 유의수준이고 β는 대립가설에 대한 유의수준이다.

그렇다면 가설 검정에서 말하는 유의수준의 의미는 무엇이고 어떤 기준으로 설정할까? 모든 검정에는 오류가 발생할 수 밖에 없다. 또한 가설이 두 개이므로 검정의 오류도 다음의 두 가지 종류로 나뉘어진다.

- 일종 오류(type I error)
  일종 오류는 귀무가설이 참(true)인 상황에서 그것을 기각하는 오류를 의미한다.
- 이종 오류(type II error)
  이종 오류는 귀무가설이 거짓(false)인데 그것을 채택하는 오류를 뜻한다.

유의수준은 검정의 오류를 허용하는 한계(acceptable limit)를 뜻한다. 먼저 일종 오류의 유의수준 α는 귀무가설이 참인데 그것을 잘못 기각하는 확률의 허용 한계를 가리킨다. 마찬가지로 이종 오류의 유의수준 β는 귀무가설이 거짓인데 그것을 잘못 채택하는 확률의 허용 한계를 의미한다. 여기서 오류를 어느 정도까지 허용하느냐는 연구자(실험자)가 주관적으로 결정할 문제이다. 다시 한번 유의성 검정에서 말하는 유의수준과 가설 검정에서 말하는 유의수준은 개념적으로 다르다는 사실을 기억하자.

〈표 8-2〉에 검정에서 발생할 수 있는 다양한 경우를 정리하였다. 주의할 점은 두 개의 오류 α와 β가 지니는 본질적 성격이다. 우선 α와 β는 합이 1이 아니다 $(\alpha+\beta\neq1)$. 또한 α와 β는 서로 반대 방향(inverse)으로 움직인다. 하나가 올라가면 다른 하나는 내려가는 성질을 보이는 것이다. 가장 이상적인 검정은 α와 β를 모두 최소화하는 것이지만 두 가지 오류를 동시에 줄일 수 있는 검정법은 없는 것으로 알려져 있다.

〈표 8-2〉 일종 오류와 이종 오류의 경우

의사결정 (decision)	상황	
	H_0 참(true)	H_0 거짓(false)
귀무가설 채택 (accept H_0)	$1-\alpha$	이종 오류 (type II error: β)
귀무가설 기각 (reject H_0)	일종 오류 (type I error: α)	$1-\beta$

● 단계 3: 검정의 결론

유의수준이 주어지면 그 값을 기준으로 실제 검정을 진행하게 된다. 여기서 유의수준이 α와 β의 두 개이므로 이 중에 어느 것을 기준으로 사용할 것인가를 정해야 한다. 두 가지 오류 중에 어느 오류가 더 중요한 의미를 지닐까? 당연히 일종 오류인 α이다. 이미 많은 사람들이 상식(사실)으로 받아들이고 있는 귀무가설이 참인데도 불구하고 그것을 기각하게 되면 매우 심각한 문제를 가져올 수 있기 때문이다.

이러한 이유 때문에 가설 검정에서는 α를 유의수준의 기준으로 삼는다. 여기서 α는 확률분포의 표(table)에서 그 확률을 쉽게 찾을 수 있는 0.1, 0.05, 0.01 등의 값으로 설정한다. 바로 뒤에서 자세히 설명하겠지만 그 값들의 경우에는 따로 계산을 하지 않아도 귀무가설을 유지하거나 기각하게 되는 검정통계량의 영역(범위)을 쉽게 찾을 수 있기 때문이다.

마지막으로 실제 검정통계량의 값을 계산하여 그 값이 기각의 영역에 속하면 귀무가설을 기각하고 유지의 영역에 속하면 그대로 유지하게 된다. 여기서 귀무가설을 기각하는 영역을 기각역(rejection region)이라고 한다. 기각역이 정해지면 그 나머지 영역은 자연스럽게 채택역(acceptance region)이 된다.

(4) 기각역

α 값을 기준으로 기각역을 찾는 원리를 좀 더 자세히 알아보자. 예를 들어 모평균에 대한 귀무가설이 H_0: $\mu=\mu_0$으로 주어졌다고 하자. α 오류는 귀무가설이 참인데도 불구하고 그것을 기각하는 오류이다. 따라서 α는 일종의 조건부확률이 된다. 귀무가설이 참이라는 조건 하에서 그것을 기각함으로써 생기는 오류의 확률이 되는 것이다.

당연히 이 가설의 검정을 위한 검정통계량으로는 표본평균 $\overline{X}$를 사용한다. 이제 하나의 표본으로부터 표본평균을 구했다고 하자. 여기서 $\overline{X}$의 값이 무엇이든 간에 귀무가설을 기각해서는 안 된다. 왜냐하면 처음부터 귀무가설이 참이라고 정하였기 때문이다. 그러므로 검정통계량의 값에 상관없이 귀무가설을 기각하면 일종 오류를 범하게 된다.

이제 일종 오류의 확률을 계산하기 위해서는 $\overline{X}$가 어느 정도의 값이 될 때 귀무가설을 기각할지를 정해야 한다. 설명의 편의를 위해 [그림 8-4]를 보자. 여기서는 표준 정규분포 $Z=\dfrac{(\overline{X}-\mu_0)}{\sigma}$ 를 가정하고 있다. 당연히 검정통계량 $\overline{X}$ 가 μ_0 에 가까우면 Z가 0에 가까워진다. 그러면 귀무가설이 그럴듯하다는 뜻이니까 기각하지 않을 것이다. 반대로 $\overline{X}$ 가 μ_0 와 큰 차이가 나면 Z가 0에서 멀어지면서 귀무가설을 기각할 가능성이 커진다. 그리고 기각을 하는 순간부터 일종 오류가 발생한다.

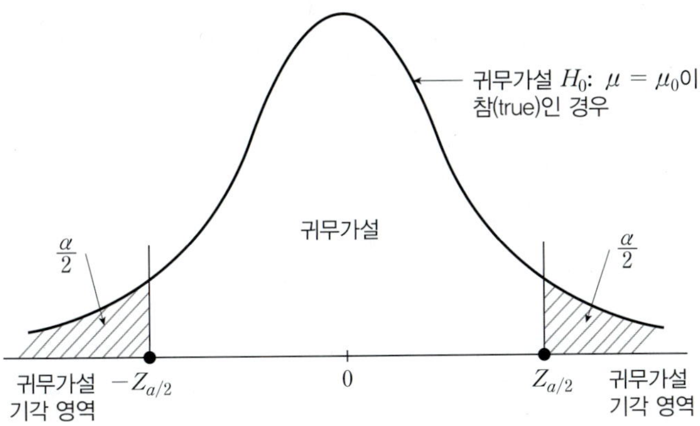

[그림 8-4] Z 검정에서의 채택역과 기각역

따라서 여기서 우리가 찾는 $\overline{X}$ 의 값은 그 점에서 시작하여 μ_0 와 더욱 멀리 떨어져 있는 모든 부분을 합한 확률이 α가 되는 점이 된다. 다시 말해 일종 오류를 범할 확률의 합이 α가 되는 점이 된다. 이 때 양쪽으로 대칭을 이루기 때문에 μ_0 와 멀리 떨어져 있는 부분은 양쪽 끝에 위치하게 되고 각각의 확률은 $\alpha/2$ 가 된다.

[그림 8-4]에서 양쪽 끝의 빗금 친 부분이 '귀무가설을 기각하는 영역'을 의미하는 기각역이 된다. 기각역은 귀무가설을 기각하게 되는 검정통계량의 집합을 나타낸다. 당연히 기각역 이외의 안쪽 영역은 채택역이 된다. 여기서 기각역과 채택역을 나누는 경계점의 값인 $Z_{\alpha/2}$ 와 $-Z_{\alpha/2}$ 를 임계치(critical point)라고 한다.

기각역과 채택역이 정해지면 검정의 결론을 내리게 된다. 먼저 표본을 추출하여 검정통계량 값을 측정한 후 만일 그 값이 기각의 영역에 속하면 귀무가설을 기각하고, 그렇지 않으면 귀무가설을 유지하게 되는 것이다.

- 검정통계량이 기각역에 속함 → 귀무가설을 기각
- 검정통계량이 채택역에 속함 → 귀무가설을 유지

(5) 실제 검정

이번에는 [그림 8-5]에 있는 t 분포에서의 검정을 예로 들어 가설 검정의 단계를 따라가보자. 여기에서의 검정통계량은 $T=\dfrac{(\overline{X}-\mu_0)}{s/\sqrt{n}}$ 이 된다. 물론 표본의 크기 n은 주어지는 값이다. 그리고 귀무가설은 H_0: $\mu=\mu_0$ 이고 대립가설은 H_1: $\mu\neq\mu_0$ 이 된다.

먼저 귀무가설의 유의수준 α를 설정한다. 그 다음에 α를 기준으로 기각역을 찾게 된다. 이 값은 주어진 자유도 $n-1$을 바탕으로 t 분포의 표에서 쉽게 찾을 수 있다. 이 때 t 분포는 양쪽이 균형을 이루기 때문에 양쪽의 합이 α가 되는 $t_{\alpha/2}$를 구하면 된다. $t_{\alpha/2}$가 임계치가 되는 것이다.

이제 표본을 추출하여 검정통계량인 t 값을 계산한다. 마지막으로 최종적인 의사결정을 할 차례이다. 여기서 검정의 결론은 어떻게 내릴 수 있을까? T의 절대값인 $|t|$와 임계치 $t_{\alpha/2}$를 비교하여 아래와 같은 결정을 하게 된다.

- 만일 $|t|\leq t_{\alpha/2}$ 이면 채택역에 속하므로 귀무가설을 유지한다.
- 만일 $|t|\geq t_{\alpha/2}$ 이면 기각역에 속하므로 귀무가설을 기각한다.

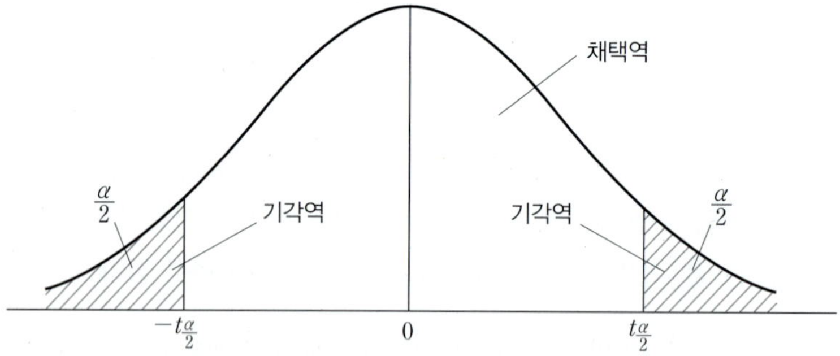

[그림 8-5] t 검정에서의 채택역과 기각역

여기서 t 값이 어느 정도 되면 귀무가설을 기각하게 될지를 추측해보자. 하나의 경험적 기준(rule of thumb)이기는 하지만, 만일 t 값이 2보다 크거나 반대로 -2 보

다 작으면 유의수준 $\alpha=0.05$에서 귀무가설을 기각할 가능성이 높아진다. 왜 그럴까? t 분포에서 표본의 크기가 커지면서 자유도 $(n-1)$도 커지면 t 분포는 점점 정규분포에 가까워진다. 표준 정규분포의 경우 $\alpha=0.05$에서 $Z_{\alpha/2}=1.96$이 된다. 2에 가까운 값인 것이다. 따라서 표본의 크기가 어느 정도 큰 t 분포는 정규분포에 근사하기 때문에 $|t|\geq 2$이면 귀무가설을 기각할 가능성이 높아지는 것이다. 하지만 표본의 크기가 작아지게 되면 귀무가설을 기각하기 위해서 t 값이 2보다 더 커져야 한다.

예제

앞의 예제로 다시 돌아가 $H_0: \mu=3$, $H_1: \mu\neq 3$에 대해 기각역 검정을 해보자. 검정통계량은 자유도 9인 t 분포를 따르며 통계량의 값은 $t=\dfrac{(\overline{X}-\mu_0)}{s/\sqrt{n}}=-2.48$이 된다. 만일 유의수준이 $\alpha=0.05$이면 기각역의 임계치 $t_{\alpha/2}$는 $t_{0.025,\,9}=2.26$이 된다. $|t|\geq t_{0.025}$ 즉 $2.48\geq 2.26$이므로 검정통계량은 기각역에 속하게 되어 귀무가설을 기각하게 된다. 하지만 유의수준이 $\alpha=0.02$로 되어 있으면 기각역의 임계치는 $t_{0.01,\,9}=2.82$가 되어 $|t|\leq t_{0.01}$이므로 귀무가설을 유지하게 된다.

(6) 검정법의 선택

그러면 유의성 검정과 가설 검정 가운데 어느 것이 더 좋은 검정방법일까? 이 질문은 위의 기법들이 처음 나왔을 당시에도 뜨거운 논쟁의 주제였다. 결론적으로 각각의 방법은 장점과 단점이 모두 있기 때문에 어느 것이 더 좋은 방법이라고 말하기는 어렵다.

실제로 오늘날 대부분의 교과서에 수록되어 있는 검정방법은 유의성 검정과 가설 검정을 혼합한 것이다. 귀무가설과 대립가설을 모두 설정한 후, p-value를 기준으로 유의성 검정을 하는 방법과 기각역을 기준으로 가설 검정을 하는 방법을 모두 사용하는 것이 일반적이다.

4. 단측 검정과 양측 검정

(1) 방식의 설계

일반적으로 귀무가설은 등식(=)의 형태로 표현한다. 예를 들면, $H_0: \mu=100$의 식이다. 이렇게 귀무가설을 등식으로 설정하는 이유는 그것이 검정에서 기준점의 역할을 하기 때문이다. 기준점이 분명한 값으로 정해져야만 검정 과정이 단순해질 수 있다.

귀무가설이 등식의 형태로 설정되면, 대립가설은 단측 검정(one-sided test) 형태로 설계할 수도 있고 양측 검정(two-sided test) 형태로 설계할 수도 있다. 물론 모든 경우에 두 가지의 설계가 다 가능하다는 뜻은 아니고, 검정의 목적과 성격에 따라 두 가지 중 더 적합한 방식으로 설계하게 된다.

단측 검정과 양측 검정의 차이를 자세하게 알아보자. $H_0: \mu=\mu_0$이라는 귀무가설이 제시되었다고 하자. 그러면 이 귀무가설에 대응하는 대립가설은 다음의 세 가지 형태로 제시될 수 있다.

- 첫 번째 형태: $H_1: \mu\neq\mu_0$
- 두 번째 형태: $H_1: \mu>\mu_0$
- 세 번째 형태: $H_1: \mu<\mu_0$

여기서 첫 번째 형태로 대립가설을 세우는 방식을 양측 검정이라고 한다. '양측'이라고 부르는 이유는 $\mu\neq\mu_0$에 대한 검정이므로 큰 쪽이든 작은 쪽이든 어느 쪽으로만 차이가 있으면 모두 의미가 있기 때문이다. 예를 들어 모평균에 대한 귀무가설이 $H_0: \mu=100$이라면 대립가설은 $H_1: \mu\neq100$이 된다. 따라서 모평균이 100보다 작은 경우와 100보다 큰 경우 모두 귀무가설을 기각하게 된다.

이에 비해 두 번째와 세 번째 형태로 대립가설을 세우는 방식을 단측 검정이라고 한다. '단측'이라고 부르는 이유는 $>$ 이 되든 $<$ 이 되든 어느 한쪽의 차이만 의미가 있기 때문이다. 앞의 예에서 귀무가설이 $H_0: \mu=100$이라면 대립가설은 $H_1: \mu>100$ 또는 $H_1: \mu<100$이 된다. 앞의 경우라면 모평균이 100보다 커야만 귀무가설을 기각하게 되고 뒤의 경우라면 모평균이 100보다 작아야만 귀무가설을 기각하게 된다.

단측 검정에서 귀무가설을 설정하는 방식은 크게 두 가지를 들 수 있다. 하나는 바로 앞에서 본 것처럼 대립가설이 $H_1: \mu>100$ 또는 $H_1: \mu<100$일 때 귀무가설을 $H_0: \mu=100$과 같이 등식으로 표현하는 것이다. 다른 하나는 대립가설이 $H_1: \mu>100$이면 귀무가설은 $H_0: \mu\leq100$, 대립가설이 $H_1: \mu<100$이면 귀무가설은 $H_0: \mu\geq100$과 같이 부등식으로 표현하는 것이다. 어느 방식으로 하든 검정의 절차는 동일하다는 것이 알려져 있다. 따라서 여기에서는 등식의 표현을 사용하기로 한다.

(2) 방식의 비교

그렇다면 어떤 방식이 더 바람직한 선택이 될까? 이 질문에 대한 대답은 다음 두 가지로 나누어 제시할 수 있다. 첫째, 처음부터 양측 검정을 해야 하는 경우이다. 앞의 사람의 예에서 평균 신장을 모수로 하는 검정을 한다고 하자. 여기서 귀무가설이 '강북 주민과 강남 주민 사이에 신장의 차이가 없다, 즉 평균 신장이 같다'로 주어진다고 하자. 이 때는 검정의 목적이 큰 쪽이든 작은 쪽이든 키의 차이가 있는지 없는지를 확인하는데 있다. 따라서 처음부터 '강북 주민과 강남 주민 사이의 평균 신장은 같지 않다'라는 양측 검정으로 대립가설을 세워야 한다.

둘째, 양측 검정과 단측 검정을 모두 사용할 수 있는 경우이다. 이번에는 귀무가설이 '남자와 여자 사이에 신장의 차이가 없다, 즉 평균 신장이 같다'로 주어진다고 하자. 이 경우에는 검정의 실제 목적이 남자와 여자 사이에 신장의 차이가 있는지를 확인하는 것보다는 남자의 키가 여자의 키보다 크다는 주장을 확인하는데 있다. 왜냐하면 일반적으로 남자의 평균 신장이 여자의 평균 신장보다 크다는 사실이 이미 알려져 있기 때문에 그 반대의 경우, 즉 여자의 평균 신장이 남자의 평균 신장보다 큰 경우는 고려할 필요가 없기 때문이다. 따라서 '남자와 여자의 평균 신장은 같지 않다'는 양측 검정의 대립가설과 '남자의 평균 신장이 여자의 평균 신장보다 크다'는 단측 검정의 대립가설이 결과적으로는 같은 의미를 가진다. 양측 검정을 통해 남자와 여자 사이에 신장의 차이가 있다는 결론이 나오면 이것은 곧 단측 검정을 통해 남자의 신장이 여자의 신장보다 더 크다는 결론과 마찬가지가 되는 것이다.

이 경우에 선택의 기준이 되는 요인은 무엇이 될까? 두 방식을 비교하면 양측 검정이 단측 검정에 비해 더 '보수적'인 방법이다. 여기서 보수적이라는 말의 의미는 귀무가설을 기각할 가능성이 더 낮다라는 뜻이다. 일반적으로 많은 사람들이 참이라고 생각하는 것을 귀무가설로 설정하기 때문에 귀무가설을 굳이 기각하지 않으려는 성향을 보수적이라고 할 수 있는 것이다. 반대로 단측 검정은 더 '적극적'인 방법이다. 귀무가설을 기각할 가능성을 더 높인 방식인 것이다. 따라서 양측 검정과 단측 검정

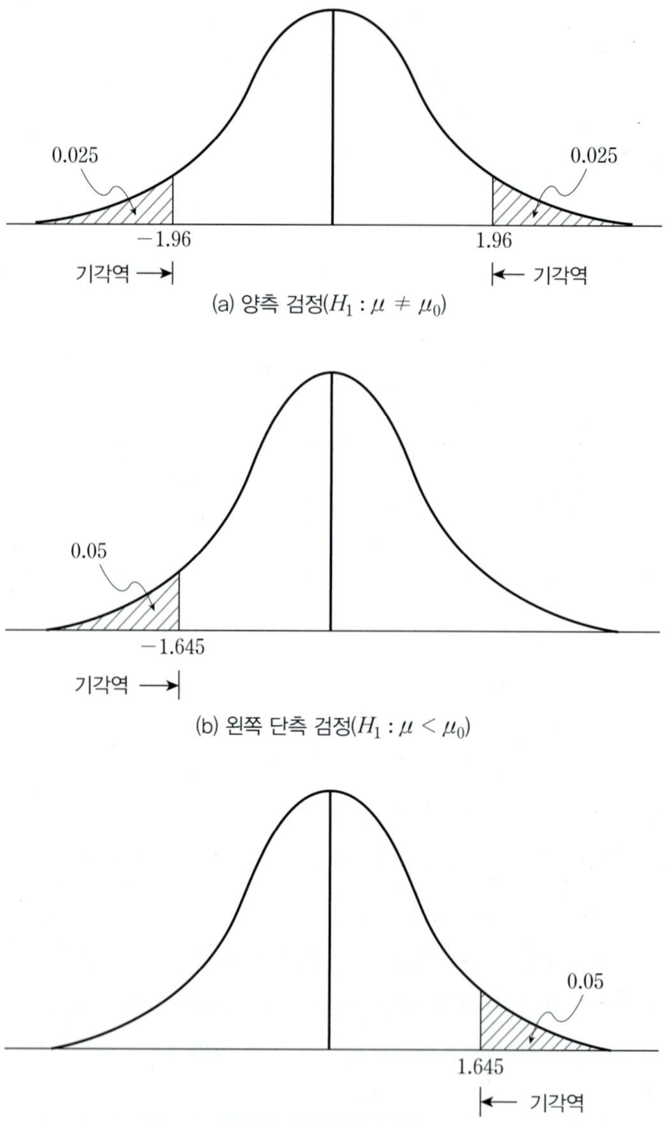

(a) 양측 검정($H_1 : \mu \neq \mu_0$)

(b) 왼쪽 단측 검정($H_1 : \mu < \mu_0$)

(c) 오른쪽 단측 검정($H_1 : \mu > \mu_0$)

[그림 8-6] 단측 검정과 양측 검정의 비교

의 선택은 조사자가 보수적인 검정을 선호하는지 아닌지에 따라 결정된다.

그러면 왜 양측 검정이 더 보수적일까? [그림 8-6]을 보자. 만일 $\alpha=0.05$라고 하자. 양측 검정은 크든 작든 양쪽이 모두 의미가 있기 때문에 전체 기각역을 각각 0.025씩 양쪽으로 나눈다. 따라서 그만큼 임계치가 중심을 기준으로 더 바깥으로 이동하게 된다. 결국 기각역이 좁아지면서 귀무가설을 기각할 가능성이 낮아지는 것이다. 그렇지만 단측 검정을 하게 되면 $\alpha=0.05$가 어느 한쪽으로만 적용되기 때문에 기각역이 넓어지면서 귀무가설을 기각할 가능성이 커지게 된다.

제3절 검정력

1. 기본개념

가설 검정의 설계에서 검정력(power of test)이라는 개념도 매우 중요한 의미를 갖는다. 당연한 말이지만 좋은 검정방법을 설계하는 것은 검정의 출발이자 바탕이 된다. 이 때 좋은 검정의 설계에 사용되는 핵심 개념이 바로 검정력이다.

검정력, 즉 검정의 힘이란 무엇을 가리키는 것일까? 앞에서 일종 오류 α와 이종 오류 β의 두 가지 오류에 대해 알아보았다. 여기서 물론 귀무가설이 참일 때 그것을 기각하는 오류를 줄이거나 귀무가설이 거짓일 때 그것을 채택하는 오류를 줄이는 것도 중요하다. 그러나 검정의 실질적인 힘은 대립가설이 참일 때 그것을 제대로 판정해 내는 능력이라고 할 수 있다. 지금까지 귀무가설을 참으로 알고 있는 상황에서 반대로 대립가설이 참이라는 새로운 사실을 보여주는데 검정의 진정한 힘이 존재하는 것이다. 즉 검정력은 귀무가설이 참이 아닐 때 그것을 제대로 판별하여 기각할 수 있는 확률이 된다. 따라서 검정력은 $(1-\beta)$로 정의된다.

$$\text{검정력} = 1-\beta$$

2. 검정의 설계기준

검정력은 좋은 검정법을 설계하는 기준의 역할을 한다. 좋은 검정방법이 되기 위해서는 먼저 검정력 $(1-\beta)$를 올려야 한다. 그러기 위해서는 β를 낮추어야 한다. 그런데 β는 α와 역(inverse)의 관계에 있기 때문에 β가 낮아지면 α는 오히려 올라간다. 따라서 α를 크게 설정할수록 검정력인 $(1-\beta)$도 올라가게 된다.

여기서 딜레마가 존재한다. α가 커지면 검정력은 올라가지만 동시에 일종 오류도 커지는 문제가 발생하는 것이다. 일종 오류는 이종 오류보다 더 심각한 오류이다. 따라서 이 오류는 어느 수준 이상으로는 허용할 수 없다. 이 제약조건을 바탕으로 우리가 사용하고 있는 좋은 검정법은 다음의 기준으로 만들어진 것이다.

- 먼저 허용할 수 있는 수준의 α를 설정한다.
- 그 다음 α를 만족시키면서 동시에 β가 최소화되도록 설계한다.

제4절 가설 검정의 실제

지금까지 설명한 검정 이론을 바탕으로 실제로 가설을 검정하는 작업을 직접 해보도록 하자. 추정과 검정은 목적이나 용도는 다르지만 통계작업에 활용되는 이론이나 기준은 동일하다. 따라서 실제의 검정과정에 적용되는 이론이나 기법은 앞 장의 추정에서 설명한 것들을 그대로 사용하면 된다.

추정과 마찬가지로 검정의 대상도 여러 가지이다. 모평균에 대한 검정을 할 수도 있고 모분산에 대한 검정을 할 수도 있다. 따라서 검정의 대상과 상황에 따라 사용되는 검정통계량이 달라지게 된다. 그 중에 대표적인 검정의 주제에 대해 실제의 예를 이용하여 살펴보도록 하자.

이 책에서 다루어질 검정의 주제 및 검정 방법은 [그림 8-7]로 정리할 수 있다. 먼저 검정 전체는 검정의 대상을 기준으로 크게 모평균 검정과 모분산 검정으로 나뉘어진다. 이름으로부터 알 수 있듯이 모평균 검정은 모집단의 평균을, 모분산 검정은 모집단의 분산을 검정 대상으로 한다. 모평균 검정은 비교 대상이 되는 모집단의 수에 따라 다시 몇 가지로 갈라진다. 모집단의 수가 1개 또는 2개일 때는 Z 검정이나 t 검정을 수행하고, 3개 이상일 때는 뒤에서 나올 분산분석(ANOVA)을 수행한다. 특히 비교 대상 모집단의 수가 2개인 경우는 두 집단이 서로 독립인지 아닌지에 따라 독립표본 검정과 대응표본(쌍체비교) 검정으로 나뉘어진다. 모분산 검정도 모평균 검정과 마찬가지로, 비교대상 모집단의 수에 따라 크게 두 가지로 갈라진다. 먼저 단일 집단의 모분산 검정은 카이제곱 검정을 수행하고, 두 집단의 모분산 검정은 F 검정을 수행한다.

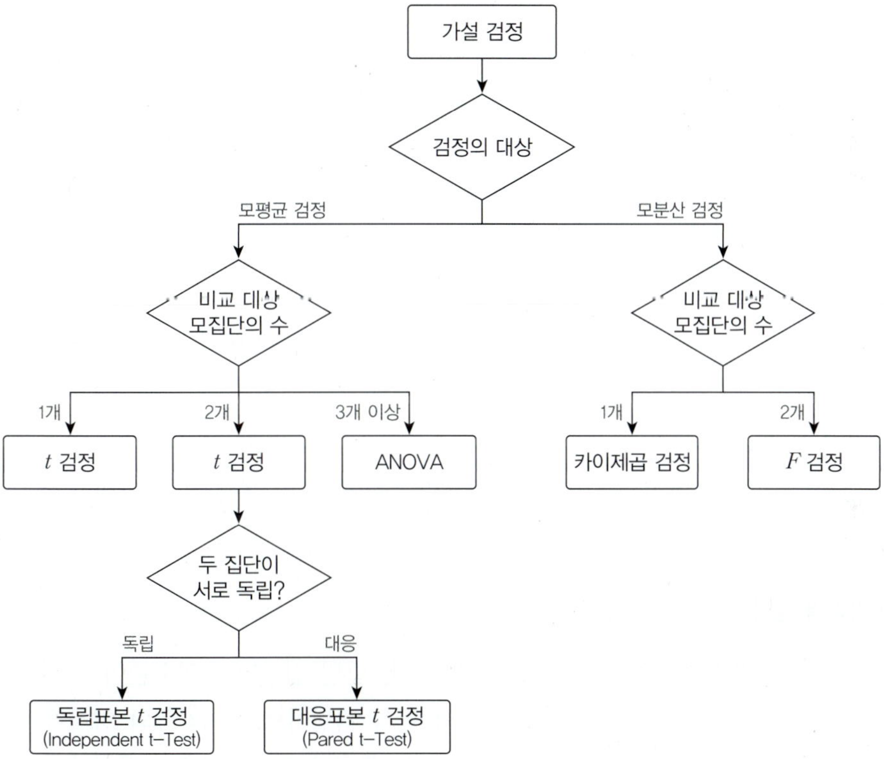

[그림 8-7] 검정의 구성

앞에서 설명한대로 검정의 방법으로는 유의성 검정을 사용할 수도 있고 가설 검정을 사용할 수도 있다. 여기에서는 두 방법을 혼합하여 가설은 귀무가설과 대립가설을 모두 설정하고 검정의 기준으로는 p-value를 이용하는 접근법과 기각역을 이용하는 접근법을 함께 살펴보기로 하자.

1. 모평균의 검정 – 모분산(σ^2)이 알려진 경우

모집단이 분명하게 정규분포를 따르거나 표본의 크기가 충분히 큰 경우라면 표본평균도 정규분포를 따른다고 가정할 수 있다. 이 때 모분산 σ^2이 알려져 있는 경우에는 σ를 이용하여 검정을 할 수 있다. 이 경우에 검정통계량은 당연히 표본평균 $\overline{X}$가 된다. 이제부터 예제를 이용하여 유의성 검정과 기각역 검정을 실제로 해보자.

예제

① p-value 검정

평균이 110 이상이라는 주장에 대해 귀무가설과 대립가설이 각각 $H_0: \mu = 110$, $H_1: \mu > 110$로 주어졌다. 100개의 표본으로부터 평균 108.8, 분산 30.86을 얻었다. 표본의 크기가 충분히 크기 때문에 정규분포를 따른다고 가정할 수 있고 모분산의 값으로 표본분산을 사용하는데 문제가 없는 경우이다. 따라서 검정통계량은 다음과 같이 계산된다.

$$z = \frac{(\overline{X} - \mu_0)}{\sigma / \sqrt{n}} = \frac{(108.8 - 110)}{\sqrt{30.86} / \sqrt{100}} = -2.16$$

이 검정통계량에 대한 p-value는 $P(Z \geq -2.16) = 0.985$이 된다. 유의수준을 $\alpha = 0.01$로 높게 잡아도 p-value가 유의수준보다 매우 큰 값을 나타내기 때문에 귀무가설은 유지된다.

② 기각역 검정

여기에서도 검정통계량의 값은 $z = -2.16$이다. 만일 검정의 유의수준이 $\alpha = 0.1$로 높게 설정되어 있다고 하자. $H_1: \mu > 110$의 단측 검정이므로 기각역의 임계치는 오른쪽의 $Z_{0.1} = 1.28$이 된다. $z \leq z_{0.1}$이므로 검정통계량이 채택역에 속하면서 유의수준 $\alpha = 0.1$에서 귀무가설은 유지된다. 이 결과는 앞의 p-value의 유의성 검정 결과와 일치한다.

2. 모평균의 검정 – 모분산(σ^2)이 알려지지 않은 경우

모분산 σ^2를 알 수 없는 경우에는 모분산 σ^2 대신 표본분산 s^2을 써야 되며 따라서 정규분포 대신 t 분포를 이용하게 된다. 이 경우에도 당연히 검정통계량은 표본평균 $\overline{X}$가 된다.

예제

① p-value 검정

귀무가설이 $H_0 : \mu = 34$, 대립가설이 $H_0 : \mu \neq 34$인 검정을 위해 7개의표본으로부터 평균은 36.6, 분산 15.25을 얻었다. 검정통계량은 자유도 6인 t 분포를 따르며 다음과 같이 계산된다.

$$T = \frac{(\overline{X} - \mu_0)}{S/\sqrt{n}} = \frac{(36.6 - 34)}{\sqrt{15.25}/\sqrt{7}} = -1.76$$

이 검정통계량에 대한 p-value는 $P(T \leq -1.76) + P(T \geq 1.76) = 0.13$이 된다. 여기서 유의수준을 $\alpha = 0.1$로 높게 잡아도, p-value가 유의수준보다 크기 때문에 귀무가설은 유지된다. 실제로 소프트웨어를 사용하여 t 검정을 한 결과표가 아래에 나타나 있다. 보는 것처럼, 위의 값과 일치하는 것을 알 수 있다.

일표본 검정

	검정값 = 34					
					차이의 90% 신뢰구간	
	t	자유도	유의확률 (양측)	평균차이	하한	상한
이동시간	1.762	6	.129	2.6000	-.268	5.468

② 기각역 검정

기각역 검정을 이용하여 앞선 예제를 다시 풀어보면 검정통계량은 마찬가지로 $t = -1.76$이다. 여기서도 유의수준을 $\alpha = 0.1$로 잡으면 기각역의 임계치는 $t_{0.05,\ 6} = 1.943$으로 나타난다. $|t| \leq t_{0.05}$이므로 검정통계량은 채택역에 속하게 된다. 귀무가설을 유지하는 것이다. 이는 앞선 유의성 검정의 결과와 일치하는 것을 알 수

있다.

---

3. 두 모평균의 검정 – 모분산(σ^2)이 알려진 경우

이제 검정의 범위를 넓혀 두 모집단의 모평균의 차이를 검정하는 문제를 생각해보자. 여기서는 두 모집단이 서로 독립이면서 정규분포를 따르며 각각의 모분산인 σ_1^2와 σ_2^2가 알려져 있다고 하자.

예제

---

① **p-value 검정**

20개로 이루어진 A 표본의 표본평균은 48.6, 30개로 이루어진 B 표본의 표본평균은 35.4로 나타났다. 모분산은 각각 $\sigma_A^2=13.7$, $\sigma_B^2=10.9$로 알려져 있다. 두 그룹의 모평균이 10 이상의 차이가 있는지를 확인하려고 하면, 귀무가설과 대립가설은 각각 $H_0: \mu_A-\mu_B=10$, $H_1: \mu_A-\mu_B \neq 10$로 주어진다. 여기서 검정통계량은 다음과 같이 계산된다.

$$z=\frac{\overline{X}-\overline{Y}-\delta}{\sqrt{\dfrac{\sigma_A^2}{n}+\dfrac{\sigma_B^2}{m}}}=\frac{48.6-35.4-10}{\sqrt{\dfrac{13.7}{20}+\dfrac{10.9}{30}}}=3.13$$

이 검정통계량에 대한 유의성 검정을 하게 되면 p-value$=P(Z\leq -3.13)+P(Z\geq 3.13)=0.0016$으로 나타난다. 이 값은 매우 작은 값이므로 유의수준이 낮은 $\alpha=0.01$에서도 귀무가설을 기각할 수 있다. 두 지역의 평균 월세는 크게 다르다고 볼 수 있는 것이다.

② **기각역 검정**

기각역을 이용한 가설 검정을 이용하여 앞의 예제를 다시 풀어보자. 여전히 검정통계량은 $z=3.13$이며, 만일 검정의 유의수준이 $\alpha=0.01$로 설정되어 있으면 기각역의 임계치는 $Z_{0.005}=-2.57$ 및 $Z_{0.005}=2.57$이 된다. 검정통계량이 임계치 밖의 기각역에 있으므로 상당히 작은 유의수준 $\alpha=0.01$에서도 귀무가설은 기각된다. 이는 앞선 유의성 검정 결과와 일치한다.

4. 두 모평균의 추정 – 모분산(σ^2)이 알려지지 않은 경우

이제는 좀더 복잡한 경우로, 모분산이 알려지지 않은 경우의 검정 문제를 다루어보자. 이 때도 역시 t 분포를 사용한다. 하지만 그 안에서 다시 모분산의 차이가 없는 경우와 있는 경우로 나뉘어진다.

(1) 모분산을 모르지만 등분산인 경우

이 경우는 σ_1^2와 σ_2^2가 알려지지 않았지만 두 분산이 같다는 사실은 알려진 경우이다. $\sigma_1^2=\sigma_2^2$인 것이다. 이 경우에는 분산값으로 합동추정량(pooled variance estimator) s_p^2를 사용한다. 두 모집단으로부터 얻은 표본의 표본분산이 각각 S_1^2, S_2^2이고 표본의 크기가 각각 n_1, n_2일 때 합동추정량의 계산식은 다음과 같다.

$$S_P^2=\frac{(n_1-1)S_1^2+(n_2-1)S_2^2}{n_1+n_2-2}$$

이 때 검정통계량은 t 분포를 따르게 된다.

예제

① p-value 검정

귀무가설과 대립가설이 각각 $H_0:\mu_1-\mu_2=0$, $H_1:\mu_1-\mu_2<0$로 주어진 검정을 위해 15개의 표본으로부터 표본평균 48.9와 표본분산 24.1을 얻고 10개의 다른 표본으로부터 표본평균 58.3, 표본분산 22.4을 얻었다. 두 표본의 분산에 큰 차이가 없으므로 등분산을 가정하게 되면 합동추정량은 아래와 같이 계산된다.

$$S_P^2=\frac{(n_1-1)S_1^2+(n_2-1)S_2^2}{n_1+n_2-2}=\frac{(15-1)\times 24.1+(10-1)\times 22.4}{15+10-2}=23.43$$

또한 검정통계량은 아래와 같이 계산된다.

$$t=\frac{\overline{X}-\overline{Y}-\delta}{s_p\sqrt{\frac{1}{n_1}+\frac{1}{n_2}}}=\frac{48.9-58.3-0}{\sqrt{23.43}\sqrt{\frac{1}{15}+\frac{1}{10}}}=-4.756$$

자유도가 23인 t 분포를 따르므로 유의성 검정을 하게 되면 검정통계량에 대한 p-value는 0에 가까운 값으로 나타난다. 따라서 상당히 큰 유의수준인 $\alpha=0.1$에서 귀무가설을 기각하게 된다. 리모델링 후에 대기시간이 줄었다는 주장은 받아들일 수 있는 것이다. 아래의 소프트웨어의 결과표도 동일한 결과를 보여주고 있다.

집단통계량

	리모델링	N	평균	표준편차	평균의 표준오차
대기시간	1	15	48.900	4.9084	1.2674
	2	10	58.300	4.7298	1.4957

독립표본 검정

		Levene의 등분산 검정		평균의 동일성에 대한 T검정						
									차이의 90% 신뢰구간	
		F	유의확률	t	자유도	유의확률 (양측)	평균차이	차이의 표준오차	하한	상한
대기시간	등분산을 가정함	.156	.697	-4.758	23	.000	-9.4000	1.9756	-12.7860	-6.0140
	등분산을 가정하지 않음			-4.795	19.951	.000	-9.4000	1.9604	-12.7816	-6.0184

② 기각역 검정

여기에서도 검정통계량은 $t=\frac{\overline{X}-\overline{Y}-\delta}{S_p\sqrt{\frac{1}{n_1}+\frac{1}{n_2}}}=\frac{48.9-58.3-0}{\sqrt{23.43}\sqrt{\frac{1}{15}+\frac{1}{10}}}=-4.756$이 된다. 이 값은 $t\geq -t_{0.1}$이므로 상당히 큰 유의수준인 $\alpha=0.1$에서 귀무가설을 기각한다. 이는 앞선 유의성 검정 결과와 일치한다.

---

(2) 모분산을 모르고 이분산인 경우

이 경우는 모분산 σ_1^2와 σ_2^2의 정확한 값을 모르고 또한 두 분산의 크기에 큰 차이가 있는 상황의 문제이다. $\sigma_1^2\neq\sigma_2^2$라는 사실만 알려진 경우인 것이다. 그러나 이 경우에도 검정통계량은 t 분포로 근사시킬 수 있다. 따라서 검정은 다음과 같이 이루어진다.

예제

① p-value 검정

귀무가설과 대립가설이 각각 $H_0 : \mu_A - \mu_B = 0$, $H_1 : \mu_A - \mu_B \neq 0$ 로 주어진 검정을 위해 10개의 표본으로부터 표본평균 85.2와 표본분산 11.3을 얻고 역시 10개의 다른 표본으로부터 표본평균 89.9, 표본분산 5.6을 얻었다. 분산이 크게 다르기 때문에 검정통계량은 아래의 식으로 계산할 수 있다.

$$t = \frac{\overline{X} - \overline{Y} - \delta}{\sqrt{\frac{S_1^2}{n} + \frac{S_2^2}{m}}} = \frac{85.2 - 89.0 - 0}{\sqrt{\frac{11.3}{10} + \frac{5.6}{10}}} = 3.62$$

여기서는 자유도 18인 t 분포를 따르므로 p-value에 의한 유의성 검정을 하게 되면 검정통계량에 대한 p-value는 $P(T \leq -3.62) + P(T \geq 3.62) = 0.0020$ 이 된다. 보는 것처럼, 이 값은 매우 작으므로 유의수준을 $\alpha = 0.01$ 로 하여도 귀무가설을 기각할 수 있다.

② 기각역 검정

기각역을 이용한 가설 검정을 이용하여 앞의 예제를 다시 풀어보자. 검정통계량은 마찬가지로 $t = 3.62$ 이며, 만일 검정의 유의수준이 $\alpha = 0.01$ 로 설정되어 있으면 기각역의 임계치는 $t_{0.005,\ 18} = 2.878$ 이 된다. $|T| = t_{0.005}$ 이므로 기각역에 속하게 되고 따라서 유의수준 $\alpha = 0.01$ 에서도 귀무가설은 기각된다. 이 결과는 앞의 유의성 검정의 결과와 일치하는 것을 알 수 있다.

5. 두 모평균의 검정 - 쌍체비교

이번에는 두 모평균의 검정 중 쌍체비교 즉 동일 집단 안에서 실험의 전후를 비교하는 문제를 생각해 보자. 이미 7장의 추정이론에서 설명한 바와 같이, 쌍체비교에서는 실험 전과 후의 데이터가 항상 하나의 쌍(pair)을 이루게 된다. 독립표본의 경우 두 표본이 서로 다른 모집단에서 추출되어야 하고, 두 표본 간 상호작용이 없어야 하지만 대응표본의 경우 한 집단에서 추출한 표본에 대해 실험 전과 후의 차이를 비교하는 것이다. 따라서 대응표본 t 검정은 표면적으로는 두 표본의 비교이기는 하지만 실질적으로는 두 표본이 하나의 집단에서 추출되었기 때문에 개념적으로는 단일 집단의 검정으로 접근하게 된다.

예제

① p-value 검정

앞 장의 추정에서 사용하였던 예제를 다시 보자. 특정 질환의 수치를 낮추는 신약의 효과를 알아보기 위해 9명의 환자를 대상으로실험(복용) 전과 후의 수치를 비교하였다. 실험 전을 A 그룹으로, 실험 후를 B 그룹으로 할 때 다음 표와 같은 수치가 나타났다.

사람	1	2	3	4	5	6	7	8	9
A	250	220	204	222	206	259	204	205	198
B	242	217	200	211	189	240	199	200	195

여기서 귀무가설과 대립가설은 각각 $H_0 : \mu_A - \mu_B = 0$, $H_1 : \mu_A - \mu_B < 0$ 로 주어진다. 또한 쌍체비교이므로 검정통계량은 다음과 같이 계산된다.

$$t = \frac{\overline{d}}{\frac{s_{\overline{d}}}{\sqrt{n}}} = \frac{8.33}{6.06\sqrt{9}} = 4.12$$

이 검정통계량에 대한 유의성 검정을 하게 되면 p-value $= P(t \le -4.12)$ 는 거의 0에 가까운 값으로 나타난다. 즉, 유의수준이 낮은 $\alpha = 0.01$ 에서도 귀무가설을 기각할 수 있다. 즉 특정 질환에 대한 수치는 신약의 복용 전후에 유의한 차이가 나타나고 있는 것이다.

② 기각역 검정

기각역을 이용한 가설 검정을 이용하여 앞의 예제를 다시 풀어보자. 여전히 검정통계량은 $t = 4.12$이며, 만일 검정의 유의수준이 $\alpha = 0.01$로 설정되어 있으면 기각역의 임계치는 $t_{0.005} = -3.36$ 및 $t_{0.995} = 3.36$이 된다. 검정통계량이 임계치 밖의 기각역에 있으므로 상당히 작은 유의수준 $\alpha = 0.01$에서도 귀무가설은 기각된다. 이는 앞선 유의성 검정 결과와 일치한다.

6. 모분산의 검정

이제는 검정의 대상을 모분산 σ^2로 바꾸어보자. 여기서는 표본분산의 통계량인 $s^2 = \frac{\sum^n (X_i - \overline{X})^2}{n-1}$ 사용할 때 검정통계량 $\frac{(n-1)S^2}{\sigma^2}$이 chi-square 분포를 따르는 것이 검정의 바탕이 된다.

예제

① p-value 검정

귀무가설과 대립가설이 각각 $H_0 : \sigma^2 = 25.5$, $H_1 : \sigma^2 > 25.5$로 주어진 검정을 위해 10개의 표본으로부터 분산 28.4을 얻었다. 여기서 검정통계량은 아래의 식으로 계산된다.

$$\chi^2 = \frac{(n-1)S^2}{\sigma^2} = \frac{(10-1)28.4}{25.5} = 10.02$$

이 통계량은 자유도가 9인 chi-square(χ^2) 분포를 따른다. 검정통계량에 대한 p-value는 $P(\chi^2 \geq 10.02) = 0.349$가 된다. 따라서 상당히 큰 유의수준인 $\alpha = 0.1$에서 귀무가설을 채택하게 된다.

② 기각역 검정

기각역을 이용한 가설 검정을 통해 앞의 예제를 다시 보자. 가설 검정에서도 검정통계량은 $\chi^2=10.02$ 이다. 만일 유의수준이 $\alpha=0.1$ 로 설정되어 있으면 기각역의 임계치는 $\chi^2_{0.1,9}=14.68$ 이 된다. 보는 것처럼 $\chi^2\le\chi^2_{0.1}$ 이므로 검정통계량은 채택역에 속하고 유의수준 $\alpha=0.1$ 에서 귀무가설을 유지하게 된다. 이 결과는 앞의 유의성 검정 결과와 같다.

---

7. 두 모분산 차이의 검정

이제는 검정의 범위를 더욱 확대하여 두 모집단의 모분산의 차이를 검정하는 문제를 생각해보자. 여기에서도 두 모집단은 서로 독립이면서 정규분포를 따른다. 이미 앞에서 설명한 것처럼 두 모분산의 차이는 $(\sigma_1^2-\sigma_2^2)$ 의 크기로 검정을 할 수는 없고 σ_1^2/σ_2^2 의 비율로 검정을 하게 된다.

예제

---

① p-value 검정

귀무가설과 대립가설이 각각 $H_0:\sigma_1^2=\sigma_2^2,\ H_1:\sigma_1^2\neq\sigma_2^2$ 로 주어진 검정을 위해 먼저 5개의 표본으로부터 분산 143.2을 얻었고 9개로 이루어진 다른 표본으로부터 분산 108.8을 얻었다. 여기서 검정통계량은 아래의 식으로 계산된다.

$$F=\frac{S_1^2}{S_2^2}=\frac{143.2}{34.8}=4.11$$

이 통계량은 각각 자유도 4, 8인 F 분포를 따르며, p-value는 $2\times P(F\ge4.11)=0.085$ 가 된다. 따라서 $\alpha=0.1$ 에서는 귀무가설을 기각하고, 유의수준 $\alpha=0.05$ 에서는 귀무가설을 채택하게 된다.

② 기각역 검정

앞의 예제를 이용하여 이번에는 기각역을 이용한 가설 검정을 해보자. 가설 검정에서도 검정통계량은 $F=4.11$ 이다. 여기서 $3.84=F_{0.05}\leq F$ 이므로 유의수준 $\alpha=0.1$ 에서 귀무가설을 기각한다. 한편 $0.11=F_{0.975}\leq F\leq F_{0.025}=5.05$ 이므로 유의수준인 $\alpha=0.05$ 에서는 귀무가설을 채택한다. 이는 앞선 유의성 검정 결과와 일치한다.

배경 이야기: 데이터 규모와 p-value

일반적으로 통계에서 표본의 크기가 커지는 것 즉 빅 데이터에 가까워지는 것은 좋은 일이다. 추정의 오류가 줄어들고 검정의 신뢰도가 올라가기 때문이다. 하지만 표본의 크기가 지나치게 큰 경우에는 검정에서 다음의 문제가 생길 수 있다.

간단한 예제를 생각해 보자. 10개의 데이터로 이루어진 $(n_1 = n_1 = 10)$ 두 개의 표본에서 각각의 표본평균을 계산하였더니 $\overline{X}_1 = 10.01$, $\overline{X}_2 = 10.02$ 로 나타났다. 귀무가설 $H_0 : \mu_1 = \mu_2$ 에 대해 t 검정을 한 결과 p-value = 0.98로 나왔다. 따라서 당연히 두 평균 사이에 통계적으로 유의한 차이는 없다는 결론을 내리게 된다.

이번에는 10,000개의 데이터로 이루어진 $(n_1 = n_2 = 10,000)$ 두 개의 표본에서 각각의 표본평균을 계산하였더니 역시 $\overline{X}_1 = 10.01$, $\overline{X}_2 = 10.02$ 로 나타났다. 동일한 귀무가설에 대해 t 검정을 한 결과 이번에는 p-value = 0.001로 나왔다. 두 평균 사이에 유의한 차이가 있다는 결과가 나온 것이다. 검정통계량 $T = \dfrac{(\overline{X}-\mu_0)}{s/\sqrt{n}}$ 에서 표본의 크기 n이 크게 달라졌기 때문이다.

그러나 실제로 10.02−10.01=0.01이 의미 있는 차이라고 할 수 있을까? 실험의 성격에 따라 또 측정의 단위에 따라 달라지기는 하겠지만 대부분의 경우 별다른 의미가 없다고 할 것이다. 하지만 표본의 크기가 달라지면서 검정의 결과는 반대로 나올 수 있다. 따라서 표본이 지나치게 커지면 p-value 만으로 검정의 결론을 쉽게 내리지 말고 그 값의 실질적인 의미를 주의 깊게 살펴보아야 한다.

제5절 베이지안 검정

1. 기본개념

지금까지 설명한 유의성 검정이나 가설 검정은 대표적인 전통적 검정기법에 해당된다. 피셔(Fisher) 이후 오랫동안 이론적 그리고 실무적으로 검정을 이끌어온 방법인 것이다. 이번에는 전통적 검정에 대응하는 베이지안 검정 또는 베이즈 검정(Bayes hypothesis testing)에 대해 간략하게 살펴보자. 사실 추정과 검정은 작업의 목적과 성격이 다를 뿐 기본적 원리와 수리적 방법은 거의 차이가 없다. 따라서 베이지안 검정도 앞 장에서 설명한 베이지안 추정과 밀접하게 연결되어 있다.

전통적 검정과 마찬가지로 베이지안 검정의 기본 설계는 간단하다. 검정의 대상이 되는 모수 θ에 대한 검정통계량 θ_0가 주어질 때 통계적 유의성을 판정하여 귀무가설을 채택하거나 기각하는 식이다. 예를 들어 이항분포의 실험인 동전던지기를 여러 번 시행할 때 모수는 앞면(뒷면)이 나올 확률인 p이다. 여기서 p에 대한 귀무가설을 $H_0 : p = 0.5$라고 한다면 대립가설은 $H_1 : p \neq 0.5$ 식으로 놓을 수도 있고, $H_1 : p > 0.5$로 표현할 수도 있고, $H_0 : p = 0.8$와 같이 하나의 값으로 설정할 수도 있다.

그렇다면 전통적 검정법과 베이지안 검정법의 핵심 원리는 어떻게 다를까? 먼저 유의성 검정(NHST)이라고 부르는 전통적 검정법을 보자. 이미 바로 앞에서 자세히 살펴본 것처럼 NHST에서는 '귀무가설 H_0이 참(true)일 때, 미래에 귀무가설에 반하는 데이터 D가 나올 조건부 확률 $P(D|H_0)$'을 구한다. 그리고 p-value라고 부르는 이 확률이 아주 작으면 귀무가설을 기각하게 된다. 왜냐하면 현재의 관측치로부터 이미 귀무가설에 대한 반대의 증거를 찾았기(즉 앞으로 지금보다도 더 이상한 관측치가 나올 확률이 아주 낮기) 때문이다.

이에 반해 베이지안 관점에서는 거꾸로 '데이터 D가 주어졌을 때 귀무가설 H_0이 참(true)일 역확률 $P(H_0|D)$'을 구한다. 물론 베이지안 검정에서 말하는 확률은 사후확률 즉 posterior를 가리킨다. 여기에서도 이 확률이 아주 작으면 귀무가설이 참일 확률이 낮으므로 기각하게 된다.

2. 검정기법

그러면 posterior가 아주 작다 또는 그렇지 않다라는 것을 어떤 기준으로 판정할 수 있을까? 다시 말해 구체적으로 어떤 방법으로 검정 작업을 하게 될까? 현재 베이지안 통계에서 비교적 폭넓게 사용되고 있는 검정법은 다음 두 가지를 들 수 있다. 하나는 '구간 추정(interval estimation) 검정'이다. 이것은 먼저 모수가 속할 것으로 믿어지는 구간을 정한 후 검정통계량이 그 구간에 속하는 지의 여부를 보고 판단을 하는 방식이다. 이 때 구간으로는 앞장의 추정에서 설명한 신용구간(credible interval)을 주로 사용한다.

다른 하나는 '베이즈 요인(Bayes Factor: BF) 검정'이다. 이것은 귀무가설과 대립가설의 배율인 베이즈 요인을 계산하여 그 크기를 보고 판단을 하는 방식이다. 귀무가설 쪽의 배율이 크면 귀무가설의 주장을 받아들이고 반대로 대립가설 쪽의 배율이 크면 대립가설의 주장을 받아들이는 식이다.

(1) 구간추정을 이용한 검정

앞의 전통적 검정에서 설명한 것처럼 추정도 간접적으로 검정의 기능을 가질 수 있다. 먼저 구간추정을 한 후 검정통계량 θ_0가 신뢰구간의 범위 안에 포함되면 $\theta = \theta_0$라는 가설은 채택하고 반대로 구간의 범위를 벗어나면 기각하는 식이다.

앞에서 다루었던 예제로 돌아가 전통적 구간추정을 이용하여 $H_0 : \mu = 44$라는 가설을 검정한다고 하자. 무작위로 선정한 450명을 대상으로 연령을 조사한 결과 표본의 평균 연령은 43.06세, 분산은 275.11로 나타났다. 정규분포를 따른다고 가정하고 모평균의 95% 신뢰구간을 만들면 [41.53, 44.59]으로 정해진다. 이 경우에 가설의 검정통계량 44는 신뢰구간 내에 포함되므로 귀무가설을 채택하게 된다.

이와 유사한 검정원리를 베이지안 검정에도 적용할 수 있다. 가장 큰 차이는 이번에는 신뢰구간 대신 사후분포 posterior의 신용구간을 사용한다는 점이다. 구간추정을 이용한 베이지안 검정은 다음의 과정을 따라 이루어진다.

- 단계 1: 먼저 검정통계량에 대한 가설을 제시한다.
- 단계 2: 다음으로 사후분포에서 검정통계량이 갖는 값을 구한다.
- 단계 3: 이어서 주어진 유의수준에 대한 신용구간을 만든다.
- 단계 4: 검정통계량 값이 신용구간 안에 포함되는지에 따라 결론을 내린다.

예제

간단한 예로 동전던지기 실험을 생각해보자. 여기서 검정의 모수는 앞면이 나올 확률 p이며 귀무가설은 $H_0 : p = 0.5$ 라고 하자. 앞 장에서 설명한 방법으로 베이지안 추정을 하였더니 95% 신용구간이 [0.48, 0.52]로 나왔다고 하자. 이 경우에는 0.5가 신용구간 안에 포함되므로 귀무가설을 채택하게 된다.

(2) 베이즈 요인을 이용한 검정

또 다른 검정법은 앞의 베이지안 추정에서 설명한 베이즈 요인(BF)을 검정에 직접 적용하는 방법이다. 먼저 베이지안 확률에서 정의하는 베이즈 요인을 보자. A_1과 A_2의 두 사건이 표본공간 S를 분할할 때 원래의 배율(odds)은 $P(A_1)|P(A_2)$이 된다. 여기서 사건 B라는 정보가 추가로 주어질 때의 배율은 아래와 같이 바뀐다.

$$P(A_1|B)/P(A_2|B) = P(B|A_1)/P(B|A_2) \times P(A_1)/P(A_2)$$

원래의 배율 $P(A_1)/P(A_2)$에 대해 $P(B|A_1)/P(B|A_2)$만큼의 추가 정보를 반영하여 배율이 바뀌는 것이다. 이 때 $P(B|A_1)/P(B|A_2)$이 바로 베이즈 요인이다.

$$\text{베이즈 요인(BF)} = \frac{P(B|A_1)}{P(B|A_2)}$$

이제 이 정의를 베이지안 검정에 적용하면 귀무가설(H_1)과 대립가설(H_1)의 관계는 아래와 같이 표현할 수 있다. 여기서 D는 검정과정에 사용되는 데이터를 뜻한다.

$$\frac{P(H_1|D)}{P(H_0|D)} = \frac{P(D|H_1)}{P(D|H_0)} \times \frac{P(H_1)}{P(H_0)}$$

여기서 베이즈 요인은 다음과 같다. BF_{10}에서 10은 귀무가설(H_0)과 대립가설(H_1)을 대비시킨다는 뜻이다.

$$\text{베이즈 요인}\,(BF_{10}) = \frac{P(D|H_1)}{P(D|H_0)}$$

검정의 관점에서 이 의미를 해석해 보자. 먼저 분모 $P(D|H_0)$는 귀무가설이 참(true)이라는 가정 하에 실제의 데이터(D)를 관측할 확률이다. 다음으로 분자 $P(D|H_1)$는 대립가설이 참(true)이라는 가정 하에 실제의 데이터(D)를 관측할 확률이다. 다시 말해 베이즈 요인은 귀무가설이 참이라고 믿을 수 있는 정도(분모)에 비해 대립가설이 참이라고 믿을 수 있는 정도(분자)의 배율이 어느 정도인지를 뜻한다. 따라서 이 상대적 비율을 검정의 기준으로 사용할 수 있다.

이제 베이즈 요인의 값을 바탕으로 기본적으로 다음과 같이 검정의 결론을 내릴 수 있다. 이런 식의 접근은 채택 또는 기각의 두 가지 경우로만 양분하는 전통적 검정 방식과 비교하여 더 신축적이고 유연한 방식이라고 할 수 있다.

- 경우 1
  만일 베이즈 요인의 값이 1보다 약간 크면 귀무가설을 기각할 약한 증거를 찾았다.
- 경우 2
  만일 베이즈 요인의 값이 1보다 훨씬 크면 귀무가설을 기각할 강한 증거를 찾았다.
- 경우 3
  만일 베이즈 요인의 값이 1보다 약간 작으면 귀무가설을 채택할 약한 증거를 찾았다.
- 경우 4
  만일 베이즈 요인의 값이 1보다 아주 작으면 귀무가설을 채택할 강한 증거를 찾았다.

예제

다시 동전던지기 실험으로 돌아가 모수 p에 대한 귀무가설은 $H_0 : p = 0.5$, 대립가설은 $H_1 : p \neq 0.5$로 설정한다. 실제로 동전던지기 실험을 한 결과(데이터)를 이용하여 베이지안 추정을 한 후 베이즈 요인 BF_{10}을 구하였더니 $BF_{10} = 0.4$로 나왔다. 이 값은 1보다 작은 값이므로 귀무가설을 채택하게 된다.

---

3. p-value 검정과 베이지안 검정

그렇다면 전통적 p-value 검정과 베이지안 검정 사이에 검정 결과의 차이가 있을까? 사실 이 내용은 수리적으로는 어려운 문제이기 때문에 여기서는 간단한 예제를 가지고 차이를 비교해 보기로 한다.

두 개의 표본에 대해 $H_0 : \mu_1 = \mu_2$라고 하고 $H_1 : \mu_1 \neq \mu_2$라고 하자. 귀무가설은 '두 모평균이 같다'이고 대립가설은 '두 평균이 같지 않다'인 것이다. 이것은 전통적인 t 검정의 문제이기도 하고 동시에 베이즈 요인을 이용한 베이지안 검정의 문제이기도 하다.

결론적으로 말하면 많은 경우에 전통적 검정과 베이지안 검정의 결과는 크게 달라지지 않는다. p-value와 베이즈 요인의 값이 유사한 패턴으로 나타난다는 것이다. 여기서 실제 데이터를 바탕으로 검정의 결과를 비교하지만 않겠지만 두 가지 검정을 동시에 수행한다면 대부분의 경우 다음과 같은 결과를 예상할 수 있다.

- 만일 전통적 검정에서 p-value가 아주 작게 나오면($p < 0.05$), 베이지안 검정의 베이즈 요인은 1보다 훨씬 큰 값으로 나오면서 귀무가설을 기각할 가능성이 높을 것이다.
- 반대로 p-value가 크게 나오면($p > 0.1$), 베이즈 요인은 1보다 훨씬 작은 값으로 나오면서 귀무가설을 채택할 가능성이 높을 것이다.
- 만일 만일 p-value가 0.05와 비슷한 값으로 나오면, 베이즈 요인은 1과 매우 가까운 값으로 나오면서 검정의 결론을 내리기 어려워질 것이다.

연습문제

▣ 개념이해 문제

1. 구간추정(interval estimation)을 이용하여 간접적으로 검정(testing) 작업을 할 수 있는 원리와 과정에 대해 설명하시오.

2. 통계량(statistics), 추정량(estimator), 검정통계량(test statistics)의 관계를 설명하시오.

3. 대표적인 두 가지 검정법인 유의성 검정(significance testing)과 가설 검정(hypothesis testing)의 핵심적 차이를 제시하시오.

4. 유의성 검정의 전체 과정을 단계별로 나누어 설명하시오.

5. 유의성 검정에서 p-value의 의미를 설명하시오.

6. 유의성 검정에서 p-value가 갖는 잠재적 오류나 위험성에 대해 서술하시오.

7. 유의성 검정에서 유의수준 α의 의미를 설명하시오.

8. 가설 검정의 전체 과정을 단계별로 나누어 설명하시오.

9. 유의성 검정과 가설 검정에서는 공통적으로 유의수준(significance level)이라는 용어를 사용하지만 그 의미는 다르다. 각각에서 뜻하는 유의수준의 차이를 설명하시오.

10. 가설 검정에서 귀무가설에 대한 유의수준 α와 대립가설에 대한 유의수준 β는 어떤 관계를 맺고 있는지를 설명하시오.

11. 가설 검정에서 일종 오류 α와 이종 오류 β는 표본의 크기(sample size) n과 어떤 관계를 맺고 있는지를 설명하시오.

12. 가설 검정에서 $H_0 : \mu = \mu_0$ 이라는 귀무가설이 제시되었다고 하자. 이 귀무가설에 대응하는 대립가설의 세 가지 형태에 대해 설명하시오.

13. 검정의 설계에서 단측검정과 양측검정의 선택 기준에 대해 설명하시오.

14. 검정력(power of test)의 의미를 설명하고 검정력을 기준으로 좋은 검정법을 설계하는 원리를 제시하시오.

▣ 수리실습 문제

1. 어느 기업에서 직원들을 대상으로 한 표본조사에서 평균 연령은 45.2세, 분산은 288.33이고 평균 연령의 95% 신뢰구간은 [42.53, 47.87]로 나타났다.

(1) 이 정보를 바탕으로 직원 전체의 평균연령이 $\mu = 44$ 라는 가설을 유의수준 $\alpha = 0.05$ 에서 채택할 수 있는지에 대해 설명하시오.

(2) 이 정보를 바탕으로 직원 전체의 평균연령이 $\mu = 48$ 라는 가설을 유의수준 $\alpha = 0.05$ 에서 채택할 수 있는지에 대해 설명하시오.

2. 정규분포를 따르는 모집단의 모평균이 μ, 표준편차가 4라고 할 때 모평균 μ가 20보다 크다는 가설을 검정하기 위해 임의로 16개를 뽑아 측정한 결과 표본평균이 21로 나타났다.

(1) 검정의 p-value를 구하시오.

(2) 유의수준 $\alpha = 0.05$ 에서 유의성 검정의 결과를 제시하시오.

3. 주사위가 정상적으로 만들어졌는지를 확인하기 위해 100회 던졌더니 6의 눈이 7회 나왔다. 이 주사위에서 6의 눈이 정상적으로 나오는지를 유의수준 $\alpha = 0.05$에서 검정하시오.

4. 다음의 과제에 대해 가설 검정을 위한 귀무가설과 대립가설을 제시하시오.

(1) A 기업은 배터리 최대 사용 시간이 20시간인 기존 모델과 비교하여 성능이 개선된 신 모델을 출시하면서 기존 모델과 신 모델 사이에 배터리 최대 사용시간의 유의한 차이가 있는지를 확인하려고 한다.

(2) B 기업은 유해물질의 함량을 기존 제품의 기준치인 500ppm 보다 대폭 줄인 신제품을 출시하면서 기존 제품과 신제품 사이에 함량의 유의한 차이가 있는지를 확인하려고 한다.

(3) C 대학에서는 통계학 시험 결과를 바탕으로 확률론 과목을 미리 수강한 그룹 (A)과 수강하지 않은 그룹(B) 사이에 통계학의 이해 정도에 차이가 있는지를 검정하고자 한다.

5. 다음의 표는 어느 종합병원의 응급 환자의 대기시간을 보여주는 데이터이다(단위: 분). 이 병원은 응급 환자의 평균 대기시간이 50분으로 매우 안정적이라고 주장하고 있다. 대기시간이 표준편차 24인 정규분포를 따른다는 가정 하에 병원의 주장을 유의수준 $\alpha = 0.05$ 에서 검정하시오.

83	40	57	88	67	58	16	67	114	87
31	57	54	41	50	75	74	40	88	39
104	65	65	33	20	77	59	43	90	45

6. 어느 화학공정에서 만들어지는 원료의 농도는 $\sigma^2 = 64$ 로 알려져 있다. 이 회사의 품질검사팀에서는 귀무가설 $H_0 : \mu_0 = 100$, 대립가설 $H_1 : \mu_1 \neq 100$ 의 유의성을 검정하기 위해 20개의 원료캔(n=20)을 임의로 골라 농도의 평균 $\overline{X}$ 를 측정한 후 $\overline{X}$ 가 97보다 작거나 103보다 클 경우 불량으로 판정하고 있다.

(1) 실제로 $\mu = 100$ 의 안정된 공정이 유지되고 있음에도 불량으로 판정한 1종 오류 α 를 구하시오.

(2) 위에서 불량의 기준을 $\overline{X}$ 가 98보다 작거나 102보다 큰 경우로 바꾸면 1종 오류 α 가 얼마나 커지는지를 보이시오.

(3) 위에서 40개의 원료캔(n=40)을 임의로 골라 검정을 하면 1종 오류 α 가 어떻게 작아지는지를 보이시오.

7. 어느 가공공정에서 나오는 부품의 밀도는 $N(\mu,\ 25)$ 의 정규분포를 따른다고 할 때, 귀무가설 $H_0 : \mu_0 = 10$, 대립가설 $H_1 : \mu_1 = 11$ 의 유의성을 검정하고자 한다.

(1) 유의수준 $\alpha = 0.05$, 표본의 크기 $n = 36$ 일 때 모평균 $\mu = 10$ 에 대한 기각역을 구하시오.

(2) 위에서 2 종 오류 β 를 구하시오.

(3) 위에서 검정력(power of test)을 구하시오.

8. 표본의 크기(n)가 모두 14 인 두 개의 표본으로부터 $\overline{X_1} = 32.45$, $s_1 = 4.3$ 및 $\overline{X_2} = 41.45$, $s_2 = 5.25$ 을 각각 얻었다. 두 모평균의 차이 $\mu_1 - \mu_2$ 와 관련하여

(1) 분산에 대해 합동추정량(pooled variance)을 사용할지를 정하기 위해 어떤 검정을 할 것인지를 제시하시오.

(2) 분산에 대해 합동추정량을 쓸 수 있다고 가정하고, $\mu_1 - \mu_2$ 의 99% 신뢰구간을 구하시오.

(3) 분산에 대해 합동추정량을 사용하지 않을 경우, $H_0 : \mu_1 = \mu_2$ 이라는 가설에 대해 $\alpha = 0.01$ 수준에서 검정하시오.

9. 정규분포를 따르는 모집단으로부터 표본의 크기 n=25인 표본을 추출하여 조사한 결과 표본분산이 49로 나타났다. 여기서 모분산이 54라는 주장에 대한 검정을 수행한다고 하자.

(1) 가설 검정을 어떻게 설계할지를 제시하시오.

(2) 유의수준 $\alpha = 0.1$ 에서 검정의 결과를 제시하시오.

10. 어느 화학기업에서 두 가지 신제품의 원료 함량이 균일한지를 조사하기 위해 아래의 표본 데이터를 수집하였다. 여기서 원료 함량은 정규분포를 따른다고 가정하자.

신제품 1	21.4, 22.1, 19.9, 19.7, 23.0, 21.2, 21.9, 20.8, 21.6, 22.7
신제품 2	19.9, 19.1, 20.3, 21.5, 22.1, 21.2, 20.9, 20.4, 20.1, 19.5

(1) 두 모분산 σ_1^2, σ_2^2 에 차이가 있는지를 유의수준 $\alpha = 0.05$ 에서 검정하시오.

(2) 위의 검정 결과를 바탕으로 두 모평균 $\mu_1 - \mu_2$ 에 차이가 있는지를 유의수준 $\alpha = 0.05$ 에서 검정하시오.

11. 아래의 표는 두 가지 음료의 맛을 비교한 후 소비자들이 응답한 데이터를 보여주고 있다. 쌍체비교를 통해 두 음료의 맛에 차이가 있는지를 검정하시오.

소비자	1	2	3	4	5	6	7	8	9	10	11
음료1	5	1	2	4	3	4	5	3	5	4	4
음료2	3	2	1	2	3	5	2	5	2	1	5

▣ 조사실습 문제

1. 통계 소프트웨어를 사용하여 모집단이 $N(76, 64)$를 따르는 90개의 표본과 $N(81, 49)$을 따르는 100개의 표본을 생성하시오.

(1) 두 모집단 사이에 평균의 차이가 있는지에 대해 검정하시오.

(2) 두 모집단 사이에 분산의 차이가 있는지에 대해 검정하시오.

2. 온라인 컨텐츠 서비스에 관한 사용자 조사자료를 하나 찾아서 아래의 과제를 수행하시오.

(1) 온라인 컨텐츠 서비스 사용 빈도와 서비스 사용 경험 기간에 남녀간의 차이가 있는지를 유의수준 $\alpha = 0.05$에서 검정하시오.

(2) 웹사이트 사용에 대한 만족도의 차이가 있는지를 유의수준 $\alpha = 0.05$에서 검정하시오.

3. 아래의 각 경우에 실제로 검정 작업을 수행한 사례들을 하나씩 찾아서 검정의 목적과 방법을 정리하여 서술하시오.

(1) 의료 분야

(2) 생산 분야

(3) 시장 분야

(4) 실험 분야

(5) 사회 분야

CHAPTER

09

분산분석

S T A T I S T I C S

contents

배경과 요약(Background & Summary)

이제는 검정의 범위를 넓혀 세 개 이상의 모평균의 차이를 검정하는 문제를 생각해보자. 세 개 이상 모평균의 차이는 기존의 Z 검정이나 t 검정으로 할 수 없다. 따라서 새로운 대안으로 사용되는 검정법이 바로 1920년대에 개발된 분산분석(ANOVA)이다. 이 기법을 분산분석으로 부르는 이유는 검정에 사용되는 검정통계량이 표본평균이 아니라 분산(variance)이기 때문이다.

실험의 관점에서 보면 평균의 차이는 곧 실험방식에 따른 효과의 차이가 된다. 분산분석의 기본 아이디어는 평균의 차이를 데이터에 나타나는 분산의 크기로 검정한다는 것이다. 먼저 전체 분산을 크게 실험방식의 차이로 인한 분산과 임의로 만들어지는 분산으로 나눈다. 그리고 실험방식의 차이로 인한 분산이 훨씬 더 크다면 그것은 방식의 차이가 효과의 차이로 이어지고 효과의 차이는 곧 평균의 차이로 연결된다는 논리이다. 분산분석은 분산의 상대적 크기를 비교하는 검정이므로 검정통계량이 F 분포를 따르는 F 검정이 된다.

분산분석은 세 개 이상의 그룹을 비교하는 실험인 고급 실험설계와 연결된다. 그 중에서도, 한 가지 실험요인에 대해서만 세 개 이상의 평균의 차이를 보는 완전 임의설계와 블록을 이용하여 역시 세 개 이상의 실험효과의 차이를 더 분명하게 보는 임의화 블록설계가 자주 사용된다.

일단 분산분석의 귀무가설이 기각되어 평균의 차이가 나타나면 사후비교를 통해 어느 쌍에서 평균의 차이가 나타나는지를 확인해야 한다. 이 과정을 다중비교(multiple comparison)라고 한다. 다중비교에도 여러 가지 기법이 사용되고 있다. 어느 기법이든 공통적인 기준은 일반적인 t 검정에서 생기는 일종 오류를 적절히 관리하는데 초점을 맞춘다.

핵심주제와 용어(Main Theme & Keywords)

세 개 이상 모평균 차이의 검정

- 두 평균의 차이에 대한 t 검정의 반복과 일종 오류의 증폭
- 분산분석

분산의 분해

- 실험(처리)방식에 의한 분산
- 임의(random)의 분산

분산분석

- 전체 분산: SST
- 각 부분 분산의 제곱합 계산: SSTr, SSE
- 각 부분의 표본분산 계산: MSTr, MSE
- F 검정
- 분산분석표

고급 실험설계와 분산분석

- 완전 임의설계
- 임의화 블록설계

사후비교와 다중비교

- Tukey 기법
- Bonferroni 기법

CHAPTER 09

분산분석

제1절 기본 배경

1. 검정의 성격

앞에서 우리는 하나의 모집단에서 추출한 표본을 토대로 모평균에 대한 검정을 수행하는 과정을 알아보았고, 이어서 두 개의 모집단에서 추출한 두 개의 표본을 이용하여 두 모집단 사이에 모평균의 차이가 있는지를 검정하는 방법도 살펴보았다. 이 경우에는 모두 정규분포나 t 분포에 기반한 검정을 이용하였다. 물론 베이지안 통계의 경우에는 다른 검정기법을 사용하지만 여기에서는 전통적 검정에 초점을 맞추기로 한다.

이제 범위를 넓혀 세 개 이상의 모평균의 차이를 검정하는 문제를 생각해보자. 이제 귀무가설이 H_0: $\mu_1=\mu_2=\mu_3$ 이 되는 검정 문제가 되는 것이다. 먼저 검정을 위해 세 개의 모집단으로부터 각각 $\overline{X_1}$, $\overline{X_2}$, $\overline{X_3}$ 의 표본평균을 얻었다고 하자. 그리고 세 평균의 차이를 검정하기 위해 $(\overline{X_1}-\overline{X_2}-\overline{X_3})$의 검정통계량을 구한다고 하자. 이 값이 양의 값 또는 음의 값으로 나왔다거나 아니면 이 값이 5.0 또는 10.3으로 나왔다는 것이 무슨 정보를 제공할까? 우리가 알고 싶은 것은 $\overline{X_1}$, $\overline{X_2}$, $\overline{X_3}$ 사이의 차이 즉 어느 것이 크고 어느 것이 작은지이다. 하지만 $(\overline{X_1}-\overline{X_2}-\overline{X_3})$의 값은 그에 대한 정보를 줄 수 없다. $\overline{X_1}-\overline{X_2}$ 이나 $\overline{X_2}-\overline{X_3}$ 와 같은 두 평균의 차이는 비교를 위한 정보를 주지만 세 평균의 차이는 비교를 위한 정보가 될 수 없기 때문이다.

그러면 이 문제를 어떻게 해결할 수 있을까? 유일한 해결책은 쌍대비교(pair-wise comparison)를 여러 번 반복하여 크기의 차이를 파악하는 것이다. 이미 앞에서 한 것처럼 두 개씩 묶어서 두 평균의 차이를 검정하는 작업을 여러 번 계속하면 어느 정도는 세 평균의 순위를 알 수 있다. 위의 예를 보면 $(\overline{X_1}-\overline{X_2})$, $(\overline{X_1}-\overline{X_3})$, 그리고 $(\overline{X_2}-\overline{X_3})$ 쌍에 대한 t 검정을 반복하여 $\overline{X_1}, \overline{X_2}, \overline{X_3}$ 의 차이를 판단하는 것이다.

그런데 이런 방식의 검정은 다음 두 가지의 문제점을 안고 있다. 첫째, 경우에 따라 검정의 결론을 내기 어려울 수 있다는 것이다. 세 평균 사이에 확연한 차이가 있다면 둘씩 묶어서 검정을 한 결과를 가지고도 큰 어려움 없이 결론을 도출할 수 있을 것이다. 그러나 $\overline{X_1}, \overline{X_2}, \overline{X_3}$ 의 세 평균 사이에 별 차이가 없으면 어떻게 할 것인가? 또는 $\overline{X_1}$ 과 $\overline{X_2}$ 사이에는 유의한 차이가 있는데 $\overline{X_2}$ 와 $\overline{X_3}$ 사이에는 유의한 차이가 없으면 어떤 결론을 낼 수 있을까? 등의 문제가 발생할 수 있는 것이다.

둘째, 여러 쌍(pair)에 대한 반복된 t 검정 과정에서 검정의 오류가 증폭된다. 당연히 비교 대상이 많아질수록 쌍대비교의 횟수도 늘어나서 만일 n개의 비교대상 그룹이 있다면 $n(n-1)/2$번의 쌍대비교를 하게 된다. 그리고 매 번의 검정마다 일종 오류(Type I error) α는 검정을 반복할수록 점점 더 커지게 된다. 이것을 알파 인플레이션(α inflation)이라고 부른다.

이러한 이유 때문에 세 개 이상의 모평균의 차이를 검정하기 위해서는 t 검정과는 다른 새로운 검정방법이 필요하게 된다. 이 상황에서 1920년대 피셔(Fisher)에 의해 개발되어 지금도 가장 폭넓게 사용되는 방법이 바로 분산분석(Analysis of Variance: ANOVA)이다.

분산분석은 말 그대로 분산의 크기를 기준으로 평균의 차이를 검정하는 기법이다. 얼핏 생각하면 평균의 차이를 검정하는 문제에 분산의 크기를 이용한다는 것이 이상하게 들릴 수도 있다. 이제부터 분산분석의 배경과 원리에 대해 알아보도록 하자.

2. 검정의 원리

(1) 넓은 의미의 분산분석

넓은 의미에서 보면 분산분석은 말 그대로 분산의 값을 토대로 통계적 분석을 하는 기법을 묶어서 부르는 용어이다. 통계학의 발전과정에서 다양한 이론과 기법들이 개발되어 왔지만 현대 통계학에서 분산분석이 갖는 의미와 위상은 그 어느 분석기법보다 크고 그만큼 활용범위도 넓다.

다양한 통계량 가운데 왜 분산의 중요성이 점점 커지고 있을까? 그것은 이 책의 가장 앞에서 강조한 것처럼 통계학은 데이터의 과학이고 데이터의 가장 중요한 속성은 변동성(variability)이기 때문이다. 특히 데이터가 크고 복잡해지면서 변동성은 더욱 올라가게 되고 그에 따라 변동성이 통계분석에 미치는 영향력도 증가하게 된다. 이 때 변동성의 크기를 정량적으로 측정한 통계량이 바로 분산이고 따라서 분산의 의미가 갈수록 커지게 되는 것이다.

통계학의 역사를 보아도 변동성은 20세기 초반에 통계학의 획기적 발전을 이끌어낸 동인이라는 것을 알 수 있다. 그 당시 통계적 실험에서 연구자들이 가장 주목한 사실은 실험의 효과가 매번 달라진다는 것이었다. 심지어 같은 조건 밑에서 같은 대상에 대한 실험에서도 매번 다른 결과가 나타나곤 했다. 따라서 이러한 변동의 근본적 원인을 찾는 것이 통계학의 매우 중요한 과제로 부각된 것이다.

여기서 통계학자들은 크게 두 가지 주제에 초점을 맞추었다. 첫째, 변동성의 '크기(size)'를 무엇으로 측정하고 비교할 것인가? 하는 질문이다. 그리고 가장 대표적인 통계량으로 받아들여진 것이 분산이었다. 이 때부터 분산이 변동성을 대표하는 통계량으로 자리매김하게 된 것이다.

둘째, 변동성의 '요인(source)'이 무엇인가?를 파악하는 것이다. 다시 말해 무엇 때문에 또는 무엇에 의해 변동성이 나타나는가 라는 질문에 대한 답을 찾기 시작한 것이다. 여기서 사용한 접근이 바로 분산분석이었다. 그 이후 분산분석은 통계학 전반에 폭넓게 사용되는 대표적 기법으로 인식되고 있다.

사실 분산분석의 기본원리와 개념은 단순하다. [그림 9-1]에서 보는 것처럼 전체분산(total variance)을 A, B, C, D, E와 같은 구성요소(portion)들의 부분분산으로 분해(decompose)한 후 각 요소의 의미 또는 영향의 크기를 비교한다는 개념이다. 여기서 각 요소의 위치는 변동성이 어디에서 나오는지를 알려주는 것이고 각 요소의 크기는 변동성에 미치는 영향이 어느 정도인지를 보여주는 것이다. 그 요소가 차지하는 부분분산이 클수록 전체 데이터의 변동성을 더 많이 설명하게 된다. 따라서 이 크기의 차이를 바탕으로 각 요소의 중요도가 달라지는 것이다.

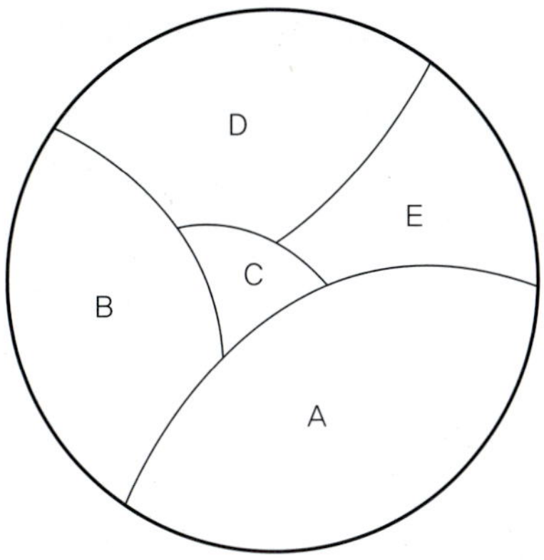

[그림 9-1] 분산의 분해도

이러한 원리를 바탕으로 분산분석은 다양한 통계기법의 개발에 활용되기 시작하였다. 우리가 뒤에서 알아볼 여러 가지 기법들도 얼핏 보면 분산분석과 무관한 것처럼 보이지만 구체적인 내용으로 들어가보면 분산분석을 직접적 또는 간접적으로 활용하고 있음을 알 수 있다.

(2) 좁은 의미의 분산분석

우리가 흔히 말하는 분산분석은 좁은 의미의 분산분석이다. 좁은 의미의 분산분석은 이미 앞에서 설명한 것처럼 세 개 이상의 평균의 차이를 검정하는데 사용되는 기법을 가리킨다. 넓은 의미의 분산분석에서 나올 수 있는 다양한 검정문제 가운데 특히 이 경우의 검정이 가장 대표적이기 때문에 따로 이 기법만을 가리켜 분산분석(ANOVA)이라고 부르는 것이다.

가. t 검정과 분산분석

먼저 두 개의 평균 차이를 검정하는 t 검정으로 돌아가보자. 귀무가설은 두 평균이 같다는 $H_0: \mu_1 = \mu_2$ 이고 표본의 크기가 n일 때 t 검정의 검정통계량은 $T = \frac{\sqrt{n}(\mu_1 - \mu_2)}{S}$ 이다. 분자는 두 평균의 차이$(\mu_1 - \mu_2)$가 되고 분모는 공통의 분산(표준편차)이 되는 것이다. 따라서 분자에서 두 평균의 차이가 커질수록 또한 분산이 작아질수록 t 값이 커지면서 귀무가설이 기각될 가능성이 커진다.

이제 세 개 이상의 평균의 차이를 검정하는 분산분석의 원리를 생각해보자. 이 경우도 검정의 기본 원리는 동일하다. 분자에는 평균의 차이를 두고 분모에는 분산을 놓은 검정통계량을 만든 후 이 값이 커질수록 평균의 차이가 없다는 귀무가설을 기각할 가능성이 높게 설계하는 것이다.

문제는 분자에 세 개 이상 평균의 차이를 동시에 놓을 수 없다는데 있다. 앞에서 설명한 것처럼 $(\mu_1 - \mu_2)$의 차이는 의미가 있지만 $(\mu_1 - \mu_2 - \mu_3)$는 의미가 없는 것이다. 그러면 이 문제를 어떻게 해결할 수 있을까? 해답은 분모에는 여전히 분산을 놓고 분자에는 세 평균 사이의 차이가 커질수록 그 값이 커지게 되는 새로운 통계량을 만들어 검정을 하는 것이다. 이렇게 보면 두 평균의 차이를 보는 t 검정과 세 개 이상의 평균의 차이를 보는 분산분석은 본질적으로는 같은 원리에 바탕을 둔 검정 방법임을 알 수 있다.

나. 분산분석의 원리

그렇다면 어떤 통계량을 사용해야 할까? 이 질문에 답하기 전에 먼저 간단한 예제를 이용하여 분산분석의 기본원리에 대해 알아보자. 다음의 표는 A, B, C 세 기계의 일일 생산량 데이터를 보여주고 있다. 우리가 알고 싶은 것은 세 기계 사이에 평균 생산량의 차이가 있는지의 여부이다.

A 기계	B 기계	C 기계
500	900	700
510	920	710
520	880	680
480	930	720
520	890	690

이 표를 보고 많은 사람들은 평균의 차이가 나타난다고 바로 말할 것이다. 직관적으로 보아도 A 기계의 일일 생산량은 500개 내외, B 기계는 900개 내외, C 기계는 700개 내외이기 때문이다. 그러나 좀 더 구체적으로 그리고 수리적으로 생산량의 차이를 확인할 수 있는 방법은 무엇일까?

우리가 평균 생산량이 다르다고 생각하는 것은 다음 두 가지 이유 때문이다. 첫째, 기계 간에는 생산량의 차이가 많이 나기 때문이다. 어림잡아 보더라도 적게는 200개, 많게는 400개까지 차이가 난다. 즉 기계간의 변동성은 크다. 둘째, 같은 기계 내에서는 생산량의 차이가 많이 나지 않기 때문이다. 적게는 20개, 많아야 40개 정도의 차이가 난다. 즉 기계 내의 변동성은 작다.

변동성의 크기는 분산(variance)으로 측정할 수 있다. 따라서 기계 사이에서는 변동성이 크기 때문에 분산도 큰 반면 각각의 기계 안에서는 변동성이 작기 때문에 분산도 작다. 그리고 기계 사이의 분산과 기계 내의 분산의 차이가 커질수록 기계 사이에 평균의 차이도 확연히 드러나게 된다. 세 개 이상의 집단에 대한 평균의 차이를 검정하는데 분산의 크기를 이용하는 근거가 바로 여기에 있다. 실제로 20세기 초반에 분산이라는 용어를 만들어낸 피셔(Fisher)는 이 원리를 적용하여 분산분석이라는 기법을 개발한 것이다.

제2절 검정의 절차

1. 분산의 분해

변동성의 크기, 즉 분산을 기준으로 평균의 차이를 검정할 수 있다면 이어서 나오는 질문은 그 크기가 어느 정도일 때 평균의 차이가 있다고 할 수 있느냐 하는 것이다. 만일 절대적 크기만을 본다면 그 값은 크다고 할 수도 있고 작다고 할 수도 있다. 그러므로 절대적 크기보다는 상대적 비율을 검정의 기준으로 삼는 것이 바람직하다.

만일 상대적 크기를 기준으로 한다면 무엇과 무엇간의 상대적 비율이냐는 질문이

나오게 된다. 여기서 다시 분산분석의 의미를 기억해보자. 분산분석은 데이터 전체의 분산을 데이터를 구성하는 각 요소들의 분산으로 분해하는 것에서 출발한다. 이 작업을 앞의 예제에 다시 적용해 보자. 그러면 검정의 주제는 전체 분산을 기계 사이의 변동성으로 만들어지는 분산과 기계 안에서의 변동성으로 만들어지는 분산으로 나눈 후 둘의 크기를 비교하는 것이 된다.

이제 데이터베이스의 구조를 보면서 일반적인 분산의 분해 과정을 살펴보자. [그림 9-2]는 분산분석을 위한 데이터의 모집단 구조를 예시적으로 보여주고 있다. 어떤 실험에서 세 가지의 서로 다른 처리 방식이 있을 때 각각의 방식에서 만들어지는 결과를 모아놓은 세 개의 모집단 그룹이 있다고 하자. 모집단의 데이터는 모두 정규분포를 따르며 각각의 모평균은 μ_1, μ_2, μ_3 이다. 또한 나중에 이유를 설명하겠지만 모든 모집단의 분산은 σ^2 로 동일하다고(매우 비슷하다고) 가정한다. 따라서 $X_i \sim N(\mu_i, \sigma^2)$가 된다.

여기서 검정의 귀무가설은 $H_0 : \mu_1 = \mu_2 = \mu_3$ 이다. 이제 검정을 위해 각 모집단 그룹에서 표본을 추출한다. 〈표 9-1〉은 추출된 표본의 관측치를 보여주고 있다. 각 표본의 평균은 $\overline{X}_1$, $\overline{X}_2$, $\overline{X}_3$ 이다.

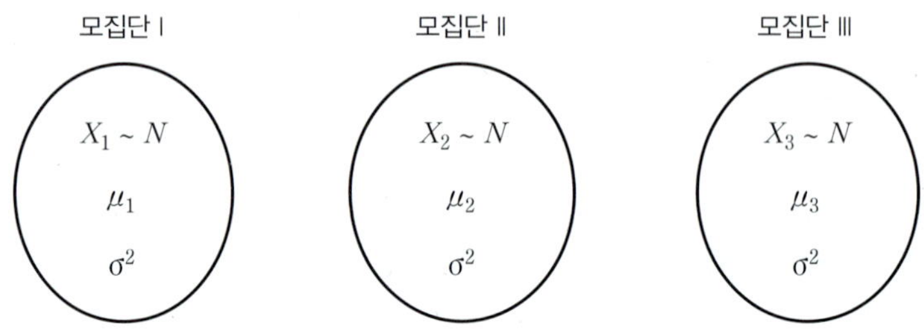

[그림 9-2] 처리방식이 다른 세 그룹 모집단의 구조

〈표 9-1〉 각 그룹 표본 데이터의 구조

처리방식 I 표본	처리방식 II 표본	처리방식 III 표본
X_{11}	X_{21}	X_{31}
⋮	⋮	⋮
X_{1n}	X_{2n}	X_{3n}
$\overline{X}_1$	$\overline{X}_2$	$\overline{X}_3$

여기서 분산을 이용하여 검정을 수행하려면 먼저 전체분산을 구성요소의 분산으로 분해해야 한다. 우선 [그림 9-3]을 보자. 세 모집단 그룹을 모두 아우르는 전체의 평균을 μ라고 하고 각 그룹의 평균을 $\mu_i (i=1,\ 2,\ 3)$라고 하자. 그러면 그림에서 보는 것처럼, i 그룹의 j 번째(j=1, 2, ⋯, n) 관측치 X_{ij}는 다음의 식으로 표현할 수 있다.

$$X_{ij}-\mu=(\mu_i-\mu)+(X_{ij}-\mu_i)$$

이 식의 우변을 보면, 첫 번째 항은 그 관측치가 속한 그룹의 평균과 전체 평균과의 차이를 의미하고 두 번째 항은 그 관측치가 속한 그룹 안에서 각각의 관측치와 그룹 평균과의 차이를 뜻한다. 따라서 첫 번째 차이는 그룹 사이에(between-group) 발생하는 것이고 두 번째 차이는 그룹 내에서(within-group) 발생하는 것이다.

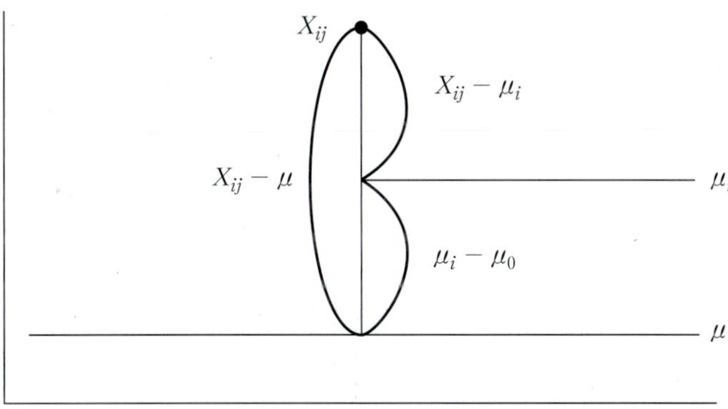

[그림 9-3] 관측치와 전체평균 및 그룹평균의 차이

모집단의 분산을 분해한 것처럼 표본 데이터를 이용하여 실제로 분산을 분해해보면 식 (9-1)로 나타난다. 여기서 $\overline{\overline{x}}$는 표본전체의 평균을, 그리고 $\overline{x_i}$는 그룹 i의 표본 평균을 의미한다.

$$x_{ij}-\overline{\overline{x}}=(\overline{x_i}-\overline{\overline{x}})+(x_{ij}-\overline{x_i}) \tag{9-1}$$

이제 위 식을 바탕으로 분산을 계산하는 과정을 수리적으로 풀어보자. 그룹이 k개이고 각 그룹 안에 n개의 데이터가 있는 경우 먼저 식 $x_{ij} - \overline{\overline{x}} = (\overline{x_l} - \overline{\overline{x}}) + (x_{ij} - \overline{x_l})$을 정리하여 양변을 제곱한 후 모든 자료들을 합하면 식 (9–2)가 된다.

$$\sum_{i=1}^{k}\sum_{j=1}^{n}(x_{ij}-\overline{\overline{x}})^2=\sum_{i=1}^{k}\sum_{j=1}^{n}(\overline{x_2}-\overline{\overline{x}})^2+\sum_{i=1}^{k}\sum_{j=1}^{n}(x_{ij}-\overline{x_l})^2 +2\sum_{i=1}^{k}\sum_{j=1}^{n}(\overline{x_l}-\overline{\overline{x}})(x_{ij}-\overline{x_l}) \quad (9\text{–}2)$$

여기서 우변의 첫 번째 제곱합과 세 번째 제곱합은 각각 아래의 식으로 바꿀 수 있다.

$$\sum_{i=1}^{k}\sum_{j=1}^{n}(\overline{x_l}-\overline{\overline{x}})^2=n\sum_{i=1}^{k}(\overline{x_l}-\overline{\overline{x}})^2$$

$$\sum_{i=1}^{k}\sum_{j=1}^{n}(\overline{x_l}-\overline{\overline{x}})(x_{ij}-\overline{x_l})=0$$

따라서 위의 식 (9–2)는 식 (9–3)으로 정리하여 나타낼 수 있다.

$$\sum_{i=1}^{k}\sum_{j=1}^{n}(x_{ij}-\overline{\overline{x}})^2=n\sum_{i=1}^{k}(\overline{x_l}-\overline{\overline{x}})^2+\sum_{i=1}^{k}\sum_{j=1}^{n}(x_{ij}-\overline{x_l})^2 \quad (9\text{–}3)$$

위의 식 (9–3)에서 먼저 좌변의 분산은 모든 그룹을 아우르는 전체 분산이 된다. 이어서 우변의 분산은 표본 그룹 간(between-group) 분산과 표본 그룹 내(within-group) 분산의 두 요소로 구성된다. 여기서 첫 번째 요소인 그룹 간 분산은 각 그룹의 평균이 전체 평균에서 벗어난 정도를 가리키므로 처리방식의 차이에 의한 분산을 의미한다. 이에 비해 두 번째 요소인 그룹 내 분산은 같은 그룹 안에서 각 관측치가 그룹 평균에서 벗어난 정도를 가리키므로 처리방식과는 무관한 임의의 오차를 뜻한다.

이제 전체 분산을 SST(sum of squares of total), 처리방식의 차이에 의한 분산인 그룹 간 분산을 SSTr(sum of squares of treatment), 임의의 오차에 의한 분산인 그룹 내 분산을 SSE(sum of squares of error)로 표기하자. 그러면 위의 식은 식 (9–4)와 같이 나타낼 수 있다.

$$\underbrace{\sum_{i=1}^{k}\sum_{j=1}^{n}(x_{ij}-\overline{\overline{x}})^2}_{SST}=\underbrace{n\sum_{i=1}^{k}(\overline{x_l}-\overline{\overline{x}})^2}_{SSTr}+\underbrace{\sum_{i=1}^{k}\sum_{j=1}^{n}(x_{ij}-\overline{x_l})^2}_{SSE} \quad (9\text{–}4)$$

예제

이제 간단한 실제의 데이터를 가지고 분산을 분해하는 과정을 살펴보자. 〈표 9-2〉에는 각각 다른 세 가지 가공방식을 통해 얻은 생산량의 데이터가 주어져 있다. 여기서 각각의 표본(그룹)은 4개의 측정치로 이루어진다.

〈표 9-2〉 가공방식에 따른 생산량 데이터

	표본 I	표본 II	표본 III	전체
	110 105 100 95	100 95 85 80	90 90 80 70	
평균	102.5	90	82.5	91.67

먼저 그룹 내 분산을 보자. 이것은 각 그룹의 평균을 중심으로 그 그룹 안의 관측치들이 산포되어 있는 정도인 SSE를 가리키므로 아래의 식으로 계산된다.

표본 I $SSE = [(110-102.5)^2 + (105-102.5)^2 + (100-102,5)^2 + (95-102.5)^2]$
$= 125$

표보 II $SSE = [(100-90)^2 + (95-90)^2 + (85-90)^2 + (80-90)^2] = 250$

표본 III $SSE = [(90-82.5)^2 + (90-82.5)^2 +(80-82.5)^2 + (70-82.5)^2] = 275$

전체 $SSE = 125 + 250 + 275 = 650$

이어서 그룹 간 분산을 보자. 이것은 전체평균 91.67을 중심으로 각 그룹(표본)의 평균이 산포되어 있는 정도인 SSTr을 가리키므로 아래의 식으로 계산된다.

$$SSTr = 4[(102.5-91.67)^2 + (90-91.67)^2 + (82.5-91.67)^2] = 816.67$$

마지막으로 전체분산은 아래의 식으로 계산된다.

$$SST = [(110-87.5)^2 + (105-87.5)^2 + \cdots + (70-87.5)^2 + (60-87.5)^2]$$
$$= SSE + SSTr = 650 + 816.67 = 1466.67$$

2. 검정의 설계

(1) 검정의 기준

이렇게 분산을 분해하고 나면 검정의 기준은 매우 단순해진다. 앞에서 설명한 것처럼 그룹간의 평균의 차이는 그룹간의 분산(SSTr)이 그룹 내의 분산(SSE)보다 커질수록 분명하게 드러난다. 따라서 SSTr과 SSE를 비교한 비율이 검정통계량의 역할을 하게 된다. 여기서 만일 SSTr이 SSE보다 훨씬 크다면 그것은 무엇을 뜻할까? 처리방식의 차이가 실험결과의 차이에 큰 영향을 미친다는 의미이다. 따라서 모든 그룹의 평균이 동일하다는 귀무가설은 기각하게 된다. 반대로 SSTr과 SSE 사이에 상대적으로 큰 차이가 없다면 귀무가설은 유지하게 된다.

(2) 가설의 설정

그러면 검정의 귀무가설과 대립가설은 구체적으로 어떻게 표현할 수 있을까? μ_i를 그룹 $i(i=1, 2, \cdots, k)$의 평균이라고 한다면 귀무가설과 대립가설은 각각 아래와 같이 나타낼 수 있다.

- $H_0 : \mu_1 = \cdots = \mu_i$
- H_1 : 적어도 한 그룹의 평균은 같지 않다.

위의 가설을 다른 방식으로 표현할 수는 없을까? 예를 들어 3 그룹의 평균을 비교하는 검정을 보자. 여기서 $\alpha_1=\mu_1-\mu$, $\alpha_2=\mu_2-\mu$, $\alpha_3=\mu_3-\mu$라고 하면, α_i는 각 그룹의 평균이 전체평균과 비교하여 얼마나 차이가 나는지를 보여주는 값이다. 따라서 만일 $\mu_1=\mu_2=\mu_3$이라면 $\alpha_1=\alpha_2=\alpha_3=0$이 된다. 그러므로 위의 귀무가설은 다음과 같이 표현할 수도 있다.

- $H_0 : \alpha_1=\alpha_2=\alpha_3=0$
- H_1 : 적어도 한 개의 α는 0이 아니다.

(3) F 검정

다른 모든 검정과 마찬가지로 분산분석을 이용한 검정을 하기 위해서는 검정통계량의 확률분포를 알아야 한다. 검정통계량으로 사용될 SSTr와 SSE의 비율이 어떤 분포를 갖는지를 알아야 하는 것이다. 하지만 이것이 F 검정이 될 것이라는 것을 이미 짐작할 수 있을 것이다. 앞에서 설명한 것처럼 분산의 차이에 대한 검정은 분산/분산의 비율을 검정통계량으로 한다. 여기서 분자와 분모는 모두 chi-square 분포를 따르므로 그 비율은 F 분포를 따르게 되고 검정은 자연히 F 검정이 되는 것이다. 이 과정을 좀더 자세히 알아보자.

3. 분산분석표

(1) F 값의 계산

SSTr과 SSE을 검정통계량으로 사용한다고 할 때 두 개의 분산을 바로 비교하는 것은 곤란하다. 분산은 제곱을 모두 더한 값(sum)이므로 표본의 크기(n)에 따라 그 값이 달라지는 문제가 발생하기 때문이다. 그러면 표본의 크기가 주는 영향을 제거하기 위해서 어떻게 해야 할까? 분산을 표본의 크기로 나누어 주면 된다. 그런데 여기서 다시 자유도(df)의 문제가 생길 수 있다. 따라서 표본의 크기 자체가 아니라 자유도로 나누어 주어야 한다. 이 내용은 앞의 확률분포에서 설명한 F 분포로 돌아가서 다시 들여다보면 쉽게 이해할 수 있다. F 분포에서는 분모와 분자 모두에 대해 각각의 자유도로 나누는 것이다.

그렇다면 자유도의 크기는 어떻게 될까? 먼저 데이터 전체의 개수는 그룹의 숫자인 k와 각 표본의 크기인 n을 곱한 kn이 된다. 여기서 $\overline{\overline{x}}$의 계산에서 자유도 하나를 잃었기 때문에 전체의 자유도는 $kn-1$이 된다. 다음에 SSTr의 자유도를 보자. 전체 평균은 결국 각 그룹 평균들의 평균이 된다. 따라서 전체 평균이 주어지면 k개의 그룹 중에 $(k-1)$개 그룹의 평균만 자유도를 갖고 나머지 1개 그룹의 평균은 자유도가 없다. 따라서 자유도는 $(k-1)$이 된다. 마지막으로 SSE의 자유도는 전체 자유도 $(kn-1)$에서 $(k-1)$을 뺀 $k(n-1)$이 된다.

이제 SSTr과 SSE을 각각의 자유도로 나눈 값을 MSTr(mean square of

treatment)과 MSE(mean square of error)로 표기하자. 그러면 MSTr과 MSE이라는 통계량의 의미는 무엇일까? 먼저 MSTr을 보자. 분자인 SSTr은 평균보정 데이터의 제곱합이고 분모는 자유도이다. 다음으로 MSE를 보자. 마찬가지로 분자는 제곱합이고 분모는 자유도이다. 이 통계량은 무엇을 가리키는가? 분자에 평균보정 데이터의 제곱합이 주어지고 분모에 자유도가 주어지는 통계량은 바로 표본분산 S^2 이다.

결국 MSTr은 처리방식의 차이에 의한 표본분산을 의미하고 MSE는 임의의 오차에 의한 표본분산을 뜻한다. 그리고 표본분산의 비율인 F = MSTr/MSE가 바로 분산분석의 검정통계량이 된다. 당연히 이 검정통계량은 F 분포를 따르고 검정은 F 검정이 된다.

분산분석의 검정통계량(test statistics): $F = \frac{\text{MSTr}}{\text{MSE}}$

(2) 분산분석표

위에서 설명한 내용을 하나의 표로 정리한 것을 흔히 분산분석표(ANOVA Table)라고 부른다. 〈표 9-3〉에 분산분석표의 표준형이 제시되어 있다. 이 표를 보면서 분산분석에 의한 검정의 절차를 차례로 따라가보자.

〈표 9-3〉 분산분석표의 기본구조

요인	제곱합(SS)	자유도(df)	표본분산(MS)	F
처리 (treatment)	SSTr	k−1	MSTr = SSTr/$(k-1)$	$\frac{\text{MSTr}}{\text{MSE}}$
오차 (error)	SSE	$k(n$−1)	MSE = SSE/$k(n-1)$	
합(total)	SST	kn−1		

● 단계 1: 분산의 분해

분산을 크게 처리(실험요인)에 의한 부분과 임의의 오차에 의한 부분으로 나눈다.

● 단계 2: 제곱합의 계산

제곱합인 SSTr과 SSE를 계산한다.

● 단계 3: 표본분산의 계산

SSTr과 SSE를 각각을 자유도로 나누어 표본분산 MSTr과 MSE를 계산한다.

● 단계 4: F 값의 계산

MSTr과 MSE의 비율인 F 값을 계산한다.

● 단계 5: F 검정

주어진 유의수준(significance level)에 해당되는 F 값과 앞에서 계산한 F 값을 비교하여 가설을 채택(accept)하거나 기각(reject)한다.

예제

세 가지 처리방법의 차이를 다루었던 앞의 예제를 이용하여 분산분석의 과정을 따라가 보자. 여기서 SSE = 650, SSTr = 816.67, SST = SSE + SSTr = 1466.67이었다. 자유도로 나누어 MSE과 MSTr을 계산한 후 검정통계량 F의 값을 구하면 F = 408.34/72.2 = 5.66이 된다. 따라서 아래의 분산분석표가 만들어진다.

요인	제곱합(SS)	자유도(df)	표본분산(MS)	F
처리 (treatment)	816.67	2	408.34	5.66
오차 (error)	650	9	72.2	
합(total)	1466.67	11		

여기서 귀무가설은 $H_0: \mu_1=\mu_2=\mu_3$ 이 된다. 유의수준 $\alpha=0.05$ 에서 실제로 검정을 해보자. F 분포의 표에서 보면 $F_{0.05, 2, 9}=4.26$ 이 된다. 검정통계량 5.66은 이 값보다 크기 때문에 귀무가설은 기각된다. 처리방법에 의한 생산량의 차이가 나타난다고 볼 수 있는 것이다.

실제로 소프트웨어를 사용하여 분산분석을 수행해보자. 일원배치 분산분석 대화상자에서 생산량을 [종속변수(E)]란으로 선택하고, 처리법을 [요인(F)]란에 선택한 후, 필요한 옵션을 모두 선택한 후 확인을 누르면 출력 결과창에 다음과 같은 분석결과가 나타난다. 앞에서 손으로 계산한 것과 정확하게 일치하는 것을 볼 수 있다. 유의확률 p-value는 0.026으로 유의수준 $\alpha=0.05$에서 귀무가설을 기각하게 된다.

	제곱합	자유도	평균제곱	F	유의확률
집단-간	816.667	2	408.333	5.654	0.026
집단-내	650.000	9	72.222		
전체	1466.667	11			

예제

이번에는 규모가 큰 데이터를 이용하여 분산분석을 수행하는 예를 보자. 여기서는 앞에서 여러 번 예를 들었던 1,000명의 사람들에 대한 데이터를 이용하기로 한다. 실제로 표본의 크기가 큰 분산분석은 통계량의 값을 손으로 계산하기 힘들기 때문에 소프트웨어를 사용하게 된다. 이제부터 소프트웨어를 이용하여 분산분석을 수행하는 과정을 자세히 알아보자.

① 분산분석의 주제: 연령대에 따른 스마트폰 사용시간에 차이가 있는지를 확인하려고 한다. 따라서 '처리'에 해당하는 것은 '연령대'이고, '스마트폰 사용시간'은 종속변수가 된다. 연령대는 10대에서 70대까지 7개의 그룹으로 나눈다.

② 데이터 입력: SPSS 데이터 편집기 창에 데이터를 입력한다. 연령대는 명목형 변수로, 값 레이블을 10대=1, 20대=2의 식으로 지정한다.

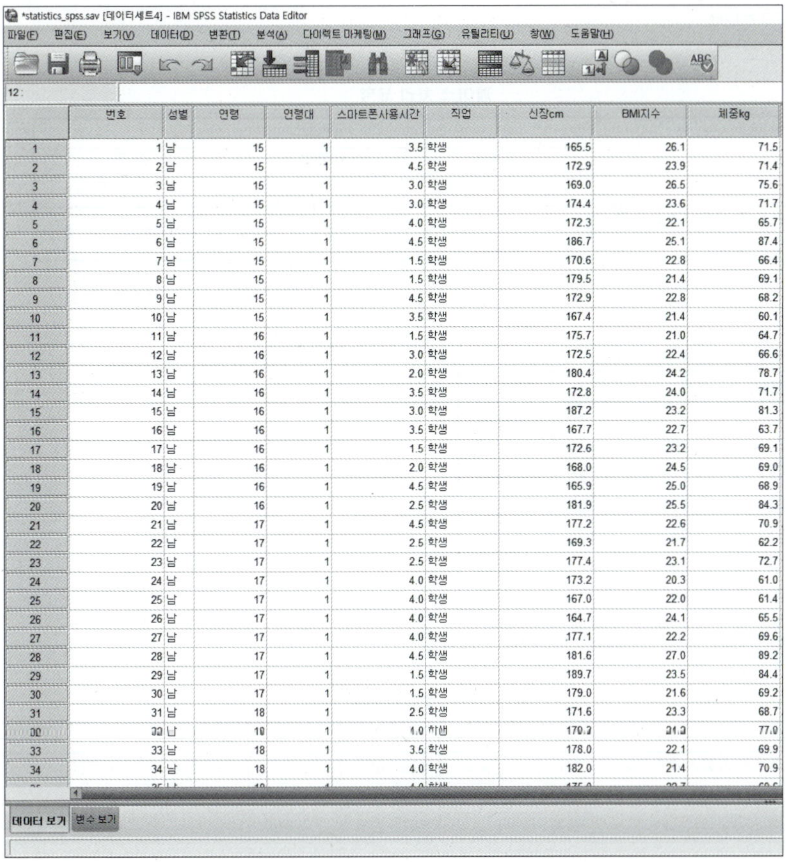

	번호	성별	연령	연령대	스마트폰사용시간	직업	신장cm	BMI지수	체중kg
1	1	남	15	1	3.5	학생	165.5	26.1	71.5
2	2	남	15	1	4.5	학생	172.9	23.9	71.4
3	3	남	15	1	3.0	학생	169.0	26.5	75.6
4	4	남	15	1	3.0	학생	174.4	23.6	71.7
5	5	남	15	1	4.0	학생	172.3	22.1	65.7
6	6	남	15	1	4.5	학생	186.7	25.1	87.4
7	7	남	15	1	1.5	학생	170.6	22.8	66.4
8	8	남	15	1	1.5	학생	179.5	21.4	69.1
9	9	남	15	1	4.5	학생	172.9	22.8	68.2
10	10	남	15	1	3.5	학생	167.4	21.4	60.1
11	11	남	16	1	1.5	학생	175.7	21.0	64.7
12	12	남	16	1	3.0	학생	172.5	22.4	66.6
13	13	남	16	1	2.0	학생	180.4	24.2	78.7
14	14	남	16	1	3.5	학생	172.8	24.0	71.7
15	15	남	16	1	3.0	학생	187.2	23.2	81.3
16	16	남	16	1	3.5	학생	167.7	22.7	63.7
17	17	남	16	1	1.5	학생	172.6	23.2	69.1
18	18	남	16	1	2.0	학생	168.0	24.5	69.0
19	19	남	16	1	4.5	학생	165.9	25.0	68.9
20	20	남	16	1	2.5	학생	181.9	25.5	84.3
21	21	남	17	1	4.5	학생	177.2	22.6	70.9
22	22	남	17	1	2.5	학생	169.3	21.7	62.2
23	23	남	17	1	2.5	학생	177.4	23.1	72.7
24	24	남	17	1	4.0	학생	173.2	20.3	61.0
25	25	남	17	1	4.0	학생	167.0	22.0	61.4
26	26	남	17	1	4.0	학생	164.7	24.1	65.5
27	27	남	17	1	4.0	학생	177.1	22.2	69.6
28	28	남	17	1	4.5	학생	181.6	27.0	89.2
29	29	남	17	1	1.5	학생	189.7	23.5	84.4
30	30	남	17	1	1.5	학생	179.0	21.6	69.2
31	31	남	18	1	2.5	학생	171.6	23.3	68.7
32	32	남	18	1	[illegible]	학생	170.2	21.3	77.0
33	33	남	18	1	3.5	학생	178.0	22.1	69.9
34	34	남	18	1	4.0	학생	182.0	21.4	70.9

③ 분산분석을 위하여 분석 → 평균 비교 → 평균분석과 같이 순서대로 실행명령을 지정한다.

④ 필요한 옵션을 모두 선택한 후 확인을 누르면, 출력 결과창에 다음과 같은 분석 결과가 나타난다.

⑤ 먼저 분산분석표를 살펴보면, 그룹 간(between-group) 분산(SStr)은 1292.557이고 그룹 내(within-group) 분산(SSE)은 682.667이다. 표본의 크기에 영향을 받지 않도록 자유도(df)로 나누어 표본분산 MSTr과 MSE 값으로 변환하면 각각 215.426과 0.687이 된다. 따라서 F 값은 MSTr/MSE = 215.426/0.687 = 313.356이다.

평균분석

케이스 처리 요약

	케이스					
	포함		제외		전체	
	N	퍼센트	N	퍼센트	N	퍼센트
스마트폰 사용시간 * 연령대	1000	100.0%	0	0.0%	1000	100.0%

보고서

스마트폰 사용시간

연령대	평균	N	표준편차
10대	2.956	90	1.0403
20대	4.006	175	1.0213
30대	3.216	185	.8934
40대	2.528	200	.7075
50대	1.262	170	.7830
60대	.768	125	.5628
70대	.836	55	.5362
전체	2.424	1000	1.4061

분산분석표

		제곱합	자유도	평균제곱	F	유의확률
스마트폰 사용시간 * 연령대	집단-간 (결합)	1292.557	6	215.426	313.356	.000
	집단-내	682.667	993	.687		
	전체	1975.224	999			

마지막으로 검정의 결론을 도출해보자. 검정통계량은 F 분포를 따르기 때문에 F 검정을 통해 유의확률 p-value를 계산하면 0으로 나타난다. 따라서 유의수준 α의 크기와 상관없이 귀무가설은 기각된다. 연령대에 따른 스마트폰 사용시간은 통계적으로 유의한 차이가 있다는 결론을 내리게 되는 것이다.

4. F 검정과 t 검정

다음으로 여기의 F 검정과 앞에서 설명한 t 검정의 관계에 대해 알아보자. 물론 세 개 이상의 모평균의 차이를 검정하는 문제에는 t 검정을 사용할 수 없고 대신 분산분석을 사용해야 한다. 그렇다면 두 모평균의 차이를 검정하는 문제의 경우에도 기존의 t 검정 대신 분산분석을 사용할 수 없을까? 결론부터 말하자면 당연히 가능하다. 보다 정확하게 말하면 가능한 정도가 아니라 두 개의 검정은 수리적으로 동일한 검정이 된다.

이미 앞의 확률분포 부분에서 설명한 것처럼 실제로 t 값을 제곱하면 바로 F 값이 된다. 이 사실을 간략하게 다시 살펴보자. 먼저 t 통계량의 정의는 아래와 같다.

$$T = Z/\sqrt{\chi^2}$$

위의 식에서 분모와 분자를 모두 제곱해보자. 먼저 분자는 Z^2이므로 바로 chi-square 통계량이 된다. 분모도 그 자체로 chi-square 통계량이 된다. 분자와 분모가 모두 chi-square 통계량이니까 당연히 F 통계량이 된다. 따라서 t 분포의 제곱은 곧 F 분포가 되는 것이다.

$$T^2 = F$$

예제

15명의 실험집단을 대상으로 처리 전과 처리 후의 수치를 비교하여 그 차이 D를 측정한 결과, $\overline{D} = 7.4$, $S^2 = 116.64$로 나타났다. 처리 전과 후의 차이가 없다는 귀무가설 $H_0 : D_\mu = 0$에 대해 먼저 t 검정을 해보자. 검정통계량은 다음과 같다.

$$t = \frac{(\overline{D} - 0)}{S/\sqrt{n}} = \frac{(7.4 - 0)}{\sqrt{116.64}/\sqrt{15}} = 2.654$$

이번에는 분산분석을 통해 검정통계량 값을 구해보자. 여기서 자세한 계산과정은 생략하지만 F=7.044로 나온다. 따라서 $F = 7.044 = (2.654)^2 = t^2$이라는 것을 확인할 수 있다. 또한 실제 값을 나타내지는 않았지만 t 검정의 p-value와 F 검정의 p-value도 같은 것으로 나오게 된다. 결국 두 평균의 차이를 검정하는 문제에서 t 검정과 F 검정은 동일한 검정방법으로 사용될 수 있는 것이다.

제3절 분산분석과 실험계획

1. 기본개념

지금부터는 분산분석과 실험계획(experimental design)의 관계에 대해 알아보기로 하자. 실험계획의 원리와 방식에 대해서는 이미 앞에서 자세히 살펴보았다. 그런데 왜 분산분석을 설명하는 부분에서 실험계획 얘기를 다시 할까? 통계학의 역사를 보면 실험계획과 이 장에서 설명하는 분산분석은 밀접하게 관련되어 있다는 사실을 발견할 수 있다. 실제로 피셔(Fisher)가 제안한 분산분석이라는 검정방법은 그 자신이 이론적 기반을 마련한 실험계획이라는 주제와 상호보완적으로 엮여있다. 많은 통계학 교과서에서 분산분석과 실험계획을 묶어서 서술하는 것도 그러한 이유 때문이다.

분산분석과 실험계획의 연관성은 크게 다음 두 가지 요인으로 설명할 수 있다. 첫째, 검정의 적합성이다. 뒤에서 자세히 살펴보겠지만 분산분석은 여러 가지 가정(assumption)을 필요로 하고 이러한 가정이 만족되기 위해서는 사전에 잘 만들어진 계획에 따라 실험을 진행해야 한다. 따라서 분산분석의 적합성을 보장하기 위해서는 먼저 제대로 된 실험계획이 필요하다.

둘째, 검정의 다양성이다. 분산분석은 3개 이상의 모평균의 차이를 검정하는 문제이다. 그러나 '세 개 이상의 모평균'이라고 해도 그 안에서 3개 이상이 구성되는 형태는 실험의 설계에 따라 크게 달라질 수 있다. 3개의 모평균의 차이일 수도 있고 5개의 모평균의 차이일 수도 있다. 실험을 한 그룹과 하지 않은 그룹의 차이를 검정할 수도 있고 실험의 강도를 여러 수준으로 나누어 수준간의 차이를 검정할 수도 있다. 이 때 실험의 구체적 형태와 구조를 결정하는 원리를 다루는 주제가 바로 실험계획법이다. 따라서 실험의 계획이 어떻게 만들어지느냐에 따라 다양한 유형의 분산분석이 이루어질 수 있는 것이다.

2. 실험설계와 검정

(1) 기본설계와 가설 검정

앞에서 실험계획법은 크게 기본 실험설계(basic experimental design)와 고급 실험설계(advanced experimental design)로 나눈다고 하였다. 이 분류의 기준이 바로 비교의 대상이 되는 실험단위 그룹 또는 집단의 수이다. 두 개 이하의 그룹을 비교하는 것이 기본 실험설계이고 세 개 이상의 그룹을 비교하는 것이 고급 실험설계인 것이다. 당연히 비교대상 그룹의 수가 작아질수록 실험이 간편해지는 장점이 있지만 얻을 수 있는 정보의 양이 줄어드는 단점이 있다.

비교대상 그룹이 2개인 기본설계에서는 그룹(집단)을 크게 실험집단(experiment group)과 통제집단(control group)으로 나눈다. 실험집단은 말 그대로 실험에 참여한 그룹 즉 처리(treatment)를 한 집단을 말한다. 이에 반해 통제집단은 실험에 참여하지 않은 그룹 즉 처리를 하지 않은 그룹을 가리킨다. 만일 하나의 그룹에 대한 실험설계라면 실험집단만 있고 통제집단은 없다. 그 대신 실험집단에 대해 실험을 하기 전과 실험을 한 후를 비교할 수 있다. 만일 두 개이 그룹에 대한 실험설계라면 실험집단과 통제집단이 모두 있어서 두 그룹 간의 비교가 가능하다.

〈표 9-4〉에 정리되어 있는 것처럼 기본설계로 이루어진 실험에 사용되는 대표적인 검정방법은 Z 검정, t 검정, chi-square 검정, F 검정 등이다. 여기서의 주제는 하나의 집단에 대해 모평균이나 모분산의 검정을 하거나, 두 개의 집단에 대해 모평균이나 모분산의 비교 검정을 하는 것이다. 따라서 어느 경우든 두 개 이하의 모평균과 모분산의 차이가 검정의 주제가 된다. 이 경우 검정의 귀무가설은 $H_0: \mu=\mu_0$이나 $H_0: \mu_1=\mu_2$ 등으로 나타난다.

〈표 9-4〉 기본설계의 성격과 검정방법

실험설계 유형	비교집단 수	검정 주제	검정 방법
기본 실험설계	1개 또는 2개	모평균	Z 검정, t 검정
		두 모평균 차이	Z 검정, t 검정
		모분산	chi-square 검정
		두 모분산 차이	F 검정
고급 실험설계	3개 이상	세 개 이상 모평균 차이	분산분석

(2) 고급설계와 분산분석

고급 실험설계는 세 개 이상의 그룹을 비교하는 경우이므로 당연히 더 복잡한 형태의 실험이 이루어지고 그에 따라 비용과 시간이 더 많이 소요된다. 하지만 그만큼 더 많은 정보를 얻을 수 있다. 또한 대부분의 고급설계에서는 임의화(randomization)를 통한 순수실험이 이루어진다.

고급설계의 실험에 사용되는 검정방법이 바로 분산분석이다. 세 개 이상 모평균의 차이를 보는 검정을 위해서는 고급설계에 의한 실험을 통해 데이터가 수집되어야 하고, 그 때 사용되는 검정방법이 분산분석인 것이다. 이 경우 검정의 귀무가설은 H_0: $\mu_1 = \mu_2 = \mu_3 = \mu_4$ 와 같은 형태로 나타난다.

(3) 주요 개념

고급 실험설계도 다시 다양한 방식의 실험으로 나눌 수 있다. 실제로 분류의 기준을 파악하고 또 각 방식의 구체적 내용을 이해하는 것은 쉽지 않은 일이다. 따라서 먼저 실험계획에 사용되는 주요 용어들의 의미와 성격을 제대로 알아야 한다. 이에 대한 간략한 설명은 이미 앞에서 하였지만 여기서 좀더 자세하게 살펴보도록 하자.

가. 요인

요인 또는 인자(factor)는 실험에서 관심의 대상이 되는 주제를 의미한다. 말을 바꾸면 실험효과의 차이를 가져올 것으로 생각되는 요소를 뜻한다. 예를 들어 어떤 실험에서 실험시간의 차이에 의해 효과가 달라지는지를 검정한다고 하면 실험시간이 요인이 되고 실험온도의 차이가 효과의 차이로 이어진다고 하면 실험온도가 요인이 된다.

이 때 하나의 요인에만 초점을 맞추는 실험설계를 일원배치법(one-way design)이라고 하고, 두 개 이상의 요인을 동시에 보는 실험설계를 다원배치법(multi-way design)이라고 한다. 두 개 이상의 요인을 포함할 경우에는 가능한 한 서로 독립적인 요인들을 선택해야 한다.

나. 수준

수준(level)은 하나의 요인이 가질 수 있는 여러 가지의 경우를 가리킨다. 예를 들어 실험시간이 요인이라고 하면 단시간, 중간시간, 장시간으로 나눌 수 있을 것이고 용량의 차이가 요인이라면 대용량, 중간용량, 소용량으로 나눌 수 있다. 이처럼 어떤 요인을 여러 경우로 나눌 때 각 경우를 그 요인의 수준이라고 한다.

당연히 수준이 많아질수록 실험은 크고 복잡해진다. 따라서 먼저 실험의 목적을 달성할 수 있는 범위를 찾은 후 그 안에서만 수준을 설정해야 한다. 또한 수준 간의 적절한 간격을 정하는 것도 중요하다. 간격을 너무 넓게 잡으면 실험의 의미가 줄어들고 반대로 너무 좁게 잡으면 수준 간의 차이를 판별하기 어려운 문제가 생길 수 있기 때문이다.

다. 처리

위의 요인과 수준이 결합되면서 하나의 처리(treatment)가 만들어진다. 예를 들어 다양한 요인 가운데 실험시간이 선택되고 다시 실험시간 가운데 중간시간이라는 수준이 선택되면 그것이 곧 하나의 처리가 된다.

라. 블록

이어서 블록(block)이라는 용어를 살펴보자. 블록은 실험대상과 실험환경을 몇 개의 소그룹으로 나눌 때 각각의 소그룹을 가리키는 말이다. 예를 들어 전체 실험대상을 성별에 따라 남자 그룹과 여자 그룹으로 나눈다거나 연령에 따라 10-20대 그룹, 30-40대 그룹, 50-60대 그룹 등으로 나눌 때 각각이 하나의 블록이 된다. 이처럼 전체집단을 여러 개의 소그룹인 블록으로 나누는 작업을 블록화 또는 블로킹(blocking)이라고 한다.

블록을 만드는 이유는 요인에 의한 효과의 차이를 보다 분명하게 알아내기 위해서이다. 실험효과가 최대로 나타나게 하기 위해서는 실험과정에서 다음 두 가지의 잠재적 문제를 최대로 줄여야 한다.

- 첫째, 실험조건과 환경의 문제이다. 요인의 효과를 올리기 위해서는 모든 대상을 같은 조건과 환경에서 실험해야 한다는 것이 기본전제이다. 외부환경을 똑같이 만들어 놓은 상태에서 오로지 요인의 수준에 따라서 효과의 차이가 발생하는 것

을 확인해야 하는 것이다. 그러나 현실적으로 그런 상태나 환경을 만드는 것은 매우 어렵다. 예를 들어 품종이라는 요인에 의한 수확량의 차이를 비교하기 위해 토양, 기온, 강수량 등이 똑같은 여러 개의 농장을 만들어서 동일한 기간에 동시에 실험을 하는 것은 거의 불가능하다.

- 둘째, 실험대상의 문제이다. 역시 요인의 효과를 최대로 올리기 위해서는 모든 대상의 특성이 동일하다는 전제가 필요하다. 하지만 현실적으로 전체의 실험대상은 이질적인 개개인으로 구성될 수 밖에 없다. 예를 들어 1,000명의 환자를 대상으로 치료제의 성분에 따라 치료효과의 차이가 있는지를 검정하는 문제를 생각해보자. 여기서 관심의 초점은 성분의 차이이다. 하지만 성분의 차이가 미치는 효과가 남자와 여자 사이에 또는 노년층과 청년층 사이에 달리 나타날 가능성이 충분히 있다.

이런 상황에서 실험의 환경과 대상을 좀더 동질적인 소집단으로 나누어 실험을 하게 되면 요인 외의 다른 조건들이 실험효과에 미치는 영향을 최소화할 수 있다. 바로 이 목적을 위해 이질적인 전체집단을 동질적인 소집단인 블록으로 나누는 것이다.

위의 치료제 실험의 예에서는 1,000명 전체를 하나의 집단으로 묶어서 실험을 하는 대신 남자 500명, 여자 500명의 두 개의 블록으로 나누어 따로 실험을 하게 된다. 이런 방법으로 성별에 의한 블록효과를 제거하게 되면 순수한 치료제 성분의 요인효과가 훨씬 명확하게 드러나게 된다. 이 때 블록 간의 차이가 클수록 블록화의 효과도 커지게 되면서 실험요인에 의한 효과의 차이도 더 분명하게 알아낼 수 있다.

마. 랜덤화

마지막으로 임의화 또는 랜덤화(randomization)의 의미를 알아보자. 임의화는 실험대상들을 실험 그룹간에 임의로 배치하는 것을 말한다. 위의 예에서 세 개의 환자그룹을 만들 때 전체 환자들을 각 그룹에 무작위로 배당하는 것이다. 임의화를 하는 이유는 크게 두 가지이다. 첫째, 실험의 효과가 각 그룹에 동일하게 나타나도록 만드는데 있다. 둘째, 실험의 요인 이외의 다른 요인들이 실험의 결과에 영향을 미치는 것을 최소화하는데 있다.

3. 주요 실험설계

앞에서 설명한대로 세 개 이상의 모집단을 대상으로 하는 실험계획은 고급 실험설계가 된다. 하지만 같은 고급설계라고 해도 요인의 수에 따라 일원배치법에서부터 다원배치법까지 다양한 설계 유형이 만들어질 수 있다. 여기에서는 그 중에서 특히 자주 이용되는 일원배치법의 대표라고 할 수 있는 완전 임의설계(Completely Randomized Design: CRD), 이원배치법에 의한 설계, 그리고 이원배치법의 특수형이면서 실제로 자주 사용되는 임의화 블록설계(Randomized Block Design: RBD)에 대해서만 자세히 설명하기로 하자.

(1) 완전 임의설계(CRD)

가. 데이터 구조

이 설계법은 요인이 1개만 있는 단순한 설계를 가리킨다. 1개의 요인을 3개 이상의 수준으로 나누어 실험한 후 수준 간의 차이를 검정하는 것이다. 이 때 각각의 실험 대상이 각 수준에 무작위(random)로 배정되므로 이 실험계획을 완전 임의설계 또는 완전 무작위설계라고 부른다.

앞에서 각각 다른 세 가지 가공방법을 통해 얻은 생산량의 데이터를 이용하여 분산분석을 수행한 것이 완전 임의설계의 전형적인 예가 된다. 〈표 9-5〉에서 보는 것처럼 이 설계에서는 가공방법이 1개의 요인이 되고, 그 요인에 대한 수준은 3개로 나뉘어진다. 또한 12번의 실험이 각 수준에 대해 4번씩 무작위로 이루어진다. 그 결과를 바탕으로 가공방법에 따라 생산량이 달라지는지를 분산분석을 이용하여 검정하게 된다.

〈표 9-5〉 완전 임의설계의 생산량 데이터

	표본 I	표본 II	표본 III	전체
	110	100	90	
	105	95	90	
	100	85	80	
	95	80	70	
평균	102.5	90	82.5	91.67

일반적인 완전 무작위설계의 데이터 구조는 〈표 9-6〉과 같이 나타난다.

〈표 9-6〉 완전 임의설계의 데이터 구조

	수준(Level)		
	1	i	K
관측치	x_{11}	x_{i1}	x_{k1}
	x_{12}	x_{i2}	x_{k2}
	x_{1m}	x_{im}	x_{km}
표본평균	$\overline{X_1}$	$\overline{X_i}$	$\overline{X_k}$

나. 기본모형

분산분석의 기본모형을 살펴보자. 요인이 하나인 분산분석에서, i 그룹(i=1, 2, ⋯, k)의 j 번째(j=1, 2, ⋯, n) 관측치는 X_{ij} 이다. 여기서 각 그룹은 곧 그 요인의 수준을 뜻한다. 이 그룹의 평균을 μ_i 라고 하고 실험의 오차를 e_{ij}라고 하자. 그러면 $X_{ij}=\mu_i+e_{ij}$ 가 된다. 따라서 완전 임의설계(CRD)의 기본모형은 식 (9–5)로 주어진다. 여기서 e_{ij}는 평균이 0이고 분산이 σ^2 인 정규분포를 따른다.

$$X_{ij}=\mu_i+e_{ij} \tag{9–5}$$

이제 각 그룹의 평균 μ_i와 전체평균 μ의 차이를 $\alpha_i=\mu_i-\mu$라고 하자. 그러면 완전 임의설계의 기본모형은 식 (9–6)으로도 표현할 수 있다.

$$X_{ij}=\mu+\alpha_i+e_{ij} \tag{9–6}$$

그러므로 분산분석을 이용한 검정의 귀무가설과 대립가설은 아래와 같다.

- H_0: $\mu_1=\mu_2=\cdots\mu_k$ 또는 H_0: $\alpha_1=\alpha_2=\cdots\alpha_k=0$
- H_1: 적어도 하나의 μ_i는 다르다 또는 적어도 하나의 α_i는 0이 아니다.

다. 분산의 분해

이제 실제 실험을 수행하여 표본으로부터 데이터를 얻게 된다. 이 때 전체평균을 $\overline{\overline{x}}$, 그리고 각 수준의 평균을 $\overline{x_l}$ 라고 하자. 그러면 식 (9-7)이 만들어진다.

$$x_{ij}-\overline{\overline{x}}=(\overline{x_l}-\overline{\overline{x}})+(x_{ij}-\overline{x_l}) \qquad (9-7)$$

다시 위 식의 양변을 제곱한 후 모든 자료들을 합하면 식 (9-3)의 전개과정에서 본 것과 같이 식 (9-8)로 표현할 수 있다.

$$\sum_{i=1}^{k}\sum_{j=1}^{n}(x_{ij}-\overline{\overline{x}})^2=n\sum_{i=1}^{k}(\overline{x_l}-\overline{\overline{x}})^2+\sum_{i=1}^{k}\sum_{j=1}^{n}(x_{ij}-\overline{x_l})^2 \qquad (9-8)$$

위에서 먼저 좌변항의 분산은 모든 그룹을 모두 아우르는 전체 분산이 된다. 이어서 우변의 분산은 표본 그룹 간(between-group) 분산과 표본 그룹 내(within-group) 분산으로 구성된다. 여기서 그룹 간 분산이 바로 처리방법의 차이에 의한 분산이고 그룹 내 분산이 처리방법과는 무관한 임의의 오차(error)이다.

이처럼 완전 임의설계에서는 전체의 분산을 크게 처리방법에 의한 분산과 임의의 오차분산으로 나눈다. 전체분산을 SST로, 처리방법의 차이에 의한 그룹간 분산을 SSTr로, 임의의 오차에 의한 그룹내 분산을 SSE로 표기하자. 그러면 분산의 구성은 식 (9-9)로 나타낼 수 있다.

$$\underbrace{\sum_{i=1}^{k}\sum_{j=1}^{n}(x_{ij}-\overline{\overline{x}})^2}_{\text{SST}}=\underbrace{n\sum_{i=1}^{k}(\overline{x_l}-\overline{\overline{x}})^2}_{\text{SSTr}}+\underbrace{\sum_{i=1}^{k}\sum_{j=1}^{n}(x_{ij}-\overline{x_l})^2}_{\text{SSE}} \qquad (9-9)$$

라. 분산분석표

완전 임의설계의 분산분석표(ANOVA table)는 〈표 9-7〉과 같이 만들어진다. 여기서 SSTr의 자유도는 $k-1$이 되고 SSE의 자유도는 $k(n-1)$이 된다. 최종적으로는 처리(treatment)에 대한 MSTr과 오차(error)에 대한 MSE의 비율에 대한 F 검정을 하게 된다.

〈표 9-7〉

요인	제곱합(SS)	자유도(df)	표본분산(MS)	F
처리 (treatment)	SSTr	$k-1$	MSTr = SSTr/($k-1$)	$\frac{\text{MSTr}}{\text{MSE}}$
오차 (error)	SSE	$k(n-1)$	MSE = SSE/$k(n-1)$	
합(total)	SST	$kn-1$		

예제

세 가지 가공방법에 의한 생산량의 차이를 검정하는 문제를 다시 보자. 이 문제는 완전 임의설계의 전형적인 예이다. 여기서 귀무가설은 다음과 같다.

$$H_0: \mu_1 = \mu_2 = \mu_3$$

이제 유의수준 $\alpha=0.05$에서 분산분석 검정을 해보자. 분산분석표를 보면 〈표 9-8〉과 같다. 여기서 $F_{0.05,2,9}=4.26$가 된다. 검정통계량 값 5.66은 이 값보다 더 크다. 따라서 귀무가설은 기각된다. 가공방식에 따라 생산량의 차이가 나타난다고 볼 수 있는 것이다.

〈표 9-8〉 분산분석표

요인	제곱합(SS)	자유도	표본분산(MS)	F
처리 (treatment)	816.67	2	408.34	5.66
오차 (error)	650	9	72.2	
합(total)	1466.67	11		

예제

① 분산분석의 주제: 이번에도 1,000명의 사람들에 대한 데이터를 이용하여, 연령대에 따른 언어지능 지수에 차이가 있는지를 확인하려고 한다. 따라서 요인에 해당하는 것은 '연령대'이고, 이것을 10대에서 70대까지 7개의 그룹으로 나눈다.

② 이미 앞의 예제에서 설명한 것처럼, 일원배치 분산분석을 위하여 분석 → 평균비교 → 일원배치 분산분석(O)의 순서대로 실행명령을 지정한다. 이어서 필요한 옵션을 모두 선택한 후 확인을 누르면 출력 결과창에 다음과 같은 분석결과가 나타난다.

기술통계

언어지능 지수

	N	평균	표준편차	표준오차	평균에 대한 95% 신뢰구간		최소값	최대값
					하한	상한		
10대	90	87.47	6.788	.715	86.05	88.89	73	100
20대	175	88.43	7.362	.557	87.33	89.53	73	100
30대	185	88.20	6.994	.514	87.19	89.21	72	100
40대	200	87.88	7.335	.519	86.85	88.90	75	100
50대	170	88.06	7.798	.598	86.88	89.24	72	100
60대	125	87.98	6.653	.595	86.80	89.15	75	100
70대	55	86.53	7.076	.954	84.61	88.44	74	100
전체	1000	87.97	7.207	.228	87.52	88.41	72	100

ANOVA

언어지능 지수

	제곱합	자유도	평균제곱	F	유의확률
집단-간	186.994	6	31.166	.599	.732
집단-내	51706.781	993	52.071		
전체	51893.775	999			

분산분석표를 살펴보면, 검정통계량의 F 값이 $\alpha=0.05$ 이고 유의확률 p-value가 0.732로 매우 큰 것을 확인할 수 있다. 유의수준을 $\alpha=0.05$ 로 높게 설정하여도 p-value가 더 크기 때문에 귀무가설을 기각할 수 없는 것이다. 따라서 연령대에 따른 언어지능 지수는 통계적으로 유의한 차이를 갖지 않는다는 결론을 내리게 된다.

(2) 이원배치법 설계

가. 기본모형

앞에서 설명한 일원배치법은 1개의 요인에 대해 그 요인에 의한 처리효과의 차이가 여러 수준간에 나타나는지를 검정하는 방법이다. 그러나 실제의 실험에서는 한 가지 요인뿐 아니라 여러 요인에 의한 처리효과의 차이를 검정하는 경우도 많다. 그런 상황으로는 크게 다음 두 가지 경우를 들 수 있다. 첫째, 실험 자체의 성격상 여러 요인의 영향을 한꺼번에 보거나 요인들 간의 상호작용을 파악해야 하는 경우이다. 둘째, 비용이나 시간의 제약 때문에 각각의 요인을 따로 보기가 어려운 경우이다. 이러한 상황에서 여러 가지 요인이 동시에 실험에 포함되는 설계법을 다원배치법(multi-way design)이라고 한다.

다원배치법에는 2개 이상의 다양한 요인들이 실험에 포함될 수 있다. 특히 실험 자체가 복잡하거나 요인들간의 상호작용이 존재하는 이공계, 농업, 생명과학, 의학 등의 분야에서는 3개 이상의 요인을 포함하는 다원배치법 실험이 이루어지기도 한다. 그러나 사회과학이나 인문학 분야의 실험에서는 대부분 1개 또는 2개의 요인만을 포함하게 된다. 이 때 2개의 요인을 포함하는 실험의 설계를 특별히 이원배치법(two-way design)이라고 한다. 복잡한 다원배치법에 대한 내용은 이 책의 범위를 벗어나기 때문에 여기에서는 이원배치법의 기본원리에 대해서만 간략히 알아보도록 하자.

먼저 두 개의 요인이 각각 l개와 m개의 수준으로 구성된다고 하자. 그러면 두 요인의 수준들의 조합인 $l \times m$개의 처리(treatment)가 이루어진다. 따라서 자료의 수집도 $l \times m$개의 처리들을 무작위 순서로 뽑아 관측값을 얻게 된다. 이 경우의 데이터 구조는 〈표 9-9〉와 같다.

〈표 9-9〉 이원배치법의 데이터 구조

요인 II / 요인 I		수준(Level)			평균
		1	j	m	
수준	1	X_{11}	X_{1j}	X_{1m}	$\overline{X_{1.}}$
	i		X_{ij}		$\overline{X_{i.}}$
	l	X_{l1}	X_{lj}	X_{lm}	$\overline{X_{l.}}$
평균		$\overline{X_{.1}}$	$\overline{X_{.j}}$	$\overline{X_{.m}}$	$\overline{\overline{x}}$

요인이 두 개인 분산분석에 적용되는 기본모형은 식 (9-10)으로 나타난다.

$$X_{ij}=\mu+a_i+b_j+(ab)_{ij}+e_{ij} \qquad (9\text{–}10)$$

여기서 μ는 전체평균을 뜻하고 e_{ij}는 평균이 0이고 분산이 σ^2인 정규분포를 따르는 실험의 오차를 가리킨다. 또한 a_i와 b_j는 각 요인에 대해 요인평균과 전체평균의 차이를 의미한다. 따라서 $a_i=\mu_i-\mu$, $b_j=\mu_j-\mu$가 된다. 또한 ab_{ij}는 두 요인의 상호작용이 미치는 영향을 나타낸다.

그러므로 분산분석에 의한 검정의 귀무가설과 대립가설은 아래와 같다.

- H_0: $a_1=a_2=\cdots=a_l=0$,
  $b_1=b_2=\cdots=b_m=0$.
  $ab_{ij}=0$
- H_1: 적어도 하나의 a_i나 b_j는 0이 아니다
  또한 적어도 하나의 ab_{ij}는 0이 아니다.
  $i=1, \cdots, l,\ \ j=1, \cdots, m$

나. 교호작용

일원배치법과 비교하여 이원배치법의 가장 큰 차이는 교호작용(interaction) 또는 상호작용이 포함된다는 점이다. 교호작용은 두 요인이 동시에 미치는 영향을 뜻하며 위의 기본모형에서 ab_{ij}가 바로 교호작용을 가리키는 부분이다. 이 때 각각의 요인에 의한 효과를 주효과(main effect)라고 하고 교호작용에 의한 효과를 교호작용효과(interaction effect) 또는 상호작용 효과라고 한다.

교호작용의 의미를 더 분명하게 이해하기 위해 [그림 9-4]를 보자. 여기에서는 두 개의 요인 A와 B가 있다고 하자. 먼저 왼쪽 그림을 보면 요인 A의 수준과 상관없이 요인 B의 수준 사이에는 일정한 값의 차이가 존재한다. 따라서 이 경우에는 두 요인간에 교호작용이 없다고 볼 수 있다. 그러나 오른쪽 그림을 보면 요인 A의 수준이 바뀌면서 요인 B의 수준 사이의 값의 차이도 달라진다. 요인 A와 요인 B가 서로 상호작용을 하기 때문이다. 그러므로 이 경우에는 두 요인간에 교호작용이 존재한다.

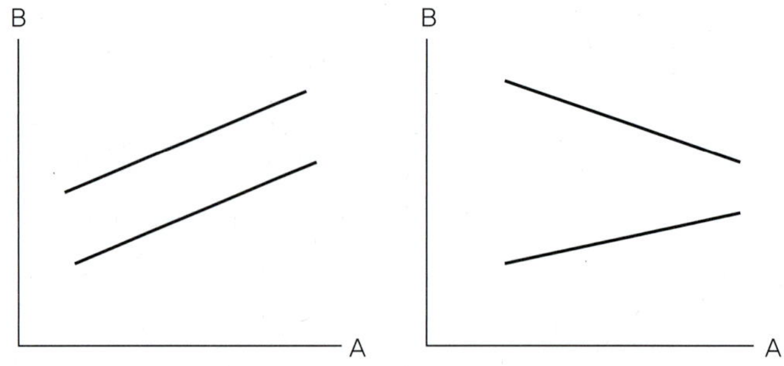

[그림 9-4] 교호작용과 요인효과

예를 들어 심장병에 영향을 미치는 요인으로 흔히 흡연과 혈압을 든다. 흡연자는 비흡연자에 비해 2배, 고혈압인 경우에는 고혈압이 아닌 경우에 비해 2배의 발병률이 나타난다고 하자. 그러면 흡연자이면서 동시에 고혈압인 경우에는 어떻게 될까? 두 요인이 서로 교호작용을 하면서 4배가 아니라 8배 내지 10배의 발병률이 나타날 수 있는 것이다.

다. 분산분석표

이원배치법 설계의 분산분석표는 〈표 9-10〉과 같이 만들어진다. 여기서 요인 A의 수준 수는 l개이고, 요인 B의 수준 수는 m개이다. 그리고 각각의 실험에 대해 n번의 반복이 이루어진다. 따라서 총 lmn번의 실험이 이루어진다. 여기서 SSA의 자유도는 $(l-1)$, SSB의 자유도는 $(m-1)$, 교호작용 SS(AB)의 자유도는 $(l-1)(m-1)$, 그리고 SSE의 자유도는 $lm(n-1)$이 된다.

〈표 9-10〉 이원배치법의 분산분석표

요인	제곱합	자유도	표본분산	F
요인 A	SSA	$l-1$	MSA = SSA/$(l-1)$	MSA/MSE, MSB/MSE, MS(AB)/MSE
요인 B	SSB	$m-1$	MSB = SSB/$(m-1)$	MSA/MSE, MSB/MSE, MS(AB)/MSE
교호작용	SS(AB)	$(l-1)(m-1)$	MS(AB) = $\frac{\text{SS(AB)}}{(l-1)(m-1)}$	MSA/MSE, MSB/MSE, MS(AB)/MSE

오차	SSE	$lm(n-1)$	MSE = SSE/$lm(n-1)$	MSA/MSE, MSB/MSE, MS(AB)/MSE
합	SST	$lmn-1$		

라. 검정과 해석

이제 분산분석표를 바탕으로 검정을 하게 된다. 여기서는 요인이 2 개이고 교호작용까지 있기 때문에 요인 A와 B에 대한 각각의 F 검정과 교호작용에 대한 F 검정이 이루어진다. 즉 세 가지의 F 검정을 하게 되는 것이다.

이원배치법의 검정에서 만일 교호작용이 존재하는 것으로 나타나면 한 요인의 영향을 해석할 때 다른 요인의 영향을 동시에 고려해야 한다. 두 요인들이 서로 영향을 주고받으면서 상호작용을 하기 때문이다. 이 경우에는 분산분석표의 결과만을 바탕으로 각 요인에 대한 검정의 결론을 내리기보다는 실험의 본질적 성격을 주의 깊게 살펴보는 것이 바람직하다.

하지만 이원배치법과 같은 복잡한 실험은 이 책의 실무적 활용 범위를 벗어나기 때문에 자세한 예제는 생략하기로 한다.

(3) 임의화 블록설계(RBD)

가. 기본모형

이원배치법의 특수한 형태인 임의화 블록설계(randomized block design: RBD)도 자주 사용되는 설계 방법이다. 이 설계의 데이터 구조는 이원배치법과 동일하지만 검정의 내용과 성격은 다르다. 또한 임의화 블록설계는 분야를 막론하고 폭넓게 사용되고 있기 때문에 그 원리와 내용을 자세히 살펴보도록 하자.

블록 설계의 개념과 목적을 이해하기 위해 앞에서 살펴본 일원배치법으로 돌아가보자. 여기에서는 하나의 요인을 k개의 수준으로 나눈 후 무작위의 순서로 관측치들을 각 수준에 배당한다. 이러한 무작위 설계를 통해 실험효과가 어느 특정 수준에 지나치게 높게 나타나거나 반대로 지나치게 낮게 나타나는 위험을 해소할 수 있다. 하지만 여전히 남는 문제는 수준간의 차이가 실험요인에 의한 것인지 아니면 외부적인 실험환경에 의한 것인지를 알아내기가 쉽지 않다는 점이다.

여기서 도입되는 개념이 앞에서 설명한 블록(block)이다. 블록은 실험대상을 몇 개의 소그룹으로 나눌 때 각각의 소그룹을 가리키는 용어이다. 블록화를 통해 이질적 요소들로 이루어진 전체 집단을 보다 동질적인 소집단으로 나누어 실험하면 실험요인 외의 다른 조건들이 실험효과에 미치는 영향을 줄이면서 실험효과의 차이를 보다 분명하게 파악할 수 있게 된다.

앞의 예로 돌아가서 1,000명의 환자를 대상으로 치료제의 성분에 따른 효과의 차이를 알아본다고 하자. 여기서 실험의 요인은 성분의 차이이다. 하지만 성분의 차이가 미치는 효과가 남자와 여자 사이에, 또는 노년층과 청년층 사이에 달리 나타날 가능성이 충분히 있다. 따라서 1,000명 전체를 대상으로 실험을 하는 대신 남자 500명과 여자 500명의 두 블록으로 나누거나 노년층 500명과 청년층 500명의 두 블록으로 나누어 따로 실험을 하게 되면 실험효과의 차이를 보다 명확하게 파악할 수 있다.

임의화 블록설계는 다음의 두 단계로 이루어진다. 먼저 첫 단계에서는 실험 요인에 대해 k개의 수준으로 나눈다. 다음의 두 번째 단계에서는 블록을 b개의 수준으로 나눈다. 따라서 임의화 블록설계는 일원배치법과 이원배치법의 중간 정도에 있는 방법이라고 볼 수 있다. 먼저 요인이 하나 밖에 없다는 점에서는 일원배치법에 가깝지만 블록도 또 하나의 요인처럼 취급한다는 점에서는 이원배치법에 가까운 것이다.

임의화 블록설계(RBD)의 기본모형을 보자. 여기서는 실험요인과 블록요인이 모두 있기 때문에 기본모형은 식 (9-11)로 나타난다. 여기서 a_i는 실험효과를 가리키고 b_j는 블록효과를 의미한다.

$$X_{ij} = \mu + a_i + b_j + e_{ij} \qquad (9\text{-}11)$$

e_{ij}는 평균이 0이고 분산이 σ^2 인 정규분포를 따른다.

앞에서 살펴본 이원배치법과 비교하여 블록설계의 중요한 차이는 $ab_{ij}=0$ 이라는 점이다. 실험요인과 블록요인 사이에 교호작용(interaction)이 일어나지 않는다고 가정하는 것이다. 그 이유는 간단하다. 실험요인은 실험에 직접 관련되어 있는 요인이지만 블록요인은 실험 자체가 아니라 외부환경과 관련되어 있는 요인으로 보기 때문이다.

그러므로 분산분석에 의한 검정의 귀무가설과 대립가설은 아래와 같이 설정된다.

- H_0: $a_1 = a_2 = \cdots = a_k = 0$,
  $b_1 = b_2 = \cdots = b_b = 0$.
- H_1: 적어도 하나의 a_i나 b_j는 0이 아니다
  $i = 1, \cdots, k$, $j = 1, \cdots, b$

나. 분산의 분해

임의화 블록설계는 전체의 분산을 처리방법(요인)에 의한 분산, 블록에 의한 분산, 그리고 임의의 오차분산으로 나눈다. 전체분산을 SST(Sum of Squares of Total)로 하면, 처리방법(요인)의 차이에 의한 분산인 실험그룹 간 분산을 SSTr(Sum of Squares of Treatment)로, 실험블록의 차이에 의한 분산인 블록간 분산을 SSB(Sum of Squares of Block)로, 임의의 오차에 의한 분산인 그룹 내 분산을 SSE(Sum of Squares of Error)로 표기한다.

그러면 분산의 구성은 식 (9-12)로 나타낼 수 있다. 여기서 SSTr은 그룹(요인)간 평균이 전체 평균에서 벗어난 정도를, SSB는 블록간 평균이 전체 평균에서 벗어난 정도를, 그리고 SSE는 같은 그룹 안에서 각각의 관측치가 그룹 평균에서 벗어난 정도를 가리킨다.

$$\sum_{i=1}^{k}\sum_{j=1}^{b}(x_{ij}-\overline{\overline{x}})^2 = b\sum_{i=1}^{k}(\overline{x_i}-\overline{\overline{x}})^2 + k\sum_{j=1}^{b}(\overline{x_j}-\overline{\overline{x}})^2 + \sum_{i=1}^{k}\sum_{j=1}^{b}(x_{ij}-\overline{x_i})^2$$
$$\text{SST} = \text{SSTr} + \text{SSB} + \text{SSE} \qquad (9\text{–}12)$$

다. 블록의 효과

이제 블록화의 의미와 효과를 분산의 분해를 통해 살펴보자. 이해를 돕기 위해, 세 가지 가공방식이 생산량에 차이를 가져오는지를 검정하는 문제로 돌아가서 이번에는 완전 임의설계가 아니라 블록설계로 실험을 하기로 한다. 이제는 〈표 9-11〉의 데이터를 바탕으로 분산을 분해하게 된다. 앞의 데이터와 비교하여 가장 큰 차이는 임의화 블록설계로 실험이 이루어졌기 때문에 데이터 행렬의 행(row)에 $b=4$개의

블록이 만들어진 것이다.

〈표 9-11〉 블록설계의 생산량 데이터

	방법 1	방법 2	방법 3	평균
블록 1	110	100	90	100
블록 2	105	95	90	96.67
블록 3	100	85	80	88.33
블록 4	95	80	70	81.67
평균	102.5	90	82.5	91.67

먼저 그룹 간 분산을 보자. 이것은 전체평균을 중심으로 각 그룹(처리방법)의 평균이 산포되어 있는 정도인 SSTr을 가리키므로 아래의 식으로 계산된다.

$$SSTr = 4[(102.5-91.67)^2 + (90-91.67)^2 + (82.5-91.67)^2] = 816.67$$

이어서 블록 간 분산을 보자. 이것은 블록이 만들어짐으로써 새롭게 만들어지는 분산으로 전체평균을 중심으로 각 블록의 평균이 산포되어 있는 정도인 SSB를 가리킨다. SSB는 아래의 식으로 계산된다.

$$SSB = 3[(100-91.67)^2 + (96.67-91.67)^2 + (88.33-91.67)^2 + (81.67-91.67)^2] = 616.66$$

마지막으로 전체분산은 아래의 식으로 계산된다.

$$SST = [(110-91.67)^2 + (105-91.67)^2 + \cdots + (80-91.67)^2 + (70-91.67)^2] = 1466.67$$

따라서 마지막 남은 그룹 내 분산인 SSE=SST-SSTr-SSB=1466.67-816.67-616.66=33.34이 된다.

이제 [그림 9-5]를 보면서 블록이 없는 앞의 완전 임의설계와 블록을 포함한 지금의 블록설계를 비교해보자. 왼쪽 그림의 완전 임의설계와 오른쪽 그림의 블록설계 모두 데이터 숫자와 값이 바뀌지 않았기 때문에 당연히 전체분산은 1466.67로 동일하다. 또한 처리방법이 달라진 것은 아니기 때문에 그룹 간 분산인 SSTr도 816.67로 같다. 그러면 달라진 것은 무엇일까? 완전 임의설계의 그룹 내 분산인 SSE가 블록설계에서는 그룹 내 분산 SSE와 블록 간 분산인 SSB의 두 부분으로 나뉘어진 점이다. 다시 말해 완전 임의설계의 그룹 내 분산(SSE)이 블록설계에서는 블록에 의해 설명되는 분산(SSB)만큼 줄어든 것이다.

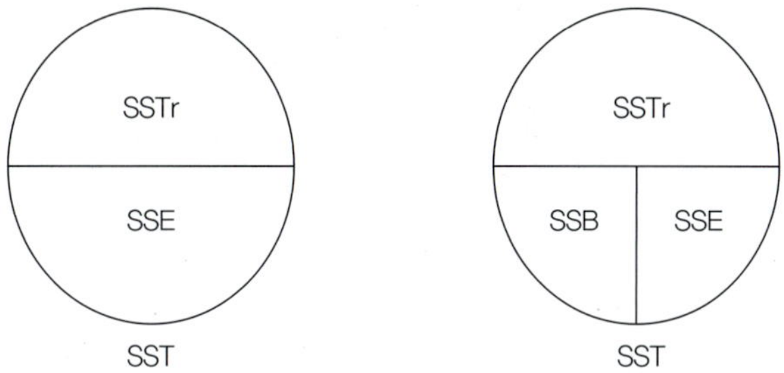

[그림 9-5] 분산의 분해도 비교

그렇게 되면 어떤 효과가 나타날까? 분산분석에서 원래의 SSE는 자유도로 나눈 MSE가 되면서 $F = \dfrac{\text{MSTr}}{\text{MSE}}$ 을 계산할 때 분모의 역할을 한다. 따라서 분자의 MSTr을 만드는 SSTr이 변하지 않은 상태에서 분모의 MSE를 만드는 SSE가 SSB만큼 줄어들면 검정통계량의 F 값은 올라가게 된다. 그러면서 처리방법의 차이에 의한 실험효과가 더욱 분명하게 나타나는 것을 기대할 수 있는 것이다.

라. 분산분석표

임의화 블록설계의 분산분석표는 〈표 9-12〉와 같이 만들어진다. 완전 임의설계에서 처리요인만 본 것에 비해 여기에서는 블록 요인도 보게 된다. 따라서 두 개의 요인 모두에 대해 검정이 이루어진다. 처리에 대한 검정과 블록에 대해 검정 각각에 대해 F 검정을 하게 되는 것이다.

〈표 9-12〉 블록설계의 분산분석표

요인	SS	자유도	MS	F
처리	SSTr	$k-1$	MSTr = SSTr/$(k-1)$	MSTr/MSE,
블록	SSB	$b-1$	MSB = SSB/$(b-1)$	
오차	SSE	$(k-1)(b-1)$	MSE = SSE/$(k-1)(b-1)$	MSB/MSE,
합	SST	$kb-1$		

예제

앞의 예제에 대해 블록설계에 의한 분산분석을 해보자. 여기서 a_i를 실험효과, b_j를 블록효과라고 하면 기본모형은 $X_{ij}=\mu+a_i+b_j+e_{ij}$가 된다. 전체의 검정은 먼저 처리효과에 대한 검정을 하고 이어서 블록효과에 대한 검정을 하는 순서로 이루어진다. 분산분석표는 〈표 9-13〉과 같이 만들어진다.

먼저, 처리에 대한 귀무가설은 아래와 같이 설정된다.

$$H_0: a_1=a_2=a_3=0 \text{ 또는 } H_0: \mu_1=\mu_2=\mu_3$$

이제 유의수준 $\alpha=0.05$에서 실제로 검정을 해보자. 여기서 검정통계량 $F=73.3$이고 F 분포의 표에서 보면 $F_{0.05,2,6}=5.14$이 된다. 검정통계량의 값이 훨씬 크기 때문에 귀무가설은 기각된다. 처리방법에 의한 생산량의 차이가 나타난다고 볼 수 있는 것이다.

다음으로 블록에 대한 귀무가설은 아래와 같이 설정된다.

$$H_0: b_1=b_2=b_3=b_4$$

여기에서도 유의수준 $\alpha=0.05$에서 검정을 해보자. 이번에는 검정통계량 $F=36.9$가 되고 $F_{0.05,2,3}=9.55$로 나온다. 이번에도 검정통계량 값이 훨씬 크기 때문에 귀무가설은 기각된다. 블록에 의한 생산량의 차이가 유의하게 나타난다고 볼 수 있는 것이다.

〈표 9-13〉 실제의 분산분석표

요인	제곱합(SS)	자유도(df)	표본분산(MS)	F
처리 (treatment)	816.67	2	408.34	$\frac{408.34}{5.57} = 73.3$
블록 (block)	616.66	3	205.55	$\frac{205.55}{5.57} = 36.9$
오차 (error)	33.34	6	5.57	
합(total)	1466.67	11		

실제로 위의 예제에 대해 소프트웨어를 사용하여 분산분석을 해보면 다음과 같이 동일한 결과를 얻을 수 있다.

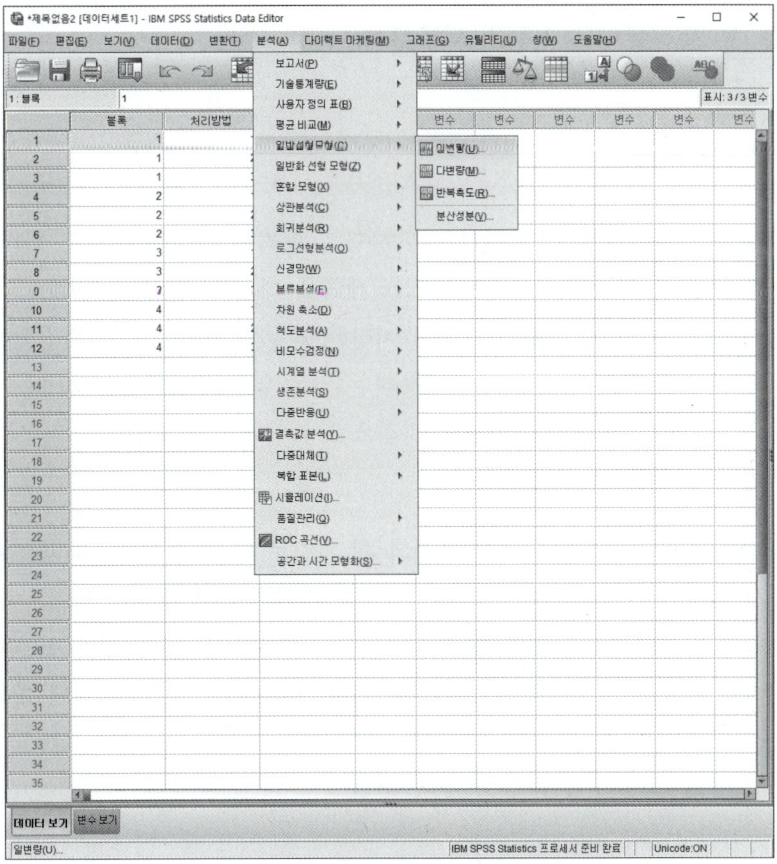

개체-간 효과 검정

종속변수: 생산량

소스	제 III 유형 제곱합	자유도	평균제곱	F	유의확률
수정된 모형	1433.333[a]	5	286.667	51.600	.000
절편	100833.333	1	100833.333	18150.000	.000
블록	616.667	3	205.556	37.000	.000
처리방법	816.667	2	408.333	73.500	.000
오차	33.333	6	5.556		
전체	102300.000	12			
수정된 합계	1466.667	11			

a. R 제곱 = .977 (수정된 R 제곱 = .958)

제4절 분산분석의 가정과 사후분석

1. 분산분석의 가정

앞에서 잠깐 언급한 것처럼 분산분석은 상당히 엄격한 가정을 필요로 한다. 그리고 이러한 가정이 만족되기 위해서는 실험계획을 따라 수집된 데이터(controlled data)를 사용해야 한다. 바꾸어 말하면 이러한 과정을 거치지 않고 수집한 데이터(uncontrolled data)를 분산분석에 사용하는 것은 위험한 일이다. 흔히 세 개 이상의 평균의 차이를 검정한다고 하면 습관적으로 분산분석을 수행하는 경우를 보게 되는데 이것은 바람직한 일이 아니다.

분산분석의 핵심적인 가정은 크게 아래의 세 가지로 나눌 수 있다. 따라서 분산분석에 앞서 각각의 가정이 제대로 만족되는지를 확인한 후에 검정에 들어가야 한다. 만일 가정이 만족되지 않는다면 다양한 방법으로 데이터를 정리하거나 변환하는 작업을 거쳐야 한다. 이제 각각의 가정이 무엇이며 그 가정이 왜 필요한지에 대해 알아보자.

(1) 정규성의 가정

정규성(normality)은 모집단의 데이터가 정규분포를 따른다는 것을 의미한다. 정규성은 분산분석의 밑바탕이 되는 가정이다. 따라서 실험 표본의 수가 충분히 크면 이 가정의 만족 여부가 심각한 문제가 되지 않을 수 있지만 표본이 크지 않을 경우에는 분산분석을 수행하기 전에 정규성 여부를 주의 깊게 살펴야 한다.

왜 분산분석에서 정규성에 대한 가정이 필요할까? 분산분석은 F 검정이다. 그리고 F 검정은 분모와 분자가 각각 chi-square 분포를 하는 통계량을 이용한다. 그러면 chi-square 분포는 어디에서 온 것인가? 바로 정규분포를 뿌리로 두고 있는 분포이다. 따라서 정규분포의 가정이 만족이 되지 않으면 분산분석의 F 검정 자체가 이루어질 수 없다.

(2) 등분산성

등분산성(equality of variance) 또는 분산의 동질성(homogeneity of variance)은 비교대상이 되는 세 개 이상 모집단들의 분산이 동일하다는 것을 의미한다. 물론 모집단들의 분산이 완전히 일치할 수는 없기 때문에 현실적으로는 아주 비슷하다는 정도로 받아들일 수 있다.

이 가정도 분산분석의 기둥이 되는 중요한 가정이다. 왜 이 가정이 필요할까? 분산분석은 그룹 간 분산과 그룹 내 분산으로 나누어 둘 사이의 비율을 가지고 검정을 한다. 따라서 비교 그룹들의 전체분산이 같거나 적어도 비슷하다는 전제하에 그 안에서 부분 분산들간의 상대적 비율의 차이를 비교하게 된다. 만일 전체분산의 크기가 그룹들 사이에 서로 다르다면 상대적 비율의 차이가 갖는 의미도 불분명하게 된다.

등분산성 여부는 아래의 귀무가설과 대립가설에 대한 검정을 통해 확인하게 된다. 수리적인 내용은 생략하지만 Levene 검정을 비롯한 몇 가지의 검정기법들이 이 과정에 사용된다.

- H_0: $\sigma_1^2 = \sigma_2^2 = \cdots = \sigma_k^2$
- H_1: 적어도 하나의 σ^2 는 다르다.

(3) 독립성(independence)

이것도 상식적으로 쉽게 이해할 수 있는 가정이다. 세 개 이상 그룹간의 차이를 비교하기 위해서는 당연히 각 그룹의 독립성이 보장되어야 한다. 만일 한 그룹의 관측치가 다른 그룹의 관측치에 영향을 받는다거나 상관관계를 맺고 있다면 그룹간의 비교 자체가 무의미해질 수 있기 때문이다.

2. 분산분석의 사후비교

(1) 기본개념

이제 분산분석이 끝난 후의 통계적 작업에 대해 생각해보자. 분산분석의 검정결과는 크게 두 가지로 나타난다. 하나는 귀무가설을 기각하지 않는 것(not rejected)이고 다른 하나는 기각하는 것(rejected)이다. 귀무가설이 기각되지 않으면, 즉 통계적으로 유의한 차이가 없는 것으로 나타나면 분산분석은 더 이상의 추가 작업 없이 그대로 끝나게 된다.

문제는 귀무가설이 기각되는 경우이다. 이 때는 그 다음에 해야 할 일이 남게 된다. 어느 평균과 평균 사이에서 얼마나 큰 차이가 있어서 귀무가설이 기각되었는지를 알아내야 하는 것이다. 이것을 분산분석의 사후비교 또는 사후검증(post-hoc comparison)이라고 한다.

앞에서 강조한 것처럼 분산분석은 세 개 이상 그룹의 평균의 차이를 한꺼번에 검정하는 방법(collective procedure)이다. 다시 한번 분산분석의 귀무가설을 들여다보자. 귀무가설은 $H_0: \mu_1 = \mu_2 = \cdots = \mu_k$ 이다. 따라서 귀무가설이 기각된다는 말은 적어도 하나 이상의 평균은 다른 평균들과 같지 않다는 뜻이다. 하지만 분산분석의 한계는 어디에서 그 차이가 발견되었는지, 다시 말해 어느 쌍(pair)에서 상당히 큰 평균의 차이가 발견되어 귀무가설이 기각되는지에 대한 정보는 얻을 수 없다는데 있다.

그러면 어떻게 그 정보를 얻을 것인가? 가장 자연스러운 절차는 두 개씩 쌍(pair)으로 묶어서 평균의 차이를 검정하는 것이다. 이것을 다중비교(multiple comparison)라고 한다. 다중비교는 여러 개의 모집단들 중에서 비교가 가능한 모든 쌍을 선택하여 평균 사이의 차이가 있는가를 검증하는 작업을 반복하는 것을 의미한다. 예를 들어 μ_1, μ_2, μ_3의 세 개의 모평균 차이를 검정하는 경우에는 $(\mu_1-\mu_2)$, $(\mu_1-\mu_3)$, $(\mu_2-\mu_3)$의 세 쌍이 다중비교의 대상이 된다. 이 때는 두 평균의 차이에 대한 검정이므로 t 검정을 사용할 수 있을 것이다.

하지만 이미 앞에서 설명한대로 t 검정에 의한 다중비교는 다음과 같은 심각한 문제를 안고 있다. 여러 쌍에 대한 반복된 t 검정을 통해 일종 오류(Type I error) α가 발생할 가능성이 증폭되는 이른바 알파 인플레이션(α inflation)이 일어나는 것이다. 일종 오류는 귀무가설이 참(true)인데도 불구하고 그것을 기각하는 오류를 뜻한다. 실제로 한 번의 비교에서 생기는 일종 오류를 α라고 하고 k번의 다중비교에서 생기는 일종 오류를 α^*라고 하면, 둘 사이에는 아래의 식이 성립된다.

$$\alpha^*=1-(1-\alpha)^{k(k-1)/2}$$

예를 들어 세 평균의 비교인 경우 두 개씩 뽑은 쌍(pair)은 3개가 만들어지므로 3번의 다중비교(k=3)가 이루어진다. 따라서 만일 t 검정의 오류 α가 0.05라면 다중비교의 오류 α^*는 0.14로 커지게 된다.

그렇다면 어떻게 이 문제를 해결하면서 다중비교를 수행할 것인가? 여기서 문제의 핵심은 결국 α의 증폭 문제를 어떻게 관리할 것인가에 달려있다. 실제로 이 문제는 분산분석의 중요한 주제로 다루어져 왔고 그 과정에서 다양한 사후비교의 검정기법들이 개발되어 사용되고 있다.

(2) 다중비교의 원리

모든 사후비교 기법들의 공통적인 기준은 여러 번의 다중비교를 반복하면서도 전체적으로는 α 수준에서 일종 오류를 관리하는 것이다. 예를 들어 두 개의 모평균 μ_1와 μ_2의 차이를 검정하는 문제와 세 개의 모평균 μ_1, μ_2, μ_3의 차이를 검정하는 문제를 비교해보자. 먼저 두 평균의 차이에 대해서는 α 수준에서 기존의 t 검정을 하게 된다. 다음으로 세 평균의 차이에 대한 검정은 분산분석을 이용하게 되고 만약 분산분석에서 귀무가설이 기각되면 다중비교로 넘어가게 된다. 여기에서는 모평균이 3개이므로 2개의 평균을 비교하는 3개의 쌍(pair)이 만들어진다.

이제 각 쌍에 대해 기존의 t 검정을 3번 반복하게 되면 일종 오류가 커지는 문제가 발생하므로 각 쌍에 대한 검정의 일종 오류는 당연히 α 보다 낮아야 한다. 그래야만 설사 반복과정에서 오류가 증폭된다고 해도 전체적으로는 α 의 수준으로 관리할 수 있기 때문이다.

여기서 α 가 낮아진다는 것은 무슨 뜻일까? 그것은 귀무가설을 기각할 가능성이 낮아진다는 의미이다. 왜냐하면 일종 오류는 귀무가설이 참인데 그것을 잘못 기각하는 확률이므로 기각의 가능성이 낮아질수록 잘못 기각하는 오류의 확률도 작아지기 때문이다. 따라서 다중비교의 검정은 일반적인 t 검정보다 귀무가설을 기각하는 것을 꺼려하는 보수적(conservative)인 검정이 된다.

(3) 다중비교의 접근방법

위에서 설명한 원리를 바탕으로 실제로 일종 오류를 관리할 수 있는 사후비교 기법들을 알아보자. 하지만 워낙 많은 기법들이 개발되어 있기 때문에 각 기법들을 일일이 살펴볼 수는 없다. 대신 검정원리와 과정의 장점과 단점을 중심으로 뚜렷하게 대비되는 두 가지의 방법만 예시적으로 비교해 보자.

귀무가설을 기각할 가능성은 다음 두 가지 요인에 의해 달라진다. 첫째, 검정통계량이다. α 자체는 그대로 두고 대신 검정통계량을 크게 만들면 귀무가설을 기각할 가능성이 낮아진다. 둘째, 유의확률 α 이다. α 자체를 작게 설정하면 당연히 귀무가설을 기각할 가능성이 낮아진다. 여기서 어느 요인을 조정하느냐에 따라 크게 두 가지의 검정방법이 만들어질 수 있다.

가. 새로운 검정통계량 사용

한 가지 방법은 기존의 t 검정에서 설정한 α 의 수준은 그대로 두고 대신 t 통계량 값보다 더 큰 검정통계량 값을 사용하여 각각의 쌍에서 귀무가설이 기각될 가능성을 낮추는 것이다. 그렇게 하면 기존의 t 검정에서는 기각될 수도 있는 귀무가설이 새로운 검정에서는 기각되지 않음으로써 전체적으로는 α 수준에서 일종 오류를 관리할 수 있다.

나. 유의확률의 조정

또 다른 해결방법은 아예 처음부터 t 검정에서 발생하는 α보다 더 작은 유의확률을 설정하여 각각의 쌍에서 귀무가설이 기각될 가능성을 낮추는 것이다. 그렇게 하면 설사 다중비교를 통해 일종 오류가 증폭된다고 하더라도 전체적으로는 α 수준에서 관리할 수 있다. 지금부터 각 방법을 대표하는 두 가지 검정기법의 내용을 자세히 알아보자.

(4) Tukey의 방법

가. 검정의 원리

Tukey의 방법(Tukey's procedure)은 위에서 설명한 두 가지 방법 가운데 첫 번째 방법, 즉 검정통계량을 크게 하기 위한 방법을 대표하는 기법이다. 두 평균의 검정에 적용되는 일종 오류 α를 그대로 두되 t 검정에서 사용하는 검정통계량 t 보다 더 큰 q라는 검정통계량을 만들어 그것을 검정에 사용한다.

이 과정을 구체적으로 알아보자. 우선 정규분포 $N(\mu_i, \sigma^2)$을 가정한 상황에서 두 개의 평균을 하나의 쌍(pair)으로 하여 평균의 차이를 검정해보자. 여기서 귀무가설은 $H_0: \mu_i = \mu_j$ 즉 두 평균의 차이가 없다는 것이 되고 따라서 두 표본평균의 차이의 절대값인 $|\overline{X_{i\cdot}} - \overline{X_{j\cdot}}|$가 크면 귀무가설은 기각된다. 이 때 검정통계량 $\dfrac{|\overline{X_{i\cdot}} - \overline{X_{j\cdot}}|}{\sqrt{\sigma^2/n}}$는 t 분포를 따르게 된다. 한 가지 주의할 점은 분산분석의 기본가정인 등분산성$(\sigma_i^2 = \sigma_j^2)$을 이용하여 분산은 합동분산(pooled variance) σ^2을 사용한다는 것이다.

이 검정의 문제는 모든 쌍에 대한 반복적 검정에서 α에 대응하는 t 값을 그냥 쓰게 되면 일종 오류를 α의 수준으로 관리할 수가 없다는데 있다. 따라서 기존의 t 분포의 통계량과는 다른 새로운 통계량을 만들어서 그것을 검정에 사용하는 대안을 찾게 된다.

그렇다면 새로운 통계량은 기존의 통계량과 무엇이 어떻게 달라져야 할까? 앞에서 설명한대로 기존의 검정통계량은 두 개의 표본평균의 차이인 $|\overline{X_{i\cdot}} - \overline{X_{j\cdot}}|$을 기반으로 하는 t 분포를 따른다. 하지만 새로운 검정통계량은 비교대상의 모든 표본평균

($\overline{X}$) 가운데 가장 큰 표본평균과 가장 작은 표본평균의 차이인 ($\overline{X}_{\max}-\overline{X}_{\min}$)을 기반으로 한다. 이것을 q 통계량이라고 한다. 그리고 이 새로운 통계량은 t 분포가 아니라 studentized 범위 분포(studentized range distribution)라는 새로운 분포를 따른다. 이 분포에 대해서는 α에 대응하는 q 값이 표(table)로 정리되어 있어서 그 값을 이용하여 검정을 하게 된다.

그렇다면 이 검정이 일반적인 t 검정보다 귀무가설을 기각하는 확률을 낮게 만드는 이유는 무엇인가? 그것은 이미 설명한 것처럼 통계량의 바탕이 다르기 때문이다. 일반적인 t 검정은 $|\overline{X_{i\cdot}}-\overline{X_{j\cdot}}|$을 통계량으로 하는데 반해 Tukey의 검정법은 ($\overline{X}_{\max}-\overline{X}_{\min}$)을 통계량으로 한다. 이것을 개념적으로 설명해보자. Tukey의 검정법은 각각의 쌍에서 생기는 평균의 차이가 아니라 가장 큰 평균과 가장 작은 평균의 차이를 판정의 기준으로 삼는다. 따라서 기존의 t 검정에 비해 두 평균 사이에 유의한 차이가 있다고 판정할 가능성이 매우 낮아지면서 그만큼 일종 오류가 발생할 여지가 줄어든다. 다른 말로 표현하면 두 평균 사이에 '진정한(honest)' 차이가 있어야만 귀무가설을 기각하게 된다. 그러한 뜻에서 Tukey의 검정법을 HSD(honestly significant difference) 검정법이라고 부르기도 한다.

나. 검정의 과정

Tukey의 검정법을 이용하여 두 모평균 사이에 유의한 차이가 있는지를 판정하는 다중비교를 해보자. 우선 각각의 쌍에 대해 두 모평균 μ_i와 μ_j의 차이에 대한 검정통계량 $|\overline{X_{i\cdot}}-\overline{X_{j\cdot}}|$을 구한다. 이제 주어진 α에 대해 이에 대응하는 비교의 임계값을 찾는다. 이 값은 흔히 HSD라고 부르며 아래의 식으로 계산하게 된다.

$$HSD=q\sqrt{MSE/n}$$

여기서 q는 주어진 유의수준에 대해 위에서 말한 q 통계량의 studentized 범위 분포로부터 얻는다. 또한 MSE는 분산분석(ANOVA)에서 나오는 분산을 말하고, n은 표본의 수를 의미한다.

이제 $|\overline{X_{i\cdot}}-\overline{X_{j\cdot}}|$의 통계량과 주어지는 임계값(critical value)인 HSD를 비교하여 판정을 하게 된다. 앞에서 설명한 것처럼 $|\overline{X_{i\cdot}}-\overline{X_{j\cdot}}|$가 HSD보다 더 클 때 비로소

귀무가설을 기각하면서 두 평균 사이에 유의한 차이가 있다고 판정하는 것이다. 따라서 Tukey 검정의 구체적인 결과는 아래와 같이 이루어진다.

- 만일 $|\overline{X_{i\cdot}} - \overline{X_{j\cdot}}| >$ HSD이면, 귀무가설을 기각
- 만일 $|\overline{X_{i\cdot}} - \overline{X_{j\cdot}}| \leq$ HSD이면, 귀무가설을 유지

마지막으로 검정의 결과를 정리해보자. 모든 쌍에 대해 차례대로 위의 검정을 수행하면 어느 쌍은 귀무가설이 유지되고 반대로 다른 쌍은 귀무가설이 기각된다. 그러면 귀무가설이 기각되는 쌍에 대해서만 두 평균 사이에 통계적으로 유의한 차이가 있다는 결론을 내리게 된다. 반대로 귀무가설이 유지되는 쌍은 평균의 차이가 없는 하나의 집합으로 묶이게 된다.

이 결과를 앞에서 설명한 신뢰구간으로 확인해보면 귀무가설이 유지되는 쌍은 신뢰구간에 0이 포함되고, 귀무가설이 기각되는 쌍은 신뢰구간에 0이 포함되지 않는 것을 볼 수 있다.

예제

앞에서 살펴본 예제와 같이 연령대에 따른 스마트폰 사용시간에 차이가 있는지를 확인하고, 차이가 있다면 다중비교를 통해 귀무가설이 기각된 요인의 구간을 확인하려고 한다.

먼저 분산분석을 수행한다. F 검정을 통해 유의확률을 계산하면 p-value는 0으로 나타난다. 따라서 유의수준 α의 크기와 상관없이 귀무가설을 기각한다. 연령대에 따른 스마트폰 사용시간은 통계적으로 유의한 차이가 있다는 결론을 내리게 되는 것이다.

귀무가설이 기각되었기 때문에 이어서 다중비교로 넘어가게 된다.

① 다중비교를 통한 사후검정을 위해 일원배치 분산분석 대화상자에서 우측 상단의 [사후분석(H)]를 선택하고, 다중비교 방법들 중 Tukey 방법을 체크하고 계속을 누른다.

② 필요한 옵션을 모두 선택한 후 확인을 누르면 출력 결과창에 다음과 같은 분석결

과가 나타난다.

이제 결과를 해석해보자. 표에서 보는 것처럼, 10대부터 70대까지 7개의 연령대는 스마트폰 사용시간의 차이에 따라 총 5개의 동질적 부분집합으로 분류되었다. 60대와 70대 그리고 10대와 30대는 스마트폰 사용시간에 차이가 미세하여 평균의 유의한 차이가 없는 같은 집단으로 분류되었다. 이들 이외의 모든 연령대에서는 스마트폰 사용시간에 유의한 차이가 있는 것으로 나타났다.

다중비교

종속변수: 스마트폰 사용시간
Tukey HSD

(I) 연령대	(J) 연령대	평균차이(I-J)	표준오차	유의확률	95% 신뢰구간	
					하한	상한
10대	20대	-1.0502*	.1076	.000	-1.368	-.732
	30대	-.2607	.1066	.181	-.575	.054
	40대	.4281*	.1052	.001	.117	.739
	50대	1.6938*	.1081	.000	1.374	2.013
	60대	2.1876*	.1146	.000	1.849	2.526
	70대	2.1192*	.1419	.000	1.700	2.538
20대	10대	1.0502*	.1076	.000	.732	1.368
	30대	.7895*	.0874	.000	.531	1.048
	40대	1.4782*	.0858	.000	1.225	1.732
	50대	2.7439*	.0893	.000	2.480	3.008
	60대	3.2377*	.0971	.000	2.951	3.525
	70대	3.1694*	.1282	.000	2.791	3.548
30대	10대	.2607	.1066	.181	-.054	.575
	20대	-.7895*	.0874	.000	-1.048	-.531
	40대	.6887*	.0846	.000	.439	.939
	50대	1.9545*	.0881	.000	1.694	2.215
	60대	2.4482*	.0960	.000	2.165	2.732
	70대	2.3799*	.1273	.000	2.004	2.756
40대	10대	-.4281*	.1052	.001	-.739	-.117
	20대	-1.4782*	.0858	.000	-1.732	-1.225
	30대	-.6887*	.0846	.000	-.939	-.439
	50대	1.2657*	.0865	.000	1.010	1.521
	60대	1.7595*	.0945	.000	1.480	2.039
	70대	1.6911*	.1262	.000	1.318	2.064
50대	10대	-1.6938*	.1081	.000	-2.013	-1.374
	20대	-2.7439*	.0893	.000	-3.008	-2.480
	30대	-1.9545*	.0881	.000	-2.215	-1.694
	40대	-1.2657*	.0865	.000	-1.521	-1.010
	60대	.4938*	.0977	.000	.205	.782
	70대	.4254*	.1286	.017	.045	.805
60대	10대	-2.1876*	.1146	.000	-2.526	-1.849
	20대	-3.2377*	.0971	.000	-3.525	-2.951
	30대	-2.4482*	.0960	.000	-2.732	-2.165
	40대	-1.7595*	.0945	.000	-2.039	-1.480
	50대	-.4938*	.0977	.000	-.782	-.205
	70대	-.0684	.1342	.999	-.465	.328
70대	10대	-2.1192*	.1419	.000	-2.538	-1.700
	20대	-3.1694*	.1282	.000	-3.548	-2.791
	30대	-2.3799*	.1273	.000	-2.756	-2.004
	40대	-1.6911*	.1262	.000	-2.064	-1.318
	50대	-.4254*	.1286	.017	-.805	-.045
	60대	.0684	.1342	.999	-.328	.465

*. 평균차이는 0.05 수준에서 유의합니다.

동질적 부분집합

스마트폰 사용시간

Tukey HSD[a,b]

연령대	N	유의수준 = 0.050에 대한 부분집합				
		1	2	3	4	5
60대	125	.768				
70대	55	.836				
50대	170		1.262			
40대	200			2.528		
10대	90				2.956	
30대	185				3.216	
20대	175					4.006
유의확률		.996	1.000	1.000	.193	1.000

동질적 부분집합에 있는 집단에 대한 평균이 표시됩니다.

a. 조화평균 표본크기 118.054을(를) 사용합니다.

b. 집단 크기가 동일하지 않습니다. 집단 크기의 조화평균이 사용됩니다. I 유형 오차 수준은 보장되지 않습니다.

(5) Bonferroni의 방법

가. 검정의 원리

다음으로는 Bonferroni의 방법(Bonferroni's procedure)에 대해 알아보자. 이 방법은 위에서 설명한 두 가지 방법 가운데 두 번째 방법, 즉 유의수준 α를 작게 하는 기법을 대표하는 기법이다. 이 기법은 검정의 원리가 매우 단순하다는 장점이 있다.

앞에서 본 Tukey의 방법에서는 모든 쌍에 대한 검정에 동일한 수준의 α를 적용하였다. 이에 비해 Bonferroni의 방법은 아예 처음부터 α가 아니라 α보다 더 작은 α_{new}를 적용한다. 이 때 α_{new}는 다중비교를 통해 일종 오류가 증폭되었음에도 불구하고 전체적으로 α 수준으로 관리할 수 있는 값을 사용하게 된다. 모든 쌍(pair)의 검정에서 처음부터 α보다 작은 값인 α_{new}를 설정한 후에 검정 자체는 일반적인 t 검정을 하는 것이다.

그러면 α_{new}의 값이 어느 정도가 되어야 전체적으로 α 수준으로 관리할 수 있을까? Bonferroni 방법에서는 k개의 쌍(pair)을 검정할 경우 일종 오류 α^*를 다음과 같이 α/k로 설정한다.

$$\alpha^* = \alpha/k$$

예를 들어 $\alpha=0.05$ 수준에서 세 평균의 차이에 대한 사후비교를 하는 경우를 생각해보자. 여기에서는 두 개씩 뽑은 쌍(pair)이 모두 3개가 만들어지므로 $k=3$이 된다. 따라서 Bonferroni의 방법을 사용할 경우 검정에 적용할 새로운 α^*는 $0.05/3=0.017$이 된다. Bonferroni 검정법은 α의 값만 다를 뿐 검정의 절차와 기준은 일반적인 t 검정과 동일하다.

예제

① 여기에서도 연령대에 따른 스마트폰 사용시간에 차이가 있는지를 확인하고, 차이가 있다면 사후검정을 통해 귀무가설이 기각된 요인의 구간을 확인하려고 한다.

② 다중비교를 통한 사후검정을 위해 일원배치 분산분석 대화상자에서 우측 상단의 [사후분석(H)]를 선택하고, 다중비교 방법들 중 Bonferroni 방법을 체크하고

계속을 누른다.

③ 필요한 옵션을 모두 선택한 후 확인을 누르면 출력 결과창에 다음과 같은 분석결과가 나타난다.

보는 것처럼 Bonferroni 검정법에 따른 결과는 Tukey 방법의 결과와 다르지 않음을 확인할 수 있다. 10대와 30대 그리고 60대와 70대 사이에는 스마트폰 사용시간에 있어서 통계적으로 유의한 차이가 존재하지 않지만, 이들 이외에 모든 연령대는 스마트폰 사용시간에 통계적으로 유의한 차이가 나타난다.

다중비교

종속변수: 스마트폰 사용시간

Bonferroni

(I) 연령대	(J) 연령대	평균차이(I-J)	표준오차	유의확률	95% 신뢰구간	
					하한	상한
10대	20대	-1.0502*	.1076	.000	-1.378	-.723
	30대	-.2607	.1066	.307	-.585	.064
	40대	.4281*	.1052	.001	.107	.749
	50대	1.6938*	.1081	.000	1.365	2.023
	60대	2.1876*	.1146	.000	1.838	2.537
	70대	2.1192*	.1419	.000	1.687	2.551
20대	10대	1.0502*	.1076	.000	.723	1.378
	30대	.7895*	.0874	.000	.523	1.056
	40대	1.4782*	.0858	.000	1.217	1.740
	50대	2.7439*	.0893	.000	2.472	3.016
	60대	3.2377*	.0971	.000	2.942	3.533
	70대	3.1694*	.1282	.000	2.779	3.560
30대	10대	.2607	.1066	.307	-.064	.585
	20대	-.7895*	.0874	.000	-1.056	-.523
	40대	.6887*	.0846	.000	.431	.946
	50대	1.9545*	.0881	.000	1.686	2.223
	60대	2.4482*	.0960	.000	2.156	2.741
	70대	2.3799*	.1273	.000	1.992	2.768
40대	10대	-.4281*	.1052	.001	-.749	-.107
	20대	-1.4782*	.0858	.000	-1.740	-1.217
	30대	-.6887*	.0846	.000	-.946	-.431
	50대	1.2657*	.0865	.000	1.002	1.529
	60대	1.7595*	.0945	.000	1.472	2.047
	70대	1.6911*	.1262	.000	1.307	2.076
50대	10대	-1.6938*	.1081	.000	-2.023	-1.365
	20대	-2.7439*	.0893	.000	-3.016	-2.472
	30대	-1.9545*	.0881	.000	-2.223	-1.686
	40대	-1.2657*	.0865	.000	-1.529	-1.002
	60대	.4938*	.0977	.000	.196	.791
	70대	.4254*	.1286	.020	.034	.817
60대	10대	-2.1876*	.1146	.000	-2.537	-1.838
	20대	-3.2377*	.0971	.000	-3.533	-2.942
	30대	-2.4482*	.0960	.000	-2.741	-2.156
	40대	-1.7595*	.0945	.000	-2.047	-1.472
	50대	-.4938*	.0977	.000	-.791	-.196
	70대	-.0684	.1342	1.000	-.477	.340
70대	10대	-2.1192*	.1419	.000	-2.551	-1.687
	20대	-3.1694*	.1282	.000	-3.560	-2.779
	30대	-2.3799*	.1273	.000	-2.768	-1.992
	40대	-1.6911*	.1262	.000	-2.076	-1.307
	50대	-.4254*	.1286	.020	-.817	-.034
	60대	.0684	.1342	1.000	-.340	.477

*. 평균차이는 0.03 수준에서 유의합니다.

연습문제

▣ 개념이해 문제

1. 넓은 의미의 분산분석과 좁은 의미의 분산분석의 의미를 설명하시오.

2. 분산을 이용하여 세 개 이상 그룹의 모평균 차이를 검정하는 분산분석(ANOVA)의 개념적 원리에 대해 설명하시오.

3. 세 개 그룹의 모평균 μ_1, μ_2, μ_3의 차이를 검정할 때, 귀무가설과 대립가설을 설정하는 두 가지 방식을 제시하시오.

4. 세 개 이상 그룹의 모평균 차이를 검정할 때 두 그룹씩 쌍(pair)으로 묶어 t 검정을 하면 어떤 문제들이 생길 수 있는지를 제시히시오.

5. 세 개 이상 그룹에 대해 전체 평균을 μ라고 하고 각 그룹의 평균을 μ_i라고 할 때, i 그룹($i = 1, 2, 3$)의 j 번째($j = 1, 2, \cdots, n$) 관측치 X_{ij}와 전체 평균 μ와의 차이를 그룹간 요인과 그룹내 요인으로 분해하여 보시오.

6. 분산분석은 F 검정(F test)의 한 종류가 되는 이유를 확률분포의 관점에서 설명하시오.

7. 고급 실험설계(advanced experimental design)와 분산분석간의 관계에 대해 설명하시오.

8. 실험설계에서 블록(block)의 의미를 설명하고 블록화 또는 블로킹(blocking)을 하는 이유와 효과가 무엇인지를 서술하시오.

9. 고급 실험설계를 요인의 수에 따라 몇 가지 유형으로 나누고 각 유형의 대표적인 설계방법을 제시하시오.

10. 분산분석의 핵심적인 가정(assumption) 세 가지를 제시하고 각각의 의미를 설명하시오.

11. 분산분석에서 귀무가설이 기각되면 사후비교(post-hoc comparison)를 위해 다중비교(multiple comparison)를 하는 이유를 설명하시오.

12. 다중비교에서 일종 오류 α 의 증폭(inflation) 문제를 조정할 수 있는 두 가지의 접근방법에 대해 설명하시오.

▣ 수리실습 문제

1. 어느 제약회사에서 새로 개발한 치료제는 기존 치료제와 비교하여 특정 수치를 낮추는 효과가 더 크다고 주장하고 있다. 이 주장의 유의성을 확인하기 위해 15명의 실험집단을 대상으로 치료제 사용 전과 사용 후의 수치를 비교하여 그 차이(D)를 측정한 결과 $\overline{D} = 7.4$, $S^2 = 116.64$ 로 나타났다.

(1) 유의성 검정의 가설을 제시하시오.

(2) 위의 검정을 t 검정으로 하는 것과 분산분석(ANOVA)의 F 검정으로 하는 것이 동일한 검정이 되는 것을 보이시오.

2. 실험 요인의 4가지 수준(k=4)의 효과를 비교하기 위해 각 요인에 대해 12개 크기의 표본을 조사하였다. 총제곱합 SST=32.238이고 각각의 표본평균 $\overline{x_{1.}} = 13.5$, $\overline{x_{2.}} = 12.7$, $\overline{x_{3.}} = 13.9$, $\overline{x_{4.}} = 13.1$ 으로 나타난 경우 이 실험의 분산분석표를 만드시오.

3. 아래에 주어진 분산분석표의 빈칸을 채우시오.

요인	제곱합	자유도	표본분산	F
처리	377.82	9	?	?
오차	?	?	21.20	
합	?	28		

4. 아래에 주어진 4 그룹의 측정치 데이터를 바탕으로 분산분석표를 만들고 p-value를 구하시오. 단, p-value의 계산은 컴퓨터 소프트웨어를 이용하시오.

그룹 1	그룹 2	그룹 3	그룹 4
13.4	10.8	12.1	14.4
12.1	14.8	11.3	14.5
12.3	12.2	12.5	10.4
13.8	13.5	11.7	15.5
14.3	15.0	14.0	10.9
14.4	11.5	10.2	10.3
10.4	11.3	14.3	12.3
12.4	13.5	13.5	13.0
10.5	11.7	10.0	12.5
10.8	13.9	11.4	14.6

5. 아래에 주어진 4 그룹의 측정치 데이터를 바탕으로 유의수준 $\alpha = 0.05$에서 다음의 작업을 수행하시오.

그룹 1	그룹 2	그룹 3	그룹 4
90	96	94	73
82	88	92	74
73	100	81	85
72	88	93	83
84	90	98	74
89	95	95	87
71	86	91	70
87	87	89	80

(1) 분산의 동질성(등분산성) 검정

(2) 분산분석(ANOVA)을 이용한 평균의 비교 검정

(3) Tukey의 방법과 Bonferroni의 방법을 이용한 분산분석의 사후 비교

6. 다음에 주어진 4 그룹과 5 블록의 측정 데이터를 바탕으로 유의수준 $\alpha = 0.05$에서 다음의 작업을 수행하시오.

	그룹 1	그룹 2	그룹 3	그룹 4
블록 1	61.6	58.9	51.4	82.8
블록 2	75.8	60.1	75.1	98.7
블록 3	73.3	58.0	75.5	65.9
블록 4	94.9	89.6	54.3	99.1
블록 5	70.6	68.2	71.8	86.0

(1) 완전 임의설계(CRD)를 사용한 경우의 그룹간 평균의 비교 검정

(2) 임의화 블록설계(RBD)를 사용한 경우의 그룹간 평균의 비교 검정

7. 다음은 이동통신기기 제조사에서 서로 다른 5가지 인터페이스에 대한 사용자 감성 만족도를 12명의 포커스 그룹을 대상으로 조사한 자료이다.

인터페이스 A	인터페이스 B	인터페이스 C	인터페이스 D	인터페이스 E
90	74	92	84	87
72	72	86	85	91
80	77	90	92	92
83	93	85	90	93
75	82	95	95	100
79	73	91	93	96
80	73	90	86	78
85	75	87	87	92
82	90	85	82	95
87	79	84	91	92
78	73	75	85	93
80	75	83	90	86

(1) 인터페이스 사이에 사용자 감성 만족도의 차이가 있는지를 유의수준 $\alpha = 0.05$에서 검정하시오.

(2) 인터페이스 A와 인터페이스 D 간의 평균 감성 만족도의 차이에 대한 95% 신뢰구간(confidence interval)을 추정하시오.

(3) 다중비교를 통해 각 인터페이스의 만족도를 비교하시오.

8. 어느 기업에서 A, B, C, D, E 다섯 가지 업무처리 방식의 프로세싱 효율을 비교하면서 사무직, 영업직, 기술직, 경리직의 네 가지 직종을 블록(block)으로 하여 아래의 결과를 얻었다.

	사무직	영업직	기술직	경리직
방식 A	685	792	838	875
방식 B	722	806	893	953
방식 C	733	802	880	941
방식 D	811	888	952	1005
방식 E	828	920	978	1023

(1) H_0 : 처리 방식간 프로세싱 효율의 차이가 없다는 가설을 유의수준 $\alpha = 0.05$ 에서 검정하시오.

(2) H_0 : 직군을 블록화(blocking)하는 것은 효과가 없다는 가설을 유의수준 $\alpha = 0.05$ 에서 검정하시오.

(3) 사무직과 영업직간의 프로세싱 효율의 차이 및 사무직과 기술직간의 효율의 차이를 유의수준 $\alpha = 0.05$ 에서 t 검정과 Tukey's 다중비교 검정으로 검정작업을 각각 수행한 후 두 검정의 결과를 비교하시오.

▣ 조사실습 문제

1. 아래에 제시된 실험계획(experimental design)을 적용하기에 적합한 실제의 실험 시나리오를 하나씩 제시하시오.

(1) 단일집단 사전-사후측정 설계(one-group pretest-posttest design)

(2) 집단비교측정 설계(static-group comparison design)

(3) 통제집단 사전-사후측정 설계(pretest-posttest control group design)

(4) 완전 임의설계(CRD)

(5) 임의화 블록설계(RBD)

2. 종업원 1,000명으로 구성된 기업조직에 새로운 정보관리 시스템을 도입하기 위한 사전준비로 이 시스템의 홍보 영상물을 보여준 후 그 효과에 대한 반응과 의견을 분석하려고 한다. 이 상황에서 사용될 수 있는 다양한 실험계획(experimental design)의 유형들을 제시하시오.

3. 분산분석은 다양한 분야에서 폭넓게 사용되는 검정기법이다. 아래의 각 분야에서 분산분석을 적용한 실제 사례를 하나씩 찾아서 분석의 목적과 과정을 정리하여 서술하시오.

   (1) 경영분석 분야
   (2) 시장조사 분야
   (3) 교육분야의 강의방식 분야
   (4) 서비스업의 고객관리 분야

4. 온라인 컨텐츠 서비스에 관한 사용자 조사자료를 하나 찾아서 아래의 과제를 수행하시오.

   (1) 서비스 월 평균 사용빈도는 연령층에 따라 집단간의 차이가 있는지를 검정하시오
   (2) 다중비교법을 통해 각 연령층 사이에 사용량의 차이가 있는지를 검정하시오.

STATISTICS

PART IV

데이터 변수관계의 분석

CHAPTER

10

상관분석

STATISTICS

contents

배경과 요약(Background & Summary)

이제 통계분석의 범위를 넓혀 두 개 이상의 변수들을 대상으로 하는 다변량(multi-variate) 통계로 들어가보자. 다변량 통계가 포함하는 주제는 매우 다양하다. 그 중에서도 변수들간의 관계를 다루는 주제, 다양한 변수들 가운데 가장 중요한 변수를 추출하거나 변수들간의 상대적 중요도를 파악하는 주제 등이 대표적이다.

다변량 통계에서 가장 기본이 되는 기법이 바로 상관분석(correlation analysis)이다. 통계학에서 말하는 상관성은 두 변수가 움직이는 패턴이 얼마나 유사한지(상반되는지)를 가리킨다 그리고 유시한(상반된) 정도를 정량적으로 파악하는 기법이 상관분석이다.

이를 위해 변동성의 정량적 값을 의미하는 분산으로 변수간의 상관성의 정도를 측정하게 된다. 여기서 두 변수가 만들어내는 전체분산의 크기에 비해 두 변수가 공통으로 설명할 수 있는 분산의 크기를 측정한 값이 바로 피어슨 상관계수이다. 당연히 이 비율이 커질수록 두 변수 사이의 연관성도 커진다고 본다.

주의할 점은, 상관분석은 두 변수 사이의 상관성만을 보여주는 것이지 인과성까지를 보여주는 것은 아니라는 사실이다. 특히 두 변수 사이에 겉으로 나타나는 상관관계는 존재하지만 직접적인 인과관계가 존재하지 않을 때 이것을 허위상관이라고 한다. 이 경우에는 부분 상관계수를 측정하여 추가적인 분석을 할 필요가 있다. 또한 데이터가 서열 척도로 되어 있는 경우에는 피어슨 상관계수보다는 스피어만 상관계수를 사용하는 것이 더 바람직하다.

핵심주제와 용어(Main Theme & Keywords)

다변량 분석의 주제

- 변수들간의 관계
- 가장 중요한 변수의 추출
- 유사한 변수들의 집합
- 변수들의 조합을 통한 대표변수의 도출

상관분석

- 분산과 상관성
- 모집단 상관계수
- 피어슨 표본상관계수
- 상관관계 t 검정

부분 상관계수

- 상관관계와 인과관계
- 허위상관
- 교란변수
- 부분 상관계수

서열척도 상관분석

- 순위 상관
- 스피어만 상관계수

CHAPTER 10

상관분석

제1절 다변량 통계

지금까지는 하나의 변수에 대한 통계적 분석을 다루어 왔다. 사람의 예로 돌아가서 생각해보면 하나의 관측그룹 안에서 신장, 체중, 스마트폰 사용시간 등 각각의 변수에 대해 평균이나 분산을 추정하거나 검정하는 문제에 초점을 맞춘 것이다. 또한 한 걸음 더 나아가 관측 그룹 간에 평균이나 분산의 차이가 있는지를 검정하는 작업에 대해서도 알아보았다. 하지만 분석의 주제는 여전히 하나의 변수, 즉 단변량(uni-variate) 문제에 국한되어 있었다.

이제 시각을 넓혀 두 개 이상의 변수들을 대상으로 하는 분석에 대해 생각해보자. 예를 들어 신장과 체중을 동시에 보거나, 체중과 혈압을 동시에 보거나, 신장, 체중, 혈압 모두를 동시에 보는 식이다. 이처럼 여러 변수들 사이의 관계를 분석하는 주제를 묶어서 다변량(multi-variate) 통계라고 부른다.

실제로 데이터의 크기가 커지고 성격이 복잡해질수록 한 개의 변수를 이용하여 데이터가 지니고 있는 정보를 얻어내기는 쉽지 않다. 사람을 이해하기 위해서는 신체적 특성, 정신적 특성, 사회적 특성 등의 다양한 요소들을 동시에 살펴봐야 하고 나아가 특성과 특성간의 관계에 대해서도 이해해야 한다. 따라서 다변량 통계는 단변량 통계와 비교하여 분명히 분석의 범위가 넓어지고 분석의 차원이 높아진 것이다.

그만큼 통계학의 역할과 의미도 커지게 된다. 그러나 데이터의 범위도 넓어지고 기법의 수준도 올라가는 만큼 부담도 늘어난다.

매우 자연스러운 일이지만 다변량의 문제는 단변량 확률분포가 다변량 확률분포로 확장될 경우에 생기는 주제들과 연결되어 있다. 통계학의 역사로 보면, 이러한 주제들은 19세기 초에 시작되어 20세기 초까지 주목할만한 성장과 발전의 과정을 밟았다. 우선 단변량의 정규분포나 t 분포가 다변량의 분포로 넓어지는 주제에 대한 논의가 이루어졌다. 이어서 분산분석에서 단변량의 분산이 다변량의 공분산으로 확대되는 주제도 다루게 되었다. 또한 이 과정에서 쌓인 지식을 바탕으로 20세기 이후에는 변수와 변수간의 관계를 분석하는 문제가 큰 관심을 끌었다. 하지만 이론분야의 눈부신 발전에도 불구하고 수치계산(computation)의 어려움 때문에 다변량 통계의 실무적인 활용은 미미한 수준에 머무르고 있었다. 따라서 오늘날 다변량 분석이 현대통계학의 핵심 영역으로 자리잡게 된 것은 컴퓨터의 확산이 중요한 계기가 되었다고 할 수 있다.

다변량 통계가 포함하는 주제는 매우 다양하며 지금도 계속 범위가 넓어지고 있다. 그러나 이 책에서 우리가 다룰 대상은 다음 두 가지로 요약할 수 있다. 첫째, 변수들간의 관계를 다루는 주제이다. 둘째, 다양한 변수들 가운데 가장 중요한 변수를 추출하거나 변수들간의 상대적 중요도를 파악하는 주제이다. 이제부터 각각의 주제에 활용되는 대표적 기법들을 차례대로 알아보도록 하자.

제2절 상관분석

1. 기본개념

대부분의 교과서에서 다변량 분석의 첫 주제로는 상관분석(correlation analysis)을 다루고 있다. 이러한 현상은 실무에서도 마찬가지라고 할 수 있다. 그러나 이 순서가 곧 다변량 통계의 역사에서 상관분석이 가장 먼저 개발된 분석기법이라는 사실을 뜻하는 것은 아니다. 상관분석보다 더 앞서 기본개념이나 이론이 만들어진 기법들도 있다. 그러나 오늘날의 통계분석에서 상관분석을 일종의 예비작업으로 수행하고 그 결과를 바탕으로 후속적인 작업을 하는 경우를 자주 볼 수 있다. 그것은 상관분석에서 얻을 수 있는 일차적 정보의 활용가치가 그만큼 크다는 사실을 보여주는 것이다.

우리가 일상생활에서 흔히 말하는 상관성 또는 상관관계(correlation)라는 말은 그 용어가 사용되는 경우에 따라 의미가 달라진다. 사람과 사람 사이의 관계를 뜻할 수도 있고, 사람과 사물간의 관계일 수도 있고, 사물과 사물 사이를 가리킬 수도 있다. 두 개의 대상이 있을 때 어떤 뜻에서든 둘 사이를 이어주는 끈이 존재하면 상관성이 있다고 말할 수 있는 것이다.

그렇다면 통계학에서 말하는 상관관계는 어떤 의미를 가지는 것일까? 앞의 사람의 예로 돌아가보자. 우리는 사람의 특성을 설명하는 여러 개의 변수들을 설정하였다. 다변량 문제가 될 수 있는 기본 조건들이 만들어진 것이다. 이 때 가장 먼저 관심을 갖게 될 주제는 무엇일까? 아마 변수와 변수간의 관계일 것이다. 예를 들어 신장과 혈압 사이 또는 지능지수(IQ)와 소득수준 사이에 어떤 연관성이 있을까 등의 질문에 관심을 가지는 것이다. 관심의 범위를 크게 넓혀보면 유가와 주가간의 관계, 환율과 주가간의 관계, 출생률과 실업률간의 관계 등과 같은 사회경제적 주제도 중요한 의미를 지닌다.

상관관계가 통계분석의 중요한 관심사가 되는 이유는 간단하다. 두 변수 사이에 일단은 연관성이 있어야만 무엇인가 통계적 분석을 해야 할 필요성이 생기고 그것을 바탕으로 본격적인 후속 분석의 주제가 만들어지기 때문이다. 다시 말해 변수들 사이의 상관성이 곧 통계분석의 일차적 주제를 제공하는 것이다.

2. 상관관계

용어의 뜻 그대로 해석하면 상관분석은 두 변수의 상관관계를 정량적으로 분석하는 작업으로 정의할 수 있다. 하지만 일상생활에서 사용되는 상관관계라는 용어와 마찬가지로 통계학에서 말하는 상관성이라는 말도 폭넓은 뜻을 담고 있기 때문에 보는 관점에 따라 그 의미를 달리 정할 수 있다. 그럴 때 당연히 나오는 질문은 다음 두 가지로 요약할 수 있다.

- 첫째, 상관관계를 무엇으로 판단할 것이냐는 것이다. 이 기준으로 보면 상관성이 높지만 저 기준으로 보면 낮을 수 있는 경우에 어떤 기준과 관점에서 상관성을 판단하느냐 하는 질문이 나오게 된다.
- 둘째, 그 기준과 관점에서 바라본 상관관계의 정도를 어떻게 정량적인 값으로 측정할 것이냐 하는 것이다. '상관관계가 높다 또는 낮다'라는 식의 주관적 표현을 통계적 분석이나 판단에 적용할 수는 없기 때문이다.

그렇다면 앞의 질문에 대해 통계에서는 어떤 대답을 내놓고 있을까? 통계학에서는 데이터 값의 방향과 크기를 기준으로 상관성을 정의한다. 다시 말해 두 변수가 움직이는 방향(direction)과 강도(strength)를 보고 판단한다는 것이다. 구체적으로는 다음 두 가지가 상관성의 기준이 된다.

- 첫째, 두 변수가 움직이는 방향과 강도를 정량적으로 측정한다. 동시에 같은 방향으로 움직이는지 아니면 반대 방향으로 움직이는지, 또 두 변수가 함께 증가하거나 감소하는지, 아니면 하나는 늘어나는데 다른 하나는 줄어드는지 등을 보고 상관성의 방향과 강도를 정한다는 것이다.
- 둘째, 두 변수의 선형관계(linear association)만을 고려한다. 두 변수의 움직이는 패턴이 직선 관계로 나타날 때만 상관성이 있다고 하고 곡선 관계로 나타날 때는 상관성이 없다고 보는 것이다.

상관성 여부를 판단하는 첫 번째 작업은 [그림 10-1]에서 보는 것처럼 두 변수간의 위치를 이차원 평면 위에 그려보는 것이다. X축과 Y축으로 이루어지는 이 그림이 바로 산점도(scatterplot)이다. 산점도를 보면 일단 두 변수가 움직이는 패턴이 같은 방향으로 움직이는 양(positive)의 관계인지, 반대 방향으로 움직이는 음(negative)의 관계인지, 아니면 따로따로 움직이는 관계인지를 직관적으로 파악할 수 있다.

여기서 주의할 사실은 상관관계의 대상이 되는 변수 X와 Y는 서로가 상대의 움직임에 영향을 미치지 않고(independent) 또한 외부에도 두 변수의 움직임을 조정하는 변수가 없는(uncontrolled) 확률변수라는 점이다. 이 점은 나중에 다루게 될 회귀분석과 비교하여 상관분석의 가장 큰 차이점이 된다.

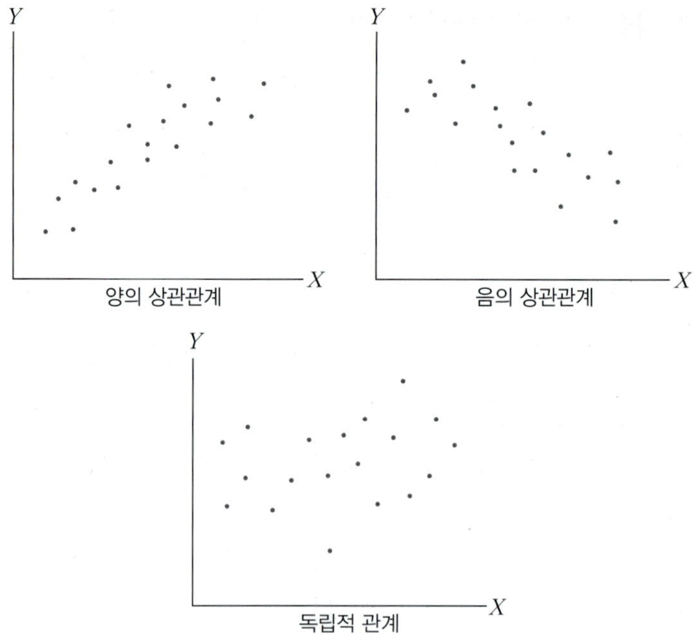

[그림 10-1] 산점도와 상관관계

3. 모집단 상관계수

위의 개념과 기준을 바탕으로 이어지는 과제는 객관적이고 정량적으로 상관성을 측정하는 일이다. 상관성의 방향과 강도를 잘 보여줄 수 있는 정량적 지표를 개발하여 그 지표값을 기준으로 상관관계의 유무를 판정하게 되는 것이다. 이 때 사용되는 대표적 지표가 바로 상관계수(correlation coefficient)이다.

(1) 기본가정

상관분석이 다변량 분석의 첫 번째 작업으로 자주 사용되다 보니 모든 종류의 데이터에 쉽게 상관분석을 수행하는 일을 자주 보게 된다. 그러나 상관분석을 수행하기 위해서는 먼저 두 변수가 이변량 정규분포(bi-variate normal distribution)를 따른다는 가정이 만족되는지를 확인할 필요가 있다. 이 가정이 필요한 이유는 상관분석은 두 변수 사이의 '선형(linear)' 관계만을 다루기 때문이다. 두 변수 사이에 비선형의 '곡선' 관계가 존재하면 이변량 정규분포를 따르지 않는 경우가 많다. 특히 표본의 크기가 작을 때는 이 가정이 만족되는지를 살펴보는 것이 바람직하다. 만일 작은 표본에 대해 이변량 정규분포의 가정이 만족되지 않는다면 바로 이어서 설명할 피어슨 상관계수보다 뒤에서 설명할 서열척도의 스피어만 상관계수를 사용하는 것이 더 좋은 대안이 될 수 있다.

(2) 상관계수

정규분포의 기본가정이 만족된 것을 확인하고 나면 상관계수를 정량적으로 정의하고 측정하는 단계로 넘어가게 된다. 상관계수라는 지표의 이론적 뿌리와 배경은 어디에 있을까? 통계학의 이론으로 더 깊이 들어가보면 상관분석의 핵심은 앞에서 다루었던 분산분석에 있다는 사실을 발견할 수 있다.

얼핏 보기에는 아무 관계가 없을 것 같은 두 개념이 어떻게 연결되어 있을까? 분산은 어떤 특성에 대한 데이터의 변동성, 즉 산포도를 정량적으로 표시한 값이다. 이 때 두 변수가 서로 상관관계를 맺고 있다면 그 특성에 대해서도 공통적인 성향(pattern)을 보일 것이다. 그리고 그 공통적인 성향은 데이터 값에 반영되면서 변동성의 크기로 이어질 것이다. 이 원리를 바탕으로 변동성을 나타내는 분산으로 상관성의 정도를 측정할 수 있는 것이다.

그렇다면 상관관계의 정도를 어떻게 정량적으로 나타낼 수 있을까? 우선 두 변수가 공통으로 설명하는 변동의 크기는 공분산(covariance)으로 나타내야 한다. 앞의 기술통계학에서 설명한 것처럼 변수 X와 Y 사이의 공분산은 아래의 식이 된다.

$$Cov(X, Y) = E[(X-\mu_X)(Y-\mu_Y)]$$

위의 식에서 보는 것처럼 공분산은 두 변수의 평균보정 데이터인 $(X-\mu_X)$와 $(Y-\mu_Y)$를 바탕으로 한다. 따라서 두 변수 사이의 상관관계에 대해 다음 두 가지 정보를 제공한다.

- 첫째, 곱의 형태이기 때문에 상관성의 크기를 보여준다. 하나의 값이 클 때 다른 것도 크다면 곱은 더욱 커지고 반대로 하나의 값이 작을 때 다른 것도 작다면 곱은 더욱 작아지는 것이다.
- 둘째, 부호를 가지기 때문에 상관성의 방향을 알려준다. $Cov(X, Y) > 0$이면 X

가 증가할 때 Y도 증가하는 경향을 보인다는 뜻이고 $Cov(X,\ Y) < 0$ 이면 X가 증가할 때 오히려 Y는 감소하는 모습을 보인다는 뜻이다.

문제는 이 값이 단위(scale)의 영향을 받는다는 점이다. 당연히 변수 X와 Y는 단위가 다를 수 있고 공분산에 미치는 영향도 달라진다. 따라서 단위의 영향을 받지 않는 지표(scaleless measure)로 바꾸어 주어야 한다.

이 작업을 위해서는 앞의 기술통계학 부분에서 본 것처럼 변수의 표준화(standardization)가 필요하다. 표준화를 위해서는 분자의 평균보정 데이터를 분모의 표준편차로 나누어 주어야 한다. 이제 원래의 변수 X와 Y를 표준화하여 다음과 같은 새로운 변수 U와 V를 만들어보자.

$$U = \frac{X-\mu_X}{\sigma_X},\ V = \frac{Y-\mu_Y}{\sigma_Y}$$

그러면 표준화 변수 U와 V의 공분산은 어떻게 될까?

$Cov(U,\ V) = Cov\left(\frac{X-\mu_X}{\sigma_X},\ \frac{Y-\mu_Y}{\sigma_Y}\right) = Cov\left(\frac{X}{\sigma_X},\ \frac{Y}{\sigma_Y}\right) = \frac{Cov(X,\ Y)}{\sigma_X \sigma_Y}$ 이 된다.

이것이 바로 모집단의 상관관계 식이다. 흔히 모집단의 상관계수 모수는 ρ로 표기한다.

$$\rho_{X,Y} = \frac{Cov(X,\ Y)}{\sigma_X \sigma_Y} = \frac{E[(X-\mu_X)(Y-\mu_Y)]}{\sigma_X \sigma_Y} \quad (10\text{-}1)$$

이제 상관계수 ρ의 값에 따라 다음 3가지의 경우가 나타날 수 있다.

- 만일 $\rho(X,\ Y) = 0$ 이면 X와 Y 사이에는 상관관계가 존재하지 않는다(uncorrelated).
- 만일 $\rho(X,\ Y) > 0$ 이면 X와 Y 사이에는 양의 상관관계가 존재한다(positively correlated).
- 만일 $\rho(X,\ Y) < 0$ 이면 X와 Y 사이에는 음의 상관관계가 존재한다(negatively correlated).

(3) 독립성과 상관성

상관성과 유사한 개념으로 독립성(independence)을 들 수 있다. 두 변수 X와 Y가 '서로 독립이다(독립이 아니다)'라는 말과 '상관관계가 있다(없다)'는 말이 동의어로 들릴 수 있는 것이다. 하지만 두 용어는 같은 말이 아니다.

먼저 두 변수 X와 Y가 서로 독립이면(independent) 두 변수 사이에는 상관관계가 존재하지 않는다(uncorrelated). 왜냐하면 X와 Y가 서로 독립이면 $Cov(X, Y) = 0$이 되고 따라서 $\rho = 0$이 되기 때문이다. 하지만 그 역(converse)이 항상 성립하는 것은 아니다. 즉 두 변수 사이에 상관관계가 없다고 해서 반드시 두 변수가 독립이라고 말할 수 없는 것이다.

4. 표본 상관계수

(1) 정의

위에서 정의한 상관계수는 모집단을 대상으로 한 것이다. 그러나 현실에서 우리가 다루는 것은 모집단이 아니고 표본이다. 따라서 표본에서 상관관계를 측정할 수 있는 통계량, 즉 추정량을 정의해야 한다. 모상관계수에 대응하는 표본상관계수를 설정해야 하는 것이다.

이를 위해 모집단의 모수 ρ를 정의한 과정을 똑같이 따라가보자. 우선 분자의 공분산에 대응하는 표본 통계량을 정하기 위해 모평균을 표본평균으로 대체한다. 그러면 아래의 통계량 S_{xy}가 만들어진다.

$$S_{xy} = \sum_{i=1}^{n}(x_i - \overline{x})(y_i - \overline{y}) = \sum_{i=1}^{n} x_i y_i - \left(\sum_{i=1}^{n} x_i\right)\left(\sum_{i=1}^{n} y_i\right)/n$$

다음으로 분모의 모집단 표준편차에 대응하는 통계량을 정하기 위해 모집단의 표준편차를 표본의 표준편차 S_{xx}와 S_{yy}로 대체한다. 이제 분자와 분모에 모두 표본의 통계량을 집어넣으면 아래의 표본 상관계수가 만들어진다. 이 계수를 흔히 피어슨 상관계수(Pearson correlation coefficient)라고 부르고 r로 표기한다.

$$r_{X,Y} = \frac{S_{xy}}{\sqrt{\sum(x_i - \overline{x})^2}\sqrt{\sum(y_i - \overline{y})^2}} = \frac{S_{xy}}{\sqrt{S_{xx}}\sqrt{S_{yy}}} \qquad (10\text{-}2)$$

이제 표본 상관계수는 모집단 상관계수의 추정량이 된다. 따라서 당연히 나오는 질문은 표본의 통계량인 r이 모집단의 모수인 ρ의 좋은 추정량이 되느냐 하는 것이다. 여기서 자세한 과정은 생략하지만 r은 ρ의 좋은 추정량이 된다는 사실이 증명되어 있다. 따라서 일반적인 통계분석에서는 표본 상관계수 r의 값으로 상관관계를 측정한다.

(2) 특성

피어슨 상관계수는 다음 몇 가지의 특성과 장점을 지니고 있다.

- 첫째, 각 변수의 단위에 상관없이 항상 −1과 1 사이에서($-1 \le r \le +1$) 움직인다는 점이다. 따라서 두 변수의 단위에 큰 차이가 있어도 상관계수는 별다른 영향을 받지 않는다. 또한 이 값이 −1 또는 1에 가까울수록 두 변수가 공통으로 설명하는 분산의 비율이 높다는 뜻이고 따라서 두 변수 사이의 상관성도 높아지게 된다.
- 둘째, 두 변수 사이가 대칭(symmetric)을 이룬다는 점이다. 따라서 $corr(X, Y) = corr(Y, X)$가 되기 때문에 한쪽만 계산하면 다른 한쪽은 자동으로 얻을 수 있다.
- 셋째, 변수의 위치(location)가 바뀌어도 상관계수의 값은 그대로 유지된다는 점이다. 즉 선형결합을 통해 변수 X의 위치가 $a + bX$로, Y의 위치가 $c + dY$로 바뀌어도 상관계수 값은 변하지 않는다.

예제

고객관리 비용(X)과 매출액(Y) 사이에 상관관계가 존재하는지를 확인하기 위해 10개 대리점을 대상으로 수집한 데이터가 〈표 10-1〉에 나타나 있다.

〈표 10-1〉 고객관리시스템 데이터

	X	Y	X^2	Y^2	XY
	6	9	36	81	54
	4	8	16	64	32
	11	15	121	225	165
	7	9	49	81	63
	10	11	100	121	110
	13	12	169	144	156
	8	9	64	81	72
	15	18	225	324	270
	5	7	25	49	35
	9	10	81	100	90
합(total)	88	108	886	1270	1047

먼저 피어슨 상관계수를 계산해보자.

$$SS_{xx}=\sum X^2-\frac{(\sum X)^2}{n}=886-\frac{88\times 88}{10}=111.6$$
$$SS_{yy}=\sum Y^2-\frac{(\sum Y)^2}{n}=1270-\frac{108\times 108}{10}=103.6$$
$$SS_{xy}=\sum XY-\frac{\sum X\sum Y}{n}=1047-\frac{88\times 108}{10}=96.6$$
$$r=\frac{SS_{xy}}{\sqrt{SS_{xx}SS_{yy}}}=\frac{96.6}{\sqrt{111.6\times 103.6}}=0.898$$

상관계수가 $r=0.898$로 나타났기 때문에 고객관리 비용과 매출액 사이에는 강한 양(positive)의 상관관계가 존재한다고 할 수 있다.

예제

① 상관분석의 주제: 다시 사람들에 대한 데이터를 가지고, 200명에 대해 신장과 체중이라는 두 변수의 상관계수를 소프트웨어를 이용하여 계산해보자. 200명의 데이터를 입력한 후 상관분석을 위하여 분석 → 상관분석 → 이변량 상관계수와

같이 순서대로 실행명령을 지정한다.

② 필요한 항목을 모두 지정한 후 확인을 누르면 출력 결과창에 다음과 같은 분석결과가 나타난다.

상관관계

		신장(cm)	체중(kg)
신장(cm)	Pearson 상관	1	.738**
	유의확률 (양측)		.000
	N	200	200
체중(kg)	Pearson 상관	.738**	1
	유의확률 (양측)	.000	
	N	200	200

**. 상관관계가 0.01 수준에서 유의합니다(양측).

신장과 체중, 두 변수 사이의 피어슨 상관계수는 $r=0.738$로 나타나고 있다. 따라서 두 변수 사이에는 높은 양의 상관관계가 있음을 알 수 있다.

5. 상관분석

(1) 유의성 검정

가. 가설의 설계

사실 상관계수의 계산 자체는 기계적인 작업이다. 데이터 값을 공식에 집어넣으면 컴퓨터가 바로 계수 값을 계산해 주기 때문이다. 따라서 본격적인 상관분석은 단순한 상관계수의 계산이 아니라 그 값의 의미를 해석하는 작업에서 시작된다.

이 작업은 먼저 유의성 검정(testing)에서 출발한다. 두 변수 사이에 상관관계가 존재하는지의 여부부터 확인해야 하는 것이다. 그렇다면 상관분석의 유의성 검정에서 가설은 무엇이 될까? 귀무가설은 두 변수 사이에 아무런 (선형의) 상관관계가 존재하지 않는다. 즉 $H_0: \rho=0$이 된다. 따라서 대립가설은 두 변수 사이에 (선형의) 상관관계가 존재한다. 즉 $H_1: \rho \neq 0$이 된다.

나. 검정통계량

검정에 사용되는 검정통계량은 무엇이 될까? 가장 바람직한 방법은 모집단의 모수 ρ에 대응하는 표본의 통계량인 r을 바로 검정에 사용하는 것이다. 그러나 r 자체에 대한 분포를 알 수 없다는 것이 문제이다. 분포를 모르면 당연히 검정작업을 수행할 수 없다. 따라서 r 대신 분포를 알 수 있는 대용(proxy) 통계량을 사용할 수 밖에 없다.

그렇다면 어떤 통계량을 대신 쓸 수 있을까? 앞에서 말한 것처럼 상관분석은 정규분포의 가정을 기반으로 한다. 이 가정을 토대로 식 (10-3)의 대용 통계량을 검정에 사용한다. 여기서 자세한 수리적 내용은 생략하지만, 이 통계량은 두 변수의 관계를 $Y = bX$의 선형식으로 표현할 때 b를 분자로 하고 b의 표준편차를 분모로 하여 만들어진 것이다. 그러므로 상관관계의 크기를 측정하는데 적합한 검정통계량이 된다. 또한 이 통계량은 자유도 $(n-2)$인 t 분포를 따른다는 것이 알려져 있어 t 검정을 실시하게 된다.

$$t = r\sqrt{\frac{(n-2)}{(1-r^2)}} \sim t_{(n-2)} \qquad (10\text{-}3)$$

이 검정의 원리는 매우 간단하다. 위의 식에서 보는 것처럼 표본의 크기 n이 정해진 상황에서 상관계수 r이 +1이나 −1에 가까워지면 검정통계량의 값은 커지고, 반대로 r이 0에 가까워지면 검정통계량의 값도 0에 수렴한다는 사실을 알 수 있다. 따라서 검정통계량이 0에 가까우면 귀무가설을 유지하고 반대로 0에서 멀어지면 귀무가설을 기각한다는 원리이다. 물론 가깝다(멀다)는 말의 통계적 유의성은 일반적인 t 검정의 방식과 기준을 따라 판정하게 된다.

다. 검정의 문제점

하지만 이 검정은 잠재적인 문제를 안고 있다. 자세히 보면 검정통계량의 값이 표본의 크기 n과 직접적으로 연결되어 있는 것을 알 수 있다. 자유도가 $(n-2)$이긴 하지만, 어쨌든 표본의 크기가 늘어날수록 통계량의 크기가 커지면서 귀무가설이 기각될 가능성이 올라가게 되어있는 것이다. 따라서 만일 조사자가 귀무가설을 기각하면서 상관관계가 존재한다는 주장을 하려고 한다면 표본의 수만 늘려주면 되는 문제가 발생한다. 따라서 상관관계의 검정은 이 문제에 대한 세심한 주의가 필요하다.

예제

다시 앞의 예제에 대한 결과창으로 돌아가 보자. 여기서 표본의 크기는 $n=200$이었으며 상관관계는 $r=0.738$이었다. 이 값을 이용하여 t 검정의 검정통계량을 계산하면 다음과 같다.

$$t=r\sqrt{\frac{(n-2)}{(1-r^2)}}=0.738\sqrt{\frac{(200-2)}{(1-0.738^2)}}\approx 15.389$$

상관관계

		신장(cm)	체중(kg)
신장(cm)	Pearson 상관	1	.738**
	유의확률 (양측)		.000
	N	200	200
체중(kg)	Pearson 상관	.738**	1
	유의확률 (양측)	.000	
	N	200	200

**. 상관관계가 0.01 수준에서 유의합니다(양측).

자유도$(n-2)$가 198인 t 분포에 대하여 p-value를 계산한 결과는 다음과 같다.

$$\text{p-value}=P(T\leq -15.389)+P(T\geq 15.389)\approx 0$$

따라서 유의수준 $\alpha=0.05$에서 두 변수 사이에 상관관계가 존재하지 않는다는 $H_0:\rho=0$의 귀무가설은 기각하게 된다.

라. 검정의 확장

일반적인 유의성 검정은 $H_0:\rho=0$을 귀무가설로 하지만 검정의 범위를 넓힐 수도 있다. 예를 들어 하나의 상관계수에 대해 $H_0:\rho=0.3$이고 $H_1:\rho\neq 0.3$ 또는 $H_1:\rho>0.3$의 가설을 설정할 수도 있다. 또 남자 표본과 여자 표본 사이에 상관계수의 유의한 차이가 있는지가 검정의 주제가 될 수도 있다. 더 나아가 3개 이상의 변수가 있을 때 변수 1과 변수 2 사이의 상관계수와 변수 1과 변수 3 사이의 상관계수간에 유의한 차이가 있는지를 검정할 수도 있다. 이런 경우에 당연히 검정통계량은 달라지지만 검정의 원리와 기준은 바뀌지 않는다. 하지만 이러한 검정들의 자세한 내용은 이 책의 범위를 넘어설 수 있기 때문에 생략하기로 한다.

(2) 상관관계의 해석

유의성 검정의 과정을 거친 후에 상관관계에 대한 해석은 어떻게 할 수 있을까? 또는 검정과정을 거치지 않고서도 실무적으로 상관관계를 판정하는 가이드라인은 없을까? 물론 절대적인 기준은 아니지만 일반적으로 〈표 10-2〉와 같은 해석을 할 수 있다.

〈표 10-2〉 상관계수와 상관관계의 해석

상관계수 값	의미의 해석
−1.0과 −0.7 사이	강한 음의 상관관계
−0.7과 −0.3 사이	뚜렷한 음의 상관관계
−0.3과 −0.1 사이	약한 음의 상관관계
−0.1과 0.1 사이	무시할 수 있는 정도의 상관관계
0.1과 0.3 사이	약한 양의 상관관계
0.3과 0.7 사이	뚜렷한 양의 상관관계
0.7과 1.0 사이	강한 양의 상관관계

그러나 앞에서 강조한 것처럼 위의 가이드라인은 절대적인 기준이 아니다. 어느 상황에서 어떤 목적에 의해 상관분석을 하느냐에 따라 같은 값에 대한 해석은 달라질 수 있다. 예를 들어 아주 정밀한 과학적 현상에 대해서는 상관계수 0.7도 낮은 수준이라고 할 수 있지만 사회과학적 분석에서는 상관계수 0.5도 높은 수준이 될 수도 있는 것이다.

(3) 상관분석의 한계

앞에서도 언급하였지만 상관분석은 몇 가지의 본질적인 한계를 지니고 있는 분석기법이다. 따라서 상관분석으로부터 얻을 수 있는 정보를 유용하게 사용하는 것도 중요하지만 상관분석에서 나온 정보가 가질 수 있는 잠재적 문제점들을 주의 깊게 살펴보는 것도 반드시 필요하다.

가. 상관성과 인과성

첫째, 상관성(correlation)과 인과성(causality)을 혼동하면 안 된다. 두 변수 사이에 인과성이 존재한다는 말은 하나의 변수가 원인이 되고 다른 변수가 결과가 되는 관계를 이루고 있다는 뜻이다. 뒤에서 다시 강조하겠지만 상관분석은 두 변수 사이의 상관성만을 보여주는 것이지 인과성까지를 보여주는 것은 아니다. 두 변수가 움직이는 패턴에 유사성이 있다는 것이지 한 변수의 변화가 원인이 되어 다른 변수의 결과에 직접적인 영향을 미치는 것은 아니라는 것이다.

예를 들어 주가와 유가 사이에는 높은 상관관계가 나타나곤 한다. 유가가 오를 때 주가도 오르고 유가가 내릴 때 주가도 내려가는 패턴을 보이는 것이다. 하지만 둘 사이에 인과관계가 있다는 말은 경제학적으로 근거가 없는 주장이다. 유가와 주가 모두 경기의 변화에 민감하기 때문에 경기의 움직임에 따라 두 지표가 비슷하게 움직이는 경향을 보인다는 정도로만 해석할 수 있다.

나. 비선형 관계

둘째, 상관분석에는 비선형적 관계 특히 곡선관계는 반영되지 않는다. 두 변수가 움직이는 패턴은 직선의 관계로 나타날 수도 있지만 때로는 곡선의 관계로 나타날 수도 있다. 그러나 상관분석은 오로지 직선관계만을 고려한다는 점을 기억해야 한다. [그림 10-2]를 보자. 여기서 두 변수 사이에 선형의 관계가 없기 때문에 상관계수 r은 0에 가깝게 나타난다. 그러나 보는 것처럼 두 변수 사이에는 매우 강한 비선형의 관계가 존재하고 있다.

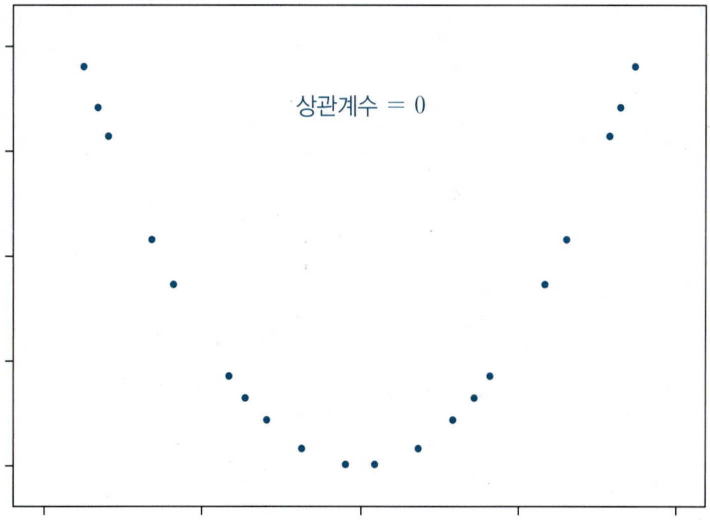

[그림 10-2] 비선형 상관관계

다. 데이터 구조

셋째, 상관관계는 데이터의 구조(structure)에 민감하다. [그림 10-3]에 있는 두 개의 경우를 비교해보자. 첫 번째 경우에는 표본 전체의 상관계수는 $r=0.1$로 매우 낮지만 두 개의 소표본(sub-sample)의 상관계수는 $r_1=0.8$, $r_2=0.8$로 매우 높다. 반대로 두 번째 경우에는 표본 전체의 상관계수는 $r=0.8$로 매우 높지만 두 개의 소표본의 상관계수는 $r_1=0.1$, $r_2=0.1$로 매우 낮다. 이와 같이 데이터가 이질적인 소표본들로 구성되어 있는 경우에는 표본 전체에 대한 상관분석과 소표본 각각에 대한 상관분석을 모두 하는 것이 바람직하다.

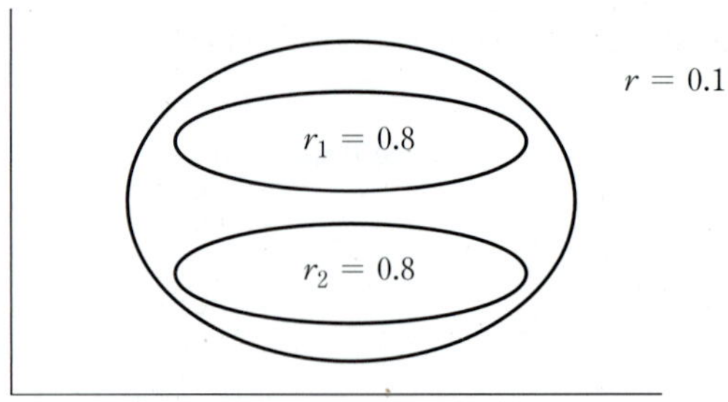

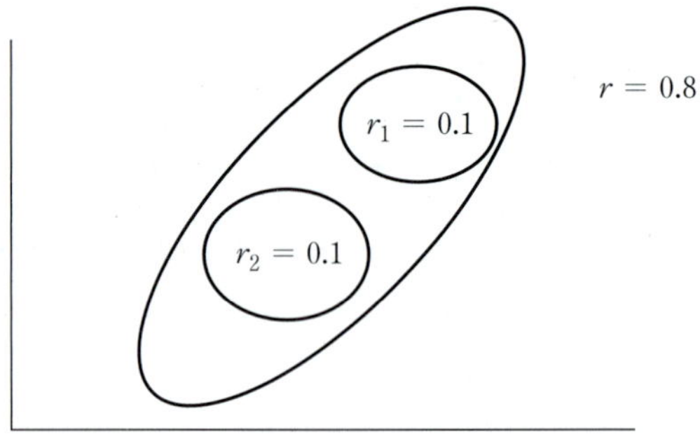

[그림 10-3] 데이터 특성과 상관관계

6. 부분 상관계수

(1) 기본개념

두 변수 사이에 상관관계가 존재할(상관계수가 높을) 때 실제로 일어날 수 있는 상황은 다음의 두 가지이다. 하나는 두 변수 사이에 실제로 인과관계가 존재할 때이다. 이 경우는 당연히 본격적인 통계분석의 대상이 된다. 다른 하나는 상관계수만 높을 뿐 직접적인 인과관계는 존재하지 않을 때이다. 이 경우를 허위상관(spurious correlation)이라고 한다. 허위상관의 원인은 크게 두 가지이다. 첫째는 단순한 우연으로 생기는 경우이다. 이 경우는 말 그대로 우연이기 때문에 통계분석의 주제가 아니다. 둘째는 눈에 보이지 않는 제3의 변수(third variable)의 작용으로 생기는 경우이다. 이 경우는 통계분석의 관심 대상이 된다. 왜냐하면 그 안에 얼핏 보면 알 수 없는 변수들간의 복잡한 관계가 존재하기 때문이다.

여기서 제3의 변수를 교란변수(confounding factor) 또는 공통반응 변수(common response variable)라고 부른다. 교란변수는 두 변수와 떨어진 위치에 있으면서 두 변수 모두와 연관성(association)을 가지는 또 다른 변수이다. 교란변수가 존재하면 실제로는 직접적인 관계를 맺고 있지 않는 두 변수가 마치 인과관계로 연결되어 있는 것처럼 보이는 '교란'이 일어날 수 있다.

이 상황을 좀더 자세하게 알아보자. 앞의 사람의 예로 돌아가서 소득수준과 암 발생률 사이의 상관분석을 수행하였더니 두 변수 사이에 유의한 상관관계가 있는 것으로 나타났다. 소득수준이 낮을수록 암 발생률이 높게 나타난 것이다. 그러면 소득수준이 암 발생률에 직접적인 영향을 미친다고 할 수 있을까? 둘 사이의 인과관계에 대해서는 아무런 의학적 근거가 없기 때문에 그렇다고 말할 수는 없다. 다시 말해 허위상관일 가능성이 매우 높은 것이다.

다음으로 허위상관의 근거를 알아내기 위해 흡연율이라는 제 3의 변수를 추가하여 상관분석을 수행해 보자. 이제는 소득수준, 암 발생률, 그리고 흡연율이라는 세 개의 변수를 다루고 있다. 우선 흡연율과 암 발생률 사이에서는 높은 상관관계가 나타났다. 흡연이 암 발생을 높인다는 사실은 이미 의학적으로 밝혀져 있기 때문에 이것은 자연스러운 결과이다. 이어서 흡연율과 소득수준 사이에서도 높은 상관관계가 나타났다. 따라서 흡연율은 소득수준과 암 발생율 모두와 연관성을 맺고 있다.

이제 흡연 여부가 교란변수의 역할을 하고 있는지를 확인해 보자. 우선 소득수준과 암 발생률 사이에 높은 상관관계가 나타나는 이유는 둘 사이의 직접적인 인과관계 때문이 아니라 소득수준에 따라 흡연율이 달라질 가능성이 크기 때문이다. 소득이 높을수록 흡연율이 낮아지고 소득이 낮을수록 흡연율이 높아지는 현상 때문에 흡연과 소득수준 사이에 높은 상관관계가 나타나게 되는 것이다. 이어서 흡연과 암 발생 사이에는 이미 인과관계가 존재한다는 것이 알려져 있다. 따라서 소득수준이 흡연률로 연결되고 이어서 흡연율이 암 발생률로 이어지는 것이다. 결국 중간에 있는 흡연율이라는 교란변수 때문에 마치 소득수준과 암 발생률 사이에 직접적인 인과관계가 있는 것 같은 교란 현상이 일어나고 있다.

(2) 부분 상관계수

가. 개념과 정의

그렇다면 허위상관과 교란변수의 가능성은 어떻게 판단할 수 있을까? 일차적인 기준은 관측대상 그룹간에 관측치의 편차가 크게 나타나는 변수를 찾는 것이다. 앞의 예에서 관측대상을 저소득 그룹과 고소득 그룹으로 나누었을 때 두 그룹간에 흡연율의 차이가 크면 흡연율이 교란변수일 가능성이 높다.

그러나 위와 같은 기준으로 교란변수를 찾는 것은 다분히 직관적인 접근이다. 따라서 보다 정량적이고 객관적인 기준으로 교란변수 여부를 판정할 필요가 있다. 이 때 사용되는 지표가 바로 부분 상관계수(partial correlation coefficient)이다. 부분 상관계수는 편상관계수라고 부르기도 한다.

부분 상관계수의 정의는 무엇일까? 서로 상관관계를 보이는 여러 개의 변수들이 있다고 하자. 그 중에서 두 개의 변수만을 선택한 후 다른 변수들의 영향을 제거하고 두 변수만의 상관계수를 측정한 값이 바로 부분 상관계수이다. 피어슨 상관계수와 마찬가지로 부분 상관계수도 −1에서 1 사이의 값을 가진다.

그러면 부분 상관계수의 크기는 어떻게 측정할 수 있을까? 서로 높은 상관관계를 보이는 변수 1, 변수 2, 변수 3의 세 변수가 있다고 하자. 여기서 변수 1과 변수 2 사이의 부분 상관계수를 $r_{12\cdot3}$로 표기하자. $r_{12\cdot3}$는 변수 3을 통제한(control) 상황에서 변수 1과 변수 2 사이의 상관관계를 측정하는 지표이다. 변수 3을 통제한다는 말은 변수 3을 변수가 아니라 상수(constant)로 설정한다는 말이다. 그러면 부분 상관계수는 식 (10−4)와 같이 정의된다.

$$r_{12\cdot3} = \frac{r_{12} - r_{13}r_{23}}{\sqrt{1-r_{13}^2}\sqrt{1-r_{23}^2}} \qquad (10-4)$$

예제

앞의 예를 이용하여 부분 상관계수를 계산해보자. 먼저 제1과 2의 변수인 소득수준과 암 발생률 사이의 상관계수는 r_{12}이다. 이어서 제3의 변수인 흡연여부를 도입하면 부분 상관계수는 $r_{12\cdot3}$가 된다. 다음으로 두 변수들간의 상관계수를 모두 측정하였더니 $r_{12}=0.65$, $r_{13}=0.75$, 그리고 $r_{23}=0.80$으로 나타났다고 하자. 그러면 흡연여부를 통제한 상황에서 소득수준과 암 발생률 사이의 부분 상관계수는 다음 식으로 계산된다.

$$r_{12\cdot3}=\frac{r_{12}-r_{13}r_{23}}{\sqrt{1-r_{13}^2}\sqrt{1-r_{23}^2}}=0.16$$

나. 판정기준

부분 상관계수를 이용하여 어떻게 교란변수 여부를 미리 알아낼 수 있을까? 그 기준은 단순하다. 우선 제3의 변수를 통제하지 않은 상태에서 변수 1과 2 사이의 상관계수 r_{12}를 측정하고, 다음에는 변수 3을 통제한 상태에서의 부분 상관계수 $r_{12\cdot3}$을 계산하자. 여기서 만일 상관계수 r_{12}는 상대적으로 큰 값이 나오는 반면 부분 상관계수 $r_{12\cdot3}$은 훨씬 작게 나오면 제3의 변수가 교란변수일 가능성이 높다고 판단할 수 있다. 변수 1과 2 사이의 실질적인 상관관계는 크지 않은데 제3의 변수가 교란작용을 함으로써 마치 강한 상관관계가 존재하는 것처럼 보일 수 있기 때문이다.

7. 서열척도의 상관분석

(1) 기본개념

지금까지 설명한 상관분석에서는 데이터가 연속형 자료, 즉 비율 척도이거나 등간 척도로 되어 있다는 것을 가정하였다. 이 경우에는 피어슨 상관계수를 측정하여 상관관계의 유의성을 검정하면 된다.

그러나 데이터가 다른 척도, 특히 서열척도로 되어 있는 경우도 많다. 상관분석의 대상이 되는 두 변수가 모두 서열척도로 되어 있는 경우에도 피어슨 상관계수를 사용할 수 있을까? 원칙적으로 대답한다면 그럴 수 없다. 왜냐하면 앞에서 이미 설명한 것처럼, 피어슨 상관계수는 데이터가 이변량 정규분포를 따른다는 가정을 토대로 하기 때문이다. 데이터가 서열척도인 경우에는 정규분포를 따를 가능성이 매우 낮아지는 문제가 발생하는 것이다.

(2) 스피어만 상관계수

이 때 피어슨 상관계수 대신으로 사용되는 지표가 바로 스피어만 상관계수

(Spearman correlation coefficient)이다. 스피어만 상관계수는 식 (10−5)와 같이 정의된다. 여기서 R은 그 변수의 순위(rank)를 의미한다. 원래의 데이터 값 X 대신에 순위값 R을 사용하는 것이다. 물론 여기서 순위값을 사용하는 이유는 데이터가 서열척도로 되어 있기 때문이다.

$$\rho = \frac{\sum(R(x_i) - \overline{R(x)})\sum(R(y_i) - \overline{R(y)})}{\sqrt{\sum(R(x_i) - \overline{R(x)})^2}\sqrt{\sum(R(y_i) - \overline{R(y)})^2}} \qquad (10-5)$$

여기서 계산을 간편하게 하기 위해 위의 식은 아래와 같이 바꿀 수 있다. 먼저 $\overline{R(x)} = \overline{R(y)} = (n+1)/2$ 이고 $\sum[R(x_i) - \overline{R(x)}]^2 = \frac{n(n^2-1)}{12}$ 이다. 따라서 스피어만 상관계수는 다음의 식으로 표현할 수 있다.

$$r = 1 - \frac{6\sum[R(x_i) - R(y_i)]^2}{n(n^2-1)}$$

피어슨 상관계수와 스피어만 상관계수 모두 −1에서 +1 사이의 값을 갖는다. 둘 사이의 근본적 차이는 피어슨 상관계수는 두 변수 사이가 움직이는 방향과 함께 '크기(amount)'도 고려하지만 스피어만 상관계수는 방향의 '일관성(consistency)'만을 고려한다는 점이다.

따라서 만일 피어슨 상관계수가 +1 또는 −1로서 완전한 양의 상관관계나 음의 상관관계를 갖는다면 두 변수의 변화 방향도 완전한 일관성을 갖기 때문에 스피어만 상관계수도 +1 또는 −1이 된다. 반대로 피어슨 상관계수가 0에 가까울 정도로 매우 낮은 상관관계를 가지면 스피어만 상관계수도 0에 가까운 값을 가지게 된다.

예제

〈표 10−3〉은 10명 학생들의 언어영역과 수리영역 시험성적의 순위를 나타난 표이다. 여기에서 성적의 순위는 서열 척도이기 때문에 스피어만 상관계수를 이용하여 두 변수간 상관관계를 분석하기로 하자.

〈표 10-3〉 시험성적의 순위

학생	언어영역 순위	수리영역 순위
1	6	9
2	7	4
3	1	1
4	10	8
5	8	6
6	2	5
7	4	2
8	3	3
9	9	10
10	5	7

$$r=1-\frac{6\sum(R(x_i)-R(y_i))^2}{n(n^2-1)}=1-\frac{6\times 44}{10(10^2-1)}=0.733$$

보는 것처럼, 스피어만 상관계수는 0.733으로 상당히 큰 값이므로 수리영역 순위와 언어영역 순위 간에는 통계적으로 유의한 양의 상관관계가 있다고 할 수 있다.

연습문제

▣ 개념이해 문제

1. 상관분석(correlation analysis)은 서로 독립적으로 움직이는 두 변수를 대상으로 한다는 사실의 의미를 설명하시오.

2. 상관분석의 기본 원리는 분산(variance)의 분석에 있다는 사실을 설명하시오.

3. 피어슨(Pearson) 상관계수가 지니는 핵심적 특성과 장점을 설명하시오.

4. 주어진 상관계수의 값을 바탕으로 두 변수 사이의 상관관계를 해석할 수 있는 가이드라인(guideline)을 제시하시오.

5. 상관분석의 유의성 검정에서 사용되는 아래의 검정통계량(test statistics)이 지니는 본질적 문제점을 서술하시오.

$$t = r\sqrt{\frac{(n-2)}{(1-r^2)}} \sim t_{(n-2)}$$

6. 허위상관(spurious correlation)이라는 개념의 뜻을 설명하고 이러한 현상이 나타나는 원인이 무엇인지를 제시하시오.

▣ 수리실습 문제

1. 다음 표에는 X, Y 두 변수에 대한 측정치가 주어져 있다. 이 데이터를 바탕으로 다음의 작업을 수행하시오.

X	7	9	15	17	20	26	35
Y	48	52	41	37	21	24	19

(1) 두 변수에 대한 산점도(scatter plot)를 그려보시오.

(2) 두 변수 사이의 피어슨 상관계수를 구하시오.

(3) 상관계수 값을 기준으로 두 변수 사이의 상관관계에 대하여 설명하시오.

2. 다음에 주어진 두 개의 데이터를 바탕으로 상관분석을 수행하시오.

(1) 임의로 추출한 학생 7명의 키와 몸무게 자료를 바탕으로 키와 몸무게 사이의 상관관계를 설명하시오.

키	176	180	173	165	177	163	182
몸무게	71	74	69	58	75	55	78

(2) 임의로 추출한 학생 10명의 달리기와 멀리뛰기의 순위 자료를 바탕으로 달리기와 멀리뛰기의 사이의 상관관계를 설명하시오.

달리기 순위	2	3	6	1	8	4	5	10	7	9
멀리뛰기 순위	4	7	2	3	9	10	1	5	6	8

3. 다음은 임의로 추출한 학생 7명의 영어점수와 국어점수를 보여주고 있다. 이 데이터를 바탕으로 두 과목의 점수 사이에 유의한 상관관계가 존재하는지를 유의수준 $\alpha = 0.05$ 수준에서 검정하시오.

영어점수	86	77	90	93	72	83	87
국어점수	82	80	96	90	68	85	88

4. 세 개의 변수 X, Y, Z에 대하여 두 개의 변수간의 상관계수가 다음과 같을 때, Z 변수를 통제한 상황에서 변수 X와 Y 사이의 부분(partial) 상관계수를 구하시오.

$r_{xy} = 0.6,\ \ r_{xz} = 0.9,\ \ r_{yz} = 0.75$

5. 어느 화학기업에서 새로 개발한 물질의 접착면적(size) 및 접착시간(time)과 전달율간의 관계를 분석하기 위해 서로 다른 두 가지의 실험을 수행한 결과가 다음 표에 각각 제시되어 있다.

	실험 1								
면적	0.05	0.05	0.05	2.00	2.00	2.00	5.00	5.00	5.00
시간	2	2	2	10	10	10	24	24	24
전달율	48	51	58	63	68	66	84	85	88

	실험 2								
면적	0.05	0.05	0.05	2.00	2.00	2.00	5.00	5.00	5.00
시간	2	10	24	2	10	24	2	10	24
전달율	49	51	84	54	69	87	48	65	88

(1) 각각의 실험에서 면적과 전달율, 시간과 전달율간의 상관계수를 계산하시오.

(2) 위의 상관계수 값이 갖는 의미를 설명하시오.

6. 아래의 표는 어느 서비스기업에서 10개의 지점들이 보유하고 있는 서비스장비의 숫자, 장비 보유 순위(작은 순서), 매출규모를 보여주고 있다.

지점	1	2	3	4	5	6	7	8	9	10
장비숫자	15	18	24	22	25	29	30	32	35	38
장비순위	1	2	4	3	5	6	7	8	9	10
매출규모	1.35	1.63	2.33	2.48	2.46	2.93	3.41	3.26	3.63	4.15

(1) 장비숫자와 매출규모 간의 피어슨(Pearson) 상관계수를 구하시오.

(2) 장비순위와 매출규모 간의 스피어만(Spearman) 순위상관계수를 구하시오.

(3) 두 값의 비교가 보여주는 의미를 설명하시오.

▣ 조사실습 문제

1. 상관분석은 본격적인 통계분석에 앞서 사전 정보를 얻은데 자주 사용되는 기법이다. 다음의 각 분야에서 상관분석을 적용한 실제 사례를 하나씩 찾아서 분석의 목적과 과정을 정리하여 서술하시오.

(1) 경영분석 분야
(2) 시장조사 분야
(3) 제조업의 생산 분야
(4) 서비스업의 고객관리 분야

2. 위에서 조사한 사례들에서, 상관분석을 수행한 후 그 결과를 바탕으로 후속적으로 어떤 통계 분석을 수행하였는지를 정리하여 서술하시오.

3. 상관분석을 통해 사회현상을 분석하는 과정에 도움이 되었던 사례를 찾아보고, 데이터의 수집에서부터 분석 및 해석 과정에 대해 살펴보시오.

CHAPTER 11

회귀분석

STATISTICS

contents

배경과 요약(Background & Summary)

이 장에서는 다변량 통계의 대표적 주제인 회귀분석(regression analysis)에 대해 알아보자. 두 변수의 움직이는 모양이 유사한 정도는 앞 장의 상관분석으로 알 수 있지만 한 변수의 변화에 의해 다른 변수도 따라서 변화하는 인과관계를 알아보기 위해서는 다른 기법이 필요하다. 원인과 결과의 분석에 폭넓게 사용되는 통계기법이 바로 회귀분석이다. 회귀분석은 두 변수 사이에 선형의 함수관계가 존재하는지의 확인, 어떤 것이 원인의 변수가 되고 어떤 것이 결과의 변수가 되는지의 파악, 한 변수가 다른 변수에 미치는 영향의 크기와 방향의 추정 등에 사용되는 기법이다.

회귀분석의 바탕은 두 변수 사이의 관계를 정량적으로 표현하는 회귀식(regression equation)의 설계에 있다. X와 Y의 관계를 선형의 함수모형(functional model)으로 표현하는 것이다. 이 때 원인의 독립변수와 결과의 종속변수 외에도 독립변수와 종속변수 사이의 중간에 개입되는 매개변수, 독립변수와 종속변수 사이의 인과관계의 강도와 방향에 영향을 미치는 조절변수 등의 변수들이 함수 안으로 들어가게 된다.

회귀식은 알려지지 않은 모수들로 표현된다. 따라서 데이터를 이용하여 이 모수들을 추정해야 한다. 이 과정에서도 앞에서 설명한 추정방법을 사용하게 된다. 또 추정이 끝나면 회귀모형(model)의 적합성과 가정(assumption)의 만족도를 검증하는 절차를 거쳐야 한다.

어떤 변수들을 회귀모형 안에 포함시킬지를 정하는 회귀식의 설계작업도 매우 중요하고 어려운 과제이다. 이 때는 F 값, β 계수 등을 바탕으로 회귀식 안에 포함시킬 중요한 변수들을 선정하게 된다.

핵심주제와 용어(Main Theme & Keywords)

회귀분석

- 인과관계
- 원인과 결과

회귀모형의 설계

- 단순 회귀모형과 다중 회귀모형
- 독립변수와 종속변수
- 매개변수와 조절변수

회귀식 모수의 추정

- 최우도 추정법과 최소제곱 추정법
- 점추정과 구간추정

회귀분석의 검증

- 회귀모형 검증
  - ✓ 모형 전체 검증
  - ✓ 개별 모수 검증
- 가정 검증

회귀식의 설계

- 부분집합 비교법
- 단계적 선택법
- 전방 선택법과 후방 선택법

CHAPTER 11 회귀분석

제1절 기본개념

1. 인과관계

앞에서 두 변수 사이의 상관성을 통계적으로 측정하고 판정하는 상관분석에 대해 알아보았다. 상관분석에서는 두 변수가 움직이는 패턴이 비슷하면 둘 사이에 통계적으로 유의한 상관관계(correlation)가 존재한다고 본다. 그런데 종종 변수와 변수 사이에는 단순한 상관관계를 넘어 인과관계(causality)로 이어지기도 한다. 단지 움직이는 모양이 유사한 정도가 아니라 하나의 변화에 의해 다른 하나도 변화하는 원인과 결과의 관계를 맺고 있는 것이다. 이러한 인과관계를 알아보는 기법으로 폭넓게 사용되는 통계기법이 바로 회귀분석(regression analysis)이다.

앞장의 예로 돌아가 보자. 소득수준과 흡연비율 간에는 단순한 상관관계만 존재한다. 대체로 소득수준이 낮을수록 흡연비율이 올라가는 패턴이 나타나지만 그렇다고 둘 사이가 원인과 결과로 이어져 있는 것은 아니다. 이에 비해 흡연비율과 암 발생비율 사이에는 인과관계가 존재한다. 담배를 많이 그리고 오래 피울수록 암 발생률이 올라간다는 사실이 의학적으로 밝혀져 있는 것이다. 이러한 인과관계를 알아보기 위해서는 회귀분석을 사용하게 된다.

그렇지만 회귀분석이라는 이름 자체가 변수간의 인과관계를 의미하는 것은 아니다. 오히려 왜 회귀라는 이름이 붙었을까 하는 의아스러운 생각이 들 수도 있다. 이 용어를 처음 사용한 사람은 영국의 우생 통계학자 골튼(Galton)이다. 골튼은 약 1000명을 대상으로 부모와 자식의 키를 조사한 결과 두 변수가 선형(linear)의 관계로 움직이는 경향이 있다는 사실을 발견하였다. 일반적으로 키가 큰 부모에게서는 키 큰 자녀가, 반대로 키가 작은 부모에게서는 키 작은 자녀가 태어나는 현상이 드러난 것이다. 그렇다고 대를 이어가면서 자식들 사이의 키 차이가 벌어지는 것이 아니라 오히려 장기적으로는 사람들 전체의 평균 키로 돌아가려는 추세가 나타났다. 여기서 '평균의 상태로 돌아가는 것'을 뜻하는 회귀(regression)라는 단어를 쓰게 되고 그러한 현상을 분석하는 기법을 가리키는 회귀분석(regression analysis)이라는 용어가 만들어진 것이다. 물론 그 당시 골튼의 연구는 다분히 경험적인 사실을 설명하는 정도에 머물렀지만 나중에 이 경향을 수리적 함수모형으로 분석하게 되면서 오늘날의 회귀분석으로 발전하게 되었다.

이제 상관관계와 인과관계의 문제로 돌아가 보자. 앞의 상관분석에서 강조한 것처럼 두 변수 사이에 상관관계가 있다고 해서 곧 원인과 결과의 관계(cause-and-effect relationship)가 있다는 것은 아니다. 단순한 우연에 불과한 현상일 수도 있고 두 변수 사이에 제3의 교란변수가 작용할 수도 있다. 그러나 일단 상관관계가 확인이 되면 인과관계의 존재 여부를 확인할 필요성이 커진다.

그러므로 일반적인 통계분석의 실무에서는 먼저 상관분석을 수행하고 이어서 회귀분석을 수행하는 경우가 많다. 우선 두 변수 사이의 움직임에 관련성이 있는지를 알아보고, 만일 관련성이 있다면 그것이 우연한 현상인지 아니면 구조적 관계에 의한 것인지를 확인하는 것이다. 그리고 구조적 관계라면 둘 사이에 어떤 변수가 다른 변수에 어느 정도의 영향을 미치는지를 추정하는 순서로 진행된다. 따라서 회귀분석은 변수들이 여러 개 있을 때 변수들 사이의 관계를 추정하는(estimation) 문제가 된다.

통계학에서 회귀분석이 차지하는 위상과 의미는 매우 크다. 실제로 거의 모든 통계학 교과서에서는 회귀분석을 특히 중요한 주제로 다루고 있다. 그 이유는 변수들간의 관계를 다루는 다변량 분석에서 변수와 변수간의 인과관계는 다른 어떤 관계보다 유용한 정보를 제공하기 때문이다. 특히 데이터의 규모가 커지고 변수가 많아지는 상황에서 변수들 사이에 분명한 인과관계가 존재하는지, 존재한다면 어느 정도의 영향을 주고받는지를 알아내는 일은 통계분석의 필수적인 작업이다.

여기서 다시 한번 회귀분석의 성격과 용도를 요약하면 다음 세 가지를 들 수 있다. 첫째, 두 변수 사이에 선형의 함수관계가 존재하는지를 확인하기 위해 사용된다. 둘째, 많은 변수들 사이에서 어떤 것이 원인의 변수가 되고 어떤 것이 결과의 변수가 되는지를 파악하기 위해 이용된다. 셋째, 변수와 변수 사이에 상호영향이 있을 경우 그 영향의 크기와 방향을 추정하기 위해 사용된다.

2. 상관분석과 회귀분석

(1) 기본원리

앞에서 설명한 것처럼 통계의 실무에서는 먼저 상관분석을 하고 이어서 회귀분석을 하는 경우가 많다. 또한 오늘날 많은 교과서에서는 상관분석과 회귀분석을 묶어서 다루거나 앞뒤로 이어서 다루고 있다. 그러나 역사적으로 상관분석과 회귀분석 사이에 선후관계가 있는 것은 아니다. 두 이론은 뿌리도 다르고 각각 독립적인 길을 따라 발전하였다. 오히려 기본개념이나 원리의 제시는 회귀분석이 상관분석보다 앞서 이루어졌다.

상관분석과 회귀분석의 개념적 차이를 설명하기 위해 먼저 [그림 11-1]을 보자. 이차원 평면 위에 두 변수 X와 Y의 값들이 흩어져 있다. 먼저 변수 X와 Y가 서로 대등한(independent) 입장에 있다고 가정하자. 이제 둘 사이의 연관성을 알아보기 위해서는 각각의 변수가 평균을 중심으로 얼마나 가까이 모여 있는지 아니면 반대로 흩어져 있는지를 나타내는 분산을 보면 된다. 즉 두 변수에 의해 만들어지는 전체분산 중에서 두 변수가 공통으로 설명할 수 있는 공분산의 비율이 크면 두 변수 사이의 연관성도 크다고 볼 수 있는 것이다. 이 비율이 바로 상관분석에 사용되는 상관계수(correlation coefficient)이다.

이번에는 변수 X가 원인이 되고 Y가 결과가 되는 관계에 있다고 가정하자. 이 때 한 변수가 다른 변수에 미치는 영향(effect)을 알아보려고 한다면 어떻게 하는 것이 좋을까? X가 한 단위 늘어났을 때 Y는 몇 단위 늘어나는지를 보는 것이 가장 단순하면서도 확실한 방법이 될 것이다. 그러기 위해서는 $Y=a+bX$ 형태의 선형식(liner equation)을 만들어서 그 선의 기울기(slope)와 절편(intercept)을 보면 된다.

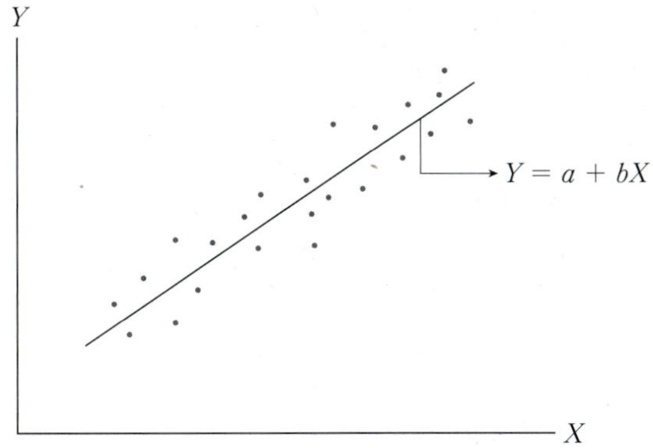

[그림 11-1] 두 변수 사이의 선형 관계식

(2) 공통점과 차이점

여기서 두 가지 분석 사이의 공통점과 차이점이 드러난다. 우선 공통점은 상관분석과 회귀분석 모두 두 변수 사이의 직선(linear) 관계에 초점을 맞춘다는 점이다. 반면에 차이점은 상관분석은 변수 X와 Y 사이의 관계가 얼마나 강한지를 보여주는 계수(coefficient)를 이용하는데 반해 회귀분석은 하나의 변수가 다른 변수에 얼마나 큰 영향을 미치는지를 나타내는 식(equation)을 이용한다는 점이다.

또 다른 차이는 계산과 추정의 대비이다. 상관분석은 미리 정의한 계수의 공식에 의해 하나의 추정치만을 자동적으로 만들어낸다. 그러므로 실제로는 계측의 문제가 된다. 그러나 회귀분석에서는 처음부터 하나의 식을 정하는 것이 아니라 무수히 많은 선(line)들 가운데에서 두 변수의 관계를 가장 잘 보여줄 수 있는 선을 찾아야 한다. 따라서 추정의 문제가 된다.

하지만 실제로 변수 X와 변수 Y 사이에 상관관계만 존재하는지 아니면 상관관계를 넘어 인과관계까지 존재하는지를 알아내는 것이 쉬운 일은 아니다. 물론 회귀분석을 수행한 후 통계적으로 유의한 결과가 나오면 인과관계가 존재한다고 판단할 수 있다. 하지만 둘 사이의 인과관계를 미리 진단할 수 있는 정보는 없을까? 명확한 기준은 아니지만 다음 몇 가지가 인과관계를 알려주는 사전 정보가 될 수는 있다.

- 첫째, 시간의 순서로 보았을 때 X가 Y보다 앞서 일어난다.
- 둘째, 발생 여부로 보았을 때 X가 발생하면 Y도 발생하지만 X가 발생하지 않으면 Y는 발생하지 않는다.
- 셋째, 위의 현상들이 공간이나 환경과 관계없이 일관되게 일어난다.
- 넷째, 제3의 변수를 포함하여도 두 변수 사이의 관계가 바뀌지 않는다.
- 다섯째, X와 Y의 관계에 대한 이론적, 과학적 근거가 이미 제시되어 있다.

제2절 변수의 종류

1. 독립변수와 종속변수

회귀분석은 변수들 사이의 인과관계를 알아보는 것이고 따라서 변수들은 크게 원인이 되는 변수와 결과가 되는 변수로 나눌 수 있다. 이 때 원인이 되는 변수를 독립변수(independent variable), 결과가 되는 변수를 종속변수(dependent variable)라고 부른다. 따라서 이 두 변수를 각각 X와 Y로 하면 두 변수의 관계를 Y와 X의 선형 함수(linear function)로 표현할 수 있다.

이 함수에서 독립변수는 다른 변수의 성질을 '설명하는' 변수를 의미한다. 따라서 함수의 변화를 만들어내는 변수이다. 이에 반해 종속변수는 독립변수에 의해 '설명되는' 변수를 가리킨다. 함수가 변화한 결과를 나타내는 변수이다. 따라서 [그림 11-2]에 나타나 있는 것처럼 두 변수 사이는 원인과 결과의 화살표로 연결된다.

2. 매개변수와 조절변수

그러나 [그림 11-2]에서 보듯이 함수 안에는 위의 두 가지 변수 외에도 다른 용도와 성격의 변수들이 포함될 수 있다. 바로 매개변수(mediating variable)와 조절변수(moderating variable)가 그것들이다. 이 변수들의 의미와 역할에 대해 좀더 자세히 알아보자.

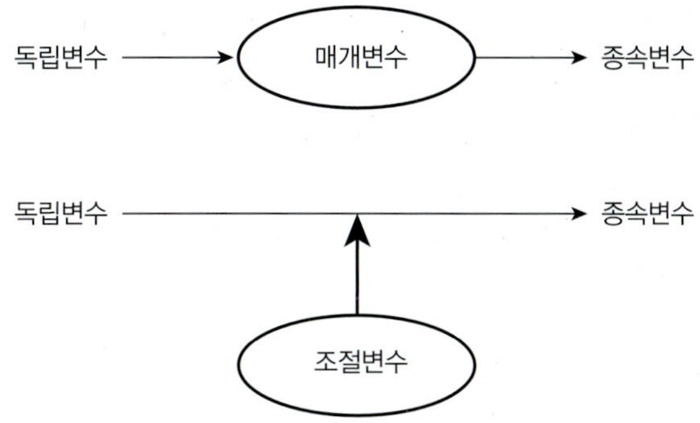

[그림 11-2] 변수들의 유형

독립변수와 종속변수는 원인과 결과의 관계로 연결된다. 그런데 때로는 두 변수 사이가 너무 멀어서 바로 이어지기 어려운 경우도 생긴다. 이 때 매개변수는 독립변수와 종속변수 사이의 중간에 개입되는 변수이다. 출발점의 독립변수가 일단 매개변수에 영향을 미치고 다시 매개변수가 마지막의 종속변수에 영향을 미치는 관계를 맺고 있는 것이다. 한편 조절변수는 독립변수와 종속변수 사이의 인과관계의 강도와 방향에 영향을 미치는 변수이다. 조절변수가 있느냐 없느냐에 따라 독립변수가 종속변수에 미치는 영향이 커지거나 작아지기도 하고, 긍정적인 영향을 미칠 수도 있고 부정적인 영향을 미칠 수도 있는 것이다.

다시 앞의 사람의 예로 돌아가 보자. 여기서 지능적 특성인 지능지수(IQ)와 사회적 특성인 소득수준을 생각해보자. 먼저 독립변수로서의 지능지수가 높으면 종속변수로서의 소득수준도 높아지는 인과관계가 성립할까? 아마 둘 사이에 직접적인 연결고리가 있다고 보기에는 무리가 있을 것이다. 하지만 일반적으로 지능지수가 높으면 학업성과가 높을 것이고 학업성과가 높으면 고소득의 직업을 선택할 기회도 많아질 것이다. 그러면서 지능지수 → 학업성과 → 소득수준으로 이어지는 관계가 만들어지게 된다. 이 때 중간에 있는 학업성과는 매개변수가 된다.

그러나 지능지수가 높다고 해서 모두 학업성과가 높은 것은 아니다. 학업에 얼마나 많은 노력과 시간을 투입하느냐에 따라 학업성과는 달라질 수 있다. 이 때 학업에 투자한 노력과 시간, 즉 학습시간이라는 변수는 조절변수가 된다. 독립변수와 종속변수의 관계에 양(+)의 영향을 미치기도 음(−)의 영향을 미치기도 하기 때문이다.

이처럼 회귀분석의 함수 안에는 다양한 성격의 변수들이 포함될 수 있고 또 포함되어야 한다. 따라서 어떤 변수들로 회귀모형을 구성할지를 결정하는 문제는 회귀분석의 가장 중요하고 어려운 과제가 된다. 이 문제에 대해서는 뒤에서 더 자세하게 다루기로 한다.

제3절 회귀모형

1. 함수모형

지금까지 변수들 사이의 인과관계를 설명하는 회귀분석의 개념과 원리에 대해 살펴보았다. 이제는 회귀분석의 수리적 모형에 대해 알아볼 차례이다. 넓은 의미의 선형모형(linear model)이라고 하였지만 그 안에는 다양한 형태의 회귀식(equation)들이 만들어질 수 있는 것이다.

(1) 평균 모형

회귀모형을 알아보기 전에, 만일 회귀분석을 하지 않는 상황에서의 추정에 대해 생각해 보자. 즉 독립변수인 X의 데이터는 없고 종속변수(관측치)인 Y의 데이터만 주어진 상황에서 미래의 관측치를 추정 내지 예측하는 문제의 답을 찾아보는 것이다.

이 경우에 가장 상식적이고 합리적인 방법은 무엇일까? 당연히 과거 관측치(y) 전체의 평균을 구한 후 그 평균값 $\bar{y}$ 을 미래의 추정치로 사용하는 것이다. 여기서 만들어진 함수 모형이 식 (11-1)에 나타나 있는 평균 모형(mean model) 또는 상수 모형(constant model)이다. 평균 모형이라는 것은 평균값을 추정치로 사용한다는 의미이고 상수 모형이라는 것은 함수 안에 독립변수는 없고 $\bar{y}$ 의 상수(α)만 존재한다는 뜻이다. 또한 모든 함수모형에는 그 모형에 의해 설명될 수 없는 부분인 오차항(error term) e_i 이 포함된다.

$$\text{평균 모형: } Y_i = \alpha + e_i \tag{11-1}$$

(2) 선형 회귀모형

이제 회귀분석을 하는 경우로 넘어가 보자. 즉 독립변수 X와 종속변수 Y가 모두 존재하는 함수모형을 다루는 것이다. 먼저 설명의 편의를 위해 X와 Y의 두 개의 변수만 있는 간단한 경우를 생각해 보자. 이 문제는 다음의 상황으로 표현할 수 있다. 첫째, 변수 X와 Y는 이변량 분포(bivariate distribution)를 따른다. 둘째, 하나의 통계적 실험에서 순서대로 $(X_i,\ Y_i)$의 관측치 쌍(ordered pair)들이 만들어진다. 셋째, X와 Y의 두 변수 사이에는 하나의 변수 X가 원인이 되고 다른 하나의 변수 Y가 결과가 되는 인과관계가 존재한다.

이 상황에서 다음에 할 일은 두 변수 사이의 관계를 정량적인 함수 모형으로 표현하는 것이다. 이 때 이론적으로는 무수히 많은 함수가 존재할 수 있다. 하지만 가장 단순한 모형으로 두 변수 X와 Y가 선형 관계를 이루는 함수를 생각해 보자.

여기서 주의할 점은 통계에서 말하는 함수관계의 특성이다. 일반적으로 두 변수 X와 Y 사이에 함수관계가 있다고 하면 X 값이 정해지면서 바로 Y 값이 따라서 정해지는 관계를 말한다. 그러나 통계적 모형은 변수들을 다루기 때문에 하나의 X 값에 대한 Y 의 값이 여러 개로 나올 수 있다. 따라서 앞에서 언급한 것처럼, 어떤 모형을 세워도 그 모형에 의해 설명할 수 없는 부분인 오차항(error term) e_i를 함수 안에 포함시켜야 한다. 이러한 사실을 반영하여 만들어진 함수모형이 바로 선형 회귀모형(linear regression model)이다.

2. 단순모형과 다중모형

선형 회귀모형 가운데 가장 간단한 형태가 단순 회귀모형(simple regression model)이다. 식 (11-2)에서 보는 것처럼 단순 회귀모형의 회귀식은 결과가 되는 변수 Y와 원인이 되는 변수 X가 선형관계의 함수를 이루고 거기에 오차항 e_i가 추가되는 형태로 제시된다. 또한 α는 선형 함수의 절편이 되고 β는 기울기가 된다.

$$\text{단순 회귀모형: } Y_i = \alpha + \beta X_i + e_i, \quad i = 1, 2, \cdots, n \qquad (11\text{-}2)$$

이제 단순 회귀모형을 확장해보자. 현실에서 종속변수 Y에 영향을 미치는 독립변수가 하나뿐인 경우는 별로 없다. 오히려 대부분의 경우에는 여러 개의 독립변수가 복합적으로 종속변수에 영향을 미치게 된다. 예를 들어 어떤 생산공정의 수율(yield)은 공장의 온도, 습도, 진동 등의 다양한 요인들의 영향을 받는다. 또 어떤 개인의 종합적 운동능력은 근력, 지구력, 순발력 등의 요인들에 의해 결정된다. 이런 경우의 회귀모형은 다중 회귀모형(multiple regression model)이 되어야 한다. 식 (11-3)에서 보는 것처럼 다중 회귀모형의 회귀식은 결과가 되는 변수 Y에 원인이 되는 변수가 여러 개(m) 포함되고 거기에 오차항 e_i가 추가되는 형태로 제시된다.

$$\text{다중 회귀모형: } Y_i = \alpha + \beta_1 X_{1i} + \beta_2 X_{2i} + \cdots \beta_m X_{mi} + e_i, \quad i = 1, 2, \cdots, n \quad (11\text{–}3)$$

하지만 다중 회귀모형도 수리적 내용이나 분석방법은 단순 회귀모형과 동일하기 때문에 여기서는 설명의 편의를 위해 단순 회귀모형에 초점을 맞추어 살펴보도록 한다.

3. 선형모형과 비선형모형

지금까지는 독립변수와 종속변수가 선형(iniear) 관계를 이루는 함수만을 다루었다. 그러나 현실에서는 둘 사이에 선형관계가 아니라 비선형(non-linear) 관계가 존재하는 경우도 많다. 이 경우에는 회귀분석을 사용할 수 없을까?

여기서 가장 자주 사용하는 방법은 변수변환(transformation)이다. 원래의 독립변수 X에 로그를 취하거나 제곱근으로 바꾼 후에 다시 변환된 X와 Y 사이의 관계를 그려보면 선형에 가까운 모습으로 나타나는 것을 볼 수 있다. 따라서 먼저 X를 변수변환하여 선형모형으로 바꾼 후에 회귀분석을 사용할 수 있다.

제4절 모수 추정

1. 기본가정

선형 회귀식 $Y_i = \alpha + \beta X_i + e_i$에서 절편이 되는 α와 기울기가 되는 β는 알려지지 않은 모수(unknown parameter)이다. 따라서 데이터를 이용하여 추정해야 하는 값이다. 여기서 이론적으로는 무수히 많은 회귀식이 만들어질 수 있다. 따라서 회귀분석의 핵심은 수많은 회귀식 가운데 두 변수 사이의 관계를 가장 잘 보여줄 수 있는 α와 β의 값을 추정하는 작업이 된다.

추정에 들어가기에 앞서 다음과 같은 몇 가지 가정이 필요하다. 이것들은 매우 당연한 가정처럼 보일 수도 있지만 회귀분석의 이론적 뿌리가 되는 중요한 전제조건이기도 하다.

- 첫째, 오차인 e_i들은 확률변수(random variables)로서 (1) 각각은 독립적(independent)이며 (2) 평균(mean)이 0이고 분산(variance)은 σ^2이다.
- 둘째, X는 확률변수가 아니고 주어지는 상수(given constant)이다.
- 셋째, 주어진 X에 대해 Y는 확률변수(random variable)로서 (1) 각각은 독립적(ndependent)이며 (2) 평균(mean)은 $\mu = \alpha + \beta X$이고 분산(variance)은 σ^2이다. 여기서 주의할 점은 확률변수라는 가정만 있지 그 변수의 확률분포가 무엇인지에 대한 가정은 아직 없다는 것이다.

2. 추정방법

위의 가정을 바탕으로 지금부터 모수 α와 β를 추정하는 방법들을 찾아보도록 하자. 앞에서 이미 여러 가지 추정방법을 소개한 바 있다. 대표적으로 최우도 추정법(MLE)도 있었고 최소제곱 추정법(LSE)도 있었다. 그 가운데 어떤 추정방법을 사용하는 것이 좋을까? 첫 번째 기준은 당연히 좋은 추정량을 제공하는 방법을 선택하는 것이다. 이 기준에서 보면 대부분의 경우에 최우도 추정법과 최소제곱 추정법 모두 좋은 추정법이 된다.

두 번째 기준은 사용이 가능한 방법을 선택하는 것이다. 회귀모형의 특성에 따라 어느 방법을 써도 항상 추정이 가능한 경우도 있지만 그렇지 않은 경우도 있다. 예를 들어 최우도 추정법은 매우 폭넓게 사용할 수 있지만 최소제곱 추정법은 사용이 불가능한 경우가 더러 있다. 따라서 주어진 문제에 대해 사용이 가능한 회귀방법 가운데 하나를 선택하는 것이 또 다른 기준이 된다.

세 번째 기준은 수리적으로 단순하고 계산이 편리한 방법을 선택하는 것이다. 물론 오늘날처럼 컴퓨터의 성능이 좋아진 상황에서 이 기준의 의미는 별로 크지 않다. 그러나 회귀분석이 사용되기 시작한 초기에는 모수의 추정에 필요한 계산시간이 아주 중요한 기준이었다. 예를 들어 탁상용 계산기를 이용한 1950년대와 1960대는 말할 것도 없고 본격적으로 컴퓨터가 보급되기 시작한 1970년대에도 회귀분석에 하루 종일이 걸리는 경우도 종종 있었다고 한다.

이러한 이유 때문에 초창기의 교과서에서는 수리적 내용을 이해하기 쉽고 계산과정이 상대적으로 간단한 최소제곱 추정법을 이용하여 추정 과정을 설명하였다. 앞의 추정 부분에서 설명한 것처럼 이것을 Ordinary Least Square(OLS) 추정법이라고 부른다. 그리고 이러한 관행은 오늘까지도 이어지고 있다. 따라서 이 책에서도 최소제곱 추정법을 바탕으로 추정의 원리와 기준을 알아보기로 한다.

3. 점추정

(1) 기본개념

추정 방법을 알아보기 전에 먼저 용어에 대한 이해를 하고 넘어가자. 앞의 추정 부분에서 설명한 것처럼 추정은 크게 점추정(point estimation)과 구간추정(interval estimation)으로 나눈다. 모수에 대해 하나의 추정치만을 제시하는 방식이 점추정이다. 이에 비해 모수의 참값이 속할 것으로 추정되는 범위를 제시하는 방식이 구간추정이다. 여기에서는 먼저 점추정에 대해 알아보고 이어서 구간추정에 대해 살펴보기로 하자.

그러면 점추정의 대상이 되는 모수는 무엇일까? 먼저 독립변수 X는 주어지는 상수이므로 추정의 대상이 아니다. 이어서 모수 α와 β는 당연히 추정의 대상이 된다. 하지만 종속변수 Y는 α와 β의 추정치에 따라 바로 그 값이 결정되기 때문에 역시 추정의 대상이 아니다.

(2) 추정 과정

최소제곱 추정법의 기본개념을 다시 기억해보자. 먼저 독립변수가 1개인 단순 회귀 모형을 예로 들어 모수들의 추정량(estimator) $\hat{Y}, \hat{\alpha}, \hat{\beta}$의 관계를 $\hat{Y}=\hat{\alpha}+\hat{\beta}X$로 놓자. 이제 관측치 Y를 바탕으로 회귀분석을 수행하면 추정치 $\hat{Y}$를 얻게 된다. 그러면 관측치의 오차(error of observation value), 즉 잔차(residual)는 $e_i=Y_i-\hat{Y}_i=Y_i-(\hat{\alpha}+\hat{\beta}X_i)$가 된다.

잔차(residual) = 관측치의 오차(error of observation value)

$$=e_i=Y_i-\hat{Y}_i=Y_i-(\hat{\alpha}+\hat{\beta}X_i)$$

좋은 추정은 잔차의 합이 최소가 되는 추정, 다시 말해 $\sum e_i=0$이 되는 추정이다. 그러나 $\sum e_i=0$이 되는 직선 식은 무수히 많이 나올 수 있다. 따라서 e_i 자체의 합이 아니라 절대값의 합이나 제곱의 합을 구하여 그것을 최소화시키는 방법을 사용하게 된다. 이미 앞에서 설명한 것처럼 이 둘 중에 흔히 제곱의 합을 이용하는 이유는 미분이 가능하기 때문에 수리적 작업이 더 쉬울 뿐 아니라 항상 하나의 유일한 답(solution)을 내놓기 때문이다.

관측 오차, 즉 잔차의 제곱합인 $\sum e_i^2$이 최소(minimum)가 되는 추정에서는 오직 하나의 직선 식만 나오게 된다. 최소제곱 추정법은 바로 이 조건이 만족되는 $\hat{\alpha}, \hat{\beta}$를 찾는 추정법이다. 이 과정은 크게 다음의 세 단계로 이루어진다.

● 단계 1: 미분 작업

먼저 $Q=\sum e_i^2=\sum\left[Y_i-(\hat{\alpha}+\hat{\beta}X_i)^2\right]$라고 하자. 이제 최소화(minimization) 문제의 답을 얻기 위해 Q를 모수 α와 β로 미분한 후 0으로 놓는다. $\frac{\partial Q}{\partial \alpha}=0$과 $\frac{\partial Q}{\partial \beta}=0$의 식을 만드는 것이다.

● **단계 2: 정규방정식 도출**

위의 작업을 통해 흔히 정규방정식(normal equations)이라고 부르는 식 (11-4)가 도출된다. 여기서 n은 표본의 크기를 가리킨다.

정규방정식: $\sum y_i = n\alpha + \beta \sum x_i, \ \sum x_i y_i = \alpha \sum x_i + \beta \sum x_i^2$ (11-4)

● **단계 3: 해의 도출**

위의 방정식을 풀어서 해를 구하면 식 (11-5) 및 식 (11-6)과 같이 추정량 $\hat{\alpha}, \hat{\beta}$을 구할 수 있고 $\hat{Y} = \hat{\alpha} + \hat{\beta}X$의 회귀식을 도출하게 된다. 여기서 $\overline{X}$와 $\overline{Y}$는 표본평균을 의미한다. 또한 먼저 $\hat{\beta}$를 구한 후 $\hat{\beta}$를 이용하여 $\hat{\alpha}$를 구하는 순서로 이루어지는 것을 기억하자.

$$\hat{\beta} = \frac{\sum(x_i - \overline{X})(y_i - \overline{Y})}{\sum(x_i - \overline{X})^2} = \frac{S_{xy}}{S_{xx}} \quad (11\text{-}5)$$

$$\hat{\alpha} = \overline{Y} - \hat{\beta}\overline{X} \quad (11\text{-}6)$$

여기서 $S_{xx} = \sum(x_i - \overline{x})^2, \ S_{xy} = \sum(x_i - \overline{x})(y_i - \overline{y})$

예제

1,000명의 사람들을 조사한 결과 신장의 평균 $\overline{X}$는 168.4cm, 체중의 평균 $\overline{Y}$는 64.4kg로 나타났다. 또한 $S_{xx} = 100873.3$, $S_{xy} = 85074.93$로 계산되었다. 이 정보로부터 체중과 신장 사이의 회귀식 모수인 α와 β는 다음과 같이 추정할 수 있다.

$$\hat{\beta} = \frac{S_{xy}}{S_{xx}} = \frac{85074.93}{100873.3} = 0.843$$

$$\hat{\alpha} = \overline{Y} - \hat{\beta}\overline{X} = 64.4 - 0.843 \times 168.4 = -77.6$$

따라서 $\hat{Y} = -77.6 + 0.843X$의 회귀식이 만들어진다.

4. 구간추정

(1) 기본개념

점추정을 통해 하나의 회귀식이 도출된다. 하지만 다른 추정과 마찬가지로 점추정은 추정의 신뢰성이 어느 정도인지를 알 수 없는 문제를 안고 있다. 그래서 하나의 값이 아니라 두 개의 점을 선택하여 두 점이 만드는 범위인 구간으로 추정하는 구간추정(interval estimation)을 하게 된다.

그러면 구간추정의 대상은 무엇이 될까? 앞의 점추정에서는 독립변수 X와 종속변수 Y는 추정의 대상이 아니므로 모수 α와 β만 추정의 대상이 된다. 구간추정에서도 X는 주어지는 값이므로 추정의 대상이 아니다. 모수 α와 β는 당연히 추정의 대상이 된다. 나아가 α와 β도 하나의 값이 아니라 구간으로 주어지기 때문에 종속변수 Y도 구간추정의 대상에 포함된다.

> 회귀분석 구간추정의 대상: α, β, Y

(2) 추가적 가정

앞에서 최소제곱 추정법(OLS) 추정법에 대해 알아보았다. 여기서 눈 여겨 보아야 할 점은 점추정에서는 확률분포에 대한 가정이 없다는 사실이다. 관측 오차인 e_i는 확률변수로서 각각은 독립이며 평균이 0이고 분산이 σ^2라는 가정만 필요한 것이다.

그러나 구간추정을 하기 위해서는 확률분포가 알려져야 한다. 그래야만 신뢰수준(confidence level)에 따라 구간의 길이를 정할 수 있기 때문이다. 따라서 앞의 점추정에서 제시된 기본 가정에 추가하여 확률분포에 대한 가정이 반드시 필요하다.

그렇다면 어떤 분포를 가정하게 될까? 회귀분석에서도 확률변수들은 정규분포를 따른다고 가정한다. 즉 구간추정에는 다음과 같은 가정들이 주어진다.

- 첫째, 관측 오차인 e_i는 확률변수(random variables)로서 (1) 각각 독립적(independent)이며 (2) 평균(mean)이 0이고 분산(variance)이 σ^2인 정규분포를 따른다. 즉 $e_i \sim N(o, \sigma^2)$이다.
- 둘째, X는 주어지는(given) 값으로서 확률변수가 아니고 상수(constant)이다.

- 셋째, 주어진 X에 대해 Y는 확률변수(random variable)로서 (1) 각각 독립적(ndependent)이며 (2) 평균(mean)은 $\mu=\alpha+\beta X$이고 분산(variance)이 σ^2인 정규분포를 따른다. 즉 $Y \sim N(\alpha+\beta X_i, \sigma^2)$이다.

(3) 분산(σ^2) 추정

앞에서 설명한 것처럼 구간추정의 대상은 α, β 그리고 Y가 된다. 뒤에서 알 수 있겠지만, 이 모수들의 추정 과정에 공통적으로 들어가는 정보는 분산이다. 따라서 모수들의 추정에 앞서 먼저 모분산 σ^2의 추정량$(\widehat{\sigma^2})$인 표본분산 s^2에 대해 알아보자. 앞에서 $e_i \sim N(0,\ \sigma^2)$로 가정하였기 때문에 여기서의 분산은 곧 e_i의 분산을 가리킨다. 설명의 편의를 위해 아래의 표기를 다시 사용한다.

- $S_{xx}=\sum(X_i-\overline{x})^2$, $S_{yy}=\sum(y_i-\overline{y})^2$, $S_{xy}=\sum(x_i-\overline{x})(y_i-\overline{y})$
- $SSE=\sum e_i^2=\sum(y_i-\alpha-\beta)^2$

만일 회귀분석을 사용하지 않는다면 표본분산은 $\sum(y_i-\overline{y})^2/(n-1)$이 된다. 이 때 분모의 자유도는 $(n-1)$인 것에 유의하자. 이제 회귀분석을 하게 되면 당연히 표본분산도 달라진다. 먼저 분자는 여전히 $\text{SSE}=\sum(y_i-\overline{y})^2$가 된다. 하지만 분모의 자유도는 2개의 모수 α, β를 추정하는 과정에서 2개의 자유도가 줄어들었기 때문에 $(n-1)$이 아니라 $(n-2)$로 바뀐다. 그러므로 회귀모형의 표본분산 s^2은 SSE/$(n-2)$가 된다. 이것을 MSE(평균제곱)이라고 표기하자.

회귀모형 표본분산 $s^2 = \text{SSE} / (n-2) = \text{MSE}$

그렇다면 위의 표본분산 s^2이 실제로 모분산 σ^2의 좋은 추정량 $\widehat{\sigma^2}$이 될까? 여기서 자세한 증명 과정은 생략하지만 s^2의 기대값은 $E(s^2)=E[\text{SSE}/(n-2)]=E[\text{MSE}]=\sigma^2$임이 알려져 있다. 즉 s^2은 σ^2의 불편추정량(unbiased estiamtor)이 되는 것이다.

회귀모형 $\widehat{\sigma^2} = s^2$

(4) β의 분포와 구간추정

이제 모수 β의 구간추정에 대해 알아보자. 여기서 약간의 수리적 작업을 거치면 β의 추정량 $\hat{\beta}$의 기대값은 $E(\hat{\beta})=\beta$이고 분산은 $Var(\hat{\beta})=\frac{\sigma^2}{S_{xx}}$임을 보여줄 수 있다. 또한 β가 정규분포를 따르므로 $\beta \sim N\left(\beta, \frac{\sigma^2}{S_{xx}}\right)$가 된다.

$$E(\hat{\beta})=\beta,\ Var(\hat{\beta})=\frac{\sigma^2}{S_{xx}},\ \beta \sim N\left(\beta,\ \frac{\sigma^2}{S_{xx}}\right)$$

여기서 모분산 σ^2는 알려지지 않기 때문에 앞의 표본분산 $s^2=SSE/(n-2)$로 대체하면 추정의 통계량은 $\frac{\hat{\beta}-\beta}{\sqrt{\frac{SSE/(n-2)}{S_{xx}}}}$가 된다. 또한 모분산 σ^2 대신 표본분산 s^2을 사용하기 때문에 이 통계량은 자유도가 $(n-2)$인 t 분포를 따른다. 따라서 신뢰수준 $1-\alpha$에서 β의 구간추정은 t 분포를 이용하여 아래와 같이 주어진다.

$$\beta \text{의 구간추정: } \left[\hat{\beta}-t_{\alpha/2,\,n-2}\sqrt{\frac{\frac{SSE}{n-2}}{S_{xx}}},\ \hat{\beta}+t_{\alpha/2,\,n-2}\sqrt{\frac{\frac{SSE}{n-2}}{S_{xx}}}\right]$$

예제

앞의 체중과 신장의 예제에서 β의 점추정치는 $\hat{\beta}=\frac{S_{xy}}{S_{xx}}=\frac{85074.93}{100873.3}=0.843$이었다. 이번에는 구간추정을 통해 β의 95% 신뢰구간을 구해보자. 먼저 SSE는 계산 결과 40072.42였다. 또한 $t_{0.025,\,988}\cong z_{0.025}=1.960$으로 근사할 수 있다. 자유도가 매우 큰 경우에는 t 분포는 정규분포로 근사시킬 수 있기 때문이다. 따라서 β의 95% 신뢰구간은 다음과 같이 주어진다.

$$\left[0.843-1.96\sqrt{\frac{\frac{40072.42}{998}}{100873.3}},\ 0.843+1.96\sqrt{\frac{\frac{40072.42}{998}}{100873.3}}\right]=[0.804,\ 0.883]$$

(5) α의 분포와 구간추정

이어서 모수 α의 구간추정에 대해 알아보자. 여기서도 증명은 생략하지만 α의 추정량 $\hat{\alpha}$의 기대값은 $E(\hat{\alpha})=\alpha$이고 분산은 $Var(\hat{\alpha})=\sigma^2\left(\frac{1}{n}+\frac{x^2}{S_{xx}}\right)$임이 알려져 있다. 또한 α가 정규분포를 따르므로 $\alpha \sim N\left(\alpha, \sigma^2\left(\frac{1}{n}+\frac{x^2}{S_{xx}}\right)\right)$가 된다.

$$E(\hat{\alpha})=\alpha,\ Var(\hat{\alpha})=\sigma^2\left(\frac{1}{n}+\frac{x^2}{S_{xx}}\right),\ \alpha \sim N\left(\alpha,\ \sigma^2\left(\frac{1}{n}+\frac{x^2}{S_{xx}}\right)\right)$$

여기서도 역시 모분산 σ^2는 알려지지 않기 때문에 표본분산 s^2으로 대체한 추정의 통계량은 $\dfrac{\hat{\alpha}-\alpha}{\sqrt{\dfrac{SSE}{(n-2)}\left(\dfrac{1}{n}+\dfrac{x^2}{S_{xx}}\right)}}$이 되고 이 통계량은 자유도가 $(n-2)$인 t 분포를 따르게 된다. 따라서 신뢰수준 $1-\alpha$에서 α의 구간추정은 t 분포를 이용하여 아래와 같이 주어진다.

$$\alpha \text{ 의 추정구간: } \left[\hat{\alpha}-t_{\alpha/2,\,n-2}\sqrt{\frac{SSE}{n-2}\left(\frac{1}{n}+\frac{\overline{x}^2}{S_{xx}}\right)},\ \hat{\alpha}+t_{\alpha/2,\,n-2}\sqrt{\frac{SSE}{n-2}\left(\frac{1}{n}+\frac{\overline{x}^2}{S_{xx}}\right)}\right]$$

예제

다시 앞의 예제를 보자. 모수 α의 점추정치는 $\hat{\alpha}=\overline{Y}-\hat{\beta}\overline{X}=64.4-0.843\times168.4=-77.6$이었다. 이제 구간추정을 통해 α의 95% 신뢰구간을 구해보면 다음과 같다.

$$\left[-77.6-1.96\sqrt{\frac{40072.42}{998}\left(\frac{1}{1000}+\frac{168.4^2}{100873.3}\right)},\right.$$
$$\left.-77.6+1.96\sqrt{\frac{40072.42}{998}\left(\frac{1}{1000}+\frac{168.4^2}{100873.3}\right)}\right]$$
$$=[-84.1,\ -71.0]$$

(6) Y의 분포와 구간추정

마지막으로 종속변수 Y의 구간추정에 대해 알아보자. 여기서도 증명은 생략하지만

$\hat{y}$의 기대값은 $E(\hat{y})=\alpha+\beta x$이고 분산은 $Var(\hat{y})=\sigma^2\left(\frac{1}{n}+\frac{(x-\overline{x})^2}{S_{xx}}\right)$임이 알려져 있다. 따라서 $Y\sim N\left(\alpha+\beta x, \sigma^2\left(\frac{1}{n}+\frac{(x-\overline{x})^2}{S_{xx}}\right)\right)$가 된다.

$$E(\hat{y})=\alpha+\beta x,\ Var(\hat{y})=\sigma^2\left(\frac{1}{n}+\frac{(x-\overline{x})^2}{S_{xx}}\right),$$
$$Y\sim N\left(\alpha+\beta x,\ \sigma^2\left(\frac{1}{n}+\frac{(x-\overline{x})^2}{S_{xx}}\right)\right)$$

역시 모분산 σ^2를 표본분산 s^2으로 대체한 추정의 통계량은 $\dfrac{(\hat{\alpha}+\hat{\beta}x)-(\alpha+\beta x)}{\sqrt{\frac{SSE}{(n-2)}\left(\frac{1}{n}+\frac{(x-\overline{x})^2}{S_{xx}}\right)}}$ 가 되고, 이 통계량은 자유도가 $(n-2)$인 t 분포를 따르게 된다. 그러므로 신뢰수준 $1-\alpha$에서 t 분포를 이용하여 Y의 구간추정은 구해보면 아래와 같이 주어진다.

Y의 추정구간: $\left[\hat{\alpha}+\hat{\beta}x-t_{\alpha/2,n-2}\sqrt{\frac{SSE}{n-2}\left(\frac{1}{n}+\frac{(x-\overline{x})^2}{S_{xx}}\right)},\ \hat{\alpha}+\hat{\beta}x+t_{\alpha/2,n-2}\sqrt{\frac{SSE}{n-2}\left(\frac{1}{n}+\frac{(x-\overline{x})^2}{S_{xx}}\right)}\right]$

예제

앞의 예제에서 회귀식은 $\hat{Y}=-77.6+0.843X$로 주어진다. 따라서 예를 들어 키가 180cm인 사람의 체중은 74.3kg로 추정할 수 있다. 이 때 구간추정을 통해 체중의 95% 신뢰구간을 구하면 아래와 같이 주어진다.

$$\left[74.3-1.96\sqrt{\frac{40072.42}{998}\left(\frac{1}{1000}+\frac{(74.3-64.4)^2}{100873.3}\right)},\right.$$
$$\left.74.3-1.96\sqrt{\frac{40072.42}{998}\left(\frac{1}{1000}+\frac{(74.3-64.4)^2}{100873.3}\right)}\right]$$
$$=[73.7,\ 74.9]$$

(7) 표준 오차

회귀분석도 구간추정의 하나이므로 추정의 정확도를 살펴보아야 한다. 앞의 추정 이론에서 자세하게 설명한대로, 추정의 정확도는 흔히 표준오차(standard error: SE)로 측정한다. 그리고 어느 추정량의 표준오차는 곧 그 추정량의 표준편차(standard deviation: SD)가 된다.

추정량의 표준오차(SE of estimate) = 추정량의 표준편차(SD of estimate)

회귀분석에서 추정의 대상은 절편인 α, 각 독립변수의 계수인 β 그리고 종속변수인 Y가 된다. 하지만 이 중에서 실질적인 의미가 없는 모수인 α를 제외하면, 회귀계수 β의 표준오차(SE of regression coefficient)와 추정치 Y의 표준오차(SE of estimate)가 관심의 대상이 된다.

여기서 표준편차(SD) = 표준오차(SE)의 관계를 이용하여 표준오차를 계산할 수 있다. 먼저 회귀계수 $\hat{\beta}$의 분산은 $Var(\hat{\beta}) = \frac{\sigma^2}{S_{xx}}$이고 여기서 σ^2을 대체하는 $s^2 = SSE/(n-2)$이므로 표준오차는 $SE = \sqrt{\frac{\frac{SSE}{(n-2)}}{S_{xx}}}$가 된다.

$$\hat{\beta}\text{의 표준오차(SE)} = \sqrt{\frac{\frac{SSE}{(n-2)}}{S_{xx}}}$$

회귀식 $\hat{y}$의 분산은 $Var(\hat{y}) = \sigma^2\left(\frac{1}{n} + \frac{(x-\overline{x})^2}{S_{xx}}\right)$이고 역시 σ^2을 s^2으로 대체하면 표준오차는 $SE = \sqrt{\frac{SSE}{n-2}\left(\frac{1}{n} + \frac{(x-\overline{x})^2}{S_{xx}}\right)}$가 된다.

$$\hat{y}\text{의 표준오차(SE)} = \sqrt{\frac{SSE}{n-2}\left(\frac{1}{n} + \frac{(x-\overline{x})^2}{S_{xx}}\right)}$$

아래의 예제를 이용하여 β와 Y의 표준오차가 어떻게 나타나는지를 알아보자.

예제

생산공정에서 에너지 사용량(Y)에 영향을 미치는 요소로서 부품당 가공횟수(X_1), 부품당 이동거리(X_2), 부품당 중량(X_3)의 세 변수를 설정하였다. 이들 변수들을 사용하여 다중(multiple) 회귀분석을 수행해 보자. 지난 15주 동안의 데이터가 〈표 11-1〉에 정리되어 있고, 소프트웨어를 사용하여 회귀분석을 수행한 결과표가 아래에 나타나 있다.

〈표 11-1〉 에너지 사용량 데이터

에너지 사용량(Y)	가공횟수(X_1)	이동거리(X_2)	평균중량(X_3)
105	15	82	28
88	11	77	32
110	16	102	22
120	18	99	18
90	12	83	21
86	11	104	24
101	13	100	21
110	15	98	18
96	9	106	25
88	8	98	29
98	11	92	31
104	15	88	23
92	12	96	26
112	18	84	22
105	16	98	20

우선 종속변수 Y에 대해 세 개의 독립변수 X_1, X_2, X_3로 이루어지는 다중 회귀식은 다음과 같이 나타난다.

$$Y = 16.52 + 3.374X_1 + 0.331X_2 + 0.325X_3$$

먼저 모형 전체, 즉 종속변수 Y의 추정치의 표준오차는 4.749인 것을 알 수 있다.

다음으로 β의 표준오차(계수의 표준오차)를 찾아보자. 3개의 독립변수인 가공횟수, 이동거리, 중량의 추정계수($\hat{\beta}$)는 3.374, 0.331, 0.325이고, 각 추정치의 표준오차는 0.636, 0.183, 0.473인 것을 볼 수 있다. 표준오차는 뒤에서 설명할 개별 모수(β)의 적합도 검증에서 반드시 필요한 정보로 활용된다.

모형 요약

모형	R	R 제곱	수정된 R 제곱	추정값의 표준오차
1	.912[a]	.832	.786	4.749

a. 예측자: (상수), 평균중량, 이동거리, 가공횟수

ANOVA[a]

모형		제곱합	자유도	평균제곱	F	유의확률
1	회귀	1229.248	3	409.749	18.168	.000[b]
	잔차	248.085	11	22.553		
	전체	1477.333	14			

a. 종속변수: 에너지 사용량

b. 예측자: (상수), 평균중량, 이동거리, 가공횟수

계수[a]

모형		비표준화 계수		표준화 계수	t	유의확률
		B	표준오차	베타		
1	(상수)	16.518	32.224		.513	.618
	가공횟수	3.374	.636	1.014	5.306	.000
	이동거리	.331	.183	.287	1.811	.097
	평균중량	.325	.473	.140	.687	.506

a. 종속변수: 에너지 사용량

제5절 회귀분석의 검증

1. 기본개념

이제 추정이 끝났으니 회귀분석도 모두 끝난 것일까? 당연히 아니다. 왜냐하면 처음 제시한 회귀모형이 제대로 세워진 것인지 또한 사전에 설정한 여러 가정들이 실제로 잘 만족되었는지를 확인하는 작업이 남아있기 때문이다. 아무리 추정과정이 깔끔하게 이루어졌다고 하더라도 처음부터 모형이 제대로 설계되지 않았거나 가정이 충분

히 만족되지 않으면 추정의 신뢰도는 크게 떨어지고 따라서 회귀분석의 의미도 왜곡될 수 있다. 이 과정에서 이루어지는 확인의 작업이 바로 검증(validation)이다. [그림 11-4]에서 보듯이 회귀분석의 검증은 크게 두 개의 주제로 이루어진다.

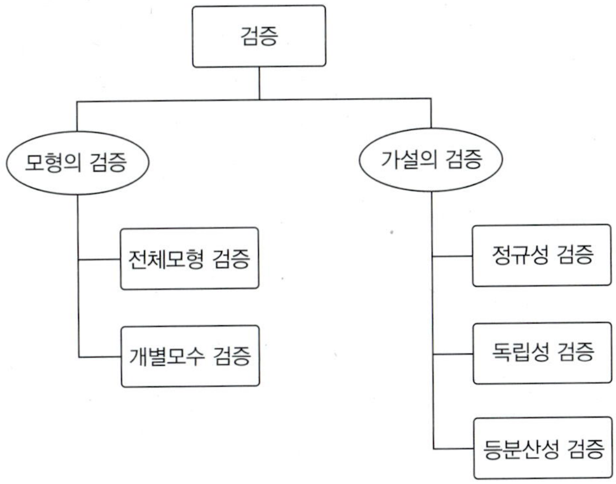

[그림 11-4] 회귀분석 검증의 주제

- 첫째, 회귀모형(model)의 적합성을 검증하는 주제이다. 회귀모형 자체가 변수들의 인과관계를 제대로 보여줄 수 있도록 만들어졌는가를 확인하는 일이다. 이 주제는 다시 모형 전체(overall model)의 적합도를 보는 주제와 개별 모수(individual parameter)의 적합도를 보는 주제로 나뉜다.
- 둘째, 가정(assumption)의 만족도를 검증하는 주제이다. 이것은 회귀분석에 사용된 데이터의 적합성을 확인하는 일이다. 각각의 검증 주제들에 대해 차례대로 살펴보자.

2. 전체 모형의 적합도 검증

회귀분석은 선형 회귀모형을 기본모형으로 한다. 선형 회귀모형은 독립변수와 종속변수들의 관계를 아래와 같은 선형함수(linear function)로 표현한 것이다.

$$Y_i = \alpha + \beta_1 X_{1i} + \beta_2 X_{2i} + \cdots + \beta_m X_{mi} + e_i$$

따라서 회귀분석에서 전체 모형의 적합도를 검증한다는 것은 위의 선형 모형이 변수 사이의 회귀관계를 잘 반영하고 있는지를 살펴보는 일을 가리킨다. 보다 구체적으로 말하면 종속변수를 설명하는 독립변수들이 제대로 선택되었는지를 의미한다.

이 과제를 검정(testing)의 문제로 표현해보자. 여기서 검정의 주제는 독립변수와 종속변수 사이에 인과관계가 존재하는지의 여부가 된다. 따라서 귀무가설 H_0과 대립가설 H_1은 다음과 같이 주어진다.

- H_0: $\beta_1 = \beta_2 = \cdots = \beta_m = 0$
- H_1: 적어도 한 개의 β는 0이 아니다.

위에서 설정된 가설의 내용을 잘 보면 앞의 분산분석(ANOVA)의 가설과 동일하다는 것을 알 수 있다. 분산분석에서 α_i를 각 그룹의 평균(μ_i)과 전체평균(μ)과의 차이라고 하면, 귀무가설은 다음과 같이 표현할 수 있기 때문이다.

- H_0: $\alpha_1 = \alpha_2 = \alpha_3 = 0$
- H_1: 적어도 한 개의 α는 0이 아니다.

따라서 이 검정은 분산분석과 같은 원리를 사용하게 된다. 분산분석에서 전체분산 SST를 처리방법의 차이에 의한 분산 SSTr과 임의의 오차에 의한 분산 SSE로 나누어 SSTr과 SSE의 비율로 검정하는 원리를 회귀모형의 적합도 검증에도 사용하는 것이다.

먼저 [그림 11-5]를 보자. 여기서 개별 관측치 y_i, 전체평균 $\overline{y}$, 추정값 $\hat{y}_i$의 관계는 식 (11-6)으로 표현할 수 있다.

$$(y_i - \overline{y}) = (y_i - \hat{y}_i) + (\hat{y}_i - \overline{y}) \tag{11-6}$$

이제 위의 식에 대한 제곱합(SS)을 구하면 식 (11-7)로 표현할 수 있다.

$$\sum(y_i - \overline{y})^2 = \sum(y_i - \hat{y}_i)^2 + \sum(\hat{y}_i - \overline{y})^2 \qquad (11\text{–}7)$$
$$\text{SST} \quad = \quad \text{SSE} \quad + \quad \text{SSR}$$

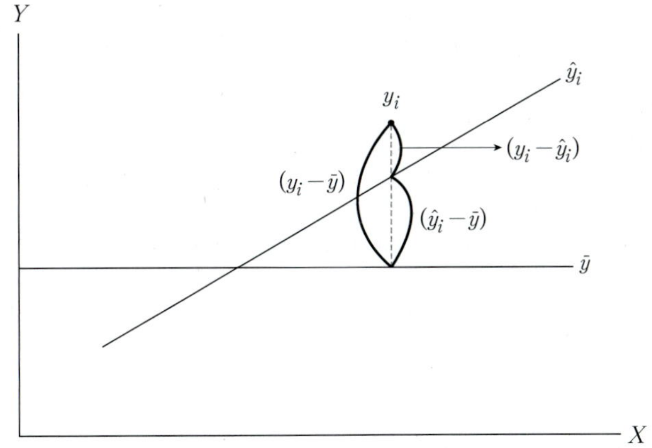

[그림 11-5] 관측치, 추정치, 전체평균과의 차이

여기서 각각의 제곱합이 의미하는 것은 무엇일까? 먼저 SST(total sum of squares)의 $(y_i - \overline{y})$를 보자. 이것은 회귀모형을 도입하지 않은 상태를 가리킨다. 회귀모형이 없는 이 상태에서는 앞에서 설명한대로 회귀모형 대신 평균(상수) 모형을 이용하여 추정을 하게 된다. 평균(상수) 모형에서는 관측치 전체의 평균인 $\overline{y}$를 추정치로 사용한다. 따라서 $(y_i - \overline{y})$는 회귀분석을 하지 않은 상태에서 설명하지 못하는 변동 전체의 크기를 가리킨다.

이제 회귀모형을 도입한 후의 추정을 보자. 이 때의 추정치는 $\hat{y}_i$이다. 여기서부터 전체 변동 SST는 크게 두 부분으로 나뉘게 된다. 먼저 SSE(sum of squares of error)의 $(y_i - \hat{y}_i)$는 회귀식을 만들었음에도 불구하고 설명하지 못하는 임의의 변동의 크기를 뜻한다. 다음으로 SSR(sum of squares of regression)의 $(\hat{y}_i - \overline{y})$는 무엇을 의미할까? $\hat{y}_i$는 회귀모형이 만들어진 상황에서의 추정치이고 $\overline{y}$는 회귀모형이 없는 상황 즉 평균 모형에서의 추정치이다. 따라서 $(\hat{y}_i - \overline{y})$는 회귀식이 없는 상황과 비교하여 회귀식이 만들어지면서 추가적으로 설명할 수 있는 변동의 크기를 나타낸다.

이제 SST를 SSE와 SSR로 분해하고 나면 SSE와 SSR의 크기를 비교하는 뜻이 분명해진다. SST가 주어진 상황에서 $(y_i - \hat{y}_i)$의 제곱합인 SSE보다는 $(\hat{y}_i - \overline{y})$의 제곱합인 SSR이 훨씬 커야 회귀분석을 수행하는 의미가 있다. SSR이 클수록 회귀식을 통해 더 많은 변동을 추가적으로 설명할 수 있고 그러면서 회귀모형의 적합도가 올라가기 때문이다.

제곱합을 이용하기 때문에 실제의 검증에 사용하는 통계량은 당연히 분산이 된다. 또한 검증의 기준은 일반적인 분산분석과 마찬가지로 만일 회귀모형에 의한 분산인 SSR이 임의의 오차에 의한 분산인 SSE보다 훨씬 크다면 회귀모형은 적합하다고 판정한다. 분산분석과 비교하여 가장 큰 차이는 분산분석에서 나오는 처리방법에 의한 분산 SSTr이 회귀분석에서는 회귀모형에 의한 분산 SSR로 바뀐 것이다.

구체적인 검정은 아래에서 보는 것처럼 분산분석의 F 검정으로 할 수도 있고 결정계수 R^2로 할 수도 있다.

(1) F 검정

먼저 F 검정은 앞의 분산분석과 마찬가지로 분산분석표를 만든 후 F 값을 기준으로 검정하는 방법을 의미한다. 〈표 11-2〉에서 보는 것처럼, 분산을 크게 모형(model)과 오차(error)로 나눈 후 두 개의 비율인 F 값을 계측하여 검정하는 것이다. 여기서 주어진 유의수준의 F 값과 계측한 검정통계량 값을 비교하여 검정통계량의 값이 더 크면 회귀식의 전체모형은 유의한 것으로 판정하게 된다.

〈표 11-2〉 회귀분석의 분산분석표(ANOVA table)

요인	제곱합	자유도(df)	표본분산(MS)	F
모형 (model)	SSR	k	$MSR = SSR/k$	$\frac{MSR}{MSE}$
오차 (error)	SSE	$n-(k+1)$	$MSE = SSE/\{n-(k+1)\}$	
합(total)	SST	$n-1$		

(2) 결정계수

가. 결정계수

F 검정이 SSR과 SSE의 비율을 보았다면 이번에는 관점을 바꾸어 SSR과 SST의 비율을 볼 수도 있다. 이것이 바로 식 (11-8)로 정의되는 결정계수(coefficient of determination) R^2 이다.

$$\text{결정계수 } R^2 = SSR/SST = 1 - SSE/SST \tag{11-8}$$

따라서 결정계수는 다음과 같이 표현할 수 있다.

$$R^2 = \frac{\sum_{i=1}^{n}(y_i - \overline{y})^2 - \sum_{i=1}^{n}(y_i - \hat{y}_i)^2}{\sum_{i=1}^{n}(y_i - \overline{y})^2}$$

결정계수를 이용한 검정의 원리는 매우 단순하다. 결정계수 R^2 이 매우 크다면 전체분산 SST에 비해 모형이 설명할 수 있는 분산인 SSR의 비율이 높다는 뜻이므로 회귀모형은 적합하다고 보는 것이다.

하지만 R^2 의 값이 어느 정도 커야 되는지에 대한 절대적인 기준은 없다. 흔히 R^2 이 0.6보다 크면 모형의 유의성이 충분하다고 판정하는 것을 볼 수 있다. 그러나 이것은 절대적인 기준은 아니다. 회귀분석은 이공계는 물론 사회과학, 인문학, 경영학, 의학, 문화예술 등 거의 모든 분야에서 폭넓게 쓰이고 있다. 그리고 분야의 본질적 특성에 따라 데이터의 변동성은 큰 차이가 난다. 그러므로 R^2 의 높고 낮음은 분야의 특성을 고려하여 신축적으로 정하게 된다. 특히 데이터의 변동성이 큰 분야에 대해 회귀분석을 수행할 때에는 결정계수의 해석에 신중을 기해야 한다.

나. 조정 결정계수

결정계수의 해석에서 주의할 점이 또 한 가지 있다. 위의 결정계수 식은 독립변수의 수가 많아지면 그 값도 증가하는 성질을 지닌다. 그 이유는 독립변수가 늘어날수록 독립변수들이 회귀모형의 변동을 설명하는 비율도 계속 증가하기 때문이다. 따라서 R^2 값을 이용하여 모형의 적합도를 올리려고 한다면 회귀모형 안에 독립변수를 계속해서 추가하기만 하면 된다. 하지만 독립변수의 수가 증가하면 회귀모형의 복잡도도 올라가고 변수들끼리 서로 영향을 미치는 부작용도 발생한다.

이 문제를 해결하기 위하여 도입되는 지표가 조정 결정계수 또는 수정 결정계수(adjusted R^2)이다. 조정 결정계수의 식은 (11-9)와 같다. 여기서 n은 표본의 수이고 k는 독립변수의 수를 가리킨다. 식에서 보는 것처럼, 독립변수의 수 k가 커질수록 반대로 R^2 값도 내려가는 상쇄효과가 나타난다. 조정 결정계수의 값은 결정계수보다는 항상 더 작고 심지어는 음의 값으로 나타날 수도 있다.

$$\text{조정 결정계수 Adjusted } R^2 = R^2 - \left(\frac{k}{n-k-1}\right)(1-R^2) \qquad (11\text{-}9)$$

독립변수의 수가 2개 이상인 회귀모형의 적합도를 확인하거나 비교할 때에는 단순히 결정계수만 보기보다는 조정 결정계수도 확인하는 것이 바람직하다. 또한 표본의 크기 n이 큰 경우에는(예를 들어 200개 이상) 결정계수와 조정 결정계수의 차이가 거의 없지만 표본의 크기가 작을 경우에는 상당한 차이가 생길 수도 있기 때문에 반드시 조정 결정계수를 함께 확인하는 것이 필요하다.

(3) F 검정과 결정계수 검정의 관계

이미 위의 설명에서 짐작할 수 있는 것처럼, F 검정과 결정계수 R^2은 밀접하게 연결되어 있다. 분산을 SSE와 SSR의 비율로 보는 것과 SSR과 SST의 비율로 보는 것은 보는 관점의 차이가 있을 뿐 본질은 같은 것이다. 실제로 둘 사이의 관계는 식 (11-10)으로 표현할 수 있다. 식에서 보는 것처럼 결정계수 R^2 값이 커지면 F 값도 증가하게 된다.

$$F = \frac{R^2/k}{(1-R^2)/[n-(k+1)]} \qquad (11\text{-}10)$$

예제

에너지 사용량(Y)과 부품당 가공횟수(X_1), 부품당 이동거리(X_2), 부품당 중량(X_3)에 대한 회귀분석의 결과값을 다시 보자.

모형 요약

모형	R	R 제곱	수정된 R 제곱	추정값의 표준오차
1	.912[a]	.832	.786	4.749

a. 예측자: (상수), 평균중량, 이동거리, 가공횟수

ANOVA[a]

모형		제곱합	자유도	평균제곱	F	유의확률
1	회귀	1229.248	3	409.749	18.168	.000[b]
	잔차	248.085	11	22.553		
	전체	1477.333	14			

a. 종속변수: 에너지 사용량

b. 예측자: (상수), 평균중량, 이동거리, 가공횟수

계수[a]

모형		비표준화 계수		표준화 계수	t	유의확률
		B	표준오차	베타		
1	(상수)	16.518	32.224		.513	.618
	가공횟수	3.374	.636	1.014	5.306	.000
	이동거리	.331	.183	.287	1.811	.097
	평균중량	.325	.473	.140	.687	.506

a. 종속변수: 에너지 사용량

먼저 결정계수 R^2은 0.832으로 높게 나타났고, 수정 결정계수도 0.786로 역시 높은 값이다. 이 값은 종속변수인 에너지 사용량의 분산의 83%가 독립변수들에 의해 설명된다는 것을 뜻한다. ANOVA 표에서는 F 검정의 결과도 확인할 수 있다. F 값은 18.168이며, p-value 값은 0.000이다 따라서 유의수준 $\alpha=0.05$에서 회귀식은 충분히 유의한 것으로 판단된다.

위에서 F 값과 R^2 간의 관계도 확인할 수 있다. 결정계수 R^2는 0.832이므로 이 값을 $F=\dfrac{R^2/k}{(1-R^2)/[n-(k+1)]}$의 식에 넣으면 F 값이 18.2가 되는 것을 볼 수 있다.

3. 개별 모수의 적합도 검증

앞에서 이 모형 전체의 적합도를 보았으니 이번에는 개별 모수 β_i의 적합도를 검증할 차례이다. 회귀식에 포함된 독립변수들 하나하나가 제대로 선택되었는지를 확인

하는 것이다.

(1) t 검정

그렇다면 개별 모수의 적합도를 어떻게 검증할 수 있을까? 그 답은 회귀모형 안에서 각각의 β_i가 유의한 의미를 갖느냐를 보는 것이다. 이 과제를 검정(testing)의 문제로 표현하면 β_i에 대해 귀무가설 H_0과 대립가설 H_1은 다음과 같이 주어진다.

- $H_0: \beta_i = 0$
- $H_1: \beta_i \neq 0 \quad i = 1, \cdots, m$

이 검정의 원리와 기준은 무엇일까? 각각의 β가 $\beta \sim N\left(\beta, \frac{\sigma^2}{S_{xx}}\right)$의 정규분포를 따르고 모분산이 알려지지 않았으므로 표본분산 s^2으로 대체하면 t 분포를 따르게 된다. 따라서 각 모수 β_i에 대한 t 검정의 p-value로 유의성을 확인하게 된다.

이 과정에서는 회귀계수의 표준오차(SE)를 중요한 정보로 활용하게 된다. 앞에서 본 것처럼 회귀계수 β에 대한 검정통계량은 $t = \frac{\hat{\beta} - \beta}{\sqrt{\frac{SSE/(n-2)}{S_{xx}}}}$이다. 또한 $\hat{\beta}$의 표준오차는 $SE = \sqrt{\frac{\frac{SSE}{(n-2)}}{S_{xx}}}$라는 사실도 이미 설명하였다. 여기서 가설에서는 $\beta = 0$으로 놓기 때문에 $t = \frac{\hat{\beta} - \beta}{\sqrt{\frac{SSE/(n-2)}{S_{xx}}}} = \hat{\beta}/SE$의 관계가 성립하는 것을 알 수 있다.

표준오차(SE)와 t-value의 관계: $t = \hat{\beta}/SE$

하나의 예로 실제의 데이터에 대해 회귀분석을 수행한 아래의 결과표를 보자. 어떤 독립변수 X에 대한 모수 β의 추정치 $\hat{\beta}$는 2.5로 나왔고 표준오차(SE)는 0.3으로 나타났다. 그러면 검정통계량 t 값은 $t = \hat{\beta}$ / SE = 2.5 / 0.3 = 8.333이 된다. 여기서 p-value는 .004로 매우 작기 때문에 $H_0 : \beta = 0$이라는 귀무가설은 기각된다.

모형	비표준화 계수		표준화 계수	t	유의확률 (p-value)
x	β	표준오차(SE)	Beta(베타)		
	2.500	.300	.979	8.333	.004

예제

에너지 사용량(Y)과 부품당 가공횟수(X_1), 부품당 이동거리(X_2), 부품당 중량(X_3)에 대한 회귀분석의 결과값을 다시 보자. 먼저 가공횟수(X_1)의 회귀계수 $\hat{\beta}_1$가 유의한 의미를 갖는지 확인하기 위해 다음과 같은 가설을 설정을 한다. 즉 귀무가설은 가공횟수와 에너지 사용량 사이에 선형관계가 없다는 것($\beta_1=0$)을 의미하며 대립가설은 선형관계가 존재한다는 것($\beta_1 \neq 0$)을 뜻한다.

$$H_0: \beta_1=0, \quad H_1: \beta_1 \neq 0$$

여기서 검정통계량 t의 값을 보면 5.306이며 p-value는 p-value$=P(T \leq -5.306)+P(T \geq 5.306) \approx 0.000$ 임을 알 수 있다. 따라서 유의수준 $\alpha=0.05$에서 귀무가설을 기각하게 되고 가공횟수의 회귀계수 $\hat{\beta}_1$는 유의한 것으로 볼 수 있다.

같은 방식과 기준으로 이동거리(X_2)와 평균중량(X_3)의 회귀계수 $\hat{\beta}_2$와 $\hat{\beta}_3$의 유의성에 대한 검정을 하면, $\hat{\beta}_2$는 $\alpha=0.1$ 수준에서 유의한 것으로 나타나지만 $\hat{\beta}_3$는 유의하지 않은 것으로 나타난다.

4. 가정에 대한 검증

다음에는 회귀모형에서 제시하였던 가정들이 제대로 만족되었는지를 검증할 차례이다. 다시 앞으로 돌아가 어떤 가정들이 있었는지를 기억해보자. 첫째는 정규분포(normality)의 가정이다. 둘째는 독립성(independence)의 가정이다. 셋째는 σ^2의 등분산 가정이다. 이 가정들의 검증을 차례대로 살펴보자.

가정의 검증을 위해서 가장 먼저 해야 할 일은 [그림 11-6]과 같이 잔차들의 분포를 그려보는 것이다. 이것을 잔차 그림(residual plot)이라고 한다. 이 그림을 보면 가정들이 어느 정도 만족되었는지에 대한 일차적인 정보를 얻을 수 있다.

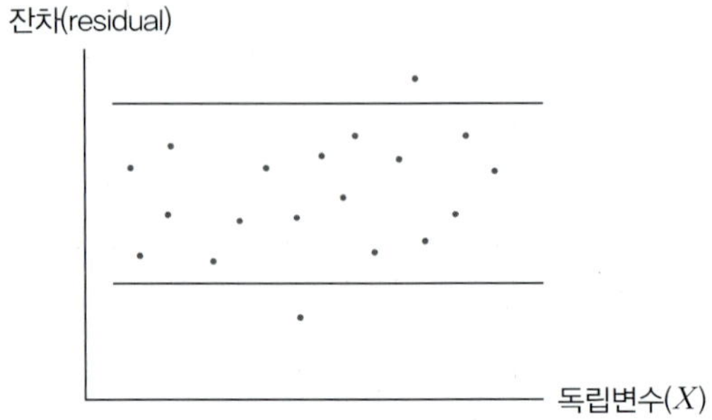

[그림 11-6] 잔차의 분포도

(1) 정규분포의 가정

먼저 $e_i, \cdots, e_n$ 들이 정규분포를 따르는지를 확인한다. 정규성의 가정은 회귀분석의 바탕이 되는 가정이다. 만일 정규분포의 가정이 만족되지 않으면 앞에서 설명한 다양한 모형과 기법의 기반이 흔들리게 된다. 특히 t 분포를 이용한 α, β, Y 의 구간 추정은 불가능해진다.

정규분포를 따르는지에 대한 검증은 앞의 정규분포에서 설명한 여러 가지 도구를 이용하면 된다. 그렇다면 만일 정규분포의 가정이 만족되지 않을 경우에는 어떻게 해야 할까? 가장 유용한 해결책은 변수변환(transformation)이다. 원래의 변수 X 를 제곱근 변환 $\sqrt{X}$, 로그 변환 $\log X$, 역수 변환 X^{-1}, 이차식 변환 X^2, 지수 변환 $\exp(X)$ 등을 통해 바꾸어 주면 정규성이 나타날 가능성이 높아진다.

(2) 독립성의 가정

가. 다중공선성

다음으로 $e_i, \cdots, e_n$ 들이 독립적인 확률변수인지를 확인해야 한다. 만일 독립성의 가정이 만족되지 않으면 변수들 사이에 높은 상관관계가 존재하는 이른바 다중공선성(multi-collinearity) 현상이 발생한다. 예를 들어 사람의 체중을 종속변수로 할 때 신장, 앉은 키, 팔 길이, 다리 길이, 허리 길이 등의 관련된 독립변수들을 모두 포함시키면 이 변수들간의 상관계수가 매우 커지면서 서로 중복이 되는 문제를 일으킨다. 그렇게 되면 회귀분석의 적합도는 크게 떨어질 수밖에 없다.

다중공선성 여부를 찾아내는 가장 간단한 방법으로는 다음의 정보를 확인하는 것이다.

- 첫째, 모형 전체의 적합도를 검증하는 F 검정에서는 적합도를 확인하였으나 개별 모수 β의 적합도를 확인하는 t 검정에서는 유의하지 않은(insignificant) 결과가 나오는 경우이다.
- 둘째, 개별 모수 β의 부호(sign)가 일반적인 기대나 상식과는 반대(opposite)로 나오는 경우이다. 예를 들어 양(+)의 값이 나와야 정상인데 음(−)의 값으로 나오는 것이다.
- 셋째, 변수들을 두 개씩 뽑은 모든 쌍(pair)에 대해 상관분석을 하였을 때 상관계수가 높은 쌍들이 여러 개 나오는 경우이다. 그 외에 보다 복잡하고 정교한 방법으로는 VIF(Variance Inflation Factor)와 같은 지표를 계측하여 판정할 수도 있다.

만일 다중공선성이 존재할 것으로 판단되면 어떻게 해야 할까? 가장 유용한 해결책은 상관관계가 높은 변수들을 제외하여 회귀모형을 다시 만드는 것이다. 또는 단계적 회귀분석(step-wise regression)과 같이 전체 데이터를 몇 개의 구간으로 나누어 구간별로 회귀분석을 할 수도 있다.

나. 자기상관

만일 데이터가 시간의 변화에 따라 수집된 시계열 자료(time-series data)인 경우에는 이른바 자기상관(autocorrelation) 현상이 일어날 가능성이 커진다. 자기상관이란 시간(t)에 대해 상관관계가 발생하는 것을 의미한다. 대표적인 예로는 주가를 들 수 있다. 오늘의 주가는 어제 주가의 영향을 받고 내일의 주가는 오늘 주가의 영향을 받을 가능성이 매우 높다.

자기상관이 있는 데이터를 가지고 회귀분석을 하게 되면 아무래도 추정량의 분산이 작아지기 마련이다. 그렇게 되면 추정의 신뢰구간은 줄어들고 검정의 오류도 올라갈 위험이 커진다.

시계열 데이터의 독립성 여부를 판정하기 위해서는 먼저 잔차의 그림을 살펴보는 것이 좋다. 이 때 만일 독립성의 가정이 만족된다면 잔차는 자연스럽게 흩어져 있을 것이고, 독립성이 없으면 시간의 흐름을 따라 일정한 패턴이 나타날 것이다.

보다 객관적이고 정량적인 검정을 위해서는 아래의 더빈-왓슨(Durbin-Watson: DW) 통계량을 사용한다. DW 통계량의 정의는 아래와 같다. 보는 것처럼 이 통계량의 값은 $t-1$ 시점과 t 시점 사이의 잔차의 차이에 의해 달라진다.

$$DW=\frac{\sum_{i=2}^{k}(e_i-e_{i-1})^2}{\sum_{i=1}^{k}e_i^2}$$, 여기서 e_i는 t 시점의 잔차

DW 통계량을 이용한 독립성의 판정은 어떻게 할까? DW 통계량의 값은 0과 4 사이를 움직인다. 이 때 이 값이 2에 가까우면 오차항들 사이에 상관관계가 없으므로 독립성의 가정이 만족된다고 본다. 하지만 이 값이 4에 가까우면 음의 상관관계, 반대로 0에 가까우면 양의 상관관계가 있어서 독립성의 가정을 의심하게 된다.

(3) 등분산성의 가정

이 가정은 오차항의 분산 σ^2가 균등하게 분포되어야 한다는 것을 의미한다. 흔히 이것을 등분산성(homoscedasticity)의 가정이라고 한다. 반대로 이 가정이 만족되지 않으면 이분산성(heteroscedasticity)이 존재한다고 한다.

등분산성은 독립변수 X의 값에 상관없이 잔차들의 분산이 비슷하게 나타난다고 가정하는 것이다. 예를 들어 소득액을 독립변수 X로 하고 지출액을 종속변수 Y로 하는 회귀분석을 생각해보자. 이 때 저소득 그룹에서는 지출액의 편차가 상대적으로 작게 나타난다. 소득 자체가 많지 않으니까 대부분 가정의 지출액도 적기 때문이다. 하지만 고소득 그룹에서는 지출액의 편차가 커지게 된다. 소득이 많다고 하더라도 개인의 성향에 따라 지출을 많이 하는 사람들도 있지만 그렇지 않은 사람도 많기 때문이다. 이럴 때 소득을 X축으로 하여 잔차를 그려보면 소득이 커질수록 잔차도 커지는 경향이 나타나게 된다.

통계학에서 등분산성의 가정은 크게 두 가지 영역에서 만들어진다. 흔히 둘 모두를

등분산성이라는 용어로 표현하지만 엄밀하게 말하면 이 두 가지는 서로 다른 의미를 나타낸다.

- 첫째, 비교나 검정의 대상이 되는 모집단이 여러 개일 때 모든 모집단의 분산이 같다고 가정하는 것이다. 대표적인 예는 앞의 분산분석에서 보았던 '등분산성(equality of variance)' 또는 '분산의 동질성(homogeneity of variance)'의 가정이다. 여러 개의 모평균의 차이를 검정할 때, 먼저 모분산의 차이는 없다고 묶어놓은 뒤 평균의 차이만 분명하게 드러나게 한다는 원리인 것이다.
- 둘째, 변수나 요인의 크기와 상관없이 분산은 균일하게 나타난다고 가정하는 것이다. 지금 여기에서 말하는 '등분산성(homoscedasticity)'의 가정이 대표적인 예이다. 어떤 변수가 다른 변수에 얼마나 큰 영향을 미치는지를 추정할 때, 영향의 정도가 분명하게 드러나기 위해서는 그 변수의 크기나 위치에 상관없이 분산은 같은 정도로 나타나야 한다는 원리이다.

이분산성 여부를 찾아내는 가장 간단한 방법으로는 다음의 정보를 확인하는 것이다.

- 첫째, 앞의 예에서 고소득 그룹과 저소득 그룹으로 나눈 것처럼 전체를 몇 개의 소그룹으로 나누어 그룹간에 분산의 차이가 있는지를 비교하는 방법이다.
- 둘째, [그림 11-7]에서 보는 잔차 그림(residual plot)을 이용하는 방법이다. 물론 가장 이상적인 경우는 (a)의 그림처럼 수평축 0을 기준으로 잔차들이 대칭을 이루면서 랜덤(random)하게 흩어진 모습을 보일 때이다. 하지만 나머지 (b), (c), (d)는 문제가 있는 경우들이다. 예를 들어 독립변수 값의 변화에 따라 잔차의 부호가 바뀌기도 하고, 독립변수의 값이 커지면서 잔차의 폭이 넓어지는 경향을 보이기도 한다. 또는 계속해서 잔차들이 증가하거나 감소하는 현상이 일어날 수도 있다. 이런 그림들은 모두 등분산성의 가정이 만족되지 않음을 보여주는 간접적 증거라고 할 수 있다.

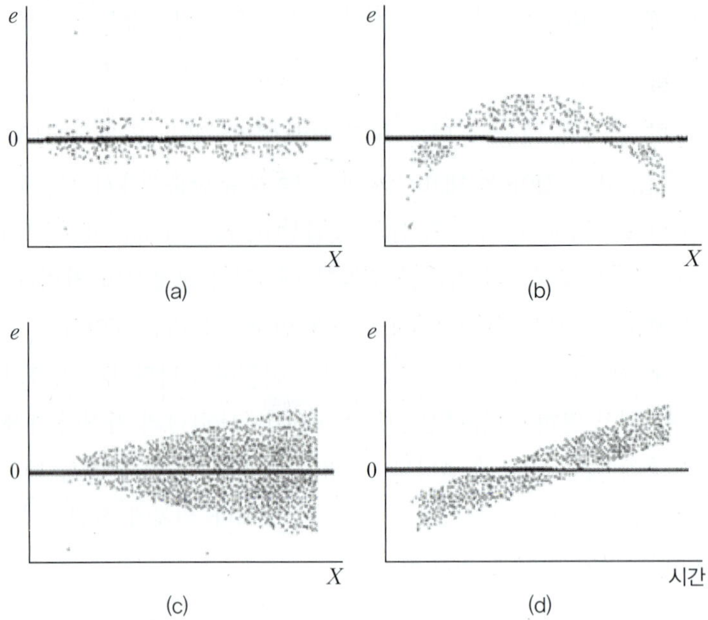

[그림 11-7] 잔차분포 그림의 유형

그렇다면 만일 등분산성의 가정이 만족되지 않을 경우에는 어떻게 해야 할까? 역시 가장 유용한 해결책은 변수변환(transformation)이다. 아니면 변수의 추가 또는 제외를 통해 회귀모형을 새로 만들거나 다른 추정방법을 사용하는 방법을 생각할 수 있다.

제6절 회귀모형의 설계

1. 기본개념

지금까지 회귀분석의 추정 작업과 사후검증 작업에 대해 알아보았다. 순서가 바뀐 느낌이 있지만, 이제부터 앞으로 돌아가 회귀모형의 설계 작업에 대해 살펴보도록 하자. 아래에 제시된 회귀분석의 기본모형을 다시 보자. 회귀모형의 설계

(modeling)는 위의 회귀식 안에 어떤 독립변수들을 포함시킬 것인가를 결정하는 작업을 의미한다.

$$Y_i = \alpha + \beta_1 X_{1i} + \beta_2 X_{2i} + \cdots + \beta_m X_{mi} + e_i$$

실제로 회귀분석을 수행할 때 제일 먼저 부딪치는 문제가 바로 독립변수를 선정하는 일이다. 도대체 어떤 변수들을 회귀식에 집어 넣어야 할지를 정하기가 쉽지 않은 것이다 이 결정은 기계가 아니라 사람이 해야 하는 일이다. 따라서 회귀모형의 설계는 회귀분석에서 가장 중요하고 또 어려운 과제이다. 앞 단계에서 설계가 잘못되면 뒤 단계에서 결과의 해석도 잘못될 수 밖에 없다.

2. 독립변수의 중요도

회귀모형 설계의 핵심은 '반드시 들어가야 되는 독립변수'를 선별하여 모형 안에 포함시키는 일이다. 주어진 종속변수에 대해 영향을 미칠 수 있다고 생각되는 독립변수는 대단히 많을 수 있다. 그렇다고 그 많은 변수를 모두 모형 안에 넣을 수는 없다. 결국 중요한 핵심변수들만을 찾아서 집어넣어야 하는 것이다.

그러면 어떤 기준으로 변수의 중요도를 판정할 수 있을까? 중요도를 판정하는 기준은 크게 다음 두 가지를 들 수 있다. 첫째, 그 변수의 영향력, 즉 독립변수 한 단위의 변화가 종속변수에 미치는 변화의 크기이다. 이것이 클수록 더 중요한 변수가 되는 것이다. 둘째, 그 변수가 가지는 변동성의 설명력, 즉 전체(total) 분산 가운데 그 변수의 부분(partial) 분산의 상대적 크기이다. 회귀모형의 변동성을 더 많이 설명할수록 더 중요한 변수로 보는 것이다. 보다 구체적으로 독립변수의 중요도는 다음의 값으로 측정할 수 있다.

(1) 변수의 영향력

- 독립변수의 계수인 β 값(B)의 크기

  회귀변수 β의 의미는 독립변수 X가 1단위 바뀔 때 종속변수 Y가 몇 단위 바뀌

는가를 보여주는 정보이다. 따라서 β가 클수록 그 독립변수의 중요성도 크다고 할 수 있다. 예를 들어 어떤 독립변수의 β가 0.8로 추정되었다고 하자. 그러면 이 값의 의미는 이 독립변수가 1단위 증가(감소)하면 종속변수는 0.8단위 늘어난다(줄어든다)는 뜻이다.

- 베타 계수(beta coefficient)의 크기

  각각의 독립변수 X는 단위(metric)가 다르기 때문에 단순히 β의 크기만을 가지고 중요도를 평가하는 것은 문제가 있을 수 있다. 위의 예에서 독립변수가 1단위 증가(감소)하면 종속변수는 0.8단위 늘어난다(줄어든다)고 할 때 0.8이라는 값이 큰 값인지 아닌지를 판단하기가 쉽지 않은 것이다. 이런 문제를 해결하기 위해 β의 절대적 크기가 아니라 상대적 크기로 중요도를 평가하기 위해 사용하는 지표가 베타 계수이다. 베타 계수는 다음의 식으로 정의된다.

$$\beta \text{ 계수} = \text{회귀식 계수}(\beta) \times \frac{\text{독립변수 표준편차}}{\text{종속변수 표준편차}}$$

(2) 변수의 설명력

- 부분 F 통계량(partial F statistic)의 크기

  분산분석에서 독립변수의 상대적 중요도는 전체분산에서 그 변수가 설명하는 부분의 크기로 판정할 수도 있다. 즉 전체분산에서 그 변수의 분산이 설명하는 비율이 높을수록 더 중요한 변수라고 보는 것이다. 이 때 분산의 비율은 F 분포를 따르기 때문에 중요도의 판정에 사용되는 값도 그 변수의 기여도인 '부분 F 통계량(partial F statistic)'이 된다. 좀더 정확하게 표현하면 어떤 변수의 부분 F 값은 그 변수가 회귀모형에 새롭게 추가되면서 증가한 F 값을 의미한다.

  하나의 예를 이용하여 부분 F 통계량의 의미를 좀더 자세히 알아보도록 하자. 먼저 독립변수가 X_1 한 개인 모형을 가정해 본다. 이번에는 X_2가 추가되어 독립변수가 두 개인 모형을 가정해 본다. 여기서 앞의 모형을 축소 모형(reduced model)이라고 하고 뒤의 모형을 완전 모형(full model)이라고 하자.

  축소 모형: $Y = \alpha + \beta_1 X_1$
  완전 모형: $Y = \alpha + \beta_1 X_1 + \beta_2 X_2$

앞에서 결정계수(R^2) 부분에서 설명한 것처럼, 독립변수가 늘어날수록 독립변수들이 회귀모형의 변동을 설명하는 비율도 계속 증가한다. 즉 SST = SSR + SSE에서 독립변수가 늘어나면서 회귀모형의 변동인 SSR이 커지는 것이다(당연히 SSE는 줄어든다). 따라서 SSR(완전 모형) ≥ SSR(축소 모형)이 항상 성립한다. 여기서 나오는 질문은 변수 X_2가 추가됨으로 SSR이 '통계적으로 유의미한' 정도로 늘어나는가이다. 이 질문에 대한 검정에 사용하는 통계량이 바로 부분 F 값이다. 부분 F 값의 크기는 아래의 식으로 계산한다.

$$\text{부분 } F = \frac{\dfrac{SSR(\text{완전 모형}) - SSR(\text{축소 모형})}{k}}{MSE(\text{완전 모형})}$$

여기서 k는 축소 모형에 대비하여 완전 모델에서 추가된 변수의 수(여기서는 X_2 하나만 추가되었으므로 1)를 가리키고 MSE(완전 모형)은 완전 모형에서의 MSE 값을 뜻한다.

위의 값들은 회귀분석을 수행하면 아래의 표와 같은 컴퓨터 출력물로 나타나게 된다. 소프트웨어에 따라 t 값은 나오지만 부분 F 값은 나타나지 않는 경우도 있다. 그러나 t의 제곱은 F이기 때문에 t 값만 알면 부분 F 값은 자동으로 계산할 수 있다.

모형 x	비표준화 계수		표준화 계수	t	$F = t^2$	유의확률
	B	표준오차	베타			
	2.500	.300	.979	8.333	69.439	.004

예제

통신비용 지출에 영향을 미치는 변수들을 분석하기 위해 762명의 사용자에 대한 회귀분석을 수행하였다. 종속변수(Y)인 통신비 지출액의 평균은 37.2, 표준편차는 15.12로 나타났다. 독립변수(X)는 연령과 가족 수 등의 총 16개의 변수를 설정하였다. 총 16개의 독립변수 가운데 비교적 중요한 것으로 보이는 5개의 독립변수만을 골라서 각각의 상대적 중요도를 나타내는 지표들을 계산한 결과가 〈표 11-3〉과 같이 나타났다.

〈표 11-3〉 상대적 중요도 지표의 값

변수	평균	표준편차	회귀식 계수(B)	베타(β) 계수	t 값	F 값
소득수준	2.75	1.42	2.89	0.27	8.95	80.11
가족 수	3.29	1.38	5.86	0.53	17.71	313.61
연령	43.7	16.54	0.08	0.09	2.97	8.85
품질 수준	3.04	1.57	−0.46	−0.05	1.63	2.65
기능다양성	1.24	0.57	−1.40	−0.05	1.68	2.82

여기서 가장 중요한 독립변수는 무엇이 될까? 중요도를 결정하는 아래의 두 가지 기준을 다시 기억해보자.

- 기준 1: β 계수 = 독립변수 t의 변화가 종속변수에 미치는 효과
- 기준 2: 부분 F 값 = 전체 분산에 대한 설명력의 크기

먼저 모든 기준에서 볼 때 가장 중요한 변수는 가족 수이다. 다음으로 중요한 변수는 소득수준이 된다. 이어서 연령이 중요한 변수가 되는 것을 볼 수 있다.

3. 모형설계의 방법

독립변수의 상대적 중요도를 바탕으로 지금부터 회귀모형을 설계할 수 있는 여러 가지 접근방법에 대해 알아보자. 각 방법들의 공통적 목표는 최적의 회귀모형을 찾는 것이다. 그러나 최적의 개념은 보는 시각에 따라 달라질 수 있다. 따라서 각 방법의 실질적 차이는 회귀모형 안에 어떤 독립변수들을 포함시키고 어떤 변수들을 제외시킬 것인가를 결정하는 기준에 달려있다.

이 과제를 설명하기 위해 먼저 하나의 예제를 들어보기로 한다. 종속변수 Y에 대한 독립변수의 후보로서 X_1, X_2, X_3, X_4의 네 변수를 고려하고 있다. 여기서 이론적으로 가능한 회귀모형들로는 어떤 것들이 있을까? 가장 단순한 모형은 독립변수 하나만을 반영하는 것이다. 여기서는 X_1, X_2, X_3, X_4의 네 변수가 있으므로 모두 4개의 회귀모형이 만들어진다. 다음은 독립변수 2개를 반영하는 것이다. X_1과 X_2, X_1과

X_3 하는 식으로 하면 모두 6개의 모형이 만들어진다. 이어서 변수 3개를 반영하면 4개의 모형이 만들어진다. 마지막으로 모든 변수를 집어넣은 모형이 1개 만들어진다. 이들을 모두 합치면 15개의 회귀모형이 만들어진다.

이 가운데 어느 모형이 과연 최적의 모형일까? 얼핏 생각하면 더 많은 변수를 포함시킬수록 더 좋은 모형이 될 것으로 기대할 수 있다. 하지만 변수가 많은 모형이 곧 좋은 모형은 아니다. 변수가 늘어나면서 겉으로 드러나는 설명력이 올라갈 수는 있지만 '허구'의 설명력도 같이 커지기 때문이다. 따라서 가장 좋은 모형의 조건은 꼭 필요한 변수만 들어가는 간명성(parsimony)이다. 이제부터 좋은 모형을 찾는 접근 방법에 대해 알아보자.

(1) 모든 부분집합 비교법

가장 먼저 생각할 수 있는 설계 방법은 가능한 모든 회귀모형을 한꺼번에 놓고 그 중에서 가장 적합한 것을 고르는 것이다. 위의 예를 본다면 X_1, X_2, X_3, X_4 의 조합으로 나올 수 있는 15개의 모형 모두를 놓고 그 중에서 가장 좋은 모형을 고르는 것이다. 이 방법의 수행과정은 다음의 단계들로 구성된다.

● 단계 1: 잠재적 독립변수의 설정

먼저 다양한 잠재적 독립변수들을 모두 모아 독립변수들의 집합(set)을 만든다. 위의 예를 본다면 X_1, X_2, X_3, X_4 를 모은 집합이 만들어진다.

● 단계 2: 회귀모형 부분집합의 도출

변수들의 조합(combination)에서 만들어질 수 있는 모든 후보 모형들을 도출한다. 여기서 가장 단순한 모형은 독립변수가 한 개인 모형이고 가장 복잡한 모형은 모든 독립변수가 포함된 모형이다. 위의 예에서는 모두 15개의 후보가 만들어진다.

● 단계 3: 평가기준의 설정

이제 후보 모형들의 적합도를 비교할 평가기준을 설정한다. 실제로 다양한 기준을 사용할 수 있고 따라서 이 방법의 관건은 어떤 평가기준을 사용할 것인가에 달려있다. 그 중에 가장 보편적으로 사용되는 기준으로는 앞에서 설명한 조정 결정계수(adjusted R^2)를 들 수 있다.

● **단계 4: 최적모형의 선별**

설정한 평가기준을 바탕으로 모든 회귀모형들을 비교한 후 최적의 모형을 선택한다. 실제의 데이터가 주어지면 각 모형의 조정 결정계수 값(adjusted R^2)을 채워 넣을 수 있다. 따라서 이 값이 가장 높은 모형을 가장 설명력이 높은 최적의 모형으로 선택하게 된다.

(2) 단계적 선택법

이번에는 실무에서 가장 자주 이용되는 기법 중의 하나인 단계적 선택법(step-wise selection)을 보자. 이 방법의 아이디어는 단계를 거치면서 회귀모형의 적합도에 도움을 주는 새로운 변수를 모형 안으로 집어넣는 동시에 기존에 있는 변수 중에서 적합도가 줄어든 변수를 빼는 식의 작업을 반복하는 것이다. 이 작업은 더 이상 새로 들어오는 변수인 진입변수(entering variable)도 없고 이미 있는 것 중에서 빼내어야 할 변수인 탈락변수(removing variable)도 없게 되면 끝나게 된다.

따라서 이 방법의 핵심은 새로 안으로 들어오는 변수와 밖으로 나가게 되는 변수를 어떤 기준으로 선정하느냐에 달려있다. 여기서 사용되는 대표적인 기준은 그 변수의 전체분산에 대한 기여도, 즉 부분 F 값이다. 즉 임계치(critical value)의 역할을 하는 기준치를 미리 설정한 후 부분 F 값의 크기가 그 기준값 이상이면 새로 들어오는 변수가 되고 기준치 이하로 줄어들면 밖으로 나가는 변수가 된다. 또한 어느 단계에서 더 이상 기준값을 넘는 변수가 없으면 알고리즘은 끝나게 된다. 이 과정을 좀더 자세히 알아보자.

● **단계 1: 초기 모형의 설정**

알고리즘이 시작되기 위해서는 먼저 간단한 회귀모형을 하나 만들어야 한다. 가장 간단한 모형은 역시 독립변수가 하나인 단순 회귀모형이다. 위의 예에서는 X_1, X_2, X_3, X_4 중에 하나를 선택하게 된다. 가장 일반적인 선택기준은 종속변수 Y

와의 상관계수를 측정하여 그 값이 가장 높은 변수를 선택하는 것이다. 실제로 이 변수는 다른 변수들과 비교하여 부분 F 값이 가장 큰 변수이기도 하다. 예를 들어 X_2가 선택되었다고 하자. 이렇게 되면 $Y=\alpha+\beta_2X_2$의 초기 회귀모형이 만들어진다.

● 단계 2: 진입변수와 탈락변수의 선정

우선 진입과 탈락을 결정하는 수준인 부분 F 값의 기준치를 설정한다. 이 기준치를 각각 진입 F 값(F−in)과 탈락 F 값(F−out)이라고 하자.

- 진입 F 값: 어떤 변수가 모형에 새로 포함되기 위한 최소한의 부분 F 값
- 탈락 F 값: 어떤 변수가 모형에서 제외되지 않기 위한 최소한의 부분 F 값

다음에는 남아있는 후보 변수들인 X_1, X_3, X_4에 대해 하나하나씩 부분 F 값을 계산한다. 이제 그 중에서 이 값이 가장 큰 변수를 선정한다. 하지만 이 값이 가장 큰 변수라고 해서 곧 진입변수가 되는 것은 아니다. 이 변수의 부분 F 값과 앞에서 설정한 진입 F 값을 비교해야 한다. 만일 부분 F 값이 진입 F 값보다 크면 비로소 이 변수는 회귀모형 안으로 새로 들어오는 진입변수가 된다.

다음에는 이미 모형 안에 있던 변수들에 대해 똑같은 방법으로 부분 F 값을 계산한다. 그리고 기존 변수의 부분 F 값과 앞에서 설정한 탈락 F 값을 비교한다. 만일 부분 F 값이 탈락 F 값보다 크면 그 변수는 그대로 회귀모형 안에 남게 되지만 작으면 모형 밖으로 나가게 되는 탈락변수가 된다.

● 단계 3: 최종모형의 결정

앞에서 설명한 단계가 반복되면서 진입변수가 들어오고 탈락변수가 나가는 과정이 이어진다. 어느 단계에서 아직 남아있는 후보 변수들에 대해 F 값을 계산하여 진입 F 값과 비교하였을 때 더 이상 부분 F 값이 진입 F 값보다 큰 변수가 없으면 알고리즘은 끝나게 된다. 그리고 바로 전 단계에서 모형 안에 남아있는 변수들로 최종적인 회귀모형이 만들어지게 된다.

(3) 전방 선택법

전방 선택법(forward selection)은 앞에서 설명한 단계적 선택법의 특수한 형태라고 할 수 있다. 여기서 전방 선택법이라는 용어의 의미는 작은 회귀모형에서 시작하여 계속 '앞으로' 나가면서 더 큰 모형을 만들어간다는 뜻이다.

이 과정을 자세히 알아보자. 우선 아주 간단한 초기 모형을 하나 만든다. 그러면 회귀모형 안에 들어가지 못한 변수들이 여러 개 남아있게 된다. 그 변수들의 부분 F 값을 모두 계산하여 그 값이 가장 큰 변수를 새로 진입할 후보로 고른다. 이제 그 후보 변수의 부분 F 값과 앞에서 설정한 진입 F 값을 비교하여 부분 F 값이 진입 F 값보다 크면 그 변수는 회귀모형 안으로 새로 들어오게 된다. 이 과정은 더 이상 들어올 후보 변수가 없어서 알고리즘이 종료될 때까지 반복된다.

앞의 단계적 선택법과 비교하여 전방 선택법의 가장 큰 차이는 탈락변수를 찾는 과정이 없다는 점이다. 새로운 변수들이 추가되면서 모형이 점점 커지기만 하는 것이다.

(4) 후방 선택법

후방 선택법(backward selection)은 앞에서 설명한 전방 선택법의 반대라고 보면 된다. 전방 선택법이 가장 작은 모형에서 시작하여 점점 큰 모형으로 바뀌어가는데 반해 후방 선택법은 가장 큰 모형에서 출발하여 '뒤로' 돌아가면서 점점 작은 모형으로 변화하는 것이다.

우선 모든 변수를 포함하는 가장 복잡한 초기 모형을 만든다. 다음에 모형 안에 있는 변수들의 부분 F 값을 계산하여 이 값이 가장 작은 변수를 탈락 후보로 고른다. 이제 그 변수의 부분 F 값과 탈락 F 값을 비교하여 부분 F 값이 탈락 F 값보다 작으면 그 변수는 모형에서 제외된다. 이 과정은 더 이상 제외할 변수가 없어서 알고리즘이 종료될 때까지 반복된다.

역시 단계적 선택법과의 가장 큰 차이는 진입변수를 찾는 과정이 없다는 점이다. 기존의 변수들이 하나씩 제외되면서 모형이 점점 작아지기만 하는 것이다.

(5) 방법의 비교와 선택

그렇다면 위에서 설명한 다양한 방법 가운데 어느 방법이 가장 좋은 것일까? 이 질문에 대한 유일한 답은 없다. 만일 어느 경우에도 항상 최선인 방법이 있다면 굳이 여러 방법에 대해 설명할 이유도 없는 것이다. 단계적 선택법의 원리가 가장 신축적이고 또 실제로도 자주 사용된다고 하더라도 그것이 곧 최선의 방법이라는 것을 의미하는 것은 아니다. 회귀분석 문제의 성격이나 사용되는 데이터의 특성에 따라 최적의 회귀모형은 달라질 수 있기 때문이다.

따라서 가장 합리적인 가이드라인(guideline)은 다양한 방법을 사용하여 결과를 비교한 후 최종적인 결론을 내리는 것이다. 다양한 방법들을 사용하였을 때 어느 한 가지 모형이 항상 최적의 모형으로 나오면 의사결정은 간단해진다. 그 정도는 아니더라도 대부분의 방법에서 좋은 모형으로 나오는 것이 있다면 그 모형을 최종 모형으로 사용하는 것도 바람직한 결정이 된다. 하지만 적용한 방법마다 도출되는 결과가 달라지는 경우에는 여러 가지 측면을 종합적으로 검토하여 최종의 결론을 내려야 할 것이다.

제7절 회귀분석과 다른 분석과의 관계

앞에서 잠깐 언급한 것처럼 회귀분석은 상관분석이나 분산분석 등과 비교하여 태생의 뿌리와 시기는 다르지만 수리적으로는 밀접하게 연결되어 있다. 또 용도와 목적도 유사한 측면이 많다. 따라서 얼핏 보면 각각이 독자적인 분석기법인 것처럼 보이지만 개념적 원리와 수리적 내용이 유사한 경우가 많다.

1. 회귀분석과 상관분석

앞의 상관분석에서 나오는 상관계수 r과 여기의 회귀분석에서 나오는 결정계수 R^2을 비교해보자. 상관계수는 전체 분산(변동)에 대한 두 변수의 공분산의 비율을 가리킨다. 공분산은 양의 값과 음의 값 모두를 가질 수 있기 때문에 상관계수도 −1과 1 사이의 값$(-1 \le r \le +1)$을 가진다. 이에 비해 결정계수는 전체 분산(변동)에서 회귀선에 의해 설명이 되는 분산(변동)의 비율을 가리킨다. 또한 결정계수는 분산은 양의 값만 가지기 때문에 결정계수는 0과 1 사이의 값$(0 \le R^2 \le +1)$을 가진다.

그러나 수리적으로 보면 상관계수와 결정계수는 똑같은 정량적 지표이다. 분산의 구성에서 $\sum(y_i - \overline{y})^2 = \sum(y_i - \hat{y}_i)^2 + \sum(\hat{y}_i - \overline{y})^2$, 즉 SST = SSE + SSR의 관계가 성립한다. 따라서 결정계수 $R^2 = SSR/SST = (SST - SSE)/SST = \frac{\sum_{i=1}^{n}(y_i - \overline{y})^2 - \sum_{i=1}^{n}(y_i - \hat{y}_i)^2}{\sum_{i=1}^{n}(y_i - \overline{y})^2}$ 이 된다. 한편 $S_{xy} = \sum_{i=1}^{n}(x_i - \overline{x})(y_i - \overline{y})$ 라고 하면 상관계수는 다음의 식으로 정의된다.

$$r = \frac{S_{xy}}{\sqrt{\sum(x_i - \overline{x})^2}\sqrt{\sum(y_i - \overline{y})^2}} = \frac{S_{xy}}{\sqrt{S_{xx}}\sqrt{S_{yy}}}$$

이제 위의 식을 잘 들여다보면 $R^2 = r^2$ 이 되는 것을 알 수 있다. 한 개의 독립변수만 있는 단순 회귀모형의 결정계수는 곧 상관계수의 제곱과 일치하는 것이다.

2. 회귀분석과 분산분석

(1) 분산분석표

실무적으로 보면 분산분석은 세 개 이상 모평균의 차이를 검정(testing)하는 기법이고 회귀분석은 변수들간의 인과관계를 추정(estimation)하는 기법이다. 따라서 서로 다른 성격과 목적의 독립적 기법으로 생각하기 쉽다. 그러나 수리적으로 보면 분산분석은 회귀분석과 동일한 분석기법이다. 보다 정확하게 말하면 분산분석을 통해 할 수 있는 일은 모두 회귀분석을 이용하여서도 할 수 있다.

또한 이미 본 것처럼 분산분석과 회귀분석 모두 같은 모양의 분산분석표(ANOVA Table)를 만들어낸다. 따라서 검정의 결과도 동일하게 나오게 된다. 하나의 예를 이용하여 이 사실을 자세히 알아보도록 하자.

예제

설명의 편의를 위해 F 검정을 이용하여 하나의 예를 들어보자. 어느 실험에서 세 가지 처리방법의 차이를 검정하기 각각의 표본($n=10$)을 추출하여 관측값을 측정한 결과를 〈표 11-4〉에 정리하였다.

〈표 11-4〉 세 그룹 표본의 데이터

	표본 1	표본 2	표본 3
	128, 138, 125, 176, 187, 119, 184, 106, 128, 142	213, 198, 260, 288, 196, 206, 304, 216, 207, 196	405, 398, 343 292, 288, 336, 388, 304, 358, 283
합	1,433	2,284	3,395

먼저 분산분석의 귀무가설은 $H_0: \mu_1=\mu_2=\mu_3$이 된다. 이제 검정을 위한 분산분석표를 작성한 결과가 아래에 제시되어 있다. 보는 것처럼 유의수준 0.05에서 F 검정을 통해 귀무가설은 기각된다. 세 개의 모평균이 모두 동일하지는 않다고 말할 수 있는 것이다.

보고서

관측값

처리방법	평균	N	표준편차
A	143.30	10	28.771
B	228.40	10	40.333
C	339.50	10	46.895
전체	237.07	30	90.111

분산분석표

		제곱합	자유도	평균제곱	F	유의확률
관측값 * 처리방법	집단-간 (결합)	193598.867	2	96799.433	62.402	.000
	집단-내	41883.000	27	1551.222		
	전체	235481.867	29			

(2) 더미 변수

다음에는 회귀분석을 이용하여 같은 일을 해보자. 먼저 $Y=\beta_0+\beta_1X_1+\beta_2X_2$의 회귀모형을 만든다. 여기서 변수 X_1과 X_2는 각각 무슨 의미를 가지고 있을까? 이 변수들은 더미 변수(dummy variable)라고 부르는 변수들로서 범주형(categorical) 자료에서 각각의 범주를 표기하기 위해 사용된다. 더미(dummy)라는 용어가 뜻하는 것처럼 실제의 의미를 지니는 변수가 아니라 단지 분류의 목적으로 쓰이는 가상의 변수이다.

그 용도를 자세히 알아보자. 이 문제에서는 처리방법이 세 가지이므로 범주도 세 개이다. 따라서 X_1과 X_2의 두 개의 더미 변수가 필요하다. 왜 두 개가 필요할까? 처리방법 1을 $X_1=1$, $X_2=0$로 하면 $Y=\beta_0+\beta_1$이 된다. 처리방법 2를 $X_1=0$, $X_2=1$로 하면 $Y=\beta_0+\beta_2$가 된다. 처리방법 3을 $X_1=0$, $X_2=0$로 하면 $Y=\beta_0$가 된다. 따라서 세 개의 범주를 만들기 위해서는 두 개의 더미 변수가 필요한 것이다.

여기서 회귀분석의 귀무가설은 $H_0:\beta_1=\beta_2=0$으로 설정할 수 있다. 만일 귀무가설이 받아들여지면 모든 회귀식이 $Y=\beta_0$로 똑같게 되면서 세 가지 처리방법 사이에 효과의 차이가 없다는 것을 의미하게 된다. 결국 앞에서 설명한 것처럼, 효과의 차이가 없다는 것을 뜻하는 분산분석의 귀무가설 $H_0:\mu_1=\mu_2=\mu_3$와 회귀식의 계수가 0이라는 회귀분석의 귀무가설 $H_0:\beta_1=\beta_2=0$은 동치(equivalence)의 관계인 것이다.

(3) 예시

실제로 회귀분석을 수행해보자. 우선 세 가지 처리방법을 범주형 변수로 변환하기 위해 2개의 더미 변수를 추가한다. 예를 들어 (처리방법_dummy_1, 처리방법_dummy_2) = (1,0)인 경우 처리방법 1을 의미하고, (0,1)인 경우 처리방법 2를, (0,0)인 경우 처리방법 3을 의미한다. 더미 변수를 통해 회귀분석이 가능하도록 변환된 데이터는 다음과 같다.

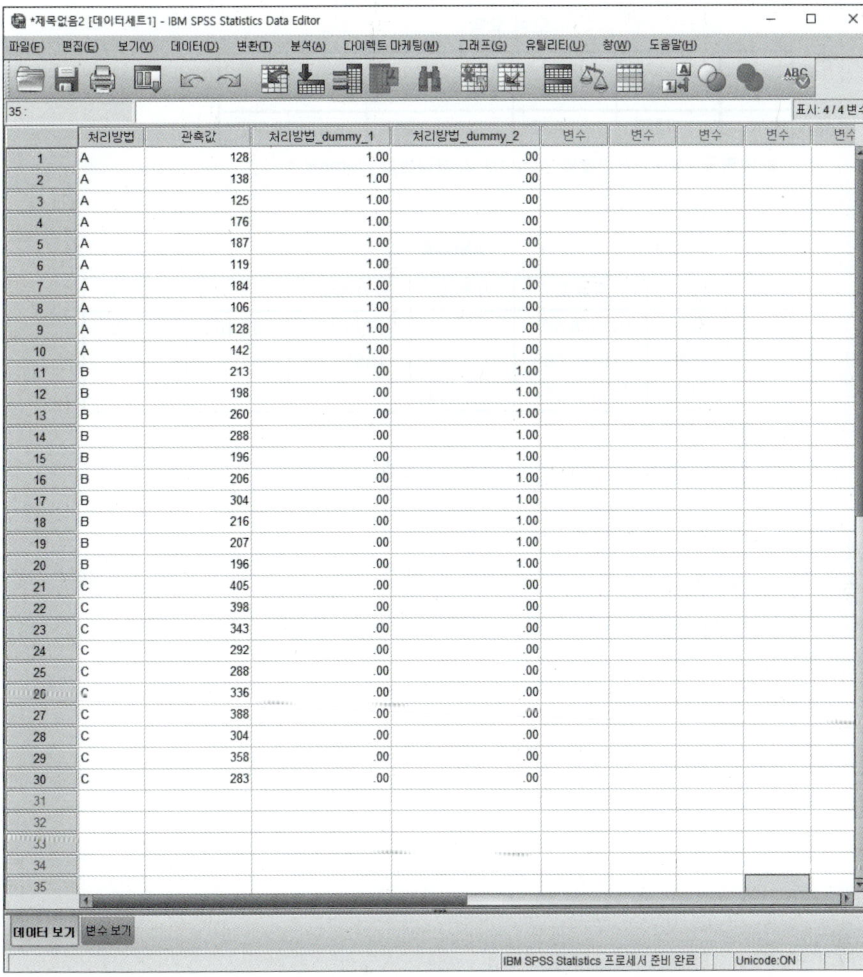

	처리방법	관측값	처리방법_dummy_1	처리방법_dummy_2
1	A	128	1.00	.00
2	A	138	1.00	.00
3	A	125	1.00	.00
4	A	176	1.00	.00
5	A	187	1.00	.00
6	A	119	1.00	.00
7	A	184	1.00	.00
8	A	106	1.00	.00
9	A	128	1.00	.00
10	A	142	1.00	.00
11	B	213	.00	1.00
12	B	198	.00	1.00
13	B	260	.00	1.00
14	B	288	.00	1.00
15	B	196	.00	1.00
16	B	206	.00	1.00
17	B	304	.00	1.00
18	B	216	.00	1.00
19	B	207	.00	1.00
20	B	196	.00	1.00
21	C	405	.00	.00
22	C	398	.00	.00
23	C	343	.00	.00
24	C	292	.00	.00
25	C	288	.00	.00
26	C	336	.00	.00
27	C	388	.00	.00
28	C	304	.00	.00
29	C	358	.00	.00
30	C	283	.00	.00

필요한 항목을 모두 지정한 후 확인을 누르면 출력 결과창에 다음과 같은 분석결과가 나타난다.

모형 요약

모형	R	R 제곱	수정된 R 제곱	추정값의 표준 오차
1	.907[a]	.822	.809	39.386

a. 예측자: (상수), 처리방법_dummy_2, 처리방법_dummy_1

ANOVA[a]

모형		제곱합	자유도	평균제곱	F	유의확률
1	회귀	193598.867	2	96799.433	62.402	.000[b]
	잔차	41883.000	27	1551.222		
	전체	235481.867	29			

a. 종속변수: 관측값

b. 예측자: (상수), 처리방법_dummy_2, 처리방법_dummy_1

위에서 보는 것처럼 분산분석과 동일한 결과가 도출된 것을 확인할 수 있다. 두 개의 분산분석표가 정확하게 일치하는 것이다. 또한 검정의 기준과 결과도 같다는 것을 알 수 있다.

연습문제

▣ 개념이해 문제

1. 통계학의 관점에서 상관관계(correlation)와 인과관계(causality)의 차이에 대해 설명하시오.

2. 변수들 사이에 인과관계가 존재할 때 인과관계에 관련된 변수들의 유형을 제시하고 각 변수의 의미와 역할을 설명하시오.

3. 변수 X와 변수 Y 사이에 상관관계를 넘어 인과관계까지 존재하는지를 판정하는데 유용한 사전 정보를 제시하시오.

4. 두 변수 X와 Y 사이를 선형 회귀식 $Y_i = \alpha + \beta X_i + e_i$로 나타낼 때 모수 α와 β의 점추정(point estimation)에 필요한 기본 가정(assumption)이 무엇인지를 설명하시오.

5. 두 변수 X와 Y 사이를 선형 회귀식 $Y_i = \alpha + \beta X_i + e_i$로 나타낼 때 모수 α와 β의 추정에 사용되는 대표적 추정방법(estimation method) 두 가지를 제시하고 각각의 추정원리에 대해 설명하시오.

6. 두 변수 X와 Y 사이를 선형 회귀식 $Y_i = \alpha + \beta X_i + e_i$로 나타낼 때 모수 α와 β의 구간추정(interval estimation)에 필요한 기본 가정(assumption)이 무엇인지를 설명하시오.

7. 회귀분석 과정에서 이루어져야 하는 검증(validation)의 주요 대상과 주제에 대해 설명하시오.

8. 회귀분석에서 개별 관측치를 y_i, 전체평균을 $\overline{y}$, 추정값을 $\hat{y}_i$라고 할 때, 이 세 값 사이의 관계를 보여주는 식(equation)을 제시하고 이 식을 바탕으로 분산을 분해하는 과정을 제시하시오.

9. 위에서 분해한 분산을 기준으로 회귀모형의 적합도를 검정하는 기본 원리에 대해 설명하시오.

10. 위의 분산분석으로 회귀모형의 적합도를 검정할 때 사용되는 대표적 검정통계량(test statistics) 두 가지를 제시하시오.

11. 아래의 그림은 두 가지 데이터에 대한 산점도(scatter plot)와 회귀선을 보여주고 있다. 두 회귀선의 의미와 성격을 비교하여 설명하시오.

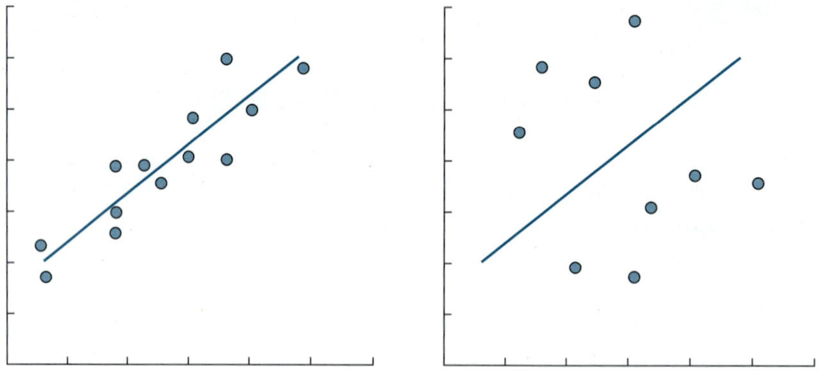

12. 회귀모형에서 제시된 중요한 가정들은 무엇이며 이 가정들의 만족도를 검증하는 대표적 기법과 기준에 대해 설명하시오.

13. 회귀모형에서 독립변수의 상대적 중요도를 판정할 수 있는 대표적 기준들에 대해 설명하시오.

14. 회귀분석에서 어떤 독립변수들을 포함시키고 어떤 변수들을 제외시킬 것인가를 결정하는 회귀식의 설계에 사용되는 대표적 방법들에 대해 설명하시오.

▣ 수리실습 문제

1. 아래의 표에 주어진 두 변수 X와 Y의 데이터에 대하여 다음 작업을 수행하시오.

X	1	2	3	4	5	6	7	8	9	10
Y	26	23	21	24	16	15	12	11	5	4

(1) 산점도를 그려보시오.

(2) 최소제곱 추정법(LSE)의 정규방정식(normal equations)을 이용하여 $Y = \beta_0 + \beta_1 X$ 의 회귀선을 추정하여 보시오.

(3) 위의 작업을 통계 소프트웨어를 이용하여 수행하시오.

2. 아래의 표에는 모바일 홍보비(X)와 신규고객 수(Y)의 데이터가 주어져 있다.

X	50	100	150	200	250
Y	50	50	100	100	200

(1) 어떤 선형식(linear line)을 이용한 Y의 추정치를 $\hat{y}$ 라고 할 때 $\sum(y-\hat{y})=0$ 이 되는 하나의 선형식을 찾아보고 그 식에서 나오는 $\sum(y-\hat{y})^2$ 을 구하시오.

(2) 최소제곱 추정법의 정규방정식을 이용한 회귀식(regression line)을 찾아보고 그 식에서 나오는 $\sum(y-\hat{y})$ 과 $\sum(y-\hat{y})^2$ 을 구하시오.

(3) 위의 두 작업에서 나오는 결과의 의미를 설명하시오.

3. 두 변수 X와 Y에 대한 아래의 데이터에 대하여 다음 작업을 수행하시오.

X	1	2	3	4	5	6	7
Y	11	13	9	15	20	22	27

(1) $Y = \beta_0 + \beta_1 X$ 의 회귀직선을 추정하시오.

(2) σ^2 의 불편추정량 값을 구하시오.

(3) $\hat{\beta}_0$ 가 유의한 의미를 갖는지를 유의수준 $\alpha = 0.1$ 에서 검정하시오.

(4) $\hat{\beta}_1$ 가 유의한 의미를 갖는지를 유의수준 $\alpha = 0.05$ 에서 검정하시오.

4. 두 변수 X와 Y에 대한 아래의 데이터에 대하여 다음 작업을 수행하시오.

X	1	2	3	4	5
Y	15	19	21	22	26

(1) $Y = \beta_0 + \beta_1 X$ 의 회귀직선을 추정하시오.

(2) 유의수준 $\alpha = 0.01$ 에서 β_0 의 신뢰구간을 구하시오.

(3) 유의수준 $\alpha = 0.01$ 에서 β_1 의 신뢰구간을 구하시오.

(4) 유의수준 $\alpha = 0.05$ 에서 β_1 의 신뢰구간을 구한 후 $\alpha = 0.01$ 의 신뢰구간과 어떤 차이가 있는지를 설명하시오.

5. 다음은 표본조사에서 얻은 휴대폰 사용량과 월간 쇼핑액에 관한 데이터이다. 휴대폰 사용량(X)과 쇼핑액(Y) 사이의 회귀직선을 추정하고 F 검정과 결정계수 R^2, 조정 결정계수를 통해 회귀모형의 유의성을 검정하시오.

휴대폰사용량	17	14	8	3	21	15
쇼핑액	10	12	9	8	15	6

6. 아래의 데이터에서 X와 Y가 독립변수이고 Z가 종속변수일 때, 회귀분석을 수행한 후 F 검정과 결정계수(R^2) 검정의 관계를 설명하시오.

X	1	2	3	4	5	6	7
Y	3	4	9	10	15	16	21
Z	30	32	24	23	14	12	11

7. 다음의 표는 스마트폰의 5가지 핵심성능과 판매량에 관한 데이터를 나타내고 있다. 이 데이터를 이용하여 핵심성능을 독립변수(X_i)로 하고 스마트폰 판매량(Y)을 종속변수로 하는 회귀분석을 수행한 후 가장 중요한(influential) 독립변수(성능)를 찾아보시오.

판매량	99	250	310	350	235	170	150	98	230	275
CPU	50	110	120	380	280	185	175	95	190	220
RAM	4	8	10	8	6	3	4	4	6	11
카메라	4	6	11	9	8	5	4	4	8	8
화면	15	20	22	28	16	9	9	6	15	14
무게	25	34	35	22	18	16	16	12	19	22

8. 어느 생산공정에서 추진력(X_1), 출력(X_2), 온도(X_3), 시간(X_4)의 네 가지 변수가 부품의 강도(strength)에 미치는 영향을 분석하기 위해 30개의 관찰치를 토대로 회귀분석을 수행한 결과가 다음의 표에 제시되어 있다.

변수	계수	표준오차	t	prob. $>\|t\|$
추진력	0.2117	0.2106	1.01	0.3244
출력	0.4983	0.0702	7.10	<0.0001
온도	0.1297	0.0421	3.08	0.0050
시간	0.2583	0.2106	1.24	0.2313
$R^2 = 0.714$				

(1) 위의 정보를 토대로 아래의 분산분석표(ANOVA Table)의 빈칸을 채우시오.

ANOVA				
Source	자유도	SS	MS	F ratio
model	4			
error	25		26.6	
total	29			

(2) 네 가지 변수 가운데 어느 변수가 가장 중요한(influential) 변수인지를 설명하시오.

(3) $H_0 : \beta_1 = \beta_2 = \beta_3 = \beta_4 = 0$ 의 귀무가설을 유의수준 $\alpha = 0.05$ 에서 검정하시오.

9. 두 변수 X와 Y에 대해 각각 20개(n=20)의 표본을 추출한 결과 $S_{YY} = 99.4574$, $S_{XX} = 1.4895$, $S_{XY} - 3.1075$로 나왔다.

(1) 두 변수간의 표본 상관계수(r)를 계산하시오.

(2) 두 변수의 단순회귀식 $Y = \beta_0 + \beta_1 X$ 에 대해 $\hat{\beta}_1 = 2.086$ 이고 standard error($\hat{\beta}_1$) = 1.862로 추정되었다. 상관분석의 가설 $H_0 : \rho = 0$ 을 검정하는 t 검정의 검정통계량 값과 회귀분석의 가설 $H_0 : \beta_1 = 0$ 을 검정하는 검정통계량 값을 각각 계산하여 두 값이 동일함을 보이시오.

10. 어느 화학기업에서 새로 개발한 물질의 소비량(Y)을 회귀분석으로 예측하기 위해 15가지 변수(X_i)들에 대한 762명의 잠재사용자들의 자료를 수집하여 회귀분석을 수행한 결과 R^2 값은 0.43으로 나타났다.

(1) 위의 정보를 토대로 F 값을 도출하시오.

(2) 위의 정보와 다음의 ANOVA 표를 토대로 SSR(sum of square of regression)과 SSE(sum of square of error)를 계산하시오.

SOURCE	자유도	MS(Mean Square)
regression		4,978
error		

11. 아래의 표는 15개 지점에 대하여 주요 서비스 특성의 성능지수와 서비스 매출액을 측정한 자료이다.

No.	독립변수						종속변수
	MONO	4 POLY	16 POLY	40POLY	64POLY	원음	매출액
1	5,290	493	4,371	7,278	317	1,204	6,238,649
2	5,008	465	4,233	7,573	529	1,343	6,422,379
3	4,754	439	4,098	7,777	811	1,461	7,648,060
4	4,532	417	3,982	7,977	1,122	1,634	8,994,714
5	4,126	382	3,775	8,187	1,543	1,865	9,313,978
6	3,799	352	3,634	8,338	1,949	2,054	7,724,178
7	3,489	325	3,484	8,432	2,408	2,260	8,270,844
8	3,205	300	3,332	8,531	2,831	2,430	8,708,894
9	2,950	276	3,169	8,572	3,333	2,582	8,523,902
10	2,769	257	3,026	8,542	3,686	2,701	7,467,554
11	2,530	233	2,863	8,465	4,360	2,877	7,750,485
12	2,369	216	2,725	8,371	4,776	2,973	6,700,514
13	2,217	200	2,599	8,235	5,027	3,079	5,271,064
14	2,104	188	2,493	8,118	5,401	3,280	4,671,788
15	2,001	177	2,392	8,007	5,779	3,407	4,668,656

(1) 각각의 서비스 특성 성능과 매출액간의 상관계수를 계산하시오.

(2) 서비스 특성을 독립변수로 하는 회귀분석을 수행할 경우, 종속변수와의 상관성이 가장 높은 독립변수 1개를 구하여 단순 회귀분석(simple regression)을 수행하고 결정계수 R^2 를 제시하시오.

(3) 상관성이 높은 독립변수 2개를 구하여 다중 회귀분석(multiple regression)을 수행하고 결정계수 R^2 를 제시하시오.

(4) 모든 독립변수들을 포함시킨 다중회귀(multiple regression)을 수행하고 결정계수 R^2를 제시하시오.

(5) 위의 다중회귀모형의 유의성을 분산분석(F-test)으로 검정하시오.

(6) 위의 다중회귀모형에서 계수($\beta's$)들의 유의성을 검정하시오.

(7) 잔차(residual)에 대해 정규성(normality)과 등분산성의 가정을 확인하시오.

12. 통신비용 지출에 영향을 미치는 변수들을 분석하기 위해 762명의 사용자에 대한 회귀분석을 수행하였다. 종속변수인 통신비 지출액의 평균은 37.2이고 표준편차는 15.12로 나타났다. 독립변수는 연령, 가족 수, 소득수준, 품질 수준, 기능의 다양성 등 총 16개의 변수를 설정하였다. 여기서 연령과 가족 수를 제외한 변수들은 범주형(categorical) 데이터들이다. 회귀분석의 결정계수 R^2는 0.43으로 나타났다. 일부 변수에 대한 기본정보와 회귀분석 결과치가 아래 표에 제시되어 있다.

변수	평균	표준편차	회귀식 계수	베타(β) 계수	F 값	t 값
소득수준	2.75	1.42	2.89		80.11	8.95
가족 수	3.29	1.38	5.86		313.61	17.71
연령	43.7	16.54	0.08		8.85	2.97
품질 수준	3.04	1.57	-0.46		2.65	1.63
기능 다양성	1.24	0.57	-1.40		2.82	1.68

(1) 아래에 주어진 분산분석표(ANOVA Table)의 빈칸을 채워 넣으시오.

요인	자유도	SS	MS	F
Regression			4977.85	
error				

(2) 위의 회귀분석 결과표에서 베타(β) 계수 값을 채워 넣으시오.

(3) 위의 다섯 개 변수 가운데 가장 중요한(influential) 독립변수를 결정하는 기준들을 제시하고 각각의 기준에 의해 가장 중요한 변수를 결정하시오.

(4) 단계적 선택법(stepwise selection) 방식으로 회귀식을 설계할 때 어떤 기준에 의해 어느 변수부터 진입하게 되고 어느 변수부터 탈락하게 될지를 결정하시오.

▣ 조사실습 문제

1. 회귀분석은 가장 자주 사용되는 통계분석 기법 가운데 하나이다. 아래의 각 분야에서 회귀분석을 적용한 실제 사례를 하나씩 찾아서 분석의 목적과 과정을 정리하여 서술하시오.

   (1) 기업경영 분야

   (2) 의료분야

   (3) 제조업의 생산 분야

   (4) 서비스업의 고객관리 분야

2. 독립변수가 5개 이상 포함된 회귀분석의 실제 사례를 3개 이상 찾은 후, 독립변수를 선정한 기준과 과정에 대해 설명하시오.

3. 정량적(quantiitative) 독립변수와 정성적(qualitative) 독립변수가 모두 포함된 회귀분석의 실제 사례를 2개 이상 찾은 후, 각 독립변수의 의미에 대해 설명하시오.

4. 회귀분석을 수행한 후 잔차(residual)를 분석하여 그 의미를 설명한 실제 사례를 찾아보시오.

5. 회귀분석을 통해 기업의 비즈니스 전략을 수립하는 과정에 도움이 되었던 사례를 찾아보고, 데이터의 수집에서부터 분석 및 해석 과정에 대해 살펴보시오.

PART V

데이터 관측대상의 분석

CHAPTER

12

군집분석

STATISTICS

contents

배경과 요약(Background & Summary)

다변량 데이터에는 변수들만 많은 것이 아니라 관측대상(observations)들도 많다. 따라서 변수들의 관계를 파악하는 것도 중요하지만 관측대상의 집합 자체를 분석하는 것도 의미 있는 주제이다. 특히 관측대상이 아주 많을 경우 관측대상들을 속성이 비슷한 소그룹으로 나눌 필요성이 커진다. 여기서 나뉜 각각의 소그룹을 군집(cluster)이라고 하고, 군집을 만들어내는 통계작업을 군집분석(cluster analysis: CA)이라고 한다.

군집화 과정은 다음의 네 단계로 이루어진다. 먼저 관측대상들 사이의 유사성이나 상이성을 나타내는 특성변수를 정하게 된다. 이어서 그 특성에 대해 비슷한(다른) 정도를 정량적으로 측정하는 유사성(상이성) 척도나 지표를 설정한다. 다음으로 군집 알고리즘을 이용하여 유사성이 높은 관측대상들끼리 묶는 작업을 하게 된다. 마지막으로 도출된 군집의 차별적 특성을 파악하고 그 특성에 맞는 군집의 이름도 지어주게 된다.

다양한 군집분석의 알고리즘을 유형화하면 크게 계층적 군집분석과 비계층적 군집분석으로 나눌 수 있다. 계층적 접근은 군집의 수를 미리 정하지 않고 계층을 따라 가면서 점점 늘리거나 줄이는 방법이다. 반대로 비계층적 접근은 처음부터 군집의 수를 정한 후 가장 가까운 군집에 관측대상들을 배치하는 방법이다.

군집분석이 끝나게 되면 결과에 대한 검증 작업, 각 군집의 차별적 특성을 파악하는 작업, 그 특성에 맞추어 군집의 이름을 붙여주는 작업, 군집을 가지고 하게 될 후속작업의 결정 등을 하게 된다.

핵심주제와 용어(Main Theme & Keywords)

군집분석

- 관측대상의 그룹화
- 소그룹과 군집

군집분석의 단계

- 특성변수의 설정
- 유사성 측정
  - ✓ 유사성 계수
  - ✓ 상관성 계수
  - ✓ 거리 계수
- 군집 알고리즘
  - ✓ 계층적 알고리즘
    - – 거리기반 알고리즘
    - – 오차제곱 알고리즘
  - ✓ 비계층적 알고리즘
- 군집의 해석과 활용

군집분석의 검증

- 일관성 확인

CHAPTER 12
군집분석

제1절 기본개념

1. 배경과 목적

지금까지는 변수(variable)의 문제를 주요 주제로 다루어왔다. 하나의 변수인 단변량에서 출발하여 여러 개의 변수인 다변량 데이터에서 생길 수 있는 통계분석의 주제들에 초점을 맞추어 온 것이다. 그러나 데이터에는 변수들만 있는 것이 아니라 관측대상(observations)들도 있다. 사람의 예를 생각해보면 사람을 설명하는 특성(변수)들을 분석하는 것도 중요하지만 사람들의 집합 자체를 분석하는 것도 의미 있는 주제가 된다.

전체의 관측대상 안에는 서로 비슷한 구성요소들도 있고 아주 다른 요소들도 있다. 1,000명의 사람들이 있을 때 여러 가지 면에서 서로 비슷하여 하나의 그룹으로 묶을 수 있는 사람들도 있는가 하면 전혀 달라서 도저히 같은 그룹으로 묶을 수 없는 사람들도 있다. 기업들도 마찬가지이다. 규모나 연령, 비즈니스 내용, 사업방식, 경영전략 등이 비슷한 기업들이 있는가 하면 아예 다른 성격의 기업들도 있다.

이런 상황에서 전체의 관측대상을 속성이 비슷한 소그룹으로 나누는 작업을 한다고 하자. 이 때 여기서 만들어지는 하나하나의 소그룹을 군집(cluster)이라고 한다. 또 알고리즘을 이용하여 군집을 만들어내는 통계작업을 군집분석(Cluster Analysis: CA) 또는 군집화(clustering)라고 한다.

군집화의 핵심 원리는 결집도(cohesion)와 분리도(separation)라는 두 개의 개념으로 요약할 수 있다. 첫째, 하나의 군집 내에서는 그 군집에 속한 구성요소들이 최대로 결집되어야 한다. 둘째, 하나의 군집과 다른 군집들은 최대로 분리되어야 한다. 이 원리를 거리(distance) 개념으로 설명하면, 군집 안의 구성요소들은 서로 가까이 있어야 하고 군집들은 서로 떨어져 있어야 한다. 즉 각 군집 내 구성요소들간의 거리를 모두 합하였을 때 그 값은 최소가 되어야 하지만 군집과 군집 사이의 거리를 모두 합하였을 때 그 값은 최대가 되어야 한다.

역사적으로 보면 군집분석은 20세기 전반에 생물학이나 심리학에서 출발하였다. 생물체의 분류체계를 만들거나 사람들의 심리적 유형을 찾아내는 과정에서 군집화의 초기 연구가 이루어진 것이다. 통계학에서 군집분석이 관심을 끌기 시작한 1960년대 이후이다. 이 때부터 통계적 이론을 기반으로 한 다양한 군집 알고리즘들이 본격적으로 개발되기 시작하였다. 실제로 다양한 다변량 통계분석 기법 가운데에서 군집분석이 가장 다학제적(multi-disciplinary) 특성이 강한 분야이다.

빅 데이터의 출현과 함께 오늘날 군집분석은 폭넓은 분야에서 활발하게 이용되고 있다. 예를 들어 마케팅 영역에서는 소비자나 사용자들을 선호도나 구매 패턴을 기준으로 군집화하여 맞춤형 마케팅 전략의 수립에 활용하고, 의학 분야에서는 유사한 요인과 경로를 보이는 환자집단을 도출하는데 사용하기도 하고, 심리학이나 사회학에서는 반응이나 행동 패턴이 유사한 그룹을 찾는데 이용하기도 한다.

2. 예시

군집분석의 기본개념을 설명하기 위해 다시 앞의 사람의 예로 돌아가 보자. 여기서 소득수준과 문화생활 정도라는 두 개의 변수를 선정하여 [그림 12-1]과 같은 2차원 평면을 만들었다. 이 평면 위에 O_1과 O_{1000}까지의 1,000명의 사람들을 각각의 해당되는 위치에 배치하였다.

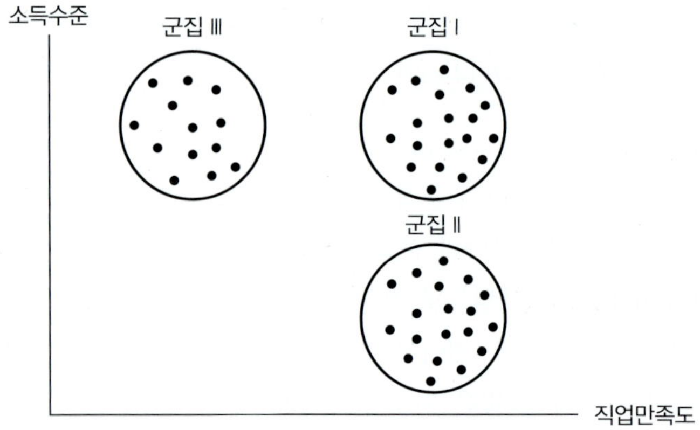

[그림 12-1] 세 개의 소그룹 분류도

그림에서 보는 것처럼 1,000명의 사람들은 크게 3개 정도의 소그룹으로 나뉘는 것을 볼 수 있다. 여기서 각각의 소그룹이 곧 군집이 된다. 각 군집의 의미를 해석해보면 첫 번째 군집은 소득이 높고 직업만족도도 높은 그룹이다. 두 번째 군집은 소득이 낮으면서 직업만족도도 낮은 그룹이 된다. 세 번째 군집은 소득이 높은데도 직업만족도는 낮은 그룹으로 볼 수 있다.

위에서는 2개의 변수로 구성되는 2차원 공간 위의 배치를 보고 직관적으로 군집을 찾아내는 방법을 예시적으로 보여주었다. 하지만 실제 문제에서는 변수들의 수가 훨씬 많기 때문에 2차원 평면 위에 관측대상들을 올려놓을 수 없다. 따라서 직관적인 기준이 아니라 수리적 알고리즘을 사용하여 군집을 찾게 된다. 이처럼 군집 알고리즘을 이용하여 많은 관측대상의 집합을 몇 개의 소그룹으로 나누는 일이 바로 군집 분석이다.

제2절 군집분석 과정

1. 군집화 단계

(1) 군집화의 특성

군집분석은 본질적으로 정답이 없는 문제를 푸는 것이다. 똑같은 데이터가 주어졌다고 해도 군집분석의 결과는 여러 가지 형태로 달라질 수 있기 때문이다. 그 중에 어느 것이 정답인지, 다시 말해 최적의 군집화가 무엇인지를 말하기도 어렵다.

그렇게 되는 이유는 다음 몇 가지로 요약할 수 있다.

- 첫째, 유사성의 관점이다. 군집분석은 한마디로 비슷한 객체를 묶는 것이다. 이때 비슷하다는 것은 보는 관점에 따라 달라진다. 거리가 가까운 것이 비슷한 것이 될 수도 있고 상관성이 높은 것이 비슷한 것이 될 수도 있다. 따라서 유사성을 어느 관점과 기준으로 보느냐에 따라 군집의 결과는 달라진다.
- 둘째, 유사성의 정의이다. 같은 관점에서 유사성을 본다고 해도 유사성의 실질적인 정의는 달라질 수 있다, 예를 들어 거리를 유사성으로 본다고 해도 거리를 어디에서 어디까지로 정의하느냐에 따라 길이는 달라지게 된다.
- 셋째, 군집화 알고리즘의 원리이다. 실제로 군집화에 사용되는 알고리즘은 매우 다양하다. 예를 들어 작은 군집들을 점점 큰 군집으로 묶어나가는 방식으로 할지 아니면 큰 군집을 점점 작은 군집들로 나누는 방식으로 할지에 따라 군집화의 결과는 크게 달라질 수 있다.

(2) 군집화의 단계

군집화는 여러 단계를 거치면서 각 단계마다 적절한 지표나 적합한 기법을 선택하게 된다. 그렇다면 군집분석은 어떠한 순서로 진행되고 몇 개의 단계로 구성되어 있을까? 크게 보면 군집화 과정은 다음의 네 단계로 이루어진다고 할 수 있다. 이어서 각 단계의 세부 내용을 차례대로 따라가 보자.

- **1단계: 특성변수의 선정**

군집분석의 첫 단계에서는 관측대상을 어떤 특성을 기준으로 유사하다 또는 상이하다로 볼 것인지를 결정해야 한다. 이 때 유사성을 보는 관점이 되는 요인들을 특성변수(characterizing variable)라고 한다.

- **2단계: 유사성의 측정**

다음 단계에서 해야 할 일은 관측대상 사이의 유사성(similarity) 또는 거리(distance)를 측정하는 작업이다. 관측대상들의 '비슷한' 정도를 정량적으로 측정하는 척도나 지표를 설정해야 하는 것이다.

- **3단계: 군집의 도출**

이어서 군집 알고리즘을 이용하여 군집을 찾아내는 작업을 하게 된다. 이 과정에서 활용할 수 있는 알고리즘들은 매우 다양하기 때문에 분석의 목적이나 성격에 맞는 알고리즘을 잘 선택해야 한다.

- **4단계: 해석과 활용**

알고리즘을 통해 군집들이 도출되면 각 군집의 차별적 특성을 파악하고 그 특성에 맞는 군집의 이름도 지어주게 된다. 또한 군집화의 결과를 바탕으로 후속적인 분석의 주제도 찾아야 한다.

2. 특성변수의 선정

군집분석의 첫 번째 작업은 특성변수를 설정하는 것이다. 사람의 예로 돌아가보자. 비슷한 사람들을 하나의 군집으로 묶으려면 먼저 어떤 기준에서 비슷한지를 정해야 한다. 이 기준은 물론 군집분석의 목적이나 데이터의 성격에 따라 달라진다. 신체적 관점에서 비슷한 사람들을 묶는 경우라면 체중이나 신장 등이 특성변수가 된다. 반대로 정신적 관점에서 비슷한 사람들을 묶는 경우라면 지능지수나 감성지수 등이 특성변수가 된다. 신체적 관점과 정신적 관점을 동시에 본다면 위의 요인들이 모두 특성변수에 포함될 수 있다.

특성변수의 선정은 군집분석에서 가장 중요한 단계라고 할 수 있다. 왜냐하면 특성변수가 제대로 선택되어야만 관찰대상의 속성이 제대로 반영될 수 있기 때문이다. 사회적 특성이 비슷한 사람들끼리 묶기 위해서 군집분석을 하면서 특성변수로 신체적 변수들을 사용하면 처음부터 좋은 결과를 기대할 수 없게 된다.

여기서 주의할 점은 특성변수들의 단위와 범위가 군집결과에 영향을 미칠 수도 있다는 사실이다. 하나는 km 단위이고 다른 하나는 mm 단위라면 당연히 유사성에 미치는 영향이 다를 수 있다. 따라서 단위의 수준이 지나치게 크다든가 측정치의 범위가 너무 넓다든가 하면 먼저 데이터를 표준화(standardization)하는 과정을 거칠 필요가 있다.

3. 유사성의 측정

특성변수들이 정해졌으면 다음의 과제는 사람들간의 비슷한 정도인 유사성을 측정해야 한다. 하지만 비슷하다라는 것은 상대적이고 주관적인 개념이다. 따라서 객관적 기준으로 유사성을 측정하기 위해서는 유사성 계수(coefficient) 또는 척도(measure)의 정량적 정의가 필요하다. 물론 이 척도와 시표는 앞에서 설명한 특성변수의 식으로 표현된다.

이 때 다른 관측대상들과 동떨어져 있는 이상치(outlier)의 유무에 대한 검토가 필요할 수 있다. 어느 그룹에도 끼지 못하는 관측치들이 있는지를 미리 살펴보아야 하는 것이다. 일반적으로 군집 알고리즘은 이상치에 민감하기 때문에 이상치의 유무에 따라 군집분석의 결과가 달라질 수 있다. 이상치가 있는 경우에는 이상치를 제거할지 아니면 그냥 포함시킬지에 대한 사전 분석을 거치거나, 이상치의 존재에 민감하지 않은(robust) 군집 알고리즘을 사용하는 것이 바람직하다.

그렇다면 어떤 유사성 계수가 자주 사용될까? 실제로 군집분석에 사용되는 유사성 계수는 대단히 많다. 그리고 각각의 계수는 성격이 다르기 때문에 문제의 특성에 따라 가장 적합한 계수를 선택하는 것이 매우 중요하다. 다양한 계수들을 대표적인 유형으로 나누어 보면 크게 다음 세 가지를 들 수 있다.

(1) 연관성(association) 계수

이 계수는 변수들이 범주형(categorical) 자료로 되어 있을 때 사용할 수 있는 것들이다. 예를 들어 관측대상의 유사성을 성별이라는 변수(남자 또는 여자), 항체보유 여부(유, 무), 거주지역(강북, 강남)을 기준으로 측정한다고 하자. 만일 두 사람의 데이터를 살펴보았더니 한 사람은 (남자, 유, 강남)으로, 그리고 다른 사람은 (남자, 무, 강남)으로 나타났다고 하자. 이 결과를 보고 두 사람이 얼마나 비슷한지를 어떻게 정량적으로 측정할 수 있을까?

이럴 때 사용되는 가장 간단한 유사성 지표는 단순결합계수(simple matching coefficient: SMC)이다. 먼저 하나의 특성변수에 대해 각 관측대상이 가질 수 있는 값은 이진수(binary)인 1 또는 0이라고 하자. 그러면 두 관측대상 사이의 유사성을 가리키는 단순결합계수는 아래의 식으로 정의된다.

$$\begin{aligned} \text{SMC} &= \text{일치하는 변수의 수 / 전체 변수의 수} \\ &= (N_{00} + N_{11}) / (N_{01} + N_{10} + N_{00} + N_{11}) \end{aligned}$$

여기서 $N_{01} = (0, 1)$의 변수 수, $N_{10} = (1, 0)$의 변수 수
$N_{00} = (0, 0)$의 변수 수, $N_{11} = (1, 1)$의 변수 수

예를 들어 10개의 특성변수에 대해 O_1과 O_2의 두 관측대상의 값이 아래와 같이 주어졌다고 하자.

$$O_1 = (1\ 0\ 0\ 0\ 0\ 0\ 0\ 0\ 0\ 0)$$
$$O_2 = (0\ 0\ 0\ 0\ 0\ 0\ 1\ 0\ 0\ 1)$$

그러면 두 관측대상 간의 유사성인 결합계수는 아래의 식에 의해 0.7이 된다.

$$SMC = (7 + 0) / (2 + 1 + 7 + 0) = 0.7$$

단순결합계수 외에도 자카드 계수(Jaccard coefficient), 코사인 계수(cosine coefficient) 등 다양한 유사성 지수들이 사용될 수 있다.

(2) 상관성(correlation) 계수

자주 사용되는 또 다른 계수로는 상관계수를 들 수 있다. 대표적으로는 앞의 상관분석에서 설명한 피어슨 상관계수(Pearson correlation coefficient)나 스피어맨 상관계수(Spearman coefficient) 등을 들 수 있다. 이들 계수에 대해서는 이미 자세히 설명하였기 때문에 생략하기로 한다.

(3) 거리(distance) 계수

두 대상 사이의 유사성이 높다라는 말은 다른 표현으로는 두 대상 사이의 거리가 가깝다는 말로 바꿀 수 있다. 이 개념을 바탕으로 자주 사용되는 계수가 바로 거리이다. 여기서 주의할 것은, 관측대상간의 거리가 의미를 가지고 또 그 거리를 측정할 수 있으려면 변수들이 등간이나 비율 척도로 되어 있어야 한다.

두 객체 i와 j 사이의 거리를 $d(i, j)$라고 하자. 그러면 $d(i, j)$는 다음의 성질을 지닌다. 첫째, $d(i, i)$ 또는 $d(j, j)$는 0이다. 자기 자신과 자신의 거리는 0이 되는 것이다. 둘째, $d(i, j)$는 0보다 큰 양수이고 이 값이 0에 가까울수록 두 객체 사이의 거리는 짧아지면서 유사성은 올라간다. 셋째, $d(i, j)=d(j, i)$가 된다. 거리는 대칭함수인 것이다.

거리의 척도에도 여러 가지가 사용될 수 있다. 가장 대표적인 척도로는 불리석 거리를 뜻하는 유클리드 거리(Euclidian Distance: ED)와 산포의 정도를 반영한 통계적 거리(Statistical Distance: SD)를 들 수 있다. 앞의 기술통계학에서 설명한 내용으로 돌아가서 [그림 12-2]에 있는 간단한 예를 살펴보자. 두 개의 표본으로부터 정규분포를 따르는 변수 X의 평균과 분산을 구하였다. 여기에서 두 표본의 평균은 0으로 같지만 분산은 각각 4와 1로 큰 차이를 보인다.

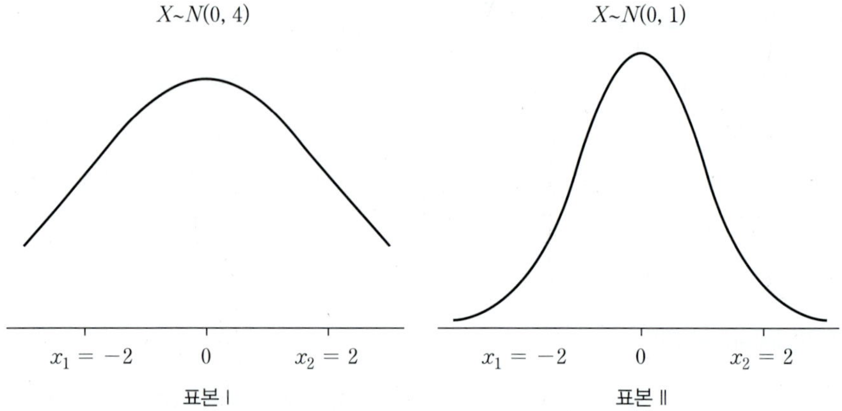

[그림 12-2] 거리 비교의 예시적 데이터

일반적으로 두 점 사이의 물리적 거리는 유클리드 거리(ED)가 된다. 이 때 관측치 i와 j 사이의 유클리드 거리는 아래의 식으로 정의된다.

$$ED_{ij}^2 = [X_i - X_j]^2$$

이제 각각의 표본에 대해 두 점 사이의 유클리드 거리를 측정해보자. 두 표본 모두 $ED^2 = \{2-(-2)\}^2 = 16$ 이 되고 따라서 두 점 사이의 거리는 같다.

만일 변수가 X와 Y의 2개로 늘어서 2차원 평면 위로 확장되면 유클리드 거리의 정의는 다음과 같이 달라진다.

$$ED_{X,Y}^2 = [(X_1 - Y_1)^2 + (X_2 - Y_2)^2]$$

이번에는 통계적 관점에서 두 점 사이의 거리를 생각해보자. 이 때도 두 점 사이의 거리가 같다고 말하는 것이 정확한 것일까? 보는 것처럼 두 표본은 산포의 정도가 매우 다르다. 한쪽은 데이터 값들이 좁은 범위에 몰려있는 반면 다른 한쪽에서는 넓게 퍼져있는 것이다. 이럴 경우 산포도, 즉 분산이나 표준편차의 차이를 반영해서 거리를 측정하는 것이 통계적 관점에서는 더 정확한 정보라고 할 수 있다. 여기서 나오는 개념이 통계적 거리(SD)이다. 관측치 i와 j 사이의 통계적 거리는 다음의 식으로 정의된다.

$$SD_{ij}^2 = \left(\frac{X_i - X_j}{s}\right)^2 \quad \text{여기서 } s\text{는 표준편차}$$

이 정의를 바탕으로 통계적 거리를 측정해보자. 표본 1의 통계적 거리는 $SD^2 = (4/2)^2 = 4$ 이고, 표본 2의 거리는 $SD^2 = (4/1)^2 = 16$ 이 된다. 물리적 거리의 관점이 아니라 통계적 거리의 관점에서 보면 둘 사이에 큰 차이가 있음을 알 수 있는 것이다.

위에서 본 것처럼 어떤 척도를 사용하느냐에 따라 두 점 사이의 거리는 다르게 측정된다. 그렇게 되면 당연히 두 점 사이의 유사성 정도도 달라지고 나아가 군집분석의 결과도 달라진다.

4. 군집 알고리즘의 적용

위에서 측정한 유사성 척도의 값을 바탕으로 이제는 군집 알고리즘을 적용하여 군집들을 찾아낼 차례이다. 군집과정에 사용되는 알고리즘의 종류는 매우 다양하다 또한 각각의 알고리즘은 군집의 원리도 다르고 장단점도 다르다. 이제부터 군집 알고리즘의 종류와 원리에 대해 자세히 알아보자.

제3절 군집 알고리즘

1. 계층적 접근과 비계층적 접근

다양한 군집방법들을 유형화하면 크게 계층적 군집분석(hierarchical clustering)과 비계층적 군집분석(non-hierarchical clustering)으로 나눌 수 있다. 비계층적 군집분석은 분할적 군집분석(partitional clustering)이라고 하기도 한다.

(1) 계층적 군집화

먼저 계층적 군집분석은 말 그대로 계층 또는 단계를 따라가면서 군집의 수를 바꾸어 나가는 방법이다. 여기서 군집의 수를 바꾸어가는 방식은 크게 두 가지를 들 수 있다.

• 병합 방법(agglomerative method)

처음에는 각각의 구성요소가 곧 하나의 군집이 되는 상태에서 출발하여 비슷한 요소들이 점점 병합이 되면서 군집의 수는 줄면서 군집의 크기는 늘어나는 bottom-up 방식이다. 예를 들어 1,000명의 관측대상을 놓고, 처음에는 1,000개의 군집 상태에서 출발하여 각각 100명 정도의 크기를 갖는 10개의 군집들로 묶어나가는 식이다. 여기서 군집의 수는 미리 정해져 있지 않기 때문에 실제로는 10개가 아니라 8개가 될 수도 있고 15개가 될 수도 있다.

• 분할 방법(divisive method)

처음에는 모든 구성요소가 하나의 군집에 속해있는 상태에서 출발하여 상이한 요소들이 점점 분할이 되면서 군집의 수는 늘면서 군집의 크기는 작아지는 top-down 방식이다. 위의 예에서는, 처음에는 1,000명 모두를 포함하는 하나의 거대한 군집에서 출발하여 각각 100명 정도의 크기를 갖는 10개의 군집들로 나누어가는 식이다. 여기서도 최종적인 군집의 수를 미리 알 수는 없다.

(2) 비계층적 군집화

이에 반해 비계층적 군집분석은 처음부터 군집의 수를 정해놓고 진행하는 방법이다. 군집의 수가 고정되어 있는 상태에서 단계를 거치면서 군집의 크기와 내용을 바꾸어 나가는 식이다. 위의 예로 돌아가보면, 1,000명의 관측대상을 처음부터 10 개의 군집으로 나누기로 정해놓고 우선 1,000명을 10개의 군집에 적당히 나누어 배치한 후 계속해서 좀더 적합한 군집으로 옮겨 재배치하는 과정을 반복하게 된다. 따라서 군집의 내용은 계속 달라지지만 군집의 숫자는 바뀌지 않는다.

(3) 두 접근의 비교

계층적 접근과 비계층적 접근의 차이는 군집이 만들어지는 과정을 보면 쉽게 이해할 수 있다. [그림 12-3]에서 보는 것처럼 계층적 군집분석은 하나의 군집(C) 안에 여러 개의 부분군집들(C_1, C_2, C_3, …)이 계속해서 생겨나는 모양을 보이는 반면 비계층적 군집분석은 군집간에 중복이나 연결 없이 배타적으로(exclusive) 나뉘어 있는 모양을 보인다.

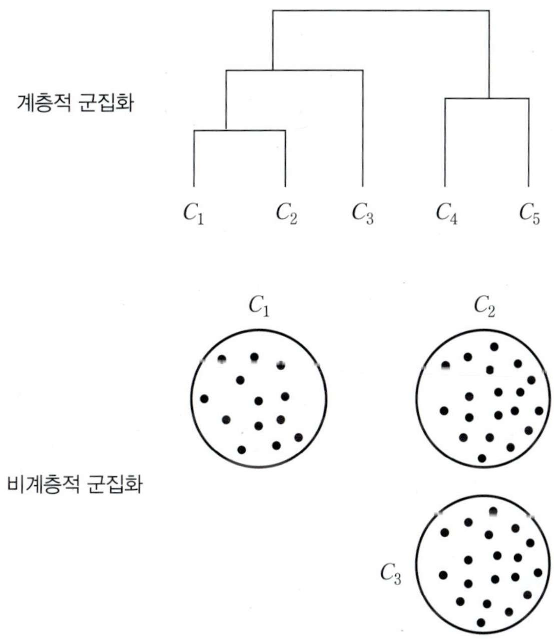

[그림 12-3] 계층적 군집분석과 비계층적 군집분석의 비교

계층적 방법은 소프트(soft) 군집화인데 반해 비계층적 방법은 하드(hard) 군집화라는 차이도 있다. 여기서 soft라는 용어는 모든 구성요소가 반드시 어느 하나의 군집에 포함될 필요는 없다는 뜻이고, hard라는 용어는 모든 구성요소가 반드시 어느 하나의 군집에 포함되어야 한다는 뜻이다. 뒤에서 보겠지만 실제로 계층적 군집화에서는 알고리즘이 끝난 후에도 군집에 들어가지 못한 구성요소들이 일부 남아있게 된다. 하지만 비계층적 군집화에서는 모든 구성요소들이 반드시 하나의 군집에 소속되어야만 알고리즘이 끝나게 되어있다.

2. 계층적 알고리즘

이제 계층적 군집화의 여러 가지 알고리즘에 대해 구체적으로 알아보자. 여기서 사용되는 대표적 알고리즘들은 크게 거리기반(distance-based) 알고리즘과 오차제곱(sum of squares-based) 알고리즘으로 나눌 수 있다.

(1) 거리기반 알고리즘

가. 기본원리

거리기반 방법들은 말 그대로 구성요소들 사이의 거리를 기준으로 군집을 만드는 기법들을 가리킨다. 요소들 사이의 거리가 가까울수록 유사성이 높다고 보는 것이며 따라서 같은 군집에 속할 가능성이 올라가게 된다. 이 때 거리의 측정은 앞에서 설명한 여러 가지 거리 지표를 사용한다. 거리기반 방법들은 군집들간의 거리를 어떻게 정의하느냐에 따라 다양한 알고리즘들이 만들어진다.

• 중심연결법(centroid method)
[그림 12-4]에서 보듯이 이 알고리즘은 군집간의 거리를 각 군집의 중심점(centroid)과 중심점을 연결한 거리로 정의하여 그 거리를 군집의 기준으로 이용한다.

• 최단연결법(nearest-neighbor or single-linkage method)
역시 [그림 12-4]에서 보듯이 이 알고리즘은 한 군집의 점과 다른 군집의 점 사이의 거리 가운데 가장 짧은 거리(shortest distance)를 군집의 기준으로 이용한다.

• 최장연결법(farthest-neighbor or complete-linkage method)
역시 [그림 12-4]에서 보듯이 이 알고리즘은 한 군집의 점과 다른 군집의 점 사이의 거리 가운데 가장 긴 거리(longest distance)를 군집의 기준으로 이용한다.

• 평균연결법(average-linkage method)
역시 [그림 12-4]에서 보듯이 이 알고리즘은 한 군집의 점들과 다른 군집의 점들 사이의 평균 거리를 이용하여 군집을 한다.

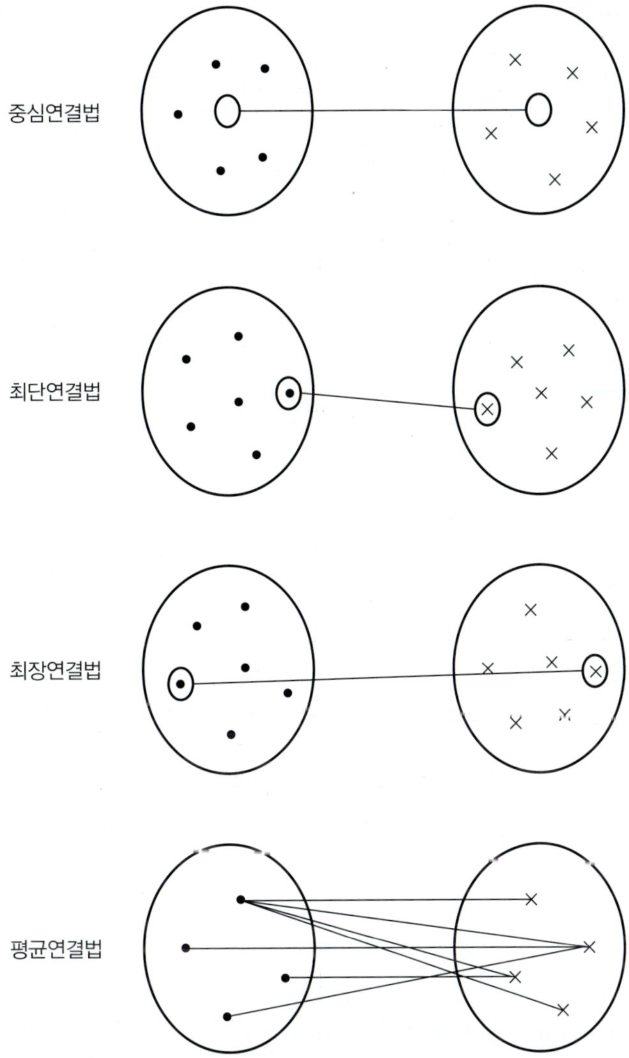

[그림 12-4] 연결 알고리즘의 비교

위에서 설명한 다양한 연결 알고리즘 가운데 어느 것이 가장 좋은 알고리즘일까? 당연히 하나의 답이 있을 수는 없다. 만일 그런 알고리즘이 있다면 다른 알고리즘에 대한 설명을 할 이유도 없는 것이다. 실제로 각각의 알고리즘은 장점과 단점들이 모두 있고 또한 주어진 데이터의 특성에 따라 군집의 결과도 달라지기 때문에 어느 것이 좋다 나쁘다는 결론을 내릴 수 없다. 따라서 가장 좋은 방법은 여러 가지 알고리즘을 모두 적용해본 후 그 결과를 보고 종합적으로 판단하는 것이다.

나. 중심연결법 예시

하나의 예시 데이터를 이용하여 중심연결법(centroid method)으로 군집화를 하는 과정을 살펴보자. 여기서는 병합 방법을 통해 군집의 크기를 점차 늘려나가는 방식을 사용한다. 먼저 〈표 12-1〉에 군집화를 위한 기본 자료가 제시되어 있다. 앞에서 예를 든 것처럼, 소득수준과 문화활동 수준의 두 가지 특성변수에 따라 6명의 사람(구성요소)들을 비슷한 그룹으로 묶어보자.

〈표 12-1〉 군집화 기본 데이터

관측대상(구성요소)	소득수준	문화활동
O_1	8	10
O_2	10	12
O_3	22	4
O_4	24	12
O_5	25	2
O_6	27	10

• 출발 단계

군집화가 시작되기 전 관측대상은 O_1에서 O_6까지 6개가 있고 따라서 6개의 군집에서 출발한다.

• 단계 1

이제 6-군집 모양을 5-군집 모양으로 바꾸기 위해서는 6개의 관측대상 가운데 2개를 하나의 군집으로 묶어야 한다. 이 작업을 위해 먼저 대상들 간의 거리를 측정한다. 여기에서는 설명의 편의를 위해 가장 단순한 유클리디언 거리(ED)를 사용하기로 한다. 예를 들어 O_1과 O_2 사이의 거리는 $(10-8)^2 + (12-10)^2 = 8$이 된다.

유클리디언 거리를 사용할 때 각 변수의 크기가 다르고 특히 각 변수의 평균값이 현저하게 차이가 나는 경우에는 정규화 과정을 거치는 것이 필요하다. 다만 본 예제에서는 개념적 설명을 위해 정규화 과정을 생략하도록 한다. 각 대상 사이의 유클리디언 거리를 측정한 거리 행렬(distance matrix)이 다음의 표에 정리되어 있다.

	O_1	O_2	O_3	O_4	O_5	O_6
O_1	0	8	232	260	353	361
O_2	8	0	208	196	325	293
O_3	232	208	0	68	13	61
O_4	260	196	68	0	26	13
O_5	353	325	13	26	0	68
O_6	361	293	61	13	68	0

• 단계 2

관측대상의 모든 쌍(pair) 가운데 거리가 8로 가장 가까운 O_1과 O_2를 묶는다. 그 결과 아래의 표에서 보듯이, 군집의 수는 6에서 5로 줄어든다. 또 O_1과 O_2가 묶인 새로운 군집의 중심점(centroid)은 [(8+10)/2, (10+12)/2] = [9, 11]로 바뀐다.

군집	관측대상	중심점	
		소득수준	문화활동
1	O_1+O_2	9	11
2	O_3	22	4
3	O_4	24	12
4	O_5	25	2
5	O_6	27	10

이제 군집과 중심점이 바뀌었기 때문에 거리의 계산을 다시 하여 아래와 같은 새로운 거리 행렬을 만든다. 예를 들어 (O_1&O_2)와 O_3 사이의 거리는 $(22-9)^2 + (4-11)^2 = 218$이 된다.

	O_1+O_2	O_3	O_4	O_5	O_6
O_1+O_2	0	218	226	337	325
O_3	218	0	68	13	61
O_4	226	68	0	26	13
O_5	337	13	26	0	68
O_6	325	61	13	68	0

• 단계 3

모든 쌍(pair) 가운데 거리가 13으로 가장 가까운 O_3와 O_5를 묶는다. 물론 거리가

13으로 같은 O_4와 O_6를 묶어도 된다. 그 결과 아래의 표에서 보듯이 군집의 수는 5에서 4로 줄어들고 중심점도 달라진다.

군집	관측대상	중심점	
		소득수준	문화활동
1	O_1+O_2	9	11
2	O_3+O_5	25.5	3
3	O_4	24	12
4	O_6	27	10

여기서도 군집과 중심점이 바뀌었기 때문에 아래와 같이 거리의 계산을 다시 하게 된다.

	O_1+O_2	O_3+O_5	O_4	O_6
O_1+O_2	0	336.3	226	325
O_3+O_5	336.3	0	83.1	51.3
O_4	226	83.1	0	13
O_6	325	51.3	13	0

• 단계 4

모든 쌍(pair) 가운데 거리가 가장 가까운 O_4와 O_6를 묶는다. 그 결과 아래와 같이 군집의 수는 4에서 3으로 줄어들고 중심점도 바뀐다.

군집	관측대상	중심점	
		소득	문화활동
1	O_1+O_2	9	11
2	O_3+O_5	25.5	3
3	O_4+O_6	25.5	11

역시 군집과 중심점이 바뀌었기 때문에 아래와 같이 거리의 계산을 다시 하게 된다.

	O_1+O_2	O_3+O_5	O_4+O_6
O_1+O_2	0	336.3	272.3
O_3+O_5	336.3	0	64
O_4+O_6	272.3	64	0

• 단계 5

이제는 군집간의 거리가 너무 멀어 더 이상 군집화의 효과가 없는 것으로 판단된다. 특히 군집의 특성변수인 '문화활동 정도' 변수의 차이가 큰 것을 감안할 때 (O_3+O_5)와 (O_4+O_6) 군집은 하나의 군집으로 묶이기 어렵다. 따라서 알고리즘을 종료한다.

다. 다른 연결법 예시

위에서는 중심연결법을 이용하여 군집분석을 수행하는 예를 보았다. 이번에는 같은 데이터를 이용하여 연결방법이 달라지면 군집화의 결과가 어떻게 달라지는지를 알아보자. 군집화의 첫 단계에서 O_1과 O_2가 하나의 군집으로 묶여서 현재는 군집 5 개가 된 상태에서 (O_1, O_2)의 군집과 O_3 사이의 거리를 측정하는 예제를 보자. 우선 거리 행렬은 아래의 표와 같다.

	O_1	O_2	O_3	O_4	O_5	O_6
O_1	0	8	232	260	353	361
O_2	8	0	208	196	325	293
O_3	232	208	0	68	13	61
O_4	260	196	68	0	26	13
O_5	353	325	13	26	0	68
O_6	361	293	61	13	68	0

여기서 군집 (O_1, O_2) 안에는 두 개의 관측대상 O_1, O_2가 있고 군집 (O_3) 안에는 한 개의 관측대상 O_3만 있다는 사실을 기억하자. 따라서 두 군집 사이에는 (O_1-O_3)를 잇는 거리와 (O_2-O_3)를 잇는 두 개의 거리가 만들어지게 된다. 이제 최단연결법(single linkage), 최장연결법(complete linkage), 그리고 평균연결법(average linkage)을 이용하여 (O_1, O_2)의 군집과 (O_3) 군집 사이의 거리를 계산해보자.

첫째, 최단연결법을 이용해 보면 (O_1, O_2)의 군집과 O_3 사이의 거리는 아래와 같이 정해진다.

– 군집(O_1+O_2)와 O_3 사이의 거리 $= \min[ED^2_{13},\ ED^2_{23}] = \min[232, 208] = 208$

둘째, 최장연결법을 이용해 보면 (O_1, O_2)의 군집과 O_3 사이의 거리는 다음과 같이 정해진다.

– 군집(O_1+O_2)와 O_3 사이의 거리 $=$ max $[\,ED^2_{13},\ ED^2_{23}\,] =$ max $[232, 208] = 232$

셋째, 평균연결법을 이용해 보면 (O_1, O_2)의 군집과 O_3 사이의 거리는 아래와 같이 정해진다.
– 군집(O_1+O_2)와 O_3 사이의 거리 $=$ average $[\,ED^2_{13},\ ED^2_{23}\,] = 220$

위에서 보듯이 어느 방식을 이용하느냐에 따라 군집 사이의 거리가 달라지고 따라서 군집의 결과도 달라지는 것을 알 수 있다.

(2) 오차제곱 알고리즘

가. 기본원리

계층적 군집방법 가운데 Ward의 방법은 특이하게 거리의 크기가 아니라 오차의 크기로 유사성을 측정한다. 앞에서 군집화의 핵심 원리는 구성요소간의 결집도라고 하였다. 하나의 군집 내에서 그 군집에 속한 구성요소들이 최대로 결집되어야 한다는 것이다.

Ward 방법은 이 원리를 군집화에 이용하는 기법이다. 결집도가 높다는 말은 곧 구성요소들의 동질성(homogeneity)이 최대가 된다는 말이다. 이미 앞의 분산분석에서 설명한 것처럼 동질성이 커지면 변동성이 작아지게 되므로 군집 내의 오차제곱합(within-group SS)이 줄어든다. Ward 방법은 바로 이 원리를 이용하여 오차제곱합이 최소(minimum)가 되도록 개체들을 묶어 나가는 방법이다.

나. 예시

이번에도 앞의 예를 이용하여 Ward의 방법으로 군집화하는 과정을 알아보자. 역시 출발단계에서는 O_1에서 O_6의 6개 군집에서 시작한다. 이제 6–군집 모양을 5–군집 모양으로 바꾸기 위해서, 2개의 객체를 묶어서 만들어지는 모든 쌍(pair) 중에서 최적의 한 쌍을 선택해야 한다.

Ward 방법에서는 먼저 (O_1, O_2)의 쌍에서부터 (O_5, O_6)의 쌍까지 가능한 모든 쌍의 오차제곱합(SS)을 계산한다. 예를 들어 (O_1, O_2) 군집을 보자. 소득수준의 평균은 (8+10)/2=9이고 문화활동의 평균은 (5+6)/2=5.5이다. 따라서 SS(O_1+O_2) =

$(8-9)^2 + (5-5.5)^2 + (10-9)^2 + (6-5.5)^2 = 2.5$가 된다. 이런 식으로 모든 쌍의 SS를 계산한다. 이제 모든 쌍 중에서 SS가 최소가 되는 쌍을 찾는다. 이 경우에는 (O_1, O_2)의 SS가 최소가 된다. 따라서 O_1과 O_2가 하나의 군집으로 묶이는 5-군집 모양이 만들어진다.

다음은 5-군집 모양을 4-군집 모양으로 바꿀 차례이다. 여기에서도 같은 방식을 사용하여 먼저 4 개의 군집으로 바꿀 수 있는 모든 경우의 SS를 계산한다. 이어서 SS가 최소가 되는 경우를 묶으면 4-군집 모양이 만들어진다. 이런 방식을 반복하면서 군집화를 진행하게 된다.

(3) 알고리즘의 종료

계층적 방법의 설계에서 중요한 의사결정 중의 하나는 언제 군집 알고리즘을 종료할 것인가 하는 문제이다. 병합을 하든 분할을 하든 어느 단계에서는 군집 작업을 끝내야 한다. 이것은 본질적으로 주관적인 의사결정의 문제이다. 절대적인 기준이 없기 때문에 더 나갈지 아니면 여기서 멈출지를 정하는 것은 군집분석을 하는 사람의 판단에 따를 수 밖에 없다는 것이다.

군집 알고리즘을 끝내는 시점은 한마디로 군집화가 '잘 이루어진 때'가 된다. 이 때 군집화가 잘 되었는지를 판단하는 핵심기준으로는 다음 두 가지를 들 수 있다. 첫째, 군집 간의 균형(balance)이다. 군집들의 크기가 가능한 한 서로 비슷한 상태로 군집화가 되는 것이 좋은 것이다. 둘째, 군집들의 수(number)이다. 군집들의 수가 너무 많지도 않고 너무 적지도 않은 적당한 숫자가 되는 것이 좋은 것이다.

보다 구체적으로 군집의 수를 결정하는 도구 즉 군집분석을 종료하는 기준으로는 다음 몇 가지 방식이 사용된다.

가. 덴드로그램

가장 폭넓게 사용되는 일차적인 도구는 바로 덴드로그램(dendrogram)이다. 덴드로(dendro)라는 용어는 그리스어로 나무(tree)를 뜻한다. 따라서 덴드로그램은 계층적 군집화가 이루어지는 과정을 나무(사다리) 모양의 시각적 형태로 보여주는 그림이다.

[그림 12-5]에서 보는 것처럼 처음에 하나하나의 요소가 각각의 군집에서 출발한 군집화가 점점 유사한 요소끼리 묶이면서 규모가 커지는 과정이 나무가 가지를 쳐 나가는 모양으로 그려져 있다. 이 덴드로그램을 보면 현재 단계에서 몇 개의 군집이 만들어졌고 군집 간의 크기가 어느 정도 균형을 이루는지 등을 알 수 있다. 이 정보를 토대로 의사결정자는 어느 단계에서 군집화를 끝낼지를 정하게 된다.

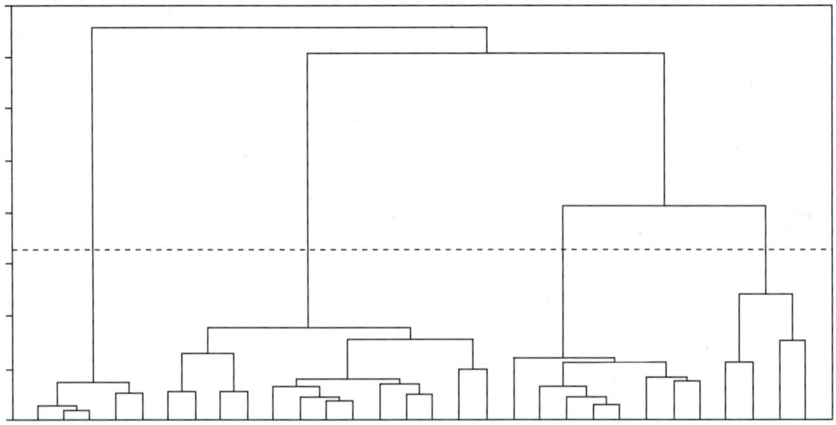

[그림 12-5] 덴드로그램(dendrogram) 예시

나. 정량적 지표

다른 기준으로는 여러 가지 정량적인 지표를 계측하여 그 값을 기준으로 결정을 하는 것이다. 이런 지표들을 사용할 경우 의사결정의 기준은 흔히 L자 모양의 팔꿈치(elbow)를 보는 것이다.

[그림 12-6]에서 보는 것처럼 군집의 수가 변하면서 각 지표의 값도 변하게 된다. 이 때 큰 폭으로 값이 변하다가 어느 수준에 다다르면 더 이상 큰 변화가 일어나지 않는 현상이 발생한다. 이 점을 흔히 팔꿈치라고 하는데, 이 단계가 군집화 알고리즘을 종료하는 시점이 된다.

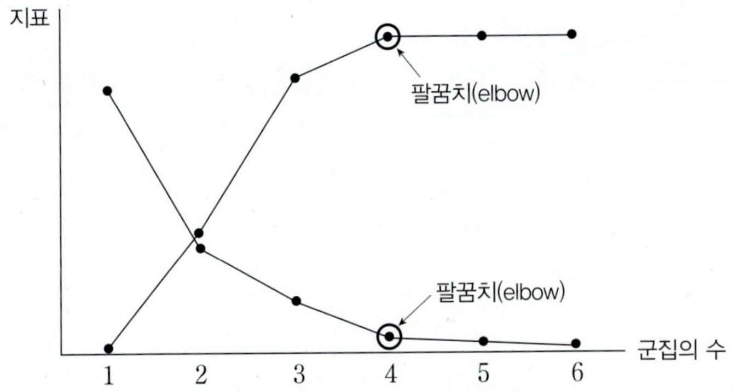

[그림 12-6] 팔꿈치와 군집의 수 결정

예제

앞에서 보았던 작은 예제에 대해 이번에는 실제의 데이터를 바탕으로 소프트웨어를 이용하여 군집분석을 수행해보자. 100명의 사람들에 대해 소득수준과 문화생활 관심도의 두 가지 특성변수를 기준으로 계층적으로 군집을 만들어 보자.

① 군집분석의 기준이 될 변수 설정: 100명의 소득수준과 문화생활 관심도 데이터

② 계층적 군집분석을 위하여 분석 → 분류분석 → 계층적 군집분석과 같이 순서대로 실행명령을 지정한다.

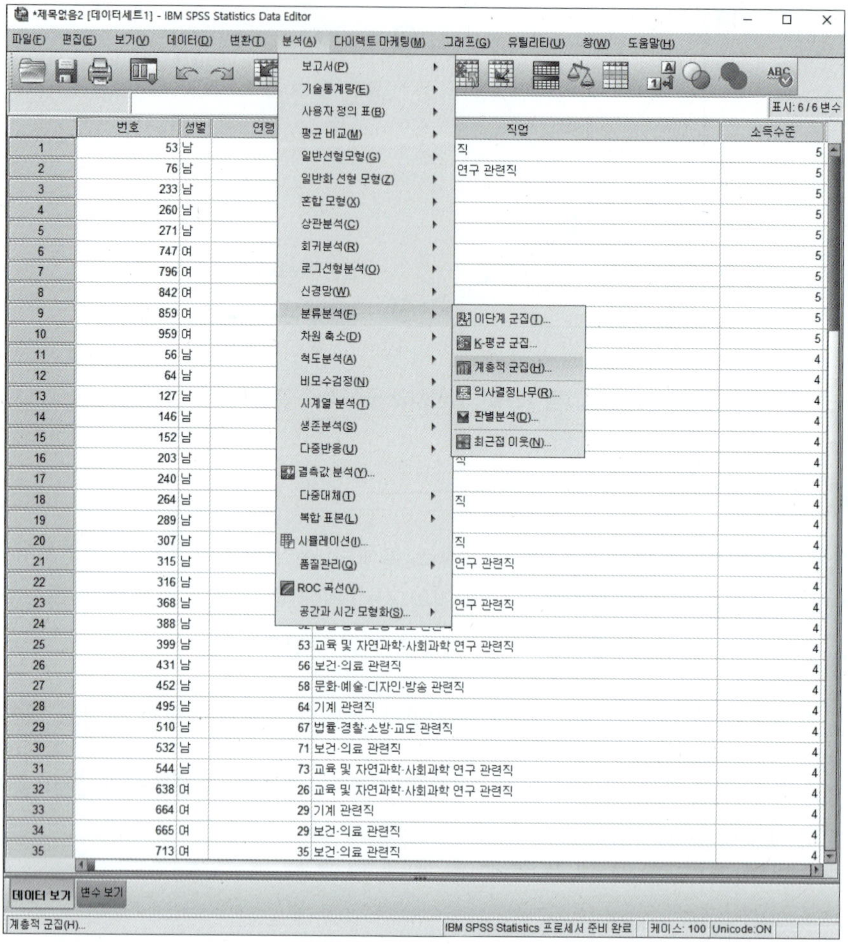

③ 여기서는 Ward의 방법을 선택한 후 필요한 옵션을 모두 선택한 후 확인을 누르면 출력 결과창에서 덴드로그램을 얻을 수 있다. 이를 바탕으로 100의 데이터를 총 3개의 군집으로 분류할 수 있다.

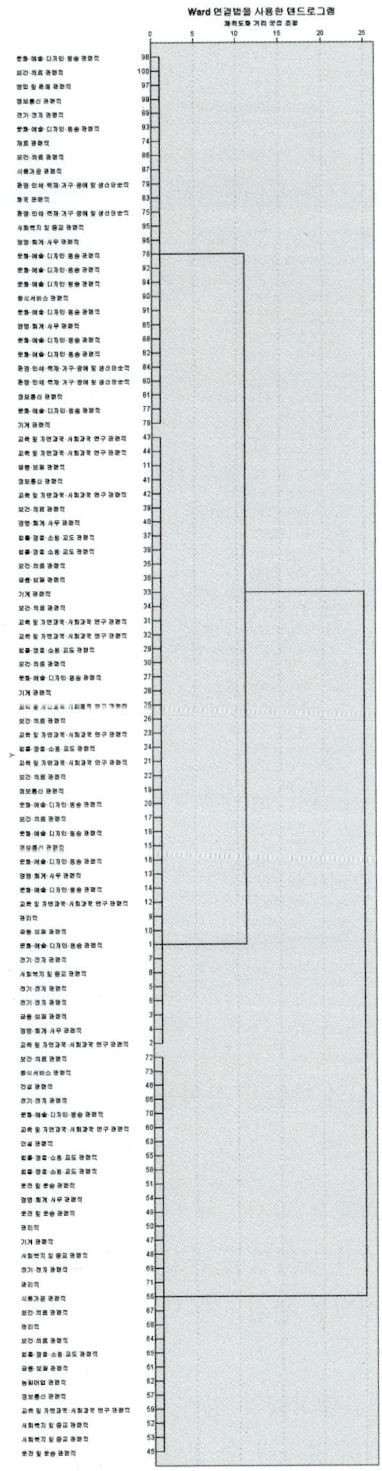
Ward 연결법을 사용한 덴드로그램

④ 각 데이터의 소속 군집은 출력된 결과창을 닫으면, 가장 오른쪽 열에 다음과 같이 생성된다.

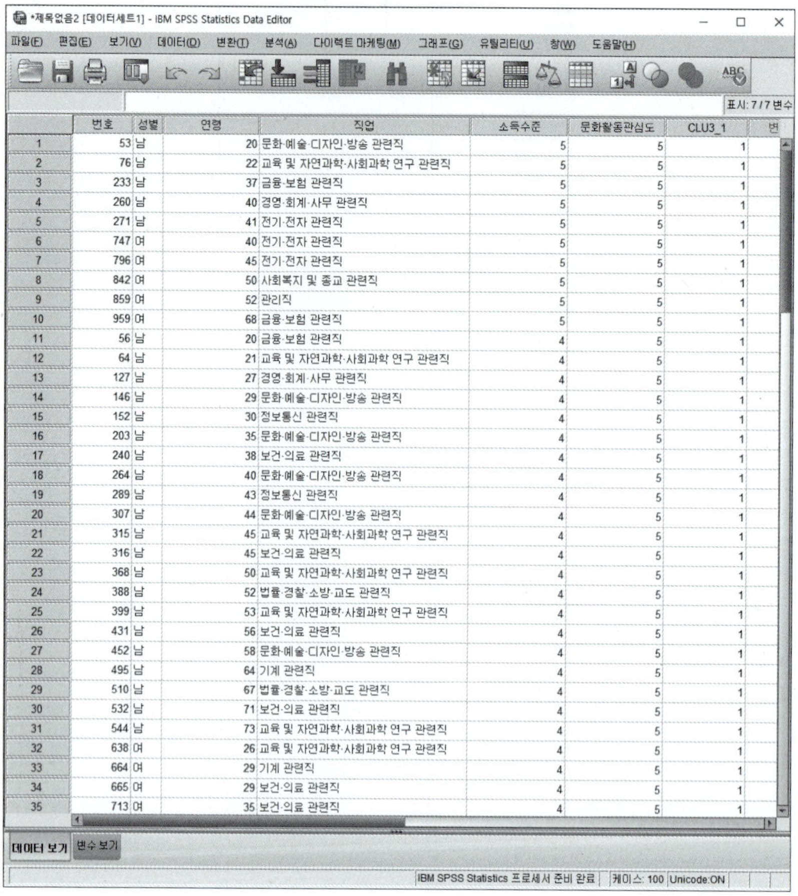

	번호	성별	연령	직업	소득수준	문화활동관심도	CLU3_1	변
1	53	남	20	문화·예술·디자인·방송 관련직	5	5	1	
2	76	남	22	교육 및 자연과학·사회과학 연구 관련직	5	5	1	
3	233	남	37	금융·보험 관련직	5	5	1	
4	260	남	40	경영·회계·사무 관련직	5	5	1	
5	271	남	41	전기·전자 관련직	5	5	1	
6	747	여	40	전기·전자 관련직	5	5	1	
7	796	여	45	전기·전자 관련직	5	5	1	
8	842	여	50	사회복지 및 종교 관련직	5	5	1	
9	859	여	52	관리직	5	5	1	
10	959	여	68	금융·보험 관련직	5	5	1	
11	56	남	20	금융·보험 관련직	4	5	1	
12	64	남	21	교육 및 자연과학·사회과학 연구 관련직	4	5	1	
13	127	남	27	경영·회계·사무 관련직	4	5	1	
14	146	남	29	문화·예술·디자인·방송 관련직	4	5	1	
15	152	남	30	정보통신 관련직	4	5	1	
16	203	남	35	문화·예술·디자인·방송 관련직	4	5	1	
17	240	남	38	보건·의료 관련직	4	5	1	
18	264	남	40	문화·예술·디자인·방송 관련직	4	5	1	
19	289	남	43	정보통신 관련직	4	5	1	
20	307	남	44	문화·예술·디자인·방송 관련직	4	5	1	
21	315	남	45	교육 및 자연과학·사회과학 연구 관련직	4	5	1	
22	316	남	45	보건·의료 관련직	4	5	1	
23	368	남	50	교육 및 자연과학·사회과학 연구 관련직	4	5	1	
24	388	남	52	법률·경찰·소방·교도 관련직	4	5	1	
25	399	남	53	교육 및 자연과학·사회과학 연구 관련직	4	5	1	
26	431	남	56	보건·의료 관련직	4	5	1	
27	452	남	58	문화·예술·디자인·방송 관련직	4	5	1	
28	495	남	64	기계 관련직	4	5	1	
29	510	남	67	법률·경찰·소방·교도 관련직	4	5	1	
30	532	남	71	보건·의료 관련직	4	5	1	
31	544	남	73	교육 및 자연과학·사회과학 연구 관련직	4	5	1	
32	638	여	26	교육 및 자연과학·사회과학 연구 관련직	4	5	1	
33	664	여	29	기계 관련직	4	5	1	
34	665	여	29	보건·의료 관련직	4	5	1	
35	713	여	35	보건·의료 관련직	4	5	1	

이 정보를 이용하여 각 군집의 특성을 살펴볼 수 있다. 각 군집의 차별적 특성을 요약하면 다음과 같다.

- 군집 1: 소득수준과 문화활동 관심도가 모두 높은 군집
- 군집 2: 소득수준은 높으나 문화활동 관심도는 낮은 군집
- 군집 3: 소득수준과 문화활동 관심도가 모두 낮은 군집

나아가 각 군집에 속한 관측대상들의 성별, 연령, 직업 등의 변수들을 들여다보면 군집간의 차이를 좀더 자세히 알아낼 수 있다.

3. 비계층적 군집분석

(1) 기본개념

앞에서 설명한 계층적 방법은 처음부터 군집의 수를 정하지 않고 출발하여 여러 계층을 거치면서 최종적으로 군집의 수를 정하는 방식이다. 이에 반해 지금부터 소개하는 비계층적 방법은 처음부터 군집의 수를 고정시킨 다음 각각의 개체를 가장 적합한 군집에 집어넣는 방식이다. 따라서 모든 관측대상들은 반드시 서로 배타적인 군집 중의 하나에 배치된다.

비계층적 알고리즘에도 다시 거리기반(distance-based) 군집화, 밀도기반(density-based) 군집화, 네트워크기반(network-based) 군집화 등 다양한 유형의 알고리즘들이 사용된다. 그러나 여기에서는 가장 대표적인 기법인 K-평균(K-means) 기법에 대해서만 설명하기로 한다.

(2) 알고리즘의 구성

K-means 비계층적 알고리즘은 아래의 여러 단계로 구성된다. 각각의 단계에서 어떤 활동들이 이루어지는지를 알아보자.

● 단계 1: 군집 수의 설정

제일 먼저 군집의 수인 k를 정해야 한다. 군집의 수는 너무 많아도 안 되고 너무 적어도 안 된다. 실제로 K-means 기법에서 적절한 수의 k를 설정하는 것은 쉬운 일이 아니다. 이 과정에서는 데이터 특성에 대한 사전 정보나 경험적 지식을 활용하여 군집의 수를 정하게 된다. 또는 앞에서 설명한 계층적 군집을 먼저 수행하여 거기에서 나온 군집의 수를 k의 값으로 설정할 수도 있다.

● 단계 2: 각 군집의 중심점(씨앗)의 선정

다음으로는 앞에서 설정한 각 군집에서 중심점(centroid) 또는 씨앗(seed)의 역할을 할 관측대상을 선정하게 된다. 먼저 중심점이 주어져야 그 점을 향해 다른 관측대상들이 모여들기 때문이다. 만일 군집의 수가 k개라면 각각의 군집마다 하나씩의 중심점이 필요하므로 모두 k개의 중심점을 정해야 한다.

여기서 중심점을 선정하는 규칙(rule)은 여러 가지가 있다. 가장 단순한 규칙은 데이터 행렬에 수록되어 있는 순서대로 1번의 관측대상에서 출발하여 k번 대상까지(the first k observations)를 중심점으로 사용하는 것이다. 또는 역시 단순하게 k개의 대상을 임의로(randomly) 선정하기도 한다.

아니면 다음과 같이 좀더 정교한 규칙을 사용할 수도 있다. 우선 가장 첫 번째 관측대상을 첫 번째 군집의 중심점으로 설정한다. 이어서 첫 번째 군집의 중심점과의 거리가 미리 설정한 기준값보다 더 큰 대상 중에 하나를 골라 두 번째 군집의 중심점으로 한다. 앞에서 정한 중심점보다 가능하면 멀리 떨어진 대상을 고르는 것이다. 이어서 두 번째 군집의 중심점과의 거리가 미리 설정한 기준값보다 더 큰 대상 중에 하나를 골라 세 번째 군집의 중심점으로 한다. 이런 식으로 마지막 군집의 중심점까지를 선정한다. 그 외의 규칙들도 기본 아이디어는 모두 비슷하다. 각 중심점 간의 거리가 가능한 한 멀리 떨어질 수 있도록 각 군집의 중심점들을 설정하는 것이다.

● 단계 3: 각 개체의 배치

이제 중심점으로 선정되고 남은 관측대상들을 가장 적합한 군집에 배치할 순서이다. 여기서 사용되는 배치의 기준은 단순하다. 자기 자신과 군집의 중심점 사이의 거리가 가장 가까운 군집에 배치하는 것이다.

● 단계 4: 개체의 재배치

다음은 재배치의 순서이다. 군집의 구성이 바뀔 때마다 군집의 중심점도 바뀐다. 중심점이 다시 설정되면 각 관측대상과 각 군집의 중심점 사이의 거리도 달라지게 된다. 그러면서 원래의 군집과 비교하여 거리가 더 가까운 군집이 생기는 관측대상이 나올 수 있다. 이러한 관측대상들은 원래의 군집을 떠나 새로운 군집으로 재배치(reassignment) 된다.

● 단계 5: 알고리즘의 종료

앞의 단계들을 반복하면서 더 이상 중심점의 변화가 없거나 변화의 크기가 미리 설정한 수렴기준값(convergence criterion)보다 작으면 알고리즘을 종료한다.

예제

아래의 간단한 예를 이용하여 비계층적 군집분석 과정을 따라가 보자. 여기에서는 6개 기업의 매출과 영업이익 자료를 보여주고 있다. 기업 중에는 매출실적과 이익률이 모두 좋은 기업들도 있고, 매출실적은 좋은데 이익률이 낮은 기업들도 있으며, 매출실적과 이익률이 모두 좋은 않은 기업들도 있을 수 있다. 따라서 여기에서는 매출과 영업이익을 특성변수로 하여 6개 기업을 경영상태가 비슷한 군집으로 묶는 것이 주어진 과제이다. 먼저 군집의 수(k)는 3개로 설정하였다. 또한 알고리즘을 종료할 수렴기준(convergence criterion)은 변화의 크기가 3.0보다 크지 않을 때로 하였다.

기업(관측대상)	특성변수	
	매출	영업이익
O_1	8	5
O_2	10	6
O_3	22	2
O_4	24	6
O_5	25	1
O_6	27	5

우선 k=3이므로 세 개의 중심점이 설정되어야 한다. 여기서는 편의상 처음 3 개의 관측대상인 O_1, O_2 및 O_3를 각 군집의 중심점으로 설정하기로 하자. 그러면 아래와 같은 군집화가 차례대로 이루어진다.

• 초기 군집의 중심점과 결과

먼저 O_1, O_2, O_3를 각각의 중심점으로 하는 군집1, 군집2, 군집3의 3개의 군집을 만든다. 각 군집의 중심점은 아래와 같다.

특성변수	군집중심		
	O_1	O_2	O_3
매출	8	10	22
영업이익	5	6	2

이제 중심점으로 사용된 O_1, O_2, O_3를 제외한 나머지 대상들을 배치할 순서이다. 먼저 O_4는 어느 군집의 중심점과 가장 가까운 지를 본다. 아래의 표에서 보듯이, O_3의 중심점과 가장 가깝기 때문에 O_4는 군집3에 배치한다. 이어서 O_5는 어느 중심점과 가장 가까운 지를 본다. 역시 O_3가 가장 가깝기 때문에 군집3에 배치한다. 마지막으로 O_6를 보면 역시 O_3가 가장 가깝기 때문에 군집3에 배치한다.

관측대상	군집중심과의 거리			배치되는 군집
	1	2	3	
O_1	0	5	205	1
O_2	5	0	160	2
O_3	205	160	0	3
O_4	257	196	20	3
O_5	305	250	10	3
O_6	361	290	34	3

• 중심점 변화와 종료 여부

일단 관측대상들이 모두 배치되었기 때문에 이제는 중심점을 새로 찾아야 한다. 아래의 표에서 보는 것처럼, 먼저 군집1과 군집2는 새로 배치된 관측대상이 없기 때문에 중심점도 바뀔 이유가 없다. 그러나 군집3은 O_4, O_5, O_6가 들어왔기 때문에 중심점이 (22, 3)에서 (24.5, 3.5)로 바뀌게 된다.

특성변수	군집중심		
	1	2	3
매출	8	10	24.5
영업이익	5	6	3.5

이어서 중심점의 변화가 어느 정도인지를 보고 알고리즘을 끝낼지 아니면 계속할지를 판단해야 한다. 여기서 중심점의 변화 크기는 (24.5−22, 3.5−2)=(2.5, 1.5)이다. 이 값은 미리 설정한 수렴기준 3.0보다 작기 때문에 알고리즘이 종료되면서 아래와 같은 3개의 군집이 만들어지게 된다.

군집	1	2	3
관측대상	O_1	O_2	O_3, O_4, O_5, O_6

예제

다시 앞의 예제를 이용하여 다른 방식의 비계층적 군집분석을 해보자. 이번에도 군집의 수는 k=3로 하지만 각 군집의 초기 중심점을 O_1, O_3, O_5로 바꾸어 설정하였다. 그러면 아래와 같은 군집화가 차례대로 이루어진다.

• 초기 군집의 중심점과 군집 결과

먼저 O_1, O_3, O_5를 각각의 중심점으로 하는 3개의 군집을 만든다. 각 군집의 중심점은 아래와 같다.

변수	군집 중심		
	O_1	O_3	O_5
매출	8	22	25
영업이익	5	2	1

그 다음 남아있는 O_2, O_4, O_6를 어느 군집에 배치할지를 정한다. 아래의 표에서 보듯이, 먼저 O_2는 어느 중심점과 가장 가까운 지를 본다. 여기에서는 군집1과 가장 가깝기 때문에 O_2는 군집1에 배치한다. 이어서 O_4는 O_5의 중심점에 가장 가깝기 때문에 군집3에 배치한다. 마지막으로 O_6도 O_5와 가장 가깝기 때문에 군집3에 배치한다.

관측대상	군집중심과의 거리			배치되는 군집
	1	2	3	
O_1	0	205	305	1
O_2	5	160	250	1
O_3	205	0	10	2
O_4	257	20	10	3
O_5	305	10	0	3
O_6	361	34	20	3

• 중심점 변화와 종료 여부

모든 관측대상에 대한 군집 배치가 이루어졌기 때문에 이제 중심점을 새로 찾아야 한다. 아래의 표에서 보는 것처럼, 먼저 군집2는 원래의 O_3 외에 새로 배치된 관측대상이 없기 때문에 중심점도 그대로이다. 그러나 군집1은 원래의 O_1에 O_2가 새로 들어왔기 때문에 중심점이 (8, 5)에서 (9, 5.5)로 바뀌게 된다. 또한 군집3은 원래의 O_5에 O_4와 O_6가 추가로 들어왔기 때문에 중심점이 (25, 1)에서 (25.3, 4)로 바뀌게 된다.

변수(variable)	군집중심		
	1	2	3
매출 영업이익	9 5.5	22 2	25.3 4

이어서 중심점의 변화 정도를 보고 알고리즘을 끝낼지를 정해야 한다. 먼저 군집 3의 경우 중심점의 변화 크기는 (25.3−25, 4−1)=(0.3, 3)이다. 이 값은 미리 설정한 수렴기준 3.0보다 크지 않다. 이어서 군집1의 경우 중심점의 변화 크기는 (1, 0.5)이다. 이 값도 미리 설정한 수렴기준 3.0보다 작다. 따라서 알고리즘이 종료되면서 아래와 같은 3개의 군집이 만들어지게 된다.

군집	1	2	3
관측대상	O_1, O_2	O_3	O_4, O_5, O_6

위에서 보는 것처럼 처음에 중심점을 어떤 관측대상으로 설정하느냐에 따라 군집의 결과가 달라지는 것을 확인할 수 있다.

예제

이번에는 실제의 데이터를 이용하여 비계층적 군집분석을 수행해보자. 106명의 학생을 대상으로 수학, 과학, 영어, 중국어, 그리고 체육 성적을 특성변수로 하는 K-means 군집분석을 하기로 하자. 우선 k=4로 설정한다.

① 비계층적 분석을 위하여 분석 → 분류분석 → K-평균 군집분석과 같이 순서대로 실행명령을 지정한다.

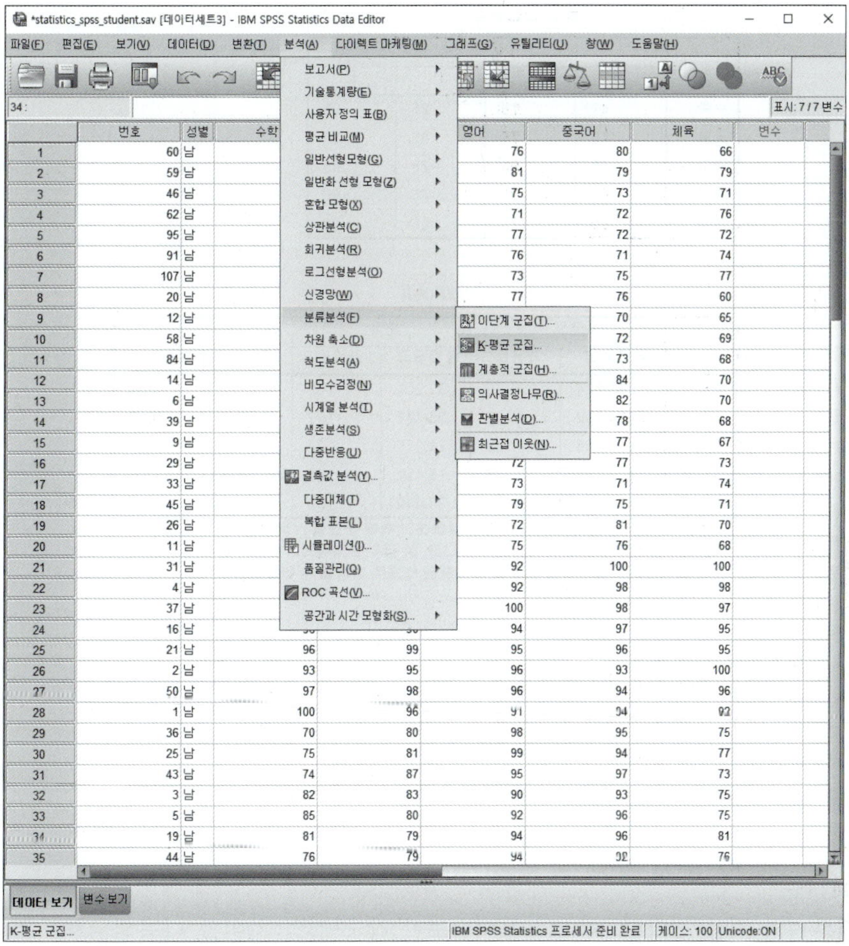

② 계층적 군집분석과 다르게 비계층적 군집분석은 군집의 수를 사전에 정해야 한다. 따라서 [군집 수(U)]란에 k 값인 4를 입력한다.

③ 필요한 옵션을 모두 선택한 후 확인을 누르면 출력 결과창에 다음과 같은 분석결과가 나타난다.

최종 군집중심

	군집			
	1	2	3	4
수학	47	76	95	95
과학	46	76	95	95
영어	45	96	76	95
중국어	49	95	75	96
체육	95	70	65	96

ANOVA

	군집		오차		F	유의확률
	평균제곱	자유도	평균제곱	자유도		
수학	12183.124	3	32.251	102	377.763	.000
과학	12314.432	3	28.771	102	428.012	.000
영어	13010.268	3	24.056	102	540.828	.000
중국어	11402.235	3	13.451	102	847.675	.000
체육	6234.534	3	33.449	102	186.389	.000

다른 군집의 여러 케이스 간 차이를 최대화하기 위해 군집을 선택했으므로 F 검정은 기술통계를 목적으로만 사용되어야 합니다. 이 경우 관측유의수준은 수정되지 않으므로 군집평균이 동일하다는 가설을 검정하는 것으로 해석될 수 없습니다.

각 군집의 케이스 수

군집	1	23.000
	2	35.000
	3	35.000
	4	13.000
유효		106.000
결측		.000

군집분석의 최종 결과를 자세히 들여다보면 각 군집의 차이를 다음과 같이 요약할 수 있다.

- 군집1: 체육 성적이 월등하게 높은 것으로 미루어 보아 체육 특기자 학생들로 이루어진 군집
- 군집2: 영어와 중국어 성적이 높은 것으로 보아 언어 능력이 뛰어난 학생들로 이루어진 군집
- 군집3: 수학과 과학 성적이 높은 학생들로 수리적 지능이 우수한 이과 적성의 학생들로 이루어진 군집
- 군집4: 전과목에서 우수한 성적을 보인 학습능력이 탁월한 학생들로 이루어진 군집

제4절 해석과 활용

1. 군집분석의 특성

위의 예제들을 보면서 다음과 같은 군집분석의 특성을 확인할 수 있다. 첫째, 군집분석은 알고리즘의 선택에 따라 군집의 결과가 달라지는 경우가 많다는 점이다. 같은 데이터에 대해서도 군집화의 원리나 기준에 따라 결과가 크게 달라질 수 있는 것이다. 둘째, 군집분석은 데이터의 성격이나 모양에 매우 민감하다는 점이다. 물론 모든 통계분석이 데이터와 연결되어 있지만 특히 군집분석의 결과는 데이터에 큰 영향을 받는 것으로 알려져 있다. 셋째, 비계층적 군집화에 있어서는 초기의 중심점 선정에 따라 군집의 결과가 달라질 수 있다는 점이다. 처음에 중심점을 어떤 관측대상으로 설정하느냐에 따라 군집의 결과가 달라지는 것이다.

2. 군집결과의 검증

군집분석이 끝나게 되면 마지막으로 결과에 대한 검증(validation)을 해야 한다. 하지만 앞에서 설명한 것처럼, 군집분석에 정답이 있는 것이 아니기 때문에 군집결과의 정확도나 신뢰도를 정량적인 지표로 판단하기 어렵다. 따라서 일반적으로 많이 사용되는 검증의 방법은 다음 몇 가지를 들 수 있다.

- 첫째, 다양한 군집 알고리즘을 동시에 적용하여 일관된(consistent) 결과가 나오는지를 보는 것이다.
- 둘째, 다양한 유사성 지표를 동시에 적용하여 일관된 결과가 나오는지를 보는 것이다.
- 셋째, 군집분석의 표본을 둘로 나누어 각각에 대해 군집분석을 한 후 둘 사이에 일관된 결과가 나오는지를 보는 것이다. 이 방법을 흔히 holdout(split-half) 방법이라고 한다.
- 넷째, 특성변수 가운데 일부를 차례대로 제거해 가면서 군집분석을 한 후 일관된(consistent) 결과가 나오는지를 보는 것이다.

이러한 방법을 이용하여 검증을 했을 때 일관성 있는 결과가 나오면 군집분석이 잘 된 것으로 판단할 수 있다. 하지만 할 때마다 상이한 군집들이 만들어진다면 특성변수의 선정, 유사성 지표의 선정, 군집 알고리즘의 선정에 어떤 문제가 있는지를 다시 검토해야 한다.

3. 군집의 해석

다음으로는 각 군집의 차별적 특성을 파악하고 그 특성에 맞추어 군집의 이름을 붙여주어야 한다. 군집 알고리즘 자체는 단지 어느 개체가 어느 군집에 배치되는지만을 보여준다. 결국 컴퓨터의 출력정보를 들여다보고 왜 군집결과가 그런 모양으로 나오게 되었는지, 각 군집이 다른 군집과 비교하여 어떤 차이가 있는지를 알아내는 것은 사람이 해야 할 몫이다.

또한 컴퓨터의 출력정보에는 각 군집의 일련번호만 붙어있지 이름이 붙어있지는 않다. 하지만 군집에 그 군집의 특성을 보여주는 이름이 붙어있지 않으면 분석결과에 대한 실질적인 해석이 어려워진다. 따라서 각 군집에 이름을 붙여주는 작업(naming)도 필요하다.

4. 군집정보의 활용

군집분석은 그 자체로서는 실용적 의미가 별로 크지 않다. 대부분의 경우 군집분석을 수행하는 이유는 그 결과를 이용하여 후속적인 분석을 하기 위해서이다. 즉 예비단계 내지 중간단계의 성격을 지니는 것이다.

예를 들어 1,000명의 사람들을 대상으로 특성이 서로 비슷한 사람끼리 묶어서 5개의 군집을 만들었다고 하자. 또는 상장기업을 대상으로 경영전략이나 마케팅 기법이 유사한 4개의 군집을 도출했다고 치자. 아니면 어느 사이트에 가입한 회원들을 대상으로 요구사항이나 사용습관이 비슷한 5개의 그룹을 찾았다고 하자. 이제 이 결과를 이용하여 어떤 작업들을 할 수 있을까?

대표적인 작업으로는 앞에서 설명한 분산분석(ANOVA)이나 회귀분석을 들 수 있다. 우선 몇 개의 군집을 대상으로 분산분석을 이용하여 군집 간에 평균의 차이가 있는지를 검정할 수 있다. 또한 각각의 군집에 대해 회귀분석을 수행하여 독립변수가 종속변수에 미치는 영향이 군집 사이에 어떻게 달라지는지를 비교할 수도 있다.

연습문제

▣ 개념이해 문제

1. 군집화의 핵심 원리를 결집도(cohesion)와 분리도(separation)라는 두 개의 개념으로 설명하시오.

2. 군집화의 전체 과정을 몇 개의 단계로 나누어 설명하시오.

3. 군집화에 자주 사용되는 대표적 유사성 계수(similarity coefficient)의 종류와 의미에 대해 서술하시오.

4. 군집화 방식에서 계층적(hierarchical) 접근과 비계층적(non-hierarchical) 접근의 기본 원리를 서술하고 둘 사이의 차이를 설명하시오.

5. 계층적 군집분석에서 병합 방법(agglomerative method)과 분할 방법(divisive method)의 차이를 비교하시오.

6. 거리기반 군집화에서 사용되는 대표적 연결법들에 대해 설명하시오.

7. 군집분석이 끝난 후 군집화가 얼마나 잘 이루어졌는지를 판정하는 검증(validation) 기준과 방법들에 대해 설명하시오.

▣ 수리실습 문제

1. A, B, C, D의 4가지 제품에 대하여 기능을 나타내는 특성성변수 10개를 조사하여 해당 기능이 있으면 1, 없으면 0으로 표시한 결과 제품 A = (1,1,1,0,0,1,0,0,1,1), 제품 B = (1,0,1,0,0,0,1,1,0,0), 제품 C = (1,1,0,0,1,1,0,0,1,0), 제품 D= (0,1,0, 1,0, 0, 1, 1, 0, 1)으로 나타났다. 연관성(association) 계수를 기준으로 제품 A와 가장 유사한 제품을 고르시오.

2. 5개 과목에 대한 학생 12명의 성적자료가 아래의 표와 같이 주어져 있다.

	1	2	3	4	5	6	7	8	9	10	11	12
국어	91	55	44	100	89	52	51	98	37	32	88	57
영어	93	49	42	88	93	58	40	89	50	26	89	66
수학	55	88	53	44	33	92	57	42	100	41	50	90
과학	54	79	57	56	46	100	45	41	95	48	55	88
체육	33	41	95	57	51	52	97	55	22	88	54	56

(1) 직관적으로 볼 때, 몇 개의 군집으로 나눌 수 있으며 각 군집에 적합한 이름(name)은 무엇이 될 수 있는지를 제시하시오.

(2) 계층적 군집 알고리즘을 사용하여 군집화를 한 후 위의 결과와 비교하시오.

3. 군집화를 위한 두 개의 특성변수에 대해 어느 시점에서 군집1과 군집2의 값이 아래와 같이 주어져 있다. 계층적 군집분석에서 사용되는 중심연결법, 최단연결법, 최장연결법, 평균연결법을 바탕으로 두 군집 사이의 거리(distance)를 계산하시오.

군집1	군집2
(3, 8)	(5, 6)
(1, 9)	(6, 5)
(2, 8)	(6, 4)
(2, 10)	(5, 7)
(1, 8)	(4, 6)

4. 본문의 예를 확장하여 25개 기업의 매출과 영업이익을 조사한 자료가 아래의 표에 나타나 있다. 군집의 수(k)를 5개로 하여 K-means 군집분석을 수행하시오.

기업	특성변수	
	매출	영업이익
O_1	8	2
O_2	10	6
O_3	22	4
O_4	24	11
O_5	25	5
O_6	27	9
O_7	10	8
O_8	9	8
O_9	26	11
O_{10}	28	17
O_{11}	27	12
O_{12}	7	2
O_{13}	29	10
O_{14}	28	5
O_{15}	10	10
O_{16}	21	13
O_{17}	11	9
O_{18}	10	2
O_{19}	19	9
O_{20}	23	2
O_{21}	9	2
O_{22}	27	4
O_{23}	11	9
O_{24}	22	15
O_{25}	8	3

(1) 매출과 영업이익을 2개의 축으로 하는 2차원 평면 위에 25개 기업들을 mapping하여 전체적인 분포를 살펴보시오.

(2) 처음 3개의 관측대상인 O_1, O_2, O_3, O_4, O_5를 각 군집의 중심점으로 설정하여 K-means 군집분석을 수행하시오.

(3) O_1, O_6, O_{11}, O_{16}, O_{21}을 각 군집의 중심점으로 설정하여 K-means 군집분석을 수행하시오.

(4) 두 가지 군집분석의 결과를 비교하고 그 의미를 설명하시오.

(5) 2차원 평면 위의 분포도와 군집분석의 결과를 비교하시오.

5. 최근 자유여행을 다녀온 고객들을 대상으로 여행비용 지출내역을 조사한 자료가 아래의 표에 나타나 있다.

고객	항공료	숙박비	식비	쇼핑
O_1	180	75	24	30
O_2	156	64	22	18
O_3	208	5	34	28
O_4	162	68	44	26
O_5	176	66	41	33
O_6	225	98	50	44
O_7	89	43	20	98
O_8	78	33	26	77
O_9	65	31	24	88
O_{10}	58	40	30	84
O_{11}	44	22	25	104
O_{12}	58	20	19	72
O_{13}	75	30	22	77
O_{14}	102	46	30	48
O_{15}	113	48	28	44
O_{16}	99	50	33	50
O_{17}	104	51	40	51
O_{18}	98	40	28	39
O_{19}	100	49	26	42
O_{20}	89	38	31	44

(1) 계층적 군집 알고리즘을 사용하여 군집화를 한 후 각 군집의 특성이 어떻게 다른지를 설명하시오.

(2) 위의 계층적 군집 알고리즘에서 만들어진 군집의 수를 K로 하여 비계층적 알고리즘으로 군집화를 하시오.

(3) 위의 두 알고리즘 결과의 차이를 비교하시오.

▣ 조사실습 문제

1. 소비자 분석을 바탕으로 마케팅 전략을 세우는 과정에 군집분석을 적용한 실무 사례를 찾아서 데이터의 수집에서 알고리즘의 적용 및 해석의 과정이 어떻게 이루어졌는지를 설명하시오.

2. 위에서 조사한 사례에서, 군집분석을 수행한 후 그 결과를 바탕으로 후속적으로 어떤 통계분석이 수행되었는지를 정리하여 서술하시오.

3. 군집분석을 통해 기업의 비즈니스 전략을 수립하는 과정에 도움이 되었던 사례를 찾아보고, 데이터의 수집에서부터 알고리즘의 적용 및 해석 과정에 대해 살펴보시오.

4. 군집분석은 방대하고 이질적인 관측치로 이루어진 데이터를 분석할 때 준비작업으로 자주 사용되는 기법이다. 아래의 데이터에 대해 군집분석을 활용한 사례들을 찾아서 군집화의 목적과 과정을 정리하여 서술하시오.

   (1) 상장기업 데이터
   (2) 건강검진 데이터
   (3) 고객정보 데이터

S T A T I S T I C S

PART VI

특수 데이터 분석

CHAPTER 13

비모수 분석

STATISTICS

contents

배경과 요약(Background & Summary)

모집단의 데이터가 특정한 분포를 따른다는 가정하에 모수의 특성을 분석하는 이론과 기법들을 모수(parametric) 분석이라고 한다. 지금까지 살펴본 기법들을 모두 이러한 모수 분석에 해당되는 것들이다. 하지만 실무 현장에서는 데이터의 분포에 대한 가정을 하기 어려운 경우도 자주 발생한다. 이 때 모수 분석의 대안으로 사용되는 기법들을 통 털어서 비모수 분석(non-parametric analysis)이라고 한다.

특히 데이터의 척도가 명목이나 서열척도인 경우, 중심극한정리(CLT)를 적용하기에는 표본의 크기가 너무 작은 경우, 여러 개의 이질적 모집단으로부터 수집된 표본의 경우 등이 비모수 분석의 대상이 된다.

비모수 분석의 핵심 아이디어는 원래 데이터의 값을 부호(sign)나 순위의 값(rank)으로 변환하는 것이다. 이렇게 되면 원래의 변수가 갖는 분포는 의미가 없어지고 모수에 대한 가정도 약해지게 된다. 따라서 모집단 데이터의 분포나 모수의 특성에 대한 가정을 하지 않거나 약하게 하다는 뜻에서 비모수 분석 또는 모집단의 분포 자체가 의미가 없다는 뜻에서 분포무관(distribution-free) 분석이라는 이름이 붙게 된다.

비모수 검정의 대표적 주제는 크게 두 가지이다. 첫째는 모평균 검정이다. 한 모집단의 모평균 또는 여러 모집단의 모평균 차이에 대한 검정은 비모수 분석이 자주 적용되는 주제이다. 둘째는 범주형 자료에 대한 검정이다. 범주형 데이터는 분포의 가정을 하기 어렵기 때문에 빈도(frequency)를 이용한 적합도 검정, 독립성 검정, 동일성 검정 등의 비모수 검정기법들이 폭넓게 사용된다.

핵심주제와 용어(Main Theme & Keywords)

비모수 데이터

- 명목(nominal) 척도, 서열(ordinal) 척도 데이터
- 모수의 분포를 알기 어려운 데이터
- 표본의 크기가 너무 작은 데이터
- 여러 개의 서로 다른 모집단으로부터 수집된 데이터

비모수 분석 특성

- 부호(sign) 변환과 순위(rank) 변환
- 비모수(non-parametric) 분석과 분포무관(distribution-free) 분석

비모수 분석의 수제

- 모평균 검정
  - ✓ 하나의 모평균 검정
  - ✓ 두 모평균 차이의 검정
  - ✓ 세 개 이상 모평균 차이의 검정
- 범주형 데이터 검정
  - ✓ 모비율 검정
  - ✓ 적합도 검정
  - ✓ 독립성 검정과 동일성 검정

CHAPTER 13

비모수 분석

제1절 기본개념

1. 배경과 목적

이제부터 현대 통계학에서 중요한 영역을 차지하고 있는 비모수 통계(non-parametric analysis)에 대해 알아보기로 하자. 지금까지 다루어온 기법들을 기억해 보면 하나같이 모집단의 데이터, 즉 변수들이 어떤 확률분포를 따르는지 또 그 분포의 모수들은 어떤 특성을 갖는지에 대한 가정을 토대로 하였다. 그리고 대부분의 경우에는 정규분포나 t 분포와 같은 확률분포를 가정하였다. 추정이나 검정 이론에서도 그랬고 이어지는 상관분석, 회귀분석, 분산분석 등에서도 이를 기반으로 하였던 것이다. 만일 정규분포를 가정할 수 없는 경우에는 중심극한정리(CLT)를 이용하거나 정규분포에 근사시키는 방법을 적용하였다. 이처럼 모집단 데이터의 확률분포와 모수의 특성에 대해 확실한 가정을 두고 만들어진 기법들을 모수 분석(parametric analysis)이라고 한다.

그러나 데이터의 척도나 표본의 규모 등의 이유로 인해 분포에 대해 가정을 하기 어려운 경우들도 있다. 특히 최근의 통계 실무에서는 정규분포나 t 분포를 따른다고 보기 어려운 데이터를 자주 접하게 된다. 이럴 때에는 지금까지 사용하였던 전통적인 정규분포 검정이나 t 검정을 적용할 수 없다. 설사 적용을 한다고 해도 검정력(power of test)이 크게 떨어질 위험이 크다. 이런 상황에서 모수 분석의 대안으로 사용되는 기법들을 통틀어서 비모수 분석(non-parametric analysis)이라고 한다.

그렇다면 어느 경우에 정규분포나 t 분포를 가정할 수 없을까? 5개의 값으로 이루어진 다음의 간단한 표본 데이터를 보자.

24, 32, 2, 94, 42

이 데이터가 과연 정규분포를 따르는 모집단에서 얻은 표본이라고 할 수 있을까? 다시 말해 전통적인 모수 검정을 해도 무방할까? 어느 기준으로 보아도 정규분포를 가정하기에는 무리가 많다. 우선 데이터의 편차가 너무 크다. 가장 작은 값은 2인데 비해 가장 큰 값은 94나 된다. 더구나 표본의 크기(n)도 너무 작다. 이 정도를 가지고 중심극한정리를 적용하기는 어렵다. 그러므로 이 데이터를 이용하여 모평균이나 모분산에 대한 Z 검정이나 t 검정을 하는 것은 적절하지 않을 수 있다.

실제로 통계학자들은 다음과 같은 상황에서 모수 분석의 검정력이 현저하게 떨어지는 현상을 발견하였다.

- 데이터가 명목(nominal)이나 서열(ordinal) 척도로 되어 있는 경우
- 모집단 데이터의 분포를 알기 어렵고 가정의 유효성이 낮은 경우
- 중심극한정리(CLT)를 적용하기에는 표본의 크기가 너무 작은 경우
- 표본이 여러 개의 서로 다른 모집단으로부터 수집된 경우

이런 경우에 원래의 데이터 값을 이용하여 모수 분석을 하는 것은 위험할 수 있다. 왜냐하면 모수 분석은 말 그대로 변수의 확률분포나 모수의 성질에 대한 명확한 가정을 토대로 개발된 이론이기 때문에 그 가정이 만족되지 않을 경우 이론적 기반 자체가 흔들리기 때문이다. 그러면서 모수 분석에 대한 대안으로 개발되기 시작한 것이 바로 비모수 분석이다.

비모수 분석은 20세기 초에 간단한 검정기법들이 제안되면서 출발하였다. 이 때 만

들어진 대표적인 기법으로는 부호검정(sign test)을 들 수 있다. 그러나 모수 분석이 지배하던 20세기 전반부 동안 별다른 주목을 받지 못하고 한동안 묻혀져 있다가 20세기 중반 이후에 윌콕슨(Wilcoxon)이나 콜모고르브(Kolmogorov) 등의 통계학자들을 중심으로 부활의 조짐이 나타나기 시작하였다. 그 이후 다양한 비모수 기법들이 개발되면서 활용범위가 점차 확대되었고 특히 최근에 전통적인 모수 분석을 사용하기 어려운 특수 데이터들이 많이 쏟아져 나오면서 이제는 당당히 현대통계학의 중요한 영역으로 인식되고 있다.

2. 원리와 특성

그렇다면 비모수 분석의 기본 아이디어는 무엇이며 모수 분석에 대비되는 핵심 원리는 무엇일까? 이해를 돕기 위해 먼저 〈표 13-1〉을 보자. X_1에서 X_5까지 다섯 개의 데이터 값이 주어져 있다. 앞에서 본 것처럼 이 데이터는 정규분포를 가정하고 전통적인 모수 검정을 하기에는 무리가 많다. 특히 가장 작은 값인 2와 가장 큰 값인 94는 이상점(outlier)이라고 해도 좋을 만큼 데이터 전체에 너무 큰 영향을 미친다. 그러다 보니 표본의 평균 $\overline{x} = (24+32+2+94+42)/5 = 38.8$을 모평균 μ의 추정치라고 말하기는 어렵다.

〈표 13-1〉 예시 데이터

원래 변수 X (original variable)	X_1	X_2	X_3	X_4	X_5
원래의 값(value)	24	32	2	94	42
순위값(rank)	2	3	1	5	4
변환된 변수 R (transformed variable)	R_1	R_2	R_3	R_4	R_5

이러한 문제를 해결하기 위해 어떤 대안을 생각할 수 있을까? 그 답은 바로 원 데이터의 값을 다른 형태의 값으로 변환(transform)하는 것이다. 예를 들어 원래의 값을 순위의 값(rank)으로 바꾸는 것이다. 그러면 〈표 13-1〉에서 보는 것처럼 X_1, …, X_5 값 대신 크기의 순위에 따라 1부터 5까지의 값으로 바뀐다. 이 바뀐 값을

R_1, …, R_5라고 하자. 원래의 데이터 값 X와 비교하여 변환된 R은 어떤 차이가 있을까? 우선 범위가 크게 줄었고 또한 지나치게 작은 값이나 큰 값의 영향도 훨씬 줄어들었다.

비모수 분석에서는 원래의 데이터 X를 바로 사용하지 않고 변환된 값 R을 이용하여 분석을 하게 된다. 이 때 자주 사용되는 변환의 방식은 부호(sign)와 순위(rank)이다. 일단 변환이 이루어지면 원래의 변수 X의 확률분포는 이제 의미가 없어진다. 당연히 모집단의 구조나 모수의 특성에 대한 가정도 아예 없어지거나 있어도 아주 약해진다. 그런 뜻에서 비모수(non-parametric) 분석이라는 이름이 붙게 된다. 또한 모집단 변수의 분포가 원래의 의미를 잃어버린다는 뜻에서 분포무관(distribution-free) 분석으로 부르기도 한다.

전통적인 모수 분석과 비교하여 비모수 분석은 다음 두 가지의 차별적 특성을 지닌다.

- 첫째, 모집단 내지 모수의 성질에 대해 상대적으로 약한(weak) 가정을 한다. 전통적인 모수 검정이 데이터의 확률분포에 대해 강한(strong) 가정을 토대로 하는데 반해 비모수 검정에서는 더 이상 이러한 강한 가정을 하지 않는다. 대신, 표본의 크기가 늘어나면 연속(continuous) 분포에 가까워진다든가 중앙값을 기준으로 양쪽이 균형(symmetric)의 모습을 보인다든가 하는 정도의 가정만을 하게 된다.
- 둘째, 대표적인 모수로 모평균(mean) 보다는 중앙값(median)을 사용한다. 모수 검정에서는 모평균을 중심의 모수로, 모분산을 산포의 모수로 설정하였다. 그러나 부호나 순위로 이루어지는 비모수 데이터에 있어서는 평균보다는 순서 또는 위치의 중간을 보여주는 중앙값이 대표적인 모수가 된다.

비모수 분석은 모수 분석과 비교하여 장점과 단점이 모두 존재한다. 장점은 무엇보다 활용 범위(applicability)가 높다는 점이다. 모수에 대한 가정이 없거나 상대적으로 약하기 때문에 분포에 대한 정보가 많지 않은 경우에도 폭넓게 사용할 수 있다. 특히 표본의 크기가 작거나 측정값들의 편차가 커서 모수 분석을 사용하기 어려운 경우에 유용한 대안이 될 수 있다.

그러나 이 장점은 동시에 단점이 되기도 한다. 일반적으로 모수의 특성에 대한 가정이 분명할수록 검정력은 높아진다. 따라서 데이터의 성격에 따라 차이가 있기는 하지만 아무래도 비모수 검정의 검정력은 모수 분석에 비해 낮다고 할 수 있다.

3. 주제와 기법

그러면 비모수 분석의 주요 기법들은 무엇이 있을까? 대부분의 교과서에 수록되어 있고 또 현장에서 자주 활용되는 주제들을 보면 주로 비모수 '검정(testing)' 문제에 초점을 맞추고 있다. 비모수 회귀분석(non-parametric regression)과 같은 추정 기법들도 개발되어 있지만 아직은 검정 문제가 중심이 되고 있다. 그리고 검정의 주제는 크게 '모평균의 검정'과 '범주형 자료의 검정'의 두 가지로 요약할 수 있다.

(1) 모평균 검정

첫 번째 주제는 모평균에 대한 비모수 검정이다. 하나의 모평균에 대한 검정, 두 모평균의 차이에 대한 검정, 나아가 세 개 이상 모평균의 차이에 대한 검정 등이 비모수 분석의 대상이 되는 것이다.

역사적으로 보면 비모수 분석은 모수 분석의 뒤를 밟아온 모습을 보인다. 모수 통계학에서 사용되는 검정기법이 있으면 그에 대응되는 비모수 검정기법이 만들어지고, 또 다음의 모수 통계기법에 대해 상응하는 비모수 통계기법이 개발되는 식이다. 따라서 나중에 보게 되겠지만 검정기법에 관하여 모수적 기법과 비모수적 기법은 1:1로 대응될 수 있다.

(2) 범주형 자료 검정

두 번째 주제는 범주형(categorical) 자료에 대한 비모수 검정이다. 범주형 자료는 관측치들이 성별이나 혈액형과 같이 여러 범주 가운데 어느 범주에 속하는지를 나타내는 데이터를 가리킨다. 따라서 데이터는 명목 척도로 되어있다. 이러한 범주형 데이터는 정규분포를 가정한 모수 검정을 하기 어렵기 때문에 비모수 검정기법들이 폭넓게 사용된다.

범주형 데이터의 검정은 빈도(frequency)를 기본적인 통계량으로 사용한다. 왜냐하면 변수의 값 자체가 측정한 것이 아니라 해당되는 범주에 얼마나 많은 관측치가 속하는지를 측정한 것이기 때문이다. 따라서 각 범주에 나타나는 빈도를 측정하여 주어진 가설의 신뢰도를 검정하게 된다. 이제부터 각각의 검정기법들에 대해 차례차례 살펴보기로 하자.

제2절 단일 모집단의 모평균 검정

1. 기본개념

앞에서 정규분포를 가정한 모수 분석에서 하나의 모평균에 대한 검정을 수행하는 원리와 과정에 대해 알아보았다. 여기서 귀무가설은 $H_0: \mu=\mu_0$ 이고 대립가설은 $H_1: \mu \neq \mu_0$ 로 되어있다. 이 경우에는 모집단이 정규분포를 따른다고 가정하였기 때문에 Z 검정이나 t 검정을 할 수 있었다.

이제 Z 검정이나 t 검정을 할 수 없는 비모수 분석에서는 어떻게 검정을 할 수 있을까? 우선 가설의 내용 자체가 날라시세 된다. 앞에서 설명한 것처럼 모수 검정에 대비되는 비모수 검정의 가장 큰 차이는 평균(mean)보다는 중앙값(median)의 의미가 커진다는 점이다. 물론 정규분포를 가정할 수 있는 경우에는 평균을 기준으로 양쪽이 대칭을 이루므로 평균이 곧 중앙값이 된다. 하지만 일반적인 비모수 분석에서는 중앙값을 기준으로 양쪽이 균형을 이룬다는 정도의 가정만 두기 때문에 평균이라는 통계량보다는 중심 위치(central location)라는 통계량에 더 큰 의미를 두게 된다. 또한 모수도 모평균 μ보다는 주로 θ라는 위치 모수(location parameter)를 사용한다. 이 때 위치 모수의 중심이 되는 것이 바로 중앙값이다.

그러므로 비모수 검정에서의 귀무가설은 일반적으로는 $H_0: \theta=\theta_0$ 로 표현된다. 여기서 위치 모수 θ는 중앙값을 가리킨다. 하지만 모수 분석에서의 관행을 그대로 따라서 θ를 평균이라고 하기도 한다. 이 때는 귀무가설도 $H_0: \mu=\mu_0$ 의 형태로 표기하기도 한다.

2. 부호 검정

가장 오래되고 동시에 가장 기본이 되는 검정기법은 부호검정(sign test)이다. 역사적으로 이 검정기법은 이미 20세기 초에 제안된 것이다. 왜 부호검정이 가장 먼저 개발되었을까? 그 이유는 간단하다. 부호는 +와 −의 두 가지 경우밖에 없고 따라서 분포는 이항(binomial)분포를 따르게 된다. 그리고 이항분포는 그 시절에도 이미 잘 알려진 분포이기 때문에 쉽게 검정에 사용할 수 있었던 것이다.

(1) 검정통계량

이 검정의 아이디어는 매우 단순하다. 귀무가설이 H_0: $\theta=\theta_0$로 주어지면 기준값 θ_0와 비교하여 데이터의 값이 더 크면 +, 더 작으면 −의 부호를 붙일 수 있다. 이런 식으로 +와 −의 빈도를 계산한 후 빈도를 기준으로 검정을 한다는 것이다. 따라서 검정통계량은 +와 −의 빈도가 된다.

(2) 검정 원리

앞에서 설명한대로 귀무가설의 기준값 θ_0보다 크면 +, 작으면 −의 부호를 붙인다. 이제 검정통계량 X^+와 X^-를 다음과 같이 정의하자.

- X^+ = 양의 부호의 빈도(frequency of positive signs)
- X^- = 음의 부호의 빈도(frequency of negative signs)

또한 검정의 임계값을 설정한다.

c = 검정의 임계값(critical value)

위의 값들이 주어진 상황에서 검정의 기본원리는 다음과 같다.

- 귀무가설이 $H_0:\theta=\theta_0$이고 대립가설이 H_1: $\theta>\theta_0$인 단측 검정의 경우에는 $X^+>c$ 인지를 본다. 만일 그렇다면 중앙값보다 더 큰 관측치가 많다는 뜻이므

로 귀무가설을 기각할(reject) 가능성이 높아진다.

- 귀무가설이 $H_0 : \theta = \theta_0$ 이고 대립가설이 $H_1 : \theta < \theta_0$ 인 단측 검정의 경우에는 $X^- > c$ 인지를 본다. 만일 그렇다면 중앙값보다 더 작은 관측치가 많다는 뜻이므로 귀무가설을 기각할(reject) 가능성이 높아진다.
- 귀무가설이 $H_0 : \theta = \theta_0$ 이고 대립가설이 $H_1 : \theta \neq \theta_0$ 인 양측검정의 경우에는 $X^+ > c$ 또는 $X^- > c$ 인지를 본다. 만일 그렇다면 중앙값과 차이가 나는 관측치가 많다는 뜻이므로 귀무가설을 기각할(reject) 가능성이 높아진다.

이 때의 확률분포는 무엇일까? 먼저 표본의 크기(n)가 작은 경우를 보자. 여기에서는 중앙값(평균)보다 크거나 작은 두 가지 경우만 존재한다. 그러므로 X는 $B(n,\ p_0)$의 이항분포를 따르고 검정도 이항분포 검정을 하게 된다. 특히 중앙값을 기준으로 하는 검정의 경우에는 이항분포의 모수는 $p_0 = 0.5$가 된다.

만일 표본의 크기가 충분히 크면 어떻게 될까? 앞의 확률분포에서 이미 설명한 것처럼 표본의 크기가 커지면 이항분포는 정규분포로 근사한다. 따라서 이 경우에는 아래의 Z 통계량을 이용하여 정규분포 검정을 할 수 있다.

$$Z = \frac{X^+ - \left(\frac{n}{2}\right)}{\sqrt{n \times p \times 1 - p}}$$

예제

10개의 실험용 용액을 대상으로 측정한 농도(%)가 아래의 표와 같이 나타났다.

용액	1	2	3	4	5	6	7	8	9	10
농도	58	54	62	55	56	55	62	63	53	54

이 데이터를 바탕으로 $H_0 : \theta = 60,\ H_1 : \theta \neq 60$의 가설에 대해 유의수준 $\alpha = 0.1$에서 부호 검정을 한다고 하자. 먼저 기준값인 60보다 더 높은 빈도를 구해보면 10개 중에 3개이다. 따라서 검정통계량은 $X^+ = 3$이 된다. 여기서 양측 검정이므로 양의 부호(X^+)와 음의 부호(X^-)가 모두 의미를 가지게 되고 따라서 p-value는 $p_0 = 0.5$가 참(true)일 때 X가 3 이하가 될 확률 또는 7 이상이 될 확률이 된다. 여기서 물론 3 이하일 확률과 7 이상일 확률은 대칭을 이룬다.

$$\text{p-value} = P(X \leq 3 \text{ when } p_0=0.5) + P(X \geq 7 \text{ when } p_0=0.5)$$

그러므로 이항분포표에서 $n=10$인 경우의 p-value를 계산하면 $\text{p-value}=2\times P(X \leq 3)=2\times0.172=0.344$이 된다. 이 값은 임계값인 $\alpha=0.1$보다 크므로 귀무가설을 기각하지 못한다. 따라서 중앙값(평균)이 60 정도라는 주장은 통계적으로 유의한 것으로 판단할 수 있다.

예제

이번에는 표본의 크기가 큰 예제를 이용하여, 유의수준 $\alpha=0.05$에서 부호 검정을 실시한다고 하자. 여기서 귀무가설과 대립가설은 $H_0:\theta=42$, $H_1:\theta<42$라고 하자. 31개의 표본으로부터 얻은 자료가 다음과 같이 주어져 있다.

```
38 25 22 28 40 48 30 20 24 43 40 50 36 35 45 40 55 65 38 25 42 60 50 37 36 28 57 49
31 56 61
```

먼저 자료를 크기 순으로 정렬하면 다음과 같이 된다.

```
20 22 24 25 25 28 28 30 31 35 36 36 37 38 38 40 40 40 42 43 45 48 49 50 50 55 56 57
60 61 65
```

단측 검정이므로 중앙값 42를 기준으로 이것보다 큰 데이터의 수를 계산하면 $X^+=12$이고, 중앙값 42와 같은 값을 제외하면 데이터의 수는 $n=30$이 된다. 이때 표본의 크기가 30 이상 정도로 크기 때문에 유의수준 $\alpha=0.05$에서 정규분포 검정을 시행하면 Z 값은 아래와 같이 계산된다.

$$Z=\frac{X^+-\left(\frac{n}{2}\right)}{\sqrt{n\times p\times 1-p}}=\frac{12-\left(\frac{30}{2}\right)}{\sqrt{30\times0.5\times0.5}}=-1.10$$

이 값은 임계값인 $z_{0.05}=-1.645$보다 크므로 귀무가설을 채택하게 된다.

---

3. 부호순위 검정

20세기 중반이 되면서 부호 검정을 대체할 수 있는 새로운 방법으로 제안된 기법이 바로 부호순위 검정(signed ranks test)이다. 이 검정법은 윌콕슨(Wilcoxon)이 제안한 것이기 때문에 흔히 Wilcoxon의 부호순위 검정이라고 부른다.

(1) 검정 통계량

부호순위 검정은 부호 검정의 약점을 보완하기 위해 개발된 기법이다. 무슨 약점을 보완한다는 뜻일까? 먼저 순위와 부호를 비교해 보자. 순위는 중앙값과의 편차(deviation)를 측정한 후 그 크기에 따라 순서를 매긴 값이다. 그렇다면 부호와 순위 중에 어느 것이 위치에 대해 더 정확한 정보를 제공할까? 당연히 순위이다. 왜냐하면 부호는 단지 크다(+) 또는 작다(–)만의 정보를 주지만 순위는 얼마나 큰지 또는 작은지의 정보까지 제공하기 때문이다.

좀더 분명한 차이를 보기 위해 [그림 13–1]을 보자. 두 경우 모두 중심과 비교하여 더 큰 값이 3개 작은 값이 1개 배열되어 있다. 따라서 그림에서 보는 것처럼 부호만을 보면 양쪽 모두 +의 합이 3이고 –의 합이 1이 된다. 즉 아무런 차이가 없는 것이다.

이번에는 순위를 보자. 먼저 첫 번째 경우에서는 중심보다 작은 것이 하나밖에 없지만 이 값이 중심보다 워낙 많이 떨어져 있기 때문에 순위로는 4가 된다. 반면에 중심보다 큰 것을 보면, 빈도는 3개나 되지만 중심보다 많이 떨어져 있지는 않기 때문에 순위는 1, 2, 3이 되고 따라서 순위의 합은 1+2+3=6이 된다. 다음으로 두 번째 경우를 보면 중심보다 작은 것이 하나밖에 없고 더구나 중심보다 아주 가까이 있기 때문에 순위도 1이 된다. 반면에 중심보다 큰 것을 보면 빈도도 3개나 되고 중심보다 더 떨어져 있기 때문에 순위도 2, 3, 4가 되고 따라서 순위의 합은 2+3+4=9가 된다. 두 경우의 확연한 차이가 나타나는 것이다.

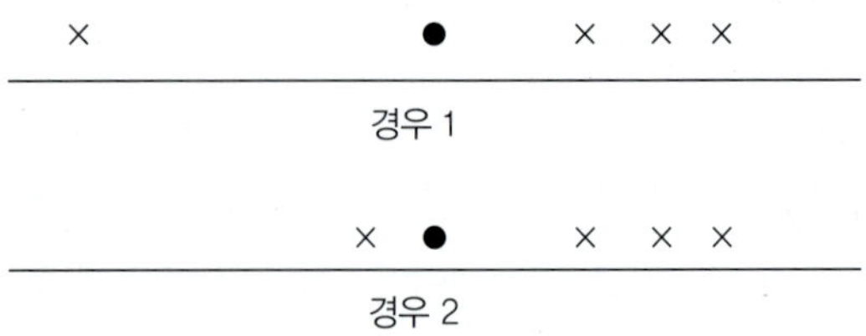

[그림 13-1] 두 경우의 비교

부호순위 검정의 아이디어는 순위의 합을 기준으로 검정을 하는 것이다. 먼저 중앙값으로 주어진 기준값과 비교하여 데이터의 값이 더 크면 +, 더 작으면 −의 부호를 붙인다. 그 다음에는 기준값과의 거리인 편차를 계산하여 그 크기에 따라 순위를 매긴다. 이어서 + 쪽의 순위의 합을 구하고 또한 − 쪽의 순위의 합을 구하여 이것을 검정통계량으로 사용한다.

(2) 검정통계량

먼저 검정통계량 W^+ 와 W^- 를 아래와 같이 정의한다.

- $W^+ = +$ 쪽의 순위의 합(sum of ranks of positive deviation)
- $W^- = -$ 쪽의 순위의 합(sum of ranks of negative deviation)

또한 검정의 임계값을 설정한다.

$c =$ 검정의 임계값(critical value)

이제 검정의 기본원리는 다음과 같다.

- 귀무가설이 $H_0 : \theta = \theta_0$ 이고 대립가설이 $H_1 : \theta > \theta_0$ 인 단측 검정의 경우에는 $W^- < c$ 인지를 본다. 만일 그렇다면 중앙값보다 더 작은 관측치가 적다는 뜻이므로 귀무가설을 기각할(reject) 가능성이 높아진다.
- 귀무가설이 $H_0 : \theta = \theta_0$ 이고 대립가설이 $H_1 : \theta < \theta_0$ 인 단측 검정의 경우에는 $W^+ < c$ 인지를 본다. 만일 그렇다면 중앙값보다 더 큰 관측치가 적다는 뜻이므

로 귀무가설을 기각할(reject) 가능성이 높아진다.

- 귀무가설이 $H_0 : \theta = \theta_0$ 이고 대립가설이 $H_1 : \theta \neq \theta_0$ 인 양측검정의 경우에는 $W = \min[W^+, W^-] < c$ 인지를 본다. 만일 그렇다면 중앙값과 차이가 나는 관측치가 많다는 뜻이므로 귀무가설을 기각할(reject) 가능성이 높아진다.

이 때 검정통계량 W의 확률분포는 무엇일까? 당연히 앞의 부호검정에 사용되는 이항분포는 아니다. 사실 통계량 W의 분포는 알려져 있지 않다. 하지만 일반적인 부호 순위 검정은 윌콕슨이 정리한 표를 이용하여 윌콕슨 검정(Wilcoxon test)을 할 수 있다. 또한 표본의 크기(n)가 15 이상이면 정규분포에 근사하므로 정규분포 검정을 할 수도 있다.

(3) 검정 기준

윌콕슨 검정의 핵심 원리를 좀더 자세히 알아보자. 먼저 표본의 크기가 n일 때 모든 순위의 합은 $1+2+\cdots+n = n(n+1)/2$ 이 된다. 또한 귀무가설 $H_0 : \theta = \theta_0$ 이 참(true)이라면 + 쪽 순위의 합과 − 쪽 순위의 합이 비슷해야 한다. 따라서 검정통계량 W가 모든 순위의 합인 $n(n+1)/2$ 의 절반(half)인 $n(n+1)/4$ 과 가까운 값이 되어야 한다.

귀무가설 H_0 이 참이면, $W \cong n(n+1)/4$

그러므로 W가 $n(n+1)/4$과 비슷하면 귀무가설을 채택하고 큰 차이가 나면 기각하게 된다. 실제의 검정에서는 통계 소프트웨어를 이용하여 p-value를 계산하거나 주어진 유의수준 α에 대해 부호순위 검정표(signed ranks test table)에서 임계값을 찾은 후 검정통계량 값과 비교하여 검정의 결론을 내리게 된다.

앞에서 설명한 것처럼 부호순위 검정에서 표본의 크기가 충분히 크면 검정통계량은 정규분포로 근사한다. 따라서 자세한 설명은 생략하지만 아래의 통계량을 이용하여 Z 검정을 할 수 있다.

$$Z = \frac{W^{+} - \left(\frac{n(n+1)}{4}\right)}{\sigma}, \quad \sigma^2 = \frac{n \times (n+1) \times (2n+1)}{24}$$

예제

사용 전과 비교하여 사용 후의 값이 줄어든다는 주장을 검정하기 위해 유의수준 $\alpha = 0.05$ 에서 부호순위 검정을 해보자. 여기서 귀무가설과 대립가설은 각각 H_0: $\mu = 0$, H_1: $\mu < 0$ 으로 주어진다.

10명의 표본으로부터 얻은 데이터가 아래와 같이 주어져 있다.

실험자	1	2	3	4	5	6	7	8	9	10
사용 전	69.4	66.3	77.2	66.8	83.1	82.6	65.6	88.8	93.4	77.2
사용 후	65.4	63.1	79.2	65.4	78.1	80.3	62.2	85.5	88.1	79.1

이제 사용 전후의 차이에 대한 편차의 순위를 측정하면 아래와 같다.

실험자	1	2	3	4	5	6	7	8	9	10
차이	−4.0	−3.2	2.0	−1.4	5.0	−2.3	−3.4	−3.3	−5.3	1.9
편차순위	−8	−5	+3	−1	−9	−4	−7	−6	−10	+2

따라서 검정통계량은 $W^{+} = 3 + 2 = 5$ 가 된다. 이제 Wilcoxon의 부호순위 검정표를 보면 $n = 10$, $\alpha = 0.05$ 에서 임계값은 8로 되어 있다. W^{+} 가 임계값보다 작으므로 귀무가설을 기각하게 된다. 사용 후에 값이 줄어든다는 주장은 통계적으로 유의하다고 볼 수 있는 것이다.

위의 예제에 대해 실제로 통계 소프트웨어를 이용하여 Wilcoxon 부호순위 검정을 해보자.

① 분석 → 비모수 검정(N) → 대응 표본(R)와 같이 순서대로 실행명령을 지정한다.
② Wilcoxon 대응표본 부호 순위 검정을 선택한다.

이제 결과표를 보면 아래와 같다. 보는 것처럼 유의확률 p-value는 0.022로 $\alpha = 0.05$ 에서 귀무가설을 기각하게 된다.

가설검정 요약

	영가설	검정	유의확률	의사결정
1	사용전 및 사용후 사이의 중위수 차이가 0입니다.	대응표본 Wilcoxon 부호 순위 검정	.022	영가설을 기각합니다.

근사 유의확률이 표시됩니다. 유의수준이 .05입니다.

(4) 모수 검정과의 비교

만일 하나의 데이터에 대해 비모수 검정의 부호순위 검정 대신 모수 검정의 t 검정을 사용하면 어떻게 될까? 다시 말해 동일한 데이터를 놓고 모수 검정과 비모수 검정 가운데 어느 것을 선택하는 것이 좋을까? 두 검정방법 사이에 검정력의 차이가 있는지는 한마디로 말할 수는 없다. 왜냐하면 그 답은 데이터의 성격에 따라 달라지기 때문이다.

일반적으로 말하면 정규분포를 따르면서 표본의 크기가 크고 이상점(outlier)이 없는 데이터의 경우에는 t 검정의 검정력이 비모수 검정보다 더 높다고 알려져 있다. 반대로 정규분포에서 크게 벗어나거나 표본의 크기가 작으면서 이상점이 있는 데이터의 경우에는 비모수 검정의 검정력이 오히려 더 높을 수 있다고 할 수 있다.

예제

두 기기의 성능에 차이가 있는지를 확인하기 위해 아래의 데이터에 대해 모수 분석의 t 검정과 비모수 분석의 Wilcoxon 부호 순위 검정을 동시에 사용하기로 하자. 유의수준 $\alpha=0.05$ 에서 검정의 귀무가설과 대립가설은 각각 $H_0: \mu_A-\mu_B=0$, $H_1: \mu_A-\mu_B \neq 0$ 이 된다.

	1	2	3	4	5	6	7	8	9	10
A 기기	73.5	71.1	85.2	76.8	53.1	62.6	65.6	78.8	80.4	55.2
B 기기	68.9	67.1	79.2	75.4	58.1	60.3	62.2	78.5	78.1	59.1

먼저 t 검정을 수행한 결과가 아래에 나타나 있다. 보는 것처럼 유의확률 p-value가 0.204로 유의수준 0.05에서는 귀무가설을 기각할 수 없다. 즉 두 기기 사이에

통계적으로 유의한 성능의 차이가 있다고 할 수 없는 것이다.

대응표본 통계량

		평균	N	표준편차	평균의 표준오차
대응 1	A	70.230	10	10.8248	3.4231
	B	68.690	10	8.5600	2.7069

대응표본 상관계수

		N	상관관계	유의확률
대응 1	A & B	10	.959	.000

대응표본 검정

		대응차					t	자유도	유의확률 (양측)
					차이의 95% 신뢰구간				
		평균	표준편차	평균의 표준오차	하한	상한			
대응 1	A - B	1.5400	3.5566	1.1247	-1.0042	4.0842	1.369	9	.204

같은 데이터에 대해 이번에는 Wilcoxon 부호 순위 검정을 적용해보자. 실제로 소프트웨어를 이용한 검정의 결과가 아래에 나타나 있다. 보는 것처럼 여기에서도 유의확률 p-value는 0.202로 유의수준 0.05에서 귀무가설을 기각할 수 없는 것으로 나온다. 모수 검정과 비모수 검정 사이에 동일한 결론이 유도되는 것을 볼 수 있다.

가설검정 요약

	영가설	검정	유의확률	의사결정
1	A 및 B 사이의 중위수 차이가 0입니다.	대응표본 Wilcoxon 부호 순위 검정	.202	영가설을 채택합니다.

근사 유의확률이 표시됩니다. 유의수준이 .05입니다.

제3절 두 모집단의 모평균 비교 검정

1. 기본개념

정규분포를 가정한 모수 분석에서 두 모평균의 차이에 대한 검정방법은 앞에서 알아보았다. 귀무가설이 H_0: $\mu_1=\mu_2$ 이고 대립가설이 H_1: $\mu_1 \neq \mu_2$ 로 되어있는 경우에 정규분포 검정이나 t 검정을 통해 가설의 유의성을 확인하였던 것이다.

동일한 문제를 비모수 검정으로 하게 되면 어떻게 될까? 우선 검정의 주제가 조금 달라지게 된다. 두 모집단의 모평균의 비교가 아니라 두 모집단의 중심위치(central location)의 비교로 바뀌게 된다. 이 때 두 중심위치의 차이를 흔히 δ로 표기한다. 여기서 δ는 위치의 변화를 의미하는 이동 모수(shift parameter)이다. 따라서 엄밀하게 말하면 이 검정의 귀무가설은 H_0: $\delta=0$ 으로 표현하게 된다. 하지만 관행적으로 H_0: $\mu_1=\mu_2$ 식의 표현도 자주 사용한다.

2. 순위합 검정

(1) 검정통계량

이 검정에서 자주 사용되는 검정기법은 윌콕슨 순위합 검정(Wilcoxon rank sum test) 또는 맨-휘트니 U 검정(Mann-Whitney U test)이다. 위의 두 기법은 원래 독립적으로 개발된 것이지만 기본원리가 동일하기 때문에 오늘날에는 같은 검정기법으로 취급하여 윌콕슨-맨-휘트니 검정(Wilcoxon-Mann-Whitney test) 또는 줄여서 맨-휘트니 검정(Mann-Whitney test)이라고 부른다.

이제 검정의 통계량을 알아보자. 먼저 두 모집단으로부터 각각 n개의 표본 A와 m개의 표본 B를 얻는다. 그리고 표본 A와 B를 섞어서 $(n+m)$개의 큰 표본(combined sample)을 만든다. 이어서 모든 관측치들을 크기의 순서로 나열하면 1번부터 $(n+m)$번까지의 순위가 만들어진다. 이 때 A 표본에 속한 관측치들의 순위를 모두 더하여 이것을 검정통계량으로 사용한다. 물론 B 표본의 순위를 더하여 검정에 사용해도 된다. 하지만 편의상 A 표본의 합을 쓰기로 한다.

그러면 귀무가설 $H_0: \mu_A = \mu_B$에 대해 윌콕슨이 제시한 순위합 검정에서 나오는 통계량 S_A는 아래와 같이 정의할 수 있다.

S_A= 통합 표본 안에서 A 표본에 속한 관측치들의 순위의 합

또한 맨-휘트니가 제시한 순위합 검정에서 나오는 통계량 U_A는 아래와 같이 정의된다.

$$U_A = S_A - n(n+1)/2$$

보는 것처럼, 두 개의 검정통계량 U_A와 S_A는 서로 선형(linear)의 관계에 있기 때문에 같은 분포를 갖는다. 따라서 어느 통계량을 사용해도 상관이 없지만 편의상 U_A를 검정통계량으로 쓰기로 한다.

(2) 검정 기준

이제 검정의 기준을 알아보자. 먼저 만일 두 모집단의 평균(위치모수)이 같다면 검정통계량 $S_A = [mn + n(n+1)]/2$이 된다. 왜 그럴까? 다음의 두 가지 극단적인 경우를 생각해보자. 첫 번째는 A 표본의 값들이 모두 B 표본의 값들보다 작은 경우이다. 그러면 $S_A = n(n+1)/2$가 된다. 두 번째는 A 표본의 값들이 모두 B 표본의 값들보다 큰 경우이다. 그러면 $S_A = mn + n(n+1)/2$가 된다. 이제 A 표본의 값들과 B 표본의 값들이 같은 $H_0: \mu_A = \mu_B$의 경우를 보자. 이 때는 위의 두 극단적인 경우들의 평균인 $S_A = [mn + n(n+1)]/2$이 된다. 또한 $U_A = S_A - n(n+1)/2$이기 때문에 다음이 성립된다.

귀무가설 $H_0: \mu_A = \mu_B$이 참이면, 검정통계량 $U_A \cong mn/2$

따라서 검정의 임계값(critical value)이 설정되면 검정통계량 U_A와 임계값을 비교하여 다음과 같이 검정을 하게 된다.

- U_A 와 주어진 임계값을 비교하여 U_A 가 임계값보다 작으면 귀무가설을 채택(accept)한다.
- U_A 와 주어진 임계값을 비교하여 U_A 가 임계값보다 크면 귀무가설을 기각(reject)한다

검정통계량 U의 확률분포는 알려져 있지 않다. 하지만 이미 잘 정리되어 있는 검정표를 이용하여 임계값을 찾을 수 있고 그 값을 바탕으로 윌콕슨-맨-휘트니 검정을 할 수 있다. 또한 표본의 크기가 클 경우에는 정규근사를 이용하여 정규분포 검정을 할 수도 있다. 이 때 평균은 $mn/2$이 되고 표준편차 σ는 아래의 식으로 계산할 수 있다.

$$\sigma \cong \sqrt{\frac{m \times n \times (m+n+1)}{12}}, \quad Z = \frac{U - \frac{mn}{2}}{\sqrt{\frac{m \times n \times (m+n+1)}{12}}}$$

예제

기존의 작업방식(A)에서 나온 생산량과 새로운 작업방식(B)에서 나온 생산량을 측정하여 아래의 데이터를 얻었다.

기존 방식	59, 66, 77, 56, 65, 72
새로운 방식	55, 63, 78, 61, 67, 80, 68

이제 유의수준 $\alpha = 0.05$ 에서 맨-휘트니(Mann-Whitney) U 검정을 한다고 하자. 여기서 양측 검정의 귀무가설과 대립가설은 각각 다음과 같이 설정된다.

$$H_0: \mu_A = \mu_B, \quad H_1: \mu_A \neq \mu_B$$

위의 데이터를 정리한 혼합 순위는 다음과 같다.

순위	값	표본
2	56	A
3	59	A
6	65	A
7	66	A
10	72	A
11	77	A
1	55	B
4	61	B
5	63	B
8	67	B
9	68	B
12	78	B
13	80	B

여기서 $S_A=2+3+6+7+10+11=39$가 된다. 따라서 검정통계량은 $U=S_A-\frac{mn}{2}=39-\frac{42}{2}=18$이 된다. 이제 맨-휘트니 검정표를 보면 $n=6$, $m=7$, $\alpha=0.05$에서 임계값은 30으로 되어 있다. 따라서 U 값이 임계값보다 작으므로 귀무가설을 채택하게 된다. 새로운 작업방식의 생산성이 더 높다고 볼 수 없는 것이다.

위의 데이터에 대해 실제로 통계 소프트웨어를 활용하여 맨-휘트니 U 검정을 실행해보자.

① 분석 → 비모수 검정(N) → 독립 표본(I)와 같이 순서대로 실행명령을 지정한다.
② 설정 탭에서는 Mann-Whitney의 U 검정을 선택하면 아래의 결과표를 얻을 수 있다.

가설검정 요약

	영가설	검정	유의확률	의사결정
1	생산량의 분포가 집단의 범주에서 같습니다.	독립표본 Mann-Whitney의 U 검정	.731[1]	영가설을 채택합니다.

근사 유의확률이 표시됩니다. 유의수준이 .05입니다.

[1]이 검정에 대한 정확 유의확률이 표시됩니다.

보는 것처럼 유의확률 p-value는 0.731으로 $\alpha=0.05$에서 귀무가설을 채택하게 된다.

예제

아래의 데이터를 이용하여 모수 분석의 t 검정과 비모수 분석의 맨-휘트니 검정으로 두 매장의 매출액 차이를 검정해보자. 유의수준 $\alpha=0.05$에서 검정의 귀무가설과 대립가설은 각각 $H_0: \mu_A-\mu_B=0$, $H_1: \mu_A-\mu_B\neq0$이 된다.

A 매장	1973	2545	2488	2019	1887	2002	2583	2610	2604	2277	1963
B 매장	1991	2018	2076	1961	1800	2455	2072	1773	1955		

먼저 t 검정을 수행한 결과가 아래에 정리되어 있다. 여기서는 분산의 차이가 큰 것으로 나타나기 때문에 등분산을 가정하지 않은 t 검정을 수행하였다. 보는 것처럼 유의확률 p-value가 0.035이기 때문에 유의수준 0.05에서 귀무가설을 기각할 수 있다. 즉 두 매장의 매출액 사이에는 통계적으로 유의한 차이가 있다고 할 수 있는 것이다.

집단통계량

	집단	N	평균	표준편차	평균의 표준오차
매출액	A	11	2268.27	302.037	91.068
	B	9	2011.22	197.589	65.863

독립표본 검정

		Levene의 등분산 검정		평균의 동일성에 대한 T검정						
		F	유의확률	t	자유도	유의확률 (양측)	평균차이	차이의 표준오차	차이의 95% 신뢰구간 하한	차이의 95% 신뢰구간 상한
매출액	등분산을 가정함	7.080	.016	2.193	18	.042	257.051	117.235	10.749	503.352
	등분산을 가정하지 않음			2.287	17.286	.035	257.051	112.389	20.229	493.872

이번에는 맨-휘트니 검정을 수행해보자. 보는 것처럼 유의확률인 p-value가 0.067로 나타났다. 따라서 유의수준 0.1에서는 귀무가설을 기각할 수 있지만 유의수준 0.05에서는 귀무가설을 기각할 수 없다. 앞의 t 검정과 비교하여 약간 다른 결과가 도출된 것을 알 수 있다.

가설검정 요약

	영가설	검정	유의확률	의사결정
1	매출액의 분포가 집단의 범주에서 같습니다.	독립표본 Mann-Whitney의 U 검정	.067[1]	영가설을 채택합니다.

근사 유의확률이 표시됩니다. 유의수준이 .05입니다.

[1]이 검정에 대한 정확 유의확률이 표시됩니다.

제4절 세 개 이상 모집단의 모평균 비교 검정

1. 기본개념

앞에서 정규분포를 가정한 모수 분석에서 세 개 이상의 모평균의 차이는 분산분석(ANOVA)을 사용하여 검정한다는 사실을 설명하였다. 귀무가설 H_0: $\mu_1=\mu_2=\cdots=\mu_k$에 대한 검정의 경우 분산의 비율을 기준으로 F 검정을 수행한 것이다.

동일한 검정 문제를 비모수 검정으로는 어떻게 할 수 있을까? 비모수 문제에서는 더 이상 정규분포의 가정을 할 수 없기 때문에 분산분석을 그대로 사용할 수는 없다. 그 대신 분포에 대한 가정이 없는 순위합 검정(rank sum test)을 수행하게 된다. 앞의 두 모평균 비교검정에서 사용하였던 순위합 검정을 세 개 이상 평균의 비교검정으로 확장한 방법을 쓰는 것이다.

2. 쿠르스칼-왈리스 검정

앞의 분산분석에서 요인이 1개만 있는 완전 임의설계(CRD) 문제를 다루었다. 이 때 검정의 귀무가설은 수준 간에 평균의 차이가 없다는 것이기 때문에 H_0: $\mu_1=\mu_2=\cdots=\mu_k(k\geq 3)$가 되고 분산의 비율에 대한 분산분석으로 귀무가설을 채택하거나 기각하였다. 여기서 분산분석은 대표적인 모수 검정기법이다. 그렇다면 모수 검정에 대응하는 비모수 검정은 없을까? CRD 실험설계에 대한 비모수 검정으로 가장 자주 사용되는 기법이 바로 쿠르스칼-왈리스 검정(Kruskal-Wallis test)이다.

(1) 검정 데이터 행렬

먼저 분산분석에서 데이터 구조는 〈표 13-2〉와 같이 주어진다. k개의 수준(level)에 대해 각각 $n_1, n_2, \cdots, n_k$ 개의 표본이 만들어지는 것이다. 여기서 각각의 데이터는 X_{ij}가 되고 각 수준의 평균은 $\overline{x_i}$, 표본 전체의 평균은 $\overline{\overline{x}}$가 된다.

〈표 13-2〉 CRD 실험계획의 원래 데이터 구조

	수준(level)				
	수준 l	…	수준 i	…	수준 k
	x_{11}		x_{i1}		x_{k1}
	⋮		x_{ij}		⋮
	x_{1n_1}		x_{in_i}		x_{kn_k}
평균	$\overline{X_{1\cdot}}$		$\overline{X_{i\cdot}}$		$\overline{X_{k\cdot}}$

이 데이터를 가지고 이번에는 비모수 검정을 하도록 하자. 먼저 모수 검정과 마찬가지로 귀무가설은 수준 간에 평균의 차이가 없다는 것이다. 앞에서 두 평균의 차이를 검정하기 위해서 두 표본을 섞어서 한 개의 큰 표본을 만드는 것을 보았다. 세 개 이상 평균의 차이를 검정할 때도 유사한 방식을 사용하게 된다.

우선 k개의 표본을 모두 섞어서 n_T 개의 큰 표본(combined sample)을 만든다. 여기서 표본의 크기는 $n_T = n_1 + n_2 + \cdots + n_k$이 된다. 이제 큰 표본 안의 모든 데이터 값을 크기의 순서로 나열하면 1번부터 n_k 번까지의 순위가 만들어진다. 이 때 원래의 데이터 X_{ij}는 순위의 값인 r_{ij}로 표기할 수 있다. 그러면 원래의 데이터 행렬은 〈표 13-3〉의 순위 행렬로 바뀌게 된다. 여기서 각 수준의 순위평균은 $\overline{r_i}$, 표본 전체의 평균은 $\overline{\overline{r}}$가 된다.

〈표 13-3〉 순위 행렬 데이터

	수준 l	…	수준 i	…	수준 k
	r_{11}		r_{i1}		r_{k1}
	⋮		r_{ij}		⋮
	r_{1n_1}		r_{in_i}		r_{kn_k}
평균	$\overline{r_{1\cdot}}$		$\overline{r_{i\cdot}}$		$\overline{r_{k\cdot}}$

(2) 검정 원리

여기서 표본 전체의 평균 순위(rank)는 다음과 같다.

$$\overline{\overline{r}}=(1+2+\cdots+n_T)/n_T=(n_T+1)/2$$

그러므로 만일 귀무가설 H_0: $\mu_1=\mu_2=\cdots=\mu_k$ 이 참이라면 각 수준의 평균 순위인 $\overline{r_l}$ 는 표본 전체의 평균 순위인 $\overline{\overline{r}}$ 과 비슷해야 한다. 다시 말하면 통계량 $\sum\left(\overline{r_{1.}}-\frac{n_T+1}{2}\right)$의 값이 작을수록 귀무가설을 채택할 가능성이 커지는 것이다.

그런데 통계량 $\sum\left(\overline{r_{1.}}-\frac{n_T+1}{2}\right)$ 자체는 그 분포를 알 수 없기 때문에 바로 검정통계량으로 사용할 수 없다. 대신 대용(proxy) 통계량인 아래의 H가 chi-square 분포를 따른다는 것이 알려져 있다. 따라서 아래의 대용 통계량 H를 검정통계량으로 하여 chi-square 검정(χ^2 test)을 수행하게 된다.

> 검정통계량: $H=\frac{12}{n_T(n_T+1)}\sum_{i=1}^{k}n_i\left(\overline{r_{1.}}-\frac{n_T+1}{2}\right)^2$

예제

다음 표는 A, B, C 세 방식의 결점 수를 조사한 데이터이다. 쿠르스칼-왈리스(Kruskal-Wallis) 검정을 이용하여 이 세 방식의 결점 수의 평균이 같은 지를 확인해 보자.

결점 수		
A 방식	B 방식	C 방식
14	10	17
15	18	17
13	14	10
12	13	10
14	12	11
14	15	16
	14	

이제 위의 데이터를 통합하여 혼합 순위를 매긴 결과가 아래에 나타나 있다.

순위	값	지역
2	10	B
2	10	C
2	10	C
4	11	C
5.5	12	A
5.5	12	B
7.5	13	A
7.5	13	B
11	14	A
11	14	A
11	14	A
11	14	B
11	14	B
14.5	15	A
14.5	15	B
16	16	C
17.5	17	C
17.5	17	C
19	18	B

이어서 각 방식별로 평균 순위를 계산한 결과는 다음과 같다.

A 방식		B 방식		C 방식	
순위	값	순위	값	순위	값
5.5	12	2	10	2	10
7.5	13	5.5	12	2	10
11	14	7.5	13	4	11
11	14	11	14	16	16
11	14	11	14	17.5	17
14.5	15	14.5	15	17.5	17
		19	18		
평균 순위 10.083		평균 순위 10.071		평균 순위 9.833	

위의 정보를 바탕으로 검정통계량 H의 값을 구하면 아래와 같다.

$$H = \frac{12}{n_T(n_T+1)} \sum_{i=1}^{k} n_i \left(\overline{r_{i\cdot}} - \frac{n_T+1}{2} \right)^2 = 0.0077$$

이 통계량은 자유도 2인 χ^2 분포를 따른다. 그리고 유의확률 p-value를 구하면 0.996이 나온다. 이 값은 매우 큰 값이므로 유의수준에 상관없이 귀무가설을 채택하게 된다. 따라서 세 방식 사이에 통계적으로 유의한 결점 수의 차이는 없는 것으로 볼 수 있다.

예제

A, B, C 세 지역의 신생아 체중 간에 차이가 있는지를 조사하려고 한다. 이를 위해 세 지역의 신생아 10명의 체중을 측정한 아래의 데이터를 수집하였다. 이제 체중의 차이를 확인하기 위해 모수 검정의 ANOVA 검정과 비모수 검정의 Kruskal-Wallis 검정을 동시에 사용하기로 하자. 유의수준 $\alpha=0.05$에서 검정의 귀무가설과 대립가설은 각각 $H_0: \mu_A=\mu_B=\mu_C$, $H_1: not\ H_0$ 이다.

A 지역	B 지역	C 지역
3	3.7	2.8
3.3	3.2	3.4
3.2	3.3	2.9
3.5	3	3.2
2.9	2.9	3.5
3.4	2.8	3.3
3.1	3.7	3.1
3.6	3.3	3
3	3.1	2.9
2.9	3.6	3.3

먼저 ANOVA 검정을 수행한 결과가 아래에 정리되어 있다. 보는 것처럼 유의확률 p-value가 0.620으로 매우 크기 때문에 유의수준에 상관없이 귀무가설을 기각할 수 없다. 즉 세 지역의 신생아 체중 사이에는 유의한 차이가 없는 것이다.

ANOVA

체중

	제곱합	자유도	평균제곱	F	유의확률
집단-간	.073	2	.036	.486	.620
집단-내	2.017	27	.075		
전체	2.090	29			

이번에는 Kruskal-Wallis 검정을 수행해보자. 보는 것처럼 유의확률인 p-value가 0.708로 나타났다. 이 값도 매우 크기 때문에 유의수준에 관계없이 귀무가설을 기각할 수 없다. 앞의 ANOVA 검정과 동일한 결과가 도출된 것이다.

가설검정 요약

	영가설	검정	유의확률	의사결정
1	체중의 분포가 국가의 범주에서 같습니다.	독립표본 Kruskal-Wallis 검정	.708	영가설을 채택합니다.

근사 유의확률이 표시됩니다. 유의수준이 .05입니다.

3. 프리드만 검정

이제 한 걸음 더 나아가 모수 검정에서 다루었던 임의화 블록설계(Randomized Block Design: RBD)를 생각해보자. 임의화 블록설계는 먼저 실험 요인에 대해 k 개의 수준으로 나눈 다음 각 블록에 대해서 b 개의 블록으로 나누는 식으로 설계한 것이다. 여기서 검정의 귀무가설은 블록과 상관없이 요인의 수준간에 평균의 차이가 없다는 것이고 검정 방법으로는 역시 분산분석(ANOVA)을 사용하였다. 그렇다면 모수 검정에 대응하는 비모수 검정 방법은 무엇일까? 여기에서는 비교적 자주 사용되고 있는 프리드만 비모수 검정(Friedman test)에 대해 알아보기로 하자.

(1) 검정 데이터 행렬

먼저 모수 분석인 분산분석에서 RBD 실험계획의 데이터 구조는 〈표 13-4〉와 같이 주어진다. 한편으로는 요인에 대해 k개의 수준(level)으로 나뉘고 다른 한편으로는 b개의 블록이 만들어지는 것이다. 여기에서도 각각의 데이터는 X_{ij} 가 되고 각 수준의 평균은 $\overline{x_l}$, 각 블록의 평균은 $\overline{b_l}$, 표본 전체의 평균은 $\overline{\overline{x}}$ 가 된다.

〈표 13-4〉 블록설계의 원래 데이터 구조

		수준(level)		
		l	…	k
블록(block)	l	x_{11}		x_{k1}
	⋮	⋮	x_{ij}	⋮
	b	x_{1b}		x_{kb}

모수 검정과 마찬가지로 귀무가설은 블록과 상관없이 요인의 수준 간에 평균의 차이가 없다 즉 $H_0 : \mu_1 = \mu_2 = \cdots = \mu_k (k \geq 3)$가 된다.

검정을 위해 먼저 각각의 블록에 대해 관측치의 순위를 매긴다. 그러면 원래의 데이터 행렬은 〈표 13-5〉와 같은 순위 행렬로 바뀌게 된다.

〈표 13-5〉 순위 행렬 데이터

블록(block)	순위값				평균
$b=1$	r_{11}	r_{21}	$\cdots$	r_{k1}	$\frac{k+1}{2}$
$\vdots$			r_{ij}		$\frac{k+1}{2}$
$b=b$	r_{1b}	r_{2b}	$\cdots$	r_{kb}	$\frac{k+1}{2}$
평균	$\overline{r_{1\cdot}}$	$\overline{r_{2\cdot}}$		$\overline{r_{k\cdot}}$	$\frac{k+1}{2}$

이제 각 블록에서 평균 순위(average rank)를 구해보자. 각 블록 안에 k개의 수준이 있으므로 평균 순위는 평균은 $\overline{r_b}=(k+1)/2$이 된다. 각 블록의 평균 순위가 같기 때문에 표본 전체의 평균순위도 당연히 $\overline{\overline{r}}=(k+1)/2$이 된다. 이어서 요인에 대해 수준별로 순위의 평균을 계산한 후 각각을 $\overline{r_1}$, $\overline{r_2}$, $\cdots$, $\overline{r_k}$ 라고 하자.

(2) 검정 원리

표본 전체의 평균 순위(rank) $\overline{\overline{r}}$는 $(k+1)/2$이다. 따라서 만일 귀무가설 H_0가 참이라면 블록과 상관없이 요인 수준별 순위의 평균(rank average)인 $\overline{r_1}$, $\overline{r_2}$, $\cdots$, $\overline{r_k}$는 표본 전체의 평균 순위와 비슷해야 한다. 다시 말해 전체의 평균 순위인 $(k+1)/2$과 각 수준별 순위의 평균인 $\overline{r_i}$의 차이를 모두 더한 통계량 $\sum\overline{r_k}-(k+1)/2$의 값이 작아야 하는 것이다. 이 원리를 바탕으로 이 통계량의 값이 작으면 귀무가설을 채택하고 그렇지 않으면 기각하게 된다.

그런데 위의 통계량 자체는 분포를 알 수 없기 때문에 검정통계량으로 사용할 수 없다. 대신 대용(proxy) 통계량인 아래의 S가 chi-square 분포를 따른다는 것이 알려져 있다. 따라서 S를 검정통계량으로 하여 chi-square 검정(χ^2 test)을 수행하게 된다.

검정통계량: $$S=\frac{12b}{k(k+1)}\sum_{i=1}^{k}\overline{r_{i\cdot}}-\frac{(k+1)}{2}=\frac{12b}{k(k+1)}\sum_{i=1}^{k}\overline{r_{i\cdot}}^2-3b(k+1)$$

예제

연령대가 다른 7 그룹의 고객들에게 A, B, C 세 차종에 대한 선호도 차이를 조사하려고 한다. 이를 위해 각 그룹별로 선호도를 1~5의 5점 척도로 측정한 아래의 데이터를 얻었다.

	차종 A	차종 B	차종 C
그룹 1	1	3	2
그룹 2	4	3	4
그룹 3	3	3	3
그룹 4	3	4	1
그룹 5	2	5	1
그룹 6	3	5	1
그룹 7	4	3	3

위의 데이터를 블록과 요인으로 나누어 정리한 순위 표는 다음과 같다.

	차종 A	차종 B	차종 C
그룹 1	1	3	2
그룹 2	2.5	1	2.5
그룹 3	2	2	2
그룹 4	2	3	1
그룹 5	2	3	1
그룹 6	2	3	1
그룹 7	3	1.5	1.5
평균 순위	2.071	2.357	1.571

이제 검정통계량 S를 계산하면 아래와 같다.

$$S = \frac{12b}{k(k+1)} \sum_{i=1}^{k} \overline{r_{i.}}^{\,2} - 3b(k+1) = 2.818$$

이 통계량은 자유도 2인 χ^2 분포를 따르고 이 때의 유의확률 p-value는 0.244가 된다. 이 값은 매우 큰 값이므로 귀무가설을 채택한다. 즉 고객 연령층과 상관없이 차종간 선호도의 유의한 차이는 없다고 볼 수 있다.

제5절 범주형 자료의 검정

1. 기본개념

비모수 분석이 자주 사용되는 또 다른 영역은 범주형(categorical) 데이터의 검정이다. 사람의 예로 돌아가서, 성별처럼 남자와 여자의 두 가지 범주로 나뉘어져 있는 경우이거나 혈압처럼 고혈압군, 정상혈압군, 저혈압군으로 나뉘어져 있는 경우가 전형적인 범주형 데이터이다. 범주형 자료는 주로 명목 척도로 되어있기 때문에 정규분포를 가정하고 모수 검정을 적용하기는 어렵다.

그렇다면 명목 척도의 범주형 자료에 대해서는 어떤 통계량을 이용하여 검정을 할 수 있을까? 범주형 자료는 그 변수의 값 자체를 측정한 것이 아니라 해당되는 범주로 분류한 것이므로 평균이나 분산을 통계량으로 쓸 수는 없다. 대신, 가장 대표적으로 사용되는 통계량은 빈도(frequency)이다. 각 범주 별로 나타나는 빈도의 차이를 기준으로 검정을 하게 되는 것이다. 보다 구체적으로는 각 범주에 원래 기대한 만큼의 값이 나타나는지 아닌지, 범주 간에 빈도의 차이가 있는지 없는지, 범주 간에 서로 독립인지 아닌지 등에 대한 검정을 하게 된다.

2. 데이터 구조

먼저 범주형 자료의 데이터 구조를 살펴보자. 범주형 데이터는 분할표(contingency table)로 표현될 수 있다. 분할표는 말 그대로 전체 데이터를 여러 가지 경우로 나눈 후 각각의 경우에 해당되는 데이터의 빈도를 기입한 표를 의미한다. 이 표는 범주를 하나의 축으로 하고 각각의 범주 안에 있는 여러 개의 유형을 또 다른 축으로 한 일종의 행렬 모양으로 표현할 수 있다. 먼저 범주의 수를 r로 하고, 이어서 각 범주 안의 유형의 수를 c로 하면 〈표 13-6〉과 같은 $r \times c$ 분할표가 만들어진다. 여기서 각 셀(cell)의 관측치인 O 값은 빈도를 의미한다.

〈표 13-6〉 분할표의 기본구조

범주	1	2	…	c	표본 크기
1	O_{11}	O_{12}	…	O_{1c}	n_1
2	O_{21}	O_{22}	…	O_{2c}	n_2
…	…	…	…	…	…
r	O_{r1}	O_{r2}	…	O_{rc}	n_r
합					n

$r \times c$ 표는 다시 아래와 같은 몇 가지의 구체적인 형태로 나눌 수 있다.

- $r=1,\ c=2$
  이것은 가장 단순한 분할표로서 범주는 하나 밖에 없고 그 안에 두 가지 유형만 있는 경우이다. 예를 들어 범주는 성별이고 그 안에 남자와 여자의 두 가지 유형만 있는 경우가 여기에 해당된다.

- $r=1,\ c>2$
  이것은 앞의 경우를 확장한 형태로 여전히 범주는 하나 밖에 없지만 그 안에 세 가지 이상의 유형이 있는 경우이다. 예를 들어 혈압이라는 하나의 범주에 대해 고혈압군, 정상혈압군, 저혈압군의 세 가지 유형이 있는 경우가 여기에 해당된다.

- $r>1,\ c>2$
  이것은 범주형 데이터 중에서 가장 확장된 형태로 범주도 여러 가지이고 각 범주 안의 유형도 여러 가지인 경우이다. 예를 들어 위의 성별이라는 범주와 혈압이라는 범주를 동시에 보게 되면 성별 안에 2개의 유형이 있고 혈압 안에 3개의 유형이 있기 때문에 2×3의 분할표가 만들어진다.

3. 검정의 주제

그렇다면 범주형 자료에 대한 검정의 주제는 어떤 것들이 있을까? 우선 빈도를 통계량으로 사용하기 때문에 앞에서 본 모평균의 검정은 주제가 될 수 없다. 대신 빈도를 이용하여 할 수 있는 새로운 검정의 주제들을 찾게 된다.

가장 단순한 형태의 검정은 1개의 범주만 있고 그 범주 안에 두 가지 유형이 있을 때 두 유형 사이에 빈도의 차이가 있는지를 보는 문제가 된다. 이 때 각 유형의 빈도는 곧 각 유형의 비율로 표시할 수 있기 때문에 비율의 차이를 검정하는 문제로 바꿀 수 있다. 예를 들어 100명을 두 그룹으로 나누었을 때 각 그룹의 빈도가 $f_1=60$, $f_2=40$ 이면 이것은 곧 $p_1=0.6$, $p_2=0.4$ 의 비율로 나타낼 수 있다. 따라서 두 개의 모집단에 대한 모비율(population proportion)의 차이가 검정의 주제가 된다.

1개의 범주에 대해 유형이 3개 이상으로 늘어날 경우에 가장 자주 사용되는 검정의 주제는 각 유형의 빈도가 가설에서 주장한대로 나타나는지를 검정하는 것이다. 즉 가설에서 기대한 빈도와 실제로 나타난 빈도의 차이를 비교하는 것이다. 예를 들어 유형이 4개이고 각각의 유형이 나타날 확률이 동일하다고 가정한다고 하자. 그러면 1,000개의 표본을 뽑았을 때 각 유형의 빈도가 모두 250으로 동일하게 나올 것으로 기대할 것이다. 이 때 실제로 조사한 빈도가 기대한 빈도와 비슷한지 아니면 큰 차이가 있는지를 보고 가정의 적합도를 검정할 수 있는 것이다.

문제를 좀더 넓혀 범주가 2개가 되는 경우를 생각해보자. 예를 들면 남자와 여자로 나뉘는 성별이라는 범주와 고혈압군, 정상혈압군, 저혈압군의 세 가지 유형으로 나뉘는 혈압이라는 범주를 동시에 보는 경우이다. 이 상황에서 생각할 수 있는 검정의 주제는 두 범주형 변수 사이에 서로 상관성이 있는지 아니면 서로 독립적인지를 보는 문제가 된다. 성별이라는 변수와 혈압이라는 변수가 서로 독립인지 아닌지를 검정하는 것이다.

하나의 범주에 대해 다른 범주의 유형들이 같은 빈도로 나타나는지 아니면 다른 빈도로 나타나는지도 검정의 주제가 될 수 있다. 먼저 남자에 대해서 고혈압군, 정상혈압군, 저혈압군의 비율을 조사하고 이어서 여자에 대해서도 비율을 조사한다. 이 때 남자와 여자 사이에 같은 비율로 나타나는지 아니면 다른 비율로 나타나는지가 검정의 대상인 것이다. 이제부터 각각의 검정 주제에 대해 좀더 자세히 알아보기로 하자.

4. 두 모비율의 비교

(1) 검정 성격

여기서는 $r=1$ 이고 $c=2$ 인 분할표의 검정을 다룬다. 따라서 범주형 자료의 검정에서 가장 단순한 형태가 된다. 위의 예로 돌아가면 성별이라는 범주에 남자와 여자의 두 가지 유형이 있는 경우에 해당된다.

이 검정은 두 개의 모비율을 비교하는 문제가 된다. 각 유형을 A와 B로 나누면 귀무가설은 H_0: $p_A=p_B$ 이고 대립가설은 H_1: $p_A \neq p_B$ 가 되는 것이다.

$$H_0 : p_A = p_B,\ H_1 : p_A \neq p_B$$

예를 들어 H(high) 지역 주민들과 L(low) 지역 주민들을 두 개의 모집단으로 하였을 때, 각 지역에서 1,000명씩의 사람들을 표본으로 하여 남자의 비율(p)을 조사하였더니 $p_H=0.58$ 과 $p_L=0.49$ 로 나왔다고 하자. 그러면 이 결과를 바탕으로 H 지역의 남성 비율이 L 지역의 비율보다 높다고 할 수 있는가? 이 질문이 전형적인 두 모비율 차이의 검정 문제가 된다.

(2) 검정 기준

이 검정의 가장 큰 장점은 확률분포가 잘 알려져 있다는 점이다. 변수 X를 H 지역 1,000명 가운데 남자의 수로 하고 변수 Y를 L 지역의 1,000명 가운데 남자의 수로 하면 각각 $X \sim B(1000, p_H)$, $Y \sim B(1000, p_L)$의 이항(binomial)분포를 따르는 것이다. 또한 이항분포는 표본의 크기가 충분히 커지면 정규분포로 근사(approximate)할 수 있다. 따라서 Z 검정을 수행할 수 있다.

예제

연령대에 따른 의견의 차이가 존재하는지 알아보기 위하여 40세 미만(A)과 40세 이상(B)의 두 그룹으로 나누어 정보를 수집하였다. 40세 미만 인구 중에서는 n=834명 중에서 547명이 긍정적으로 대답하였으며, 40세 이상 인구 중에서는

m=1205명 중에서 620명이 긍정적으로 응답하였다.

이 때 가설은 다음과 같이 설정된다.

$$H_0: p_A = p_B,\ H_1: p_A \neq p_B$$

표본이 충분히 크기 때문에 정규분포로 근사하면 $z = \dfrac{\hat{p}_A - \hat{p}_B}{\sqrt{\hat{p}(1-\hat{p})\left(\frac{1}{n} + \frac{1}{m}\right)}}$ 가 된다.

여기서 $\hat{p}$는 두 표본을 아우르는 전체의 비율을 뜻한다. 이제 모비율과 검정통계량 z는 다음과 같이 계산된다.

$$\hat{p}_A = \frac{547}{834} = 0.656,\ \hat{p}_B = \frac{620}{1205} = 0.515,\ \hat{p} = \frac{547+620}{834+1205} = 0.572$$

$$z = \frac{\hat{p}_A - \hat{p}_B}{\sqrt{\hat{p}(1-\hat{p})\left(\frac{1}{n} + \frac{1}{m}\right)}} = \frac{0.656 - 0.515}{\sqrt{0.572(1-0.572)\left(\frac{1}{834} + \frac{1}{1205}\right)}} = 6.33$$

여기서 검정통계량에 대한 유의확률은 p-value $= 2 \times P(Z \geq 6.33) \fallingdotseq 0$ 로 나타난다. 이 값은 매우 작은 값이기 때문에 유의수준에 관계없이 귀무가설을 기각한다. 따라서 두 그룹간에 통계적으로 유의한 차이가 있다고 볼 수 있다.

5. 적합도 검정

(1) 다항 분포

이제 분할표가 좀더 확장된 경우를 보자. $r=1,\ c>2$ 인 경우가 되는 것이다. 위의 예로 돌아가면 혈압이라는 범주에 고혈압군, 정상혈압군, 저혈압군으로 나뉘어져 있는 상황을 가리킨다.

이 때의 확률분포는 어떻게 될까? 유형이 두 개가 아니라 세 개 이상이 되니까 더 이상 이항분포는 아니다. 그러나 여전히 이항분포와 상당히 가까운 모양의 다항분포(multi-nomial distribution)가 된다. 자세한 설명은 생략하지만 항의 수가 k개

$(k>2)$ 인 다항분포의 밀도함수는 아래와 같이 주어진다.

$$f(x_1 \cdots, x_k; p_k, n) = \begin{bmatrix} n \\ x_1 \cdots, x_k \end{bmatrix} p_1^{x1} \cdot \cdots \cdot p_k^{xk}$$

$$\text{여기에서} \sum_{i=1}^{k} x_1 = n \text{ and } \sum_{i=1}^{k} p_1 = 1$$

또한 다항분포의 기대값은 $E(x_i)=np_i$, 그리고 분산은 $Var(X_i)=np_i(1-p_i)$가 된다.

(2) 검정 성격

다항분포에 대한 검정의 기본원리도 역시 빈도를 토대로 한다. 그러나 이항분포가 아니기 때문에 더 이상 정규분포로 근사하여 검정을 할 수 없다. 그러면 어떤 원리로 검정을 할 것인가? 이 때 사용되는 검정의 기본원리는 기대빈도(expected frequency) E와 관찰빈도(observed frequency) O의 차이를 보는 것이다.

먼저 범주형 자료의 특성을 표현하는 가설이나 가정이 있다고 하자. 만일 그 가설이 참(true)이라면 각각의 범주에 대해 그에 해당되는 기대빈도가 있을 것이다. 가령 남자와 여자의 비율이 0.5로 같다는 가설이 주어졌다고 하자. 그 가설이 참이라면 1,000명을 뽑아 성별을 조사하였을 때 남녀가 각각 500명씩 나올 것으로 기대하게 된다.

다음에는 표본으로부터 실제 측정한 관찰빈도가 있을 것이다. 만일 남자가 509명, 여자가 491명 나왔으면 그 값이 관찰빈도가 된다. 이제 기대빈도와 관찰빈도가 주어진 상황에서 검정의 원리와 기준은 무엇이 될까? 아주 간단하다. 두 값을 비교하여 별다른 차이가 없다면 그 가설을 받아들이고 상당한 차이가 있다면 기각하는 식이다.

이처럼 범주형 자료에 대해 기대빈도와 관찰빈도를 비교하여 주어진 가정의 신뢰도를 점정하는 주제를 적합도 검정(goodness-of-fit test)이라고 한다. 적합도 검정이라는 용어는 주어진 가정이 잘 맞는지 즉 적합한 지를 검정한다는 뜻에서 지어진 이름이다.

일반적인 적합도 검정은 다음의 세 단계로 이루어진다.

- 단계 1: 범주형 자료의 성격을 나타내는 어떤 가정을 한다.
- 단계 2: 귀무가설은 H_0: 적합, 대립가설은 H_1: 적합하지 않음으로 설정한다.

H_0 : 적합(fit), H_1 : 적합하지 않음

- 단계 3: 적합도 검정을 통해 위의 가설을 검정한다.

(3) 검정 원리

기대빈도와 관찰빈도를 비교하는 원리는 범주형 자료의 검정에 폭넓게 활용되는 매우 중요한 개념이므로 깊이 있게 알아보기로 하자. 특히 이 때 사용되는 chi-square(χ^2) 검정의 검정통계량에 대해서는 정확하게 이해할 필요가 있다.

먼저 관찰빈도를 O_i, 그리고 기대빈도를 E_i라고 하자. 그러면 O_i와 E_i의 차이를 가지고 검정통계량을 만들어야 한다. 검정통계량으로 사용되기 위해서는 무엇보다 먼저 확률분포를 알아야 한다. 그런데 두 통계량의 차이인 $(O_i - E_i)$의 분포는 아직 알려진 것이 없다. 따라서 $(O_i - E_i)$를 직접 검정에 사용할 수는 없다. 대신 $\frac{(O_i - E_i)^2}{E_i}$라는 대용 통계량을 검정통계량으로 사용하기로 한다. 왜냐하면 이 통계량은 chi-square(χ^2) 분포를 따른다는 것이 알려져 있기 때문이다.

이 사실을 좀더 자세히 알아보기 위해 우선 두 가지의 범주만 있는 단순한 경우를 생각해보자. 여기서 표본의 수가 n일 때, 각 범주의 빈도를 O_1과 O_2라고 하고 비율을 p_1, p_2라고 하자. 그러면 O_1은 $B(n, p_1)$의 이항분포를 따른다. 또한 $O_2 = n - O_1$이고 $p_2 = 1 - p_2$가 된다. 따라서 다음의 식이 성립한다.

$$\begin{aligned}\sum_{i=1}^{2}\frac{(O_i - np_i)^2}{np_i} &= \frac{(O_1 - np_1)^2}{np_1} + \frac{(O_2 - np_2)^2}{np_2} \\ &= \frac{(O_1 - np_1)^2}{np_1p_2} = \left(\frac{O_1 - np_1}{\sqrt{np_1(1-p_1)}}\right)^2\end{aligned}$$

여기서 표본의 크기 n이 커지면 이항분포가 정규분포로 근사되면서 $\frac{O_1 - np_1}{\sqrt{np_1(1-p_1)}} \sim N(0, 1)$가 된다.

그러므로 $\sum_{i=1}^{2}\frac{(O_i-np_i)^2}{np_i}=\left(\frac{O_1-np_1}{\sqrt{np_i(1-p_1)}}\right)^2=Z^2$ 가 된다. 여기서 Z^2 은 무슨 분포를 따르는가? 당연히 chi-square 분포를 따르게 된다.

자세한 과정은 생략하지만 세 개 이상의 범주가 있는 다항분포로 넓혀도 여전히 chi-square 분포가 성립하는 것을 보여줄 수 있다. $\frac{(O_i-E_i)^2}{E_i}$ 라는 통계량이 chi-square 분포를 따르는 검정통계량으로 사용될 수 있는 것이다. 따라서 적합도 검정은 $\sum_{i=1}^{r}\frac{(O_i-E_i)^2}{E_i}$ 라는 검정통계량에 대해 chi-square 검정을 하게 된다.

검정통계량: $\sum_{i=1}^{r}\frac{(O_i-E_i)^2}{E_i}$

예제

어느 작물의 크기는 특대, 대, 중, 소의 네 가지로 나눌 수 있으며 새롭게 만들어진 개량 품종에서 각 종류가 만들어지는 분포는 1/3. 1/3, 1/6, 1/6로 알려져 있다. 이러한 분포의 가정이 실제로 맞는지를 검정하기 위해 최근에 수확한 1,000개의 작물을 조사하여 각 빈도를 나타낸 데이터가 아래에 주어져 있다.

	특대	대	중	소
빈도	297	351	156	196

여기서 가설은 다음과 같이 설정된다.

$$H_0: p_1=\frac{1}{3},\ p_2=\frac{1}{3},\ p_3=\frac{1}{6},\ p_4=\frac{1}{6},\ H_1: not\ H_0$$

이제 위의 가설에 대한 기대빈도와 관찰빈도를 비교한 표는 다음과 같다.

	특대	대	중	소
관찰빈도	297	351	156	196
기대빈도	333	333	167	167

검정통계량 χ^2 는 다음과 같이 계산된다.

$$\chi^2 = \sum_{i=1}^{k} \frac{(x_i - e_i)^2}{e_i} = 10.63$$

이 통계량은 자유도 3인 χ^2 분포를 따르고 이 때의 유의확률 p-value는 0.014로 나온다. 이 값은 매우 작은 값이므로 귀무가설을 기각하게 된다. 실제로 수확한 작물 크기의 분포는 기대분포와 다르게 나타나고 있는 것이다.

6. 독립성 검정

(1) 검정 성격

이제 분할표를 더 확장하여 $r > 1$, $c > 2$ 인 경우를 보자. 위에서 살펴본 것처럼 하나의 범주만 있는 $r = 1$, $c > 2$ 의 경우에는 적합도 검정을 한다. 하지만 범주의 종류가 두 개가 되는 $r > 1$, $c > 2$ 인 경우에는 검정의 주제가 달라진다. 대표적인 주제는 독립성 검정과 동일성 검정을 들 수 있다.

먼저 독립성 검정(test of independence)을 살펴보자. 이 검정의 핵심은 범주형 자료로 주어지는 두 개의 변수가 있을 때 각각의 변수가 서로 독립적이냐 아니냐를 보는 것이다. 〈표 13-7〉에서 보는 것처럼, 남자와 여자의 두 유형으로 나뉘는 성별이라는 범주(변수)와 고혈압군, 정상혈압군, 저혈압군의 세 가지 유형으로 나뉘는 혈압이라는 범주(변수)가 서로 독립적인지 아니면 둘 사이에 상관성이 있는지를 검정하는 것이다.

〈표 13-7〉 독립성 검정 데이터

	저혈압군(L)	정상혈압군(M)	저혈압군(H)	합
남자(M)	O_{11}	O_{12}	O_{13}	$O_{1\cdot}$
여자(F)	O_{21}	O_{22}	O_{23}	$O_{2\cdot}$
합	$O_{\cdot 1}$	$O_{\cdot 2}$	$O_{\cdot 3}$	n

(2) 검정 원리

먼저, 만일 두 변수가 서로 독립이라면 가설은 어떤 형태로 표현할 수 있을까? 두 변수가 독립이면 결합확률은 각각의 곱으로 나타난다. 그러므로 귀무가설과 대립가설은 아래와 같이 주어진다.

- H_0: $p_{ij}=p_{i*}\times p_{*j}$, 여기서 $i=1, 2, \cdots, r$ 이고 $j=1, 2, \cdots, c$
- H_1: H_0 가 성립하지 않음.

독립성 검정의 기본원리는 앞의 적합도 검정과 동일하다. 여기에서도 기대빈도와 관찰빈도를 비교하여 만일 둘 사이에 큰 차이가 있으면 귀무가설을 기각하고 그렇지 않으면 기각하지 않는 것이다. 그러므로 검정통계량은 아래의 값이 된다.

$$\text{검정통계량: } \sum_{i=1}^{r}\sum_{j=1}^{c}\frac{(O_{ij}-E_{ij})^2}{E_{ij}}$$

그리고 이 통계량이 chi-square 분포를 따른다는 사실이 알려져 있으므로 역시 chi-square 검정을 하게 된다.

앞의 예를 이용하여 검정과정을 좀더 자세히 알아보자. 성별과 혈압에 대한 분할표가 아래와 같이 주어졌다고 하자.

	저혈압군	정상혈압군	고혈압군	합
남자	153	853	411	1417
여자	82	625	228	935
합	235	1478	639	2352

우선 이 데이터로부터 관찰빈도를 알 수 있다. 이어서 기대빈도를 계산해보자. 먼저 혈압군에 관한 비율은 $P(L)=O_{.1}/n$, $P(M)=O_{.2}/n$, $P(H)=O_{.3}/n$이 된다. 또 성별에 대한 비율은 $P(M)=O_{.1}/n$, $P(F)=O_{.2}/n$이 된다. 따라서 귀무가설(H_0)이 참이라면, 즉 서로 독립이라면 다음이 성립하게 된다.

- $P(L \cap M) = P(L) \cdot P(M)$ 이므로 $E_{11} = n \cdot P(L) \cdot P(M)$ 이 된다.
- $P(L \cap F) = P(L) \cdot P(F)$ 이므로 $E_{21} = n \cdot P(L) \cdot P(F)$ 이 된다.
- $P(H \cap F) = P(H) \cdot P(F)$ 이므로 $E_{23} = n \cdot P(H) \cdot P(F)$ 이 된다.

여기서 검정통계량은 $\sum_{i=1}^{r}\sum_{j=1}^{c}\frac{(O_{ij}-E_{ij})^2}{E_{ij}}$ 이 된다. 그리고 이 통계량이 chi-square 분포를 따른다는 사실이 알려져 있으므로 chi-square 검정을 하게 된다.

예제

위의 데이터를 이용하여 혈압이라는 범주와 성별이라는 범주에 대한 독립성 검정을 해보자. 우선 검정의 가설은 H_0: $p_{ij} = p_i \times p_{\cdot j}$, H_1: $not\ H_0$ 로 설정된다.

먼저 혈압과 성별을 조사한 관찰빈도의 자료는 아래와 같다. 이어서 성별과 혈압이 독립적일 때, 즉 귀무가설이 사실일 경우에 기대빈도와 관찰빈도를 비교한 결과도 아래의 표에서 볼 수 있다. 예를 들어 남자이면서 저혈압군인 경우의 관찰빈도는 153이다. 기대빈도는 P(남자 ∩ 저혈압)=$n \cdot P$(남사)$\cdot P$(저혈압)=2352•1417/2352•235/2352=142가 된다. 따라서 기대빈도와 관찰빈도의 차이는 11로 나타나고 있다. 이런 식으로 모든 경우에 대해 기대빈도와 관찰빈도의 차이를 계산할 수 있다.

	저혈압군	정상혈압군	고혈압군	합
남자	153	853	411	1417
기대값	141.58	890.44	384.98	
여자	82	625	228	935
기대값	93.42	587.56	254.02	
합	235	1478	639	2352

이제 위의 표를 바탕으로 검정통계량 χ^2 은 다음과 같이 계산된다.

$$\chi^2 = \sum_{i=1}^{k}\frac{(x_i - e_i)^2}{e_i} = 10.70$$

이 통계량은 자유도 (2−1)×(3−1)=2인 χ^2 분포를 따르고, 유의확률 p-value는 0.0047이 된다. 이 값은 매우 작은 값이므로 유의수준과 관계없이 귀무가설을 기각하게 된다. 성별과 혈압이 서로 독립적이라고 볼 수 없는 것이다.

7. 동일성 검정

(1) 검정 성격

이번에는 동일성 검정(test of homogeneity)에 대해 알아보자. 이 검정도 두 개의 범주를 대상으로 한다. 각각의 범주를 r과 c라고 하자. 먼저 범주 r을 여러 유형으로 나눈다. 마찬가지로 범주 c도 여러 유형으로 나눈다. 이제 범주 r의 첫 번째 유형에 대해, 범주 c의 여러 유형의 빈도를 조사한다. 같은 식으로 범주 r의 두 번째 유형에 대해 범주 c의 여러 유형의 빈도를 조사한다. 이어서 세 번째, 네 번째 유형에 대해서도 같은 조사를 하게 된다.

여기서 검정의 주제는 범주 r에 대해 범주 c의 유형들이 같은 빈도로 나타나는지 아니면 유형간에 빈도의 차이가 있는지가 된다. 따라서 이 검정을 동일성 검정이라고 부른다.

앞의 예를 다시 보면 성별이라는 범주(변수)와 혈압이라는 범주(변수)라는 두 개의 범주가 주어져 있다. 여기에서 먼저 성별의 첫 번째 유형인 남자에 대해서 고혈압군, 정상혈압군, 저혈압군의 비율을 조사할 수 있다. 마찬가지로 성별의 두 번째 유형인 여자에 대해서도 고혈압군, 정상혈압군, 저혈압군의 비율을 조사할 수 있다. 이 때 남자와 여자 사이에 같은 혈압군의 빈도가 같은 비율로 나타나는지 아니면 다른 비율로 나타나는지가 검정의 주제가 된다.

(2) 검정 원리

검정의 목적과 주제는 다르지만 검정의 원리는 앞의 독립성 검정과 동일하다. 그러므로 귀무가설과 대립가설은 다음과 같이 주어진다.

- H_0: $p_{ij}=p_{i\cdot}\times p_{\cdot j}$, 여기서 $i=1, 2, \cdots, r$ 이고 $j=1, 2, \cdots, c$
- H_1: H_0 가 성립하지 않음.

검정의 기본원리는 앞의 검정들과 동일하다. 기대빈도와 관찰빈도를 비교하여 만일 둘 사이에 큰 차이가 있으면 귀무가설을 기각하고 그렇지 않으면 기각하지 않는 것이다. 따라서 역시 아래의 검정통계량에 대해 chi-square 검정을 하게 된다.

$$\text{검정통계량: } \sum_{i=1}^{r}\sum_{j=1}^{c}\frac{(O_{ij}-E_{ij})^2}{E_{ij}}$$

예제

학년과 성별에 대한 조사를 바탕으로 학년이라는 범주에 대하여 성별이라는 범주의 유형들이 같은 빈도로 나오는지를 확인하려고 한다. 이 검정을 위해 다음의 관찰빈도 데이터를 얻었다.

	1학년	2학년	3학년	합
남자	309	256	290	855
여자	277	264	269	810
합	586	520	559	1665

이어서 학년 범주에 대하여 성별 범주의 유형들이 동일한 빈도로 나온다면, 즉 귀무가설이 사실이라면 기대빈도와 관찰빈도를 비교한 결과는 다음의 표와 같이 나오게 된다. 예를 들어 남자이면서 1학년인 경우에 관찰빈도는 309이고, 기대빈도는 P(남자$\cap$1학년) = $n\cdot P$(남자)$\cdot P$(1학년) = 1665•855/1665•586/1665 = 301이 된다. 이런 식으로 모든 경우에 대해 기대빈도와 관찰빈도의 차이를 계산할 수 있다.

	1학년	2학년	3학년	합
남자	309	256	290	855
	300.92	267.023	287.05	
여자	277	264	269	810
	285.08	252.97	271.95	
합	586	520	559	1665

이제 위의 표를 바탕으로 검정통계량 χ^2은 다음과 같이 계산된다.

$$\chi^2=\sum_{i=1}^{k}\frac{(x_i-e_i)^2}{e_i}=0.820$$

이 통계량은 자유도 $(2-1)\times(3-1)=2$인 χ^2 분포를 따르고 이 때의 유의확률 p-value는 0.663이 된다. 이 값은 매우 큰 값이므로 유의수준에 상관없이 귀무가설을 채택한다. 모든 학년에서 성별의 분포가 비슷하게 나온다고 볼 수 있는 것이다.

연습문제

▣ 개념이해 문제

1. 비모수 분석에서 비모수(non-parametric) 또는 분포무관(distribution-free)의 의미를 설명하시오.

2. 모수 분석의 검정력이 떨어지기 때문에 비모수 분석을 사용해야 하는 대표적 경우(데이터의 특성)를 나열하시오.

3. 모수 분석과 비교하여 비모수 분석의 차별적 특성을 제시하시오.

4. 모수 분석과 비교하여 비모수 분석의 장점과 단점을 설명하시오.

5. 비모수 분석에서 사용되는 다음 세 가지의 대표적 통계량을 이용하여 검정을 수행하는 기본 원리를 설명하시오.

   (1) 부호(sign)

   (2) 부호순위(signed rank)

   (3) 순위합(rank sum)

6. 다음의 모수 검정에 대응하는 비모수 검정의 기법을 제시하시오.

   (1) 단일 모집단 평균(mean) 검정: t 검정 또는 Z 검정

   (2) 두 모집단 평균(mean) 비교 검정: t 검정 또는 Z 검정

   (3) 복수 모집단 평균(mean) 비교 검정: 일원배치 분산분석(one-way CRD)

   (4) 복수 모집단 평균(mean) 비교 검정: 이원배치 분산분석(two-way RBD)

7. 모수 θ에 대한 귀무가설의 기준값 θ_0이 주어졌을 때, 비모수 부호검정(sign test)의 원리와 기준에 대해 설명하시오.

8. 모수 θ에 대한 귀무가설의 기준값 θ_0이 주어졌을 때, 윌콕슨(Wilcoxon) 부호순위 검정(signed rank test)의 원리와 기준에 대해 설명하시오.

9. 윌콕슨(Wilcoxon) 부호순위 검정에서 표본의 크기가 n일 때 검정통계량 W에 대한 검정의 임계값(critical value)이 $n(n+1)/4$ 이 되는 이유를 설명하시오.

10. 귀무가설 $H_0 : \mu_A = \mu_B$에 관한 순위합 검정(rank sum test)에서 두 개의 표본 A와 B의 크기가 각각 n과 m일 때 맨-휘트니(Mann-Whitney) U 검정의 검정통계량 U_A에 대한 검정의 임계값(critical value)이 $mn/2$ 이 되는 이유를 설명하시오.

11. 범주형 자료(categorical data)의 검정에서는 각 범주 별로 나타나는 빈도(frequency)의 차이를 검정통계량으로 사용하는 이유를 설명하시오.

12. 범주형 자료에 대해 빈도의 차이를 기준으로 수행할 수 있는 대표적 검정 주제(종류)를 제시하시오.

13. 범주형 자료에 대해 빈도의 차이를 보는 검정은 chi-square(χ^2) 검정이 되는 이유를 설명하시오.

▣ 수리실습 문제

1. 다음의 자료에 대하여 유의수준 $\alpha = 0.05$에서 모평균이 80이라는 가설의 유의성을 부호 검정(sign test)을 통하여 검정하시오.

75 79 89 93 70 68 65 71

2. 다음의 자료에 대하여 유의수준 $\alpha = 0.05$에서 평균이 9보다 작은지의 여부를 정규분포로 근사한 부호 검정을 통하여 검정하시오.

7.5 9.7 8.8 10.0 7.0 8.5 7.2 8.8 7.2 5.7 7.4 9.1 8.5 5.2 7.7

3. 다음의 쌍체비교 자료에 대하여 유의수준 $\alpha = 0.05$ 에서 A 집합의 평균이 B 집합의 평균보다 크다는 주장을 정규분포로 근사한 부호검정을 통하여 검정하시오.

집합	1	2	3	4	5	6	7	8	9	10	11	12	13	14	15
A	7.5	9.7	8.8	10.0	7.0	8.5	7.2	8.8	7.2	5.7	7.4	9.1	8.5	5.2	7.7
B	8.2	5.8	9.4	7.6	9.6	6.4	5.6	6.3	6.5	6.8	6.8	7.5	9.7	9.0	5.6

4. 매일의 평균수요가 15개라는 예측의 신뢰성을 확인하기 위해 지난 17일간의 일일 판매량을 조사한 자료가 다음과 같이 주어져 있다. 유의수준 $\alpha = 0.05$ 에서 정규분포로 근사한 윌콕슨(Wilcoxon) 부호순위 검정을 통하여 예측의 신뢰성을 검정하시오.

10 10 15 16 17 13 14 11 19 19 18 15 14 12 13 13 20

5. 다음의 쌍체비교 자료에 대하여 유의수준 $\alpha = 0.05$ 에서 A 집합의 평균이 B 집합의 평균보다 크다는 주장을 정규분포로 근사한 윌콕슨(Wilcoxon) 부호순위 검정을 통하여 검정하시오.

집합	1	2	3	4	5	6	7	8	9	10	11	12	13	14	15
A	7.5	9.7	8.8	10.0	7.0	8.5	7.2	8.8	7.2	5.7	7.4	9.1	8.5	5.2	7.7
B	8.2	5.8	9.4	7.6	9.6	6.4	5.6	6.3	6.5	6.8	6.8	7.5	9.7	9.0	5.6

6. 다음의 자료는 A와 B의 두 집단에서 나온 시험 성적을 보여주고 있다. 유의수준 $\alpha = 0.05$ 에서 A 집단의 평균 성적이 B 집단의 평균보다 높다는 주장을 정규분포로 근사한 맨-휘트니(Mann-Whitney) 순위합 검정을 통하여 검정하시오.

A	67	74	76	71	68	70	74	68	63	77					
B	60	76	58	65	59	80	51	70	72	59	68	68	58	73	65

7. 다음에 주어진 자료는 새로운 약품을 첨가하기 전과 후의 농도를 비교한 데이터이다. 쌍체비교 자료에 대하여 유의수준 $\alpha = 0.1$ 에서 첨가 전의 농도가 첨가 후의 농도보다 더 낮은지를 다음의 검정방법을 이용하여 검정하고 그 결과를 비교하시오.

집합	1	2	3	4	5	6	7	8	9	10	11	12
A	3.7	8.0	3.8	7.9	2.3	4.5	9.4	6.9	3.6	7.0	4.4	5.4
B	4.2	7.9	5.6	4.4	3.9	5.4	9.5	5.5	4.3	4.5	5.8	8.2

(1) t 검정

(2) 윌콕슨(Wilcoxon) 부호순위 검정

8. 다음의 자료는 A와 B 두 가지 절삭기계에서 만들어진 부품의 두께를 나타내고 있다. 유의수준 $\alpha = 0.1$에서 두 기계 사이에 평균 두께의 차이가 있는지를 두 가지 서로 다른 검정방법을 통해 수행하고 결과를 비교하시오.

A	91	70	77	92	94	93	75	89	89			
B	68	83	77	86	72	63	75	89	89	93	70	78

(1) t 검정

(2) 맨-휘트니(Mann-Whitney) 순위합 검정

9. 새로 개발한 두 가지 조명등의 내구성을 비교하기 위해 각각 15개의 표본을 추출하여 수명을 측정한 결과 아래의 데이터를 얻었다. 유의수준 $\alpha = 0.05$에서 다음의 방법을 통해 검정을 수행하시오.

전구	1	2	3	4	5	6	7	8
A	1,050	1,110	805	774	1,315	960	1,055	1,254
B	908	1,140	832	1,260	696	735	892	1,635
전구	9	10	11	12	13	14	15	
A	1,420	852	1,152	1,212	1,540	626	765	
B	910	1,145	1,550	758	1,240	885	386	

(1) 쌍체비교에 의한 윌콕슨(Wilcoxon) 부호순위 검정을 통해 두 조명등의 내구성 차이를 검정하시오.

(2) 쌍체비교에 의한 t 검정을 통해 두 조명등의 내구성 차이를 검정하시오.

(3) 두 독립표본에 대한 맨-휘트니(Mann-Whitney) 순위합 검정을 통해 두 조명등의 내구성 차이를 검정하시오.

(4) 두 독립표본에 대한 t 검정을 통해 두 조명등의 내구성 차이를 검정하시오.

10. 다음의 자료는 A, B, C 세 가지 가공기계에서 만들어진 시제품의 중량을 나타내고 있다. 유의수준 $\alpha = 0.05$ 에서 가공기계 간에 평균 중량의 차이가 있는지를 크루스칼-왈리스(Kruskal-Wallis) 검정을 통하여 검정하시오.

A	172	151	170	165	195	165	156	169	195	
B	174	147	145	135	183	186	160	178	141	154
C	158	154	162	196	162	180	163			

11. 아래의 자료는 네 가지 실험군에서 수확한 작물의 길이를 보여주고 있다. 실험군 사이에 평균 길이에 차이가 있는지의 여부를 유의수준 $\alpha = 0.05$ 에서 두 가지 서로 다른 검정방법을 통해 수행하고 결과를 비교하시오.

실험군 A	실험군 B	실험군 C	실험군 D
155	147	152	137
147	153	160	129
134	165	161	141
122	131	166	158
131	147	162	135
139	164	164	158
119	166	153	137
140	150	156	140

(1) 모수검정의 분산분석(ANOVA)

(2) 비모수검정의 크루스칼-왈리스(Kruskal-Wallis) 검정

12. 다음의 표는 4종류(k=4)의 생산방식에 대해 각각의 생산량을 보여주고 있다. 방식간에 생산량의 차이가 있는지를 검증하는 과정에서 다섯 군데에 흩어져 있는 생산공장을 블록(b=5)으로 처리하였다.

	방식 1	방식 2	방식 3	방식 4	평균
공장 A	165	196	134	187	
공장 B	145	162	114	137	
공장 C	153	168	137	166	
공장 D	139	188	136	172	

공장 E	162	176	148	161	
평균					

(1) 네 종류의 방식간에 생산량의 차이가 있는지를 유의수준 $\alpha = 0.05$ 에서 블록 설계에 대한 분산분석(ANOVA)으로 검정하시오.

(2) 같은 문제에 대해 비모수 통계의 프리드만(Friedman) 검정을 수행한 후 결과를 비교하시오.

13. 어느 염색공장에서 만들어지는 색상의 결점 수가 포아송 분포를 따르는지를 확인하기 위해 적합도(goodness-of-fit) 검정을 수행하려고 한다. 100개의 롤(rool)을 추출하여(n=100) 결점의 수를 조사한 아래의 데이터를 이용하여 유의수준 $\alpha = 0.05$ 에서 검정을 수행하시오.

결점수	0	1	2	3	4
빈도	54	24	11	7	4

14. 다음 두 가지 경우에 대해 100개의 표본을 추출하여(n=100) 적합도 검정을 수행하는 절차와 기준을 설명하시오.

(1) 가공공정에서 나오는 부품의 중량이 정규분포를 따르는지를 검정

(2) 가공기계가 마모되어 교체하는데 걸리는 시간이 지수분포를 따르는지를 검정

15. 부품의 작업시간을 오전, 오후, 야간, 심야의 4가지로, 가공방식을 A, B, C의 3가지로 나누어 생산하여 아래의 표와 같은 자료를 얻었다. 유의수준 $\alpha = 0.05$ 에서 작업시간과 가공방식은 서로 독립(independence)이라는 가설에 대한 검정의 결론을 제시하시오.

작업 시간	가공방식			계
	A	B	C	
오전	15	112	11	
오후	36	168	6	
야간	14	85	10	
심야	12	66	9	
계				

16. 어느 기업에서 도입하려고 하는 3가지 사원복지 프로그램에 대해 직종간에 선호도의 차이가 있는지를 검정하기 위해 사무직, 생산직, 영업직에서 각각 200명의 표본을 만들어 개인이 선호하는 프로그램을 조사한 결과가 아래의 표에 주어져 있다. 유의수준 $\alpha = 0.05$ 에서 직종간에 선호도의 차이가 없다는 주장에 대해 (동일성)의 유의성을 검정하시오.

	프로그램 1	프로그램 2	프로그램 3	합
사무직	70	62	68	200
생산직	85	70	45	200
영업직	72	70	58	200

▣ 조사실습 문제

1. 실제 현장에서 비모수 분석을 통해 통계분석을 수행한 사례들을 3개 이상 찾아서

(1) 각각의 사례에서 왜 비모수 분석을 사용하였는지

(2) 구체적으로 어떤 비모수 분석기법을 사용하였는지를 서술하시오.

2. 아래의 데이터에 대해 전통적인 모수분석 대신 비모수분석을 활용한 사례들을 찾아서 그 배경과 내용을 정리하여 서술하시오.

(1) 벤처기업 데이터

(2) 실험효과 데이터

(3) 구매행동 데이터

3. 온라인 컨텐츠 서비스에 관한 사용자 조사자료를 하나 찾아서 아래의 과제를 수행하시오.

(1) 주 이용 사이트의 유무 여부와 특정 요금제 사용 여부간에 유의적인 관련성이 있는지를 검정하시오.

(2) 검정결과의 의미를 제시하시오.

4. 이동통신 서비스 이용자를 대상으로 하는 조사자료를 하나 찾아서 아래의 과제를 수행하시오.

(1) 어떤 서비스(A 서비스) 이용 여부와 다른 서비스(B 서비스) 이용 여부간에 유의적인 관련성이 있는지를 검정하시오.

(2) 검정결과의 의미를 제시하시오.

APPENDIX

부록

STATISTICS

contents

부록 1 소프트웨어 사용 매뉴얼

1. 데이터 입력하기와 불러오기

여기에서는 SPSS 버전 23.0을 기준으로 하였으며, 버전에 따라 사용법이 부분적으로 다를 수 있다. 자세한 사항은 SPSS 공식 홈페이지에서 확인할 수 있다. 데이터 입력은 두 가지 방법을 통해 수행할 수 있다. 하나는 직접 입력하는 방법이고 다른 하나는 이미 존재하고 있는 데이터 파일을 불러오는 방법이다. 본문에서 설명한 '사람 데이터'를 바탕으로, 데이터를 입력하는 방법과 데이터를 불러오는 방법을 알아보자.

1.1 입력하기

데이터를 다음과 같이 직접 입력할 수 있다. 데이터 변수명과 데이터 특성은 [변수 보기] 탭에서 변경할 수 있다.

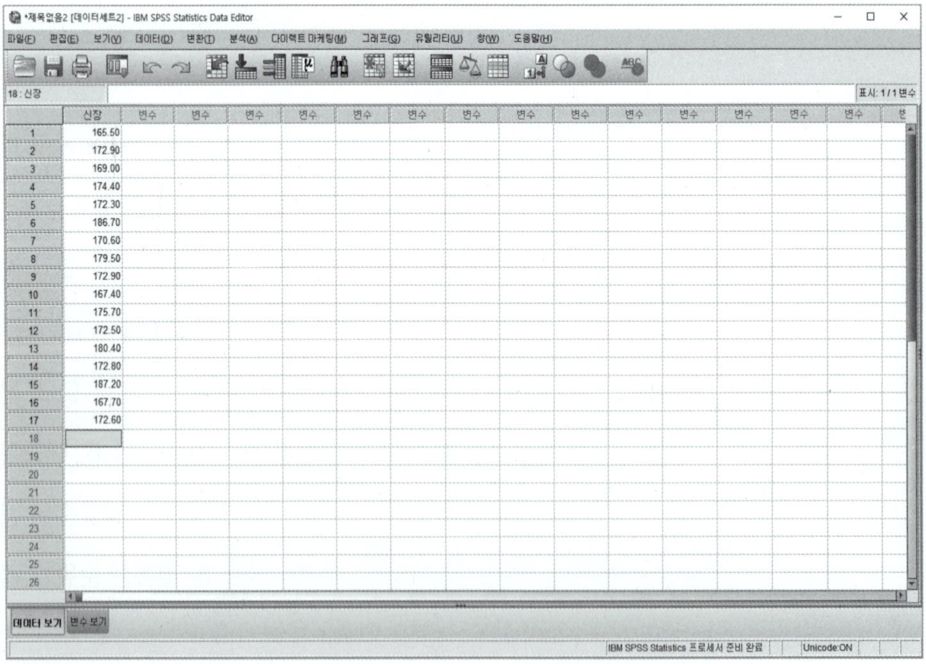

1.2 불러오기

SPSS를 실행하면 기존에 활용했던 데이터를 불러올 수 있는 도움창이 뜬다. 그 외에 사용법 설명이나 모듈에 대한 설명을 볼 수 있다.

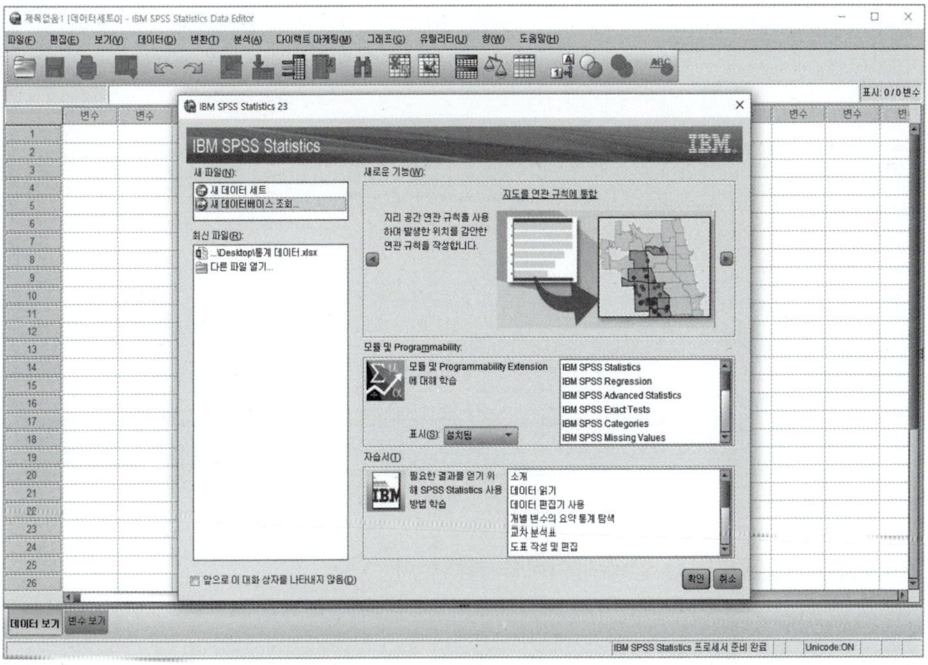

(1) 데이터를 불러오기 위해서는 [파일] 탭을 클릭한다.

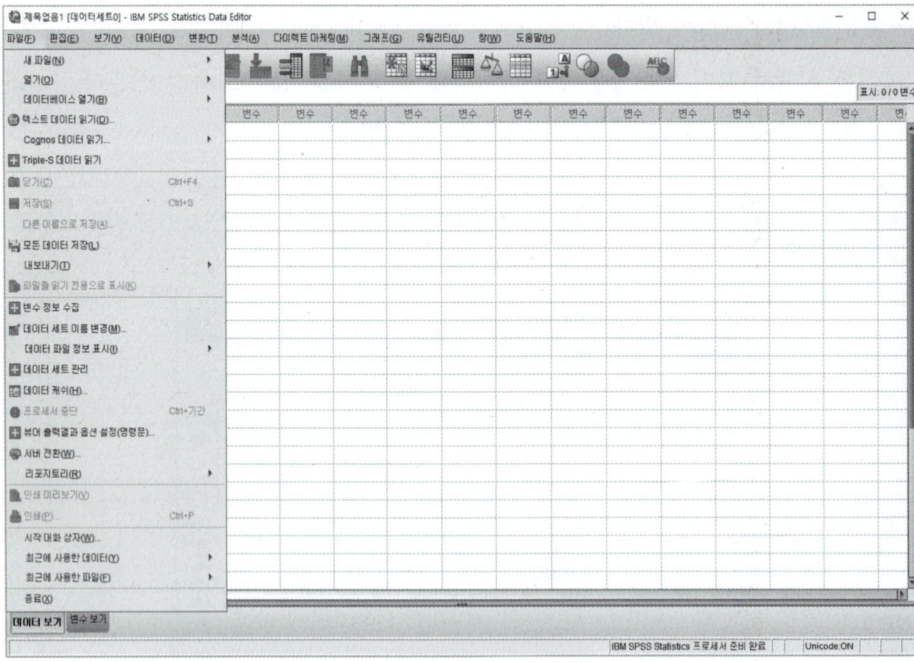

(2) [파일]에서 [열기] 탭 안에 데이터를 클릭한다.

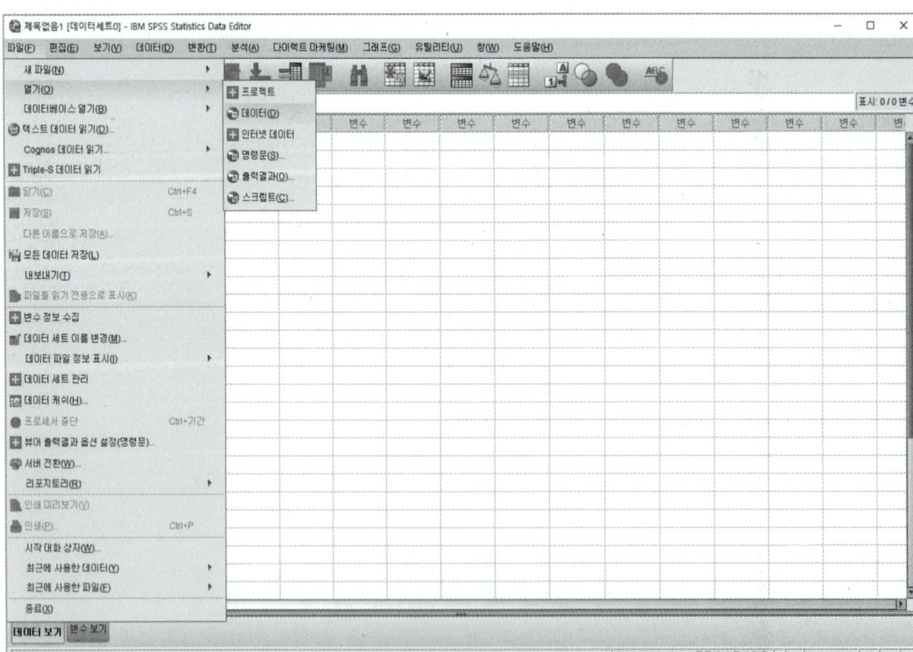

(3) 다음과 같은 창이 열리면 데이터파일의 확장자를 선택하여 연다. 기본적으로는 sav 파일이 지정되어 있으며, excel 파일을 사용시 하단의 팝업 링크를 통해 Excel을 선택하고 열 파일의 디렉터리를 따라 파일을 연다.

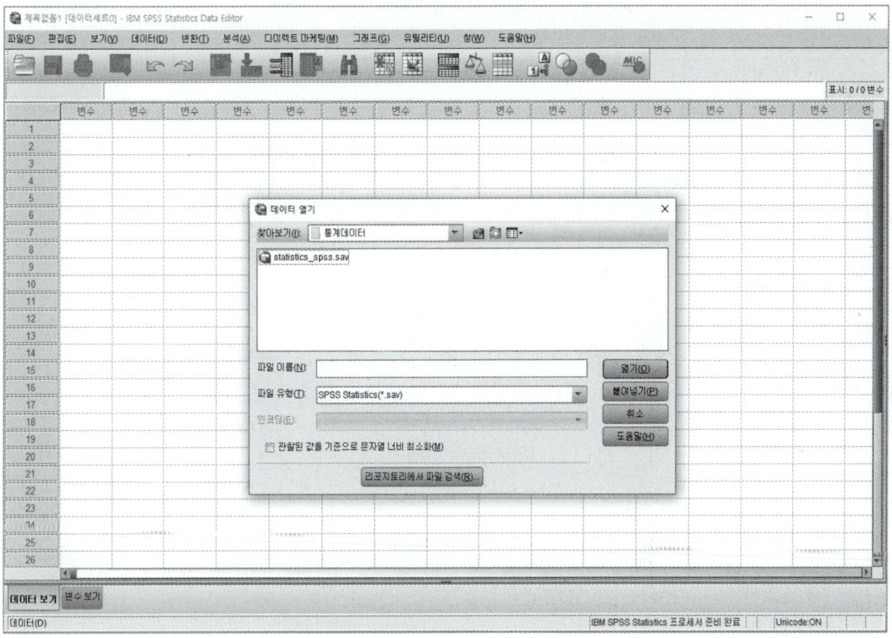

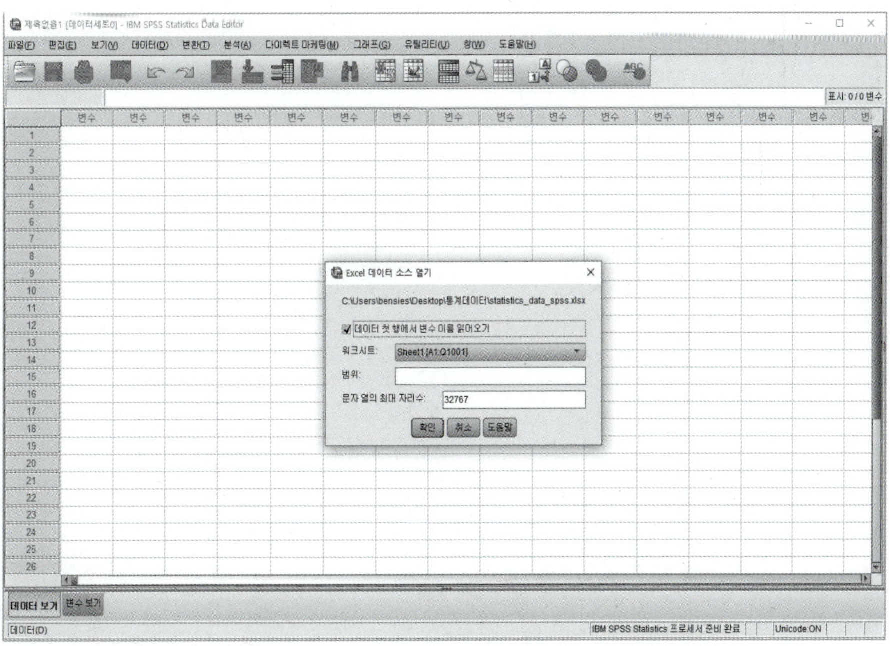

(4) 열 파일이 1행에 변수명이 정리되어 있을 경우 사용할 수 있다. 지정하지 않고 데이터를 불러와도 불러온 후 변수명 지정이 가능하다.

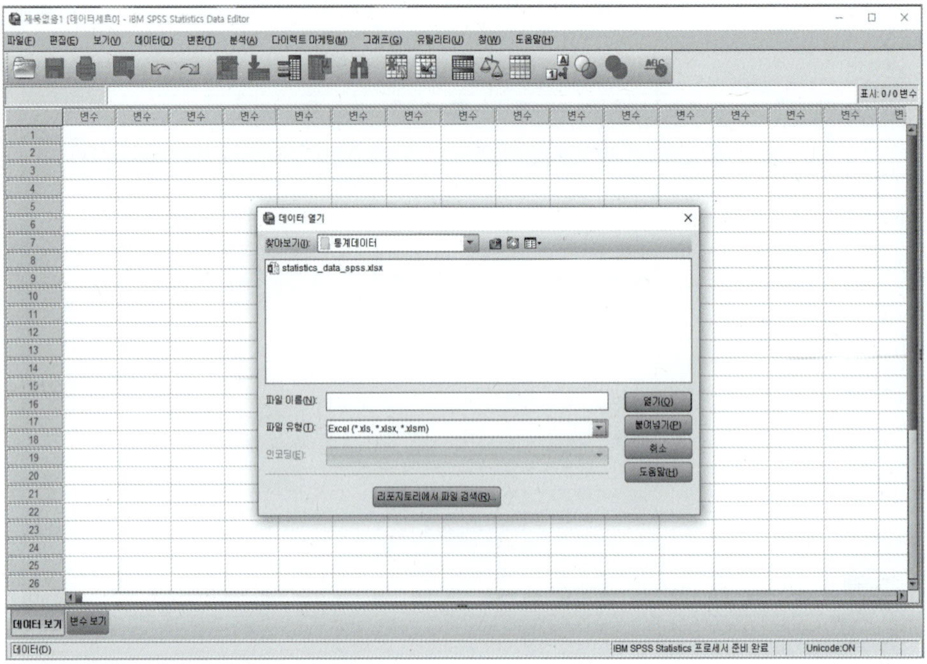

(5) 다음과 같이 데이터가 불러와진다.

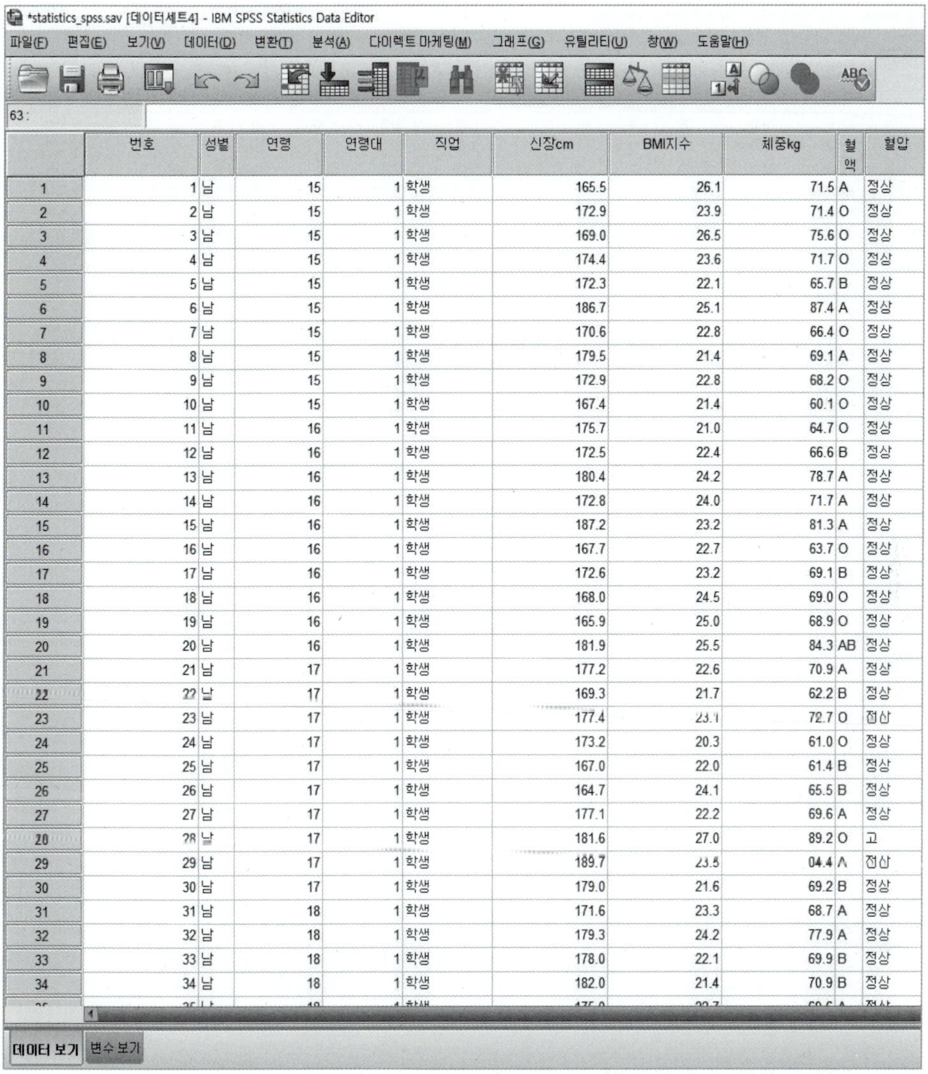

	번호	성별	연령	연령대	직업	신장cm	BMI지수	체중kg	혈액	혈압
1	1	남	15	1	학생	165.5	26.1	71.5	A	정상
2	2	남	15	1	학생	172.9	23.9	71.4	O	정상
3	3	남	15	1	학생	169.0	26.5	75.6	O	정상
4	4	남	15	1	학생	174.4	23.6	71.7	O	정상
5	5	남	15	1	학생	172.3	22.1	65.7	B	정상
6	6	남	15	1	학생	186.7	25.1	87.4	A	정상
7	7	남	15	1	학생	170.6	22.8	66.4	O	정상
8	8	남	15	1	학생	179.5	21.4	69.1	A	정상
9	9	남	15	1	학생	172.9	22.8	68.2	O	정상
10	10	남	15	1	학생	167.4	21.4	60.1	O	정상
11	11	남	16	1	학생	175.7	21.0	64.7	O	정상
12	12	남	16	1	학생	172.5	22.4	66.6	B	정상
13	13	남	16	1	학생	180.4	24.2	78.7	A	정상
14	14	남	16	1	학생	172.8	24.0	71.7	A	정상
15	15	남	16	1	학생	187.2	23.2	81.3	A	정상
16	16	남	16	1	학생	167.7	22.7	63.7	O	정상
17	17	남	16	1	학생	172.6	23.2	69.1	B	정상
18	18	남	16	1	학생	168.0	24.5	69.0	O	정상
19	19	남	16	1	학생	165.9	25.0	68.9	O	정상
20	20	남	16	1	학생	181.9	25.5	84.3	AB	정상
21	21	남	17	1	학생	177.2	22.6	70.9	A	정상
22	22	남	17	1	학생	169.3	21.7	62.2	B	정상
23	23	남	17	1	학생	177.4	23.1	72.7	O	정상
24	24	남	17	1	학생	173.2	20.3	61.0	O	정상
25	25	남	17	1	학생	167.0	22.0	61.4	B	정상
26	26	남	17	1	학생	164.7	24.1	65.5	B	정상
27	27	남	17	1	학생	177.1	22.2	69.6	A	정상
28	28	남	17	1	학생	181.6	27.0	89.2	O	고
29	29	남	17	1	학생	189.7	23.5	84.4	A	정상
30	30	남	17	1	학생	179.0	21.6	69.2	B	정상
31	31	남	18	1	학생	171.6	23.3	68.7	A	정상
32	32	남	18	1	학생	179.3	24.2	77.9	A	정상
33	33	남	18	1	학생	178.0	22.1	69.9	B	정상
34	34	남	18	1	학생	182.0	21.4	70.9	B	정상

(6) 다음과 같이 데이터 변수가 자동 지정되나 수동으로 변경할 수 있다.

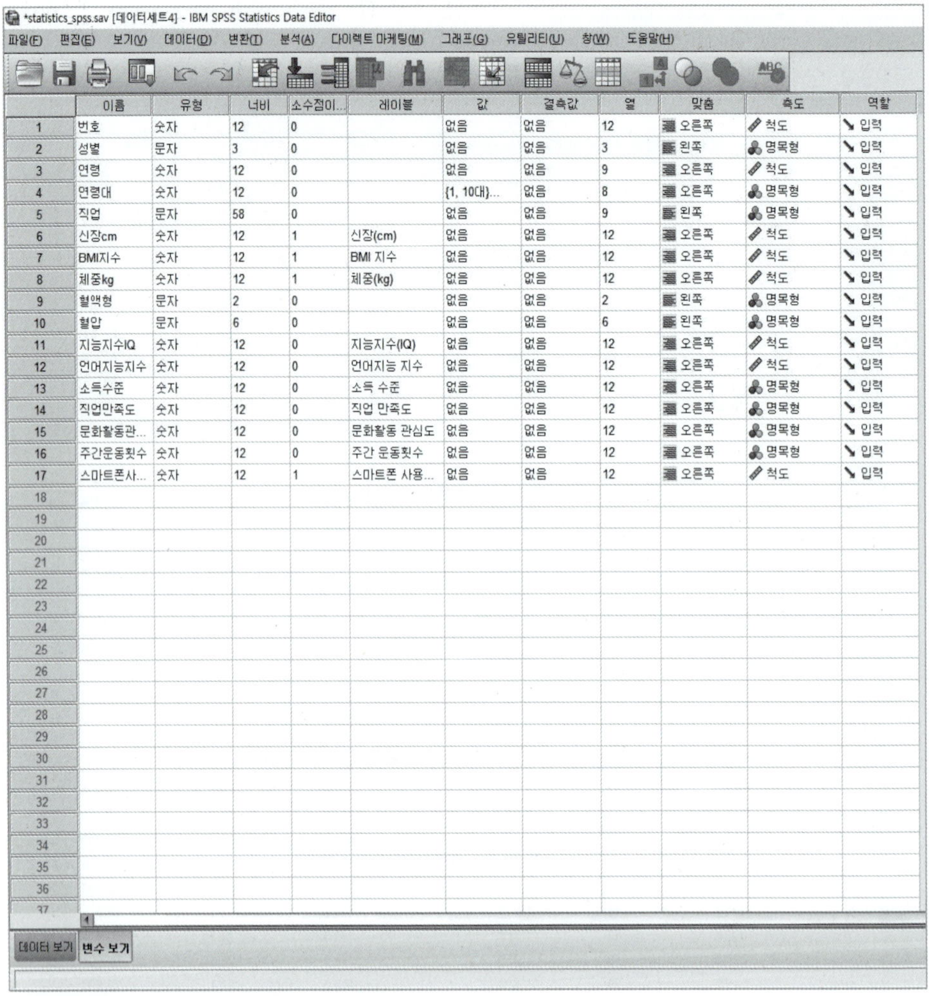

	이름	유형	너비	소수점이...	레이블	값	결측값	열	맞춤	측도	역할
1	번호	숫자	12	0		없음	없음	12	오른쪽	척도	입력
2	성별	문자	3	0		없음	없음	3	왼쪽	명목형	입력
3	연령	숫자	12	0		없음	없음	9	오른쪽	척도	입력
4	연령대	숫자	12	0		{1, 10대}...	없음	8	오른쪽	명목형	입력
5	직업	문자	58	0		없음	없음	9	왼쪽	명목형	입력
6	신장cm	숫자	12	1	신장(cm)	없음	없음	12	오른쪽	척도	입력
7	BMI지수	숫자	12	1	BMI 지수	없음	없음	12	오른쪽	척도	입력
8	체중kg	숫자	12	1	체중(kg)	없음	없음	12	오른쪽	척도	입력
9	혈액형	문자	2	0		없음	없음	2	왼쪽	명목형	입력
10	혈압	문자	6	0		없음	없음	6	왼쪽	명목형	입력
11	지능지수IQ	숫자	12	0	지능지수(IQ)	없음	없음	12	오른쪽	척도	입력
12	언어지능지수	숫자	12	0	언어지능 지수	없음	없음	12	오른쪽	척도	입력
13	소득수준	숫자	12	0	소득 수준	없음	없음	12	오른쪽	명목형	입력
14	직업만족도	숫자	12	0	직업 만족도	없음	없음	12	오른쪽	명목형	입력
15	문화활동관...	숫자	12	0	문화활동 관심도	없음	없음	12	오른쪽	명목형	입력
16	주간운동횟수	숫자	12	0	주간 운동횟수	없음	없음	12	오른쪽	명목형	입력
17	스마트폰사...	숫자	12	1	스마트폰 사용...	없음	없음	12	오른쪽	척도	입력

2. 기본적 통계분석 수행하기

2.1 중심 대표값 구하기

SPSS에서는 빈도분석을 통해 중심의 대표값들을 제공하는데, 이를 이용하여 평균과 중위수, 최빈수를 구할 수 있다. 여기서도 '사람 데이터'를 이용하기로 한다.

(1) 앞에서 설명한 방법과 같은 방법으로 데이터를 입력한다.

(2) 통계량을 구하기 위해 [분석] 탭에서 [기술통계량], [빈도분석] 탭 순서대로 실행한다.

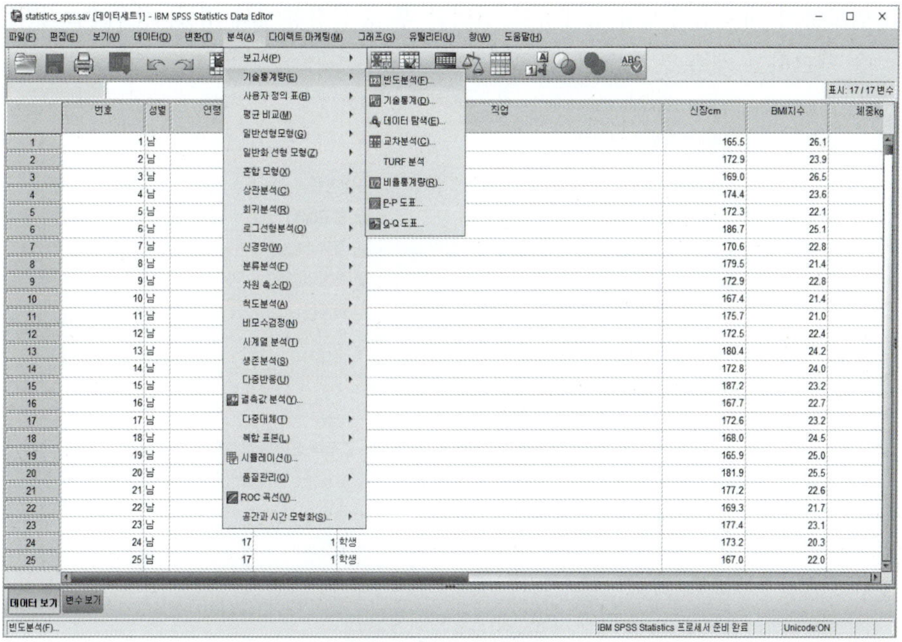

(3) 빈도분석 대화상자에서 〈변수〉란으로 신장을 이동시킨다.

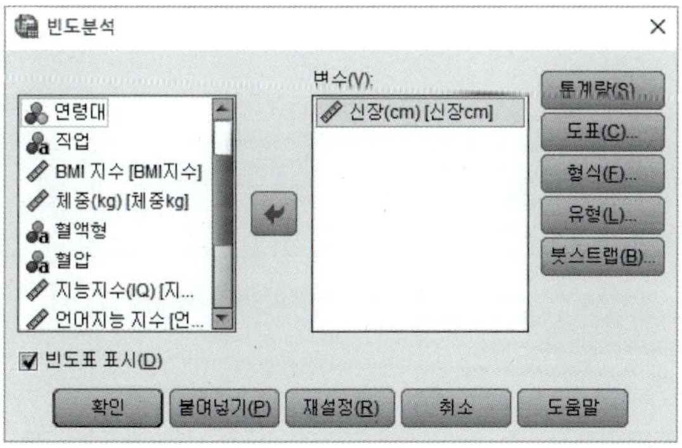

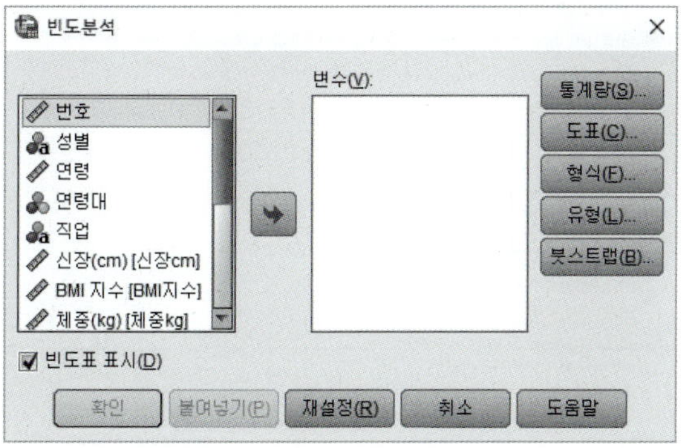

(4) 빈도분석 대화상자에서 통계량을 선택한 후 중심경향에서 평균, 중위수, 최빈값을 체크하고 계속을 누른다.

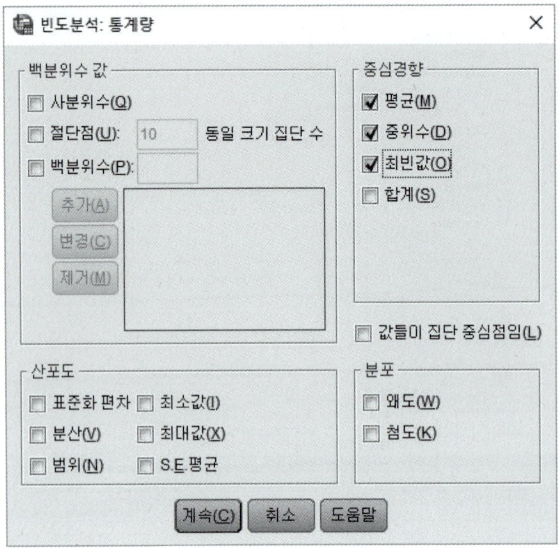

(5) 필요한 부분을 모두 지정한 후 확인을 눌러, 출력 결과창에 다음과 같은 분석결과를 얻는다.

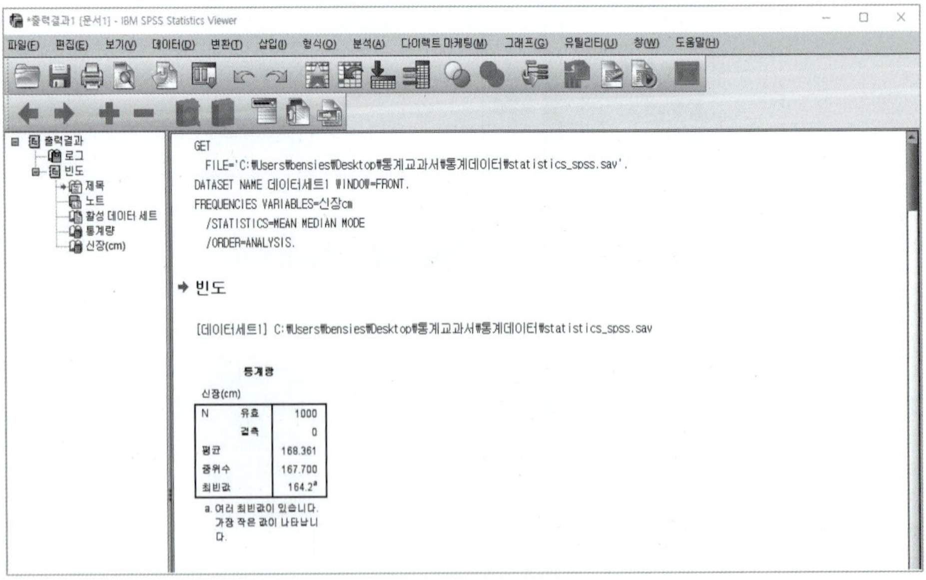

2.2 산포 대표값 구하기

SPSS에서는 기술통계를 통해 산포도를 알 수 있는 값들을 제공하는데, 이를 이용하여 표준편차와 분산, 범위 등의 산포도를 구할 수 있다. 여기서도 '사람 데이터'를 이용하기로 한다.

(1) 앞에서 제시된 방법과 같은 방법으로 데이터를 입력한다.

(2) 통계량을 구하기 위해 [분석] 탭에서 [기술통계량], [기술통계] 탭 순서대로 실행한다.

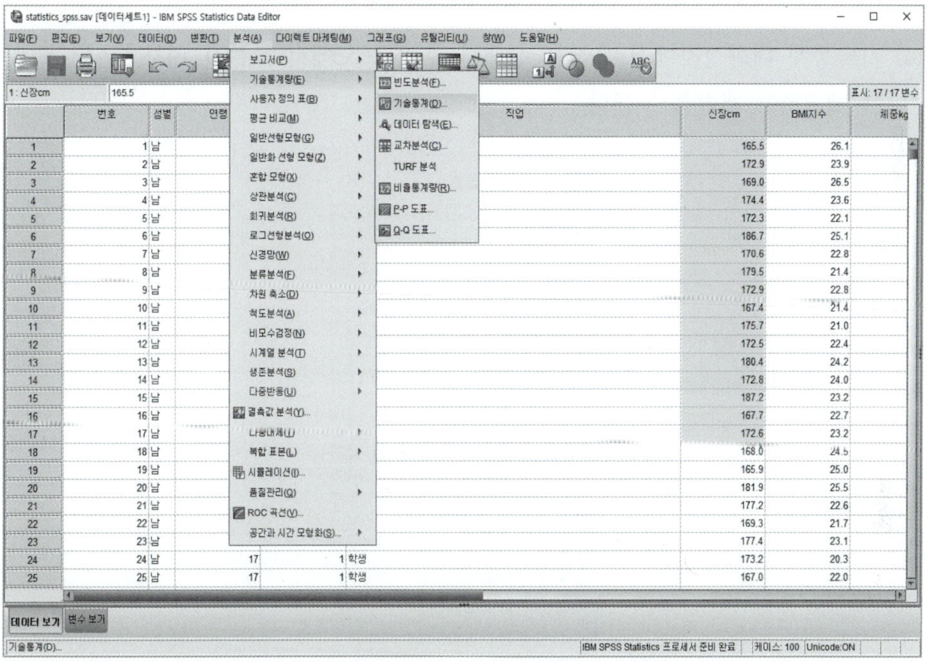

(3) 기술통계 대화상자에서 〈변수〉란으로 연령을 이동시킨다.

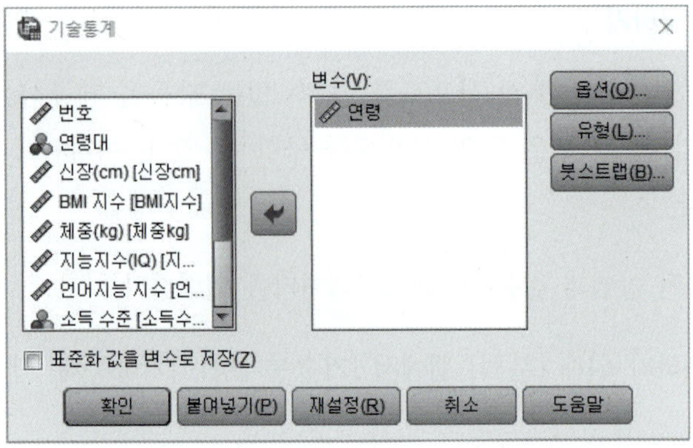

(4) 기술통계 대화상자에서 옵션을 선택한 후 산포도에서 표준화 편차, 분산, 범위를 체크하고 계속을 누른다.

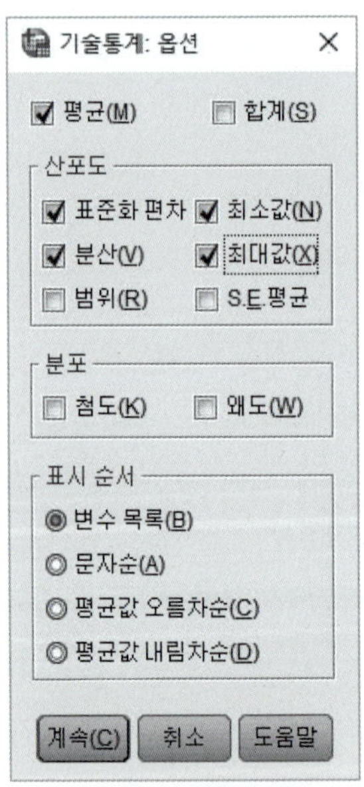

(5) 필요한 부분을 모두 지정한 후 확인을 눌러 출력 결과창에 다음과 같은 분석결과를 얻는다.

기술통계량

	N	최소값	최대값	평균	표준편차	분산
연령	1000	15	74	42.33	16.288	265.285
유효 N(목록별)	1000					

2.3 유용한 기술통계량 구하기

평균이나 분산 외에도 다음과 같은 통계량을 구하거나 도표를 그릴 수 있다.

2.3.1 상대적 위치의 측도: 100분위수, 10분위수, 4분위수

(1) 통계량을 구하기 위해 [분석] 탭에서 [기술통계량], [빈도분석] 탭 순서대로 실행한다.

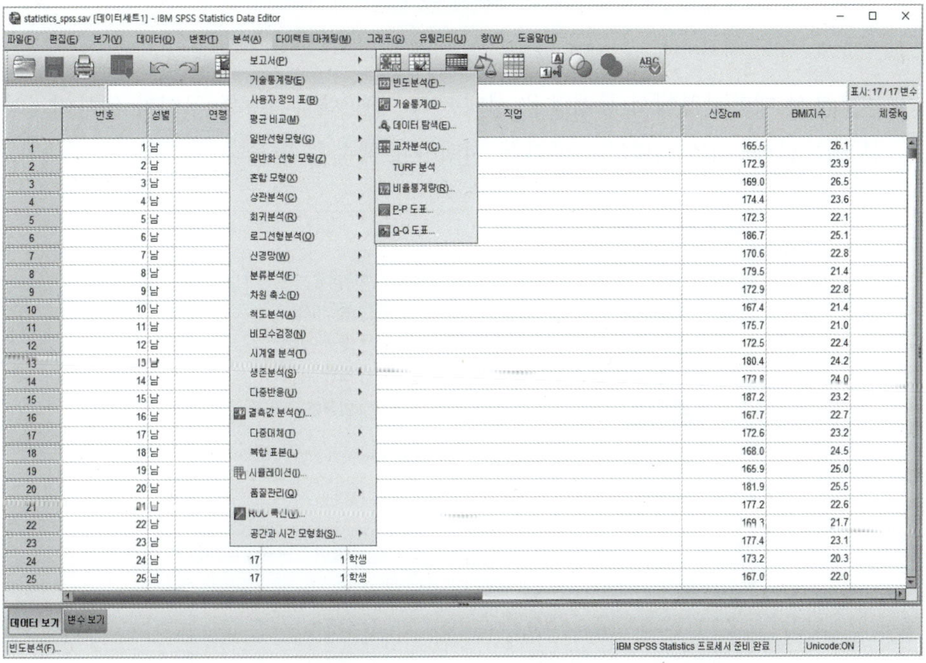

(2) 빈도분석 대화상자에서 〈변수〉란으로 신장을 이동시킨다.

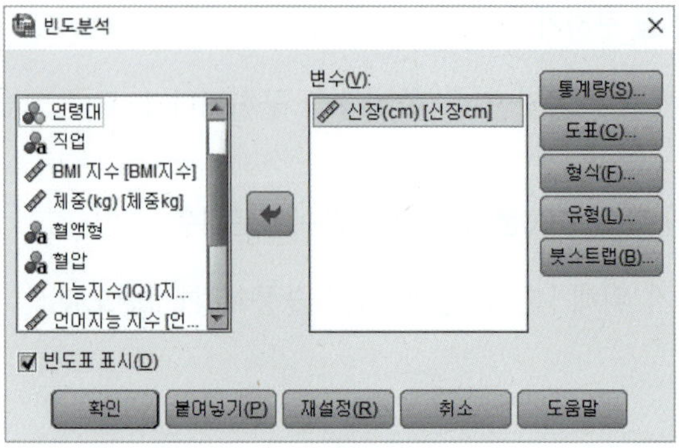

(3) 빈도분석 대화상자에서 통계량을 선택한 후 제60백분위수를 구하기 위하여 〈백분위수〉란에 60을 입력하고 추가를 선택하고 계속을 누른다.

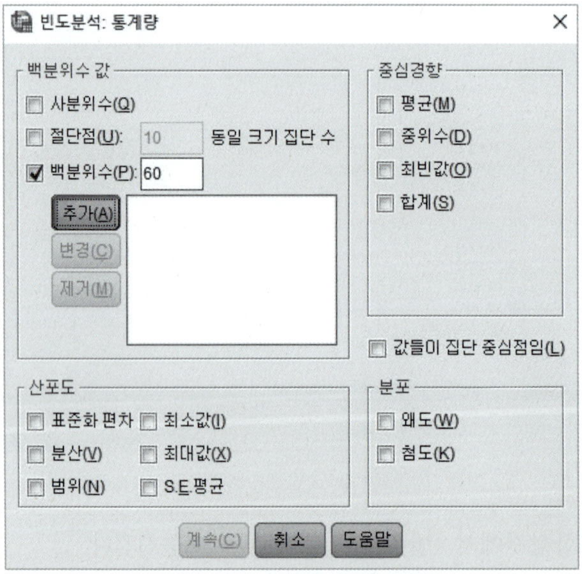

(4) 필요한 부분을 모두 지정한 후 확인을 눌러 출력 결과창에 다음과 같은 분석결과를 얻는다.

통계량

신장(cm)

N	유효	1000
	결측	0
백분위수	60	170.660

(5) 빈도분석 대화상자에서 통계량을 선택한 후 제3십분위수를 구하기 위하여 〈절단점〉란에 10을 입력하면 동일 크기 집단수가 10인 결과를 얻을 수 있다. 계속을 누른다.

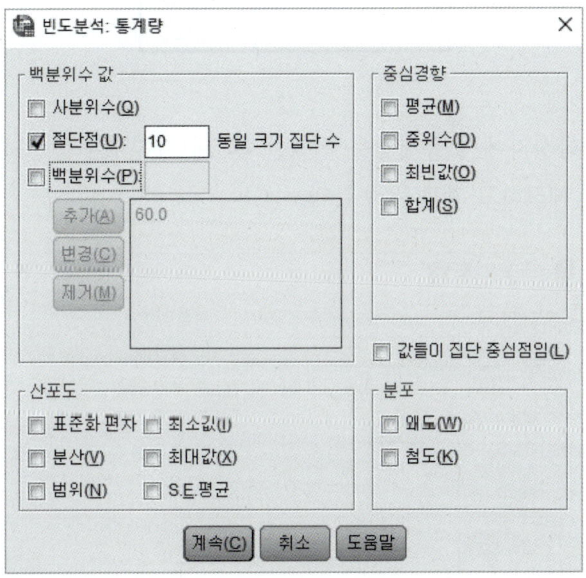

(6) 확인을 눌러 출력 결과창에 다음과 같은 분석결과를 얻는다.

통계량

신장(cm)

N	유효	1000
	결측	0
백분위수	10	155.900
	20	158.900
	30	161.600
	40	164.700
	50	167.700
	60	170.660
	70	174.200
	80	177.600
	90	182.100

(7) 빈도분석 대화상자에서 통계량을 선택한 후 제1사분위수를 구하기 위하여 〈사분위수〉란을 체크하고 계속을 누른다.

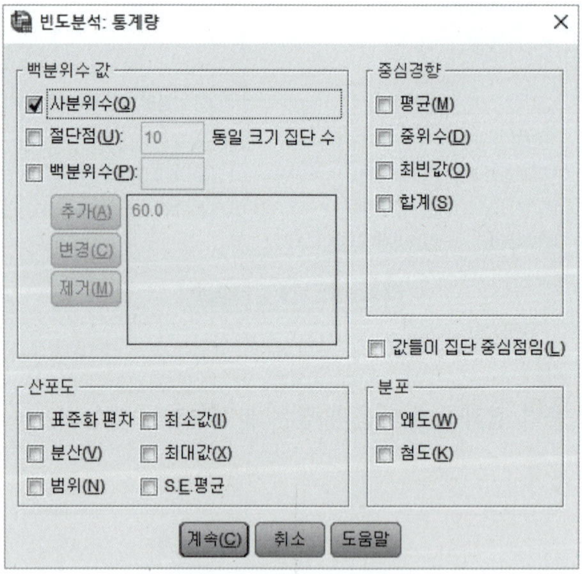

(8) 확인을 눌러 출력 결과창에 다음과 같은 분석결과를 얻는다.

통계량

신장(cm)

N	유효	1000
	결측	0
백분위수	25	160.225
	50	167.700
	75	176.000

2.3.2 상자그림

(1) 상자그림을 그리기 위하여 [그래프] 탭에서 [레거시 대화상자], [상자도표] 탭 순서대로 실행한다.

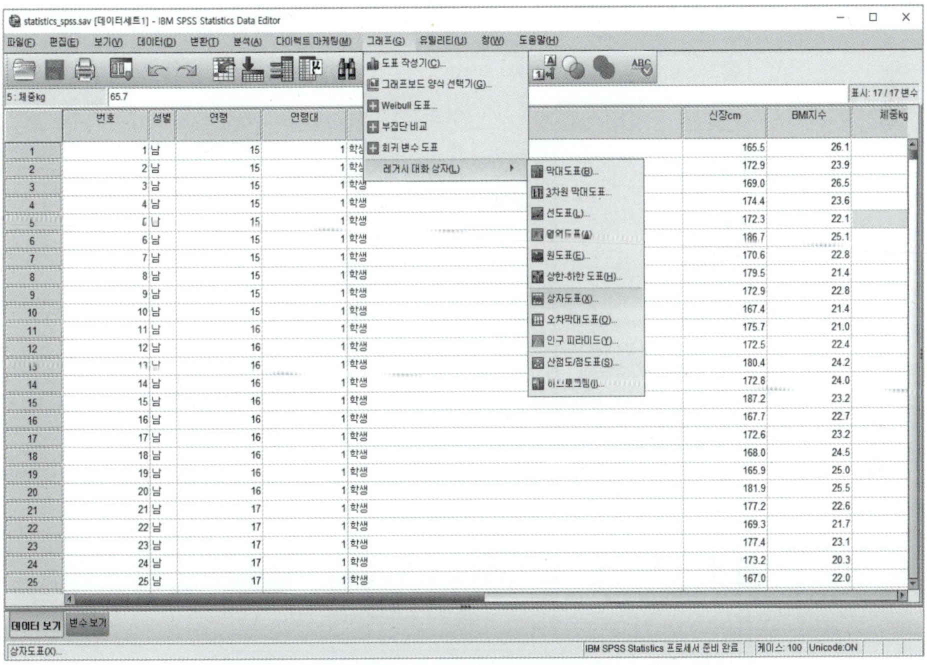

(2) 상자도표 작성 대화상자에서 개별 변수의 요약값을 클릭 후 정의를 누른다.

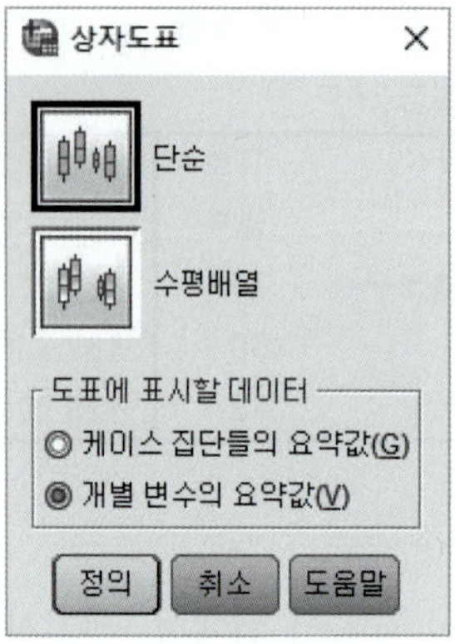

(3) 단순 상자도표 정의에서 BMI 지수와 체중을 상자표시로 이동시킨다.

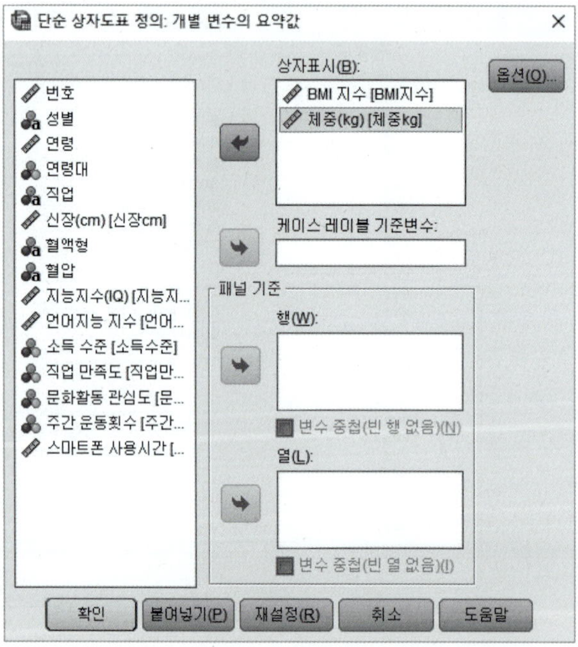

(4) 확인을 눌러 출력 결과창에 다음과 같은 상자도표를 얻는다.

케이스 처리 요약

	케이스					
	유효		결측		전체	
	N	퍼센트	N	퍼센트	N	퍼센트
BMI 지수	1000	100.0%	0	0.0%	1000	100.0%
체중(kg)	1000	100.0%	0	0.0%	1000	100.0%

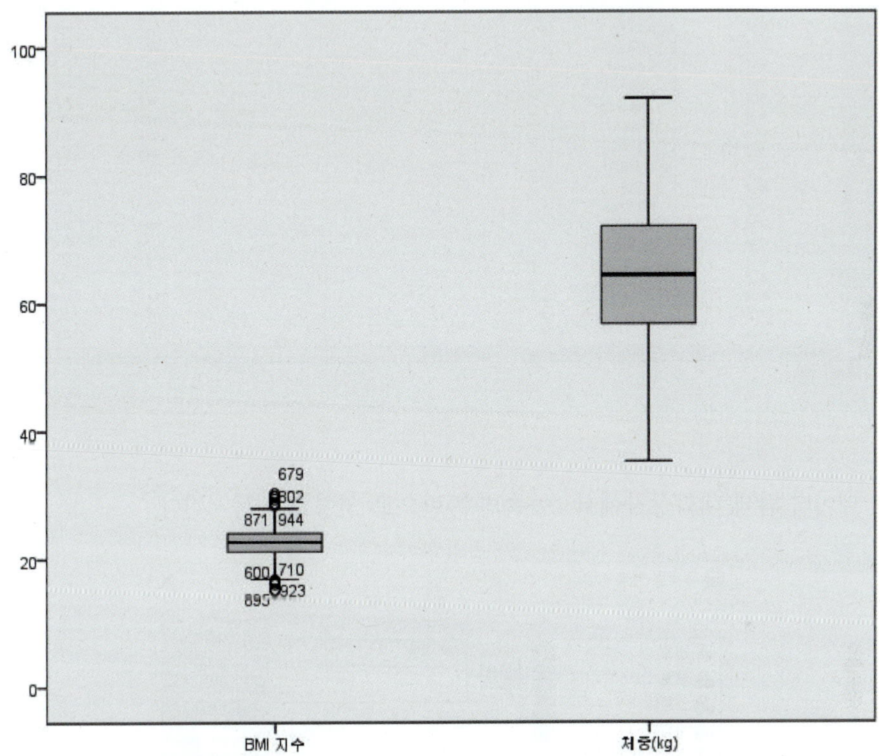

2.3.3 줄기잎 그림

(1) 줄기잎 그림을 그리기 위하여 위해 [분석] 탭에서 [기술통계량], [데이터 탐색] 탭 순서대로 실행한다.

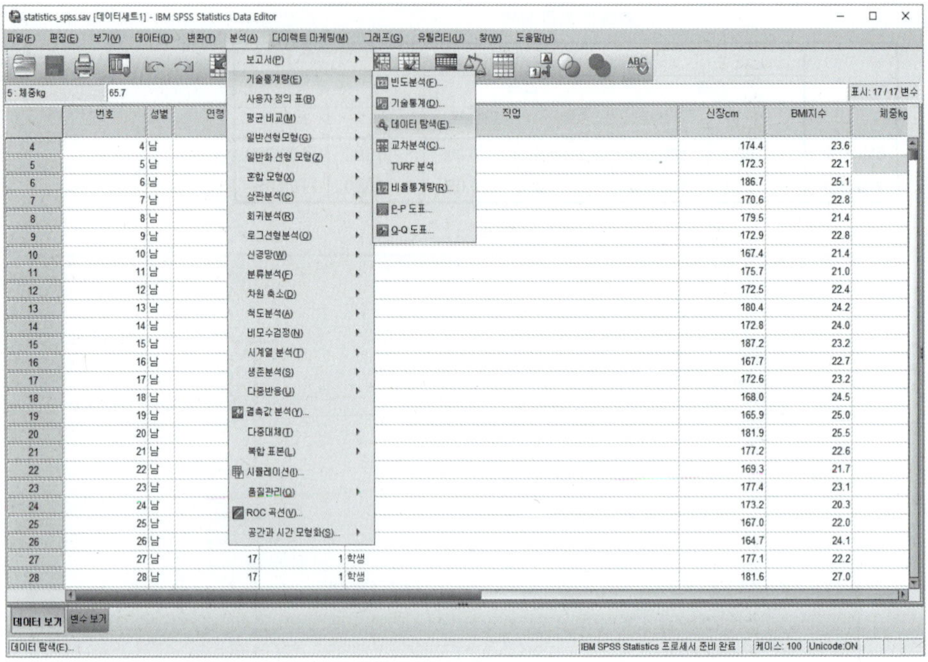

(2) 데이터 탐색 대화상자에서 〈종속변수〉란으로 연령을 이동시킨다.

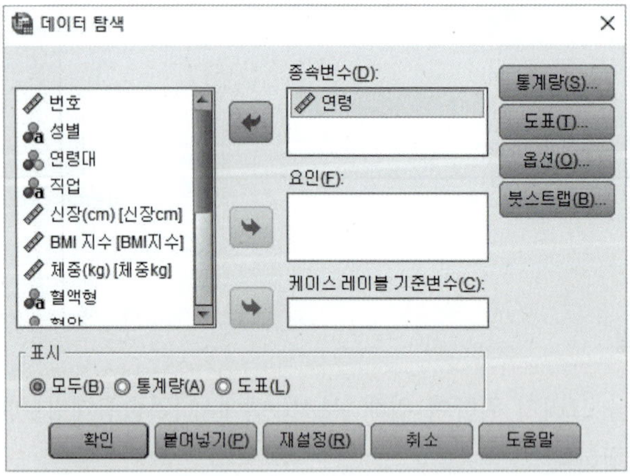

(3) 데이터 탐색 대화상자에서 우측상단의 도표를 선택한 후 줄기와 잎그림을 체크하고 계속을 누른다.

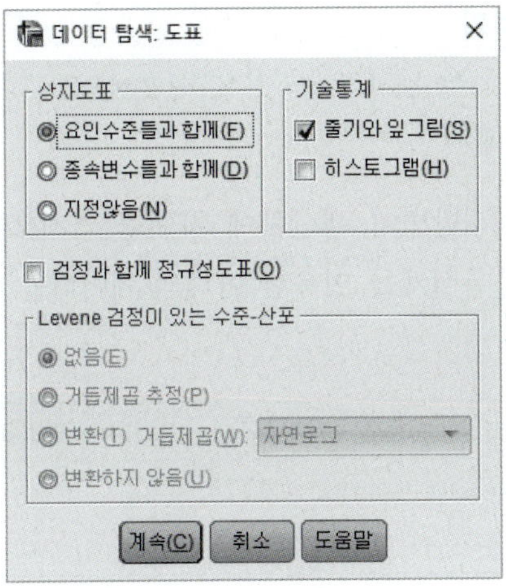

(4) 확인을 눌러 출력 결과창에서 다음과 같은 줄기잎 그림을 얻는다.

```
연령 줄기와 잎그림 도표

 구매빈도 Stem &  잎

      .00        1 .
    90.00        1 .  555555555666666666777777777888888888999999999
    85.00        2 .  000000001111111122222222233333333344444444
    90.00        2    555555555666666666777777777888888888999999999
    90.00        3 .  000000000111111111222222222333333333444444444
    95.00        3 .  55555555566666666667777777778888888888999999999
   100.00        4 .  00000000001111111111222222222233333333334444444444
   100.00        4 .  55555555556666666666777777777788888888889999999999
   100.00        5 .  00000000001111111111222222222233333333334444444444
    70.00        5 .  55555556666666777777788888889999999
    65.00        6 .  00000011111122222223333333444444
    60.00        6 .  555555666666777777888888999999
    55.00        7 .  000001111122222233333344444

 줄기 너비:       10
 각 잎:        2 케이스
```

3. 고급 통계분석 수행하기

3.1 블록설계 분산분석의 예

본문에 있는 세 가지 처리방법이 생산량에 차이를 가져오는지를 검정하는 문제로 돌아가보자. 이번에는 블록설계를 이용한 아래의 데이터를 바탕으로 분산의 구성을 살펴본다.

	방법 1	방법 2	방법 3	평균
블록 1	110	100	90	100
블록 2	105	95	90	96.67
블록 3	100	85	80	88.33
블록 4	95	80	70	81.67
평균	102.5	90	82.5	91.67

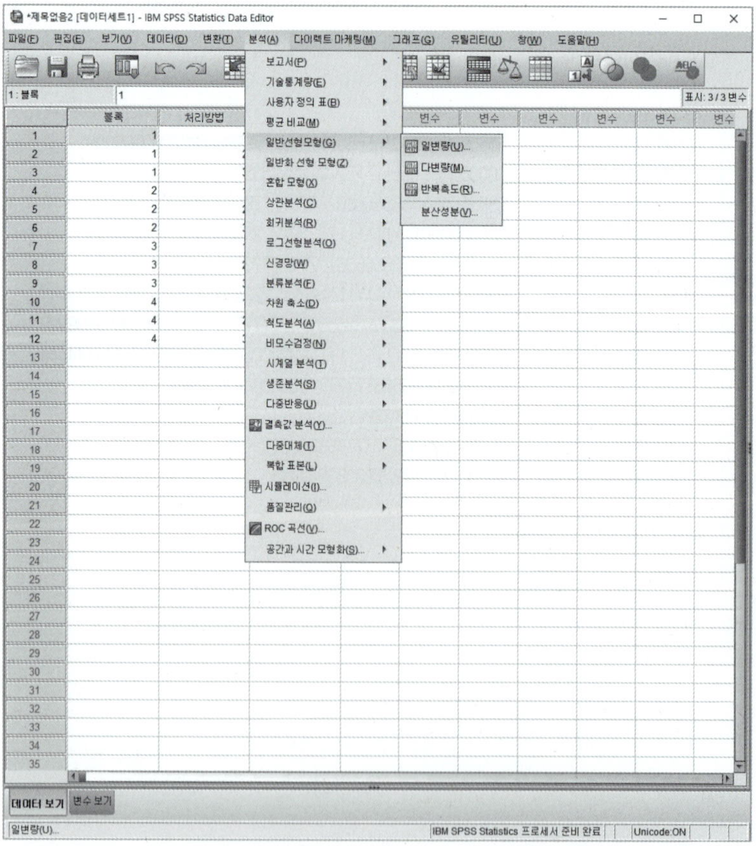

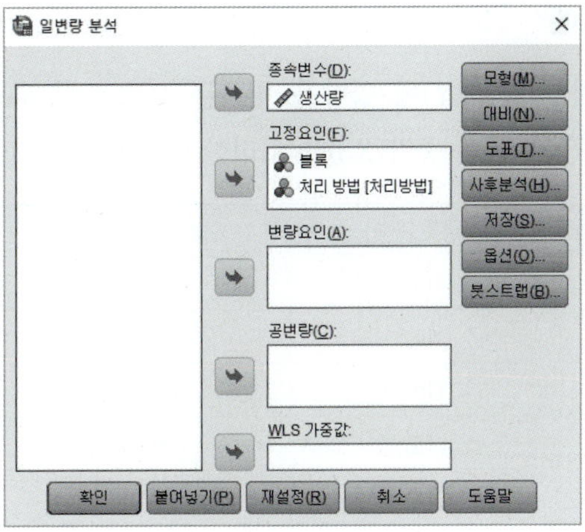

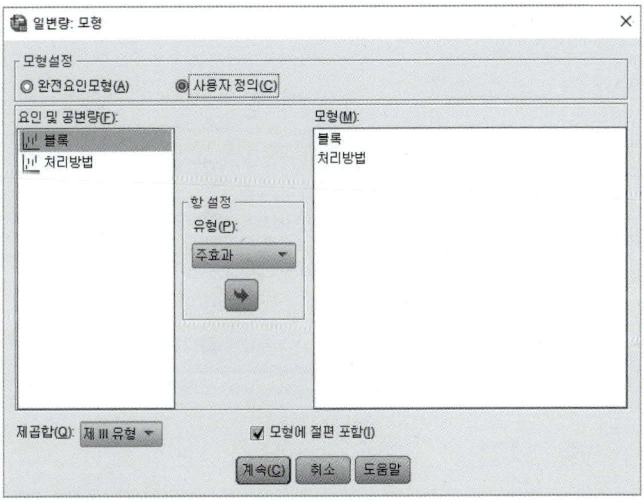

개체-간 효과 검정

종속변수: 생산량

소스	제 III 유형 제곱합	자유도	평균제곱	F	유의확률
수정된 모형	1433.333[a]	5	286.667	51.600	.000
절편	100833.333	1	100833.333	18150.000	.000
블록	616.667	3	205.556	37.000	.000
처리방법	816.667	2	408.333	73.500	.000
오차	33.333	6	5.556		
전체	102300.000	12			
수정된 합계	1466.667	11			

a. R 제곱 = .977 (수정된 R 제곱 = .958)

3.2 다중 회귀분석의 예

본문에 있는 에너지 사용량(Y)에 영향을 미치는 요소로서 부품당 가공횟수(X1), 부품당 이동거리(X2), 부품당 중량(X3)을 고려한 아래의 데이터를 보자.

에너지 사용량(Y)	가공횟수(X1)	이동거리(X2)	평균중량(X3)
105	15	82	28
88	11	77	32
110	16	102	22
120	18	99	18
90	12	83	21
86	11	104	24
101	13	100	21
110	15	98	18
96	9	106	25
88	8	98	29
98	11	92	31
104	15	88	23
92	12	96	26
112	18	84	22
105	16	98	20

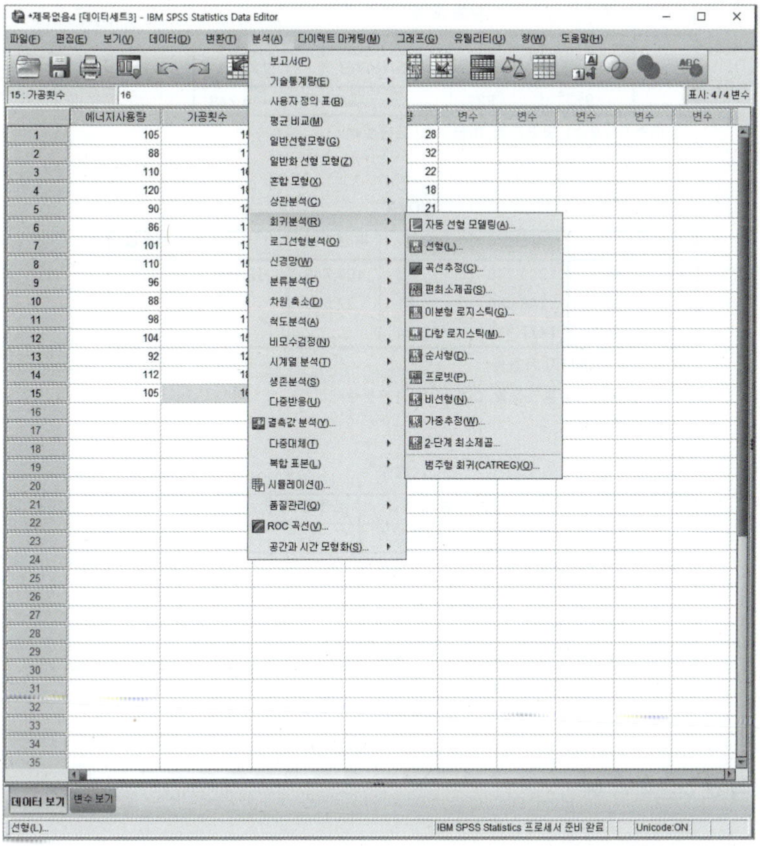

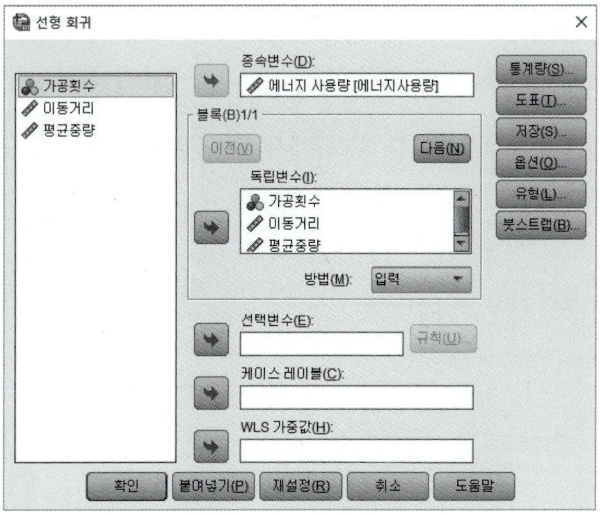

모형 요약

모형	R	R 제곱	수정된 R 제곱	추정값의 표준 오차
1	.912[a]	.832	.786	4.749

a. 예측자: (상수), 평균중량, 이동거리, 가공횟수

ANOVA[a]

모형		제곱합	자유도	평균제곱	F	유의확률
1	회귀	1229.248	3	409.749	18.168	.000[b]
	잔차	248.085	11	22.553		
	전체	1477.333	14			

a. 종속변수: 에너지 사용량

b. 예측자: (상수), 평균중량, 이동거리, 가공횟수

계수[a]

모형		비표준화 계수		표준화 계수	t	유의확률
		B	표준오차	베타		
1	(상수)	16.518	32.224		.513	.618
	가공횟수	3.374	.636	1.014	5.306	.000
	이동거리	.331	.183	.287	1.811	.097
	평균중량	.325	.473	.140	.687	.506

a. 종속변수: 에너지 사용량

3.3 계층적 군집분석의 예

100명의 소득수준과 문화생활관심도를 기준으로 계층적 군집분석을 수행하는 문제를 보자.

(1) 군집 분석의 기준이 될 변수 설정: 100명의 소득수준과 문화생활관심도 데이터

(2) 계층적 군집분석을 위하여 [분석] 탭에서 [분류분석], [계층적 군집분석] 탭 순서대로 실행한다.

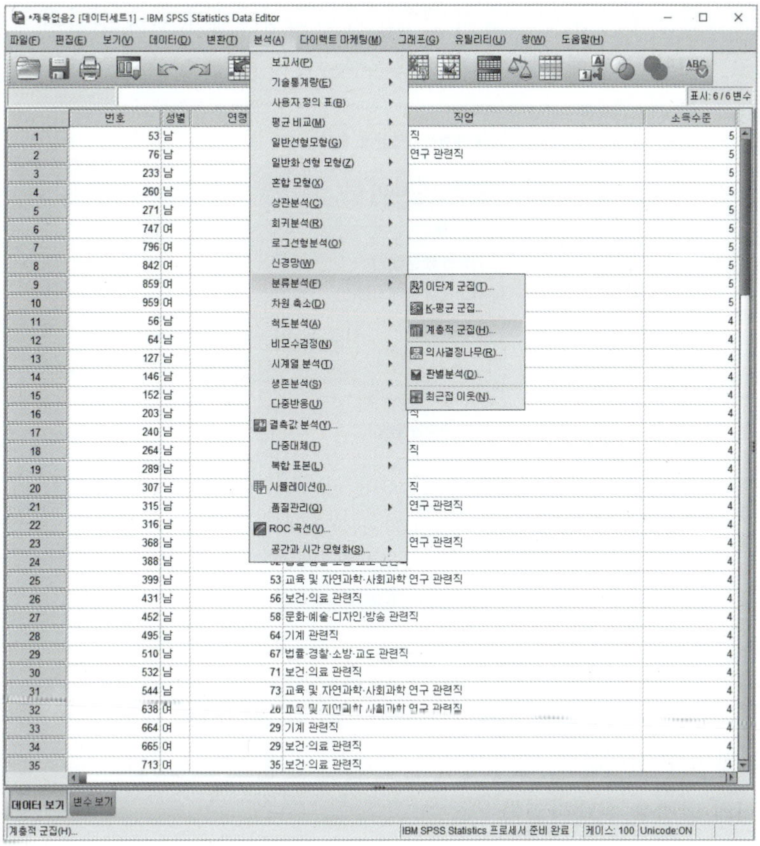

(3) 계층적 군집분석 대화상자에서 소득 수준, 문화활동 관심도 변수를 〈변수〉란에 선택하고, 〈케이스 레이블 기준변수〉란에는 명목형 문자 변수를 선택한다. 본 예제에서는 직업을 케이스 레이블 기준변수로 선택하였다.

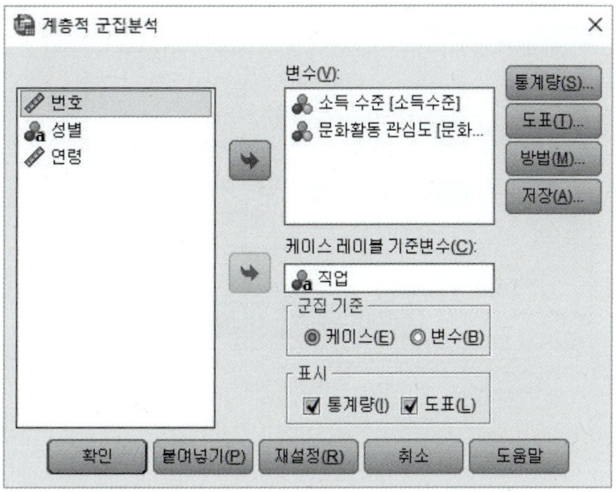

(4) 덴드로그램을 얻기 위해 계층적 군집분석 대화상자에서 우측 상단의 도표를 선택하고, 덴드로그램에 체크한 후 계속을 누른다.

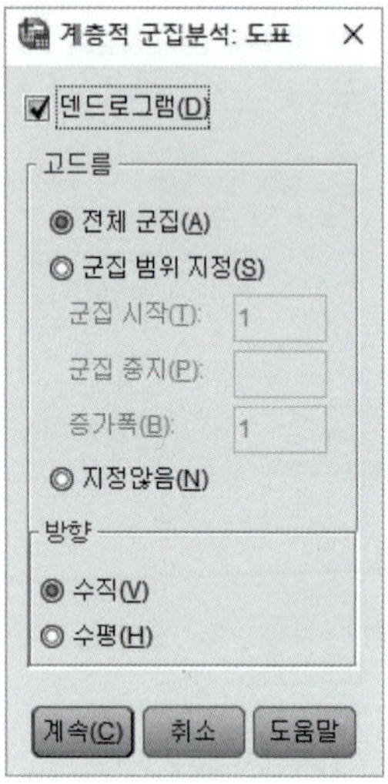

(5) 군집을 구성하는 방법을 선택하기 위해 계층적 군집분석 대화상자에서 우측 상단의 방법을 선택하고, 군집방법을 원하는 방법으로 지정한다. 본 예제에서는 Ward의 방법을 선택하였다.

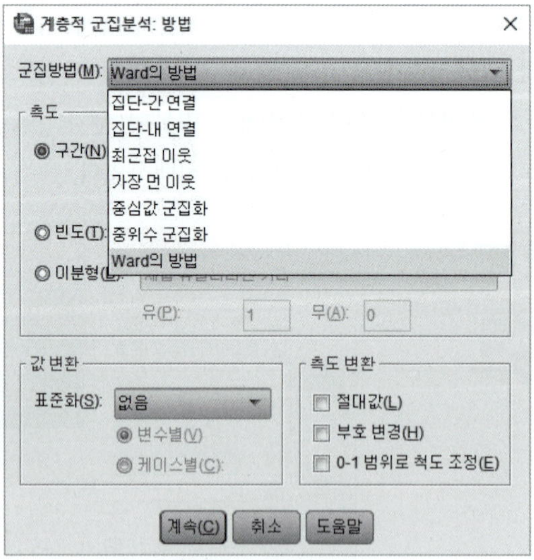

(6) 필요한 옵션을 모두 선택한 후 확인을 누르면 출력 결과창에서 덴드로그램을 얻을 수 있으며, 이를 바탕으로 군집의 수를 확인할 수 있다. 본 예제의 경우 100의 데이터를 총 3개의 군집으로 분류할 수 있었다.

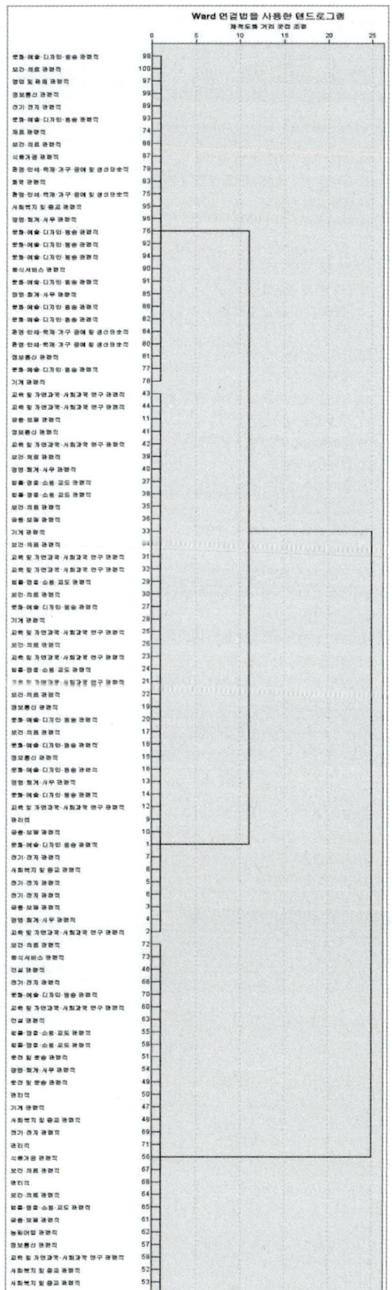

(7) 각 데이터의 소속 군집은 출력된 결과창을 닫으면, 가장 오른쪽 열에 다음과 같이 생성된다. 이를 통해 소속 군집의 특성을 살펴볼 수 있는데, 1번 군집의 경우 소득수준과 문화활동 관심도가 모두 높은 데이터임을 확인할 수 있다.

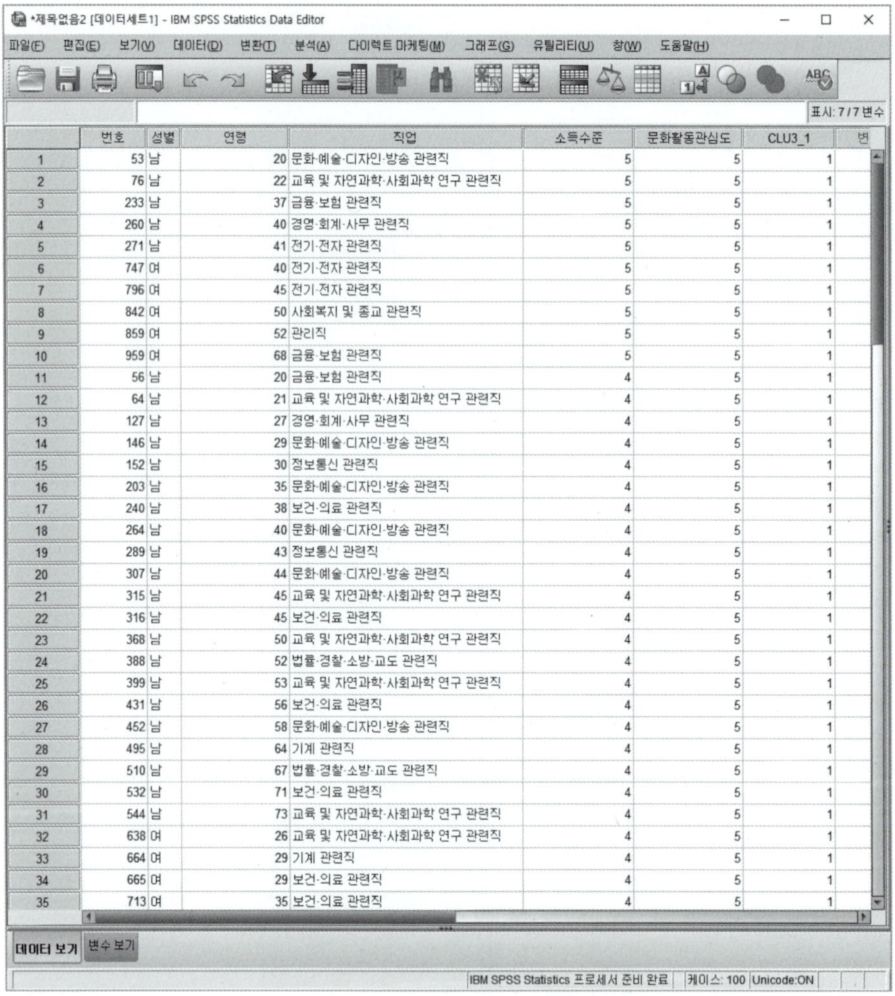

	번호	성별	연령	직업	소득수준	문화활동관심도	CLU3_1	변
1	53	남	20	문화·예술·디자인·방송 관련직	5	5	1	
2	76	남	22	교육 및 자연과학·사회과학 연구 관련직	5	5	1	
3	233	남	37	금융·보험 관련직	5	5	1	
4	260	남	40	경영·회계·사무 관련직	5	5	1	
5	271	남	41	전기·전자 관련직	5	5	1	
6	747	여	40	전기·전자 관련직	5	5	1	
7	796	여	45	전기·전자 관련직	5	5	1	
8	842	여	50	사회복지 및 종교 관련직	5	5	1	
9	859	여	52	관리직	5	5	1	
10	959	여	68	금융·보험 관련직	5	5	1	
11	56	남	20	금융·보험 관련직	4	5	1	
12	64	남	21	교육 및 자연과학·사회과학 연구 관련직	4	5	1	
13	127	남	27	경영·회계·사무 관련직	4	5	1	
14	146	남	29	문화·예술·디자인·방송 관련직	4	5	1	
15	152	남	30	정보통신 관련직	4	5	1	
16	203	남	35	문화·예술·디자인·방송 관련직	4	5	1	
17	240	남	38	보건·의료 관련직	4	5	1	
18	264	남	40	문화·예술·디자인·방송 관련직	4	5	1	
19	289	남	43	정보통신 관련직	4	5	1	
20	307	남	44	문화·예술·디자인·방송 관련직	4	5	1	
21	315	남	45	교육 및 자연과학·사회과학 연구 관련직	4	5	1	
22	316	남	45	보건·의료 관련직	4	5	1	
23	368	남	50	교육 및 자연과학·사회과학 연구 관련직	4	5	1	
24	388	남	52	법률·경찰·소방·교도 관련직	4	5	1	
25	399	남	53	교육 및 자연과학·사회과학 연구 관련직	4	5	1	
26	431	남	56	보건·의료 관련직	4	5	1	
27	452	남	58	문화·예술·디자인·방송 관련직	4	5	1	
28	495	남	64	기계 관련직	4	5	1	
29	510	남	67	법률·경찰·소방·교도 관련직	4	5	1	
30	532	남	71	보건·의료 관련직	4	5	1	
31	544	남	73	교육 및 자연과학·사회과학 연구 관련직	4	5	1	
32	638	여	26	교육 및 자연과학·사회과학 연구 관련직	4	5	1	
33	664	여	29	기계 관련직	4	5	1	
34	665	여	29	보건·의료 관련직	4	5	1	
35	713	여	35	보건·의료 관련직	4	5	1	

부록 2 표준정규분포표 $\Phi(z)=P(Z \leq z)$

z	0.00	0.01	0.02	0.03	0.04	0.05	0.06	0.07	0.08	0.09
0.0	0.5000	0.5040	0.5080	0.5120	0.5160	0.5199	0.5239	0.5279	0.5319	0.5359
0.1	0.5398	0.5438	0.5478	0.5517	0.5557	0.5596	0.5636	0.5675	0.5714	0.5753
0.2	0.5793	0.5832	0.5871	0.5910	0.5948	0.5987	0.6026	0.6064	0.6103	0.6141
0.3	0.6179	0.6217	0.6255	0.6293	0.6331	0.6368	0.6406	0.6443	0.6480	0.6517
0.4	0.6554	0.6591	0.6628	0.6664	0.6700	0.6736	0.6772	0.6808	0.6844	0.6879
0.5	0.6915	0.6950	0.6985	0.7019	0.7054	0.7088	0.7123	0.7157	0.7190	0.7224
0.6	0.7257	0.7291	0.7324	0.7357	0.7389	0.7422	0.7454	0.7486	0.7517	0.7549
0.7	0.7580	0.7611	0.7642	0.7673	0.7704	0.7734	0.7764	0.7794	0.7823	0.7852
0.8	0.7881	0.7910	0.7939	0.7967	0.7995	0.8023	0.8051	0.8078	0.8106	0.8133
0.9	0.8159	0.8186	0.8212	0.8238	0.8264	0.8289	0.8315	0.8340	0.8365	0.8389
1.0	0.8413	0.8438	0.8461	0.8485	0.8508	0.8531	0.8554	0.8577	0.8599	0.8621
1.1	0.8643	0.8665	0.8686	0.8708	0.8729	0.8749	0.8770	0.8790	0.8810	0.8830
1.2	0.8849	0.8869	0.8888	0.8907	0.8925	0.8944	0.8962	0.8980	0.8997	0.9015
1.3	0.9032	0.9049	0.9066	0.9082	0.9099	0.9115	0.9131	0.9147	0.9162	0.9177
1.4	0.9192	0.9207	0.9222	0.9236	0.9251	0.9265	0.9279	0.9292	0.9306	0.9319
1.5	0.9332	0.9345	0.9357	0.9370	0.9382	0.9394	0.9406	0.9418	0.9429	0.9441
1.6	0.9452	0.9463	0.9474	0.9484	0.9495	0.9505	0.9515	0.9525	0.9535	0.9545
1.7	0.9554	0.9564	0.9573	0.9582	0.9591	0.9599	0.9608	0.9616	0.9625	0.9633
1.8	0.9641	0.9649	0.9656	0.9664	0.9671	0.9678	0.9686	0.9693	0.9699	0.9706
1.9	0.9713	0.9719	0.9726	0.9732	0.9738	0.9744	0.9750	0.9756	0.9761	0.9767
2.0	0.9772	0.9778	0.9783	0.9788	0.9793	0.9798	0.9803	0.9808	0.9812	0.9817
2.1	0.9821	0.9826	0.9830	0.9834	0.9838	0.9842	0.9846	0.9850	0.9854	0.9857
2.2	0.9861	0.9864	0.9868	0.9871	0.9875	0.9878	0.9881	0.9884	0.9887	0.9890
2.3	0.9893	0.9896	0.9898	0.9901	0.9904	0.9906	0.9909	0.9911	0.9913	0.9916
2.4	0.9918	0.9920	0.9922	0.9925	0.9927	0.9929	0.9931	0.9932	0.9934	0.9936
2.5	0.9938	0.9940	0.9941	0.9943	0.9945	0.9946	0.9948	0.9949	0.9951	0.9952
2.6	0.9953	0.9955	0.9956	0.9957	0.9959	0.9960	0.9961	0.9962	0.9963	0.9964
2.7	0.9965	0.9966	0.9967	0.9968	0.9969	0.9970	0.9971	0.9972	0.9973	0.9974
2.8	0.9974	0.9975	0.9976	0.9977	0.9977	0.9978	0.9979	0.9979	0.9980	0.9981
2.9	0.9981	0.9982	0.9982	0.9983	0.9984	0.9984	0.9985	0.9985	0.9986	0.9986
3.0	0.9987	0.9987	0.9987	0.9988	0.9988	0.9989	0.9989	0.9989	0.9990	0.9990
3.1	0.9990	0.9991	0.9991	0.9991	0.9992	0.9992	0.9992	0.9992	0.9993	0.9993
3.2	0.9993	0.9993	0.9994	0.9994	0.9994	0.9994	0.9994	0.9995	0.9995	0.9995
3.3	0.9995	0.9995	0.9995	0.9996	0.9996	0.9996	0.9996	0.9996	0.9996	0.9997
3.4	0.9997	0.9997	0.9997	0.9997	0.9997	0.9997	0.9997	0.9997	0.9997	0.9998
3.5	0.9998	0.9998	0.9998	0.9998	0.9998	0.9998	0.9998	0.9998	0.9998	0.9998
3.6	0.9998	0.9998	0.9999	0.9999	0.9999	0.9999	0.9999	0.9999	0.9999	0.9999
3.7	0.9999	0.9999	0.9999	0.9999	0.9999	0.9999	0.9999	0.9999	0.9999	0.9999
3.8	0.9999	0.9999	0.9999	0.9999	0.9999	0.9999	0.9999	0.9999	0.9999	0.9999
3.9	1.0000	1.0000	1.0000	1.0000	1.0000	1.0000	1.0000	1.0000	1.0000	1.0000
4.0	1.0000	1.0000	1.0000	1.0000	1.0000	1.0000	1.0000	1.0000	1.0000	1.0000

부록 3 t 분포표 $P(T_{\nu} \le t_{p;\nu})=p$

ν \ p	0.5	0.6	0.7	0.8	0.9	0.95	0.975	0.99	0.995	0.999	0.9995
1	0.000	0.325	0.727	1.376	3.078	6.314	12.71	31.82	63.66	318.31	636.62
2	0.000	0.289	0.617	1.061	1.886	2.920	4.303	6.965	9.925	22.33	31.60
3	0.000	0.277	0.584	0.978	1.638	2.353	3.182	4.541	5.841	10.21	12.92
4	0.000	0.271	0.569	0.941	1.533	2.132	2.776	3.747	4.604	7.173	8.610
5	0.000	0.267	0.559	0.920	1.476	2.015	2.571	3.365	4.032	5.893	6.869
6	0.000	0.265	0.553	0.906	1.440	1.943	2.447	3.143	3.707	5.208	5.959
7	0.000	0.263	0.549	0.896	1.415	1.895	2.365	2.998	3.499	4.785	5.408
8	0.000	0.262	0.546	0.889	1.397	1.860	2.306	2.896	3.355	4.501	5.041
9	0.000	0.261	0.543	0.883	1.383	1.833	2.262	2.821	3.250	4.297	4.781
10	0.000	0.260	0.542	0.879	1.372	1.812	2.228	2.764	3.169	4.144	4.587
11	0.000	0.260	0.540	0.876	1.363	1.796	2.201	2.718	3.106	4.025	4.437
12	0.000	0.259	0.539	0.873	1.356	1.782	2.179	2.681	3.055	3.930	4.318
13	0.000	0.259	0.538	0.870	1.350	1.771	2.160	2.650	3.012	3.852	4.221
14	0.000	0.258	0.537	0.868	1.345	1.761	2.145	2.624	2.977	3.787	4.140
15	0.000	0.258	0.536	0.866	1.341	1.753	2.131	2.602	2.947	3.733	4.073
16	0.000	0.258	0.535	0.865	1.337	1.746	2.120	2.583	2.921	3.686	4.015
17	0.000	0.257	0.534	0.863	1.333	1.740	2.110	2.567	2.898	3.646	3.965
18	0.000	0.257	0.534	0.862	1.330	1.734	2.101	2.552	2.878	3.610	3.922
19	0.000	0.257	0.533	0.861	1.328	1.729	2.093	2.539	2.861	3.579	3.883
20	0.000	0.257	0.533	0.860	1.325	1.725	2.086	2.528	2.845	3.552	3.850
21	0.000	0.257	0.532	0.859	1.323	1.721	2.080	2.518	2.831	3.527	3.819
22	0.000	0.256	0.532	0.858	1.321	1.717	2.074	2.508	2.819	3.505	3.792
23	0.000	0.256	0.532	0.858	1.319	1.714	2.069	2.500	2.807	3.485	3.768
24	0.000	0.256	0.531	0.857	1.318	1.711	2.064	2.492	2.797	3.467	3.745
25	0.000	0.256	0.531	0.856	1.316	1.708	2.060	2.485	2.787	3.450	3.725
26	0.000	0.256	0.531	0.856	1.315	1.706	2.056	2.479	2.779	3.435	3.707
27	0.000	0.256	0.531	0.855	1.314	1.703	2.052	2.473	2.771	3.421	3.690
28	0.000	0.256	0.530	0.855	1.313	1.701	2.048	2.467	2.763	3.408	3.674
29	0.000	0.256	0.530	0.854	1.311	1.699	2.045	2.462	2.756	3.396	3.659
30	0.000	0.256	0.530	0.854	1.310	1.697	2.042	2.457	2.750	3.385	3.646
31	0.000	0.256	0.530	0.853	1.309	1.696	2.040	2.453	2.744	3.375	3.633
32	0.000	0.255	0.530	0.853	1.309	1.694	2.037	2.449	2.738	3.365	3.622
33	0.000	0.255	0.530	0.853	1.308	1.692	2.035	2.445	2.733	3.356	3.611
34	0.000	0.255	0.529	0.852	1.307	1.691	2.032	2.441	2.728	3.348	3.601
35	0.000	0.255	0.529	0.852	1.306	1.690	2.030	2.438	2.724	3.340	3.591
36	0.000	0.255	0.529	0.852	1.306	1.688	2.028	2.434	2.719	3.333	3.582
37	0.000	0.255	0.529	0.851	1.305	1.687	2.026	2.431	2.715	3.326	3.574
38	0.000	0.255	0.529	0.851	1.304	1.686	2.024	2.429	2.712	3.319	3.566
39	0.000	0.255	0.529	0.851	1.304	1.685	2.023	2.426	2.708	3.313	3.558
40	0.000	0.255	0.529	0.851	1.303	1.684	2.021	2.423	2.704	3.307	3.551
50	0.000	0.255	0.528	0.849	1.299	1.676	2.009	2.403	2.678	3.261	3.496
100	0.000	0.254	0.526	0.845	1.290	1.660	1.984	2.364	2.626	3.174	3.390
∞	0.000	0.253	0.524	0.842	1.282	1.645	1.960	2.326	2.576	3.090	3.291

부록 4 Chi-square 분포표 $P(\chi_{\nu}^2 \le \chi_{p;\nu}^2)=p$

ν \ p	0.005	0.01	0.025	0.05	0.1	0.9	0.95	0.975	0.99	0.995
1	0.000	0.000	0.001	0.004	0.016	2.706	3.841	5.024	6.635	7.879
2	0.010	0.020	0.051	0.103	0.211	4.605	5.991	7.378	9.210	10.597
3	0.072	0.115	0.216	0.352	0.584	6.251	7.815	9.348	11.345	12.838
4	0.207	0.297	0.484	0.711	1.064	7.779	9.488	11.143	13.277	14.860
5	0.412	0.554	0.831	1.145	1.610	9.236	11.070	12.833	15.086	16.750
6	0.676	0.872	1.237	1.635	2.204	10.645	12.592	14.449	16.812	18.548
7	0.989	1.239	1.690	2.167	2.833	12.017	14.067	16.013	18.475	20.278
8	1.344	1.646	2.180	2.733	3.490	13.362	15.507	17.535	20.090	21.955
9	1.735	2.088	2.700	3.325	4.168	14.684	16.919	19.023	21.666	23.589
10	2.156	2.558	3.247	3.940	4.865	15.987	18.307	20.483	23.209	25.188
11	2.603	3.053	3.816	4.575	5.578	17.275	19.675	21.920	24.725	26.757
12	3.074	3.571	4.404	5.226	6.304	18.549	21.026	23.337	26.217	28.300
13	3.565	4.107	5.009	5.892	7.042	19.812	22.362	24.736	27.688	29.819
14	4.075	4.660	5.629	6.571	7.790	21.064	23.685	26.119	29.141	31.319
15	4.601	5.229	6.262	7.261	8.547	22.307	24.996	27.488	30.578	32.801
16	5.142	5.812	6.908	7.962	9.312	23.542	26.296	28.845	32.000	34.267
17	5.697	6.408	7.564	8.672	10.085	24.769	27.587	30.191	33.409	35.718
18	6.265	7.015	8.231	9.390	10.865	25.989	28.869	31.526	34.805	37.156
19	6.844	7.633	8.907	10.117	11.651	27.204	30.144	32.852	36.191	38.582
20	7.434	8.260	9.591	10.851	12.443	28.412	31.410	34.170	37.566	39.997
21	8.034	8.897	10.283	11.591	13.240	29.615	32.671	35.479	38.932	41.401
22	8.643	9.542	10.982	12.338	14.041	30.813	33.924	36.781	40.289	42.796
23	9.260	10.196	11.689	13.091	14.848	32.007	35.172	38.076	41.638	44.181
24	9.886	10.856	12.401	13.848	15.659	33.196	36.415	39.364	42.980	45.559
25	10.520	11.524	13.120	14.611	16.473	34.382	37.652	40.646	44.314	46.928
26	11.160	12.198	13.844	15.379	17.292	35.563	38.885	41.923	45.642	48.290
27	11.808	12.879	14.573	16.151	18.114	36.741	40.113	43.195	46.963	49.645
28	12.461	13.565	15.308	16.928	18.939	37.916	41.337	44.461	48.278	50.993
29	13.121	14.256	16.047	17.708	19.768	39.087	42.557	45.722	49.588	52.336
30	13.787	14.953	16.791	18.493	20.599	40.256	43.773	46.979	50.892	53.672
31	14.458	15.655	17.539	19.281	21.434	41.422	44.985	48.232	52.191	55.003
32	15.134	16.362	18.291	20.072	22.271	42.585	46.194	49.480	53.486	56.328
33	15.815	17.074	19.047	20.867	23.110	43.745	47.400	50.725	54.776	57.648
34	16.501	17.789	19.806	21.664	23.952	44.903	48.602	51.966	56.061	58.964
35	17.192	18.509	20.569	22.465	24.797	46.059	49.802	53.203	57.342	60.275
36	17.887	19.233	21.336	23.269	25.643	47.212	50.998	54.437	58.619	61.581
37	18.586	19.960	22.106	24.075	26.492	48.363	52.192	55.668	59.893	62.883
38	19.289	20.691	22.878	24.884	27.343	49.513	53.384	56.896	61.162	64.181
39	19.996	21.426	23.654	25.695	28.196	50.660	54.572	58.120	62.428	65.476
40	20.707	22.164	24.433	26.509	29.051	51.805	55.758	59.342	63.691	66.766
50	27.991	29.707	32.357	34.764	37.689	63.167	67.505	71.420	76.154	79.490
100	67.328	70.065	74.222	77.929	82.358	118.50	124.34	129.56	135.81	140.17

부록 5 F 분포표

$P(F_{\nu_1,\nu_2} \le F_{0.9;(\nu_1,\nu_2)}) = 0.9$

ν_2 \ ν_1	1	2	3	4	5	6	7	8	9	10
1	39.86	49.50	53.59	55.83	57.24	58.20	58.91	59.44	59.86	60.19
2	8.526	9.000	9.162	9.243	9.293	9.326	9.349	9.367	9.381	9.392
3	5.538	5.462	5.391	5.343	5.309	5.285	5.266	5.252	5.240	5.230
4	4.545	4.325	4.191	4.107	4.051	4.010	3.979	3.955	3.936	3.920
5	4.060	3.780	3.619	3.520	3.453	3.405	3.368	3.339	3.316	3.297
6	3.776	3.463	3.289	3.181	3.108	3.055	3.014	2.983	2.958	2.937
7	3.589	3.257	3.074	2.961	2.883	2.827	2.785	2.752	2.725	2.703
8	3.458	3.113	2.924	2.806	2.726	2.668	2.624	2.589	2.561	2.538
9	3.360	3.006	2.813	2.693	2.611	2.551	2.505	2.469	2.440	2.416
10	3.285	2.924	2.728	2.605	2.522	2.461	2.414	2.377	2.347	2.323
11	3.225	2.860	2.660	2.536	2.451	2.389	2.342	2.304	2.274	2.248
12	3.177	2.807	2.606	2.480	2.394	2.331	2.283	2.245	2.214	2.188
13	3.136	2.763	2.560	2.434	2.347	2.283	2.234	2.195	2.164	2.138
14	3.102	2.726	2.522	2.395	2.307	2.243	2.193	2.154	2.122	2.095
15	3.073	2.695	2.490	2.361	2.273	2.208	2.158	2.119	2.086	2.059
16	3.048	2.668	2.462	2.333	2.244	2.178	2.128	2.088	2.055	2.028
17	3.026	2.645	2.437	2.308	2.218	2.152	2.102	2.061	2.028	2.001
18	3.007	2.624	2.416	2.286	2.196	2.130	2.079	2.038	2.005	1.977
19	2.990	2.606	2.397	2.266	2.176	2.109	2.058	2.017	1.984	1.956
20	2.975	2.589	2.380	2.249	2.158	2.091	2.040	1.999	1.965	1.937
21	2.961	2.575	2.365	2.233	2.142	2.075	2.023	1.982	1.948	1.920
22	2.949	2.561	2.351	2.219	2.128	2.060	2.008	1.967	1.933	1.904
23	2.937	2.549	2.339	2.207	2.115	2.047	1.995	1.953	1.919	1.890
24	2.927	2.538	2.327	2.195	2.103	2.035	1.983	1.941	1.906	1.877
25	2.918	2.528	2.317	2.184	2.092	2.024	1.971	1.929	1.895	1.866
26	2.909	2.519	2.307	2.174	2.082	2.014	1.961	1.919	1.884	1.855
27	2.901	2.511	2.299	2.165	2.073	2.005	1.952	1.909	1.874	1.845
28	2.894	2.503	2.291	2.157	2.064	1.996	1.943	1.900	1.865	1.836
29	2.887	2.495	2.283	2.149	2.057	1.988	1.935	1.892	1.857	1.827
30	2.881	2.489	2.276	2.142	2.049	1.980	1.927	1.884	1.849	1.819
31	2.875	2.482	2.270	2.136	2.042	1.973	1.920	1.877	1.842	1.812
32	2.869	2.477	2.263	2.129	2.036	1.967	1.913	1.870	1.835	1.805
33	2.864	2.471	2.258	2.123	2.030	1.961	1.907	1.864	1.828	1.799
34	2.859	2.466	2.252	2.118	2.024	1.955	1.901	1.858	1.822	1.793
35	2.855	2.461	2.247	2.113	2.019	1.950	1.896	1.852	1.817	1.787
36	2.850	2.456	2.243	2.108	2.014	1.945	1.891	1.847	1.811	1.781
37	2.846	2.452	2.238	2.103	2.009	1.940	1.886	1.842	1.806	1.776
38	2.842	2.448	2.234	2.099	2.005	1.935	1.881	1.838	1.802	1.772
39	2.839	2.444	2.230	2.095	2.001	1.931	1.877	1.833	1.797	1.767
40	2.835	2.440	2.226	2.091	1.997	1.927	1.873	1.829	1.793	1.763
50	2.809	2.412	2.197	2.061	1.966	1.895	1.840	1.796	1.760	1.729
100	2.756	2.356	2.139	2.002	1.906	1.834	1.778	1.732	1.695	1.663
∞	2.706	2.303	2.084	1.945	1.847	1.774	1.717	1.670	1.632	1.599

$P(F_{\nu_1, \nu_2} \leq F_{0.9;(\nu_1, \nu_2)})=0.9$

ν_2 \ ν_1	11	12	13	14	15	20	30	40	50	∞
1	60.47	60.71	60.90	61.07	61.22	61.74	62.26	62.53	62.69	63.33
2	9.401	9.408	9.415	9.420	9.425	9.441	9.458	9.466	9.471	9.491
3	5.222	5.216	5.210	5.205	5.200	5.184	5.168	5.160	5.155	5.134
4	3.907	3.896	3.886	3.878	3.870	3.844	3.817	3.804	3.795	3.761
5	3.282	3.268	3.257	3.247	3.238	3.207	3.174	3.157	3.147	3.105
6	2.920	2.905	2.892	2.881	2.871	2.836	2.800	2.781	2.770	2.722
7	2.684	2.668	2.654	2.643	2.632	2.595	2.555	2.535	2.523	2.471
8	2.519	2.502	2.488	2.475	2.464	2.425	2.383	2.361	2.348	2.293
9	2.396	2.379	2.364	2.351	2.340	2.298	2.255	2.232	2.218	2.159
10	2.302	2.284	2.269	2.255	2.244	2.201	2.155	2.132	2.117	2.055
11	2.227	2.209	2.193	2.179	2.167	2.123	2.076	2.052	2.036	1.972
12	2.166	2.147	2.131	2.117	2.105	2.060	2.011	1.986	1.970	1.904
13	2.116	2.097	2.080	2.066	2.053	2.007	1.958	1.931	1.915	1.846
14	2.073	2.054	2.037	2.022	2.010	1.962	1.912	1.885	1.869	1.797
15	2.037	2.017	2.000	1.985	1.972	1.924	1.873	1.845	1.828	1.755
16	2.005	1.985	1.968	1.953	1.940	1.891	1.839	1.811	1.793	1.718
17	1.978	1.958	1.940	1.925	1.912	1.862	1.809	1.781	1.763	1.686
18	1.954	1.933	1.916	1.900	1.887	1.837	1.783	1.754	1.736	1.657
19	1.932	1.912	1.894	1.878	1.865	1.814	1.759	1.730	1.711	1.631
20	1.913	1.892	1.875	1.859	1.845	1.794	1.738	1.708	1.690	1.607
21	1.896	1.875	1.857	1.841	1.827	1.776	1.719	1.689	1.670	1.586
22	1.880	1.859	1.841	1.825	1.811	1.759	1.702	1.671	1.652	1.567
23	1.866	1.845	1.827	1.811	1.796	1.744	1.686	1.655	1.636	1.549
24	1.853	1.832	1.814	1.797	1.783	1.730	1.672	1.641	1.621	1.533
25	1.841	1.820	1.802	1.785	1.771	1.718	1.659	1.627	1.607	1.518
26	1.830	1.809	1.790	1.774	1.760	1.706	1.647	1.615	1.594	1.504
27	1.820	1.799	1.780	1.764	1.749	1.695	1.636	1.603	1.583	1.491
28	1.811	1.790	1.771	1.754	1.740	1.685	1.625	1.592	1.572	1.478
29	1.802	1.781	1.762	1.745	1.731	1.676	1.616	1.583	1.562	1.467
30	1.794	1.773	1.754	1.737	1.722	1.667	1.606	1.573	1.552	1.456
31	1.787	1.765	1.746	1.729	1.714	1.659	1.598	1.565	1.543	1.446
32	1.780	1.758	1.739	1.722	1.707	1.652	1.590	1.556	1.535	1.437
33	1.773	1.751	1.732	1.715	1.700	1.645	1.583	1.549	1.527	1.428
34	1.767	1.745	1.726	1.709	1.694	1.638	1.576	1.541	1.520	1.419
35	1.761	1.739	1.720	1.703	1.688	1.632	1.569	1.535	1.513	1.411
36	1.756	1.734	1.715	1.697	1.682	1.626	1.563	1.528	1.506	1.404
37	1.751	1.729	1.709	1.692	1.677	1.620	1.557	1.522	1.500	1.397
38	1.746	1.724	1.704	1.687	1.672	1.615	1.551	1.516	1.494	1.390
39	1.741	1.719	1.700	1.682	1.667	1.610	1.546	1.511	1.488	1.383
40	1.737	1.715	1.695	1.678	1.662	1.605	1.541	1.506	1.483	1.377
50	1.703	1.680	1.660	1.643	1.627	1.568	1.502	1.465	1.441	1.327
100	1.636	1.612	1.592	1.573	1.557	1.494	1.423	1.382	1.355	1.214
∞	1.570	1.546	1.524	1.505	1.487	1.421	1.342	1.295	1.263	1.000

$P(F_{\nu_1, \nu_2} \le F_{0.95; (\nu_1, \nu_2)})=0.95$

ν_2 \ ν_1	1	2	3	4	5	6	7	8	9	10
1	161.4	199.5	215.7	224.6	230.2	234.0	236.8	238.9	240.5	241.9
2	18.51	19.00	19.16	19.25	19.30	19.33	19.35	19.37	19.38	19.40
3	10.13	9.552	9.277	9.117	9.013	8.941	8.887	8.845	8.812	8.786
4	7.709	6.944	6.591	6.388	6.256	6.163	6.094	6.041	5.999	5.964
5	6.608	5.786	5.409	5.192	5.050	4.950	4.876	4.818	4.772	4.735
6	5.987	5.143	4.757	4.534	4.387	4.284	4.207	4.147	4.099	4.060
7	5.591	4.737	4.347	4.120	3.972	3.866	3.787	3.726	3.677	3.637
8	5.318	4.459	4.066	3.838	3.687	3.581	3.500	3.438	3.388	3.347
9	5.117	4.256	3.863	3.633	3.482	3.374	3.293	3.230	3.179	3.137
10	4.965	4.103	3.708	3.478	3.326	3.217	3.135	3.072	3.020	2.978
11	4.844	3.982	3.587	3.357	3.204	3.095	3.012	2.948	2.896	2.854
12	4.747	3.885	3.490	3.259	3.106	2.996	2.913	2.849	2.796	2.753
13	4.667	3.806	3.411	3.179	3.025	2.915	2.832	2.767	2.714	2.671
14	4.600	3.739	3.344	3.112	2.958	2.848	2.764	2.699	2.646	2.602
15	4.543	3.682	3.287	3.056	2.901	2.790	2.707	2.641	2.588	2.544
16	4.494	3.634	3.239	3.007	2.852	2.741	2.657	2.591	2.538	2.494
17	4.451	3.592	3.197	2.965	2.810	2.699	2.614	2.548	2.494	2.450
18	4.414	3.555	3.160	2.928	2.773	2.661	2.577	2.510	2.456	2.412
19	4.381	3.522	3.127	2.895	2.740	2.628	2.544	2.477	2.423	2.378
20	4.351	3.493	3.098	2.866	2.711	2.599	2.514	2.447	2.393	2.348
21	4.325	3.467	3.072	2.840	2.685	2.573	2.488	2.420	2.366	2.321
22	4.301	3.443	3.049	2.817	2.661	2.549	2.464	2.397	2.342	2.297
23	4.279	3.422	3.028	2.796	2.640	2.528	2.442	2.375	2.320	2.275
24	4.260	3.403	3.009	2.776	2.621	2.508	2.423	2.355	2.300	2.255
25	4.242	3.385	2.991	2.759	2.603	2.490	2.405	2.337	2.282	2.236
26	4.225	3.369	2.975	2.743	2.587	2.474	2.388	2.321	2.265	2.220
27	4.210	3.354	2.960	2.728	2.572	2.459	2.373	2.305	2.250	2.204
28	4.196	3.340	2.947	2.714	2.558	2.445	2.359	2.291	2.236	2.190
29	4.183	3.328	2.934	2.701	2.545	2.432	2.346	2.278	2.223	2.177
30	4.171	3.316	2.922	2.690	2.534	2.421	2.334	2.266	2.211	2.165
31	4.160	3.305	2.911	2.679	2.523	2.409	2.323	2.255	2.199	2.153
32	4.149	3.295	2.901	2.668	2.512	2.399	2.313	2.244	2.189	2.142
33	4.139	3.285	2.892	2.659	2.503	2.389	2.303	2.235	2.179	2.133
34	4.130	3.276	2.883	2.650	2.494	2.380	2.294	2.225	2.170	2.123
35	4.121	3.267	2.874	2.641	2.485	2.372	2.285	2.217	2.161	2.114
36	4.113	3.259	2.866	2.634	2.477	2.364	2.277	2.209	2.153	2.106
37	4.105	3.252	2.859	2.626	2.470	2.356	2.270	2.201	2.145	2.098
38	4.098	3.245	2.852	2.619	2.463	2.349	2.262	2.194	2.138	2.091
39	4.091	3.238	2.845	2.612	2.456	2.342	2.255	2.187	2.131	2.084
40	4.085	3.232	2.839	2.606	2.449	2.336	2.249	2.180	2.124	2.077
50	4.034	3.183	2.790	2.557	2.400	2.286	2.199	2.130	2.073	2.026
100	3.936	3.087	2.696	2.463	2.305	2.191	2.103	2.032	1.975	1.927
∞	3.841	2.996	2.605	2.372	2.214	2.099	2.010	1.938	1.880	1.831

$P(F_{\nu_1,\nu_2} \le F_{0.95;(\nu_1,\nu_2)})=0.95$

ν_2 \ ν_1	11	12	13	14	15	20	30	40	50	∞
1	243.0	243.9	244.7	245.4	245.9	248.0	250.1	251.1	251.8	254.3
2	19.40	19.41	19.42	19.42	19.43	19.45	19.46	19.47	19.48	19.50
3	8.763	8.745	8.729	8.715	8.703	8.660	8.617	8.594	8.581	8.526
4	5.936	5.912	5.891	5.873	5.858	5.803	5.746	5.717	5.699	5.628
5	4.704	4.678	4.655	4.636	4.619	4.558	4.496	4.464	4.444	4.365
6	4.027	4.000	3.976	3.956	3.938	3.874	3.808	3.774	3.754	3.669
7	3.603	3.575	3.550	3.529	3.511	3.445	3.376	3.340	3.319	3.230
8	3.313	3.284	3.259	3.237	3.218	3.150	3.079	3.043	3.020	2.928
9	3.102	3.073	3.048	3.025	3.006	2.936	2.864	2.826	2.803	2.707
10	2.943	2.913	2.887	2.865	2.845	2.774	2.700	2.661	2.637	2.538
11	2.818	2.788	2.761	2.739	2.719	2.646	2.570	2.531	2.507	2.404
12	2.717	2.687	2.660	2.637	2.617	2.544	2.466	2.426	2.401	2.296
13	2.635	2.604	2.577	2.554	2.533	2.459	2.380	2.339	2.314	2.206
14	2.565	2.534	2.507	2.484	2.463	2.388	2.308	2.266	2.241	2.131
15	2.507	2.475	2.448	2.424	2.403	2.328	2.247	2.204	2.178	2.066
16	2.456	2.425	2.397	2.373	2.352	2.276	2.194	2.151	2.124	2.010
17	2.413	2.381	2.353	2.329	2.308	2.230	2.148	2.104	2.077	1.960
18	2.374	2.342	2.314	2.290	2.269	2.191	2.107	2.063	2.035	1.917
19	2.340	2.308	2.280	2.256	2.234	2.155	2.071	2.026	1.999	1.878
20	2.310	2.278	2.250	2.225	2.203	2.124	2.039	1.994	1.966	1.843
21	2.283	2.250	2.222	2.197	2.176	2.096	2.010	1.965	1.936	1.812
22	2.259	2.226	2.198	2.173	2.151	2.071	1.984	1.938	1.909	1.783
23	2.236	2.204	2.175	2.150	2.128	2.048	1.961	1.914	1.885	1.757
24	2.216	2.183	2.155	2.130	2.108	2.027	1.939	1.892	1.863	1.733
25	2.198	2.165	2.136	2.111	2.089	2.007	1.919	1.872	1.842	1.711
26	2.181	2.148	2.119	2.094	2.072	1.990	1.901	1.853	1.823	1.691
27	2.166	2.132	2.103	2.078	2.056	1.974	1.884	1.836	1.806	1.672
28	2.151	2.118	2.089	2.064	2.041	1.959	1.869	1.820	1.790	1.654
29	2.138	2.104	2.075	2.050	2.027	1.945	1.854	1.806	1.775	1.638
30	2.126	2.092	2.063	2.037	2.015	1.932	1.841	1.792	1.761	1.622
31	2.114	2.080	2.051	2.026	2.003	1.920	1.828	1.779	1.748	1.608
32	2.103	2.070	2.040	2.015	1.992	1.908	1.817	1.767	1.736	1.594
33	2.093	2.060	2.030	2.004	1.982	1.898	1.806	1.756	1.724	1.581
34	2.084	2.050	2.021	1.995	1.972	1.888	1.795	1.745	1.713	1.569
35	2.075	2.041	2.012	1.986	1.963	1.878	1.786	1.735	1.703	1.558
36	2.067	2.033	2.003	1.977	1.954	1.870	1.776	1.726	1.694	1.547
37	2.059	2.025	1.995	1.969	1.946	1.861	1.768	1.717	1.685	1.537
38	2.051	2.017	1.988	1.962	1.939	1.853	1.760	1.708	1.676	1.527
39	2.044	2.010	1.981	1.954	1.931	1.846	1.752	1.700	1.668	1.518
40	2.038	2.003	1.974	1.948	1.924	1.839	1.744	1.693	1.660	1.509
50	1.986	1.952	1.921	1.895	1.871	1.784	1.687	1.634	1.599	1.438
100	1.886	1.850	1.819	1.792	1.768	1.676	1.573	1.515	1.477	1.283
∞	1.789	1.752	1.720	1.692	1.666	1.571	1.459	1.394	1.350	1.000

$P(F_{\nu_1, \nu_2} \le F_{0.975; (\nu_1, \nu_2)})=0.975$

ν_2 \ ν_1	1	2	3	4	5	6	7	8	9	10
1	647.8	799.5	864.2	899.6	921.8	937.1	948.2	956.7	963.3	968.6
2	38.51	39.00	39.17	39.25	39.30	39.33	39.36	39.37	39.39	39.40
3	17.44	16.04	15.44	15.10	14.88	14.73	14.62	14.54	14.47	14.42
4	12.22	10.65	9.979	9.605	9.364	9.197	9.074	8.980	8.905	8.844
5	10.01	8.434	7.764	7.388	7.146	6.978	6.853	6.757	6.681	6.619
6	8.813	7.260	6.599	6.227	5.988	5.820	5.695	5.600	5.523	5.461
7	8.073	6.542	5.890	5.523	5.285	5.119	4.995	4.899	4.823	4.761
8	7.571	6.059	5.416	5.053	4.817	4.652	4.529	4.433	4.357	4.295
9	7.209	5.715	5.078	4.718	4.484	4.320	4.197	4.102	4.026	3.964
10	6.937	5.456	4.826	4.468	4.236	4.072	3.950	3.855	3.779	3.717
11	6.724	5.256	4.630	4.275	4.044	3.881	3.759	3.664	3.588	3.526
12	6.554	5.096	4.474	4.121	3.891	3.728	3.607	3.512	3.436	3.374
13	6.414	4.965	4.347	3.996	3.767	3.604	3.483	3.388	3.312	3.250
14	6.298	4.857	4.242	3.892	3.663	3.501	3.380	3.285	3.209	3.147
15	6.200	4.765	4.153	3.804	3.576	3.415	3.293	3.199	3.123	3.060
16	6.115	4.687	4.077	3.729	3.502	3.341	3.219	3.125	3.049	2.986
17	6.042	4.619	4.011	3.665	3.438	3.277	3.156	3.061	2.985	2.922
18	5.978	4.560	3.954	3.608	3.382	3.221	3.100	3.005	2.929	2.866
19	5.922	4.508	3.903	3.559	3.333	3.172	3.051	2.956	2.880	2.817
20	5.871	4.461	3.859	3.515	3.289	3.128	3.007	2.913	2.837	2.774
21	5.827	4.420	3.819	3.475	3.250	3.090	2.969	2.874	2.798	2.735
22	5.786	4.383	3.783	3.440	3.215	3.055	2.934	2.839	2.763	2.700
23	5.750	4.349	3.750	3.408	3.183	3.023	2.902	2.808	2.731	2.668
24	5.717	4.319	3.721	3.379	3.155	2.995	2.874	2.779	2.703	2.640
25	5.686	4.291	3.694	3.353	3.129	2.969	2.848	2.753	2.677	2.613
26	5.659	4.265	3.670	3.329	3.105	2.945	2.824	2.729	2.653	2.590
27	5.633	4.242	3.647	3.307	3.083	2.923	2.802	2.707	2.631	2.568
28	5.610	4.221	3.626	3.286	3.063	2.903	2.782	2.687	2.611	2.547
29	5.588	4.201	3.607	3.267	3.044	2.884	2.763	2.669	2.592	2.529
30	5.568	4.182	3.589	3.250	3.026	2.867	2.746	2.651	2.575	2.511
31	5.549	4.165	3.573	3.234	3.010	2.851	2.730	2.635	2.558	2.495
32	5.531	4.149	3.557	3.218	2.995	2.836	2.715	2.620	2.543	2.480
33	5.515	4.134	3.543	3.204	2.981	2.822	2.701	2.606	2.529	2.466
34	5.499	4.120	3.529	3.191	2.968	2.808	2.688	2.593	2.516	2.453
35	5.485	4.106	3.517	3.179	2.956	2.796	2.676	2.581	2.504	2.440
36	5.471	4.094	3.505	3.167	2.944	2.785	2.664	2.569	2.492	2.429
37	5.458	4.082	3.493	3.156	2.933	2.774	2.653	2.558	2.481	2.418
38	5.446	4.071	3.483	3.145	2.923	2.763	2.643	2.548	2.471	2.407
39	5.435	4.061	3.473	3.135	2.913	2.754	2.633	2.538	2.461	2.397
40	5.424	4.051	3.463	3.126	2.904	2.744	2.624	2.529	2.452	2.388
50	5.340	3.975	3.390	3.054	2.833	2.674	2.553	2.458	2.381	2.317
100	5.179	3.828	3.250	2.917	2.696	2.537	2.417	2.321	2.244	2.179
∞	5.024	3.689	3.116	2.786	2.567	2.408	2.288	2.192	2.114	2.048

$P(F_{\nu_1, \nu_2} \le F_{0.975; (\nu_1, \nu_2)})=0.975$

ν_2 \ ν_1	11	12	13	14	15	20	30	40	50	∞
1	973.0	976.7	979.8	982.5	984.9	993.1	1001	1006	1008	1018
2	39.41	39.41	39.42	39.43	39.43	39.45	39.46	39.47	39.48	39.50
3	14.37	14.34	14.30	14.28	14.25	14.17	14.08	14.04	14.01	13.90
4	8.794	8.751	8.715	8.684	8.657	8.560	8.461	8.411	8.381	8.257
5	6.568	6.525	6.488	6.456	6.428	6.329	6.227	6.175	6.144	6.015
6	5.410	5.366	5.329	5.297	5.269	5.168	5.065	5.012	4.980	4.849
7	4.709	4.666	4.628	4.596	4.568	4.467	4.362	4.309	4.276	4.142
8	4.243	4.200	4.162	4.130	4.101	3.999	3.894	3.840	3.807	3.670
9	3.912	3.868	3.831	3.798	3.769	3.667	3.560	3.505	3.472	3.333
10	3.665	3.621	3.583	3.550	3.522	3.419	3.311	3.255	3.221	3.080
11	3.474	3.430	3.392	3.359	3.330	3.226	3.118	3.061	3.027	2.883
12	3.321	3.277	3.239	3.206	3.177	3.073	2.963	2.906	2.871	2.725
13	3.197	3.153	3.115	3.082	3.053	2.948	2.837	2.780	2.744	2.595
14	3.095	3.050	3.012	2.979	2.949	2.844	2.732	2.674	2.638	2.487
15	3.008	2.963	2.925	2.891	2.862	2.756	2.644	2.585	2.549	2.395
16	2.934	2.889	2.851	2.817	2.788	2.681	2.568	2.509	2.472	2.316
17	2.870	2.825	2.786	2.753	2.723	2.616	2.502	2.442	2.405	2.247
18	2.814	2.769	2.730	2.696	2.667	2.559	2.445	2.384	2.347	2.187
19	2.765	2.720	2.681	2.647	2.617	2.509	2.394	2.333	2.295	2.133
20	2.721	2.676	2.637	2.603	2.573	2.464	2.349	2.287	2.249	2.085
21	2.682	2.637	2.598	2.564	2.534	2.425	2.308	2.246	2.208	2.042
22	2.647	2.602	2.563	2.528	2.498	2.389	2.272	2.210	2.171	2.003
23	2.615	2.570	2.531	2.497	2.466	2.357	2.239	2.176	2.137	1.968
24	2.586	2.541	2.502	2.468	2.437	2.327	2.209	2.146	2.107	1.935
25	2.560	2.515	2.476	2.441	2.411	2.300	2.182	2.118	2.079	1.906
26	2.536	2.491	2.451	2.417	2.387	2.276	2.157	2.093	2.053	1.878
27	2.514	2.469	2.429	2.395	2.364	2.253	2.133	2.069	2.029	1.853
28	2.494	2.448	2.409	2.374	2.344	2.232	2.112	2.048	2.007	1.829
29	2.475	2.430	2.390	2.355	2.325	2.213	2.092	2.028	1.987	1.807
30	2.458	2.412	2.372	2.338	2.307	2.195	2.074	2.009	1.968	1.787
31	2.442	2.396	2.356	2.321	2.291	2.178	2.057	1.991	1.950	1.768
32	2.426	2.381	2.341	2.306	2.275	2.163	2.041	1.975	1.934	1.750
33	2.412	2.366	2.327	2.292	2.261	2.148	2.026	1.960	1.918	1.733
34	2.399	2.353	2.313	2.278	2.248	2.135	2.012	1.946	1.904	1.717
35	2.387	2.341	2.301	2.266	2.235	2.122	1.999	1.932	1.890	1.702
36	2.375	2.329	2.289	2.254	2.223	2.110	1.986	1.919	1.877	1.687
37	2.364	2.318	2.278	2.243	2.212	2.098	1.974	1.907	1.865	1.674
38	2.353	2.307	2.267	2.232	2.201	2.088	1.963	1.896	1.854	1.661
39	2.344	2.298	2.257	2.222	2.191	2.077	1.953	1.885	1.843	1.649
40	2.334	2.288	2.248	2.213	2.182	2.068	1.943	1.875	1.832	1.637
50	2.263	2.216	2.176	2.140	2.109	1.993	1.866	1.796	1.752	1.545
100	2.124	2.077	2.036	2.000	1.968	1.849	1.715	1.640	1.592	1.347
∞	1.993	1.945	1.903	1.866	1.833	1.708	1.566	1.484	1.428	1.000

$P(F_{\nu_1,\nu_2} \le F_{0.99;(\nu_1,\nu_2)})=0.99$

ν_2 \ ν_1	1	2	3	4	5	6	7	8	9	10
1	4052	4999	5403	5625	5764	5859	5928	5981	6022	6056
2	98.50	99.00	99.17	99.25	99.30	99.33	99.36	99.37	99.39	99.40
3	34.12	30.82	29.46	28.71	28.24	27.91	27.67	27.49	27.35	27.23
4	21.20	18.00	16.69	15.98	15.52	15.21	14.98	14.80	14.66	14.55
5	16.26	13.27	12.06	11.39	10.97	10.67	10.46	10.29	10.16	10.05
6	13.75	10.92	9.780	9.148	8.746	8.466	8.260	8.102	7.976	7.874
7	12.25	9.547	8.451	7.847	7.460	7.191	6.993	6.840	6.719	6.620
8	11.26	8.649	7.591	7.006	6.632	6.371	6.178	6.029	5.911	5.814
9	10.56	8.022	6.992	6.422	6.057	5.802	5.613	5.467	5.351	5.257
10	10.04	7.559	6.552	5.994	5.636	5.386	5.200	5.057	4.942	4.849
11	9.646	7.206	6.217	5.668	5.316	5.069	4.886	4.744	4.632	4.539
12	9.330	6.927	5.953	5.412	5.064	4.821	4.640	4.499	4.388	4.296
13	9.074	6.701	5.739	5.205	4.862	4.620	4.441	4.302	4.191	4.100
14	8.862	6.515	5.564	5.035	4.695	4.456	4.278	4.140	4.030	3.939
15	8.683	6.359	5.417	4.893	4.556	4.318	4.142	4.004	3.895	3.805
16	8.531	6.226	5.292	4.773	4.437	4.202	4.026	3.890	3.780	3.691
17	8.400	6.112	5.185	4.669	4.336	4.102	3.927	3.791	3.682	3.593
18	8.285	6.013	5.092	4.579	4.248	4.015	3.841	3.705	3.597	3.508
19	8.185	5.926	5.010	4.500	4.171	3.939	3.765	3.631	3.523	3.434
20	8.096	5.849	4.938	4.431	4.103	3.871	3.699	3.564	3.457	3.368
21	8.017	5.780	4.874	4.369	4.042	3.812	3.640	3.506	3.398	3.310
22	7.945	5.719	4.817	4.313	3.988	3.758	3.587	3.453	3.346	3.258
23	7.881	5.664	4.765	4.264	3.939	3.710	3.539	3.406	3.299	3.211
24	7.823	5.614	4.718	4.218	3.895	3.667	3.496	3.363	3.256	3.168
25	7.770	5.568	4.675	4.177	3.855	3.627	3.457	3.324	3.217	3.129
26	7.721	5.526	4.637	4.140	3.818	3.591	3.421	3.288	3.182	3.094
27	7.677	5.488	4.601	4.106	3.785	3.558	3.388	3.256	3.149	3.062
28	7.636	5.453	4.568	4.074	3.754	3.528	3.358	3.226	3.120	3.032
29	7.598	5.420	4.538	4.045	3.725	3.499	3.330	3.198	3.092	3.005
30	7.562	5.390	4.510	4.018	3.699	3.473	3.304	3.173	3.067	2.979
31	7.530	5.362	4.484	3.993	3.675	3.449	3.281	3.149	3.043	2.955
32	7.499	5.336	4.459	3.969	3.652	3.427	3.258	3.127	3.021	2.934
33	7.471	5.312	4.437	3.948	3.630	3.406	3.238	3.106	3.000	2.913
34	7.444	5.289	4.416	3.927	3.611	3.386	3.218	3.087	2.981	2.894
35	7.419	5.268	4.396	3.908	3.592	3.368	3.200	3.069	2.963	2.876
36	7.396	5.248	4.377	3.890	3.574	3.351	3.183	3.052	2.946	2.859
37	7.373	5.229	4.360	3.873	3.558	3.334	3.167	3.036	2.930	2.843
38	7.353	5.211	4.343	3.858	3.542	3.319	3.152	3.021	2.915	2.828
39	7.333	5.194	4.327	3.843	3.528	3.305	3.137	3.006	2.901	2.814
40	7.314	5.179	4.313	3.828	3.514	3.291	3.124	2.993	2.888	2.801
50	7.171	5.057	4.199	3.720	3.408	3.186	3.020	2.890	2.785	2.698
100	6.895	4.824	3.984	3.513	3.206	2.988	2.823	2.694	2.590	2.503
∞	6.635	4.605	3.782	3.319	3.017	2.802	2.639	2.511	2.407	2.321

$P(F_{\nu_1, \nu_2} \leq F_{0.99; (\nu_1, \nu_2)}) = 0.99$

ν_2 \ ν_1	11	12	13	14	15	20	30	40	50	∞
1	6083	6106	6126	6143	6157	6209	6261	6287	6303	6366
2	99.41	99.42	99.42	99.43	99.43	99.45	99.47	99.47	99.48	99.50
3	27.13	27.05	26.98	26.92	26.87	26.69	26.50	26.41	26.35	26.13
4	14.45	14.37	14.31	14.25	14.20	14.02	13.84	13.75	13.69	13.46
5	9.963	9.888	9.825	9.770	9.722	9.553	9.379	9.291	9.238	9.020
6	7.790	7.718	7.657	7.605	7.559	7.396	7.229	7.143	7.091	6.880
7	6.538	6.469	6.410	6.359	6.314	6.155	5.992	5.908	5.858	5.650
8	5.734	5.667	5.609	5.559	5.515	5.359	5.198	5.116	5.065	4.859
9	5.178	5.111	5.055	5.005	4.962	4.808	4.649	4.567	4.517	4.311
10	4.772	4.706	4.650	4.601	4.558	4.405	4.247	4.165	4.115	3.909
11	4.462	4.397	4.342	4.293	4.251	4.099	3.941	3.860	3.810	3.602
12	4.220	4.155	4.100	4.052	4.010	3.858	3.701	3.619	3.569	3.361
13	4.025	3.960	3.905	3.857	3.815	3.665	3.507	3.425	3.375	3.165
14	3.864	3.800	3.745	3.698	3.656	3.505	3.348	3.266	3.215	3.004
15	3.730	3.666	3.612	3.564	3.522	3.372	3.214	3.132	3.081	2.868
16	3.616	3.553	3.498	3.451	3.409	3.259	3.101	3.018	2.967	2.753
17	3.519	3.455	3.401	3.353	3.312	3.162	3.003	2.920	2.869	2.653
18	3.434	3.371	3.316	3.269	3.227	3.077	2.919	2.835	2.784	2.566
19	3.360	3.297	3.242	3.195	3.153	3.003	2.844	2.761	2.709	2.489
20	3.294	3.231	3.177	3.130	3.088	2.938	2.778	2.695	2.643	2.421
21	3.236	3.173	3.119	3.072	3.030	2.880	2.720	2.636	2.584	2.360
22	3.184	3.121	3.067	3.019	2.978	2.827	2.667	2.583	2.531	2.305
23	3.137	3.074	3.020	2.973	2.931	2.781	2.620	2.535	2.483	2.256
24	3.094	3.032	2.977	2.930	2.889	2.738	2.577	2.492	2.440	2.211
25	3.056	2.993	2.939	2.892	2.850	2.699	2.538	2.453	2.400	2.169
26	3.021	2.958	2.904	2.857	2.815	2.664	2.503	2.417	2.364	2.131
27	2.988	2.926	2.871	2.824	2.783	2.632	2.470	2.384	2.330	2.097
28	2.959	2.896	2.842	2.795	2.753	2.602	2.440	2.354	2.300	2.064
29	2.931	2.868	2.814	2.767	2.726	2.574	2.412	2.325	2.271	2.034
30	2.906	2.843	2.789	2.742	2.700	2.549	2.386	2.299	2.245	2.006
31	2.882	2.820	2.765	2.718	2.677	2.525	2.362	2.275	2.220	1.980
32	2.860	2.798	2.744	2.696	2.655	2.503	2.340	2.252	2.198	1.956
33	2.840	2.777	2.723	2.676	2.634	2.482	2.319	2.231	2.176	1.933
34	2.821	2.758	2.704	2.657	2.615	2.463	2.299	2.211	2.156	1.911
35	2.803	2.740	2.686	2.639	2.597	2.445	2.281	2.193	2.137	1.891
36	2.786	2.723	2.669	2.622	2.580	2.428	2.263	2.175	2.120	1.872
37	2.770	2.707	2.653	2.606	2.564	2.412	2.247	2.159	2.103	1.854
38	2.755	2.692	2.638	2.591	2.549	2.397	2.232	2.143	2.087	1.837
39	2.741	2.678	2.624	2.577	2.535	2.382	2.217	2.128	2.072	1.820
40	2.727	2.665	2.611	2.563	2.522	2.369	2.203	2.114	2.058	1.805
50	2.625	2.562	2.508	2.461	2.419	2.265	2.098	2.007	1.949	1.683
100	2.430	2.368	2.313	2.265	2.223	2.067	1.893	1.797	1.735	1.427
∞	2.248	2.185	2.130	2.082	2.039	1.878	1.696	1.592	1.523	1.000

부록 6 이항분포표 $P(X=k)={}_nC_kp^k(1-p)^{n-k}$

n	k	p										
		0.1	0.2	0.25	0.3	0.4	0.5	0.6	0.7	0.75	0.8	0.9
1	0	0.900	0.800	0.750	0.700	0.600	0.500	0.400	0.300	0.250	0.200	0.100
	1	0.100	0.200	0.250	0.300	0.400	0.500	0.600	0.700	0.750	0.800	0.900
2	0	0.810	0.640	0.563	0.490	0.360	0.250	0.160	0.090	0.063	0.040	0.010
	1	0.180	0.320	0.375	0.420	0.480	0.500	0.480	0.420	0.375	0.320	0.180
	2	0.010	0.040	0.063	0.090	0.160	0.250	0.360	0.490	0.563	0.640	0.810
3	0	0.729	0.512	0.422	0.343	0.216	0.125	0.064	0.027	0.016	0.008	0.001
	1	0.243	0.384	0.422	0.441	0.432	0.375	0.288	0.189	0.141	0.096	0.027
	2	0.027	0.096	0.141	0.189	0.288	0.375	0.432	0.441	0.422	0.384	0.243
	3	0.001	0.008	0.016	0.027	0.064	0.125	0.216	0.343	0.422	0.512	0.729
4	0	0.656	0.410	0.316	0.240	0.130	0.063	0.026	0.008	0.004	0.002	0.000
	1	0.292	0.410	0.422	0.412	0.346	0.250	0.154	0.076	0.047	0.026	0.004
	2	0.049	0.154	0.211	0.265	0.346	0.375	0.346	0.265	0.211	0.154	0.049
	3	0.004	0.026	0.047	0.076	0.154	0.250	0.346	0.412	0.422	0.410	0.292
	4	0.000	0.002	0.004	0.008	0.026	0.063	0.130	0.240	0.316	0.410	0.656
5	0	0.590	0.328	0.237	0.168	0.078	0.031	0.010	0.002	0.001	0.000	0.000
	1	0.328	0.410	0.396	0.360	0.259	0.156	0.077	0.028	0.015	0.006	0.000
	2	0.073	0.205	0.264	0.309	0.346	0.312	0.230	0.132	0.088	0.051	0.008
	3	0.008	0.051	0.088	0.132	0.230	0.312	0.346	0.309	0.264	0.205	0.073
	4	0.000	0.006	0.015	0.028	0.077	0.156	0.259	0.360	0.396	0.410	0.328
	5	0.000	0.000	0.001	0.002	0.010	0.031	0.078	0.168	0.237	0.328	0.590
6	0	0.531	0.262	0.178	0.118	0.047	0.016	0.004	0.001	0.000	0.000	0.000
	1	0.354	0.393	0.356	0.303	0.187	0.094	0.037	0.010	0.004	0.002	0.000
	2	0.098	0.246	0.297	0.324	0.311	0.234	0.138	0.060	0.033	0.015	0.001
	3	0.015	0.082	0.132	0.185	0.276	0.313	0.276	0.185	0.132	0.082	0.015
	4	0.001	0.015	0.033	0.060	0.138	0.234	0.311	0.324	0.297	0.246	0.098
	5	0.000	0.002	0.004	0.010	0.037	0.094	0.187	0.303	0.356	0.393	0.354
	6	0.000	0.000	0.000	0.001	0.004	0.016	0.047	0.118	0.178	0.262	0.531
7	0	0.478	0.210	0.133	0.082	0.028	0.008	0.002	0.000	0.000	0.000	0.000
	1	0.372	0.367	0.311	0.247	0.131	0.055	0.017	0.004	0.001	0.000	0.000
	2	0.124	0.275	0.311	0.318	0.261	0.164	0.077	0.025	0.012	0.004	0.000
	3	0.023	0.115	0.173	0.227	0.290	0.273	0.194	0.097	0.058	0.029	0.003
	4	0.003	0.029	0.058	0.097	0.194	0.273	0.290	0.227	0.173	0.115	0.023
	5	0.000	0.004	0.012	0.025	0.077	0.164	0.261	0.318	0.311	0.275	0.124
	6	0.000	0.000	0.001	0.004	0.017	0.055	0.131	0.247	0.311	0.367	0.372
	7	0.000	0.000	0.000	0.000	0.002	0.008	0.028	0.082	0.133	0.210	0.478

n	k	p										
		0.1	0.2	0.25	0.3	0.4	0.5	0.6	0.7	0.75	0.8	0.9
8	0	0.430	0.168	0.100	0.058	0.017	0.004	0.001	0.000	0.000	0.000	0.000
	1	0.383	0.336	0.267	0.198	0.090	0.031	0.008	0.001	0.000	0.000	0.000
	2	0.149	0.294	0.311	0.296	0.209	0.109	0.041	0.010	0.004	0.001	0.000
	3	0.033	0.147	0.208	0.254	0.279	0.219	0.124	0.047	0.023	0.009	0.000
	4	0.005	0.046	0.087	0.136	0.232	0.273	0.232	0.136	0.087	0.046	0.005
	5	0.000	0.009	0.023	0.047	0.124	0.219	0.279	0.254	0.208	0.147	0.033
	6	0.000	0.001	0.004	0.010	0.041	0.109	0.209	0.296	0.311	0.294	0.149
	7	0.000	0.000	0.000	0.001	0.008	0.031	0.090	0.198	0.267	0.336	0.383
	8	0.000	0.000	0.000	0.000	0.001	0.004	0.017	0.058	0.100	0.168	0.430
9	0	0.387	0.134	0.075	0.040	0.010	0.002	0.000	0.000	0.000	0.000	0.000
	1	0.387	0.302	0.225	0.156	0.060	0.018	0.004	0.000	0.000	0.000	0.000
	2	0.172	0.302	0.300	0.267	0.161	0.070	0.021	0.004	0.001	0.000	0.000
	3	0.045	0.176	0.234	0.267	0.251	0.164	0.074	0.021	0.009	0.003	0.000
	4	0.007	0.066	0.117	0.172	0.251	0.246	0.167	0.074	0.039	0.017	0.001
	5	0.001	0.017	0.039	0.074	0.167	0.246	0.251	0.172	0.117	0.066	0.007
	6	0.000	0.003	0.009	0.021	0.074	0.164	0.251	0.267	0.234	0.176	0.045
	7	0.000	0.000	0.001	0.004	0.021	0.070	0.161	0.267	0.300	0.302	0.172
	8	0.000	0.000	0.000	0.000	0.004	0.018	0.060	0.156	0.225	0.302	0.387
	9	0.000	0.000	0.000	0.000	0.000	0.002	0.010	0.040	0.075	0.134	0.387
10	0	0.349	0.107	0.056	0.028	0.006	0.001	0.000	0.000	0.000	0.000	0.000
	1	0.387	0.268	0.188	0.121	0.040	0.010	0.002	0.000	0.000	0.000	0.000
	2	0.194	0.302	0.282	0.233	0.121	0.044	0.011	0.001	0.000	0.000	0.000
	3	0.057	0.201	0.250	0.267	0.215	0.117	0.042	0.009	0.003	0.001	0.000
	4	0.011	0.088	0.146	0.200	0.251	0.205	0.111	0.037	0.016	0.006	0.000
	5	0.001	0.026	0.058	0.103	0.201	0.246	0.201	0.103	0.058	0.026	0.001
	6	0.000	0.006	0.016	0.037	0.111	0.205	0.251	0.200	0.146	0.088	0.011
	7	0.000	0.001	0.003	0.009	0.042	0.117	0.215	0.267	0.250	0.201	0.057
	8	0.000	0.000	0.000	0.001	0.011	0.044	0.121	0.233	0.282	0.302	0.194
	9	0.000	0.000	0.000	0.000	0.002	0.010	0.040	0.121	0.188	0.268	0.387
	10	0.000	0.000	0.000	0.000	0.000	0.001	0.006	0.028	0.056	0.107	0.349
11	0	0.314	0.086	0.042	0.020	0.004	0.000	0.000	0.000	0.000	0.000	0.000
	1	0.384	0.236	0.155	0.093	0.027	0.005	0.001	0.000	0.000	0.000	0.000
	2	0.213	0.295	0.258	0.200	0.089	0.027	0.005	0.001	0.000	0.000	0.000
	3	0.071	0.221	0.258	0.257	0.177	0.081	0.023	0.004	0.001	0.000	0.000
	4	0.016	0.111	0.172	0.220	0.236	0.161	0.070	0.017	0.006	0.002	0.000
	5	0.002	0.039	0.080	0.132	0.221	0.226	0.147	0.057	0.027	0.010	0.000
	6	0.000	0.010	0.027	0.057	0.147	0.226	0.221	0.132	0.080	0.039	0.002
	7	0.000	0.002	0.006	0.017	0.070	0.161	0.236	0.220	0.172	0.111	0.016
	8	0.000	0.000	0.001	0.004	0.023	0.081	0.177	0.257	0.258	0.221	0.071
	9	0.000	0.000	0.000	0.001	0.005	0.027	0.089	0.200	0.258	0.295	0.213
	10	0.000	0.000	0.000	0.000	0.001	0.005	0.027	0.093	0.155	0.236	0.384
	11	0.000	0.000	0.000	0.000	0.000	0.000	0.004	0.020	0.042	0.086	0.314

n	k	p										
		0.1	0.2	0.25	0.3	0.4	0.5	0.6	0.7	0.75	0.8	0.9
12	0	0.282	0.069	0.032	0.014	0.002	0.000	0.000	0.000	0.000	0.000	0.000
	1	0.377	0.206	0.127	0.071	0.017	0.003	0.000	0.000	0.000	0.000	0.000
	2	0.230	0.283	0.232	0.168	0.064	0.016	0.002	0.000	0.000	0.000	0.000
	3	0.085	0.236	0.258	0.240	0.142	0.054	0.012	0.001	0.000	0.000	0.000
	4	0.021	0.133	0.194	0.231	0.213	0.121	0.042	0.008	0.002	0.001	0.000
	5	0.004	0.053	0.103	0.158	0.227	0.193	0.101	0.029	0.011	0.003	0.000
	6	0.000	0.016	0.040	0.079	0.177	0.226	0.177	0.079	0.040	0.016	0.000
	7	0.000	0.003	0.011	0.029	0.101	0.193	0.227	0.158	0.103	0.053	0.004
	8	0.000	0.001	0.002	0.008	0.042	0.121	0.213	0.231	0.194	0.133	0.021
	9	0.000	0.000	0.000	0.001	0.012	0.054	0.142	0.240	0.258	0.236	0.085
	10	0.000	0.000	0.000	0.000	0.002	0.016	0.064	0.168	0.232	0.283	0.230
	11	0.000	0.000	0.000	0.000	0.000	0.003	0.017	0.071	0.127	0.206	0.377
	12	0.000	0.000	0.000	0.000	0.000	0.000	0.002	0.014	0.032	0.069	0.282
13	0	0.254	0.055	0.024	0.010	0.001	0.000	0.000	0.000	0.000	0.000	0.000
	1	0.367	0.179	0.103	0.054	0.011	0.002	0.000	0.000	0.000	0.000	0.000
	2	0.245	0.268	0.206	0.139	0.045	0.010	0.001	0.000	0.000	0.000	0.000
	3	0.100	0.246	0.252	0.218	0.111	0.035	0.006	0.001	0.000	0.000	0.000
	4	0.028	0.154	0.210	0.234	0.184	0.087	0.024	0.003	0.001	0.000	0.000
	5	0.006	0.069	0.126	0.180	0.221	0.157	0.066	0.014	0.005	0.001	0.000
	6	0.001	0.023	0.056	0.103	0.197	0.209	0.131	0.044	0.019	0.006	0.000
	7	0.000	0.006	0.019	0.044	0.131	0.209	0.197	0.103	0.056	0.023	0.001
	8	0.000	0.001	0.005	0.014	0.066	0.157	0.221	0.180	0.126	0.069	0.006
	9	0.000	0.000	0.001	0.003	0.024	0.087	0.184	0.234	0.210	0.154	0.028
	10	0.000	0.000	0.000	0.001	0.006	0.035	0.111	0.218	0.252	0.246	0.100
	11	0.000	0.000	0.000	0.000	0.001	0.010	0.045	0.139	0.206	0.268	0.245
	12	0.000	0.000	0.000	0.000	0.000	0.002	0.011	0.054	0.103	0.179	0.367
	13	0.000	0.000	0.000	0.000	0.000	0.000	0.001	0.010	0.024	0.055	0.254
14	0	0.229	0.044	0.018	0.007	0.001	0.000	0.000	0.000	0.000	0.000	0.000
	1	0.356	0.154	0.083	0.041	0.007	0.001	0.000	0.000	0.000	0.000	0.000
	2	0.257	0.250	0.180	0.113	0.032	0.006	0.001	0.000	0.000	0.000	0.000
	3	0.114	0.250	0.240	0.194	0.085	0.022	0.003	0.000	0.000	0.000	0.000
	4	0.035	0.172	0.220	0.229	0.155	0.061	0.014	0.001	0.000	0.000	0.000
	5	0.008	0.086	0.147	0.196	0.207	0.122	0.041	0.007	0.002	0.000	0.000
	6	0.001	0.032	0.073	0.126	0.207	0.183	0.092	0.023	0.008	0.002	0.000
	7	0.000	0.009	0.028	0.062	0.157	0.209	0.157	0.062	0.028	0.009	0.000
	8	0.000	0.002	0.008	0.023	0.092	0.183	0.207	0.126	0.073	0.032	0.001
	9	0.000	0.000	0.002	0.007	0.041	0.122	0.207	0.196	0.147	0.086	0.008
	10	0.000	0.000	0.000	0.001	0.014	0.061	0.155	0.229	0.220	0.172	0.035
	11	0.000	0.000	0.000	0.000	0.003	0.022	0.085	0.194	0.240	0.250	0.114
	12	0.000	0.000	0.000	0.000	0.001	0.006	0.032	0.113	0.180	0.250	0.257
	13	0.000	0.000	0.000	0.000	0.000	0.001	0.007	0.041	0.083	0.154	0.356
	14	0.000	0.000	0.000	0.000	0.000	0.000	0.001	0.007	0.018	0.044	0.229

n	k	p										
		0.1	0.2	0.25	0.3	0.4	0.5	0.6	0.7	0.75	0.8	0.9
15	0	0.206	0.035	0.013	0.005	0.000	0.000	0.000	0.000	0.000	0.000	0.000
	1	0.343	0.132	0.067	0.031	0.005	0.000	0.000	0.000	0.000	0.000	0.000
	2	0.267	0.231	0.156	0.092	0.022	0.003	0.000	0.000	0.000	0.000	0.000
	3	0.129	0.250	0.225	0.170	0.063	0.014	0.002	0.000	0.000	0.000	0.000
	4	0.043	0.188	0.225	0.219	0.127	0.042	0.007	0.001	0.000	0.000	0.000
	5	0.010	0.103	0.165	0.206	0.186	0.092	0.024	0.003	0.001	0.000	0.000
	6	0.002	0.043	0.092	0.147	0.207	0.153	0.061	0.012	0.003	0.001	0.000
	7	0.000	0.014	0.039	0.081	0.177	0.196	0.118	0.035	0.013	0.003	0.000
	8	0.000	0.003	0.013	0.035	0.118	0.196	0.177	0.081	0.039	0.014	0.000
	9	0.000	0.001	0.003	0.012	0.061	0.153	0.207	0.147	0.092	0.043	0.002
	10	0.000	0.000	0.001	0.003	0.024	0.092	0.186	0.206	0.165	0.103	0.010
	11	0.000	0.000	0.000	0.001	0.007	0.042	0.127	0.219	0.225	0.188	0.043
	12	0.000	0.000	0.000	0.000	0.002	0.014	0.063	0.170	0.225	0.250	0.129
	13	0.000	0.000	0.000	0.000	0.000	0.003	0.022	0.092	0.156	0.231	0.267
	14	0.000	0.000	0.000	0.000	0.000	0.000	0.005	0.031	0.067	0.132	0.343
	15	0.000	0.000	0.000	0.000	0.000	0.000	0.000	0.005	0.013	0.035	0.206
20	0	0.122	0.012	0.003	0.001	0.000	0.000	0.000	0.000	0.000	0.000	0.000
	1	0.270	0.058	0.021	0.007	0.000	0.000	0.000	0.000	0.000	0.000	0.000
	2	0.285	0.137	0.067	0.028	0.003	0.000	0.000	0.000	0.000	0.000	0.000
	3	0.190	0.205	0.134	0.072	0.012	0.001	0.000	0.000	0.000	0.000	0.000
	4	0.090	0.218	0.190	0.130	0.035	0.005	0.000	0.000	0.000	0.000	0.000
	5	0.032	0.175	0.202	0.179	0.075	0.015	0.001	0.000	0.000	0.000	0.000
	6	0.009	0.109	0.169	0.192	0.124	0.037	0.005	0.000	0.000	0.000	0.000
	7	0.002	0.055	0.112	0.164	0.166	0.074	0.015	0.001	0.000	0.000	0.000
	8	0.000	0.022	0.061	0.114	0.180	0.120	0.035	0.004	0.001	0.000	0.000
	9	0.000	0.007	0.027	0.065	0.160	0.160	0.071	0.012	0.003	0.000	0.000
	10	0.000	0.002	0.010	0.031	0.117	0.176	0.117	0.031	0.010	0.002	0.000
	11	0.000	0.000	0.003	0.012	0.071	0.160	0.160	0.065	0.027	0.007	0.000
	12	0.000	0.000	0.001	0.004	0.035	0.120	0.180	0.114	0.061	0.022	0.000
	13	0.000	0.000	0.000	0.001	0.015	0.074	0.166	0.164	0.112	0.055	0.002
	14	0.000	0.000	0.000	0.000	0.005	0.037	0.124	0.192	0.169	0.109	0.009
	15	0.000	0.000	0.000	0.000	0.001	0.015	0.075	0.179	0.202	0.175	0.032
	16	0.000	0.000	0.000	0.000	0.000	0.005	0.035	0.130	0.190	0.218	0.090
	17	0.000	0.000	0.000	0.000	0.000	0.001	0.012	0.072	0.134	0.205	0.190
	18	0.000	0.000	0.000	0.000	0.000	0.000	0.003	0.028	0.067	0.137	0.285
	19	0.000	0.000	0.000	0.000	0.000	0.000	0.000	0.007	0.021	0.058	0.270
	20	0.000	0.000	0.000	0.000	0.000	0.000	0.000	0.001	0.003	0.012	0.122

부록 7 윌콕슨 부호순위 검정표 $P(W \leq w_{p;n})=p$

n \ p	0.005	0.01	0.025	0.05	0.95	0.975	0.99	0.995
5	0	0	0	1	14	15	15	15
6	0	0	1	3	18	20	21	21
7	0	1	3	4	24	25	27	28
8	1	2	4	6	30	32	34	35
9	2	4	6	9	36	39	41	43
10	4	6	9	11	44	46	49	51
11	6	8	11	14	52	55	58	60
12	8	10	14	18	60	64	68	70
13	10	13	18	22	69	73	78	81
14	13	16	22	26	79	83	89	92
15	16	20	26	31	89	94	100	104
16	20	24	30	36	100	106	112	116
17	24	28	35	42	111	118	125	129
18	28	33	41	48	123	130	138	143
19	33	38	47	54	136	143	152	157
20	38	44	53	61	149	157	166	172
21	43	50	59	68	163	172	181	188
22	49	56	66	76	177	187	197	204
23	55	63	74	84	192	202	213	221
24	62	70	82	92	208	218	230	238
25	69	77	90	101	224	235	248	256
26	76	85	99	111	240	252	266	275
27	84	93	108	120	258	270	285	294
28	92	102	117	131	275	289	304	314
29	101	111	127	141	294	308	324	334
30	110	121	138	152	313	327	344	355
31	119	131	148	164	332	348	365	377
32	129	141	160	176	352	368	387	399
33	139	152	171	188	373	390	409	422
34	149	163	183	201	394	412	432	446
35	160	174	196	214	416	434	456	470
36	172	186	209	228	438	457	480	494
37	183	199	222	242	461	481	504	520
38	195	212	236	257	484	505	529	546
39	208	225	250	272	508	530	555	572
40	221	239	265	287	533	555	581	599
41	234	253	280	303	558	581	608	627
42	248	267	295	320	583	608	636	655
43	262	282	311	337	609	635	664	684
44	277	297	328	354	636	662	693	713
45	292	313	344	372	663	691	722	743
46	308	329	362	390	691	719	752	773
47	323	346	379	408	720	749	782	805
48	340	363	397	427	749	779	813	836
49	356	380	416	447	778	809	845	869
50	374	398	435	467	808	840	877	901

부록 8 윌콕스 순위합 검정표 $P(U \leq u)$

$n_2=3$

u \ n_1	1	2	3
0	0.25	0.1	0.05
1	0.5	0.2	0.1
2	0.75	0.4	0.2
3	1	0.6	0.35
4	1	0.8	0.5

$n_2=4$

u \ n_1	1	2	3	4
0	0.2	0.0667	0.0286	0.0143
1	0.4	0.1333	0.0571	0.0286
2	0.6	0.2667	0.1143	0.0571
3	0.8	0.4	0.2	0.1
4	1	0.6	0.3143	0.1714
5	1	0.7333	0.4286	0.2429
6	1	0.8667	0.5714	0.3429
7	1	0.9333	0.6857	0.4429
8	1	1	0.8	0.5571

$n_2=5$

u \ n_1	1	2	3	4	5
0	0.1667	0.0476	0.0179	0.0079	0.004
1	0.3333	0.0952	0.0357	0.0159	0.0079
2	0.5	0.1905	0.0714	0.0317	0.0159
3	0.6667	0.2857	0.125	0.0556	0.0278
4	0.8333	0.4286	0.1964	0.0952	0.0476
5	1	0.5714	0.2857	0.1429	0.0754
6	1	0.7143	0.3929	0.2063	0.1111
7	1	0.8095	0.5	0.2778	0.1548
8	1	0.9048	0.6071	0.3651	0.2103
9	1	0.9524	0.7143	0.4524	0.2738
10	1	1	0.8036	0.5476	0.3452
11	1	1	0.875	0.6349	0.4206
12	1	1	0.9286	0.7222	0.5

$n_2=6$

u \ n_1	1	2	3	4	5	6
0	0.1429	0.0357	0.0119	0.0048	0.0022	0.0011
1	0.2857	0.0714	0.0238	0.0095	0.0043	0.0022
2	0.4286	0.1429	0.0476	0.019	0.0087	0.0043
3	0.5714	0.2143	0.0833	0.0333	0.0152	0.0076
4	0.7143	0.3214	0.131	0.0571	0.026	0.013
5	0.8571	0.4286	0.1905	0.0857	0.0411	0.0206
6	1	0.5714	0.2738	0.1286	0.0628	0.0325
7	1	0.6786	0.3571	0.1762	0.0887	0.0465
8	1	0.7857	0.4524	0.2381	0.1234	0.066
9	1	0.8571	0.5476	0.3048	0.1645	0.0898
10	1	0.9286	0.6429	0.381	0.2143	0.1201
11	1	0.9643	0.7262	0.4571	0.2684	0.1548
12	1	1	0.8095	0.5429	0.3312	0.197
13	1	1	0.869	0.619	0.3961	0.2424
14	1	1	0.9167	0.6952	0.4654	0.2944
15	1	1	0.9524	0.7619	0.5346	0.3496
16	1	1	0.9762	0.8238	0.6039	0.4091
17	1	1	0.9881	0.8714	0.6688	0.4686
18	1	1	1	0.9143	0.7316	0.5314

$n_2=7$

u \ n_1	1	2	3	4	5	6	7
0	0.125	0.0278	0.0083	0.003	0.0013	0.0006	0.0003
1	0.25	0.0556	0.0167	0.0061	0.0025	0.0012	0.0006
2	0.375	0.1111	0.0333	0.0121	0.0051	0.0023	0.0012
3	0.5	0.1667	0.0583	0.0212	0.0088	0.0041	0.002
4	0.625	0.25	0.0917	0.0364	0.0152	0.007	0.0035
5	0.75	0.3333	0.1333	0.0545	0.024	0.0111	0.0055
6	0.875	0.4444	0.1917	0.0818	0.0366	0.0175	0.0087
7	1	0.5556	0.2583	0.1152	0.053	0.0256	0.0131
8	1	0.6667	0.3333	0.1576	0.0745	0.0367	0.0189
9	1	0.75	0.4167	0.2061	0.101	0.0507	0.0265
10	1	0.8333	0.5	0.2636	0.1338	0.0688	0.0364
11	1	0.8889	0.5833	0.3242	0.1717	0.0903	0.0487
12	1	0.9444	0.6667	0.3939	0.2159	0.1171	0.0641
13	1	0.9722	0.7417	0.4636	0.2652	0.1474	0.0825
14	1	1	0.8083	0.5364	0.3194	0.183	0.1043
15	1	1	0.8667	0.6061	0.3775	0.2226	0.1297
16	1	1	0.9083	0.6758	0.4381	0.2669	0.1588
17	1	1	0.9417	0.7364	0.5	0.3141	0.1914
18	1	1	0.9667	0.7939	0.5619	0.3654	0.2279
19	1	1	0.9833	0.8424	0.6225	0.4178	0.2675
20	1	1	0.9917	0.8848	0.6806	0.4726	0.31
21	1	1	1	0.9182	0.7348	0.5274	0.3552
22	1	1	1	0.9455	0.7841	0.5822	0.4024
23	1	1	1	0.9636	0.8283	0.6346	0.4508
24	1	1	1	0.9788	0.8662	0.6859	0.5

$n_2=8$

u \ n_1	1	2	3	4	5	6	7	8
0	0.1111	0.0222	0.0061	0.002	0.0008	0.0003	0.0002	0.0001
1	0.2222	0.0444	0.0121	0.004	0.0016	0.0007	0.0003	0.0002
2	0.3333	0.0889	0.0242	0.0081	0.0031	0.0013	0.0006	0.0003
3	0.4444	0.1333	0.0424	0.0141	0.0054	0.0023	0.0011	0.0005
4	0.5556	0.2	0.0667	0.0242	0.0093	0.004	0.0019	0.0009
5	0.6667	0.2667	0.097	0.0364	0.0148	0.0063	0.003	0.0015
6	0.7778	0.3556	0.1394	0.0545	0.0225	0.01	0.0047	0.0023
7	0.8889	0.4444	0.1879	0.0768	0.0326	0.0147	0.007	0.0035
8	1	0.5556	0.2485	0.1071	0.0466	0.0213	0.0103	0.0052
9	1	0.6444	0.3152	0.1414	0.0637	0.0296	0.0145	0.0074
10	1	0.7333	0.3879	0.1838	0.0855	0.0406	0.02	0.0103
11	1	0.8	0.4606	0.2303	0.1111	0.0539	0.027	0.0141
12	1	0.8667	0.5394	0.2848	0.1422	0.0709	0.0361	0.019
13	1	0.9111	0.6121	0.3414	0.1772	0.0906	0.0469	0.0249
14	1	0.9556	0.6848	0.404	0.2176	0.1142	0.0603	0.0325
15	1	0.9778	0.7515	0.4667	0.2618	0.1412	0.076	0.0415
16	1	1	0.8121	0.5333	0.3108	0.1725	0.0946	0.0524
17	1	1	0.8606	0.596	0.3621	0.2068	0.1159	0.0652
18	1	1	0.903	0.6586	0.4165	0.2454	0.1405	0.0803
19	1	1	0.9333	0.7152	0.4716	0.2864	0.1678	0.0974
20	1	1	0.9576	0.7697	0.5284	0.331	0.1984	0.1172
21	1	1	0.9758	0.8162	0.5835	0.3773	0.2317	0.1393
22	1	1	0.9879	0.8586	0.6379	0.4259	0.2679	0.1641
23	1	1	0.9939	0.8929	0.6892	0.4749	0.3063	0.1911
24	1	1	1	0.9232	0.7382	0.5251	0.3472	0.2209
25	1	1	1	0.9455	0.7824	0.5741	0.3894	0.2527
26	1	1	1	0.9636	0.8228	0.6227	0.4333	0.2869
27	1	1	1	0.9758	0.8578	0.669	0.4775	0.3227
28	1	1	1	0.9859	0.8889	0.7136	0.5225	0.3605
29	1	1	1	0.9919	0.9145	0.7546	0.5667	0.3992
30	1	1	1	0.996	0.9363	0.7932	0.6106	0.4392
31	1	1	1	0.998	0.9534	0.8275	0.6528	0.4796
32	1	1	1	1	0.9674	0.8588	0.6937	0.5204

$n_2=9$

u \ n_1	1	2	3	4	5	6	7	8	9
0	0.1	0.0182	0.0045	0.0014	0.0005	0.0002	0.0001	0	0
1	0.2	0.0364	0.0091	0.0028	0.001	0.0004	0.0002	0.0001	0
2	0.3	0.0727	0.0182	0.0056	0.002	0.0008	0.0003	0.0002	0.0001
3	0.4	0.1091	0.0318	0.0098	0.0035	0.0014	0.0006	0.0003	0.0001
4	0.5	0.1636	0.05	0.0168	0.006	0.0024	0.001	0.0005	0.0002
5	0.6	0.2182	0.0727	0.0252	0.0095	0.0038	0.0017	0.0008	0.0004
6	0.7	0.2909	0.1045	0.0378	0.0145	0.006	0.0026	0.0012	0.0006
7	0.8	0.3636	0.1409	0.0531	0.021	0.0088	0.0039	0.0019	0.0009
8	0.9	0.4545	0.1864	0.0741	0.03	0.0128	0.0058	0.0028	0.0014
9	1	0.5455	0.2409	0.0993	0.0415	0.018	0.0082	0.0039	0.002
10	1	0.6364	0.3	0.1301	0.0559	0.0248	0.0115	0.0056	0.0028
11	1	0.7091	0.3636	0.165	0.0734	0.0332	0.0156	0.0076	0.0039
12	1	0.7818	0.4318	0.207	0.0949	0.044	0.0209	0.0103	0.0053
13	1	0.8364	0.5	0.2517	0.1199	0.0567	0.0274	0.0137	0.0071
14	1	0.8909	0.5682	0.3021	0.1489	0.0723	0.0356	0.018	0.0094
15	1	0.9273	0.6364	0.3552	0.1818	0.0905	0.0454	0.0232	0.0122
16	1	0.9636	0.7	0.4126	0.2188	0.1119	0.0571	0.0296	0.0157
17	1	0.9818	0.7591	0.4699	0.2592	0.1361	0.0708	0.0372	0.02
18	1	1	0.8136	0.5301	0.3032	0.1638	0.0869	0.0464	0.0252
19	1	1	0.8591	0.5874	0.3497	0.1942	0.1052	0.057	0.0313
20	1	1	0.8955	0.6448	0.3986	0.228	0.1261	0.0694	0.0385
21	1	1	0.9273	0.6979	0.4491	0.2643	0.1496	0.0836	0.047
22	1	1	0.95	0.7483	0.5	0.3035	0.1755	0.0998	0.0567
23	1	1	0.9682	0.793	0.5509	0.3445	0.2039	0.1179	0.068
24	1	1	0.9818	0.835	0.6014	0.3878	0.2349	0.1383	0.0807
25	1	1	0.9909	0.8699	0.6503	0.432	0.268	0.1606	0.0951
26	1	1	0.9955	0.9007	0.6968	0.4773	0.3032	0.1852	0.1112
27	1	1	1	0.9259	0.7408	0.5227	0.3403	0.2117	0.129
28	1	1	1	0.9469	0.7812	0.568	0.3788	0.2404	0.1487
29	1	1	1	0.9622	0.8182	0.6122	0.4185	0.2707	0.1701
30	1	1	1	0.9748	0.8511	0.6555	0.4591	0.3029	0.1933
31	1	1	1	0.9832	0.8801	0.6965	0.5	0.3365	0.2181
32	1	1	1	0.9902	0.9051	0.7357	0.5409	0.3715	0.2447
33	1	1	1	0.9944	0.9266	0.772	0.5815	0.4074	0.2729
34	1	1	1	0.9972	0.9441	0.8058	0.6212	0.4442	0.3024
35	1	1	1	0.9986	0.9585	0.8362	0.6597	0.4813	0.3332
36	1	1	1	1	0.97	0.8639	0.6968	0.5187	0.3652
37	1	1	1	1	0.979	0.8881	0.732	0.5558	0.3981
38	1	1	1	1	0.9855	0.9095	0.7651	0.5926	0.4317
39	1	1	1	1	0.9905	0.9277	0.7961	0.6285	0.4657
40	1	1	1	1	0.994	0.9433	0.8245	0.6635	0.5

$n_2=10$

u \ n_1	1	2	3	4	5	6	7	8	9	10
0	0.0909	0.0152	0.0035	0.001	0.0003	0.0001	0.0001	0	0	0
1	0.1818	0.0303	0.007	0.002	0.0007	0.0002	0.0001	0	0	0
2	0.2727	0.0606	0.014	0.004	0.0013	0.0005	0.0002	0.0001	0	0
3	0.3636	0.0909	0.0245	0.007	0.0023	0.0009	0.0004	0.0002	0.0001	0
4	0.4545	0.1364	0.0385	0.012	0.004	0.0015	0.0006	0.0003	0.0001	0.0001
5	0.5455	0.1818	0.0559	0.018	0.0063	0.0024	0.001	0.0004	0.0002	0.0001
6	0.6364	0.2424	0.0804	0.027	0.0097	0.0037	0.0015	0.0007	0.0003	0.0002
7	0.7273	0.303	0.1084	0.038	0.014	0.0055	0.0023	0.001	0.0005	0.0002
8	0.8182	0.3788	0.1434	0.0529	0.02	0.008	0.0034	0.0015	0.0007	0.0004
9	0.9091	0.4545	0.1853	0.0709	0.0276	0.0112	0.0048	0.0022	0.0011	0.0005
10	1	0.5455	0.2343	0.0939	0.0376	0.0156	0.0068	0.0031	0.0015	0.0008
11	1	0.6212	0.2867	0.1199	0.0496	0.021	0.0093	0.0043	0.0021	0.001
12	1	0.697	0.3462	0.1518	0.0646	0.028	0.0125	0.0058	0.0028	0.0014
13	1	0.7576	0.4056	0.1868	0.0823	0.0363	0.0165	0.0078	0.0038	0.0019
14	1	0.8182	0.4685	0.2268	0.1032	0.0467	0.0215	0.0103	0.0051	0.0026
15	1	0.8636	0.5315	0.2697	0.1272	0.0589	0.0277	0.0133	0.0066	0.0034
16	1	0.9091	0.5944	0.3177	0.1548	0.0736	0.0351	0.0171	0.0086	0.0045
17	1	0.9394	0.6538	0.3666	0.1855	0.0903	0.0439	0.0217	0.011	0.0057
18	1	0.9697	0.7133	0.4196	0.2198	0.1099	0.0544	0.0273	0.014	0.0073
19	1	0.9848	0.7657	0.4725	0.2567	0.1317	0.0665	0.0338	0.0175	0.0093
20	1	1	0.8147	0.5275	0.297	0.1566	0.0806	0.0416	0.0217	0.0116
21	1	1	0.8566	0.5804	0.3393	0.1838	0.0966	0.0506	0.0267	0.0144
22	1	1	0.8916	0.6334	0.3839	0.2139	0.1148	0.061	0.0326	0.0177
23	1	1	0.9196	0.6823	0.4296	0.2461	0.1349	0.0729	0.0394	0.0216
24	1	1	0.9441	0.7303	0.4765	0.2811	0.1574	0.0864	0.0474	0.0262
25	1	1	0.9615	0.7732	0.5235	0.3177	0.1819	0.1015	0.0564	0.0315
26	1	1	0.9755	0.8132	0.5704	0.3564	0.2087	0.1185	0.0667	0.0376
27	1	1	0.986	0.8482	0.6161	0.3962	0.2374	0.1371	0.0782	0.0446
28	1	1	0.993	0.8801	0.6607	0.4374	0.2681	0.1577	0.0912	0.0526
29	1	1	0.9965	0.9061	0.703	0.4789	0.3004	0.18	0.1055	0.0615
30	1	1	1	0.9291	0.7433	0.5211	0.3345	0.2041	0.1214	0.0716
31	1	1	1	0.9471	0.7802	0.5626	0.3698	0.2299	0.1388	0.0827
32	1	1	1	0.962	0.8145	0.6038	0.4063	0.2574	0.1577	0.0952
33	1	1	1	0.973	0.8452	0.6436	0.4434	0.2863	0.1781	0.1088
34	1	1	1	0.982	0.8728	0.6823	0.4811	0.3167	0.2001	0.1237
35	1	1	1	0.988	0.8968	0.7189	0.5189	0.3482	0.2235	0.1399
36	1	1	1	0.993	0.9177	0.7539	0.5566	0.3809	0.2483	0.1575
37	1	1	1	0.996	0.9354	0.7861	0.5937	0.4143	0.2745	0.1763
38	1	1	1	0.998	0.9504	0.8162	0.6302	0.4484	0.3019	0.1965
39	1	1	1	0.999	0.9624	0.8434	0.6655	0.4827	0.3304	0.2179
40	1	1	1	1	0.9724	0.8683	0.6996	0.5173	0.3598	0.2406
41	1	1	1	1	0.98	0.8901	0.7319	0.5516	0.3901	0.2644
42	1	1	1	1	0.986	0.9097	0.7626	0.5857	0.4211	0.2894
43	1	1	1	1	0.9903	0.9264	0.7913	0.6191	0.4524	0.3153
44	1	1	1	1	0.9937	0.9411	0.8181	0.6518	0.4841	0.3421
45	1	1	1	1	0.996	0.9533	0.8426	0.6833	0.5159	0.3697
46	1	1	1	1	0.9977	0.9637	0.8651	0.7137	0.5476	0.398
47	1	1	1	1	0.9987	0.972	0.8852	0.7426	0.5789	0.4267
48	1	1	1	1	0.9993	0.979	0.9034	0.7701	0.6099	0.4559
49	1	1	1	1	0.9997	0.9844	0.9194	0.7959	0.6402	0.4853
50	1	1	1	1	1	0.9888	0.9335	0.82	0.6696	0.5147

찾아보기